JN451685

2020년 개정

콘크리트구조 학회기준 예제집

한국콘크리트학회 편

사단법인 한국콘크리트학회 Korea Concrete Institute

발간사

1999년 한국콘크리트학회 주관 아래 제정된 「콘크리트구조설계기준」에 대한 해설집이 2000년에 발간되고, 예제집은 2010년에 처음 발간되었다. 2012년에는 개정된 콘크리트구조기준의 내용을 반영하여 지중 구조물의 설계하중, 노출등급에 따른 내구성 허용기준, 고강도 철근의 설계 적용, 비틀림 설계, 뚫림전단 설계, 확대머리 정착, 경량콘크리트 정착, 단주 설계, 프리스트레스트 콘크리트 휨설계, 벽체 설계, 캔틸레버 확대기초 설계, 아치 설계, 라멘 설계, 합성구조 설계, 콘크리트용 앵커 강도, 기존 구조물의 안전성 평가 등이 포함된 개정판이 발간되었다.

2016년 국토교통부 고시에 따라 '건설기준 통합코드'로서 '콘크리트구조설계기준'은 KDS 14 20으로 정비되고 국가건설기준센터에서 관리하게 되었다. 한국콘크리트학회에서는 '콘크리트구조설계기준'을 개정함과 동시에 그 명칭을 「콘크리트구조 학회기준 (2017)」으로 하여 발간하였고 그 내용은 기본적으로 개정된 KDS 14 20과 동일하다.

이번에 발간하는 예제집에서는 이들 「콘크리트구조 학회기준」과 KDS 14 20의 주된 개정사항을 반영하여 기존 예제를 수정하고 또한 내구성 설계, 콘크리트 극한변형률과 응력분포를 가정한 휨설계, 수정된 뚫림전단강도 계수의 적용, 철근의 정착, 특수전단벽 연결보, 그리고 콘크리트용 앵커 등에 대한 예제를 추가하였다.

콘크리트학회에서 예제집을 발간하는 이유는 실무자들 및 학생들이 개정사항을 포함한 설계기준의 내용을 정확히 이해하고 설계하도록 도움을 주기 위한 것이다. 본 예제집이 학계, 연구소, 산업계, 특히 콘크리트구조 및 재료 분야와 관련된 설계, 시공, 유지관리 분야에 종사하는 전문가 및 학생들에게 폭넓게 도움이 되길 희망한다.

예제집의 구성 및 내용에 대하여 콘크리트학회에서는 다양한 의견을 받고 있으며, 이와 같은 과정을 통하여 본 예제집과 콘크리트구조기준이 상호보완 관계를 유지하며, 지속적으로 발전해 나갈 수 있기를 기대한다.

예제집의 개정작업을 위하여 이전 예제집 집필에 참여하셨던 분들을 포함한 새로운 집필진을 구성하고 개정된 기준의 내용이 충분히 포함되도록 하였다. 콘크리트구조기준의 개정 및 KDS 14 20의 개정 등과 같은 바쁜 일정에도 불구하고 예제집 개정을 위하여 노력해주신 집필진, 특히 간사를 맡아 수고해주신 김강수, 신명수, 강수민, 이성철 교수 및 학회 관계자, 그리고 기문당의 강해삭 사장님 등 모든 분께 깊이 감사드린다.

2020년 12월
사단법인 한국콘크리트학회
제16기 회장 이재훈
제16기 콘크리트구조기준위원장 서수연

개정사항 요약 및 해당 콘크리트 구조설계기준(KDS 14 20)

목차	개정 사항	해당 KDS 14 20
제1장 재료, 콘크리트품질	[예제추가] 배합강도, 콘크리트 크리프 변형률, 건조수축 변형률, 고강도철근의 항복강도 결정	KDS 14 20 01 콘크리트구조 설계(강도설계법) 일반사항
제2장 설계하중 및 하중조합	[예제추가] 구조물 파괴확률 계산	KDS 14 20 10 콘크리트구조 해석과 설계 원칙
제3장 사용성 및 내구성	[예제수정] 균열 폭 계산 및 내구성의 개정사항 반영 [예제추가] 내구성 관련	KDS 14 20 30 콘크리트구조 사용성 설계기준 KDS 14 20 40 콘크리트구조 내구성 설계기준
제4장 휨부재의 설계(휨철근)	[예제수정] 콘크리트 극한변형률, 압축대 응력분포, 휨부재의 최소철근비 개정사항 반영	KDS 14 20 20 콘크리트구조 휨 및압축 설계기준
제5장 휨과 압축설계		
제6장 전단	[예제수정] 최대 전단철근비, 슬래브 전단강도 부분의 개정사항 반영	KDS 14 20 22 콘크리트구조 전단 및 비틀림 설계기준
제7장 비틀림	[예제수정] 2017 콘크리트구조 학회기준 개정사항(기준번호 등) 반영	
제8장 정착 및 이음	[예제추가] 보 주철근의 기둥 정착, 정모멘트 철근의 정착, 압축을 받는 다월철근의 정착 및 이음, 기둥 주철근의 겹침이음	KDS 14 20 52 콘크리트구조 정착 및 이음 설계기준
제9장 프리스트레스트 콘크리트	[예제수정] 휨-압축부분 개정사항 반영, 긴장재의 항복비 등 최신 KS규격 기준 개정 반영	KDS 14 20 60 프리스트레스트 콘크리트구조 설계기준
제10장 슬래브	[예제수정] 휨-압축, 슬래브 2면전단 개정사항 반영	KDS 14 20 70 콘크리트 슬래브와 기초판 설계기준
제11장 벽체	[예제수정] 휨-압축 개정사항 반영	KDS 14 20 72 콘크리트 벽체 설계기준
제12장 기초	[예제수정] 휨-압축, 슬래브 2면전단 개정사항 반영, 기초판의 하중 산정 방법 계산 개선	KDS 14 20 70 콘크리트 슬래브와 기초판 설계기준
제13장 옹벽 및 지하외벽	[예제수정] 휨-압축 개정사항 반영	KDS 14 20 74 기타 콘크리트구조 설계기준
제14장 아치	[예제수정] 휨-압축 개정사항 반영	
제15장 라멘	[예제수정] 휨-압축 개정사항 반영, 스트럿-타이 모델을 활용한 우각부 및 기초부 설계 상세 내용 보완 및 추가	
제16장 합성구조	[예제수정] 휨-압축 개정사항 반영 [예제추가] 현장타설 콘크리트 속채움 중공 PC기둥 합성단면의 P-M상관도곡선, 콘크리트 보-슬래브 합성부재의 단면력 계산	KDS 14 20 66 합성콘크리트 설계기준
제17장 내진설계	[예제추가] 병렬 특수전단벽의 연결보	KDS 14 20 80 콘크리트 내진설계기준
제18장 스트럿-타이모델	[예제추가] 교대기초의 스트럿-타이 모델 설계	KDS 14 20 24 콘크리트구조 스트럿-타이모델 기준
제19장 콘크리트용 앵커	[예제추가] 인장과 전단에 저항하는 RC 페데스탈의 선설치 앵커 [예제추가] 인장을 받는 부착식 앵커 그룹	KDS 14 20 54 콘크리트용 앵커 설계기준
제20장 기존 구조물의 안전성 평가	변경사항 없음	KDS 14 20 90 기존 콘크리트구조물의 안전성 평가기준

2020년 개정 콘크리트구조 학회기준 예제집 집필위원

집 필 진

집필위원장 : 서 수 연(한국교통대학교)

간　　　사 : 김 강 수(서울시립대학교)　　신 명 수(울산과학기술대학교)
　　　　　　강 수 민(숭실대학교)　　이 싱 철(경북대학교)

장	집필위원	
제 1 장 재료, 콘크리트품질	최석환(국민대학교)	한동엽(경상대학교)
	장승엽(한국교통대학교)	권승희(명지대학교)
제 2 장 설계하중 및 하중조합	최석환(국민대학교)	김태훈(철도기술연구원)
제 3 장 사용성 및 내구성	김동주(세종대학교)	윤세윤(경기대학교)
	장승엽(한국교통대학교)	권성준(한남대학교)
제 4 장 휨부재의 설계(휨철근)	이도형(배재대학교)	강수민(숭실대학교)
	이재훈(영남대학교)	이형준(한밭대학교)
	조재열(서울대학교)	최창식(한양대학교)
제 5 장 휨과 압축설계	이도형(배재대학교)	강수민(숭실대학교)
	이재훈(영남대학교)	이형준(한밭대학교)
	조재열(서울대학교)	최창식(한양대학교)
제 6 장 전단	이성철(경북대학교)	김강수(서울시립대학교)
	최경규(숭실대학교)	
제 7 장 비틀림	이정윤(성균관대학교)	김길희(공주대학교)
	박창규(군산대학교)	
제 8 장 정착 및 이음	천성철(인천대학교)	김민준(LH공사)
	정형석(경남대학교)	최동욱(한경대학교)
	하상수(강남대학교)	이도형(배재대학교)
제 9 장 프리스트레스 콘크리트	조재열(서울대학교)	강현구(서울대학교)
	김상수(서울시립대학교)	진세진(아주대학교)
	심별(다올이앤씨㈜)	김진국(서울과학기술대학교)
제 10 장 슬래브	최경규(숭실대학교)	서수연(한국교통대학교)
	윤현도(충남대학교)	최하진(숭실대학교)
제 11 장 벽체	윤현도(충남대학교)	최원창(가천대학교)
	박완신(충남대학교)	김선우(충남대학교)
	배백일(한양사이버대학교)	
제 12 장 기초	최경규(숭실대학교)	김창수(서울과학기술대학교)
	김종찬(서울기술연구원)	
제 13 장 옹벽 및 지하외벽	강수민(숭실대학교)	김대진(경희대학교)
	엄태성(단국대학교)	김동관(청주대학교)

제 14 장 아치	조재열(서울대학교)	한만엽(아주대학교)
제 15 장 라멘	이성철(경북대학교)	윤영묵(경북대학교)
	조경식(DM엔지니어링(주))	
제 16 장 합성구조	김강수(서울시립대학교)	
	윤석구(서울과학기술대학교)	
	윤현도(충남대학교)	엄태성(단국대학교)
	김창수(서울과학기술대학교)	
제 17 장 내진설계	신명수(울산과학기술대학교)	
	서수연(한국교통대학교)	
	이기학(세종대학교)	김두기(공주대학교)
	문기훈(대우건설)	한상환(한양대학교)
	윤현도(충남대학교)	
제 18 장 스트럿-타이모델	이정윤(성균관대학교)	윤영묵(경북대학교)
제 19 장 콘크리트용 앵커	천성철(인천대학교)	송근택(힐티코리아)
	이종한(인하대학교)	최동욱(한경대학교)
	하상수(강남대학교)	
제 20 장 기존 구조물의 안전성 평가	김지상(서경대학교)	신수봉(인하대학교)

2012년 개정 콘크리트구조 학회기준 예제집 집필위원

집 필 진

집필위원장 : 정　　란(단국대학교)

간　　　사 : 최 석 환(국민대학교)　　　　　박 홍 근(서울대학교)

최 경 규(숭실대학교)　　　　　박 태 원(단국대학교)

제 1 장 재료, 콘크리트품질	하재담(쌍용양회)　박철우(강원대학교)
제 2 장 설계하중 및 하중조합	김태훈(삼성물산 건설부문)　신현목(성균관대학교) 정란(단국대학교)
제 3 장 사용성 및 내구성	김태훈(삼성물산 건설부문)　이광명(성균관대학교)
제 4 장 휨부재의 설계(휨철근)	이도형(배재대학교)　이재훈(영남대학교)
제 5 장 휨과 압축설계	이재훈(영남대학교)　최석환(국민대학교) 이도형(배재대학교)
제 6 장 전단	최경규(숭실대학교)　김강수(서울시립대학교) 김우(전남대학교)　박태원(단국대학교)
제 7 장 비틀림	이정윤(성균관대학교)　김강수(서울시립대학교)
제 8 장 정착 및 이음	천성철(목포대학교)　이도형(배재대학교) 최동욱(한경대학교)
제 9 장 프리스트레스트 콘크리트	강현구(서울대학교)　김강수(서울시립대학교) 지광습(고려대학교) 박정우·우운택(동양구조안전기술)
제 10 장 슬래브	정성훈(인하대학교)　최광호(남서울대학교)
제 11 장 벽체	김상철(한서대학교)
제 12 장 기초	박철우(강원대학교)　최경규(숭실대학교)
제 13 장 옹벽 및 지하외벽	서석구(서영엔지니어링)　서형석(형상엔지니어링) 정제평(호남대학교)
제 14 장 아치	소새널(서울대학교)　한만엽(아주대학교)
제 15 장 라멘	서석구(서영엔지니어링)
제 16 장 합성구조	합성구조위원회(윤석구, 서울과학기술대학교)
제 17 장 내진설계	이기학(세종대학교)　박홍근(서울대학교) 우운택·정광량(동양구조안전기술) 우싱우(한화건설)
제 18 장 스트럿-타이모델	이정윤(성균관대학교)　정제평(호남대학교) 홍성걸(서울대학교)　전단비틀림위원회
제 19 장 콘크리트용 앵커	천성철(목포대학교)　최동욱(한경대학교)
제 20 장 기존 구조물의 안전성 평가	신수봉(인하대학교)

콘크리트구조설계기준 예제집 2010년판 집필위원

집 필 진

집필위원장 : 김 우 전남대학교 교수

간 사 : 이 기 학 세종대학교 교수

제 1 장 재료, 콘크리트 품질	박철우(강원대학교)
제 2 장 설계하중 및 하중조합	김태훈(삼성물산 건설부문)
제 3 장 사용성 및 내구성	김태훈(삼성물산 건설부문)
제 4 장 휨과 압축에 대한 설계	이도형(배재대학교)
제 5 장 휨철근의 배치	이도형(배재대학교)
제 6 장 장주효과에 대한 설계	이도형(배재대학교)
제 7 장 철근콘크리트-전단	김강수(서울시립대학교)
제 8 장 2방향 슬래브 전단	정제평(호남대학교)
제 9 장 스트럿 타이 모델	전단비틀림위원회/정제평(호남대학교)
제 10 장 프리스트레스트 콘크리트-휨	김강수(서울시립대학교)
제 11 장 프리스트레스트 콘크리트-전단	김강수(서울시립대학교)
제 12 장 프리스트레스트 콘크리트-슬래브	김강수(서울시립대학교)
제 13 장 슬래브	정성훈(인하대학교)
제 14 장 기초	박철우(강원대학교)
제 15 장 옹벽	정제평(호남대학교)
제 16 장 내진설계-부록II	이기학(세종대학교), 우성우(한화건설)

편 집 박진영(콘크리트공학연구소)

자문위원

김 상 식	인하대학교 건축학부 교수
정 하 선	콘크리트공학연구소 소장
정 영 수	중앙대학교 토목공학과 교수
김 진 근	한국과학기술원 건설및환경공학과 교수
신 현 목	성균관대학교 사회환경시스템공학과 교수

차 례

제 1 장 재료, 콘크리트 품질

제 2 장 설계하중 및 하중조합

제 3 장 사용성 및 내구성

제 4 장 휨부재의 설계

제 8 장 정착 및 이음

제 9 장 프리스트레스트 콘크리트

제 10 장 슬 래 브

제 16 장

합성구조

제 17 장

내진설계

제 18 장

스트럿-타이 모델

제 19 장

콘크리트용 앵커

제 1 장

재료, 콘크리트 품질

예제 1.1 배합강도 결정

설계기준 압축강도(f_{ck})가 21 MPa인 콘크리트구조물의 시공에 있어서 현장 배치플랜트를 이용하여 콘크리트를 제조하는 경우 배합강도를 구하는 과정을 설명하라. 여기서 굵은골재 최대 치수는 25 mm이고, 목표로 하는 슬럼프는 150 mm, 공기량은 4.5 %이며 콘크리트의 압축강도 실험결과는 없다.

적용기준	계산 및 해설
기준 2.3.2(2)	1. 현장 배치플랜트를 이용하여 콘크리트를 제조하는 경우, 기준 2.3.2의 (2)에 따라 아래와 같이 배합강도를 결정한다.
	$f_{ck} = 21\text{ MPa} \leq 35\text{ MPa}$이므로, 아래 두 값 중 큰 값으로 정한다.
	$f_{cr} = f_{ck} + 1.34s$
	$f_{cr} = (f_{ck} - 3.5) + 2.33s$
기준 2.3.2 (1)	여기서, f_{cr}은 배합강도, s는 표준편차로 기준 2.3.2의 (1)에 따라 시험횟수를 감안하여 설정한다.
기준 2.3.2 (2) (표 2.3.2)	2. 만약 시험횟수가 14회 이하라면, 기준 2.3.2의 (2), 표 2.3.2의 식을 활용하여 다음과 같이 배합강도(f_{cr})를 결정한다.
	$f_{ck} = 21\text{ MPa}$이면, $f_{cr} = f_{ck} + 8.5 = 21 + 8.5 = 29.5\text{ MPa}$
	동절기처럼 콘크리트 강도발현이 느린 환경조건에서 콘크리트를 타설하는 경우는 적산온도 등의 방법에 근거하여 양생온도에 따른 강도보정을 실시하고 설계기준 강도보다 높은 강도를 적용하여 배합강도를 결정한다.

예제 1.2 콘크리트 크리프 변형률 계산

설계기준 압축강도(f_{ck})가 40 MPa인 콘크리트(1종 시멘트, 습윤양생)에 대하여 재령 14일에 압축강도의 20 %에 해당하는 응력이 가해지고 시간에 따라 일정하게 유지된다. 콘크리트는 원형으로 직경 500 mm이다. 원형 단면의 둘레가 온도 20 °C, 상대습도 65 %인 외부 대기에 노출된다. 응력이 가해진 후 50년까지 응력에 의한 변형률을 구하라.

적용기준

계산 및 해설

기준 3.4.3

1. 설계기준 압축강도(f_{ck})로부터 재령 28일에서의 평균 압축강도(f_{cm})를 계산한다. 기준 3.4.3의 식 (3.4.3)을 적용한다.

$$f_{cm} = f_{ck} + \Delta f$$

여기서, Δf는 f_{ck}가 40 MPa 이하이면 4 MPa, 60 MPa 이상이면 6 MPa이며, 그 사이는 직선보간으로 구한다. 이 예제의 경우 설계기준 강도가 40 MPa이므로 Δf로 4 MPa을 적용한다.

$$f_{cm} = f_{ck} + \Delta f = 40\ \text{MPa} + 4\ \text{MPa} = 44\ \text{MPa}$$

콘크리트는 강도의 변동성이 큰 재료이다. 한 종류의 콘크리트 배합에서 나타나는 압축강도의 확률분포를 얻어서 아래 그림과 같이 그 평균값이 평균 압축강도이고 하위 5 %에 해당하는 압축강도를 설계기준 압축강도로 정한다. 일반적으로 구조물 파괴에 대한 안전성 확보를 위해서는 설계기준 강도를 적용하고, 처짐, 변위, 크리프를 고려한 장기변형 등 사용성 검토에서 탄성계수가 필요한 경우 평균 압축강도를 기준으로 한다.

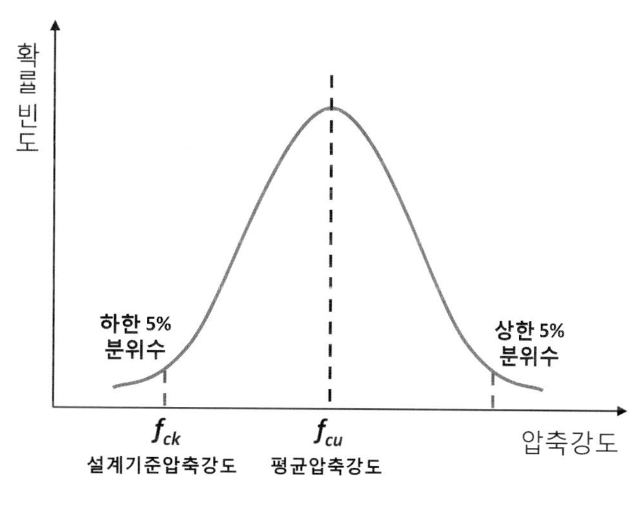

적용기준	계산 및 해설

기준 2.2.2

2. 재령 14일에서의 평균 압축강도를 구한다. 기준 2.2.2의 식 (2.2.15)와 식 (2.2.16)을 적용한다.

$$f_{cm}(t) = \beta_{cc}(t) f_{cm} (\mathrm{MPa})$$

$$\beta_{cc}(t) = \exp\left[\beta_{sc}\left(1 - \sqrt{\frac{28}{t}}\right)\right]$$

$$\beta_{sc} = \begin{cases} 0.35 : 1\text{종 시멘트 습윤 양생} \\ 0.15 : 1\text{종 시멘트 증기 양생} \\ 0.25 : 3\text{종 시멘트 습윤 양생} \\ 0.12 : 3\text{종 시멘트 증기 양생} \\ 0.40 : 2\text{종 시멘트} \end{cases}$$

여기서, t는 재령(일)이고, $\beta_{cc}(t)$는 시간에 따른 강도발현 속도, β_{sc}는 시멘트 종류에 따른 상수이다. 예제의 조건에 따라 위의 식에서 β_{sc}를 0.35로 정한다. 재령 14일에서 평균 압축강도는 다음과 같이 얻을 수 있다.

$$f_{cm}(14) = \beta_{cc}(14) f_{cm} = \exp\left[0.35\left(1 - \sqrt{\frac{28}{14}}\right)\right] 44\,\mathrm{MPa} = 38.1\,\mathrm{MPa}$$

$$f_{cm}(14) = \beta_{cc}(14) f_{cm} = \exp\left[0.35\left(1 - \sqrt{\frac{28}{14}}\right)\right] 44\,\mathrm{MPa} = 38.1\,\mathrm{MPa}$$

기준 3.4.3
기준 2.2.2

3. 재령 28일에서의 할선탄성계수와 이로부터 재령 28일에서의 초기 접선탄성계수를 구한 후, 재령 14일에서의 초기 접선탄성계수를 구한다. 기준 3.4.3의 식 (3.4.2)와 식 (3.4.4), 기준 2.2.2의 식 (2.2.17)을 적용한다.

$$E_c = 8{,}500\sqrt[3]{f_{cm}}\,\mathrm{MPa}$$

$$E_{ci} = 1.18 E_c\,\mathrm{MPa}$$

$$E_{ci}(t) = \sqrt{\beta_{cc}(t)}\,E_{ci}\,\mathrm{MPa}$$

콘크리트의 단위중량을 정확히 알고 있다면 기준 3.4.3의 식 (3.4.1)을 적용하여 탄성계수를 구할 수 있다. 그러나 일반적으로 구조물 설계 단계에서는 콘크리트 배합이 확정되지 않아 단위중량을 정확히 알 수 없기 때문에 보통중량골재를 사용할 때 적용하는 식 (3.4.2)를 적용하여 28일 재령에서의 할선탄성계수를 구하고 이로부터 28일 재령에서의 초기 접선탄성계수를 다음과 같이 구한다.

$$E_c = 8{,}500\sqrt[3]{44} = 30{,}000\,\mathrm{MPa}$$

적용기준	계산 및 해설

$$E_{ci} = 1.18 \times 30{,}000 = 35{,}400\ \mathrm{MPa}$$

재령 14일의 초기 접선탄성계수는 다음과 같이 구한다.

$$\beta_{cc}(14) = \exp\left[0.35\left(1-\sqrt{\frac{28}{14}}\right)\right] = 0.865$$

$$E_{ci}(14) = \sqrt{\beta_{cc}(14)}\,E_{ci} = \sqrt{0.865} \times 35{,}400 = 32{,}900\ \mathrm{MPa}$$

기준 2.2.2

4. 크리프 관련 영향계수와 개념 크리프계수를 구한다. 기준 2.2.2의 식 (2.2.3), 식 (2.2.4), 식 (2.2.5)와 식 (2.2.6)을 적용한다.

$$h = \frac{2A_c}{u}\ \mathrm{mm}$$

$$\phi_{RH} = 1 + \frac{1-0.01RH}{0.10\sqrt[3]{h}}$$

$$\beta(f_{cm}) = \frac{16.8}{\sqrt{f_{cm}}}$$

$$\beta(t') = \frac{1}{0.1+(t')^{0.2}}$$

$$\phi_o = \phi_{RH}\,\beta(f_{cu})\beta(t')$$

개념 부재치수(h)를 먼저 계산하고 상대습도, 28일 평균 압축강도, 가압시 재령에 대한 영향계수를 계산한 후, 개념 크리프계수를 구한다. 위의 식에서 A_c는 콘크리트 단면적, u는 단면의 둘레 중 외기에 노출되는 부분의 길이, RH는 상대습도, t'은 지속응력이 가해지는 시점의 재령을 의미한다.

$$h = \frac{2\times\pi\times 250^2}{2\times\pi\times 250} = 250\,\mathrm{mm}$$

$$\phi_{RH} = 1 + \frac{1-0.01\times 65}{0.10\sqrt[3]{250}} = 1.56$$

$$\beta(f_{cm}) = \frac{16.8}{\sqrt{44}} = 2.53$$

$$\beta(t') = \frac{1}{0.1+(14)^{0.2}} = 0.557$$

$$\phi_0 = 1.56\times 2.53\times 0.557 = 2.20$$

적용기준	계산 및 해설

기준 2.2.2

5. 시간에 따른 크리프계수의 변화를 구한다. 기준 2.2.2의 식 (2.2,2), 식 (2.2.7)과 식 (2.2.8)을 적용하여 구한다.

$$\beta_H = 1.5\left[1+(0.012RH)^{18}\right]h + 250 \le 1500\text{일}$$

$$\beta_c(t-t') = \left[\frac{(t-t')}{\beta_H + (t-t')}\right]^{0.3}$$

$$\phi(t,\, t') = \phi_o \beta_c(t-t')$$

개념 부재치수와 상대습도로부터 β_H를 먼저 구하고, 위에서 구한 개념 크리프계수를 적용하여 시간에 따른 크리프계수 변화를 구한다. β_H를 계산한 결과가 1500일보다 클 경우 1500일로 한다.

$$\beta_H = 1.5[1+(0.012\times 65)^{18}]250 + 250 = 629\text{ 일}$$

$$\beta_c(t-t') = \left[\frac{(t-14)}{629+(t-14)}\right]^{0.3}$$

$$\phi(t,\ t') = 2.20\left[\frac{(t-14)}{629+(t-14)}\right]^{0.3}$$

위의 식으로부터 재령 14일부터 50년까지의 크리프계수를 계산하였으며, 다음의 표에 나타냈다.

기준 2.2.2

6. 지속응력에 대한 변형률을 구한다. 기준의 식 (2.2.1)을 적용한다.

$$\varepsilon_{c\sigma}(t,\, t') = f_c(t')\left[\frac{1}{E_{ci}(t')} + \frac{\phi(t,\, t')}{E_{ci}}\right]$$

여기서 재령 14일이 콘크리트에 가해진 후 시간에 따라 일정한 응력 $f_c(t')$은 응력이 재령 14일에서의 콘크리트 평균 압축강도의 20 %이다. 따라서 다음과 같이 구해진다.

$$f_c(14) = 38.1\times 0.2 = 7.62\text{ MPa}$$

크리프 변형률 계산을 위한 재령 28일과 14일에서의 초기 접선탄성계수는 앞서 구해놓았다. 따라서 크리프 변형률은 다음과 같이 계산된다. 압축응력 및 변형률을 양수로 계산하였다.

$$\varepsilon_{c\sigma}(t,\, t') = 7.62\left[\frac{1}{32{,}900} + \frac{1}{35{,}400}2.20\left\{\frac{(t-14)}{629+(t-14)}\right\}^{0.3}\right]$$

적용기준

계산 및 해설

위의 식으로부터 재령 14일부터 50년까지 발생하는 변형률을 계산하였으며, 아래의 표에 나타냈다. 계산된 변형률은 초기 탄성변형과 크리프변형을 일반적으로 포함한 것이다. 이 예제는 콘크리트 재료에 일정한 응력이 가해지는 경우에 대한 것이다. 일반적인 철근콘크리트 부재 내 철근은 콘크리트 크리프변형을 억제하는 역할을 하며, 시간에 따라 콘크리트와 철근에 작용하는 응력이 변화하게 된다. 이러한 경우의 변형률 및 응력계산을 위해 여러 해석방법이 제안되어 있으며, 한국콘크리트학회 발간 실무매뉴얼, '콘크리트 장기거동 해석 및 적용'을 참조하기 바란다.

$t-t'$	$\phi(t,\ t')$	$\varepsilon_{c\sigma}(t,\ t')\times 10^{-6}$
0 일	0.00	232
1 일	0.32	300
3 일	0.44	327
7 일	0.57	354
14 일	0.70	382
28 일	0.85	415
56 일	1.04	455
90 일	1.18	485
180 일	1.40	533
1 년	1.63	582
2 년	1.83	625
4 년	1.98	657
6 년	2.04	671
10 년	2.10	683
20 년	2.15	694
30 년	2.16	697
40 년	2.17	699
50 년	2.18	700

예제 1.3 콘크리트 건조수축 변형률 계산

예제 1.2와 동일한 조건의 콘크리트가 재령 14일에 대기에 노출된다. 노출 후 50년까지 건조수축 변형률을 계산하고, 예제 1.2의 응력에 의한 변형률을 포함하여 시간에 따른 총 변형률을 구하라.

적용기준	계산 및 해설

기준 2.2.2

1. 개념 건조수축계수를 구한다. 기준 2.2.2의 식 (2.2.19), 식 (2.2.20), 식 (2.2.21)을 적용한다.

$$\beta_{RH} = \begin{cases} -1.55[1-(RH/100)^3] & (40\,\% \le RH < 99\,\%) \\ 0.25 & (RH \ge 99\,\%) \end{cases}$$

$$\varepsilon_s(f_{cm}) = [160 + 10\beta_{sc}(9 - f_{cm}/10)] \times 10^{-6}$$

$$\beta_{sc} = \begin{cases} 4 : 2\text{종 시멘트} \\ 5 : 1\text{종, 5종 시멘트} \\ 8 : 3\text{종 시멘트} \end{cases}$$

$$\varepsilon_{sho} = \varepsilon_s(f_{cm})\beta_{RH}$$

1종 시멘트가 사용된 콘크리트로 β_{sc}를 5로 정한다. β_{RH}는 상대습도가 건조수축에 미치는 영향을 나타내는 계수로서 99 % 이상인 경우 수축이 아닌 팽창이 발생하는 것으로 계산된다. RH와 f_{cm}는 예제 1.2와 동일하므로 각각 65 %와 44 MPa이다. 다음과 같은 순서로 개념 건조수축계수를 구한다.

$$\beta_{RH} = -1.55[1-(65/100)^3] = -1.12$$

$$\varepsilon_s(f_{cm}) = [160 + 10 \times 5 \times (9 - 44/10)] \times 10^{-6} = 390 \times 10^{-6}$$

$$\varepsilon_{sho} = -1.12 \times 390 \times 10^{-6} = -438 \times 10^{-6}$$

기준 2.2.2

2. 시간에 따른 건조수축 변형률을 계산한다. 기준 2.2.2의 식 (2.2.18)과 식 (2.2.22)를 적용한다.

$$\beta_s(t-t_s) = \sqrt{\frac{(t-t_s)}{0.035\,h^2 + (t-t_s)}}$$

$$\varepsilon_{sh}(t, t_s) = \varepsilon_{sho}\beta_s(t-t_s)$$

여기서 t_s는 노출시 재령(일)으로 14일이고, 개념 부재치수 h는 예제 1.2와 동일한 250 mm이다. 다음과 같이 시간에 따른 건조수축 변형률을 계산할 수 있다.

계산 및 해설

$$\beta_s(t-t_s) = \sqrt{\frac{(t-14)}{0.035 \times 250^2 + (t-14)}}$$

$$\varepsilon_{sh}(t, t_s) = -438 \times 10^{-6} \times \sqrt{\frac{(t-14)}{0.035 \times 250^2 + (t-14)}}$$

위의 식으로부터 재령 14일부터 50년까지 발생하는 건조수축 변형률을 계산하였으며, 예제 1.2의 응력에 의한, 시간에 따른 변형률, 이 둘을 합한 총 변형률을 다음의 그래프와 표로 나타냈다. 위의 식에서 음수로 계산되는 건조수축변형률을 편의상 양수로 나타냈으며, 예제 1.2와 1.3에서 응력이 가해지는 재령(t')과 노출이 시작되는 재령(t_s) 모두 14일로 동일하다. 일반적으로 콘크리트 부재 내부의 철근에 의해 건조수축 및 크리프 발생량이 감소하게 되며, 시간에 따라 철근과 콘크리트에 작용하는 응력이 변화하게 된다. 또한 이러한 장기거동은 외부의 경계조건에 따른 영향도 받게 된다. 앞서 언급하였듯이 일반적인 구조 부재에서의 시간에 따른 응력 및 변형률 변화에 대한 해석방법이 제안되어 있으며, 한국콘크리트학회 발간 실무매뉴얼, '콘크리트 장기거동 해석 및 적용'을 참조하기 바란다.

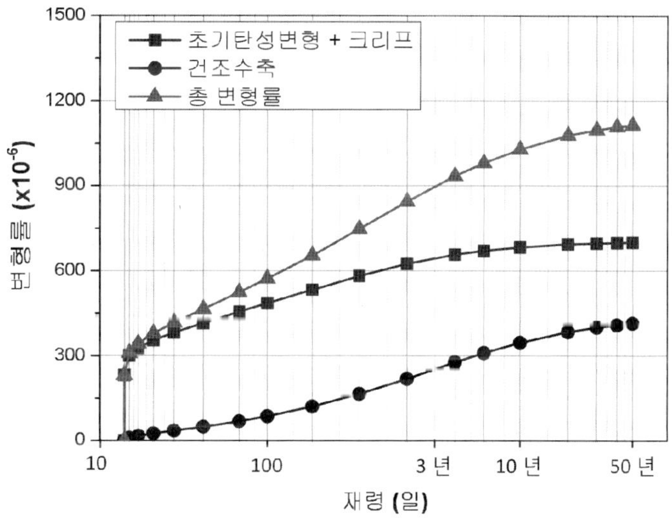

적용기준

계산 및 해설

$t-t'$	$\varepsilon_{c\sigma}(t, t') \times 10^{-6}$	$\varepsilon_{sh}(t, t_s) \times 10^{-6}$	$\{\varepsilon_{c\sigma}(t, t') + \varepsilon_{sh}(t, t_s)\} \times 10^{-6}$
0 일	232	0	232
1 일	300	9	309
3 일	327	16	343
7 일	354	25	379
14 일	382	35	417
28 일	415	49	465
56 일	455	69	524
90 일	485	87	573
180 일	533	121	654
1 년	582	166	748
2 년	625	219	844
4 년	657	277	934
6 년	671	310	980
10 년	683	346	1029
20 년	694	384	1078
30 년	697	400	1097
40 년	699	408	1108
50 년	700	414	1114

예제 1.4 고강도 철근의 항복강도

다음과 같은 응력-변형률 곡선을 가지는 고강도 철근이 있다. 이처럼 항복점이 뚜렷하게 나타나지 않는 고강도 강재의 항복강도를 그래프에서 직접 구하라. 단, 탄성계수는 200,000 MPa이다.

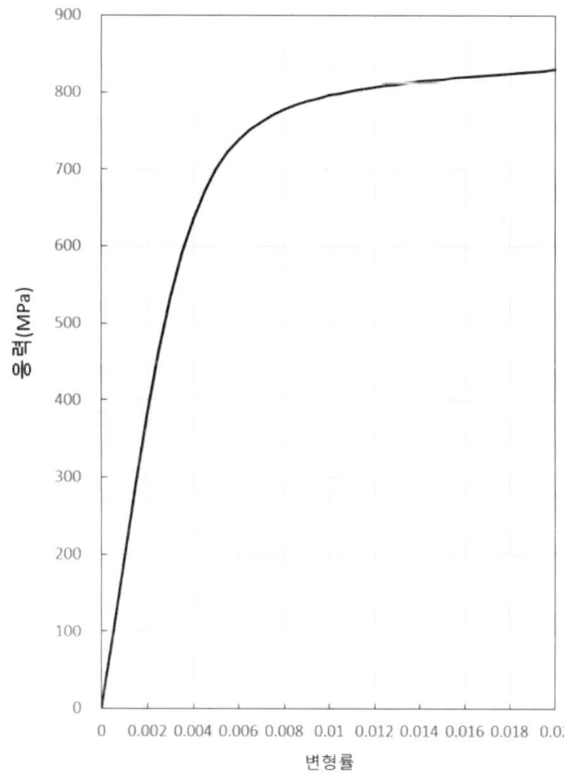

예제 그림 1.4-1 고강도 철근의 응력-변형률 곡선

적용기준

기준 3.2.1(4)

계산 및 해설

1. 항복점이 뚜렷이 나타나지 않는 경우에는 0.2 % 오프셋법을 적용하여, 0.002의 변형률에서 강재의 탄성계수와 같은 기울기로 직선을 그은 후 응력-변형률 곡선과 만나는 점의 응력을 항복강도 f_y로 정해야 한다. 이것을 오프셋 항복강도라고 일컫는다.

2. 따라서 다음의 그림에서 읽으면, 항복강도는 725 MPa이다.

적용기준

계산 및 해설

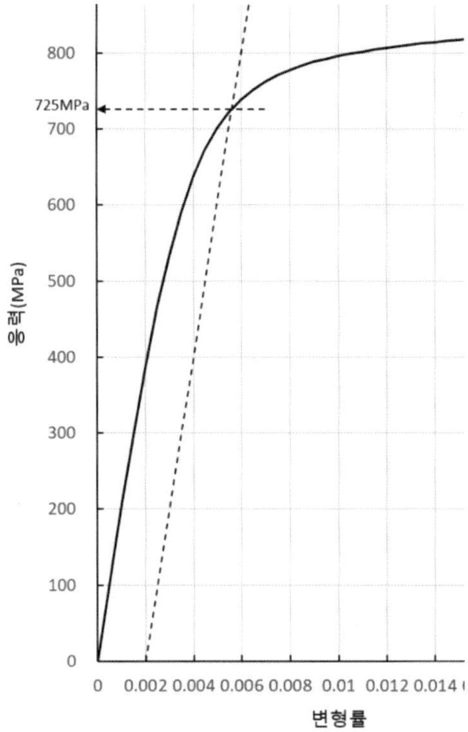
725MPa
800
700
600
500
400
300
200
100
0
응력(MPa)
0
0.002
0.004
0.006
0.008
0.01
0.012
0.014
변형률

예제 1.5 콘크리트 강도평가

설계기준 압축강도를 평가하는 실험의 최소 시료채취 기준을 만족하기 위하여 필요한 압축강도 공시체의 최소 개수를 결정하라. 콘크리트는 25 m×25 m×0.25 m의 슬래브 제작을 위하여 타설하며 6 m^3 용량의 레미콘 트럭으로 운반한다. 이 공사는 소규모 공사이며 강도공시체 개수는 기준 3.1.5(1)의 실험주기에 기초하여 결정한다.

적용기준	계산 및 해설
	1. 총 타설량 : $25 \times 25 \times 0.25 \fallingdotseq 156\ \mathrm{m}^3$
	2. 총 타설면적 : $25 \times 25 = 625\ \mathrm{m}^2$
	3. 총 레미콘 트럭 수 : $\dfrac{156}{6} = 26$ 대
기준 3.1.5(1)	4. 일일당 최소 강도공시체 채취 대상 횟수 : $\dfrac{156}{100} = 1.56$ 회 (타설량 기준) $\dfrac{625}{500} = 1.25$ 회 (슬래브의 타설 면적기준)
기준 3.1.5(2)	→ 5회보다 적으므로 최소한 무작위 선택한 5배치에 대하여 실험한다.
	5. 공사현장에서 제작해야 하는 강도공시체의 총 개수 : $5 \times 3 = 15$ 개

이 공사현장에서 강도평가를 위해 제작해야 하는 강도공시체의 총 개수는 기준에서 제시하는 최소 개수라 할 수 있다. 하지만 공사수행에 있어서 공시체 개수는 최소 규정보다 추가적(구조체관리용 공시체 등)으로 충분히 제작하는 것이 바람직하다.

예제 1.6 콘크리트의 강도 사용승인- I

공사현장으로 운반된 5대의 레미콘 트럭으로부터 설계기준 압축강도가 27 MPa인 콘크리트를 채취하여 3 개씩의 공시체를 제작하여 시험실에서 양생한 후 재령 28 일에 압축강도를 실험한 결과 예제 표 1.6-1과 같은 결과를 얻었다. 콘크리트의 사용승인 여부를 결정하라.

예제 표 1.6-1 압축강도 실험결과

실험번호	재령 28일 압축강도 (MPa)				
	#1	#2	#3	평균	3번 연속 평균
1	28.3	30.4	27.9	28.9	-
2	26.5	28.6	26.8	27.3	-
3	25.3	25.3	26.8	25.8	27.9
4	30.5	32.2	29.1	30.6	28.9
5	31.9	32.5	30.7	31.7	29.4

적용기준

기준 2.3.3(2)

계산 및 해설

기준 2.3.3(2)에 따르면 세 번의 연속 강도시험 결과의 평균값은 설계기준 압축강도인 27 MPa 이상이고, 또한 개별적인 강도시험값은 27 − 3.5 MPa = 23.5 MPa 이상이라야 한다.

예제 표 1.6-1에 따르면 A현장 레미콘에서 콘크리트를 채취하여 제작한 공시체에 대한 세 번의 연속 강도시험 결과의 평균값은 모두 27 MPa 이상이고, 개별 시험값 중 3번 실험에서 얻은 시험값은 25.8 MPa로 27 MPa 이하이지만, 23.5 MPa 이상이므로 규정을 만족한다.

따라서 예제 표 1.6-1에 주어진 실험결과는 세 번의 연속 강도시험값의 평균값과 개별적인 압축강도시험값이 모두 규정을 만족하므로 사용을 승인할 수 있다.

예제 1.7 콘크리트의 강도 사용승인-II

설계기준 압축강도가 27 MPa인 콘크리트를 채취하여 3 개씩의 공시체를 제작하여 시험실에서 양생한 후 재령 28 일에 압축강도를 실험한 결과 예제 표 1.7-1과 같은 결과를 얻었다. 콘크리트의 사용승인 여부를 판단하고, 조치사항을 제시하라.

예제 표 1.7-1 압축강도 실험결과

실험번호	재령 28일 압축강도 (MPa)				
	#1	#2	#3	평균	세 번 연속 평균
1	25.0	23.5	25.7	24.7	-
2	27.4	28.5	27.2	27.7	-
3	28.1	28.2	27.3	27.9	26.8
4	32.3	32.4	34.2	33.0	29.5
5	22.9	21.4	21.9	22.4	27.7

적용기준

계산 및 해설

기준 2.3.3(2)

예제 표 1.7-1의 시험결과는 세 번의 연속 강도시험 결과의 평균값이 설계기준 압축강도 27 MPa을 만족하지 못하였고, 마지막 실험의 시험값이 22.4 MPa로 27 − 3.5 = 23.5 MPa을 만족하지 못하였다. 따라서 이후에 실시되는 강도시험값의 평균 수준을 증가시키기 위한 조치를 취해야 한다. 이러한 조치에는 다음과 같은 사항이 포함된다.

① 결합재량의 증가
② 단위수량의 감소 또는 단위수량의 관리 강화
③ 감수제를 사용하여 결합재의 분산성 제고
④ ①~③ 외 배합비의 변경
⑤ 운송 시간 감소
⑥ 공기량의 세밀한 조절
⑦ 강도시험의 질 개선 (표준시험방법을 보다 엄격하게 적용)

만약 시멘트와 혼화재료 제조사, 골재 생산지를 변경하고자 한다면 이러한 조치가 강도 평균 수준을 향상시킬 수 있다는 근거를 제시하여야 한다.

기준 2.3.3(4)

또한 기준 2.3.3(4) 규정에 따라 콘크리트 강도가 현저히 부족하거나, 하중저항능력이 감소되었다고 판단될 때에는 문제된 부위에서 3개의 코어를 채취하여 KS F 2422에 따라 강도시험을 실시하여야 한다. 이때 해당 구조물의 함수상태를 고려하여 강도시험을 실시한

적용기준

계산 및 해설

다. 구조물이 건조된 상태일 경우 코어는 시험 전 7일 동안 공기(온도 15~30 °C, 상대습도 60 % 이하)로 건조시킨 후 시험해야 하고, 구조물이 습윤상태에 있다면 최소 40일 이상 물에 담가두었다가 습윤상태로 시험해야 한다.

3개의 코어 강도시험값 평균이 설계기준 압축강도의 85 % 이상($0.85 \times 27 = 22.95$ MPa)이고, 개별적인 실험값이 75 % 이상($0.75 \times 27 = 20.25$ MPa)이라면 구조적으로 적합하다고 판정할 수 있다. 만약 코어시험 결과가 불규칙하다면 해당 위치에서 재시험을 실시한다.

코어 강도시험 결과가 위 규정을 만족하지 못하고 구조적 적합성이 의심스러울 때에는 기준 제20장의 규정에 따라 재하시험을 실시하거나 기타 적당한 조치를 취해야 한다.

제 2 장

설계하중 및 하중조합

예제 2.1 설계하중 계산

구조물을 설계하기 위해 구조해석을 수행하였다.
그 결과, 고정하중과 활하중에 의해 휨모멘트, 전단력, 축력이 다음과 같이 산출되었다.

고정하중 : $M_{DL} = 170\ \mathrm{kN \cdot m}$ $V_{DL} = 240\ \mathrm{kN}$ $P_{DL} = 1,700\ \mathrm{kN}$

활하중 : $M_{LL} = 145\ \mathrm{kN \cdot m}$ $V_{LL} = 170\ \mathrm{kN}$ $P_{LL} = 1,100\ \mathrm{kN}$

휨모멘트, 전단력, 축력에 대한 설계하중을 구하라. 단, 바람이나 지진은 작용하지 않는다. 선형탄성해석이 유효하다고 간주한다.

적용기준

계산 및 해설

바람이나 지진이 작용하지 않으므로 다음 식을 사용하면

기준 식 3.3.3

$U = 1.2D + 1.6L$

또는 $U = 1.4D$

계수휨모멘트 $M_u = 1.2 \times 170 + 1.6 \times 145 = 436\ \mathrm{kN \cdot m}$

$M_u = 1.4 \times 170 = 238\ \mathrm{kN \cdot m}$

계수전단력 $V_u = 1.2 \times 240 + 1.6 \times 170 = 560\ \mathrm{kN}$

$V_u = 1.4 \times 240 = 336\ \mathrm{kN}$

계수축력 $P_u = 1.2 \times 1,700 + 1.6 \times 1,100 = 3,800\ \mathrm{kN}$

$P_u = 1.4 \times 1,700 = 2,380\ \mathrm{kN}$

모든 하중은 하중조합상태에서 해당 강도와 비교하여 안전성을 검토해야 한다. 예를 들어, 축력과 모멘트 조합 시에는 동일한 하중조합에서의 하중을 고려해야 하며, 여기서 축력과 모멘트 조합(3,800, 436)과 (2,380, 238)을 고려한다. 일반적으로 기둥 설계에서 축력이 작은 경우 모멘트 강도로 감소하므로 두 가지 하중조합을 모두 고려해야 한다.

예제 2.2 소요 공칭강도 계산

철근콘크리트구조물을 설계하기 위해 다음과 같은 각 하중마다 선형탄성 구조해석을 수행하였다. 그 결과, 이 구조물의 한 보의 단면에 유발된 단면력은 고정하중, 활하중, 풍하중과 지진하중에 의해 휨모멘트, 전단력이 다음과 같이 계산되었다.

고정하중 : $M_{DL} = 170\ \mathrm{kN\cdot m}$ $V_{DL} = 240\ \mathrm{kN}$

활하중 : $M_{LL} = 145\ \mathrm{kN\cdot m}$ $V_{LL} = 170\ \mathrm{kN}$

풍하중 : $M_W = 80\ \mathrm{kN\cdot m}$ $V_W = 110\ \mathrm{kN}$

지진하중 : $M_E = 85\ \mathrm{kN\cdot m}$ $V_E = 100\ \mathrm{kN}$

각 값을 적용하여 이 단면의 계수휨모멘트와 계수전단력을 구하고, 이때의 소요공칭강도를 결정하라.

적용기준

계산 및 해설

연직하중만이 작용하는 구조물 설계와는 다르게 수평하중이 작용하는 구조물에 하중계수를 적용하는 것은 그렇게 쉽지 않다.

즉, 바람과 지진이 작용하고 있으므로 여기에서 고려할 수 있는 하중조합은 다음의 3가지이다. 각각의 하중조합에 대해 구한 계수하중에서 가장 큰 값을 설계하중으로 선정해야 한다.

기준 식 3.3.3 $U = 1.2D + 1.6L$

기준 식 3.3.4 $U = 1.2D + 1.3W + 1.0L$

기준 식 3.3.5 $U = 1.2D + 1.0E + 1.0L$

계수휨모멘트 $M_u = (1.2 \times 170 + 1.6 \times 145) = 436\ \mathrm{kN\cdot m}$

$M_u - (1.2 \times 170 + 1.3 \times 80 + 1.0 \times 145) = 453\ \mathrm{kN\cdot m}$

$M_u = (1.2 \times 170 + 1.0 \times 85 + 1.0 \times 145) = 434\ \mathrm{kN\cdot m}$

따라서 설계에 사용할 계수휨모멘트 $M_u = 453\ \mathrm{kN\cdot m}$이고, 단면의 소요공칭휨강도 $M_n = M_u/\phi - 453/0.85 = 532.9\ \mathrm{kN\cdot m}$이다.

적용기준	◪ 계산 및 해설

계수전단력 $V_u = (1.2 \times 240 + 1.6 \times 170) = 560 \text{ kN}$

$$V_u = (1.2 \times 240 + 1.3 \times 110 + 1.0 \times 170) = 601 \text{ kN}$$

$$V_u = (1.2 \times 240 + 1.0 \times 100 + 1.0 \times 170) = 558 \text{ kN}$$

따라서 설계에 사용할 계수전단력 $V_u = 601 \text{ kN}$이고, 이 단면의 소요공칭전단강도 $V_n = V_u / \phi = 601/0.75 = 801.3 \text{ kN}$이다.

수평하중의 방향이 역전하는 경우를 고려하여 동일한 단면력에 대하여 다음 하중조합도 고려해야 한다.

$$U = 1.2D - 1.3W + 1.0L$$

$$U = 1.2D - 1.0W + 1.0L$$

기준 식 3.3.7 $\quad U = 0.9D - 1.3W$

기준 식 3.3.8 $\quad U = 0.9D - 1.0W$

예제 2.3 지중구조물의 설계하중

다음 그림과 같은 지중구조물을 설계하기 위해 각 하중요소의 사용하중을 계산하였다. 그 결과는 아래와 같다.

상부 슬래브 자중 $D_{ST} = 9.8\,\mathrm{kN/m^2}$

하부 슬래브 자중 $D_{SB} = 11.0\,\mathrm{kN/m^2}$

벽체 자중 $D_W = 25.2\,\mathrm{kN/m}$

노면 활하중(DB-24) $L_v = 10.0\,\mathrm{kN/m^2}$

노면 활하중에 의한 수평토압 $L_h = 5.0\,\mathrm{kN/m^2}$

연직토압 $H_v = 95.0\,\mathrm{kN/m^2}$

수평토압 $H_{hT} = 49.4\,\mathrm{kN/m^2}$, $H_{hB} = 81.9\,\mathrm{kN/m^2}$

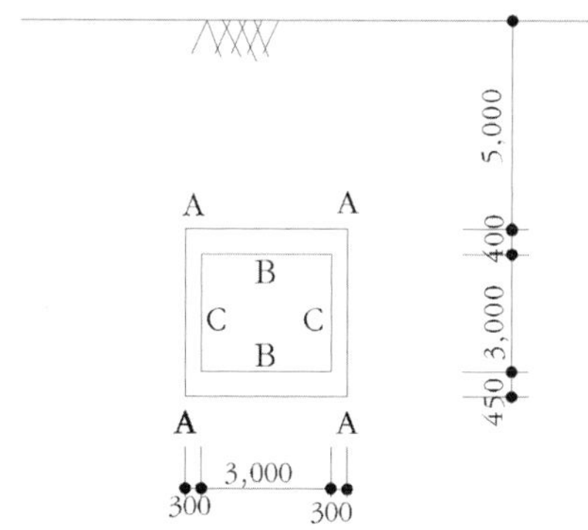

예제 그림 2.3-1 설계단면(단위 : mm)

지중구조물의 설계 단면력을 구하기 위한 설계하중을 산정하라. 단, 지진력은 작용하지 않는다.

적용기준	↘ 계산 및 해설

토압과 관계된 하중조합을 고려한다.

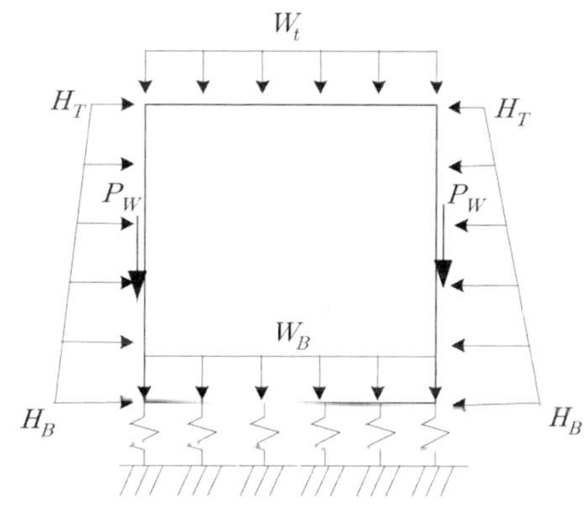

예제 그림 2.3-2 설계하중

하중조합 1;기준 식 3.3.2 적용

기준 식 3.3.2

$$U = 1.2(D + F + T) + 1.6(L + \alpha_H H_v + H_h)$$

여기서 $\alpha_H = 1.05 - 0.025h = 0.925$

$$W_T = 1.2 \times 9.8 + 1.6 \times (10.0 + 0.925 \times 95.0) = 168.4\,\mathrm{kN/m^2}$$

적용기준	계산 및 해설

$$W_B = 1.2 \times 11.0 = 13.2\ \mathrm{kN/m^2}$$

$$P_W = 1.2 \times 25.2 = 30.2\ \mathrm{kN/m}$$

$$H_T = 1.6 \times (5.0 + 49.4) = 87.0\ \mathrm{kN/m^2}$$

$$H_B = 1.6 \times (5.0 + 81.9) = 139.0\ \mathrm{kN/m^2}$$

하중조합 2 ; 기준 식 3.3.6 적용

기준 식 3.3.6

$$U = 1.2(D + F + T) + 1.6(L + \alpha_H H_v) + 0.8 H_h$$

$$W_T = 1.2 \times 9.8 + 1.6 \times (10.0 + 0.925 \times 95.0) = 168.4\ \mathrm{kN/m^2}$$

$$W_B = 1.2 \times 11.0 = 13.2\ \mathrm{kN/m^2}$$

$$P_W = 1.2 \times 25.2 = 30.2\ \mathrm{kN/m}$$

$$H_T = 0.8 \times (5.0 + 49.4) = 43.5\ \mathrm{kN/m^2}$$

$$H_B = 0.8 \times (5.0 + 81.9) = 69.5\ \mathrm{kN/m^2}$$

하중조합 3 ; 기준 식 3.3.7 적용

기준 식 3.3.7

$$U = 0.9(D + H_v) + 1.6 H_h$$

$$W_T = 0.9 \times (9.8 + 95.0) = 94.3\ \mathrm{kN/m^2}$$

$$W_B = 0.9 \times 11.0 = 9.9\ \mathrm{kN/m^2}$$

$$P_W = 0.9 \times 25.2 = 22.7\ \mathrm{kN/m}$$

$$H_T = 1.6 \times 49.4 = 79.0\ \mathrm{kN/m^2}$$

$$H_B = 1.6 \times 81.9 = 131.0\ \mathrm{kN/m^2}$$

각 단면의 설계 단면력을 구하기 위해서는 위의 모든 하중조합을 고려해야 한다.

일반적으로 휨모멘트의 경우

A단면에서는 하중조합 1이

B단면에서는 하중조합 2가

C단면에서는 하중조합 3이 최대 단면력을 발생시킨다.

예제 2.4 구조 안전성

콘크리트구조 학회기준을 준수하여 설계된 구조물이 극한한계상태에 도달하여 파괴될 가능성을 구하라. 단, 파괴확률과 신뢰도지수는 다음 표와 같다.

예제 표 2.4-1 파괴확률과 신뢰도지수

파괴 확률 (P_f)	$\frac{1}{10}$	$\frac{1}{10^2}$	$\frac{1}{10^3}$	$\frac{1}{10^4}$	$\frac{1}{10^5}$	$\frac{1}{10^6}$	$\frac{1}{10^7}$
신뢰도 지수 (β)	1.28	2.32	3.09	3.72	4.27	4.75	5.20

적용기준

계산 및 해설

현행 콘크리트구조 학회기준(2017)의 하중계수와 강도감소계수는 확률을 기초로 한 신뢰성해석에 근거하며 부재 내력의 불확실성, 하중의 변동성, 연성능력 확보, 파괴의 파급효과 등을 고려하여 정해진다. 이때 연성파괴를 유도하기 위한 부재의 신뢰도지수(β)는 3~3.5로, 취성파괴는 신뢰도지수(β)를 3.5~4로 산정한다.

예제 표 2.4-1에 따라 신뢰도지수(β) 4에 해당하는 파괴확률(P_f)을 구하면 다음과 같다.

$$\text{신뢰도지수}(\beta) = (3.72 + 4.27)/2 = 4.00$$

$$\text{파괴확률}(P_f) = \sqrt{\frac{1}{10^4} \times \frac{1}{10^5}} = 3.16 \times 10^{-5}$$

제 3 장

사용성 및 내구성

예제 3.1 처짐

다음 그림과 같은 직사각형 단순보의 단기처짐과 재령 5년에서 장기처짐을 계산하고 허용처짐 제한 규정을 검토하시오. 설계조건은 다음과 같다.

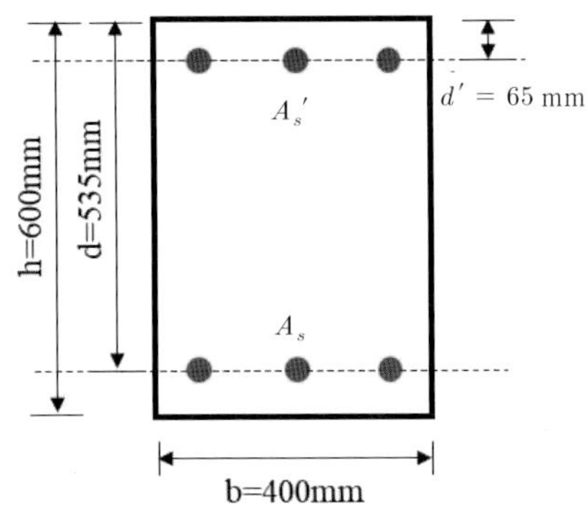

보 경간 = 8 m

$f_{ck} = 28\ \text{MPa}$, $f_y = 400\ \text{MPa}$

$A_s{}' = 1{,}521\ \text{mm}^2 (3-\text{D}\ 25)$

$A_s = 1{,}521\ \text{mm}^2 (3-\text{D}\ 25)$

$E_s = 200{,}000\ \text{MPa}$

고정하중 휨모멘트(자중 포함) : $M_d = 70\ \text{kN·m}$

활하중 휨모멘트(50% 지속하중) : $M_l = 50\ \text{kN·m}$

적용기준	계산 및 해설

1. 보의 최소 두께 검토

기준 표 4.3.1

$$h_{\min} = \left(\frac{l}{16}\right)$$

$$h_{\min} = \frac{8{,}000}{16} = 500 < h = 600\ \text{mm} \quad \langle\text{적합}\rangle$$

2. 재료 성질

기준 식 4.3.3 $f_r = 0.63\lambda\sqrt{f_{ck}} = 0.63 \times 1.0 \times \sqrt{28} = 3.33\ \text{MPa}$

기준 식 3.4.3 $f_{cm} = f_{ck} + \Delta f = 28 + 4 = 32\ \text{MPa}$

기준 식 3.4.2 $E_c = 8{,}500\sqrt[3]{f_{cm}} = 8{,}500\sqrt[3]{32} = 2.7 \times 10^4\ \text{MPa}$

$$n = \frac{E_s}{E_c} = 7.4$$

3. 단면2차모멘트

a. 균열 단면 중립축

$$I_g = \frac{bh^3}{12} = \frac{(400)(600)^3}{12} = 7.2 \times 10^9\ \text{mm}^4$$

적용기준	↘ 계산 및 해설

$$b(kd)\frac{kd}{2}+(n-1)A_s'(kd-d')=nA_s(d-kd)$$

$$0=(kd)^2+105.12(kd)-33{,}323.44$$

$$kd=137.40\ \mathrm{mm}$$

b. 균열단면2차 모멘트

$$I_{cr}=\frac{b(kd)^3}{3}+nA_s(d-kd)^2+(n-1)A_s'(kd-d')^2$$

$$=\frac{(400)\times(137.40)^3}{3}+7.4\times1{,}521\times(535-137.40)^2$$

$$+(7.4-1)\times1{,}521\times(137.40-65)^2$$

$$=2.18\times10^9\ \mathrm{mm}^4$$

4. 유효단면2차모멘트 계산

기준 식 4.3.2

$$M_{cr}=\frac{f_rI_g}{y_t}=\frac{3.33\times(7.2\times10^9)}{300}\cdot\frac{1}{10^6}=80\ \mathrm{kN\cdot m}$$

a. 고정하중

$M_{cr}=80\ \mathrm{kN\cdot m}>M_d=70\ \mathrm{kN\cdot m}$ 〈비균열〉

따라서 $(I_e)_d=I_g=7.2\times10^9\ \mathrm{mm}^4$

b. 지속하중

$$M_{sus}=M_d+0.5\times M_l=70+0.5\times50=95\ \mathrm{kN\cdot m}$$

$M_{cr}=80\ \mathrm{kN\cdot m}<M_{sus}=95\ \mathrm{kN\cdot m}$ 〈균열〉

기준 식 4.3.1

$$I_e=\left(\frac{M_{cr}}{M_a}\right)^3I_g+\left[1-\left(\frac{M_{cr}}{M_a}\right)^3\right]I_{cr}$$

$$(I_e)_{sus}=\left(\frac{M_{cr}}{M_{sus}}\right)^3I_g+\left[1-\left(\frac{M_{cr}}{M_{sus}}\right)^3\right]I_{cr}$$

$$=\left(\frac{80}{95}\right)^3\times(7.2\times10^9)+\left[1-\left(\frac{80}{95}\right)^3\right]\times(2.18\times10^9)$$

$$=5.2\times10^9\ \mathrm{mm}^4<I_g=7.2\times10^9\ \mathrm{mm}^4$$

c. 사용하중

$$M_{cr} = 80\text{ kN·m} < M_{d+l} = M_d + M_l = 70 + 50 = 120\text{ kN·m} \quad \langle\text{균열}\rangle$$

$$(I_e)_{d+l} = \left(\frac{M_{cr}}{M_{d+l}}\right)^3 I_g + \left[1 - \left(\frac{M_{cr}}{M_{d+l}}\right)^3\right] I_{cr}$$

$$= \left(\frac{80}{120}\right)^3 \times (7.2\times10^9) + \left[1 - \left(\frac{80}{120}\right)^3\right] \times (2.18\times10^9)$$

$$= 3.7\times10^9\text{ mm}^4 < I_g = 7.2\times10^9\text{ mm}^4$$

5. 탄성처짐

$$(\triangle_i)_d = \frac{(5/48)M_d l^2}{E_c(I_e)_d} = \frac{(5/48)\times70\times(8)^2}{27.0\times(7.2)} = 2.40\text{ mm}$$

$$(\triangle_i)_{sus} = \frac{(5/48)M_{sus} l^2}{E_c(I_e)_{sus}} = \frac{(5/48)\times95\times(8)^2}{27.0\times(5.2)} = 4.53\text{ mm}$$

$$(\triangle_i)_{d+l} = \frac{(5/48)M_{d+l} l^2}{E_c(I_e)_{d+l}} = \frac{(5/48)\times120\times(8)^2}{27.0\times(3.7)} = 8.08\text{ mm}$$

$$(\triangle_i)_l = (\triangle_i)_{d+l} - (\triangle_i)_d = 8.08 - 2.40 = 5.68\text{ mm}$$

6. 최대 허용처짐 규정과 비교

기준 표 4.3.2 과도한 처짐에 의해 손상되기 쉬운 비구조 요소를 지지 또는 부착하지 않은 평지붕구조

$$(\triangle_i)_l \le \frac{l}{180} = \frac{8,000}{180} = 44.44\text{ mm} > 5.68\text{mm} \quad \langle\text{적합}\rangle$$

기준 표 4.3.2 과도한 처짐에 의해 손상되기 쉬운 비구조 요소를 지지 또는 부착하지 않은 바닥구조

$$(\triangle_i)_l \le \frac{l}{360} = \frac{8000}{360} = 22.22\text{ mm} > 5.68\text{ mm} \quad \langle\text{적합}\rangle$$

7. 재령 5년 장기처짐

$$\rho' = \frac{A_s'}{bd} = \frac{1521}{400\times600} = 0.0071$$

기준 식 4.3.4

$$\lambda_\triangle = \frac{\xi}{1+50\rho'} = \frac{2.0}{1+50\times0.0071} = 1.48$$

적용기준

계산 및 해설

재령	ξ	λ_Δ	$(\Delta_i)_{sus}$	$(\Delta_i)_l$	$\Delta_{cp}+\Delta_{sh}=\lambda_\Delta(\Delta_i)_{sus}$	$\Delta_{cp}+\Delta_{sh}+(\Delta_i)_l$
5년	2.0	1.48	4.53mm	5.68mm	6.70mm	12.37mm

8. 최대 허용처짐 규정과 비교

기준 표 4.3.2

과도한 처짐에 의해 손상되기 쉬운 비구조 요소를 지지 또는 부착한 지붕 또는 바닥구조

$$\Delta_{cp}+\Delta_{sh}+(\Delta_i)_l \le \frac{l}{480}=\frac{8,000}{480}=16.67\,\mathrm{mm}>12.37\,\mathrm{mm}\ \langle\text{적합}\rangle$$

기준 표 4.3.2

과도한 처짐에 의해 손상될 염려가 없는 비구조 요소를 지지 또는 부착한 지붕 또는 바닥구조

$$\Delta_{cp}+\Delta_{sh}+(\Delta_i)_l \le \frac{l}{240}=\frac{8,000}{240}=33.33\,\mathrm{mm}>12.37\,\mathrm{mm}\ \langle\text{적합}\rangle$$

예제 3.2 균열제어를 위한 철근의 배근

폭이 500 mm인 보를 가정한다면 휨균열을 제어하기 위한 철근의 배근을 결정하라.
설계조건은 다음과 같다.

건조환경 유지

$f_y = 400\ \mathrm{MPa}$

소요철근량 $A_s = 1{,}900\ \mathrm{mm}^2$

D10 스터럽 사용

휨철근 피복두께 $= 50\ \mathrm{mm}$

적용기준

계산 및 해설

1. 2-D35 철근($A_s = 1{,}913\ \mathrm{mm}^2$)을 사용

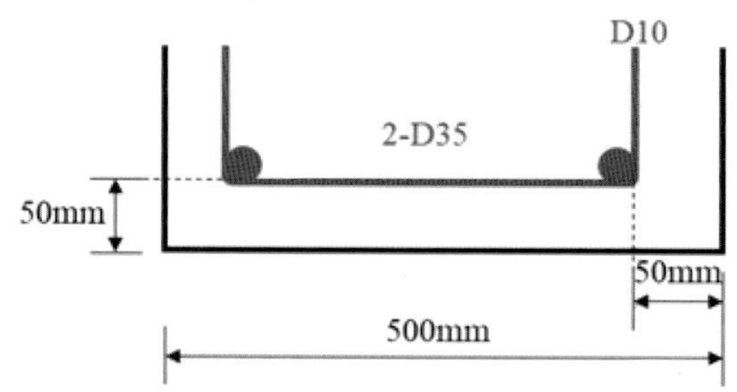

$c_c = 50\ \mathrm{mm}$

기준 식 6.3.3

근사식 $f_s = \dfrac{2}{3} \times f_y = \dfrac{2}{3} \times 400 = 267\ \mathrm{MPa}$을 사용하면 최대 간격은 다음과 같다.

$$s = 375\left(\frac{\kappa_{cr}}{f_s}\right) - 2.5c_c$$

$$s = 375\left(\frac{280}{267}\right) - 2.5 \times 50 = 269\ \mathrm{mm}$$

기준 식 6.3.4

$$s = 300\left(\frac{\kappa_{cr}}{f_s}\right)$$

$$s = 300\left(\frac{280}{267}\right) = 315\ \mathrm{mm} > 269\ \mathrm{mm}$$

적용기준

계산 및 해설

주어진 간격 : $500-2\left(50+\dfrac{34.9}{2}\right)=365\ \mathrm{mm}>269\ \mathrm{mm}$ 〈부적합〉

2. 4-D25 철근($A_s=2{,}027\ \mathrm{mm}^2$)을 사용

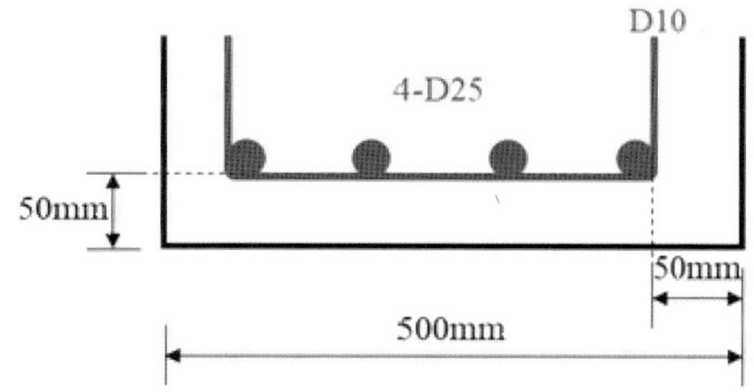

$c_c=50\ \mathrm{mm}$

최대 간격은 다음과 같다.

$s=269\ \mathrm{mm}$

주어진 간격 : $\dfrac{1}{3}\left[500-2\left(50+\dfrac{25.4}{2}\right)\right]=125\ \mathrm{mm}<269\ \mathrm{mm}$ 〈적합〉

예제 3.3 단철근 직사각형 단면의 단순보에 대한 피로 검토

폭 $b = 300\,\mathrm{mm}$, 유효깊이 $d = 540\,\mathrm{mm}$, 인장철근 $A_s = 3-D25 = 1{,}520\,\mathrm{mm}^2$인 단철근 직사각형 단면의 단순보가 사용 고정하중모멘트 $50\,\mathrm{kN\cdot m}$, 충격을 포함한 사용 활하중모멘트 $90\,\mathrm{kN\cdot m}$를 받고 있다. 피로에 대하여 검토하라.
$f_{ck} = 24\,\mathrm{MPa}$이고, $f_y = 400\,\mathrm{MPa}$이다.

적용기준

계산 및 해설

피로에 대한 검토의 필요 여부는 충격을 포함한 사용 활하중에 의한 철근의 응력범위가 범위 내에 있는가 아닌가에 따라 정해진다. 철근의 응력은 사용하중에 의해 계산해야 한다.

탄성계수비 $n(=E_s/E_c)$는 8이고, 중립축 위치는

$$x = -\frac{nA_s}{b} + \frac{nA_s}{b}\sqrt{1+\frac{2bd}{nA_s}}$$

$$= -\frac{8\times1{,}520}{300} + \frac{8\times1{,}520}{300}\sqrt{1+\frac{2\times300\times540}{8\times1{,}520}} = 173\,\mathrm{mm}$$

따라서 내력의 팔길이는

$$z = d-\frac{x}{3} = 540-\frac{173}{3} = 482\,\mathrm{mm}$$

사용하중에 의해 이 보에 일어나는 최대 및 최소 휨모멘트는

$$M_{\max} = 50+90 = 140\,\mathrm{kN\cdot m}$$

$$M_{\min} = 50\,\mathrm{kN\cdot m}$$

따라서 철근에 일어나는 최대 및 최소 응력은

$$f_{s,\max} = \frac{M_{\max}}{A_s\left(d-\dfrac{x}{3}\right)} = \frac{140\times10^3\times10^3}{1{,}520\times482} = 191\,\mathrm{N/mm^2} = 191\,\mathrm{MPa}$$

$$f_{s,\min} = \frac{M_{\min}}{A_s\left(d-\dfrac{x}{3}\right)} = \frac{50\times10^3\times10^3}{1{,}520\times482} = 68\,\mathrm{N/mm^2} = 68\,\mathrm{MPa}$$

기준 표 4.4.1 따라서 철근응력 범위는

$$f_{s,\max} - f_{s,\min} = 191-68 = 123\,\mathrm{MPa} < 150\,\mathrm{MPa}$$

즉, 피로를 고려하지 않아도 되는 철근의 응력범위 이하에 있다. 그러므로 피로에 대한 검토를 따로 하지 않아도 된다.

예제 3.4 균열폭 검증

다음 조건에서, 75년 동안 고정하중과 활하중의 20 %가 지속하중으로서 휨모멘트 340 kN·m가 작용하는 경우의 균열폭을 계산하라.[3-2)]

T형 단면
D10 철근의 U형 스터럽 사용
$f_{ck} = 27\ \mathrm{MPa}$ (일반콘크리트)
4-D32 인장철근 $f_y = 400\ \mathrm{MPa}$
고정하중모멘트 $M_D = 300\ \mathrm{kN \cdot m}$
활하중모멘트 $M_L = 200\ \mathrm{kN \cdot m}$

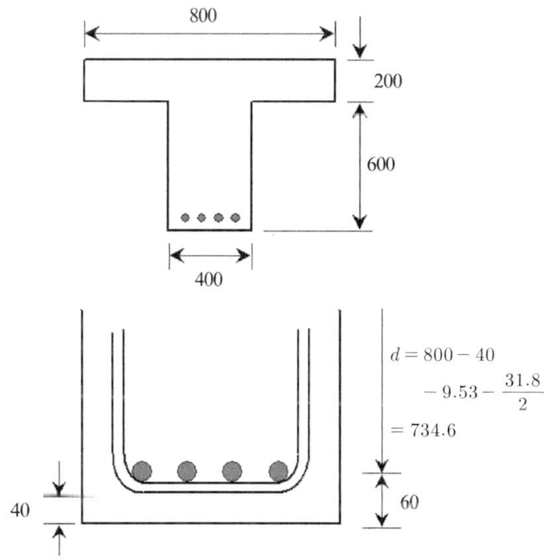

예제 그림 3.4-1 설계단면(단위 : mm)

적용기준	↘ 계산 및 해설

1. 재료 상수 및 철근 단면적

$$E_s = 200{,}000\ \mathrm{MPa}$$

기준 식 3.4.3 $$f_{cu} = f_{ck} + \Delta f = 27 + 4 = 31\ \mathrm{MPa}$$

기준 식 3.4.2 $$E_c = 8{,}500\sqrt[3]{f_{cu}} = 8{,}500\sqrt[3]{31} = 26{,}700\ \mathrm{MPa}$$

기준 식 3.4.4 $$E_{ct} = 1.18E_c = 1.18 \times 26{,}700 = 31{,}506\ \mathrm{MPa}$$

기준 식 4.3.3 $$f_r = 0.63\lambda\sqrt{f_{ck}} = 0.63 \times 1.0 \times \sqrt{27} = 3.27\ \mathrm{MPa}$$

$$4-\mathrm{D}\,32\ \text{인장철근}: A_s = 3{,}177\ \mathrm{mm}^2,\ d_b = 31.8\ \mathrm{mm}$$

2. 지속하중모멘트

$$M_{sust} = M_D + 0.2M_L = 300 + 0.2(200) = 340\ \mathrm{kN \cdot m}$$

3-2) 본 예제는 이재훈, 김진근, "콘크리트구조설계기준(2007)에 따른 균열제어", 한국콘크리트학회지, 제20권, 6호, 2008의 내용을 바탕으로 수정된 문제임.

적용기준	↘ 계산 및 해설

3. 전단면2차모멘트

탄성계수비 $n_i = \dfrac{E_s}{E_{ci}} = \dfrac{200,000}{31,506} = 6.3$

철근의 환산단면적 $n_i A_s = 6.3(3,177) = 20,015\ \mathrm{mm}^2$

비균열 환산단면에 대한 해석으로

단면 상단으로부터의 중립축 거리 y_o를 계산하면

$$y_o = \frac{800 \times 200 \times \dfrac{200}{2} + 400 \times 600 \times (200 + \dfrac{600}{2}) + (6.3-1) \times 3,177 \times 734.6}{800 \times 200 + 400 \times 600 + (6.3-1) \times 3,177}$$

$= 356\ \mathrm{mm}$

전단면2차모멘트 I_g 를 계산하면

$$I_g = \frac{800 \times 200^3}{12} + 800 \times 200 \times (356 - \frac{200}{2})^2$$

$$+ \frac{400 \times 600^3}{12} + 400 \times 600 \times (356 - 200 - \frac{600}{2})^2$$

$$+ (6.3-1) \times 3,177 \times (734.6 - 356)^2$$

$= 533,333,333 + 10,485,760,000 + 7,200,000,000 + 4,976,640,000 + 759,691$

$= 23,196,493,000\ \mathrm{mm}^4$

4. 균열환산2차모멘트

균열 환산단면에 대한 해석으로,

단면 상단으로부터 중립축 x를 계산하면 다음과 같다.

$800x(x/2) - n_i A_s (d - x) = 0$

$\rightarrow x = 168.33\ \mathrm{mm}$

균열단면2차모멘트

$$I_{cr} = \frac{bx^3}{3} + n_i A_s (d-x)^2 = \frac{800 \times 168.33^3}{3} + 6.3 \times 3,177 \times (734.6 - 168.33)^2$$

$= 7,689,977,230\ \mathrm{mm}^4$

5. 균열모멘트

$$\sigma_r = \frac{M_{cr}}{I_g} \times (h - y_o)$$

$$M_{cr} = \frac{\sigma_r I_g}{h - y_o} = \frac{3.27 \times 23,196,493,000}{800 - 356}$$

$$= 170,839,036 \text{ N·mm}$$

$$= 170.84 \text{ kN·m}$$

6. 균열 발생 여부 판정 및 철근응력

$M_{sust} = 340 \text{ kN·m} > M_{cr} (= 170.84 \text{ kN·m})$이므로

보의 하면에 균열이 발생함.

철근의 응력을 계산하면

기준 III.3.3(3) $$f_{so} = n_i \frac{M_{sust}}{I_{cr}} (d - x)$$

$$= (6.3) \frac{340 \times 10^6}{7,689,977,230} \times (734.6 - 168.33)$$

$$= 157.73 \text{ MPa}$$

7. 콘크리트 유효 인장면적

기준 식 III.3.6 $$A_{cte} = bd_{cte} = 400 \times 163.5 = 65,400 \text{ mm}^2$$

d_{cte}는 콘크리트 유효 인장깊이로써 휨모멘트를 받는 부재는

$2.5(h - d)$와 $(h - x)/3$ 중 작은값 (III.3.3)

$2.5(h - d) = 2.5(800 - 734.6) = 163.5 \text{ mm}$

$(h - x)/3 = (800 - 168.33)/3 = 210.56 \text{ mm}$

따라서 $d_{cte} = \min(163.5, 210.56) = 163.5 \text{ mm}$

기준 식 III.3.5 ρ_e는 콘크리트 유효 인장면적을 기준으로 한 철근비

$$\rho_e = \frac{A_s}{A_{cte}} = \frac{3,177}{65,400} = 0.048$$

적용기준	계산 및 해설

8. 평균 균열간격 l_s

철근의 중심간격이 $5(c_c + d_b/2)$ 이하인 경우는 식(Ⅲ.3.3)으로 계산하고,
$5(c_c + d_b/2)$를 초과하는 경우는 식(Ⅲ.3.4)로 계산한다.
철근중심간격 s는

$$s = \frac{400 - 40 \times 2 - 9.53 \times 2 - 31.8}{3} = \frac{269.14}{3} = 89.7\ \mathrm{mm}$$

그리고 $5(c_c + d_b/2) = 5(40 + 31.8/2) = 279.5\ \mathrm{mm}$이므로

기준 식 Ⅲ.3.3

$$l_s = 2c_c + \frac{0.25 k_1 k_2 d_b}{\rho_e}$$

$k_1 = 0.8$ (이형철근이므로)

$k_2 = 0.5$ (휨모멘트를 받는 부재이므로)

$$l_s = 2 \times 40 + \frac{0.25 \times 0.8 \times 0.5 \times 31.8}{0.048}$$

$$= 146.25\ \mathrm{mm}$$

9. 평균 변형률

기준 식 Ⅲ.3.7

$$\varepsilon_{sm} - \varepsilon_{cm} = \frac{f_{so}}{E_s} - 0.4 \frac{f_{cte}}{E_s \rho_e}(1 + n_i \rho_e) \geq 0.6 \frac{f_{so}}{E_s}$$

$f_{so} = 157.73\ \mathrm{MPa}$

$\rho_e = 0.048$

$E_s = 200{,}000\ \mathrm{MPa}$

f_{cte}는 콘크리트 유효 인장강도로 일반적인 경우에는 평균 인장강도 f_{ctm}, 재령 28일 이전의 균열을 검토할 때는 그 재령에서의 인장강도이다. 식(4.3.3)을 이용해서 계산한 f_r의 값 $3.27\ \mathrm{MPa}$을 사용하면,

$$\varepsilon_{sm} - \varepsilon_{cm} = \frac{f_{so}}{E_s} - 0.4 \frac{f_{cte}}{E_s \rho_e}(1 + n_i \rho_e)$$

$$= \frac{157.73}{200{,}000} - 0.4 \frac{3.27}{200{,}000 \times 0.048}(1 + 6.3 \times 0.048)$$

$$= 0.000611$$

적용기준	계산 및 해설

$$0.6\frac{f_{so}}{E_s} = 0.6 \times \frac{157.73}{200{,}000} = 0.000473$$

따라서, $\varepsilon_{sm} - \varepsilon_{cm} = 0.000611$이다.

10. 균열폭

기준 식 Ⅲ.3.2
기준 식 Ⅲ.3.1

설계 균열폭 $w_d = \kappa_{st} w_m = \kappa_{st} l_s (\varepsilon_{sm} - \varepsilon_{cm})$

$= 1.7 \times 146.25 \times 0.000611$

$= 0.152\ \mathrm{mm} < w_a (= 0.3\ \mathrm{mm})$

기준 Ⅲ.3.3(4)

κ_{st}의 값은 평균 균열폭을 계산할 때에는 1.0을 적용하며, 최대 균열폭을 계산할 때에는 1.7을 적용한다.

기준 표 Ⅲ.3.1

* 이 보는 일반 옥외구조물이므로 습윤환경으로 보고, 또 최외단 철근과 콘크리트 표면 사이의 피복두께가 40 mm이므로 허용균열폭은 0.3 mm와 $0.005c_c (= 0.005 \times 40 = 0.2\ \mathrm{mm})$ 중 큰 값이다. 따라서 허용균열폭 $w_a = 0.3\ \mathrm{mm}$이다.

예제 3.5 콘크리트구조물의 노출환경과 내구성 확보를 위한 요구조건

콘크리트 교량이 아래와 같은 환경조건에 있을 때 노출등급과 내구성 확보를 위한 요구조건을 제시하라.

(1) 교량의 바닥판은 지속적으로 수분과 접촉하고 동결융해의 반복작용에 노출되며, 겨울철에는 빈번하게 제빙화학제를 교량 바닥판 위에 살포한다.

(2) 교량 기초는 수용성 황산염 이온(SO_4^{2-})이 질량비로 0.15 % 포함되어 있는 토양과 접촉하고 있다.

(3) 교량은 해안가에 위치하여 해풍의 영향을 받지만 직접 해수에 접하지는 않는다.

적용기준

계산 및 해설

기준 4.5.3의 노출범주 및 등급에 대한 표 4.5.1과 표 4.5.2, 기준 4.5.4의 표 4.5.3과 콘크리트표준시방서에서 규정하는 내구성 확보를 위한 요구조건을 적용한다. 또한 철근부식의 위험이 큰 경우는 기준 5.4.6의 피복두께 확대 규정을 적용한다.

기준 표 4.5.1

(1) 기준 표 4.5.1에 따르면 지속적으로 수분과 접촉하고 동결융해의 반복작용에 노출되며 제빙화학제에 노출되는 바닥판은 EF4에 해당하며, 동시에 EC4에 해당한다. 두 개 이상의 노출등급에 해당하는 경우에는 각 등급별 요구조건 중 더 엄격한 조건을 적용해야 한다. 따라서 기준 표 4.5.3과 콘크리트표준시방서(KCS 14 20 10의 1.10), 그리고 기준 5.4.6에서 규정하는 아래의 조건을 만족해야 한다.

기준 표 4.5.3 콘크리트표준시방서 관련 규정 (KCS 14 20 10의 1.10)

① 최소 설계기준 압축강도는 35 MPa 이상

② 물-결합재비 0.40 이하

③ 아래 공기량 확보

- 굵은골재 최대 치수 20 또는 25 mm인 경우, 6.0±1.5 %
- 굵은골재 최대 치수 40 mm인 경우, 5.5±1.5 %

④ 혼화재는 아래 비율을 초과할 수 없음.

- 플라이애시 또는 기타 포졸란, 25 %
- 고로슬래그 미분말, 50 %
- 실리카 퓸, 10 %
- 플라이애시 또는 기타 포졸란, 고로슬래그 미분말 및 실리카 퓸의 합, 50%
- 플라이애시 또는 기타 포졸란과 실리카 퓸의 합, 35%

⑤ 결합재량은 아래의 값 이상이라야 함.
- 굵은골재 최대 치수 20 mm인 경우, 340 kg/m^3
- 굵은골재 최대 치수 25 mm인 경우, 330 kg/m^3
- 굵은골재 최대 치수 40 mm인 경우, 300 kg/m^3

⑥ 수용성 염소이온량 0.15 % (결합재 중량비) 이하 (철근콘크리트 바닥판)

기준 5.4.6

⑦ 철근 최소 피복두께는 기준 5.4.6에 따라 아래와 같이 확대
- 현장타설콘크리트의 경우, 50 mm
- 프리캐스트콘크리트의 경우, 40 mm

다만, 바닥판에 방수공법을 적용하고 공용기간 동안 방수층의 성능을 보장할 수 있는 경우에는 ECb3등급을 적용할 수 있다. 이 경우 요구조건은 아래와 같이 수정될 수 있다.

기준 표 4.5.3

① 최소 설계기준 압축강도는 27 MPa 이상

기준 5.4.1~3

② 철근 최소 피복두께는 기준 5.4.1~5.4.3의 해당 규정 적용
- D35 초과 철근, 40 mm
- D35 이하 철근, 20 mm

방수층의 성능 보장 여부는 기준 실적을 참고하여 신중히 판단해야 한다.

기준 표 4.5.1
기준 표 4.5.2

(2) 수용성 황산염(SO_4^{2})이 질량비(%)로 $0.10 \le SO_4^{2} < 0.20$이 포함되어 있는 토양과 접촉하는 교각 기초의 경우 ES1 등급에 해당되므로 기준 표 4.5.3과 콘크리트표준시방서(KCS 14 20 10의 1.10)에서 규정하는 아래의 조건을 만족해야 한다.

기준 표 4.5.3
콘크리트표준시방서 관련 규정 (KCS 14 20 10의 1.10)

① 최소 설계기준 압축강도 27 MPa 이상

② 물-결합재비 0.50 이하

③ 결합재는 아래 중 하나를 사용하여야 함.
- 보통포틀랜드시멘트(1종) + 포졸란 혹은 슬래그
- 중용열 포틀랜드시멘트(2종)(KS L 5201)
  (단, C_3A 함량이 8% 미만인 경우 1종 또는 3종 포틀랜드시멘트 허용)
- 플라이애시 시멘트(KS L 5211)
- 고로슬래그 시멘트(KS L 5210)
  주) * C_3A 함량이 8% 미만인 경우 1종 또는 3종 포틀랜드시멘트 허용

④ 수용성 염소이온량 0.3 %(결합재 중량비) 이하(철근콘크리트 기초)

기준 5.4.1~3

⑤ 철근 최소 피복두께는 기준 5.4.1~5.4.3의 해당 규정 적용
- D19 이상 철근, 50 mm

적용기준	계산 및 해설
	• D16 이하 철근, 40 mm
기준 표 4.5.1	(3) 교량 바닥판과 교각 기초를 제외한 다른 부재는 모두 EC1과 ECb4 등급에 해당된다. 두 등급에 해당하는 요구조건 중 더 엄격한 조건을 적용해야 하므로 기준 표 4.5.3과 콘크리트표준시방서(KCS 14 20 10의 1.10), 그리고 기준 5.4.6에서 규정하는 아래의 조건을 만족해야 한다.
기준 표 4.5.3 콘크리트표준 시방서 관련 규정 (KCS 14 20 10의 1.10)	① 최소 설계기준 압축강도 30 MPa 이상 ② 물-결합재비 0.45 이하 ③ 결합재량은 아래의 값 이상이라야 함. • 굵은골재 최대 치수 20 mm인 경우, 340 kg/m^3 • 굵은골재 최대 치수 25 mm인 경우, 330 kg/m^3 • 굵은골재 최대 치수 40 mm인 경우, 300 kg/m^3 ④ 수용성 염소이온량은 아래 값 이하 • 철근콘크리트 부재인 경우, 0.15 % (결합재 중량비) • 프리스트레스트콘크리트 부재인 경우, 0.06 % (결합재 중량비)
기준 5.4.6	⑤ 철근 최소 피복두께는 기준 5.4.6에 따라 확대 (부재 종류에 따라 다름)
기준 4.5.4 (1)	다만, 콘크리트 표면도장(코팅)과 같은 성능이 입증된 보호공법을 적용하는 경우에는 위 요구조건보다 낮은 최소 설계기준 압축강도와 물-결합재비를 적용할 수 있다.

예제 3.6

염해에 대한 내구성 평가

아래와 같은 조건을 갖는 철근콘크리트구조물의 목표 내구수명 확보 여부를 판단하시오.

1) 대상 구조물의 환경 조건

[부재 및 목표 내구수명] 피복두께 : 75 mm의 기둥 교각구조, 목표 내구수명 : 100년

[환경 조건] 표면 염화물량(C_s) : 18.0 kg/m³

[배합 조건] 적용 콘크리트 배합의 단위결합재량 : 450 kg/m³(총 중량의 60 %는 OPC, 40 %는 GGBFS), 물-결합재비(W/B) : 0.45, 초기 염화물량(C_i) : 0.0 kg/m³, 시간의존성 지수(m) : 0.43, 단, $\log D_R = a + b(W/B)$에서 a와 b는 1.1과 1.6으로 가정.

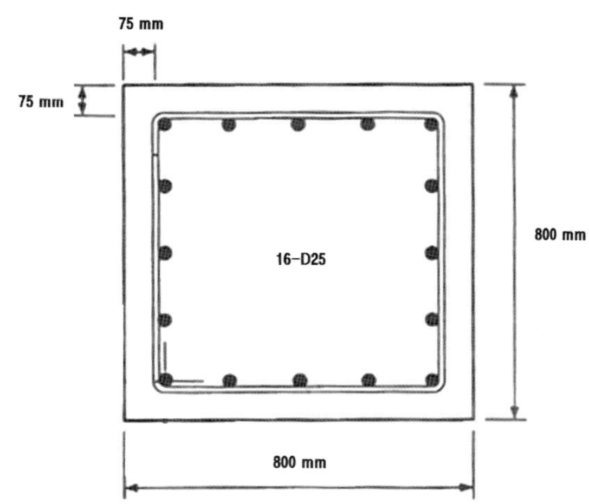

예제 그림 3.6-1 염해에 노출된 RC 교각의 단면

적용기준	계산 및 해설

부록 식 3.2-1

1. 철근부식 임계염소이온 농도($C_{\lim}$) 결정

$$C_{\lim} = 0.004\,C_{bind}$$

$$C_{\lim} = 1.80\ \mathrm{kg/m^3}$$

2. 콘크리트구조물의 염해 내구성 평가

부록 식 3.2-2

(1) 철근 위치에서 염소이온 농도의 예측값

$$\gamma_P C_d \le \Phi_K C_{\lim}$$

여기서, $\gamma_P = 1.11$, $\Phi_K = 0.86$이므로 C_d는 1.39 kg/m³으로 평가됨.

적용기준	계산 및 해설
부록 식 3.2-3	(2) 피크(Fick)의 제2법칙을 통한 내구수명 평가 $$C_d - C_i = (C_s - C_i)\left(1 - erf\left(\frac{x}{2\sqrt{D_d t}}\right)\right)$$ 여기서, t는 목표 내구수명인 100년, x는 피복두께인 75 mm, D_d는 염소이온의 유효 확산계수를 의미하며, 다음 식으로 계산됨($D_d = \gamma_c D_k$, 여기서 γ_c : 1.0).
부록 식 4.2-1	(3) 염소이온의 확산계수 계산 $\gamma_p D_p \leq \Phi_k D_k$에서 γ_p : 1.11, Φ_k : 0.86을 사용함.
부록 식 4.2-3	목표 내구수명이 100년이므로 식 4.2 - 2와 4.2 - 3 중 4.2 - 3을 적용함. $$D_p = \frac{D_R}{1-m}\left[(1-m)+m\frac{t_c}{t}\right]\left(\frac{t_R}{t_c}\right)^m$$ 여기서, t : 변수로서의 사용시간(년), t_R은 기준시간 : 0.077년, t_c : 30년을 사용함.
부록 식 4.2-4	D_R은 식 4.2-4를 통해 예측값을 사용함. $$\log D_R = a + b(W/B)$$ 여기서, a : 1.1, b : 1.6을 사용하면, D_R : 66.07 mm²/year(= 2.10×10⁻¹² m²/sec)로 계산됨. 따라서 식 4.2-3에 의해 D_p는 6.23 mm^2/year(= 1.98×10^{-13} m^2/sec)로 계산됨.
부록 식 4.2-1	식 4.2-1에 의해 D_k는 8.04 mm^2/year(= 2.55×10^{-13} m^2/sec)로 계산됨. 따라서 식 3.2-3의 입력 값 중 하나인 설계 확산계수 D_d는 1.0×8.04 mm^2/year, 즉 2.55×10^{-13} m^2/sec로 산출됨.
부록 식 3.2-3	식 3.2-3으로 계산하면 100년 이후 피복두께 내의 철근 위치에서 염화물 농도는 1.11kg/m^3으로 계산됨. 따라서 식 3.2-2에 의해 계산된 임계염화물량 C_d(1.39 kg/m^3)보다 작으므로 목표 내구수명을 확보함. 100년 경과 후의 염화물 분포는 그림 3.6 - 2와 같음.

계산 및 해설

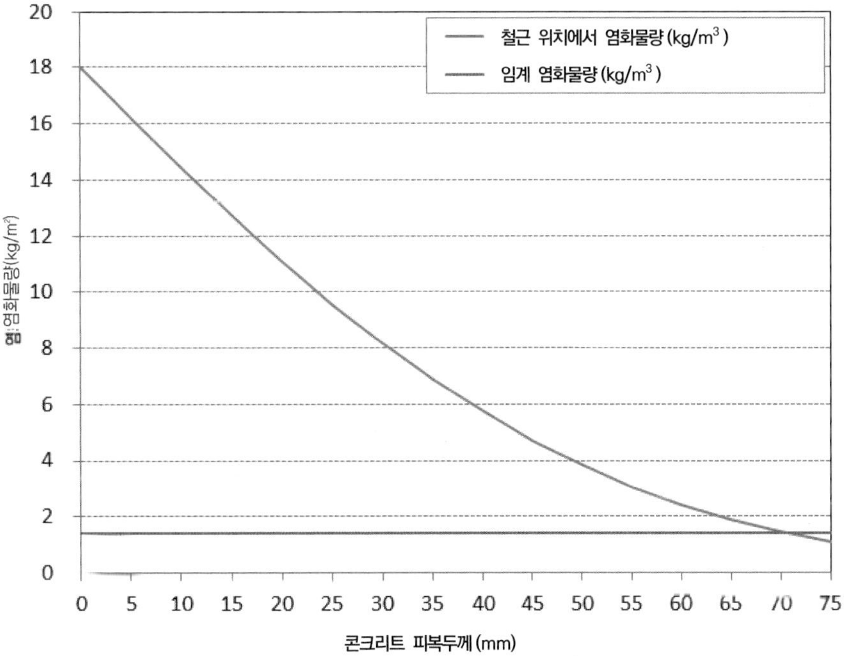

예제 그림 3.6-2 100년 경과 후의 염화물 분포

예제 3.7 탄산화에 관한 내구성 평가

다음과 같은 조건을 갖는 철근콘크리트구조물의 목표 내구수명 확보 여부를 판단하시오.

[부재 및 목표 내구수명] 피복두께 : 50 mm의 보 부재, 목표 내구수명 : 50년

[환경 조건] 염해 우려가 없는 탄산화 노출환경, 건조가 어려운 북향면이며, 표준 양생공시체와 품질 차이가 없는 좋은 재료 조건으로 가정. 단, 탄산화속도의 예측값 $a_p = a + b(W/B)$ 산정시 a는 1.91, b는 2.60을 사용함.

[배합 조건] 물-결합재비(W/B) : 0.55

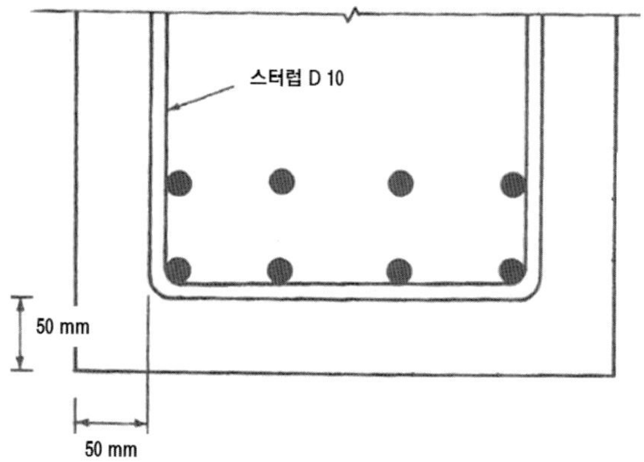

예제 그림 3.7-1 탄산화에 도출된 RC 보부재 단면

적용기준	계산 및 해설

1. 탄산화 내구성능 평가 기본식

부록 식 3.3-1

$$\gamma_P y_p \le \Phi_K y_{\lim}$$

여기서, γ_P : 1.1, Φ_K : 0.92, y_P : 탄산화 깊이의 예측값(mm), $y_{\lim}$: 철근 부식이 발생할 수 있는 탄산화 한계 깊이(mm)로서 다음의 식으로 계산됨.

$$y_{\lim} = c - c_k$$

여기서 c : 설계 피복두께로서 50 mm, c_k는 10 mm을 사용함.

부록 식 3.3-2

2. 탄산화 깊이의 예측값 평가

탄산화 내구성능 평가 기본식(식 3.3-1)에서 y_p는 다음과 같이 계산됨.

$$y_p = \gamma_{cb} a_d \sqrt{t}$$

여기서 γ_{cb}는 탄산화 깊이 예측식의 변동성을 고려한 계수로 일반적으로 1.15를 사용하고 t는 재령일로서 목표 내구수명인 50년을 적용함.

a_d는 설계 탄산화 속도계수로서 다음과 같이 계산됨.

$$a_d = a_k \beta_e \gamma_c$$

여기서 일반적인 환경조건을 가정하여 β_e: 1.0 (건조가 어려운 북향면), γ_c: 1.0 (비교적 품질 차이가 없는 재료 조건)을 각각 적용함.

부록 식 4.3-2

3. 탄산화 속도계수의 평가

(1) 탄산화 속도계수의 예측식

식 4.3-2에 의해 탄산화 속도계수의 예측값(a_p, mm/$\sqrt{y}$)를 산출할 수 있음.

$$a_p = a + b(W/B)$$

여기서 w/b : 0.55, a : 1.91, b : 2.60을 사용함.

따라서 a_p는 3.34 mm/$\sqrt{y}$로 산출됨.

부록 식 4.3-1

(2) 콘크리트의 특성 탄산화 속도계수 도출

식 4.3-2에 의해 도출한 a_p를 아래의 식 4.3-1에 적용하여 특성 탄산화 속도계수(a_k)를 도출함.

$$\gamma_p \, a_p \le \Phi_k \, a_k$$

여기서, γ_p 는 1.1, Φ_k 는 0.92를 사용함.

따라서 최소 a_k는 3.99 mm/$\sqrt{y}$로 산출됨.

부록 식 3.3-2

4. 탄산화 목표 내구수명 확보 여부 평가

앞에서 구한 a_k를 식 3.3-2에 적용시키면 a_d는 3.99 mm/$\sqrt{y}$이며, y_P는 다음과 같음. $\sqrt{y}$는 시간 (년수)의 제곱근을 의미함.

$$y_P = 1.15 \times \frac{3.99\,\mathrm{mm}}{\sqrt{y}} \times \sqrt{50\mathrm{y}}$$

적용기준

계산 및 해설

따라서 y_P는 32.47 mm로 계산됨.

최종적으로 50년 도래시, 탄산화 깊이 평가는 식 3.3-1에 따라 다음과 같이 나타남.

탄산화 깊이에서는 변동성에 대한 안전계수와 환경계수가 고려되어 있으며, 피복두께에서는 시공오차와 내구성 감소계수가 고려되어 있음.

$1.1 \times 32.47\,\text{mm} \leq 0.92 \times (50\,\text{mm} - 10\,\text{mm})$, 즉 $35.72\,\text{mm} < 36.80\,\text{mm}$이므로

따라서 목표 내구수명을 만족하는 것으로 평가되며, 시간에 따른 탄산화 깊이는 예제 그림 3.7-2와 같음.

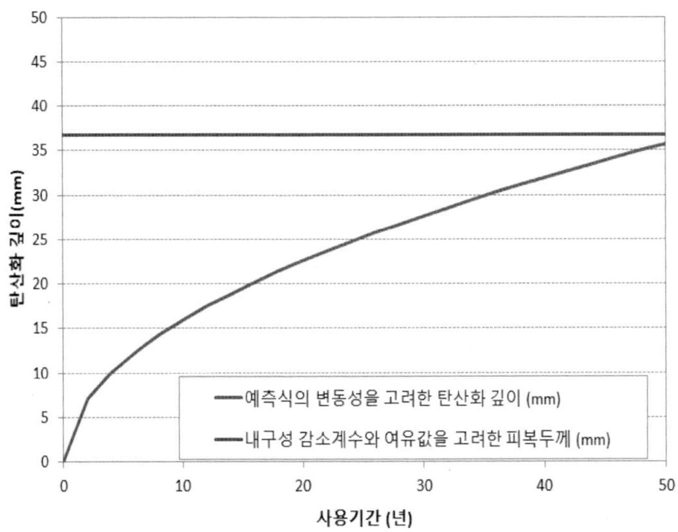

예제 그림 3.7-2 50년 경과 후의 탄산화 깊이

제 4 장

휨부재의 설계

예제 4.1

단철근 직사각형 단면보의 설계-I

폭 250 mm와 유효깊이 440 mm를 가진 직사각형 단면보가 3개의 D22 인장철근으로 보강되어 있을 때 설계휨강도를 계산하라. 콘크리트설계기준 압축강도는 $f_{ck} = 30\ \mathrm{MPa}$이고 철근의 설계기준 항복강도 $f_y = 400\ \mathrm{MPa}$이다.

적용기준	계산 및 해설

계산 및 해설

1. 인장지배 휨부재의 철근비 검토

기준 6.2.1(7) — 포물선-직선 응력-변형률 관계를 적용

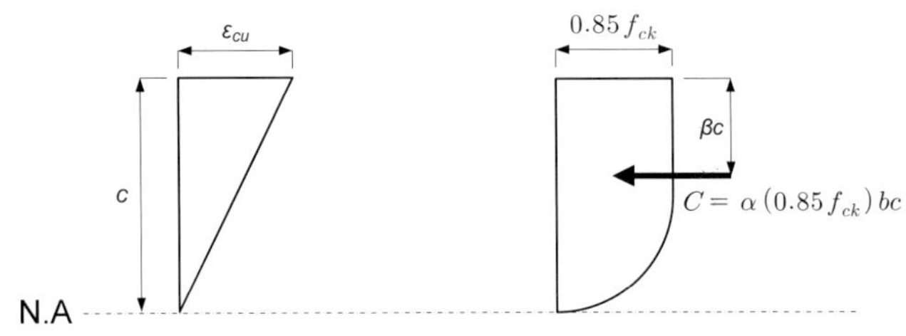

예제 그림 4.1-1

기준 표 6.2.1 — $f_{ck} \le 40\ \mathrm{MPa}$ 이므로, $n = 2.0$, $\varepsilon_{co} = 0.002$, $\varepsilon_{cu} = 0.0033$, $\alpha = 0.8$, $\beta = 0.4$

기준 해설 표 6.2.2 — 주어진 재료강도에 의한 인장지배 단면의 최대 철근비 계산

기준 해설 표 6.2.2 $f_y = 400\ \mathrm{MPa}$에 대응되는 $\rho_{\max} = 0.625\rho_b$

균형철근비, ρ_b

기준 6.2.2

$$C = T_y,\ \alpha(0.85f_{ck})bc_b = \rho_b bdf_y$$

$$\rho_b = \alpha(0.85f_{ck})\frac{f_{ck}}{f_y}\frac{c_b}{d},\ \text{균형파괴 변형률 분포로부터}\ \frac{c_b}{d} = \frac{0.0033}{0.0033+\varepsilon_y}$$

$$\rho_b = \alpha(0.85f_{ck})\frac{f_{ck}}{f_y}\frac{0.0033}{0.0033+\varepsilon_y}$$

$$= 0.8\times(0.85\times30)\times\frac{1}{400}\times\frac{0.0033}{0.0033+0.002} = 0.0318$$

$$\rho_{\max} = 0.625\rho_b = 0.625\times0.0318 = 0.0199$$

적용기준

계산 및 해설

주어진 철근량 $3-\mathrm{D}22\,(A_s = 1{,}161\ \mathrm{mm}^2)$의 철근비 ρ

$$\rho = \frac{A_s}{bd}$$

$$= \frac{1{,}161}{250 \times 440} = 0.0106 < \rho_{\max} = 0.0199$$

따라서 철근의 인장항복 후에 압축콘크리트가 파괴되는 과소철근콘크리트보이다.

2. 인장지배 휨부재의 철근비 검토 ($\phi = 0.85$ 사용)

단면 힘의 평형조건으로부터 $C = T$

$$C = \alpha(0.85 f_{ck}) b c_b = 0.8 \times 0.85 \times 30 \times 250 \times c = 5{,}100\,c\ \mathrm{N}$$

$$T = A_s f_y = 1{,}161 \times 400 = 464{,}400\ \mathrm{N}$$

$$5{,}100\,c = 464{,}400,\quad c = 91.1\ \mathrm{mm}$$

$$\phi M_n = \phi A_s f_y (d - \beta c)$$

$$= 0.85 \times 1{,}161 \times 400 \times (440 - 0.4 \times 91.1) \times \frac{1}{10^6} = 159.3\ \mathrm{kN \cdot m}$$

기준 해설 표 6.2.1

3. 인장철근 위치에서 변형률 계산에 의한 강도감소계수 검토

인장철근의 변형률

$$\varepsilon_t = \varepsilon_{cu}\left(\frac{d-c}{c}\right)$$

$$= 0.0033 \times \left(\frac{440 - 91.1}{91.1}\right) = 0.013 > 0.005$$

따라서 강도감소계수 $\phi = 0.85$ 〈적합〉

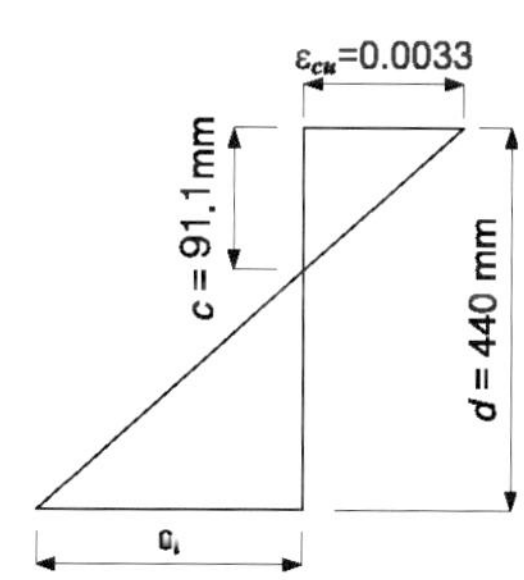

예제 그림 4.1-2

기준 6.3.2

4. 최소 철근량 검토

$h = 480\ \mathrm{mm}$, 피복두께 $40\ \mathrm{mm}$로 가정

$$I_g = \frac{bh^3}{12} = \frac{250 \times 480^3}{12} = 2.304 \times 10^9\ \mathrm{mm}^4$$

$$f_r = 0.63\lambda\sqrt{f_{ck}} = 0.63(1.0)\sqrt{30} = 3.45\ \mathrm{MPa}$$

$$M_{cr} = \frac{f_r I_g}{y_t} = \frac{3.45 \times (2.304 \times 10^9)}{240} \times \frac{1}{10^6} = 33.1\ \mathrm{kN \cdot m}$$

$\phi M_n = 159.3\,\mathrm{kN \cdot m} \ge 1.2 M_{cr} = 39.7\ \mathrm{kN \cdot m}$ 최소 철근량 만족

예제 4.2

단철근 직사각형 단면보의 설계-II

계수하중에 의해 유발된 휨모멘트 $M_u = 200\ \text{kN·m}$를 지지하기 위해 소요되는 철근량 A_s와 보의 단면을 결정하라. 콘크리트설계기준 압축강도는 $f_{ck} = 30\ \text{MPa}$이고 철근의 설계기준 항복강도 $f_y = 400\ \text{MPa}$이다.

적용기준	계산 및 해설

기준 2.2.2
기준 6.2.1(7)

1. 인장지배 휨부재의 최대 허용철근량 $\rho_{\max}$를 이용한 보의 최소 깊이 결정
   포물선-직선 응력-변형률 관계를 적용

기준 표 6.2.1

$f_{ck} \le 40\ \text{MPa}$이므로 $n = 2.0,\ \varepsilon_{co} = 0.002,\ \varepsilon_{cu} = 0.0033,\ \alpha = 0.8,\ \beta = 0.4$

기준 해설
표 6.2.2

주어진 재료강도에 의한 인장지배 단면의 최대 철근비 계산
기준 해설 표 6.2.2에서 $f_y = 400\ \text{MPa}$에 대응되는 $\rho_{\max} = 0.625\rho_b$

$$\rho_b = \alpha(0.85 f_{ck})\frac{f_{ck}}{f_y}\frac{0.0033}{0.0033+\varepsilon_y}$$

$$= 0.8\times(0.85\times 30)\times\frac{1}{400}\times\frac{0.0033}{0.0033+0.002} = 0.0318$$

$$\rho_{\max} = 0.625\rho_b = 0.625\times 0.0318 = 0.0199$$

기준 3.3.2

2. 소요 bd^2의 계산

계수모멘트

$$M_u = 200\ \text{kN·m}$$

기준 6.2.2

$$C = T_y,\ \alpha(0.85 f_{ck})bc = \rho b d f_y,\ c = \frac{\rho d f_y}{\alpha(0.85 f_{ck})}$$

$$M_n = A_s f_y(d-\beta c)$$

$$M_n = \rho b d f_y\left(d - \beta\frac{\rho d f_y}{\alpha(0.85 f_{ck})}\right)$$

$$= \rho b d^2 f_y\left(1 - \frac{\beta\rho f_y}{\alpha(0.85 f_{ck})}\right)$$

$$= Rbd^2$$

$$R = \rho f_y\left(1 - \frac{\beta\rho f_y}{\alpha(0.85f_{ck})}\right)$$

$$R = \rho_{\max}f_y\left(1 - \frac{\beta\rho_{\max}f_y}{\alpha(0.85f_{ck})}\right)$$

$$= 0.0199 \times 400 \times \left(1 - \frac{0.4 \times 0.0199 \times 400}{0.8 \times 0.85 \times 30}\right)$$

$$= 6.72\,\text{MPa}$$

소요 $bd^2 = \dfrac{M_u}{\phi R} = \dfrac{200 \times 10^6}{0.85 \times 6.72} = 35{,}014{,}006\,\text{mm}^3$

3. 폭 $b = 280\,\text{mm}$로 가정

$$d = \sqrt{\frac{35{,}014{,}006}{280}} = 353.6\,\text{mm}$$

보의 유효깊이 $d = 360\,\text{mm}$로 설정

따라서 보의 최소 깊이 $= 360 + 40$(피복두께를 고려) $= 400\,\text{mm}$

$280\,\text{mm} \times 400\,\text{mm}$의 단면 선정

4. 수정된 ρ의 계산

(정해법)

$$R = \frac{M_u}{\phi(bd^2)} = \frac{200 \times 10^6}{0.85 \times (280 \times 360^2)} = 6.48\,\text{MPa}$$

$$R = \rho f_y\left(1 - \frac{\beta\rho f_y}{\alpha(0.85f_{ck})}\right)$$

$$\left(\frac{\beta f_y^2}{\alpha 0.85 f_{ck}}\right)\rho^2 - (f_y)\rho + 6.48 = 0$$

근의 공식을 이용하면,

$$\rho = 0.0190$$

(약산법)

$$\rho = (\text{처음에 가정된 } \rho) \times \frac{(\text{수정된 } \rho\text{에 대응되는 } R)}{(\text{처음에 가정된 } \rho\text{에 대응되는 } R)}$$

$$= 0.0199 \times \frac{6.48}{6.72} = 0.0192$$

적용기준

계산 및 해설

5. 소요철근량 A_s의 계산

$$A_s = (\text{수정된 } \rho)\times(bd) = 0.0192\times280\times360 = 1{,}935\ \mathrm{mm^2}$$

$4-\mathrm{D}25$ 선택($A_s = 2{,}027\ \mathrm{mm^2}$)

6. 계산된 결과의 정역학적 평형 검토

$$C = \alpha\,(0.85 f_{ck})bc = 0.8\times0.85\times30\times280\times c = 5{,}712c\ \mathrm{N}$$

$$T = A_s f_y = 2{,}027\times400 = 810{,}800\ \mathrm{N}$$

$$5{,}712\,c = 810{,}800,\quad c = 141.9\ \mathrm{mm}$$

$$M_n = A_s f_y (d-\beta c)$$

$$= 2{,}027\times400\times(360-0.4\times141.9)\times\frac{1}{10^6}$$

$$= 245.9\ \mathrm{kN\cdot m}$$

기준 해설
표 6.2.1

7. 인장철근 위치에서 변형률 계산에 의한 강도감소계수 검토

$$\varepsilon_t = \varepsilon_{cu}\left(\frac{d-c}{c}\right)$$

$$= 0.0033\times\left(\frac{360-141.9}{141.9}\right) = 0.0051 > 0.005$$

따라서 강도감소계수 $\phi = 0.85$(적합)

$$\phi M_n = 0.85\times245.9$$

$$= 209\ \mathrm{kN\cdot m} > 200\ \mathrm{kN\cdot m}\ \langle\text{적합}\rangle$$

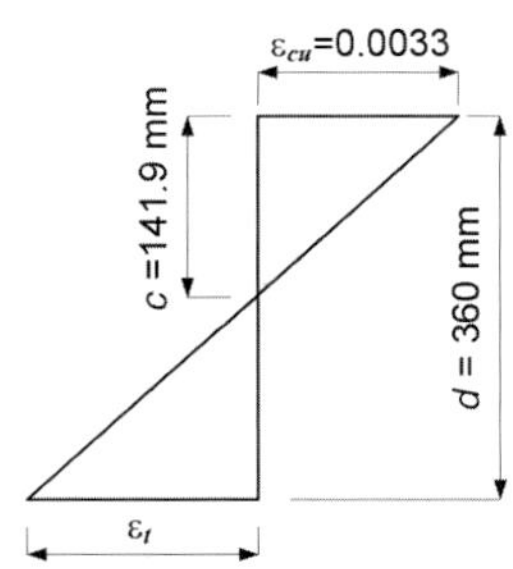

예제 그림 4.2-1

기준 6.3.2

8. 최소 철근량 검토

$$h = 400\ \mathrm{mm}$$

$$I_g = \frac{bh^3}{12} = \frac{280\times400^3}{12} = 1.493\times10^9\ \mathrm{mm^4}$$

$$f_r = 0.63\lambda\sqrt{f_{ck}} = 0.63(1.0)\sqrt{30} = 3.45\ \mathrm{MPa}$$

$$M_{cr} = \frac{f_r I_g}{y_t} = \frac{3.45\times(1.493\times10^9)}{200}\times\frac{1}{10^6} = 25.8\ \mathrm{kN\cdot m}$$

$\phi M_n = 209\ \mathrm{kN\cdot m} \ge 1.2M_{cr} = 31.0\ \mathrm{kN\cdot m}$ 최소 철근량 만족

적용기준	☑ 계산 및 해설

9. 휨철근 배치

철근의 순간격 25 mm 이상

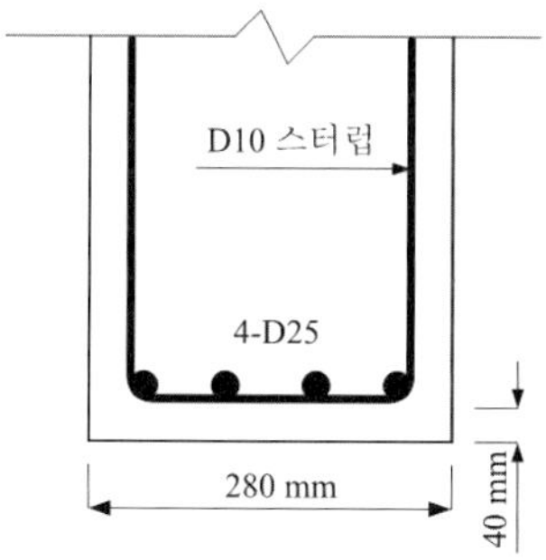

예제 그림 4.2-2

기준 6.3.3(4)

$$f_s = \frac{2}{3}f_y = \frac{2}{3}\times 400 = 267\ \mathrm{MPa}$$

$$c_c = 40 + 10 = 50\ \mathrm{mm}$$

기준 식 6.3.3

$$s = 375\left(\frac{\kappa_{cr}}{f_s}\right) - 2.5c_c$$

$$= 375\times\left(\frac{210}{267}\right) - 2.5\times 50 = 169.9\ \mathrm{mm}$$

기준 식 6.3.4

$$s = 300\left(\frac{\kappa_{cr}}{f_s}\right) = 300\times\left(\frac{210}{267}\right) = 236\ \mathrm{mm}$$

$$\text{제안된 간격} = \frac{1}{3}\left\{280 - 2\left(40 + 10 + \frac{25}{2}\right)\right\} = 51.7\ \mathrm{mm} < 169.9\ \mathrm{mm}$$ 〈적합〉

복철근 직사각형 단면보의 설계-I

그림과 같이 보의 단면 크기가 제한된다.
계수하중에 의한 단면 휨모멘트 $M_u = 600\ \mathrm{kN \cdot m}$를 지지하기 위해 소요되는 철근량을 구하라. 콘크리트설계기준 압축강도 $f_{ck} = 30\ \mathrm{MPa}$이고 철근의 설계기준 항복강도 $f_y = 400\ \mathrm{MPa}$이다.

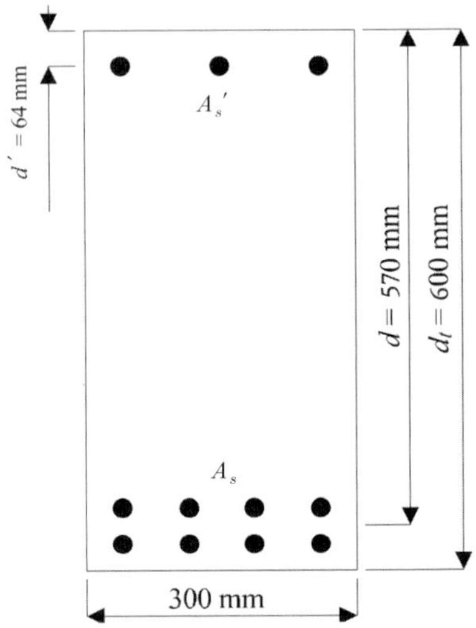

예제 그림 4.3-1

적용기준	계산 및 해설

1. 압축철근의 필요 여부를 검토

기준 3.3.2

$$M_u = 600\ \mathrm{kN \cdot m}$$

$$M_n = \frac{M_u}{\phi} = \frac{600}{0.85} = 705.9\ \mathrm{kN \cdot m}$$

$$R = \frac{M_n}{bd^2} = \frac{705.9 \times 10^6}{300 \times 570^2} = 7.24\ \mathrm{MPa}$$

압축철근이 없는 인장지배 부재 단면에서 최대 허용철근량을 사용하여 계산된 R값과의 비교

기준 6.2.1(7) — 포물선-직선 응력-변형률 관계를 적용

기준 표 6.2.1 — $f_{ck} \le 40\ \mathrm{MPa}$이므로, $n = 2.0$, $\varepsilon_{co} = 0.002$, $\varepsilon_{cu} = 0.0033$, $\alpha = 0.8$, $\beta = 0.4$

기준 6.2.2

$$\rho_b = \alpha\,(0.85 f_{ck}) \frac{f_{ck}}{f_y} \frac{0.0033}{0.0033 + \varepsilon_y}$$

$$= 0.8 \times (0.85 \times 30) \times \frac{1}{400} \times \frac{0.0033}{0.0033 + 0.002} = 0.0318$$

기준 해설 표 6.2.2

$$\rho_{\max} = 0.625 \rho_b = 0.625 \times 0.0318 = 0.0199$$

$$R = \rho_{\max} f_y \left(1 - \frac{\beta \rho_{\max} f_y}{\alpha (0.85 f_{ck})}\right)$$

$$= 0.1999 \times 400 \times \left(1 - \frac{0.4 \times 0.0199 \times 400}{0.8 \times 0.85 \times 30}\right) = 6.72$$

$7.24\,\text{MPa} > 6.72\,\text{MPa}$ 따라서 압축철근이 필요

2. 압축철근이 없는 콘크리트 단면이 부담하는 공칭휨강도의 계산

$$\rho_{\max} = 0.0199,\ \rho = \rho_{\max}\left(\frac{d_t}{d}\right) = 0.0199 \times \left(\frac{600}{570}\right) = 0.0209$$

$$M_u = \phi R b d^2$$

$$M_n = \frac{M_u}{\phi} = R b d^2$$

$$R = \rho f_y \left(1 - \frac{\beta \rho f_y}{\alpha(0.85 f_{ck})}\right)$$

$$M_n = \rho b d^2 f_y \left(1 - \frac{\beta \rho f_y}{\alpha(0.85 f_{ck})}\right)$$

$$= 0.0209 \times 300 \times 570^2 \times 400 \times \left(1 - \frac{0.4 \times 0.0209 \times 400}{0.8 \times 0.85 \times 30}\right) \times \frac{1}{10^6}$$

$$= 681.3\,\text{kN}\cdot\text{m}$$

따라서 압축철근이 부담해야 하는 공칭휨강도

$$M_n' = 705.9 - 681.3 = 24.6\,\text{kN}\cdot\text{m}$$

3. 소요철근량

압축철근 위치에서의 압축력 $C_s = A_s'(f_y - 0.85 f_{ck})$, 압축철근 항복으로 가정

$$M_n' = C_s(d - d')$$

$$A_s' = \frac{M_n'}{(f_y - 0.85 f_{ck})(d - d')} = \frac{24.6 \times 10^6}{(400 - 0.85 \times 30) \times (570 - 64)} = 129.8\,\text{mm}^2$$

압축철근 2 − D10 선택($A_s = 142.7\,\text{mm}^2$)

$$A_s = A_s' + \rho b d = 142.7 + 0.0209 \times 300 \times 570 = 3{,}716.6\,\text{mm}^2$$

인장철근 8 − D25 선택($A_s = 4{,}054\,\text{mm}^2$)

적용기준	계산 및 해설

4. 압축철근 및 인장철근의 항복 여부 검토

중립축 깊이 계산

콘크리트 압축력 $C_c = \alpha(0.85 f_{ck})bc$

압축철근 위치에서의 압축력 $C_s = A_s'(f_y - 0.85 f_{ck})$

인장력 $T = A_s f_y$, 인장철근 항복으로 가정

$$C_s + C_c = T$$

$$A_s'(f_y - 0.85 f_{ck}) + \alpha(0.85 f_{ck})bc = A_s f_y$$

$$142.7 \times (400 - 0.85 \times 30) + 0.8 \times (0.85 \times 30) \times 300 \times c = 4{,}054 \times 400$$

$$c = 256.2\ \mathrm{mm}$$

기준 해설 표 6.2.1

$$\varepsilon_t = \varepsilon_{cu}\left(\frac{d_t - c}{c}\right)$$

$$= 0.0033 \times \left(\frac{600 - 256.2}{256.2}\right) = 0.00443 \geq (\varepsilon_y = 0.002)$$, 인장철근 항복,

변화구간 단면

$$\varepsilon_s = \varepsilon_{cu}\left(\frac{c - d'}{c}\right)$$

$$= 0.0033 \times \left(\frac{256.2 - 64}{256.2}\right) = 0.00248 \geq (\varepsilon_y = 0.002)$$, 압축철근 항복

5. 휨모멘트 검토

$$M_n = C_s(d - d') + C_c(d - \beta c)$$

$$= 142.7 \times (400 - 0.85 \times 30) \times (570 - 64) \times \frac{1}{10^6} +$$

$$0.8 \times (0.85 \times 30) \times 300 \times 256.2 \times (570 - 0.4 \times 256.2) \times \frac{1}{10^6}$$

$$= 760.1\ \mathrm{kN \cdot m}$$

기준 해설 표 6.2.1

$$\phi = \phi_c + \frac{\phi_t - \phi_c}{0.005 - \varepsilon_y}(\varepsilon_t - \varepsilon_y)$$

$$= 0.65 + \frac{0.85 - 0.65}{0.005 - 0.002}(0.00443 - 0.002)$$

$$= 0.812$$

$$\phi M_n = 0.812 \times 760.1$$

$$= 617.2\ \mathrm{kN \cdot m} > 600\ \mathrm{kN \cdot m}$$ 〈적합〉

적용기준	계산 및 해설

기준 6.3.2

6. 최소 철근량 검토

$$I_g = \frac{bh^3}{12} = \frac{300 \times 600^3}{12} = 5.4 \times 10^9 \text{ mm}^4$$

$$f_r = 0.63\lambda\sqrt{f_{ck}} = 0.63\,(1.0)\sqrt{30} = 3.45 \text{ MPa}$$

$$M_{cr} = \frac{f_r I_g}{y_t} = \frac{3.45 \times (5.4 \times 10^9)}{300} \times \frac{1}{10^6} = 62.1 \text{ kN}\cdot\text{m}$$

$\phi M_n = 617.2 \text{ kN}\cdot\text{m} \geq 1.2M_{cr} = 74.5 \text{ kN}\cdot\text{m}$ 최소 철근량 만족

기준 6.3.3

7. 휨철근 배치

압축철근 $2 - \text{D}10(A_s = 142.7 \text{ mm}^2)$

인장철근 $8 - \text{D}25(A_s = 4{,}054 \text{ mm}^2)$

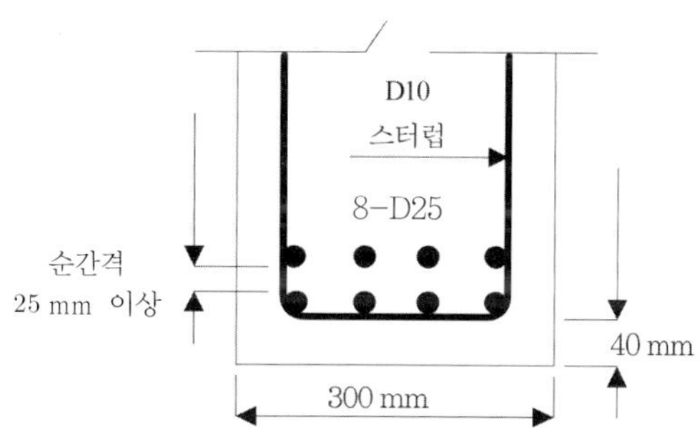

예제 그림 4.3-2

f_s : 근사값으로 f_y의 $\frac{2}{3}$를 사용

기준 6.3.3(4)

$$f_s - \frac{2}{3} \times 400 = 267 \text{ MPa}$$

$$c_c = 40 + 10 = 50 \text{ mm}$$

(c_c는 최외단 인장철근이나 긴장재의 표면과 콘크리트 표면 사이의 최소 피복두께)

기준 식 6.3.3

$$s = 375\left(\frac{\kappa_{cr}}{f_s}\right) - 2.5\,c_c = 375 \times \left(\frac{210}{267}\right) - 2.5 \times 50 = 170 \text{ mm}$$

기준 식 6.3.4

$$s = 300\left(\frac{\kappa_{cr}}{f_s}\right) = 300 \times \left(\frac{210}{267}\right) = 236 \text{ mm}$$

적용기준	계산 및 해설
	콘크리트 인장연단 가장 가까이에 배치되는 철근의 중심간격 s는 위 두 값 중 작은 값 이하이어야 하며, 설계된 간격
	$= \frac{1}{3}\left\{300-2\left(40+10+\frac{25}{2}\right)\right\} = 58.3\ \mathrm{mm} < 170\ \mathrm{mm}$ 〈적합〉
	7. 압축철근이 존재하는 구간에 걸쳐 스터럽이나 타이가 필요
기준 5.5.2(3)②	수직간격 $\le$ 축방향 철근지름의 16배 $= 29 \times 16 = 464\ \mathrm{mm}$ $\le$ 띠철근 지름의 48배 $= 10 \times 48 = 480\ \mathrm{mm}$ $\le$ 단면의 최소 치수 $= 300\ \mathrm{mm}$ 그러므로 최대 수직간격 $= 300\ \mathrm{mm}$ (D10 띠철근)

예제 4.4 복철근 직사각형 단면보의 설계-II

그림과 같이 보의 단면 크기가 제한되어 있다.
계수하중에 의한 단면 휨모멘트 $M_u = 500\ \mathrm{kN \cdot m}$를 지지하기 위해 필요로 하는 소요철근량을 구하라. 콘크리트설계기준 압축강도 $f_{ck} = 30\ \mathrm{MPa}$이고 철근의 설계기준 항복강도 $f_y = 400\ \mathrm{MPa}$이다.

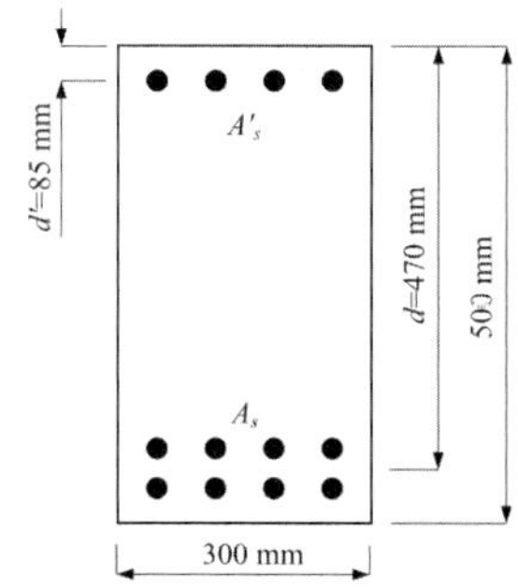

예제 그림 4.4-1

적용기준	계산 및 해설

1. 압축철근의 필요 여부 검토

기준 3.3.2

$$M_u = 500\ \mathrm{kN \cdot m}$$

$$M_n = \frac{M_u}{\phi} = \frac{500}{0.85} = 588.2\ \mathrm{kN \cdot m}$$

$$R = \frac{M_n}{bd^2} = \frac{588.2 \times 10^6}{300 \times 470^2} = 8.87\ \mathrm{MPa}$$

압축철근이 없는 인장지배 부재 단면에서 최대 허용철근량을 사용하여 계산된 R값과의 비교

기준 6.2.1(7) 포물선-직선 응력-변형률 관계 적용

기준 표 6.2.1 $f_{ck} \le 40\ \mathrm{MPa}$이므로 $n = 2.0$, $\varepsilon_{co} = 0.002$, $\varepsilon_{cu} = 0.0033$, $\alpha = 0.8$, $\beta = 0.4$

$$\rho_b = \alpha(0.85 f_{ck}) \frac{f_{ck}}{f_y} \frac{0.0033}{0.0033 + \varepsilon_y}$$

$$= 0.8 \times (0.85 \times 30) \times \frac{1}{400} \times \frac{0.0033}{0.0033 + 0.002} = 0.0318$$

기준 해설 표 6.2.2

$$\rho_{\max} = 0.625 \rho_b = 0.625 \times 0.0318 = 0.0199$$

$$R = \rho_{\max} f_y \left(1 - \frac{\beta \rho_{\max} f_y}{\alpha (0.85 f_{ck})}\right)$$

$$= 0.1999 \times 400 \times \left(1 - \frac{0.4 \times 0.0199 \times 400}{0.8 \times 0.85 \times 30}\right) = 6.72$$

$8.87\ \mathrm{MPa} > 6.72\ \mathrm{MPa}$ 따라서 압축철근이 필요

적용기준

계산 및 해설

2. 압축철근이 없는 콘크리트 단면이 부담하는 공칭휨강도의 계산

$$\rho_{\max} = 0.0199,\ \rho = \rho_{\max}\left(\frac{d_t}{d}\right) = 0.0199 \times \left(\frac{500}{470}\right) = 0.0212$$

$$M_u = \phi R b d^2$$

$$M_n = \frac{M_u}{\phi} = R b d^2$$

$$R = \rho f_y\left(1 - \frac{\beta \rho f_y}{\alpha(0.85 f_{ck})}\right)$$

$$M_n = \rho b d^2 f_y\left(1 - \frac{\beta \rho f_y}{\alpha(0.85 f_{ck})}\right)$$

$$= 0.0212 \times 300 \times 470^2 \times 400 \times \left(1 - \frac{0.4 \times 0.0212 \times 400}{0.8 \times 0.85 \times 30}\right) \times \frac{1}{10^6}$$

$$= 468.5\ \mathrm{kN \cdot m}$$

따라서 압축철근이 부담해야 하는 공칭휨강도

$$M_n{}' = 588.2 - 468.5 = 119.7\ \mathrm{kN \cdot m}$$

3. 소요철근량

압축철근 위치에서의 압축력 $C_s = A_s{}'(f_y - 0.85 f_{ck})$, 압축철근 항복으로 가정

$$M_n{}' = C_s(d - d')$$

$$A_s{}' = \frac{M_n{}'}{(f_y - 0.85 f_{ck})(d - d')} = \frac{119.7 \times 10^6}{(400 - 0.85 \times 30) \times (470 - 64)} = 819.6\ \mathrm{mm}^2$$

압축철근 3－D19 선택($A_s = 860\ \mathrm{mm}^2$)

$$A_s = A_s{}' + \rho b d = 860 + 0.0212 \times 300 \times 470 = 3849.2\ \mathrm{mm}^2$$

인장철근 8－D25 선택($A_s = 4{,}054\ \mathrm{mm}^2$)

4. 압축철근 및 인장철근의 항복 여부

중립축 깊이 계산

콘크리트 압축력 $C_c = \alpha(0.85 f_{ck}) b c$

압축철근 위치에서의 압축력 $C_s = A_s{}'(f_y - 0.85 f_{ck})$

인장력 $T = A_s f_y$, 인장철근 항복으로 가정

적용기준	계산 및 해설

$$C_s + C_c = T$$

$$A_s'(f_y - 0.85f_{ck}) + \alpha(0.85f_{ck})bc = A_s f_y$$

$$860 \times (400 - 0.85 \times 30) + 0.8 \times (0.85 \times 30) \times 300 \times c = 4{,}054 \times 400$$

$$c = 212.3\ \text{mm}$$

기준 해설 표 6.2.1

$$\varepsilon_t = \varepsilon_{cu}\left(\frac{d_t - c}{c}\right)$$

$$= 0.0033 \times \left(\frac{500 - 212.3}{212.3}\right) = 0.00447 \geq (\varepsilon_y = 0.002),$$ 인장철근 항복, 변화구간 단면

$$\varepsilon_s = \varepsilon_{cu}\left(\frac{c - d'}{c}\right)$$

$$= 0.0033 \times \left(\frac{212.3 - 85}{212.3}\right) = 0.00198 < (\varepsilon_y = 0.002),$$ 압축철근 항복하지 않음

5. 압축철근 및 콘크리트의 압축력 및 휨모멘트 계산

$$C_s + C_c = T$$

$$A_s'(E_s\varepsilon_s' - 0.85f_{ck}) + \alpha(0.85f_{ck})bc = A_s f_y$$

$$A_s'\left(E_s\varepsilon_{cu}\frac{c - d'}{c} - 0.85f_{ck}\right) + \alpha\,(0.85f_{ck})bc = A_s f_y$$

$$860 \times \left(200 \times 10^3 \times 0.0033 \times \frac{c - 85}{c} - 0.85 \times 30\right) + 0.8 \times (0.85 \times 30) \times 300 \times c$$

$$= 4{,}054 \times 400$$

$$6{,}120c^2 - 1{,}075{,}930c - 48{,}246{,}000 = 0$$

$$c = \frac{1{,}075{,}930 \pm \sqrt{1{,}075{,}930^2 - 4 \times 6{,}120 \times (-48{,}246{,}000)}}{2 \times 6{,}120}$$

$$c = 212.8\ \text{mm}$$

콘크리트 압축력

$$C_c = \alpha\,(0.85f_{ck})bc = 0.8 \times (0.85 \times 30) \times 300 \times 212.8 = 1{,}302{,}336\ \text{N}$$

압축철근 위치에서의 압축력

$$C_s = A_s'(E_s\varepsilon_s' - 0.85f_{ck}) = A_s'\left(E_s\varepsilon_{cu}\frac{c - d'}{c} - 0.85f_{ck}\right)$$

적용기준	계산 및 해설

$$= 860 \times \left(200 \times 10^3 \times 0.0033 \times \frac{212.8 - 80}{212.8} - 0.85 \times 30\right)$$

$$= 332{,}286.5\ \mathrm{N}$$

$$M_n = C_s(d - d') + C_c(d - \beta c)$$

$$= 332{,}286.5 \times (470 - 85) \times \frac{1}{10^6} + 1{,}302{,}336 \times (470 - 0.4 \times 212.8) \times \frac{1}{10^6}$$

$$= 629.2\ \mathrm{kN \cdot m}$$

기준 해설 표 6.2.1

$$\phi = \phi_c + \frac{\phi_t - \phi_c}{0.005 - \varepsilon_y}(\varepsilon_t - \varepsilon_y)$$

$$= 0.65 + \frac{0.85 - 0.65}{0.005 - 0.002}(0.00447 - 0.002)$$

$$= 0.815$$

$$\phi M_n = 0.815 \times 629.2$$

$$= 512.8\ \mathrm{kN \cdot m} > 500\ \mathrm{kN \cdot m} \quad \langle\text{적합}\rangle$$

기준 6.3.2

6. 최소 철근량 검토

$$I_g = \frac{bh^3}{12} = \frac{300 \times 500^3}{12} = 3.125 \times 10^9\ \mathrm{mm}^4$$

$$f_r = 0.63\lambda\sqrt{f_{ck}} = 0.63(1.0)\sqrt{30} = 3.45\ \mathrm{MPa}$$

$$M_{cr} = \frac{f_r I_g}{y_t} = \frac{3.45 \times (3.125 \times 10^9)}{250} \times \frac{1}{10^6} = 43.1\ \mathrm{kN \cdot m}$$

$\phi M_n = 512.8\ \mathrm{kN \cdot m} \geq 1.2 M_{cr} = 51.7\ \mathrm{kN \cdot m}$ 최소 철근량 만족

기준 6.3.3

7. 휨철근 배치

압축철근 $3 - \mathrm{D}19(A_s = 860\ \mathrm{mm}^2)$

인장철근 $8 - \mathrm{D}25(A_s = 4{,}054\ \mathrm{mm}^2)$

적용기준	계산 및 해설

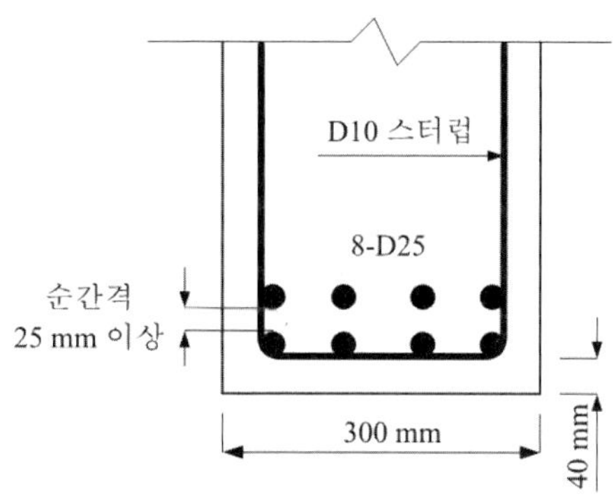

예제 그림 4.4-2

f_s : 근사값으로 f_y의 $\frac{2}{3}$를 사용

기준 6.3.3(4) $f_s = \frac{2}{3} \times 400 = 267\,\text{MPa}$

$c_c = 40 + 10 = 50\,\text{mm}$

(c_c는 인장철근이나 긴장재 표면과 콘크리트 표면 사이의 최소 피복두께)

기준 식 6.3.3 $s = 375\left(\frac{\kappa_{cr}}{f_s}\right) - 2.5c_c = 375 \times \left(\frac{210}{267}\right) - 2.5 \times 50 = 170\,\text{mm}$

기준 식 6.3.4 $s = 300\left(\frac{\kappa_{cr}}{f_s}\right) = 300 \times \left(\frac{210}{267}\right) = 236\,\text{mm}$

콘크리트 인장연단 가장 가까이에 배치되는 철근의 중심간격 s는
위 두 값 중 작은 값 이하

설계된 간격 $= \frac{1}{3}\left\{300 - 2\left(40 + 10 + \frac{25}{2}\right)\right\} = 58.3\,\text{mm} < 170\,\text{mm}$ 〈적합〉

8\. 압축철근이 존재하는 구간에 걸쳐 배치하는 스터럽이나 타이의 간격

기준 5.5.2(3)② $\leq$ 축방향 철근지름의 16배 $= 32 \times 16 = 512\,\text{mm}$

$\leq$ 띠철근 지름의 48배 $= 10 \times 48 = 480\,\text{mm}$

$\leq$ 단면의 최소 치수 $= 300\,\text{mm}$

그러므로 최대 간격 = 300 mm (D10 띠철근)

예제 4.5

T형 단면보의 설계- I

자중을 포함한 모든 계수하중에 의해 유발되는 단면 휨모멘트 $M_u = 305.2\,\text{kN}\cdot\text{m}$를 지지하기 위해 필요한 T형 단면보의 철근량을 결정하라. 콘크리트설계기준 압축강도 $f_{ck} = 30\,\text{MPa}$이고, 철근의 설계기준 항복강도 $f_y = 400\,\text{MPa}$이다.

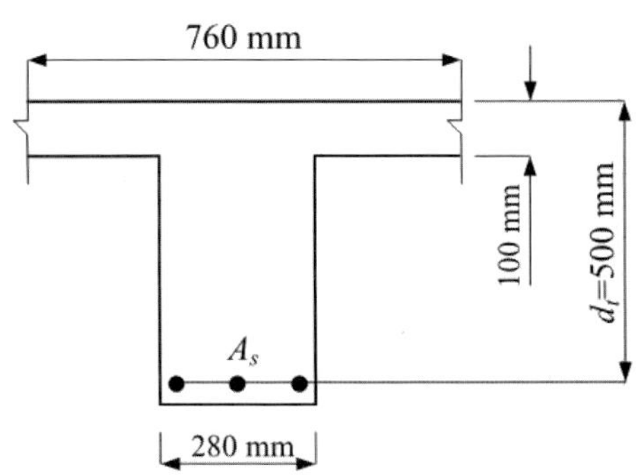

예제 그림 4.5-1

적용기준	계산 및 해설
기준 2.2.2	1. 계수휨모멘트
기준 3.3.2	$M_u = 305.2\,\text{kN}\cdot\text{m}$
기준 6.2.1(8)	2. 강도감소계수 $\phi = 0.85$로 가정하고 등가직사각형 응력블록 깊이 a의 계산

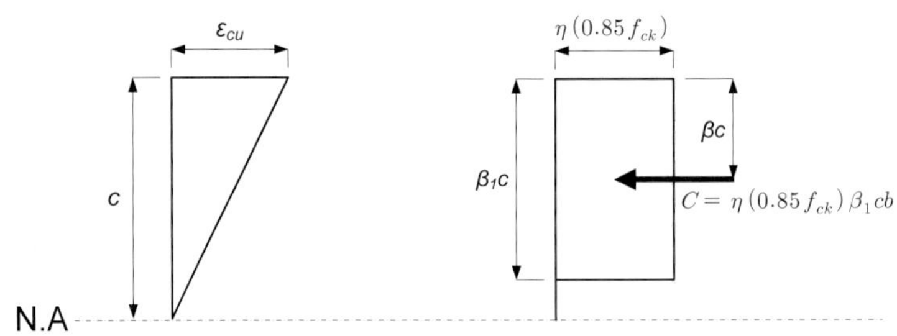

예제 그림 4.5-2

적용기준	계산 및 해설
기준 표 6.2.2	$f_{ck} \le 40\,\text{MPa}$ 이므로 $\eta = 1.0,\ \varepsilon_{cu} = 0.0033,\ \beta_1 = 0.8$

적용기준 | 계산 및 해설

$$M_u = \phi M_n = \phi \rho f_y b d^2 \left(1 - 0.59 \frac{\rho f_y}{\eta f_{ck}}\right)$$

$w = \dfrac{(\rho f_y)}{\eta f_{ck}}$로 놓으면

$$\frac{M_u}{\phi \eta f_{ck} b d^2} = w(1 - 0.59w)$$

$$\frac{M_u}{\phi \eta f_{ck} b d^2} = \frac{305.2 \times 10^6}{1 \times 0.85 \times 30 \times 760 \times 500^2} = 0.063$$

따라서 $0.59w^2 - w + 0.063 = 0$

$$w = \frac{1 \pm \sqrt{1 - 4 \times 0.59 \times 0.063}}{2 \times 0.59} = 0.065\,(-\text{취함})$$

$$a = \frac{A_s f_y}{\eta 0.85 f_{ck} b} = \frac{\rho d f_y}{\eta 0.85 f_{ck}} = 1.18wd$$

$$= 1.18 \times 0.065 \times 500 = 38.4\text{ mm} < 100\text{ mm}$$

$a < t_f$이므로 직사각형보로 가정하여 A_s를 결정

강도감소계수 $\phi = 0.85$의 검토

기준 표 6.2.2

$$c = \frac{a}{\beta_1} = \frac{38.4}{0.80} = 48\text{ mm}$$

기준 해설 표 6.2.1

$$\varepsilon_t = \varepsilon_{cu}\left(\frac{d_t - c}{c}\right)$$

$$= 0.0033 \times \left(\frac{500 - 48}{48}\right) = 0.031 \geq 0.005$$ 강도감소계수 $\phi = 0.85$ 〈적합〉

3. 소요철근량 A_s의 계산

$$A_s f_y = \eta(0.85 f_{ck}) ab$$

$$A_s = \frac{\eta(0.85 f_{ck}) ab}{f_y} = \frac{1 \times (0.85 \times 30) \times 38.4 \times 760}{400} = 1{,}860.5\text{ mm}^2$$

$4 - \text{D}25\,(A_s = 2{,}027\text{ mm}^2)$ 선택 $> A_s = 1{,}860.5\text{ mm}^2$

$$a = \frac{A_s f_y}{\eta 0.85 f_{ck} b} = \frac{2{,}027 \times 400}{1 \times 0.85 \times 30 \times 760} = 41.8\text{ mm}$$

적용기준	⊠ 계산 및 해설

4. 휨모멘트 검토

$$\phi M_n = \phi A_s f_y (d - \frac{a}{2})$$

$$= 0.85 \times 2{,}027 \times 400 \times \left(500 - \frac{41.8}{2}\right) \times \frac{1}{10^6}$$

$$= 330\ \mathrm{kN \cdot m} > 305.2\ \mathrm{kN \cdot m}$$ 〈적합〉

기준 6.3.2

5. 최소 철근량 검토

피복두께 40 mm로 가정, $y_t = 323\ \mathrm{mm}$

$I_g = 5.478 \times 10^9\ \mathrm{mm}^4$

$f_r = 0.63\lambda\sqrt{f_{ck}} = 0.63(1.0)\sqrt{30} = 3.45\ \mathrm{MPa}$

$M_{cr} = \frac{f_r I_g}{y_t} = \frac{3.45 \times (5.478 \times 10^9)}{323} \times \frac{1}{10^6} = 58.5\ \mathrm{kN \cdot m}$

$\phi M_n = 330\ \mathrm{kN \cdot m} \geq 1.2\mathrm{M_{cr}} = 70.2\ \mathrm{kN \cdot m}$ 최소 철근량 만족

6. 철근 배치 검토

D10의 스터럽 사용

기준 6.3.3(4) $c_c = 40 + 10 = 50\ \mathrm{mm},\ f_s = \frac{2}{3} f_y = 267\ \mathrm{MPa}$

기준 식 6.3.3 $s = 375\left(\frac{\kappa_{cr}}{f_s}\right) - 2.5c_c = 375 \times \left(\frac{210}{267}\right) - 2.5 \times 50 = 169.9\ \mathrm{mm}$

기준 식 6.3.4 $s = 300\left(\frac{\kappa_{cr}}{f_s}\right) = 300 \times \left(\frac{210}{267}\right) = 236\ \mathrm{mm}$

제안된 간격 $= \frac{1}{3}\left\{280 - 2\left(40 + 10 + \frac{25}{2}\right)\right\} = 51.7\ \mathrm{mm} < 169.9\ \mathrm{mm}$ 〈적합〉

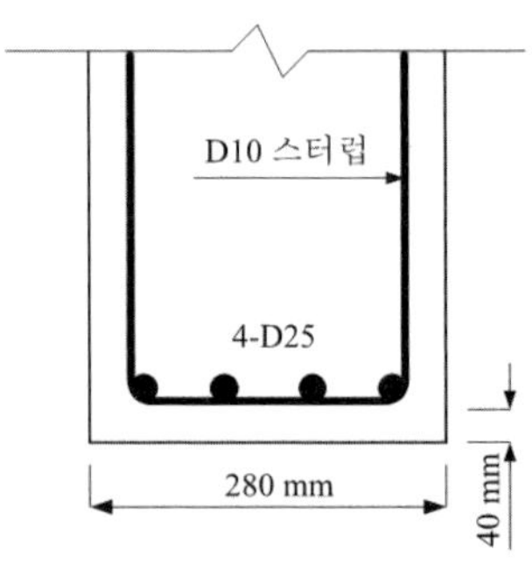

예제 그림 4.5-3

예제 4.6 T형 단면보의 설계-II

계수휨모멘트 $M_u = 600\ \mathrm{kN \cdot m}$를 지지하기 위해 필요로 한 T형 단면보의 철근량을 결정하라. 콘크리트설계기준 압축강도 $f_{ck} = 30\ \mathrm{MPa}$이고, 철근의 설계기준 항복강도 $f_y = 400\ \mathrm{MPa}$이다.

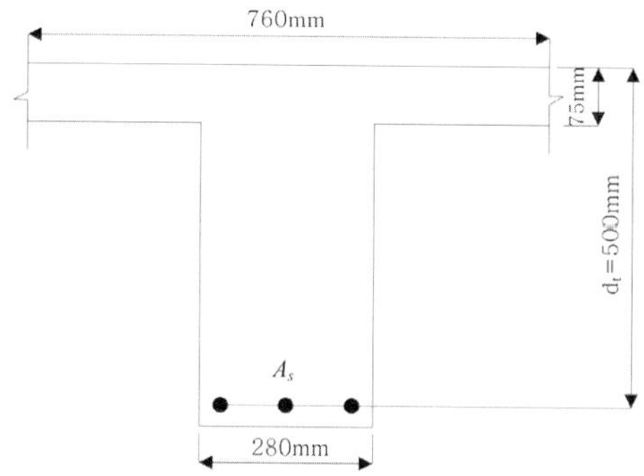

예제 그림 4.6-1

적용기준

계산 및 해설

1. 소요철근량 결정

기준 6.2.1(8)

등가직사각형 응력분포 깊이 a의 계산 (인장지배 단면으로 가정 $\phi = 0.85$)

기준 표 6.2.2

$f_{ck} \leq 40\ \mathrm{MPa}$이므로 $\eta = 1.0,\ \varepsilon_{cu} = 0.0033,\ \beta_1 = 0.8$

기준 3.3.3(2)

$$M_n = \frac{M_u}{\phi} = \frac{600}{0.85} = 705.9\ \mathrm{kN \cdot m} \qquad a < 75\ \mathrm{mm}\text{로 가정}$$

$$M_u = \phi M_n = \phi \rho f_y b d^2 \left(1 - 0.59 \frac{\rho f_y}{\eta f_{ck}}\right)$$

$$w = \frac{(\rho f_y)}{\eta f_{ck}}\text{로 놓으면}$$

$$\frac{M_u}{\phi \eta f_{ck} b d^2} = w(1 - 0.59w)$$

$$\frac{M_u}{\phi \eta f_{ck} b d^2} = \frac{600 \times 10^6}{0.85 \times 30 \times 760 \times 500^2} = 0.124$$

따라서 $0.59w^2 - w + 0.124 = 0$

$$w = \frac{1 \pm \sqrt{1 - 4 \times 0.59 \times 0.124}}{2 \times 0.59} = 0.135\ (-\ \text{취함})$$

$$a = \frac{A_s f_y}{\eta 0.85 f_{ck} b} = \frac{\rho d f_y}{\eta 0.85 f_{ck}} = 1.18wd$$

$$= 1.18 \times 0.135 \times 500 = 79.7\ \mathrm{mm} > 75\ \mathrm{mm}$$

$a > t_f$이므로 등가직사각형 응력분포 깊이는 복부까지 연장되어 T형 단면보로 설계

적용기준

계산 및 해설

2. 압축영역의 플랜지에서 복부폭을 제외한 플랜지 영역에 대응되는 소요철근량

A_{sf} 및 플랜지 공칭휨강도 M_{nf}의 계산

플랜지 압축강도 C_f의 계산

$$C_f = \eta 0.85 f_{ck}(b-b_w)t_f = 1\times 0.85\times 30\times(760-280)\times 75 = 918\,\mathrm{kN}$$

C_f에 대응되는 소요철근량 A_{sf}의 계산

$$A_{sf} = \frac{C_f}{f_y} = \frac{(918\times 10^3)}{400} = 2,295\,\mathrm{mm}^2$$

플랜지의 공칭휨강도

$$M_{nf} = A_{sf}f_y\left(d-\frac{t_f}{2}\right) = 2,295\times 400\times\left(500-\frac{75}{2}\right)\times\frac{1}{10^6} = 424.6\,\mathrm{kN\cdot m}$$

그러므로 보의 복부에서 지지해야 할 소요 공칭휨강도는

$$M_{nw} = M_n - M_{nf} = 705.9 - 424.6 = 281.3\,\mathrm{kN\cdot m}$$

3. 복부에서 지지하는 휨모멘트를 충족시키기 위해 필요로 하는 철근량 A_{sw} 계산

$$M_{nw} = \rho_w f_y bd^2\left(1-0.59\frac{\rho_w f_y}{\eta f_{ck}}\right)$$

$w = \dfrac{(\rho_w f_y)}{\eta f_{ck}}$로 놓으면

$$\frac{M_{nw}}{\eta f_{ck}bd^2} = w(1-0.59w)$$

$$\frac{M_{nw}}{\eta f_{ck}bd^2} = \frac{281.3\times 10^6}{1\times 30\times 280\times 500^2} = 0.134$$

$$0.59\,w^2 - w + 0.134 = 0$$

$$w = \frac{1\pm\sqrt{1-4\times 0.59\times 0.134}}{2\times 0.59} = 0.15$$

$w = \dfrac{\rho_w f_y}{f_{ck}}$로부터 $\rho_w = \dfrac{wf_{ck}}{f_y} = \dfrac{(0.15\times 30)}{400} = 0.0113$

그러므로 $A_{sw} = \rho_w b_w d = 0.0113\times 280\times 500 = 1,582\,\mathrm{mm}^2$

따라서 계수휨모멘트 $M_u = 600\,\mathrm{kN\cdot m}$를 지지하기 위해 필요로 하는 전체 철근량

$$A_s = A_{sf} + A_{sw} = 2,295 + 1,582 = 3,877\,\mathrm{mm}^2$$

적용기준	계산 및 해설

$8-D25(A_s = 4{,}054\text{mm}^2)$ 선택

강도감소계수 $\phi = 0.85$의 검토

$$C_f = \eta 0.85 f_{ck}(b-b_w)t_f = 1\times0.85\times30\times(760-280)\times75 = 918\text{ kN}$$

$$C_w = \eta 0.85 f_{ck} b_w \beta_1 c = 1\times0.85\times30\times280\times0.8\times c = 5{,}712c\text{ N}$$

$$T = A_s f_y = 4{,}054\times400 = 1{,}621{,}600\text{ N}$$

$$C_f + C_w = T$$

$$c = 123.2\text{ mm}$$

기준 표 6.2.2

$$a = \beta_1 c = 0.8\times123.2 = 98.6\text{ mm}$$

기준 해설 표 6.2.1

$$\varepsilon_t = \varepsilon_{cu}\left(\frac{d-c}{c}\right)$$

$$= 0.0033\times\left(\frac{500-123.2}{123.2}\right) = 0.010 > 0.005$$

인장지배 단면 $\phi = 0.85$ 〈적합〉

4. 휨모멘트 검토

$$\phi M_n = \phi\left[(A_s - A_{sf})f_y\left(d-\frac{a}{2}\right) + A_{sf}f_y\left(d-\frac{t_f}{2}\right)\right]$$

$$\phi M_n = 0.85\left[1{,}582\times400\times\left(500-\frac{98.6}{2}\right) + (2{,}295\times400)\times\left(500-\frac{75}{2}\right)\right]\times\frac{1}{10^6}$$

$$= 603.3\text{ kN}\cdot\text{m}$$

$$\phi M_n = 603.3\text{ kN}\cdot\text{m} > M_u = 600\text{ kN}\cdot\text{m}$$ 〈적합〉

기준 6.3.2

5. 최소 철근량 검토

피복두께 40 mm로 가정, $y_t = 314.7\text{ mm}$

$$I_g = 5{,}263\times10^9\text{ mm}^4$$

$$f_r = 0.63\lambda\sqrt{f_{ck}} = 0.63(1.0)\sqrt{30} = 3.45\text{ MPa}$$

$$M_{cr} = \frac{f_r I_g}{y_t} = \frac{3.45\times(5{,}263\times10^9)}{314.7}\times\frac{1}{10^6} = 57.7\text{ kN}\cdot\text{m}$$

$\phi M_n = 603.3\text{ kN}\cdot\text{m} \geq 1.2M_{cr} = 69.2\text{ kN}\cdot\text{m}$ 최소 철근량 만족

적용기준	계산 및 해설

6. 철근배치 검토

8 − D25 선택($A_s = 4{,}054\ \text{mm}^2$) 2단으로 배치

D10의 스터럽 사용

$$c_c = 40 + 10 = 50$$

기준 6.3.3(4)

$$f_s = \frac{2}{3} f_y = 267\ \text{MPa}$$

기준 식 6.3.3

$$s = 375\left(\frac{\kappa_{cr}}{f_s}\right) - 2.5c_c = 375 \times \left(\frac{210}{267}\right) - 2.5 \times 50 = 169.9\ \text{mm}$$

기준 식 6.3.4

$$s = 300\left(\frac{\kappa_{cr}}{f_s}\right) = 300 \times \left(\frac{210}{267}\right) = 236\ \text{mm}$$

$$\text{설계된 간격} = \frac{1}{3}\left\{280 - 2\left(40 + 10 + \frac{25}{2}\right)\right\} = 51.7\ \text{mm} < 169.9\ \text{mm}\ \langle\text{적합}\rangle$$

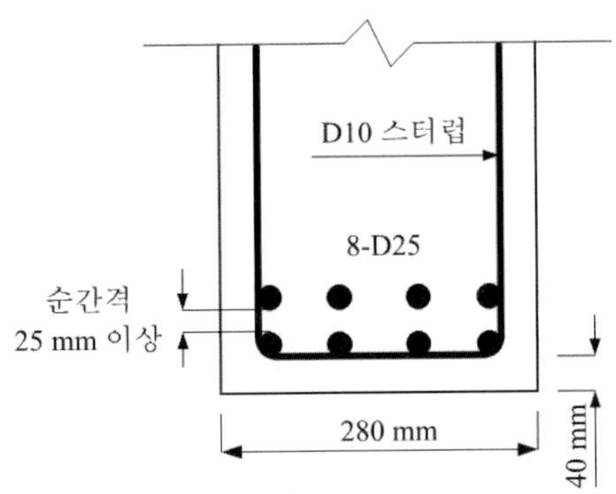

예제 그림 4.6-2

예제 4.7 1방향 슬래브의 설계

두 개 혹은 그 이상의 동일한 경간 위에 연속된 1방향 슬래브의 소요두께와 철근량을 결정하라. 콘크리트설계기준 압축강도는 $f_{ck} = 30\,\text{MPa}$, 철근의 설계기준 항복강도 $f_y = 400\,\text{MPa}$, 순경간길이 $l_n = 5{,}500\,\text{mm}$이고, 고정하중 $\omega_d = 3.6\,\text{kN/m}^2$, 활하중 $\omega_l = 2.4\,\text{kN/m}^2$이다.

적용기준	계산 및 해설

1. 허용된 근사모멘트 해석을 이용한 계수휨의 계산

기준 3.3.2(1) 최외측 경간을 기본으로 설계

기준 3.4.1(4) 계수하중 $\omega_u = (1.2\times3.6)+(1.6\times2.4) = 8.2\,\text{N/m}^2$

불연속 단부가 받침부와 일체로 된 경우의 정모멘트

$$M_u^+ = \frac{\omega_u {l_n}^2}{14} = \frac{8.2\times5.5^2}{14} = 17.7\,\text{kN·m/m}$$

첫 번째 내부 받침부 외측면의 부모멘트

$$M_u^- = \frac{\omega_u {l_n}^2}{10} = \frac{8.2\times5.5^2}{10} = 24.8\,\text{kN·m/m}$$

2. 소요슬래브 두께의 결정

기준 6.2.1(8) 등가직사각형 압축응력블록 적용

기준 표 6.2.2 $f_{ck} \le 40\,\text{MPa}$이므로 $\eta = 1.0,\ \beta_1 = 0.8$

처짐제어를 위하여 인장지배 단면에 허용된 최대 철근비의 $\frac{1}{2}$을 선택

기준 해설 표 6.2.2 즉, $\rho = 0.5\times\rho_{\max}\,(=0.625\rho_b)$

$$\rho_b = \eta(0.85f_{ck})\beta_1\frac{1}{f_y}\frac{\varepsilon_u}{\varepsilon_u+\varepsilon_y}$$

$$= 1\times(0.85\times30)\times0.80\times\frac{1}{400}\times\frac{0.0033}{0.0033+0.002}$$

$$= 0.0318$$

$$\rho = 0.5\times(0.625\times0.0318) = 0.01$$

$$R = \rho f_y\left(1-0.59\frac{\rho f_y}{\eta f_{ck}}\right)$$

적용기준	계산 및 해설

$$= 0.01 \times 400 \times \left(1 - 0.59 \frac{0.01 \times 400}{1 \times 30}\right)$$

$$= 3.7 \text{ MPa}$$

소요깊이 $d = \sqrt{\frac{M_u}{\phi R b}} = \sqrt{\frac{24.8 \times 10^6}{0.85 \times 3.7 \times 1{,}000}} = 88.8 \text{ mm}$

D16 철근으로 가정하면 $h = 88.8 + \left(\frac{16}{2}\right) + 20 = 116.8 \text{ mm}$

기준 5.4.1④ 슬래브의 최소 피복두께는 20 mm(D35 이하인 철근)

그러므로 슬래브 두께는 125 mm가 적당하고, 유효깊이 $d_t = 97 \text{ mm}$

3. 계수부모멘트 철근량 계산

$$R = \frac{M_u}{\phi b d^2} = \frac{24.8 \times 10^6}{0.85 \times 1{,}000 \times 97^2} = 3.1 \text{ MPa}$$

$$\rho = 0.01 \times \left(\frac{3.1}{3.7}\right) = 0.0084$$

소요철근량 $A_s = \rho \cdot b \cdot d = 0.0084 \times 1{,}000 \times 97 = 814.8 \text{ mm}^2/\text{m}$

4. 계수부모멘트의 강도감소계수 $\phi = 0.85$의 검토

$$a = \frac{A_s f_y}{\eta(0.85 f_{ck}) b} = \frac{814.8 \times 400}{1 \times 0.85 \times 30 \times 1{,}000} = 12.8 \text{ mm}$$

기준 표 6.2.2 $c = \frac{a}{\beta_1} = \frac{12.8}{0.80} = 16 \text{ mm}$

기준 해설 표 6.2.1

5. 인장철근 위치에서 변형률 계산에 의한 강도감소계수 검토

$$\varepsilon_t = \varepsilon_{cu}\left(\frac{d-c}{c}\right)$$

$$= 0.0033 \times \left(\frac{97 - 16}{16}\right) = 0.017 > 0.005$$

강도감소계수 $\phi = 0.85$ 〈적합〉

적용기준	계산 및 해설

6. 계수정모멘트 철근량 계산

$$M_u = \phi M_n = \phi \rho f_y b d^2 \left(1 - 0.59 \frac{\rho f_y}{\eta f_{ck}}\right)$$

$w = \dfrac{(\rho f_y)}{\eta f_{ck}}$로 놓으면

$$\frac{M_u}{\phi \eta f_{ck} b d^2} = w(1 - 0.59w)$$

$$\frac{M_u}{\phi \eta f_{ck} b d^2} = \frac{17.7 \times 10^6}{0.85 \times 1 \times 30 \times 1{,}000 \times 97^2} = 0.074$$

$$0.59w^2 - w + 0.074 = 0$$

$$w = \frac{1 \pm \sqrt{1 \quad 4 \times 0.59 \times 0.074}}{2 \times 0.59} = 0.08\,(-\ \text{취함})$$

$$\rho = \frac{\omega \eta f_{ck}}{f_y} = \frac{0.08 \times 1 \times 30}{400} = 0.006$$

소요철근량 $A_s = \rho \cdot b \cdot d = 0.006 \times 1{,}000 \times 97 = 582\ \mathrm{mm}^2$

7. 계수정모멘트의 강도감소계수 $\phi = 0.85$의 검토

$$a = \frac{A_s f_y}{\eta(0.85 f_{ck}) b} = \frac{582 \times 400}{1 \times 0.85 \times 30 \times 1{,}000} = 9.1\ \mathrm{mm}$$

기준 표 6.2.2

$$c = \frac{a}{\beta_1} = \frac{9.1}{0.80} = 11.4\ \mathrm{mm}$$

기준 해설 표 6.2.1

8. 인장철근 위치에서 변형률 계산에 의한 강도감소계수 검토

$$\varepsilon_t = \varepsilon_{cu}\left(\frac{d-c}{c}\right)$$

$$= 0.0033 \times \left(\frac{97 - 11.4}{11.4}\right) = 0.025 > 0.005$$

강도감소계수 $\phi = 0.85$ 〈적합〉

예제 4.8 1방향 장선의 설계

다음 그림과 같은 1방향 장선 시스템에 대해 소요깊이와 철근량을 결정하라. 장선의 폭은 150 mm, 중심간 간격은 9,000 mm, 슬래브의 두께는 90 mm, 콘크리트 압축강도는 $f_{ck} = 30\,\mathrm{MPa}$이고 철근의 항복강도 $f_y = 400\,\mathrm{MPa}$이다. 사용고정하중 $w_d = 6.2\,\mathrm{kN/m^2}$, 사용활하중 $w_l = 2.9\,\mathrm{kN/m^2}$이고 테두리 보의 폭은 500 mm, 내부 보의 폭은 900 mm이다. 기둥의 경우 내부기둥 단면은 450×450 mm, 외부기둥 단면은 400×400 mm이고 층간 높이는 4,000 mm이다.

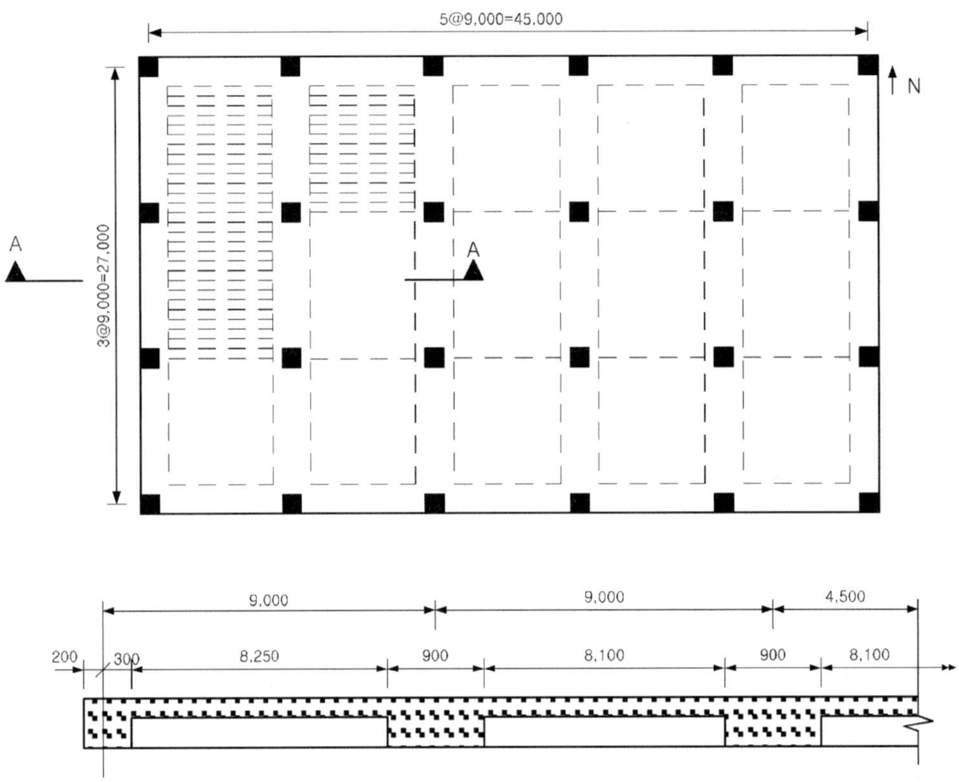

예제 그림 4.8-1

적용기준	◪ 계산 및 해설
	1. 지지면에서의 계수모멘트 계산 및 장선의 깊이 결정
기준 3.3.2	$\omega_u = [(1.2\times 6.2)+(1.6\times 2.9)]\times 0.9 = 10.87\ \mathrm{kN/m}$
기준 3.4.1(4)	경간을 따라 계산된 계수모멘트

경간단부

외부 부모멘트 $M_u = \dfrac{\omega_u l_n^2}{24} = \dfrac{(10.87\times 8.25^2)}{24} = 30.9\ \mathrm{kN\cdot m}$

정모멘트 $M_u = \dfrac{\omega_u l_n{}^2}{14} = \dfrac{(10.87\times 8.25^2)}{14} = 52.8\ \mathrm{kN\cdot m}$

내부 부모멘트 $M_u = \dfrac{\omega_u l_n{}^2}{10} = \dfrac{(10.87\times 8.175^2)}{10} = 72.6\ \mathrm{kN\cdot m}$

내부경간

정모멘트 $M_u = \dfrac{\omega_u l_n{}^2}{16} = \dfrac{(10.87\times 8.1^2)}{16} = 44.6\ \mathrm{kN\cdot m}$

부모멘트 $M_u = \dfrac{\omega_u l_n{}^2}{11} = \dfrac{(10.87\times 8.1^2)}{11} = 64.8\ \mathrm{kN\cdot m}$

기준 6.2.1(8) — 등가직사각형 압축응력블록 적용

기준 표 6.2.2 — $f_{ck} \le 40\ \mathrm{MPa}$ 이므로 $\eta = 1.0,\ \beta_1 = 0.8$

적절한 처짐제어를 위해 인장지배 단면 휨부재에 대한 철근비의 $\dfrac{1}{2}$을 선택

(설계자에 따라 다른 철근비를 선택할 수 있음)

기준 해설 표 6.2.2

$$\rho = 0.5\times\rho_{\max}\ (=0.625\rho_b)$$

$$\rho_b = \eta(0.85 f_{ck})\beta_1\frac{1}{f_y}\frac{c_u}{\varepsilon_u+\varepsilon_y}$$

$$= 1\times(0.85\times 30)\times 0.80\times\frac{1}{400}\times\frac{0.0033}{0.0033+0.002}$$

$$= 0.0318$$

$$\rho = 0.5\times(0.625\times 0.0318) = 0.01$$

계수휨모멘트(경간단부 내부 부모멘트) $M_u = 72.6\ \mathrm{kN\cdot m}$에 의한 장선의 소요깊이 계산

적용기준	◪ 계산 및 해설

$$R = \rho f_y \left(1 - 0.59 \frac{\rho f_y}{\eta f_{ck}}\right)$$

$$= 0.01 \times 400 \times \left(1 - 0.59 \frac{0.01 \times 400}{1 \times 30}\right)$$

$$= 3.7\ \text{MPa}$$

소요깊이 $d = \sqrt{\frac{M_u}{\phi R b}} = \sqrt{\frac{72.6 \times 10^6}{0.85 \times 3.7 \times 150}} = 392\ \text{mm}$

$t = 392 + 40$(40 mm 피복두께 선택) $= 432\ \text{mm}$

장선의 최소 소요두께 $t_{\min}$

기준 표 4.3.1

$$t_{\min} = \frac{l}{18.5} = \frac{9{,}000}{18.5} = 486\ \text{mm}$$

따라서 깊은 장선의 최소 소요두께 $t_{\min} = 490\ \text{mm}\,(= 400 + 90)$로 선택

2. 소요철근량 계산

경간단부 외부 부모멘트

$$M_u = \phi M_n = \phi \rho f_y b d^2 \left(1 - 0.59 \frac{\rho f_y}{\eta f_{ck}}\right)$$

$w = \frac{(\rho f_y)}{\eta f_{ck}}$로 놓으면

$$\frac{M_u}{\phi \eta f_{ck} b d^2} = w(1 - 0.59w)$$

$$\frac{M_u}{\phi \eta f_{ck} b d^2} = \frac{30.9 \times 10^6}{0.85 \times 1 \times 30 \times 150 \times (490 - 40)^2} = 0.04$$

$$0.59w^2 - w + 0.04 = 0$$

$w = \frac{1 \pm \sqrt{1 - 4 \times 0.59 \times 0.04}}{2 \times 0.59} = 0.04\,(-$ 취함)

$$\rho = \frac{\omega \eta f_{ck}}{f_y} = \frac{0.04 \times 1 \times 30}{400} = 0.003$$

소요철근량 $A_s = \rho b d = 0.003 \times 150 \times 450 = 202.5\ \text{mm}^2$

기준 6.3.2

최소 휨철근량 검토

$$I_g = \frac{bh^3}{12} = \frac{150 \times 490^3}{12} = 1.4706 \times 10^9\ \text{mm}^4$$

적용기준	↘ 계산 및 해설

$$f_r = 0.63\lambda\sqrt{f_{ck}} = 0.63\,(1.0)\sqrt{30} = 3.45\ \mathrm{MPa}$$

$$M_{cr} = \frac{f_r I_g}{y_t} = \frac{3.45\times(1.4706\times10^9)}{245}\times\frac{1}{10^6} = 20.7\ \mathrm{kN\cdot m}$$

$$a = \frac{A_s f_y}{\eta 0.85 f_{ck} b} = \frac{202.5\times400}{1\times0.85\times30\times150} = 21\ \mathrm{mm}$$

$$\phi M_n = \phi A_s f_y\left(d-\frac{a}{2}\right) = 0.85\times202.5\times400\times\left(450-\frac{21}{2}\right)\times\frac{1}{10^6}$$

$$= 30.3\ \mathrm{kN\cdot m}$$

기준 표 6.2.2

$$c = \frac{a}{\beta_1} = \frac{21}{0.80} = 26.3\ \mathrm{mm}$$

기준 해설
표 6.2.1

$$\varepsilon_t = \varepsilon_{cu}\left(\frac{d-c}{c}\right)$$

$$= 0.0033\times\left(\frac{450-26.3}{26.3}\right) = 0.053 > 0.005$$

강도감소계수 $\phi = 0.85$ 〈적합〉

$\phi M_n = 30.3\ \mathrm{kN\cdot m} \geq 1.2\,M_{cr} = 24.8\ \mathrm{kN\cdot m}$ 최소 철근량 만족

$A_s = 202.5\ \mathrm{mm}^2$

경간단부 정모멘트

$$M_u = \phi M_n = \phi\rho f_y b d^2\left(1-0.59\frac{\rho f_y}{\eta f_{ck}}\right)$$

$w = \dfrac{(\rho f_y)}{\eta f_{ck}}$ 로 놓으면

$$\frac{M_u}{\phi\eta f_{ck} b d^2} = w\,(1-0.59w)$$

$$\frac{M_u}{\phi\eta f_{ck} b d^2} = \frac{52.8\times10^6}{0.85\times1\times30\times900\times450^2} = 0.011$$

$$0.59w^2 - w + 0.011 = 0$$

$w = \dfrac{1\pm\sqrt{1-4\times0.59\times0.011}}{2\times0.59} = 0.011$ (− 취함)

$$\rho = \frac{\omega\eta f_{ck}}{f_y} = \frac{0.011\times1\times30}{400} = 0.00083$$

소요철근량 $A_s = \rho bd = 0.0083\times900\times450 = 336.2\ \mathrm{mm}^2$

적용기준	◪ 계산 및 해설

직사각형 단면거동에 대한 검토

$$a = \frac{A_s f_y}{\eta(0.85 f_{ck})b} = \frac{336.2 \times 400}{1 \times 0.85 \times 30 \times 900} = 6\ \mathrm{mm} < 90\ \mathrm{mm} \quad \langle 적합 \rangle$$

인장철근 위치에서 변형률 계산에 의한 강도감소계수 검토

기준 표 6.2.2

$$c = \frac{a}{\beta_1} = \frac{6}{0.80} = 7.5\ \mathrm{mm}$$

기준 해설 표 6.2.1

$$\varepsilon_t = \varepsilon_{cu}\left(\frac{d-c}{c}\right)$$

$$= 0.0033 \times \left(\frac{450-7.5}{7.5}\right) = 0.195 > 0.005$$

강도감소계수 $\phi = 0.85$ 〈적합〉

경간단부 내부 부모멘트

$$M_u = \phi M_n = \phi \rho f_y b d^2 \left(1 - 0.59 \frac{\rho f_y}{\eta f_{ck}}\right)$$

$w = \frac{(\rho f_y)}{\eta f_{ck}}$로 놓으면

$$\frac{M_u}{\phi \eta f_{ck} b d^2} = w(1 - 0.59w)$$

$$\frac{M_u}{\phi \eta f_{ck} b d^2} = \frac{73.9 \times 10^6}{0.85 \times 1 \times 30 \times 150 \times 450^2} = 0.095$$

$$0.59w^2 - w + 0.095 = 0$$

$$w = \frac{1 \pm \sqrt{1 - 4 \times 0.59 \times 0.095}}{2 \times 0.59} = 0.10\,(-\ 취함)$$

$$\rho = \frac{\omega \eta f_{ck}}{f_y} = \frac{0.10 \times 1 \times 30}{400} = 0.008$$

소요철근량 $A_s = \rho b d = 0.008 \times 150 \times 450 = 540\ \mathrm{mm}^2$

내부경간 정모멘트

$$M_u = \phi M_n = \phi \rho f_y b d^2 \left(1 - 0.59 \frac{\rho f_y}{\eta f_{ck}}\right)$$

적용기준	계산 및 해설

$$w = \frac{(\rho f_y)}{\eta f_{ck}} \text{ 로 놓으면}$$

$$\frac{M_u}{\phi \eta f_{ck} b d^2} = w(1-0.59w)$$

$$\frac{M_u}{\phi \eta f_{ck} b d^2} = \frac{44.6\times 10^6}{0.85\times 1\times 30\times 900\times 450^2} = 0.01$$

$$0.59w^2 - w + 0.01 = 0$$

$$w = \frac{1 \pm \sqrt{1-4\times 0.59\times 0.01}}{2\times 0.59} = 0.01\,(- \text{ 취함})$$

$$\rho = \frac{\omega \eta f_{ck}}{f_y} = \frac{0.01\times 1\times 30}{400} = 0.0008$$

소요철근량 $A_s = \rho bd = 0.0008\times 900\times 450 = 324\ \text{mm}^2$

직사각형 단면 거동에 대한 검토

$$a = \frac{A_s f_y}{\eta(0.85 f_{ck})b} = \frac{324\times 400}{1\times 0.85\times 30\times 900} = 6\ \text{mm} < 90\ \text{mm} \quad \langle\text{적합}\rangle$$

인장철근 위치에서 변형률 계산에 의한 강도감소계수 검토

기준 표 6.2.2

$$c = \frac{a}{\beta_1} = \frac{6}{0.80} = 7.5\ \text{mm}$$

기준 해설 표 6.2.1

$$\varepsilon_t = \varepsilon_{cu}\left(\frac{d-c}{c}\right)$$

$$= 0.0033\times\left(\frac{450-7.5}{7.5}\right) = 0.195 > 0.005$$

강도감소계수 $\phi = 0.85$ 〈적합〉

내부경간 부모멘트

$$M_u = \phi M_n = \phi \rho f_y b d^2\left(1-0.59\frac{\rho f_y}{\eta f_{ck}}\right)$$

$$w = \frac{(\rho f_y)}{\eta f_{ck}} \text{ 로 놓으면}$$

$$\frac{M_u}{\phi \eta f_{ck} b d^2} = w(1-0.59w)$$

적용기준

계산 및 해설

$$\frac{M_u}{\phi \eta f_{ck} b d^2} = \frac{64.8 \times 10^6}{0.85 \times 1 \times 30 \times 150 \times 450^2} = 0.084$$

$$0.59\, w^2 - w + 0.084 = 0$$

$$w = \frac{1 \pm \sqrt{1 - 4 \times 0.59 \times 0.084}}{2 \times 0.59} = 0.09\,(-\ \text{취함})$$

$$\rho = \frac{\omega \eta f_{ck}}{f_y} = \frac{0.09 \times 1 \times 30}{400} = 0.007$$

소요철근량 $A_s = \rho b d = 0.007 \times 150 \times 450 = 472.5\ \mathrm{mm}^2$

예제 4.9 연속보의 설계

예제 4.8 그림과 같은 구조시스템에서 내부기둥선 지지보의 소요깊이와 철근량을 결정하라. 보의 폭은 900 mm, 콘크리트 압축강도는 $f_{ck} = 30\,\text{MPa}$이고, 철근의 항복강도 $f_y = 400\,\text{MPa}$이다. 사용고정하중 $w_d = 6.2\,\text{kN/m}^2$, 사용활하중 $w_l = 2.9\,\text{kN/m}^2$이다. 기둥의 경우 내부기둥 단면은 450×450 mm, 외부기둥 단면은 400×400 mm이고 층간 높이는 4,000 mm이다.

적용기준	■ 계산 및 해설

1. 지지면에서의 계수모멘트 계산 및 장선의 깊이 결정

$$\omega_u = [(1.2 \times 6.2) + (1.6 \times 2.9)] \times 9 = 108.7\,\text{kN/m}$$

기준 3.4.1(4)

경간을 따라 계신된 계수모멘트

경간단부

외부 부모멘트 $$M_u = \frac{\omega_u {l_n}^2}{16} = \frac{(108.7 \times 8.675^2)}{16} = 511.3\,\text{kN·m}$$

정모멘트 $$M_u = \frac{\omega_u {l_n}^2}{14} = \frac{(108.7 \times 8.675^2)}{14} = 584.3\,\text{kN·m}$$

내부 부모멘트 $$M_u = \frac{\omega_u {l_n}^2}{10} = \frac{(108.7 \times 8.663^2)}{10} = 815.8\,\text{kN·m}$$

내부경간

정모멘트 $$M_u = \frac{\omega_u {l_n}^2}{16} = \frac{(108.7 \times 8.650^2)}{16} = 508.3\,\text{kN·m}$$

전반적인 경제성을 고려하여 보의 깊이를 예제 4.8에서 계산된 장선의 깊이와 같다고 가정한다. 즉 보의 깊이는 500mm로 가정

$M_u = 815.8\,\text{kN·m}$에 대한 보의 깊이 500 mm의 검토

기준 6.2.1(8) 등가직사각형 압축응력블록 적용

기준 표 6.2.2 $f_{ck} \le 40\,\text{MPa}$이므로 $\eta = 1.0,\ \beta_1 = 0.8$

$$\rho = \rho_{\max} = 0.625\,\rho_b$$

$$\rho_b = \eta\,(0.85 f_{ck})\,\beta_1 \frac{1}{f_y}\frac{\varepsilon_u}{\varepsilon_u + \varepsilon_y}$$

적용기준

계산 및 해설

$$= 1 \times (0.85 \times 30) \times 0.80 \times \frac{1}{400} \times \frac{0.0033}{0.0033 + 0.002}$$

$$= 0.0318$$

$$\rho = \rho_{\max} = 0.625\rho_b = 0.625 \times 0.0318 = 0.02$$

$$R = \rho f_y\left(1 - 0.59\frac{\rho f_y}{\eta f_{ck}}\right)$$

$$= 0.02 \times 400 \times \left(1 - 0.59\frac{0.01 \times 400}{1 \times 30}\right)$$

$$= 7.4\,\mathrm{MPa}$$

$$M_{ut} = \phi Rbd^2 = 0.85 \times 7.4 \times 900 \times 450^2 \times \frac{1}{10^6} = 1{,}146\,\mathrm{kN \cdot m}$$

$$M_u = 815.8\,\mathrm{kN \cdot m} < M_{ut} = 1{,}146\,\mathrm{kN \cdot m}$$

따라서 단면은 압축철근 없이 인장지배 단면이다.

그러므로 보의 단면은 $900\,\mathrm{mm} \times 490\,\mathrm{mm}$로 선택

2. 소요철근량 계산

경간단부 외부 부모멘트

$$M_u = \phi M_n = \phi \rho f_y bd^2\left(1 - 0.59\frac{\rho f_y}{\eta f_{ck}}\right)$$

$w = \dfrac{(\rho f_y)}{\eta f_{ck}}$로 놓으면

$$\frac{M_u}{\phi \eta f_{ck} bd^2} = w(1 - 0.59w)$$

$$\frac{M_u}{\phi \eta f_{ck} bd^2} = \frac{511.3 \times 10^6}{0.85 \times 1 \times 30 \times 900 \times 450^2} = 0.11$$

$$0.59w^2 - w + 0.11 = 0$$

$w = \dfrac{1 \pm \sqrt{1 - 4 \times 0.59 \times 0.11}}{2 \times 0.59} = 0.118\,(-$ 취함)

$$\rho = \frac{\omega \eta f_{ck}}{f_y} = \frac{0.118 \times 1 \times 30}{400} = 0.009$$

소요철근량 $A_s = \rho bd = 0.009 \times 900 \times 450 = 3{,}645\,\mathrm{mm}^2$

$10 - \mathrm{D}22\,(A_s = 3{,}871\,\mathrm{mm}^2)$로 선택

적용기준	계산 및 해설

기준 6.3.2

최소 휨철근량 검토

$$I_g = \frac{bh^3}{12} = \frac{900 \times 490^3}{12} = 8.824 \times 10^9 \text{ mm}^4$$

$$f_r = 0.63\lambda\sqrt{f_{ck}} = 0.63\,(1.0)\sqrt{30} = 3.45 \text{ MPa}$$

$$M_{cr} = \frac{f_r I_g}{y_t} = \frac{3.45 \times (8.824 \times 10^9)}{245} \times \frac{1}{10^6} = 124.3 \text{ kN}\cdot\text{m}$$

$$a = \frac{A_s f_y}{\eta 0.85 f_{ck} b} = \frac{3{,}871 \times 400}{1 \times 0.85 \times 30 \times 900} = 67.5 \text{ mm}$$

$$\phi M_n = \phi A_s f_y \left(d - \frac{a}{2}\right) = 0.85 \times 3{,}871 \times 400 \times \left(450 - \frac{67.5}{2}\right) \times \frac{1}{10^6}$$

$$= 547.8 \text{ kN}\cdot\text{m}$$

기준 표 6.2.2

$$c = \frac{a}{\beta_1} = \frac{67.5}{0.80} = 84.4 \text{ mm}$$

기준 해설 표 6.2.1

$$\varepsilon_t = \varepsilon_{cu}\left(\frac{d-c}{c}\right)$$

$$= 0.0033 \times \left(\frac{450 - 84.4}{84.4}\right) = 0.014 > 0.005$$

강도감소계수 $\phi = 0.85$ 〈적합〉

$\phi M_n = 547.8 \text{ kN}\cdot\text{m} \geq 1.2\,M_{cr} = 149.2 \text{ kN}\cdot\text{m}$ 최소 철근량 만족

기준 6.3.3(4)

휨철근 배치 검토

f_s : 근사값으로 f_y의 $\frac{2}{3}$ 사용

$$f_s = \frac{2}{3} \times 400 = 267 \text{ MPa}$$

$c_c = 40 + 10 = 50$ mm (D10 스터럽 사용)

기준 식 6.3.3

$$s = 375\left(\frac{\kappa_{cr}}{f_s}\right) - 2.5c_c = 375 \times \left(\frac{210}{267}\right) - 2.5 \times 50 = 170 \text{ mm}$$

기준 식 6.3.4

$$s = 300\left(\frac{\kappa_{cr}}{f_s}\right) = 300 \times \left(\frac{210}{267}\right) = 235.9 \text{ mm}$$

제안된 간격 $= \frac{1}{9}\left\{900 - 2\left(40 + 10 + \frac{22}{2}\right)\right\} = 86.4 \text{ mm} < 250 \text{ mm}$ 〈적합〉

적용기준	◪ 계산 및 해설

경간단부 정모멘트

$$M_u = \phi M_n = \phi \rho f_y bd^2\left(1-0.59\frac{\rho f_y}{\eta f_{ck}}\right)$$

$$w = \frac{(\rho f_y)}{\eta f_{ck}}$$ 로 놓으면

$$\frac{M_u}{\phi \eta f_{ck} bd^2} = w(1-0.59w)$$

$$\frac{M_u}{\phi \eta f_{ck} bd^2} = \frac{584.3\times 10^6}{0.85\times 1\times 30\times 900\times 450^2} = 0.126$$

$$0.59w^2 - w + 0.126 = 0$$

$$w = \frac{1\pm\sqrt{1-4\times 0.59\times 0.126}}{2\times 0.59} = 0.137$$ (− 취함)

$$\rho = \frac{\omega \eta f_{ck}}{f_y} = \frac{0.137\times 1\times 30}{400} = 0.010$$

소요철근량 $A_s = \rho bd = 0.010\times 900\times 450 = 4{,}050\ \mathrm{mm}^2$

$11-\mathrm{D}22(A_s = 4{,}258\ \mathrm{mm}^2)$ 선택

기준 6.3.2

최소 휨철근량 검토

$$I_g = \frac{bh^3}{12} = \frac{900\times 490^3}{12} = 8.824\times 10^9\ \mathrm{mm}^4$$

$$f_r = 0.63\lambda\sqrt{f_{ck}} = 0.63(1.0)\sqrt{30} = 3.45\ \mathrm{MPa}$$

$$M_{cr} = \frac{f_r I_g}{y_t} = \frac{3.45\times(8.824\times 10^9)}{245}\times\frac{1}{10^6} = 124.3\ \mathrm{kN\cdot m}$$

$$a = \frac{A_s f_y}{\eta 0.85 f_{ck} b} = \frac{4{,}258\times 400}{1\times 0.85\times 30\times 900} = 74.2\ \mathrm{mm}$$

$$\phi M_n = \phi A_s f_y\left(d-\frac{a}{2}\right) = 0.85\times 4{,}258\times 400\times\left(450-\frac{74.2}{2}\right)\times\frac{1}{10^6}$$

$$= 597.8\ \mathrm{kN\cdot m}$$

기준 표 6.2.2

$$c = \frac{a}{\beta_1} = \frac{74.2}{0.80} = 92.8\ \mathrm{mm}$$

기준 해설 표 6.2.1

$$\varepsilon_t = \varepsilon_{cu}\left(\frac{d-c}{c}\right)$$

적용기준	계산 및 해설

$$= 0.0033 \times \left(\frac{450 - 92.8}{92.8}\right) = 0.013 > 0.005$$

강도감소계수 $\phi = 0.85$ 〈적합〉

$\phi M_n = 597.8\ \mathrm{kN \cdot m} \geq 1.2 M_{cr} = 149.2\ \mathrm{kN \cdot m}$ 최소 철근량 만족

경간단부 내부 부모멘트

$$M_u = \phi M_n = \phi \rho f_y b d^2 \left(1 - 0.59 \frac{\rho f_y}{\eta f_{ck}}\right)$$

$w = \dfrac{(\rho f_y)}{\eta f_{ck}}$ 로 놓으면

$$\frac{M_u}{\phi \eta f_{ck} b d^2} = w(1 - 0.59 w)$$

$$\frac{M_u}{\phi \eta f_{ck} b d^2} = \frac{815.8 \times 10^6}{0.85 \times 1 \times 30 \times 900 \times 450^2} = 0.18$$

$$0.59 w^2 - w + 0.18 = 0$$

$w = \dfrac{1 \pm \sqrt{1 - 4 \times 0.59 \times 0.18}}{2 \times 0.59} = 0.205$ (− 취함)

$$\rho = \frac{\omega \eta f_{ck}}{f_y} = \frac{0.205 \times 1 \times 30}{400} = 0.015$$

소요철근량 $A_s = \rho b d = 0.015 \times 900 \times 450 = 6{,}075\ \mathrm{mm}^2$

$12 - \mathrm{D}25\,(A_s = 6{,}080\ \mathrm{mm}^2)$로 슬래브에 철근을 균등 배치

기준 6.3.2

최소 휨철근량 검토

$$I_g = \frac{bh^3}{12} = \frac{900 \times 490^3}{12} = 8.824 \times 10^9\ \mathrm{mm}^4$$

$$f_r = 0.63 \lambda \sqrt{f_{ck}} = 0.63\,(1.0)\sqrt{30} = 3.45\ \mathrm{MPa}$$

$$M_{cr} = \frac{f_r I_g}{y_t} = \frac{3.45 \times (8.824 \times 10^9)}{245} \times \frac{1}{10^6} = 124.3\ \mathrm{kN \cdot m}$$

$$a = \frac{A_s f_y}{\eta 0.85 f_{ck} b} = \frac{6{,}080 \times 400}{1 \times 0.85 \times 30 \times 900} = 106\ \mathrm{mm}$$

$$\phi M_n = \phi A_s f_y \left(d - \frac{a}{2}\right) = 0.85 \times 6{,}080 \times 400 \times \left(450 - \frac{106}{2}\right) \times \frac{1}{10^6}$$

적용기준	◪ 계산 및 해설
	$= 820.7\,\mathrm{kN \cdot m}$
기준 표 6.2.2	$c = \dfrac{a}{\beta_1} = \dfrac{106}{0.80} = 132.5\,\mathrm{mm}$
기준 해설 표 6.2.1	$\varepsilon_t = \varepsilon_{cu}\left(\dfrac{d-c}{c}\right)$
	$= 0.0033 \times \left(\dfrac{450-132.5}{132.5}\right) = 0.008 > 0.005$
	강도감소계수 $\phi = 0.85$ 〈적합〉
	$\phi M_n = 820.7\,\mathrm{kN \cdot m} \geq 1.2 M_{cr} = 149.2\,\mathrm{kN \cdot m}$ 최소 철근량 만족

예제 4.10 플랜지를 갖는 깊이가 깊은 휨부재의 철근 배치

경간이 15 m인 연속보에서 그림과 같이 주어진 T형 단면보의 철근 배치를 결정하라.

콘크리트설계기준 압축강도는 $f_{ck} = 27$ MPa, 철근의 설계기준 항복강도는 $f_y = 400$ MPa이고 사용하중 휨모멘트는 다음과 같다.

정모멘트 : $M_d = 307$ kN·m, $M_l = 625$ kN·m

부모멘트 : $M_d = -324$ kN·m, $M_l = -800$ kN·m

예제 그림 4.10-1

적용기준	계산 및 해설

1. 정모멘트 철근의 배치

기준 3.3.2

$$M_u = 1.2M_d + 1.6M_l = (1.2 \times 307) + (1.6 \times 625)$$
$$= 1,368.4 \text{ kN·m}$$

철근량 결정을 위한 가정으로 8-D25를 2단 배치하고, 순피복두께 40mm 및 D10의 스터럽으로 설계 시작

$$d_{cg} = \frac{(4 \times 506.7) \times 62.5 + (4 \times 506.7) \times 112.5}{8 \times 506.7} = 87.5 \text{ mm}$$

$$d = 1,220 - 87.5 = 1,132.5 \text{ mm}$$

기준 3.4.10(1)

유효폭 b의 결정 : 다음 중 가장 작은 값

$$b = 16t_f + b_w = 16 \times 150 + 300 = 2,700 \text{ mm}$$

$$b = 3,050 \text{ mm}$$

적용기준	◪ 계산 및 해설

$$b = \frac{15,000}{4} = 3,750\ \mathrm{mm}$$

따라서 유효폭 $b = 2,700\ \mathrm{mm}$

$$\frac{M_u}{\phi f_{ck} b d^2} = \frac{\rho f_y}{f_{ck}}\left(1 - 0.59\rho\frac{f_y}{f_{ck}}\right)$$에

$$\omega = \frac{\rho f_y}{f_{ck}}$$를 대입하면

$$\frac{M_u}{\phi f_{ck} b d^2} = \omega(1 - 0.59\omega)$$

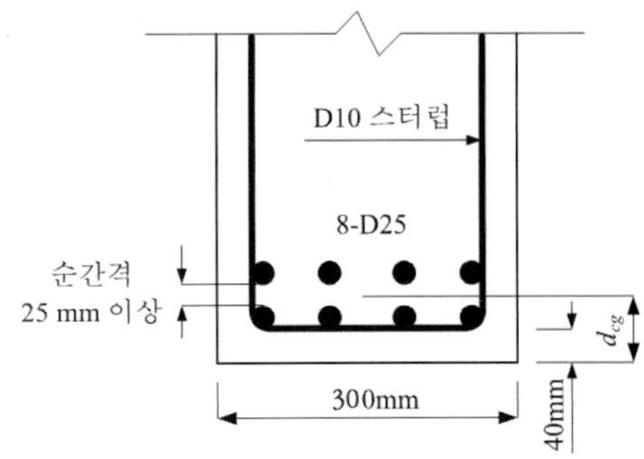

예제 그림 4.10-2

위의 식에서 w를 구한 후, 철근비 $\rho = \dfrac{wf_{ck}}{f_y} = 0.0012$

따라서 소요 $A_s = 3,669.3\ \mathrm{mm}^2$

그러므로 $8 - \mathrm{D}25\,(A_s = 4,054\ \mathrm{mm}^2)$ 2단 배치 적합(예제 그림 4.10-2)

인장철근까지의 순피복두께

$$c_c = 40 + 10 = 50\ \mathrm{mm}\ \ (\mathrm{D}10\ 스터럽)$$

사용하중에서의 철근 응력

$$f_s = \frac{+M}{jdA_s} = \frac{(307 + 625) \times 10^6}{0.87 \times 1,132.5 \times 4,054} = 233.3\ \mathrm{MPa}$$

기준 식 6.3.3

$$s = 375\left(\frac{\kappa_{cr}}{f_s}\right) - 2.5c_c = 375 \times \left(\frac{210}{233.3}\right) - 2.5 \times 50 = 213\ \mathrm{mm}$$

기준 식 6.3.4

$$s = 300\left(\frac{\kappa_{cr}}{f_s}\right) = 300 \times \left(\frac{210}{233.3}\right) = 270\ \mathrm{mm}$$

설계된 간격 $= \dfrac{1}{3}\left\{300 - 2\left(40 + 10 + \dfrac{25}{2}\right)\right\} = 58.3\ \mathrm{mm} < 211\ \mathrm{mm}$ 〈적합〉

2. 부모멘트 철근의 배치

$$M_u = (1.2 \times 324) + (1.6 \times 800) = 1,668.8\ \mathrm{kN \cdot m}$$

기준 6.3.3(5)

인장철근에 대한 유효폭은 경간장의 $\dfrac{1}{10}$ 이하, 그러므로

유효폭 $b = \dfrac{1}{10} \times (15,000\ \mathrm{mm}) = 1,500\ \mathrm{mm} < 2,700\ \mathrm{mm}$

적용기준	◪ 계산 및 해설

$$\frac{M_u}{\phi f_{ck} b d^2} = \omega(1-0.59\omega)$$

위의 식에서 w를 구한 후, 철근비 $\rho = \dfrac{w f_{ck}}{f_y} = 0.0026$

소요 $A_s = 4{,}417\ \text{mm}^2$ 따라서 $9 - \text{D}25(A_s = 4{,}560\ \text{mm}^2)@150\ \text{mm}$ 선택

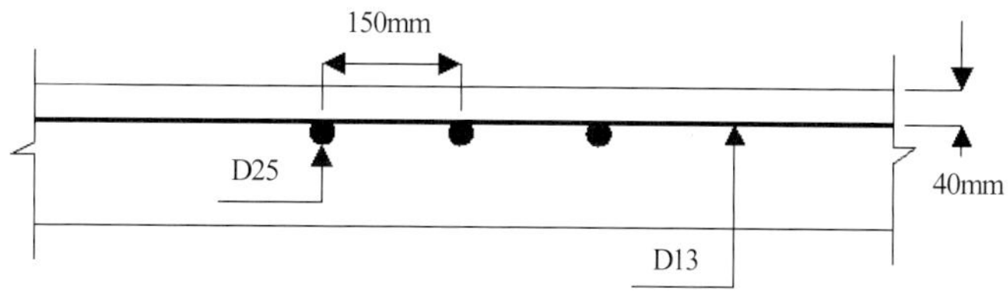

예제 그림 4.10-3

$c_c = 40 + 13 = 53\ \text{mm}$

기준 6.3.3(4) $f_s = \dfrac{2}{3} f_y = \dfrac{2}{3} \times 400 = 267\ \text{MPa}$

기준 식 6.3.3 $s = 375\left(\dfrac{\kappa_{cr}}{f_s}\right) - 2.5c_c = 375 \times \left(\dfrac{210}{267}\right) - 2.5 \times 53 = 162\ \text{mm}$

기준 식 6.3.4 $s = 300\left(\dfrac{\kappa_{cr}}{f_s}\right) = 300 \times \left(\dfrac{210}{267}\right) = 236\ \text{mm}$

제안된 간격 $= 150\ \text{mm} < 162\ \text{mm}$ 〈적합〉

또한 기준 5.3.2(5)도 만족

기준 5.3.2(5) $3 \times t_f = 3 \times 150 = 450\ \text{mm}$ 및 $450\ \text{mm}$ 이하

기준 5.7 폭 $1{,}500\ \text{mm}$ 이외 구간에서 슬래브의 주철근 균열제어를 위해 기준 5.7 수축, 온도철근을 만족시켜야 함.

$f_y = 400\ \text{MPa}$인 경우, $A_s = 0.0020 \times 1{,}000 \times 150 = 300\ \text{mm}^2/\text{m}$

기준 5.7.2(3) 즉, $A_s = \dfrac{90\ \text{mm}^2}{0.3\ \text{m}}$

$\text{D}\,13(A_s = 126.7\ \text{mm}^2)$ 선택 (예제 그림 4.10-3 참조)

수축, 온도철근의 간격은 슬래브 두께의 5배 이하 또는 $450\ \text{mm}$ 이하

적용기준	계산 및 해설

기준 6.3.3(6) $5 \times 150 = 750\ \mathrm{mm}$ 또는 $450\ \mathrm{mm}$ 따라서 $450\ \mathrm{mm}$, 그러므로 D13@450 mm

3. 균열제어를 위한 종방향 표피철근($d > 900\mathrm{mm}$)

기준 식 6.3.3

$$s = 375\left(\frac{\kappa_{cr}}{f_s}\right) - 2.5c_c = 375 \times \left(\frac{210}{267}\right) - 2.5 \times 53 = 162\ \mathrm{mm}$$

기준 식 6.3.4

$$s = 300\left(\frac{\kappa_{cr}}{f_s}\right) = 300 \times \left(\frac{210}{267}\right) = 236\ \mathrm{mm}$$

따라서 D13 종방향 표피철근을 인장연단으로부터 $\frac{h}{2}$ 지점까지 부재 양쪽 측면을 따라 균일하게 배치(간격은 $150\ \mathrm{mm}$로 선택)

보의 깊이 상부 $\frac{1}{2}$ 부분이 부모멘트 영역인 경우에도 D13 종방향 표피철근을 $150\ \mathrm{mm}$ 간격으로 배치(종방향 표피철근 $8-\mathrm{D}13\,(A_s = 1{,}014\ \mathrm{mm}^2)$)

4. 설계된 단면

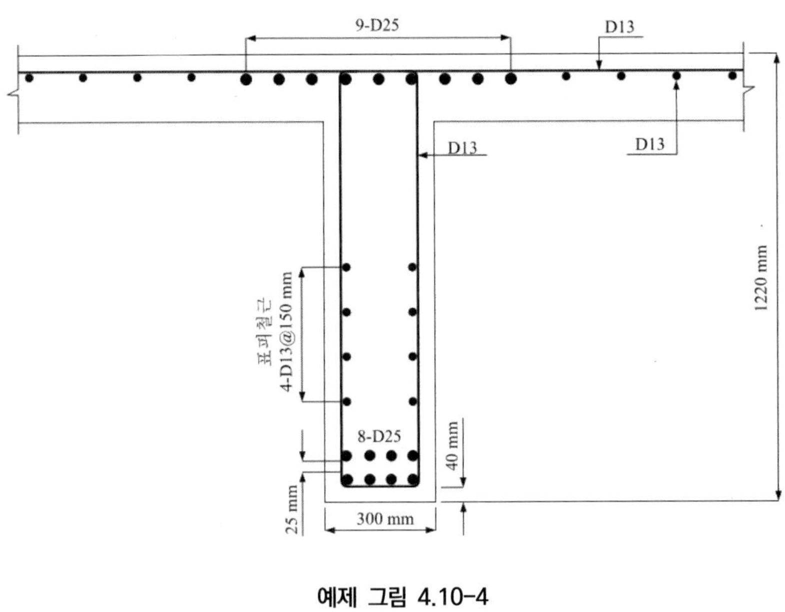

예제 그림 4.10-4

예제 4.11 휨부재 설계에서의 재료강도 선택

고정하중 휨모멘트 $M_D = 130\ \mathrm{kN \cdot m}$, 활하중 휨모멘트 $M_L = 140\ \mathrm{kN \cdot m}$가 작용하여, 계수하중 휨모멘트 $M_u = 380\ \mathrm{kN \cdot m}$와 사용하중 휨모멘트 $M_s = 270\ \mathrm{kN \cdot m}$가 작용하는 폭 $b = 400\ \mathrm{mm}$, 깊이 $h = 600\ \mathrm{mm}$인 직사각형 단철근 단면을 다음과 같이 3가지로 설계하였다. 각 단면의 설계 적합성을 판정하라. 3가지 단면 모두, 전단철근은 D13이고 피복두께는 40 mm이고, 습윤환경에 노출되어 있다.

1. $f_{ck} = 27\ \mathrm{MPa}$, $f_y = 400\ \mathrm{MPa}$, 인장철근 6－D22
2. $f_{ck} = 35\ \mathrm{MPa}$, $f_y = 500\ \mathrm{MPa}$, 인장철근 5－D22
3. $f_{ck} = 40\ \mathrm{MPa}$, $f_y = 600\ \mathrm{MPa}$, 인장철근 4－D22

적용기준	계산 및 해설

계산 및 해설

1. $f_{ck} = 27\ \mathrm{MPa}$, $f_y = 400\ \mathrm{MPa}$, 인장철근 6－D22인 경우

단면 폭 $b = 400\ \mathrm{mm}$,　단면 깊이 $h = 600\ \mathrm{mm}$

D22 : $d_b = 22.2\ \mathrm{mm}$　D13 : $d_b = 12.7\ \mathrm{mm}$

유효깊이 $d = h$ － 피복두께 － 전단철근 지름 － 인장철근 반지름

$$= 600 - 40 - 12.5 - 22.2/2 = 536\ \mathrm{mm}$$

철근 항복변형률 $\varepsilon_y = \dfrac{f_y}{E_s} = \dfrac{400}{200{,}000} = 0.002$

기준 6.2.1(7)　포물선-직선 응력-변형률 관계, 적용

1.1 휨강도 검토 ($f_{ck} = 27\ \mathrm{MPa}$, $f_y = 400\ \mathrm{MPa}$, 6－D22)

기준 표 6.2.1　$f_{ck} \le 40\ \mathrm{MPa}$이므로 $n = 2.0$, $\varepsilon_{co} = 0.002$, $\varepsilon_{cu} = 0.0033$, $\alpha = 0.8$, $\beta = 0.4$

6－D22 : $A_s = 2{,}323\ \mathrm{mm^2}$

압축력 $C = \alpha 0.85 f_{ck} bc = 0.8 \times 0.85 \times 27 \times 400 \times c = 7{,}344\,c$

인장력 $T = A_s f_y = 2{,}323 \times 400 = 929{,}200\ \mathrm{N}$

평형방정식 $C = T$　$c = \dfrac{929{,}200}{7{,}344} = 126.5\ \mathrm{mm}$

기준 6.2.2(4)　인장철근 변형률

$$\varepsilon_s = 0.0033\frac{d-c}{c} = 0.0033\frac{536 - 126.5}{126.5} = 0.0107\ (= 5.35\,\varepsilon_y) > 0.005$$

적용기준	계산 및 해설

따라서 이 단면은 인장지배 단면이므로 $\phi = 0.85$

$$\phi M_n = \phi A_s f_y (d - \beta c) = 0.85 \times 929{,}200 \times (536 - 0.4 \times 126.5) \frac{1}{10^6} = 383.4 \text{ kN·m}$$

$\phi M_n = 383.4 \text{ kN·m} > M_u (= 380 \text{ kN·m})$ 따라서 휨강도를 만족함.

1.2 철근 상세에서의 철근 수평간격 검토 ($f_{ck} = 27$ MPa, $f_y = 400$ MPa, 6－D22)

기준 5.3.2(1) D22 철근의 최소 수평 순간격 $cs = 25$ mm

기준 5.2.2(2) D13 전단철근의 구부림 내면반지름 $rs = 2d_b = 2(12.7) = 25.4$ mm

휨철근 배치를 위한 보의 최소폭 검토 : n_b = 철근의 수

$b_{min} = 2A + 2(B + C) + (n_b - 1)(d_b + D)$ [예제 그림 4.11-1 참조]

$= 2(\text{피복두께}) + 2(\text{전단철근지름} + rs) + (n_b - 1)(d_b + cs)$

$= 2(40) + 2(12.7 + 25.4) + (6 - 1)(22.2 + 25) = 392 \text{ mm} < b (= 400 \text{ mm})$

따라서 6－D22 철근의 배치가 가능함.

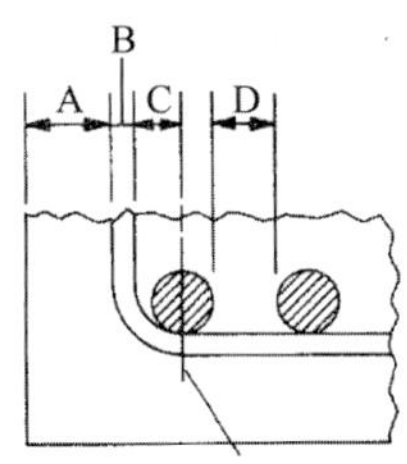

예제 그림 4.11-1 보의 최소폭 검토를 위한 휨철근 배치 상세

1.3 휨철근의 배치(균열제어용) 검토 ($f_{ck} = 27$ MPa, $f_y = 400$ MPa, 6－D22)

사용하중에서의 균열 발생 여부 판정 :

철근을 무시한 콘크리트 전체 단면의 단면2차모멘트

$$I_g = \frac{bh^3}{12} = \frac{400(600)^3}{12} = 7{,}200 \times 10^6 \text{ mm}^4$$

기준 식 4.3.3 콘크리트의 파괴계수(휨균열강도) $f_r = 0.63\lambda\sqrt{f_{ck}} = 0.63(1.0)\sqrt{27} = 3.3$ MPa

기준 식 4.3.2 균열모멘트 $M_{cr} = \frac{f_r I_g}{y_t} = \frac{3.3(7{,}200)}{300} = 79.2 \text{ kN·m} < M_s (= 270 \text{ kN·m})$

따라서 균열 발생 단면임.

적용기준	계산 및 해설

기준 식 3.4.3 — 사용하중에서의 철근응력을 얻기 위한 단면 상수 해석:

콘크리트의 평균압축강도 $f_{cu} = f_{ck} + \Delta f = 27 + 4 = 31$ MPa

기준 식 3.4.2 — 콘크리트의 탄성계수 $E_c = 8,500\sqrt[3]{f_{cu}} = 8,500\sqrt[3]{31} = 26,700$ MPa

탄성계수비 $n = \dfrac{E_s}{E_c} = \dfrac{200,000}{26,700} = 7.5$

환산단면적 $nA_s = 7.5(2,323) = 17,420\ \text{mm}^2$

균열 단면의 중립축을 y_o라고 하면, 압축부 단면1차모멘트와 인장부 단면1차모멘트가 같아야 하므로

$$\frac{b{y_o}^2}{2} = nA_s(d - y_o),\ \frac{400{y_o}^2}{2} = 17,420(536 - y_o),\ {y_o}^2 - 87.1y_o - 46,686 = 0$$

이 식의 해 $y_o = 177$ mm

균열 단면의 단면2차모멘트

$$I_{cr} = \frac{1}{3}b{y_o}^3 + nA_s(d - y_o)^2$$

$$= \frac{1}{3}(400)(177)^3 + 17,420(536 - 177)^2 = 2,984 \times 10^6\ \text{mm}^4$$

철근응력 $f_s = n\dfrac{M_s(d - y_o)}{I_{cr}} = 7.5\dfrac{270(536 - 177)}{2,984} = 244$ MPa

휨철근의 배치 간격 검토 (균열 제어)

기준 6.3.3(4) — c_c = 피복두께 + 전단철근 지름 $= 40 + 12.7 = 52.7$ mm

습윤환경에 노출된 경우이므로 $\kappa_{cr} = 210$

기준 식 6.3.3 — $s = 375\left(\dfrac{\kappa_{cr}}{f_s}\right) - 2.5c_c = 375\left(\dfrac{210}{244}\right) - 2.5(52.7) = 191$ mm

기준 식 6.3.4 — $s = 300\left(\dfrac{\kappa_{cr}}{f_s}\right) = 300\left(\dfrac{210}{244}\right) = 258$ mm

따라서 $s_{max} = 191$ mm

철근 중심간격 $s_{act} = \dfrac{1}{n_b - 1}\{b - 2(A + B + C)\}$ [예제 그림 4.11-1 참조]

$$= \frac{1}{5}\{400 - 2(40) - 2(12.7) - 2(2)(12.7)\}$$

$= 49\,\text{mm} < s_{max}(= 191\,\text{mm})$ 〈적합〉

2. $f_{ck} = 35\,\text{MPa}$, $f_y = 500\,\text{MPa}$, 인장철근 5 − D22인 경우

단면 폭 $b = 400\,\text{mm}$, 단면 깊이 $h = 600\,\text{mm}$

D22 : $d_b = 22.2\,\text{mm}$, D13 : $d_b = 12.7\,\text{mm}$

유효깊이 $d = h -$ 피복두께 − 전단철근 지름 − 인장철근 반지름

$= 600 - 40 - 12.5 - 22.2/2 = 536\,\text{mm}$

철근 항복변형률 $\varepsilon_y = \dfrac{f_y}{E_s} = \dfrac{500}{200{,}000} = 0.0025$

기준 6.2.1(7) 포물선−직선 응력−변형률 관계 적용

2.1 휨강도 검토($f_{ck} = 35\,\text{MPa}$, $f_y = 500\,\text{MPa}$, 5 − D22)

기준 표 6.2.1 $f_{ck} \le 40\,\text{MPa}$ 이므로 $n = 2.0$, $\varepsilon_{co} = 0.002$, $\varepsilon_{cu} = 0.0033$, $\alpha = 0.8$, $\beta = 0.4$

5 − D22 : $A_s = 1{,}935\,\text{mm}^2$

압축력 $C = \alpha 0.85 f_{ck} bc = 0.8 \times 0.85 \times 35 \times 400 \times c = 9{,}520c$

인장력 $T = A_s f_y = 1{,}935 \times 500 = 967{,}500\,\text{N}$

평형방정식 $C = T \quad c = \dfrac{967{,}500}{9{,}520} = 101.6\,\text{mm}$

기준 6.2.2(4) 인장철근 변형률

$$\varepsilon_s = 0.0033\frac{d-c}{c} = 0.0033\frac{536-101.6}{101.6} = 0.014\,(= 7.05\varepsilon_y) > 2.5\varepsilon_y$$

따라서 이 단면은 인장지배단면이므로 $\phi = 0.85$

$$\phi M_n = \phi A_s f_y (d - \beta c) = 0.85 \times 967{,}500 \times (536 - 0.4 \times 101.6)\frac{1}{10^6} = 407.4\,\text{kN}\cdot\text{m}$$

$\phi M_n = 407.4\,\text{kN}\cdot\text{m} > M_u(= 380\,\text{kN}\cdot\text{m})$ 따라서 휨강도를 만족함.

2.2 철근 상세에서의 철근 수평간격 검토($f_{ck} = 35\,\text{MPa}$, $f_y = 500\,\text{MPa}$, 5 − D22)

기준 5.3.2(1) D22 철근의 최소 수평 순간격 $cs = 25\,\text{mm}$

기준 5.2.2(2) D13 전단철근의 구부림 내면 반지름 $rs = 2d_b = 2(12.7) = 25.4\,\text{mm}$

휨철근 배치를 위한 보의 최소 폭 검토 : $n_b =$ 철근의 수

$b_{min} = 2A + 2(B + C) + (n_b - 1)(d_b + D)$ [예제 그림 4.11-1 참조]

적용기준	■ 계산 및 해설

$= 2(\text{피복두께}) + 2(\text{전단철근 지름} + rs) + (n_b - 1)(d_b + cs)$

$= 2(40) + 2(12.7 + 25.4) + (5-1)(22.2 + 25) = 345\text{ mm} < b\,(= 400\text{ mm})$

따라서 5 − D22 철근의 배치가 가능함.

2.3 휨철근의 배치(균열제어용) 검토($f_{ck} = 35\text{ MPa}$, $f_y = 500\text{ MPa}$, 5 − D22)

사용하중에서의 균열 발생 여부 판정 :

철근을 무시한 콘크리트 전체 단면의 단면2차모멘트

$$I_g = \frac{bh^3}{12} = \frac{400(600)^3}{12} = 7{,}200 \times 10^6\text{ mm}^4$$

기준 식 4.3.3 콘크리트의 파괴계수(휨균열강도) $f_r = 0.63\lambda\sqrt{f_{ck}} = 0.63(1.0)\sqrt{35} = 3.7\text{ MPa}$

기준 식 4.3.2 균열모멘트 $M_{cr} = \dfrac{f_r I_g}{y_t} = \dfrac{3.7(7{,}200)}{300} = 88.8\text{ kN·m} < M_s\,(= 270\text{ kN·m})$

따라서 균열 발생 단면임.

사용하중에서의 철근응력을 얻기 위한 단면 상수 해석 :

기준 식 3.4.3 콘크리트의 평균 압축강도 $f_{cu} = f_{ck} + \Delta f = 35 + 4 = 39\text{ MPa}$

기준 식 3.4.2 콘크리트의 탄성계수 $E_c = 8{,}500\sqrt[3]{f_{cu}} = 8{,}500\sqrt[3]{39} = 28{,}800\text{ MPa}$

탄성계수비 $n = \dfrac{E_s}{E_c} = \dfrac{200{,}000}{28{,}800} = 6.9$

환산단면적 $nA_s = 6.9(1{,}935) = 13{,}350\text{ mm}^2$

균열 단면의 중립축을 y_o라고 하면, 압축부 단면1차모멘트와 인장부 단면1차모멘트가 같아야 하므로

$$\frac{b{y_o}^2}{2} = nA_s(d - y_o),\ \frac{400{y_o}^2}{2} = 13{,}350(536 - y_o),\ {y_o}^2 - 66.75\,y_o - 35{,}778 = 0$$

이 식의 해 $y_o = 159\text{ mm}$

균열 단면의 단면2차모멘트

$$I_{cr} = \frac{1}{3}b{y_o}^3 + nA_s(d - y_o)^2$$

$$= \frac{1}{3}(400)(159)^3 + 13{,}350(536 - 159)^2 = 2{,}433 \times 10^6\text{ mm}^4$$

적용기준	계산 및 해설

철근응력 $f_s = n\dfrac{M_s(d-y_o)}{I_{cr}} = 6.9\dfrac{270(536-159)}{2,433} = 289\text{ MPa}$

휨철근의 배치 간격 검토 (균열 제어)

$c_c =$ 피복두께 + 전단철근 지름 $= 40+12.7 = 52.7\text{ mm}$

기준 6.3.3(4) 습윤환경에 노출된 경우이므로 $\kappa_{cr} = 210$

기준 식 6.3.3 $s = 375\left(\dfrac{\kappa_{cr}}{f_s}\right) - 2.5c_c = 375\left(\dfrac{210}{289}\right) - 2.5(52.7) = 141\text{ mm}$

기준 식 6.3.4 $s = 300\left(\dfrac{\kappa_{cr}}{f_s}\right) = 300\left(\dfrac{210}{289}\right) = 218\text{ mm}$

따라서 $s_{\max} = 141\text{ mm}$

철근 중심간격 $s_{act} = \dfrac{1}{n_b-1}\{b-2(A+B+C)\}$ [예제 그림 4.11-1 참조]

$= \dfrac{1}{4}\{400-2(40)-2(12.7)-2(2)(12.7)\}$

$= 61\text{ mm} < s_{\max}(=141\text{ mm})$ 〈적합〉

3. $f_{ck} = 40\text{ MPa}$, $f_y = 600\text{ MPa}$, 인장철근 $4-\text{D}22$인 경우

단면 폭 $b = 400\text{ mm}$, 단면 깊이 $h = 600\text{ mm}$

D22 : $d_b = 22.2\text{ mm}$, D13 : $d_b = 12.7\text{ mm}$

유효깊이 $d = h -$ 피복두께 $-$ 전단철근 지름 $-$ 인장철근 반지름

$= 600-40-12.5-22.2/2 = 536\text{ mm}$

철근 항복변형률 $\varepsilon_y = \dfrac{f_y}{E_s} = \dfrac{600}{200,000} = 0.003$

기준 6.2.1(7) 포물선–직선 응력–변형률 관계 적용

3.1 휨강도 검토($f_{ck} = 40\text{ MPa}$, $f_y = 600\text{ MPa}$, $4-\text{D}22$)

기준 표 6.2.1 $f_{ck} \le 40\text{ MPa}$이므로 $n = 2.0$, $\varepsilon_{co} = 0.002$, $\varepsilon_{cu} = 0.0033$, $\alpha = 0.8$, $\beta = 0.4$

$4-\text{D}22 : A_s = 1,548\text{ mm}^2$

압축력 $C = \alpha 0.85 f_{ck} bc = 0.8\times0.85\times40\times600\times c = 16,320c$

인장력 $T = A_s f_y = 1,548\times600 = 928,800\text{ N}$

적용기준	계산 및 해설

평형방정식 $C=T \quad c=\dfrac{928,800}{16,320}=57\text{ mm}$

기준 6.2.2(4) 인장철근 변형률

$$\varepsilon_s=0.0033\frac{d-c}{c}=0.0033\frac{536-57}{57}=0.028\ (=13.87\,\varepsilon_y)>2.5\varepsilon_y$$

따라서 이 단면은 인장지배 단면이므로 $\phi=0.85$

$$\phi M_n=\phi A_s f_y(d-\beta c)=0.85\times928,800\times(536-0.4\times57)\frac{1}{10^6}=405.2\text{ kN}\cdot\text{m}$$

$\phi M_n=405.2\text{ kN}\cdot\text{m}>M_u\ (=380\text{ kN}\cdot\text{m})$ 따라서 휨강도를 만족함.

3.2 철근 상세에서의 철근 수평간격 검토($f_{ck}=40$ MPa, $f_y=600$ MPa, 4-D22)

기준 5.3.2(1) D22 철근의 최소 수평 순간격 $cs=25$ mm

기준 5.2.2(2) D13 전단철근의 구부림 내면 반지름 $rs=2d_b=2(12.7)=25.4$ mm

휨철근 배치를 위한 보의 최소 폭 검토 : $n_b=$ 철근의 수

$b_{\min}=2A+2(B+C)+(n_b-1)(d_b+D)$ [예제 그림 4.11-1 참조]

$=2(\text{피복두께})+2(\text{전단철근 지름}+rs)+(n_b-1)(d_b+cs)$

$=2(40)+2(12.7+25.4)+(4-1)(22.2+25)=298\text{ mm}<b\ (=400\text{ mm})$

따라서 4-D22 철근의 배치가 가능함.

3.3 휨철근의 배치(균열제어용) 검토($f_{ck}=40$ MPa, $f_y=600$ MPa, 4-D22)

사용하중에서의 균열 발생 여부 판정 :

철근을 무시한 콘크리트 전체 단면의 단면2차모멘트

$$I_g=\frac{bh^3}{12}=\frac{400(600)^3}{12}=7,200\times10^6\text{ mm}^4$$

기준 식 4.3.3 콘크리트의 파괴계수(휨균열강도) $f_r=0.63\lambda\sqrt{f_{ck}}=0.63(1.0)\sqrt{40}=4.0$ MPa

기준 식 4.3.2 균열모멘트 $M_{cr}=\dfrac{f_r I_g}{y_t}=\dfrac{4.0(7,200)}{300}=96.0\text{ kN}\cdot\text{m}<M_s\ (=270\text{ kN}\cdot\text{m})$

따라서 균열 발생 단면임.

사용하중에서의 철근응력을 얻기 위한 단면 상수 해석 :

기준 식 3.4.3 콘크리트의 평균 압축강도 $f_{cu}=f_{ck}+\Delta f=40+4=44$ MPa

기준 식 3.4.2 콘크리트의 탄성계수 $E_c=8,500\sqrt[3]{f_{cu}}=8,500\sqrt[3]{44}=30,000$ MPa

적용기준	☑ 계산 및 해설

탄성계수비 $n = \dfrac{E_s}{E_c} = \dfrac{200{,}000}{30{,}000} = 6.7$

환산단면적 $nA_s = 6.7(1{,}548) = 10{,}370\ \mathrm{mm}^2$

균열 단면의 중립축을 y_o라고 하면 압축부 단면1차모멘트와 인장부 단면1차모멘트가 같아야 하므로

$$\frac{b{y_o}^2}{2} = nA_s(d-y_o),\ \frac{400{y_o}^2}{2} = 10{,}370(536-y_o),\ {y_o}^2 - 51.85y_o - 27{,}792 = 0$$

이 식의 해 $y_o = 143\ \mathrm{mm}$

균열 단면의 단면2차모멘트

$$I_{cr} = \frac{1}{3}by_o^3 + nA_s(d-y_o)^2$$

$$= \frac{1}{3}(400)(143)^3 + 10{,}370(536-143)^2 = 1{,}992\times10^6\ \mathrm{mm}^4$$

철근응력 $f_s = n\dfrac{M_s(d-y_o)}{I_{cr}} = 6.7\dfrac{270(536-143)}{1{,}992} = 357\ \mathrm{MPa}$

휨철근의 배치 간격 검토 (균열 제어)

기준 6.3.3(4) $c_c =$ 피복두께 + 전단철근 지름 $= 40 + 12.7 = 52.7\ \mathrm{mm}$

습윤환경에 노출된 경우이므로 $\kappa_{cr} = 210$

기준 식 6.3.3 $s = 375\left(\dfrac{\kappa_{cr}}{f_s}\right) - 2.5c_c = 375\left(\dfrac{210}{357}\right) - 2.5(52.7) = 89\ \mathrm{mm}$

기준 식 6.3.4 $s = 300\left(\dfrac{\kappa_{cr}}{f_s}\right) = 300\left(\dfrac{210}{357}\right) = 176\ \mathrm{mm}$

따라서 $s_{\max} = 89\ \mathrm{mm}$

철근 중심간격 $s_{act} = \dfrac{1}{n_b - 1}\{b - 2(A+B+C)\}$ [예제 그림 4.11-1 참조]

$$= \frac{1}{3}\{400 - 2(40) - 2(12.7) - 2(2)(12.7)\}$$

$= 81\ \mathrm{mm} < s_{\max}(=89\ \mathrm{mm})$ 〈적합〉

적용기준

계산 및 해설

4. 단면 비교

세 가지 단면의 해석 및 검토 결과는 예제 표 4.11-1에 비교되어 있다.

예제 표 4.11-1 세 가지 단면의 해석 및 검토 결과 비교

구분	단면 1 $f_{ck}=27$ MPa $f_y=400$ MPa 인장철근 6−D22 $b=400$ mm $h=600$ mm	단면 2 $f_{ck}=35$ MPa $f_y=500$ MPa 인장철근 5−D22 $b=400$ mm $h=600$ mm	단면 3 $f_{ck}=40$ MPa $f_y=600$ MPa 인장철근 4−D22 $b=400$ mm $h=600$ mm
A_s(mm^2)	2,323	1,935	1,548
ε_y	0.002	0.0025	0.003
T(kN)	929.2	967.5	928.8
β	0.80	0.80	0.80
c(mm)	127	102	57
ε_s	0.0107 ($=5.35\varepsilon_y$)	0.014 ($=7.05\varepsilon_y$)	0.028 ($=13.87\varepsilon_y$)
ϕM_n (kN·m)	383	407	405
$b_{\min}$ (mm)	392	345	298
f_r (MPa)	3.3	3.7	4.0
M_{cr} (kN·m)	79.2	88.8	96.0
f_{cu} (MPa)	31	39	44
E_c (MPa)	26,700	28,800	30,000
n	7.5	6.9	6.7
nA_s (mm^2)	17,420	13,350	10,370
y_o (mm)	177	159	143
I_{cr} (mm^4)	$2,984\times10^6$	$2,433\times10^6$	$1,992\times10^6$
f_s (MPa)	244	289	357
$s_{\max}$ (mm)	191	141	89
s_{act} (mm)	49	61	81
검토 결과	모든 항목 적합	모든 항목 적합	모든 항목 적합

제 5 장

휨과 압축설계

예제 5.1

사각형 단주 기둥 설계

주어진 계수축력과 계수휨모멘트를 지지하는 정사각형 단면의 단주 기둥을 설계하라. 단면은 한 변의 길이($b = h$)가 $500\,\mathrm{mm}$인 정사각형이며, 콘크리트의 설계기준 압축강도 $f_{ck} = 27\,\mathrm{MPa}$, 철근의 설계기준 항복강도 $f_y = 400\,\mathrm{MPa}$, 그리고 계수하중 $P_u = 1{,}250\,\mathrm{kN}$, $M_u = 375\,\mathrm{kN\cdot m}$이다.

적용기준	계산 및 해설

1. 축방향 철근량 결정 및 철근 배치

축방향 철근 중심에서 표면까지의 거리 d' 산정 :

기준 5.5.2(3)① 띠철근은 D 10, 축방향 철근은 D 22를 사용하는 것으로 가정

기준 5.4.1④ 피복두께 $= 40\,\mathrm{mm}$

$$d' = 40 + 9.53 + 0.5\,(22.2) = 60.6\,\mathrm{mm}$$

압축철근과 인장철근 중심간 거리 $d - d'$ 산정 :

$$d - d' = h - 2d' = 500 - 2\,(60.6) = 379\,\mathrm{mm}$$

부록 B의 기둥 설계강도 차트를 사용하기 위한 γ값 산정 :

$$\gamma = \frac{d - d'}{h} = \frac{379}{500} = 0.76$$

부록 B의 기둥 설계강도 차트 No.15 적용 : 4면 철근 배치 $\gamma = 0.8$

$$\frac{\phi M_n}{A_g h} = \frac{M_u}{b h^2} = \frac{375\,(10)^6}{500\,(500)^2} = 3.0\,\mathrm{MPa}$$

$$\frac{\phi P_n}{A_g} = \frac{P_u}{b h} = \frac{1{,}250\,(10)^3}{500\,(500)} = 5.0\,\mathrm{MPa}$$

예제 그림 5.1-1로부터 소요 축방향 철근비 $req'd\,\rho_g = 0.011$

소요 축방향 철근 단면적 :

$$req'd\,A_{st} = req'd\,\rho_g\,(A_g) = 0.011\,(500)\,(500) = 2{,}750\,\mathrm{mm}^2$$

단면의 실제 $\gamma = 0.76$이지만 $\gamma = 0.8$인 차트를 사용한 것을 감안하고, 단면의 4면에 철근을 배치함을 고려하여 $8 - \mathrm{D}\,22$ 철근 배치를 선택함.

$$8 - \mathrm{D}\,22 : d_b = 22.2\,\mathrm{mm},\ A_b = 387.1\,\mathrm{mm}^2,\ A_{st} = 8\,(387.1) = 3{,}097\,\mathrm{mm}^2$$

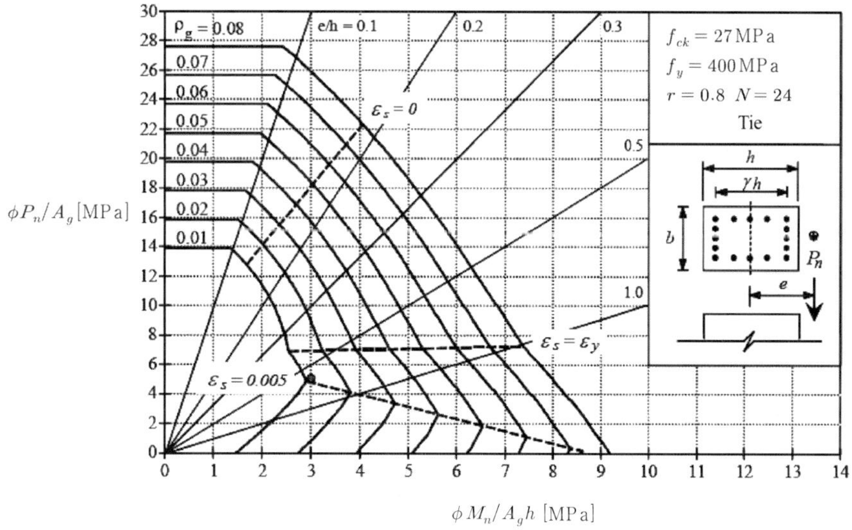

2. 기둥 단면의 강도 검토

8-D22 철근이 배치된 $500 \times 500\,\mathrm{mm}$ 정사각형 단면에 $P_u = 1{,}250\,\mathrm{kN}$, $M_u = 375\,\mathrm{kN \cdot m}$이 작용할 때의 강도 검토

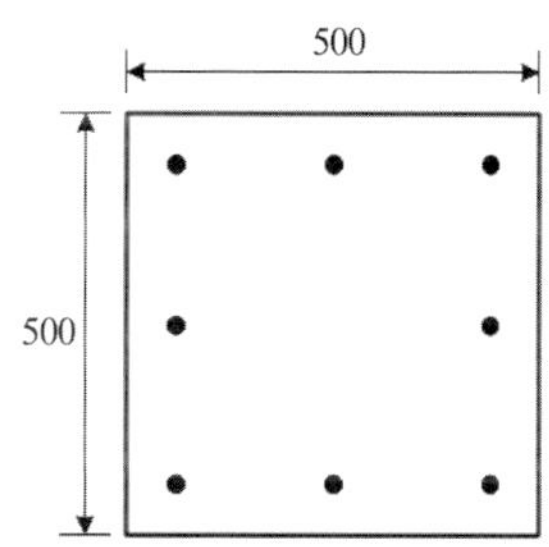

예제 그림 5.1-2 축방향 철근 8-D22 배치

공칭강도 해석 :

작용 편심 $e = \dfrac{M_u}{P_u} = \dfrac{375\,(1{,}000)}{1{,}250} = 300\,\mathrm{mm}$

예제 그림 5.1-1의 해당 단면력 좌표를 고려해 볼 때, 인장철근이 항복하는 경우로 다음과 같이 가정하고 해석을 수행함.

- A_{s1}은 압축철근으로 항복한다고 가정함.
- A_{s2}는 인장철근으로 항복하지 않는다고 가정함.
- A_{s3}은 인장철근으로 항복한다고 가정함.

적용기준	계산 및 해설

이와 같은 가정에 따라 예제 그림 5.1-3을 참조하여 해석 수행.

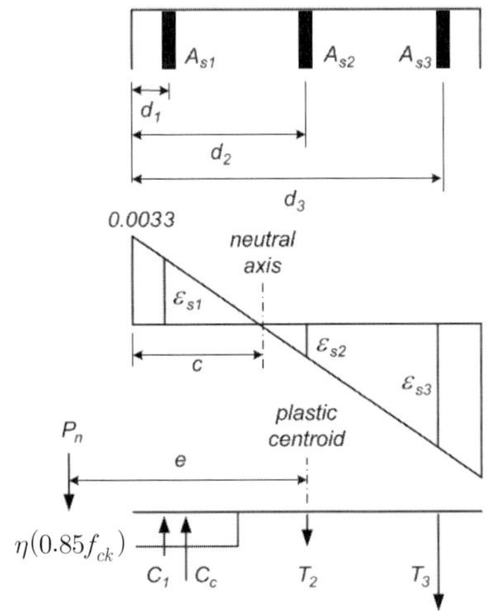

예제 그림 5.1-3 철근 단면적, 유효깊이, 변형률 분포, 응력 및 힘 분포

등가직사각형 압축응력블록 적용 $f_{ck} \leqq 40\mathrm{MPa}$이므로 $\eta = 1.0$, $\beta_1 = 0.8$

$A_{s1} = 3A_b = 3(387.1) = 1{,}161\ \mathrm{mm}^2 \quad d_1 = 60.6\ \mathrm{mm}$

$A_{s1} = 2A_b = 2(387.1) = 774\ \mathrm{mm}^2 \quad d_2 = 250\ \mathrm{mm}$

$A_{s1} = 3A_b = 3(387.1) = 1{,}161\ \mathrm{mm}^2 \quad d_3 = 439.4\ \mathrm{mm}$

기준 6.2.1(1)
기준 6.2.1(8)

$C_c = \eta(0.85f_{ck})\beta_1 cb = 1\times(0.85\times 27)\times 0.80\times c\times 500 = 9{,}180c\mathrm{N}$

$C_1 = A_{s1}(f_y - 0.85f_{ck}) = 1{,}161[400 - 0.85(27)] = 437{,}755\ \mathrm{N}$

$$T_2 = A_{s2}E_s\varepsilon_{s2} = A_{s1}E_s(0.0033)\frac{d_2 - c}{c}$$

$$= 774(200{,}000)(0.0033)\frac{250 - c}{c} = \frac{127{,}710{,}000}{c} - 510{,}840$$

$T_3 = A_{s3}f_y = 1{,}161(400) = 464{,}400\ \mathrm{N}$

P_n의 위치와 각 힘과의 거리:

C_c에 대하여 $z_c = e - h/2 + \beta_1 c/2 = 300 - 250 + 0.8c/2 = 50 + 0.4c$

C_1에 대하여 $z_1 = e - h/2 + d_1 = 300 - 250 + 60.6 = 110.6\ \mathrm{mm}$

T_2에 대하여 $z_2 = e - h/2 + d_2 = 300 - 250 + 250 = 300\ \mathrm{mm}$

적용기준	계산 및 해설

T_3에 대하여 $z_3 = e - h/2 + d_3 = 300 - 250 + 439.5 = 489.5\ \text{mm}$

P_n의 위치를 중심으로 모멘트를 취하여 0이 되는 중립축의 값을 구하면

$C_c z_c + C_1 z_1 - T_2 z_2 - T_3 z_3 = 0$, 이 식을 정리하면

$c^3 + 125c^2 - 6{,}987c - 10{,}433{,}824 = 0$

이 식의 해를 구하면 $c = 192{,}6\ \text{mm}$

철근의 인장 및 압축과 항복 여부에 대한 가정을 검토하면

$$\varepsilon_{s1} = 0.0033\frac{c - d_1}{c} = (+)0.00226 > \varepsilon_y = 0.002 \rightarrow \text{가정과 같이 압축으로 항복}$$

$$\varepsilon_{s2} = 0.0033\frac{c - d_2}{c} = (-)0.00098 < \varepsilon_y = 0.002 \rightarrow \text{가정과 같이 인장으로 탄성}$$

$$\varepsilon_{s3} = 0.0033\frac{c - d_3}{c} = (-)0.00423 > \varepsilon_y = 0.002 \rightarrow \text{가정과 같이 인장으로 항복}$$

공칭축강도와 공칭휨강도 :

$C_c = 9{,}180c = 9{,}180(192{,}6)/1{,}000 = 1{,}768\ \text{kN}$ $\quad C_1 = 438\ \text{kN}$

$$T_2 = \frac{127{,}710{,}000}{c} - 510{,}840 = \left(\frac{127{,}710{,}000}{192{,}6} - 510{,}840\right)/1{,}000 = 152\ \text{kN}$$

$T_3 = A_{s3} f_y = 464\ \text{kN}$

$P_n = C_c + C_1 - T_2 - T_3 = 1{,}768 + 438 - 152 - 464 = 1{,}590\ \text{kN}$

$M_n = P_n e = 1{,}590(300)/1{,}000 = 477\ \text{kN}\cdot\text{m}$

설계축강도와 설계휨강도 및 강도 검토:

기준 6.2.2(4) 최외단 인장철근의 변형률 $\varepsilon_{s3} = 0.00423$

$\varepsilon_y < (\varepsilon_t = \varepsilon_s = 0.00423) < 0.005$ 따라서 변화구간 단면

기준 3.3.3(2)②(다) 변화구간 단면의 강도감소계수

$$\phi = \phi_c + \frac{\phi_f - \phi_c}{0.005 - \varepsilon_y}(\varepsilon_t - \varepsilon_y) = 0.65 + \frac{0.85 - 0.65}{0.005 - 0.002}(0.00423 \quad 0.002)$$

$= 0.799$

설계강도 및 강도 검토

기준 3.3.1(1) $\phi P_n = 0.799(1{,}590) = 1{,}270\text{kN} > P_u(= 1{,}250\ \text{kN})$

$\phi M_n = 0.799(477) = 381\ \text{kN}\cdot\text{m} > M_u(= 375\ \text{kN}\cdot\text{m})$

강도를 만족함.

적용기준	↘ 계산 및 해설

3. 횡방향 철근 설계

기준 5.5.2(3)③

축방향 철근 순간격 검토 : 횡방향 철근

순간격 $cs = d_2 - d_1 - d_b = 250 - 60.0 - 22.2 = 167.8\ \text{mm} > 150\ \text{mm}$

순간격이 150 mm를 초과하므로 축방향 철근 하나 건너 횡방향 철근으로 감싸도 좋다는 규정을 적용하지 못한다. 따라서 모든 축방향 철근을 횡방향 철근으로 감싸야 한다.

기준 5.5.2(3)②

띠철근 수직간격 :

$16\,d_{b,long} = 16\,(22.2) = 355\,\text{mm}$

$48\,d_{b,tie} = 48\,(9.53) = 457\,\text{mm}$

최소 단면 크기 $= 500\,\text{mm}$

이 중 가장 작은 355 mm보다 작아야 하므로 350 mm 간격으로 배치하기로 함.

예제 그림 5.1-4의 (a) 또는 (b)와 같이 철근을 배치함.

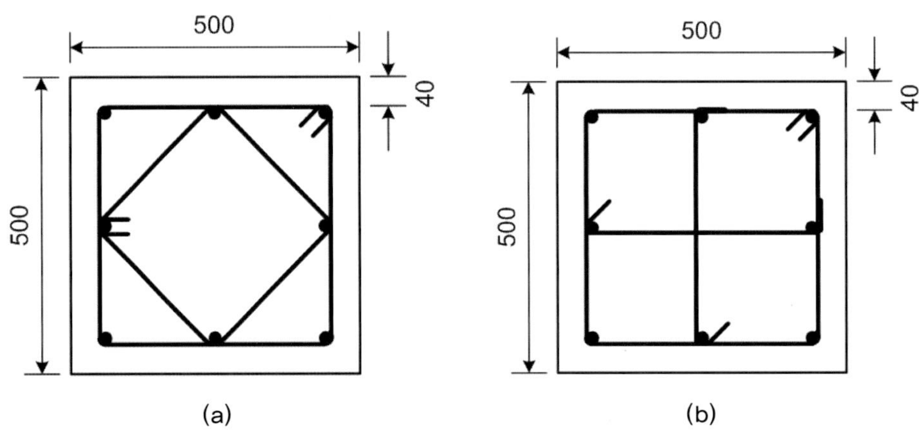

예제 그림 5.1-4 철근 배치 단면도

예제 5.2 기둥 설계에서의 유효단면적 적용

계수하중 $P_u = 9{,}730\ \mathrm{kN}$, $M_u = 3{,}350\ \mathrm{kN\cdot m}$가 작용하는 단주 기둥을 설계할 때, 유효단면적을 적용하여 축방향 철근량을 결정하라. 이 기둥은 골조를 이루는 기둥들 중에서 계수하중이 가장 작은 기둥이며, 골조에서 계수하중이 가장 크게 작용하는 기둥을 대상으로 하여 단면의 크기를 결정한 후 모든 기둥의 크기를 동일하게 설계했기 때문에 한 변의 길이($b = h$)가 $1{,}300\ \mathrm{mm}$인 정사각형 단면을 가지고 있다. 콘크리트의 설계기준 압축강도는 $f_{ck} = 27\ \mathrm{MPa}$, 철근의 설계기준 항복강도는 $f_y = 400\ \mathrm{MPa}$, 피복두께는 $40\ \mathrm{mm}$, 그리고 D13의 띠철근이 배치될 예정이다.

적용기준

계산 및 해설

1. 주어진 단면에 대한 소요 축방향 철근량

기둥 단면적 $A_g = 1{,}300\,(1{,}300) = 1{,}690{,}000\ \mathrm{mm}^2$

작용 편심 $e = \dfrac{M_u}{P_u} = \dfrac{3{,}350\,(1{,}000)}{9{,}730} = 344\ \mathrm{mm}$

축방향 철근 중심에서 표면까지의 거리 d' 산정:

띠철근은 D13이고, 축방향 철근은 D25를 사용하는 것으로 가정

피복두께 $= 40\ \mathrm{mm}$

$d' = 40 + 13 + 0.5\,(25.4) = 65.4\ \mathrm{mm}$

압축철근과 인장철근 중심간 거리 $d - d'$ 산정:

$d - d' = h - 2d' = 1{,}300 - 2\,(65.4) = 1{,}169\ \mathrm{mm}$

부록 B의 기둥 설계강도 차트를 사용하기 위한 γ값 산정:

$$\gamma = \frac{d - d'}{h} = \frac{1{,}169}{1{,}300} = 0.899$$

부록 B의 기둥 설계강도 차트 No.16 적용: 4면 철근 배치 $\gamma = 0.9$

$$\frac{\phi M_n}{A_g h} = \frac{M_u}{b h^2} = \frac{3{,}350\,(10)^6}{1{,}300\,(1{,}300)^2} = 1.52\ \mathrm{MPa}$$

$$\frac{\phi P_n}{A_g} = \frac{P_u}{b h} = \frac{9{,}730\,(10)^3}{1{,}300\,(1{,}300)} = 5.76\ \mathrm{MPa}$$

예제 그림 5.2-1로부터 소요 축방향 철근비는 1% 보다 작다.

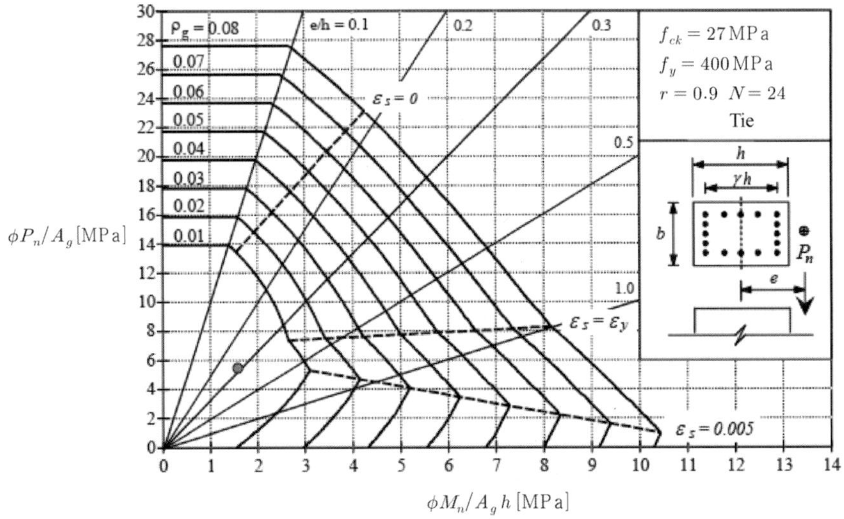

예제 그림 5.2-1 설계강도 차트 No.15의 해당 단면력 좌표

2. 기둥 유효단면적 및 철근 배치

1%의 축방향 철근비를 가지고 $P_u = 9{,}730\ \mathrm{kN}$, $M_u = 3{,}350\ \mathrm{kN \cdot m}$을 저항할 수 있는 정사각형 단면을 설계차트나 컴퓨터 프로그램 등을 이용하여 구하면, 한 변의 길이가 $1{,}100\ \mathrm{mm}$이어야 한다.

따라서 감소된 유효단면적 $A_{g,r} = 1{,}100\,(1{,}100) = 1{,}210{,}000\ \mathrm{mm}^2$

소요 축방향 철근 단면적 $req'd\,A_{st} = 0.01\,A_{g,r} = 0.01\,(1{,}210{,}000) = 12{,}100\ \mathrm{mm}^2$

$1{,}100 \times 1{,}100\ \mathrm{mm}$ 정사각형 단면에 축방향 철근 $12{,}100\ \mathrm{mm}^2$이 4면에 균등 배치된 경우 작용 편심 $e = 344\ \mathrm{mm}$에 대하여 설계강도를 해석해 보면

$\phi P_n = 9{,}730\ \mathrm{kN} = P_u$

$\phi M_n = 3{,}350\ \mathrm{kN \cdot m} = M_u$

따라서 $1{,}300 \times 1{,}300\ \mathrm{mm}$ 정사각형 단면에 축방향 철근 $24 - \mathrm{D}25$를 4면에 균등 배치한다. 단면의 한 변에는 철근이 7개 배치된다.

이때 축방향 철근 단면적 $A_{st} = 12{,}160\ \mathrm{mm}^2$이고,

실제 단면적에 대해 감소된 유효 단면적 비율을 검토하면

적용기준	계산 및 해설

기준 6.4.1(4)

$$\frac{A_{g,r}}{A_g} = \frac{1,210,000}{1,690,000} = 0.72 > 0.5$$

따라서 기준을 만족한다.

3. 횡방향 철근 설계

기준 5.5.2(3)③

축방향 철근 순간격 검토: n_b = 한 변의 철근 수[예제 그림 5.2-2 참조]

$$\text{순간격 } cs = \frac{h-2[(\text{피복두께})+d_{b,stirrup}+2d_{b,stirrup}]-(n_b-1)d_b}{n_b-1}$$

$$= \frac{1,300-2[40+12.7+2(12.7)]-(7-1)(25.4)}{7-1} = 165\text{ mm} > 150\text{ mm}$$

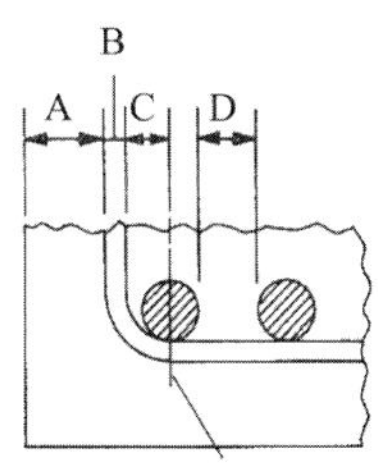

예제 그림 5.2-2 축방향 철근 순간격 검토를 위한 철근 배치 상세

순간격이 150 mm를 초과하므로 축방향 철근 하나 건너 횡방향 철근으로 감싸도 좋다는 규정을 적용하지 못한다. 따라서 축방향 철근 24 − D25를 4면에 균등 배치하는 경우 모든 축방향 철근을 횡방향 철근으로 감싸야 한다.

이와 같은 상세는 시공이 매우 불편하므로, 24 − D25의 철근 대신 32 − D22의 철근을 배치할 것을 검토한다. 이때 단면의 한 변에는 철근이 9개 배치된다.

32 − D22 : $A_{st} = 12,387\text{ mm}^2$

이 철근 단면적은 24 − D25의 철근 단면적 12,160 mm^2를 초과하므로 강도를 만족할 것이다.

축방향 철근 순간격 검토: n_b = 한 변의 철근 수[예제 그림 5.2-2 참조]

$$\text{순간격 } cs = \frac{h-2[(\text{피복두께})+d_{b,stirrup}+2d_{b,stirrup}]-(n_b-1)d_b}{n_b-1}$$

적용기준	↘ 계산 및 해설

$$= \frac{1{,}300 - 2[40 + 12.7 + 2(12.7)] - (9-1)(22.2)}{9-1} = 121\text{ mm} < 150\text{ mm}$$

순간격이 150 mm를 초과하지 않으므로 축방향 철근 하나 건너 횡방향 철근으로 감싸도 좋다.

기준 5.5.2(3)②

띠철근 수직간격 :

$16\,d_{b,long} = 16\,(22.2) = 355\text{ mm}$

$48\,d_{b,tie} = 48\,(12.7) = 610\text{ mm}$

최소 단면 크기 = 1,300 mm

이 중 가장 작은 355 mm보다 작아야 하므로 350 mm 간격으로 배치하기로 함.

예제 그림 5.2-3과 같이 철근을 배치함.

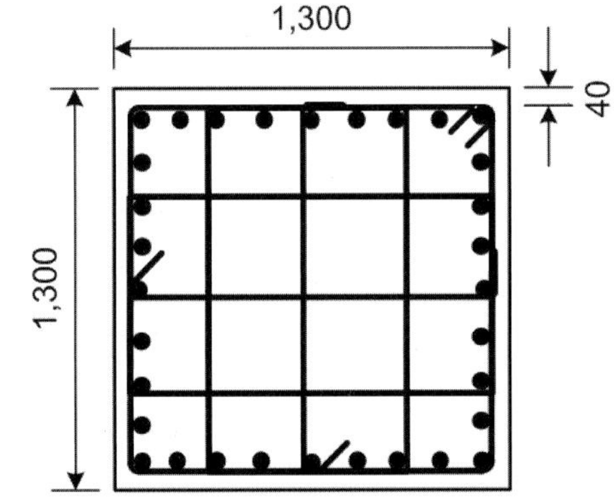

예제 그림 5.2-3 철근 배치 단면도

예제 5.3 2축하중을 받는 정사각형 기둥 설계

주어진 계수축력과 계수휨모멘트를 지지하기 위해 필요로 하는 기둥의 정사각형 단면과 철근량을 결정하라. 철근은 균등분포로 가정하라. 콘크리트설계기준 압축강도 $f_{ck} = 35\,\mathrm{MPa}$, 철근의 설계기준 항복강도 $f_y = 400\,\mathrm{MPa}$, 그리고 계수하중은 $P_u = 5{,}300\,\mathrm{kN}$, $M_{ux} = 404\,\mathrm{kN\cdot m}$, $M_{uy} = 168\,\mathrm{kN\cdot m}$이다.

적용기준	계산 및 해설

계산 및 해설

1. 압축지배 거동으로 가정하여 소요공칭강도 계산

기준 3.3.3(2)

$$P_n = \frac{P_u}{\phi} = \frac{5{,}300}{0.65} = 8{,}153.8\,\mathrm{kN}$$

$$M_{nx} = \frac{M_{ux}}{\phi} = \frac{404}{0.65} = 621.5\,\mathrm{kN\cdot m}$$

$$M_{ny} = \frac{M_{uy}}{\phi} = \frac{168}{0.65} = 258.5\,\mathrm{kN\cdot m}$$

2. PCA 등하중선법을 이용하여 등가 1축휨강도 M_{nox} 혹은 M_{noy}의 결정

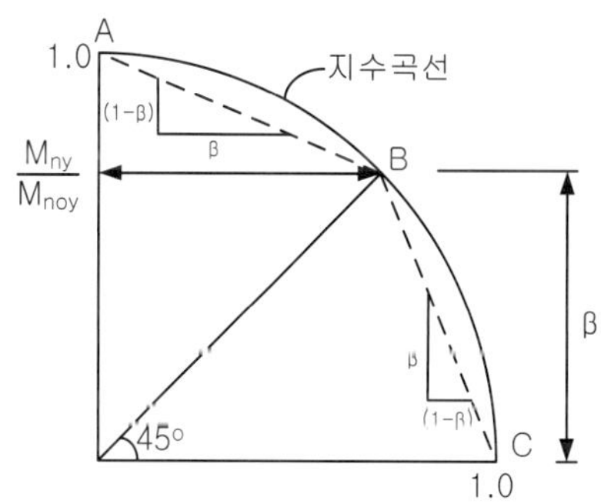

예제 그림 5.3-1 일정한 P_n에서 무차원 등하중선(점선은 근사값)

PCA 등하중선법

일정한 P_n에서의 빗금친 수평면, 즉 등하중선상의 점 B는 2축 공칭휨강도 M_{nx}, M_{ny}와 1축 공칭휨강도 M_{nox}, M_{noy}와 같은 비를 갖는 점으로 정의된다.

즉, $\dfrac{M_{nx}}{M_{ny}} = \dfrac{M_{nox}}{M_{noy}}$ 혹은 $\dfrac{M_{nx}}{M_{nox}} = \dfrac{M_{ny}}{M_{noy}} = \beta$

적용기준

계산 및 해설

β는 그림 5.3-1에 나타나 있으며, 기둥 단면에 동시에 적용할 수 있는 1축 휨강도의 일정한 부분을 나타낸다.

이 그림에 나타난 등하중선은 두 개의 직선 AB와 BC로 근사화할 수 있다.
선 AB의 기울기는 $(1-\beta)/\beta$이고, 선 BC의 기울기는 $\beta/(1-\beta)$이다.
그러므로

$$\frac{M_{nx}}{M_{ny}} > \frac{M_{nox}}{M_{noy}} \text{이면, } \frac{M_{ny}}{M_{noy}} + \frac{M_{nx}}{M_{nox}}\left(\frac{1-\beta}{\beta}\right) = 1 \text{ 또는}$$

$$\frac{M_{nx}}{M_{ny}} < \frac{M_{nox}}{M_{noy}} \text{이면, } \frac{M_{nx}}{M_{nox}} + \frac{M_{ny}}{M_{noy}}\left(\frac{1-\beta}{\beta}\right) = 1$$

β의 실제 값은 재료 및 단면특성뿐 아니라 P_n/P_o의 값에도 의존한다. 비교적 작은 하중을 받는 기둥에서 β는 0.55와 0.70 사이에서 변화한다. β의 평균값으로 0.65가 설계목적을 위해 사용될 수 있다.

사각형 기둥의 모든 면을 따라 철근이 균등분포되었을 때, M_{noy}/M_{nox}의 값은 대략적으로 b/h의 값이며, 여기서 b와 h는 각각 사각형 단면의 폭과 전체 깊이이다.
이 값을 위의 두 식에 대입하면

$$M_{noy} \cong M_{ny} + M_{nx}\left(\frac{b}{h}\right)\left(\frac{1-\beta}{\beta}\right)$$

$$M_{nox} \cong M_{nx} + M_{ny}\left(\frac{b}{h}\right)\left(\frac{1-\beta}{\beta}\right)$$

$\beta = 0.65$로 가정하면

$$\frac{M_{ny}}{M_{nx}} = \frac{258.5}{621.5} = 0.416 < \frac{b}{h} = 1.0 \text{ (정사각형 단면 기둥)}$$

따라서

$$M_{nox} \cong M_{nx} + M_{ny}\left(\frac{b}{h}\right)\left(\frac{1-\beta}{\beta}\right)$$

$$\cong 621.5 + \left[258.5 \times (1.0) \times \left(\frac{1-0.65}{0.65}\right)\right] = 760.7\,\text{kN}\cdot\text{m}$$

600×600mm 정사각형 단면 및 $4-$D29 철근이 균등분포되어 있다고 가정한다.

계산 및 해설

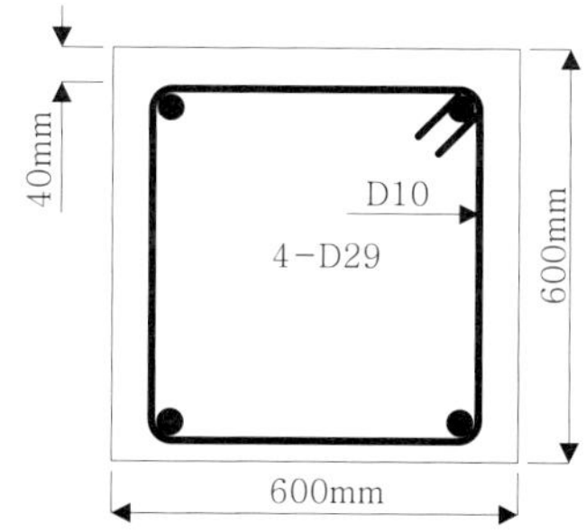

예제 그림 5.3-2

3. 단면 및 철근량 결정

등가직사각형 압축응력블록 적용 $f_{ck} \leq 40\text{MPa}$이므로 $\eta = 1.0$, $\beta_1 = 0.8$

균형파괴가 일어날 때의 중립축

$$d_t = 535.5\,\text{mm}$$

$$\varepsilon_u = 0.0033,\ \varepsilon_y = \frac{400}{200 \times 10^3} = 0.002$$

$$c = 535.5 \times \frac{0.0033}{(0.0033 + 0.002)} = 333.4\,\text{mm}$$

$$a = 0.80 \times 333.4 = 266.7\,\text{mm}$$

균형파괴 때의 $f_s = f_y$

압축철근의 응력은

$$f'_s = \varepsilon_u E_s \frac{c - d'}{c} \leq f_y$$

$$= 0.0033 \times 200 \times 10^3 \times \frac{333.4 - 64.5}{333.4} = 532\,\text{MPa} > f_y = 400\,\text{MPa}$$

따라서 압축철근은 항복

$$C = \eta(0.85 f_{ck})\beta_1 cb = 1.0 \times (0.85 \times 35) \times 0.8 \times 333.4 \times 600 = 4{,}761\,\text{kN}$$

균형파괴가 일어날 때의 축력 P_b는

$$P_b = \eta(0.85 f_{ck})ab + A_s' f_s' - A_s f_s$$

$$= 4{,}761 + (1{,}285 \times 400) - (1{,}285 \times 400) = 4{,}761\,\text{kN}$$

균형 휨모멘트 M_b는

$$M_b = \eta(0.85f_{ck})ab\left(\frac{h}{2}-\frac{a}{2}\right)+A_s{}'f_s{}'\left(\frac{h}{2}-d'\right)+A_sf_s\left(d-\frac{h}{2}\right)$$

$$= 4,761\times10^3\times\left(\frac{600}{2}-\frac{273.1}{2}\right)+(1,285\times400)\times\left(\frac{600}{2}-64.5\right)$$

$$+(1,285\times400)\times\left(535.5-\frac{600}{2}\right)$$

$$= 1,020\ \text{kN}\cdot\text{m}$$

따라서 선택된 단면은 $P_n = 8,153.8\ \text{kN}$과 등가 1축휨강도 $M_{nox} = 760.7\ \text{kN}\cdot\text{m}$에 대해 적절함.

4. 다음의 2가지 방법을 이용하여 2축강도에 대해 선택된 단면 검토

Bresler 상반하중법 (Bresler Reciprocal Load Method)

$P_n \geq 0.1f_{ck}A_g$의 검토

$8,153.8\ \text{kN} > 0.1\times35\times3.6\times10^5 = 1,260\ \text{kN}$ 〈적합〉

P_o, P_{ox} 및 P_{oy}의 계산

$$P_o = 0.85f_{ck}(A_g-A_{st})+A_{st}f_y$$

$$= 0.85\times35\times(600\times600-2,570)+2,570\times400 = 11,662\ \text{kN}$$

P_{ox} : 기둥에 M_{nx} 휨모멘트만이 작용할 때의 1축 축강도

P_{oy} : 기둥에 M_{ny} 모멘트만이 작용할 때의 1축 축강도

P_{ox}와 P_{oy}는 균형파괴가 발생할 때의 축력보다 크고, 그 결과 단면은 압축지배 단면이 된다.

P-M상관도 곡선으로부터 비례식으로 구하면

$M_{nx} = 621.5\ \text{kN}\cdot\text{m}$에 대응되는 $P_{ox} = 9,820\ \text{kN}$

$M_{ny} = 258.5\ \text{kN}\cdot\text{m}$에 대응되는 $P_{oy} = 11,360\ \text{kN}$

P_{ox} 및 P_{oy}값이 균형파괴 때의 축력 $P_b = 4,761\ \text{kN}$보다 크므로 단면은 압축지배단면이다.

$$P_n = 8{,}153.8 \le \frac{1}{\dfrac{1}{P_{ox}} + \dfrac{1}{P_{oy}} - \dfrac{1}{P_o}}$$

$$\le \frac{1}{\dfrac{1}{9{,}820} + \dfrac{1}{11{,}360} - \dfrac{1}{11{,}662}} = 9{,}605\,\mathrm{kN} \quad \langle 적합 \rangle$$

Bresler 등하중선법 (Bresler Load Contour Method)

α값은 보수적으로 1.0으로 가정

단면은 대칭으로 $M_{nox} = M_{noy}$

P-M상관도로부터 $P_n = 8{,}153.8\,\mathrm{kN}$에 대응되는 M_{nox}의 값을

비례식으로 구하면 $M_{nox} = 915\,\mathrm{kN{\cdot}m}$

$$\frac{M_{nx}}{M_{nox}} + \frac{M_{ny}}{M_{noy}} = \frac{621.5}{915} + \frac{258.5}{915} = 0.96 < 1.0 \ \langle 적합 \rangle$$

또 다른 방법으로 PCA 등하중선법(PCA Load Contour Method)을 사용하여 검토할 수 있다.

예제 5.4 횡구속 골조에서 기둥의 장주효과

다음 그림과 같은 10층 사무실 건물의 1층 기둥 A3과 C3을 설계하라. 건물 1층의 순 층간높이는 6,500 mm이고, 그 외의 다른 모든 층의 순 층간높이는 3,450 mm이다. 건물에 작용하는 횡하중 효과는 풍하중에 의해 일어나고 고정하중만이 작용하고 있는 것으로 가정한다. 콘크리트의 설계기준 압축강도와 단위중량은 바닥 및 보의 경우는 각각 $f_{ck} = 27\ \mathrm{MPa}$, $w_c = 23\ \mathrm{kN/m^3}$이고, 기둥과 벽체의 경우는 각각 $f_{ck} = 40\ \mathrm{MPa}$, $w_c = 23\ \mathrm{kN/m^3}$이다. 그리고 철근의 설계기준 항복강도는 $f_y = 400\ \mathrm{MPa}$이다. 보의 단면은 $700\ \mathrm{mm} \times 500\ \mathrm{mm}$, 내부 및 외부 기둥 단면은 $600\ \mathrm{mm} \times 600\ \mathrm{mm}$, 전단벽의 폭은 300 mm이다. 그리고 바닥보의 무게는 $4.0\ \mathrm{kN/m^2}$, 재하된 고정하중은 $1.5\ \mathrm{kN/m^2}$, 지붕활하중은 $1.4\ \mathrm{kN/m^2}$ 및 바닥활하중은 $2.4\ \mathrm{kN/m^2}$이다. 풍하중은 건축구조설계기준(2005)에 의거하여 계산하고, 1차 탄성구조해석에 의해 근사값으로 계산된 기둥 A3과 C3의 계수축력과 계수휨모멘트는 각각 표 5.4-1과 표 5.4-2에 주어져 있다. 풍하중에 의한 1층의 층 전단력은 1,432 kN이고, 그에 의한 1차 층간 상대변위는 0.8 mm이다.

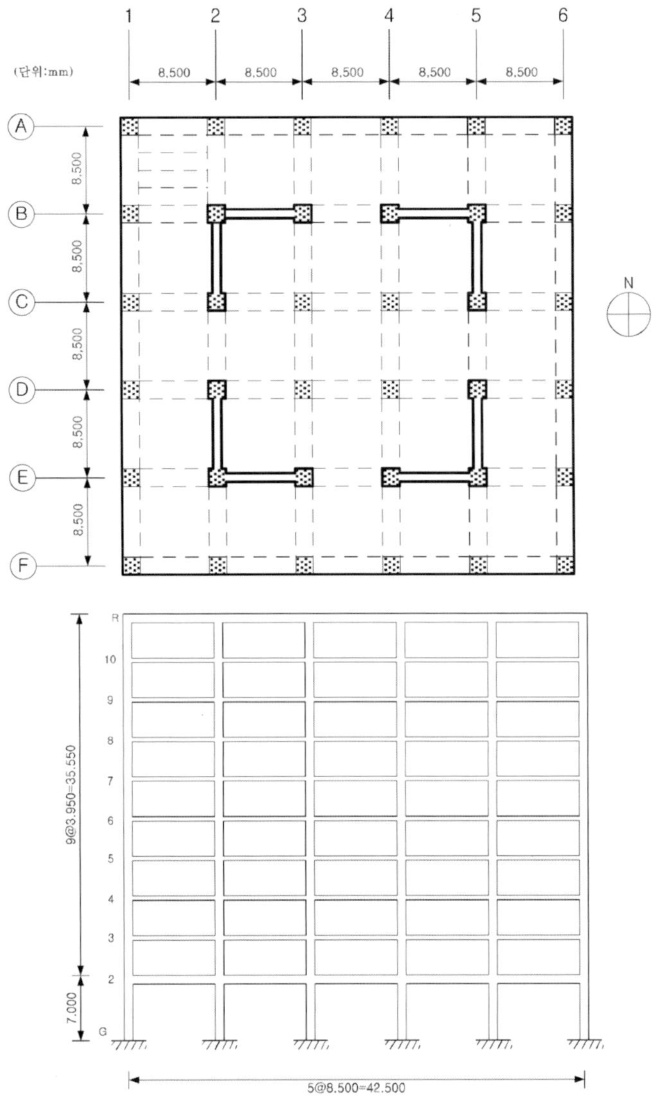

예제 그림 5.4-1 10층 사무실 건물의 평면도와 입면도

적용기준

계산 및 해설

예제 표 5.4-1 기둥 A3의 계수축력과 계수휨모멘트

하중조건			축력 (kN)	휨모멘트 (kN·m)	
				상부	하부
고정하중(D)			3,130	106	53
활하중(L)			350	40.7	20.5
지붕활하중(L_r)			52	0	0
풍하중(W)			±35	±1.5	±5.8
기준 식	번호	하중조합			
3.3.1	1	$1.4D$	4,424	148.4	74.2
3.3.2	2	$1.2D+1.6L+0.5L_r$	4,378	192.3	96.4
3.3.3	3	$1.2D+1.6L_r+0.5L$	4,050.2	147.6	73.9
	4	$1.2D+1.6L_r+0.65W$	3,898	128.2	67.4
	5	$1.2D+1.6L_r-0.65W$	3,816.5	126.2	59.8
3.3.4	6	$1.2D+0.5L+0.5L_r+1.3W$	4,038.5	149.5	81.4
	7	$1.2D+0.5L+0.5L_r-1.3W$	3,947.5	145.6	66.3
3.3.7	8	$0.9D+1.3W$	2,889.5	97.3	55.2
	9	$0.9D-1.3W$	2,798.5	93.5	40.2

예제 표 5.4-2 기둥 C3의 계수축력과 계수휨모멘트

하중조건			축력 (kN)	휨모멘트 (kN·m)	
				상부	하부
고정하중(D)			5,300	1.3	0.9
활하중(L)			610	43.6	21.9
지붕활하중(L_r)			100	0	0
풍하중 (W)			±13	±4.9	±14.8
기준 식	번호	하중조합			
3.3.1	1	$1.4D$	7,420	1.8	1.3
3.3.2	2	$1.2D+1.6L+0.5L_r$	7,386	71.3	36.1
3.3.3	3	$1.2D+1.6L_r+0.5L$	6,825	23.4	12.0
	4	$1.2D+1.6L_r+0.65W$	6,528.5	4.7	10.7
	5	$1.2D+1.6L_r-0.65W$	6,511.6	-1.6	-8.5
3.3.4	6	$1.2D+0.5L+0.5L_r+1.3W$	6,731.9	29.7	31.3
	7	$1.2D+0.5L+0.5L_r-1.3W$	6,698.1	17.0	-7.2
3.3.7	8	$0.9D+1.3W$	4,786.9	7.5	20.1
	9	$0.9D-1.3W$	4,753.1	-5.2	-18.4

* 건축물 하중기준에 따라 활하중 감소를 포함

적용기준	계산 및 해설

1. 골조 1층에서 횡구속인지 비횡구속인지 검토

단면의 물성값에 의한 1차 탄성해석 결과는 다음과 같다.

ΣP_u = ΣP_u가 최대가 되는 횡하중 효과를 포함한 1층의 전체 수직하중

건물 전체하중은 $D = 164,900\ \mathrm{kN}$, $L = 15,930\ \mathrm{kN}$, $L_r = 2,658\ \mathrm{kN}$

ΣP_u의 최대값은 기준 식 (3.3.4)로부터 계산된다. 즉

$$\Sigma P_u = (1.2 \times 164,900) + (0.5 \times 15,930) + (0.5 \times 2,658) + 0$$
$$= 207,174\ \mathrm{kN}$$

V_u = 풍하중에 대응되는 1층의 계수 층전단력

$$= 1.3 \times 1,432 = 1,862\ \mathrm{kN}$$

Δ_o = V_u에 의한 1층의 1차 층간 상대변위

$$= 1.3 \times (0.8\ \mathrm{mm} - 0) = 1.0\ \mathrm{mm}$$

기준 식 6.5.3

층 안정성 지수 $Q = \dfrac{\Sigma P_u \Delta_o}{V_u l_c} = \dfrac{207,174 \times 1.0}{(1,862) \times \left(7,000 - \dfrac{500}{2}\right)}$

$$= 0.02 < 0.05$$

층 안정성 지수 $Q = 0.02 < 0.05$이므로 골조 1층은 횡구속이다.

2. 내부 기둥 C3의 설계

기준 6.5.1(2)

장주효과를 고려해야 하는지 검토

유효길이 계수 $k = 1.0$을 사용

$$\frac{kl_u}{r} = \frac{1.0 \times 6,500}{0.3 \times 600} = 36.1$$

기둥은 이중곡률 휨을 받고 있으므로 $34 - 12\left(\dfrac{M_1}{M_2}\right)$의 최소값은

하중조합 5번으로부터 계산된다.

$$34 - 12\left(\frac{M_1}{M_2}\right) = 34 - 12\left(\frac{-(-1.6)}{-8.5}\right) = 36.3 < 40$$

기준 식 6.5.2

$\dfrac{kl_u}{r} < 34 - 12\left(\dfrac{M_1}{M_2}\right)$이므로 기둥 C3는 장주효과를 고려할 필요가 없다.

또한 $k = 1.0$에 대해 기둥은 단주로 간주할 수 있기 때문에 정확한 k값 계산을 다시 할 필요가 없다.

3. 외부 기둥 A3의 설계

장수효과를 고려해야 하는지 검토

기준 6.5.1 해설그림 6.5.1.1 압축부재의 유효길이계수를 이용하여 k를 결정

$$I_{기둥} = 0.7I_g = 0.7\left(\frac{600^4}{12}\right) = 7.56 \times 10^9 \text{ mm}^4$$

기준 식 3.4.2

$$E_c = 8{,}500\sqrt[3]{f_{cu}} \text{ MPa}$$

기준 식 3.4.3

$$f_{cu} = (f_{ck} + 4) \text{ MPa}$$

$$E_c = 8{,}500\sqrt[3]{44} = 30{,}010 \text{ MPa}$$

2층 미만의 기둥에 대해

$$\left(\frac{E_cI}{l_c}\right)_{기둥} = \frac{30{,}010 \times (7.56 \times 10^9)}{\left(7{,}000 - \frac{500}{2}\right)} = 33.6 \times 10^9 \text{ N}\cdot\text{mm}$$

2층 이상의 기둥에 대해

$$\left(\frac{E_cI}{l_c}\right)_{기둥} = \frac{30{,}010 \times (7.56 \times 10^9)}{3{,}950} = 57.4 \times 10^9 \text{ N}\cdot\text{mm}$$

기준 6.4.2(1)

$$I_{보} = 0.35I_g = 0.35\left(\frac{700 \times 500^3}{12}\right) = 2.6 \times 10^9 \text{ mm}^4$$

$$E_c = 8{,}500\sqrt[3]{f_{cu}} \text{ MPa}$$

$$f_{cu} = f_{ck} + 4 \text{ MPa}$$

$$E_c = 8{,}500\sqrt[3]{31} = 26{,}700 \text{ MPa}$$

$$\left(\frac{E_cI}{l_c}\right)_{보} = \frac{26{,}700 \times (2.2 \times 10^9)}{8{,}500} = 9.0 \times 10^9 \text{ N}\cdot\text{mm}$$

$$\left(\frac{E_cI}{l_c}\right)_{보} = \frac{26{,}700 \times (2.6 \times 10^9)}{8{,}500} = 9.0 \times 10^9 \text{ N}\cdot\text{mm}$$

적용기준	계산 및 해설

해설 그림 6.5.1.1

압축부재 단부의 강성도비

$$\Psi_A = \frac{\sum\left(\frac{E_c I}{l_c}\right)_{기둥}}{\sum\left(\frac{E_c I}{l_c}\right)_{보}} = \frac{(33.6\times10^9 + 57.4\times10^9)}{9.0\times10^9} = 10.1$$

기둥은 밑면에 고정되어 있으므로 $\Psi_B = 0$이지만, 완전고정을 보장하기 어려우므로 1로 가정함. 해설그림 6.5.1.1의 횡구속 골조 그림으로부터 $k = 0.86$

이중곡률 휨을 받는 기둥 A3에 대해 $34 - 12\left(\frac{M_1}{M_2}\right)$의 최소값은

하중조합 9번으로부터 계산된다.

$$34 - 12\left(\frac{M_1}{M_2}\right) = 34 - 12\left(\frac{-40.2}{93.5}\right) = 39.2$$

기준 식 6.5.2

$$\frac{kl_u}{r} = \frac{0.86\times(6,500)}{0.3\times600} = 31.1 < 34 - 12\left(\frac{M_1}{M_2}\right) = 39.2$$

단일곡률 휨을 받는 기둥 A3에 대해 $34 - 12\left(\frac{M_1}{M_2}\right)$의 최소값은

하중조합 8번으로부터 계산된다.

기준 6.5.1(2)

$$\frac{kl_u}{r} = \frac{0.86\times(6,500)}{0.3\times600} = 31.1 > 34 - 12\left(\frac{M_1}{M_2}\right) = 34 - 12\left(\frac{55.2}{97.3}\right) = 27.2$$

그러므로 기둥 A3가 이중곡률 휨을 받는 경우 장주효과를 고려해야 한다.

하지만 횡구속 기둥에 대한 장주효과를 고려하는 설계절차를 설명하기 위해 단일곡률 휨을 받는 것으로 가정한다.

기준 6.5.6(1)

각각의 하중조합에 대해 장주효과를 고려한 확대 계수휨모멘트 M_c의 계산

기준 식 6.5.4

$$M_c = \delta_{ns} M_2$$

기준 식 6.5.5

$$\delta_{ns} = \frac{C_m}{1 - \frac{P_u}{0.75P_c}} \geq 1.0$$

적용기준

계산 및 해설

예시로써 예제 표 5.4-3에 하중조합 5번에 대해 기둥 A3의 확대모멘트 계산결과를 정리하였고 상세 계산절차는 다음과 같다.

예제 표 5.4-3 하중조합 5번에 대한 기둥 A3의 확대휨모멘트

하중조합	P_u (kN)	M_2 (kN·m)	β_{dns}	$EI \times 10^{12}$ (N·mm²)	P_c (kN)	C_m	δ_{ns}	$M_{2,\min}$ (kN·m)	M_c (kN·m)
5	3,816.5	126.2	0.98	50.0	15,780	0.8	1.18	125.9	147.7

하중조합 5에 대한 계산 절차

기준 3.3.2

$$U = 1.2D + 1.6L_r - 0.65W$$

기준 식 6.5.9

$$C_m = 0.6 + 0.4\left(\frac{M_1}{M_2}\right) \geq 0.4$$

$$= 0.6 + 0.4\left(\frac{59.8}{126.2}\right) = 0.8 > 0.4 \ \langle \text{적합} \rangle$$

기준 식 6.5.6

$$P_c = \frac{\pi^2 EI}{(kl_u)^2}$$

기준 식 6.5.7

$$EI = \frac{(0.2E_c I_g + E_s I_{se})}{1 + \beta_{dns}}$$

기준 식 3.4.2

$$E_c = 8{,}500\sqrt[3]{f_{cu}}\ \text{MPa}$$

기준 식 3.4.3

$$f_{cu} = (f_{ck} + 4)\ \text{MPa}$$

$$E_c = 8{,}500\sqrt[3]{44} = 30{,}010\ \text{MPa}$$

$$I_g = \frac{600^4}{12} = 10.8 \times 10^9\ \text{mm}^4$$

$$E_s = 200 \times 10^3\ \text{MPa}$$

8 − D25, 순피복두께 = 40 mm, D10 띠철근으로 단면 보강철근을 가정하면

$$I_{se} = 2\left[3 \times (506.7) \times \left(\frac{600}{2} - 40 - 10 - \frac{25}{2}\right)^2\right]$$

$$= 171.5 \times 10^6\ \text{mm}^4$$

적용기준	☒ 계산 및 해설

고정하중만 작용하기 때문에

기준 6.5.6(4)

$$\beta_{dns} = \frac{1.2P_D}{1.2P_D + 1.6L_r - 0.65W}$$

$$= \frac{1.2 \times 3,130}{1.2 \times 3,130 + 1.6 \times 52 - 0.65 \times 35} = 0.98$$

기준 식 6.5.7

$$EI = \frac{(0.2 \times 30,890) \times (10.8 \times 10^9) + (200 \times 10^3) \times (171.5 \times 10^6)}{1 + 0.98}$$

$$= 50.0 \times 10^{12}\ \mathrm{N \cdot mm^2}$$

기준 식 6.5.8로부터 EI 값은,

기준 식 6.5.8

$$EI = \frac{0.4E_cI_g}{1+\beta_{dns}} = \frac{0.4 \times 30,010 \times (10.8 \times 10^9)}{1 + 0.98} = 65.3 \times 10^{12}\ \mathrm{N \cdot mm^2}$$

기준 식 6.5.7 EI 값에 의한 임계하중 P_c

기준 식 6.5.6

$$P_c = \frac{\pi^2 EI}{(kl_u)^2} = \frac{(3.14^2) \times (50.0 \times 10^{12})}{(0.86 \times 6,500)^2} = 15,780\ \mathrm{kN}$$

그러므로 확대모멘트계수 δ_{ns}는

기준 식 6.5.5

$$\delta_{ns} = \frac{C_m}{1 - \dfrac{P_u}{0.75P_c}} = \frac{0.8}{1 - \dfrac{3,816.5}{0.75 \times 16,080}} = 1.18$$

최소 계수 휨모멘트 $M_{2,\min}$의 요구조건 검토

기준 식 6.5.10

$$M_{2,\min} = P_u e_{\min}$$

기준 식 6.5.11

$$e_{\min} = 15 + 0.03\,\mathrm{h}$$

$$M_{2,\min} = 3,816.5 \times (15 + 0.03 \times 600) = 125.9\ \mathrm{kN \cdot m}$$

$$M_{2,\min} = 125.9\ \mathrm{kN \cdot m} < M_2 = 126.2\ \mathrm{kN \cdot m}$$

그러므로 $M_c = 1.17 \times 126.2 = 147.7\ \mathrm{kN \cdot m}$

이상의 계산을 바탕으로 강도상관도 등을 이용해서 철근량을 구하고 배근한다.

예제 5.5 비횡구속 골조에서 기둥의 장주효과

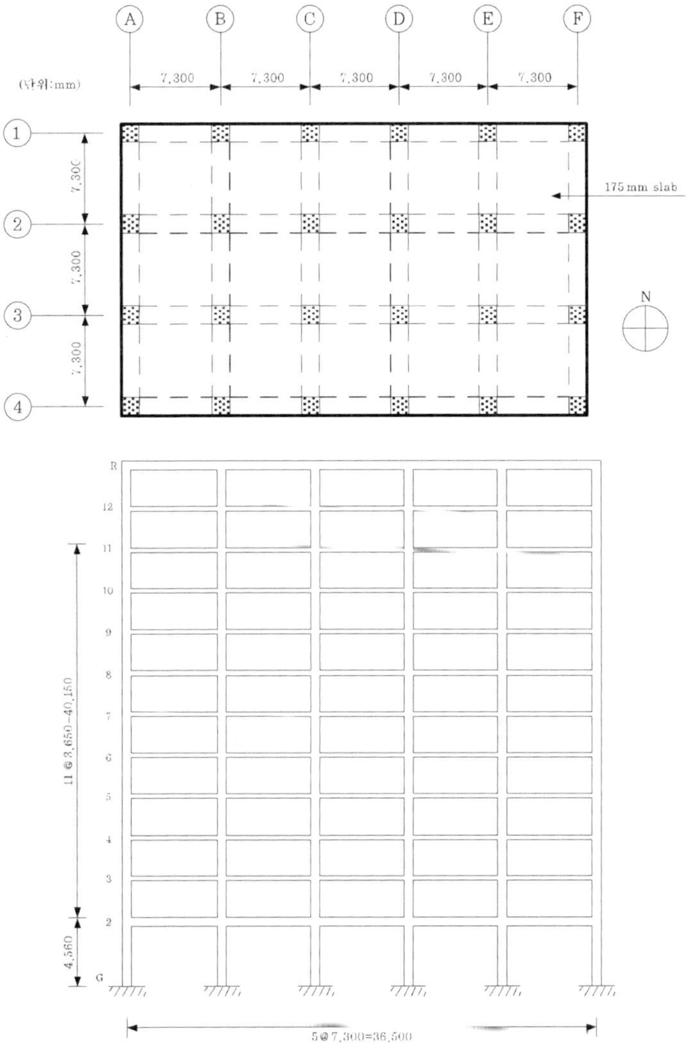

예제 그림 5.5-1 12층 건물의 평면도와 입면도

다음 그림과 같은 12층 건물의 1층 기둥 C1과 C2를 설계하라. 건물 1층의 순층간 높이는 $4,060\,\mathrm{mm}$이고, 그 외의 다른 모든 층에서의 순층간 높이는 $3,150\,\mathrm{mm}$이다. 건물에 작용하는 횡하중은 풍하중에 의해 유발되고 고정하중만이 작용하는 것으로 가정하라. 콘크리트의 설계기준 압축강도는

1층 및 2층 기둥은

$f_{ck} = 40\ \mathrm{MPa}$이고,

그외의 부재는

$f_{ck} = 27\ \mathrm{MPa}$이다.

콘크리트의 단위중량은

$w_c = 23\ \mathrm{kN/m^3}$이고,

철근의 항복강도

$f_y = 400\ \mathrm{MPa}$이다.

보이 단면은

$700\ \mathrm{mm} \times 500\ \mathrm{mm}$,

외부 기둥단면은

$650\ \mathrm{mm} \times 650\ \mathrm{mm}$,

내부 기둥단면은

$700\ \mathrm{mm} \times 700\ \mathrm{mm}$이다. 그리고 중첩된 고정하중은 $1.4\ \mathrm{kN/m^2}$, 옥상활하중은 $1.4\ \mathrm{kN/m^2}$ 및 바닥활하중은 $2.4\ \mathrm{kN/m^2}$이다.

풍하중은 건축구조설계기준(2005)에 의거하여 계산하고 1차 탄성구조해석에 의해 근사값으로 계산된 기둥 C1과 C2의 계수축력과 휨모멘트는 각각 표 5.5-1과 표 5.5-2에 주어져 있다. 풍하중에 의한 1층의 층 전단력은 1,336kN이고, 그에 의한 1차 층간 상대변위는 7.1mm이다.

계산 및 해설

예제 표 5.5-1 기둥 C1의 계수축력과 계수휨모멘트

하중조건	축력 (kN)	휨모멘트(kN · m)	
		상부	하부
고정하중(D)	2,700	46	23
활하중(L)*	320	20	10
지붕활하중(L_r)	37	0	0
풍하중(W)(N－S)	-210	23	185
풍하중(W)(S－N)	210	-23	-185

기준 식	번호	하중조합				M_1	M_2	M_{1ns}	M_{2ns}	M_{1s}	M_{2s}
3.3.1	1	$1.4D$	3,780	64.6	32.3	32.3	64.6	32.2	64.4	-	-
3.3.2	2	$1.2D+1.6L+0.5L_r$	3,770.5	87.2	43.6	43.6	87.2	43.6	87.2	-	-
3.3.3	3	$1.2D+1.6Lr+0.5L$	3,459.2	65.2	32.6	32.6	65.2	32.6	65.2	-	-
	4	$1.2D+1.6L_r+0.65W$	3,162.7	70.2	147.9	70.2	147.9	55.2	27.6	15	120.3
	5	$1.2D+1.6L_r-0.65W$	3,435.7	40.2	-92.7	40.2	-92.7	55.2	27.6	-15	-120.3
3.3.4	6	$1.2D+0.5L+0.5L_r+1.3W$	3,145.5	95.1	273.1	95.1	273.1	65.2	32.6	29.9	240.5
	7	$1.2D+0.5L+0.5L_r-1.3W$	3,691.5	35.3	-207.9	35.3	-207.9	65.2	32.6	-29.9	-240.5
3.3.7	8	$0.9D+1.3W$	2,157	71.3	261.2	71.3	261.2	41.4	20.7	29.9	240.5
	9	$0.9D-1.3W$	2,703	11.5	-219.8	11.5	-219.8	41.4	20.7	-29.9	-240.5

* 건축물 하중기준에 따라 활하중 감소를 포함

예제 표 5.5-2 기둥 C2의 계수축력과 계수휨모멘트

하중조건	축력 (kN)	휨모멘트(kN · m)	
		상부	하부
고정하중(D)	4,650	-2.6	-1.3
활하중(L)*	580	-20.4	-10.2
지붕활하중(L_r)	74	0	0
풍하중(W)($N-S$)	-1.3	58.5	275.8
풍하중(W)($S-N$)	1.3	-58.5	-275.8

적용기준	■ 계산 및 해설

기준 식	번호	하중조합				M_1	M_2	M_{1ns}	M_{2ns}	M_{1s}	M_{2s}
3.3.1	1	$1.4D$	6,510	-3.6	-1.8	-1.8	-3.6	-1.8	-3.6	-	-
3.3.2	2	$1.2D+1.6L+0.5L_r$	6,545	-35.8	-17.9	-17.9	-35.8	-17.9	-35.8	-	-
3.3.3	3	$1.2D+1.6L_r+0.5L$	5,988.4	-13.4	-6.7	-6.7	-13.4	-6.7	-13.4	-	0
	4	$1.2D+1.6L_r+0.65W$	5,697.6	34.9	177.7	34.9	177.7	-3.1	-1.6	38.0	179.3
	5	$1.2D+1.6L_r-0.65W$	5,699.2	-41.1	-180.8	-41.1	-180.9	-3.1	-1.6	-38.0	-179.3
3.3.4	6	$1.2D+0.5L+0.5L_r+1.3W$	5,905.3	62.7	351.9	62.7	351.9	-13.4	-6.6	76.1	358.5
	7	$1.2D+0.5L+0.5L_r-1.3W$	5,908.7	-89.4	-365.2	-89.4	-365.2	-13.4	-6.6	-76.1	-358.5
3.3.7	8	$0.9D+1.3W$	4,183.3	73.7	357.4	73.7	357.4	-2.4	-1.1	76.1	358.5
	9	$0.9D-1.3W$	4,186.7	-78.4	-359.7	-78.4	-359.7	-2.4	-1.1	-76.1	-358.5

* 건축물 하중기준에 따라 활하중 감소를 포함

적용기준	■ 계산 및 해설

1. 골조 1층에서 횡구속인지 비횡구속인지 검토

단면의 물성치에 의한 1차 선형해석 결과는 다음과 같다.

ΣP_u = ΣP_u가 최대가 되는 횡하중 조건에 대응되는 1층에서의 전체 수직하중

건물 전체하중은 $D = 78,000\text{ kN}$, $L = 8,780\text{ kN}$, $L_r = 1,190\text{ kN}$

ΣP_u의 최대값은 기준 식 (3.3.4)로부터 계산된다. 즉

$$\Sigma P_u = (1.2\times 78,000)+(0.5\times 8,780)+(0.5\times 1,190)+0 = 98,585\text{ kN}$$

V_u = 풍하중에 대응되는 1층에서의 계수 층전단력

$$= 1.3\times 1,336 = 1,737\text{ kN}$$

Δ_o = V_u에 의한 1층의 1계 층간 상대변위

$$= 1.3\times(7.1\text{ mm}-0) = 9.2\text{ mm}$$

기준 식 6.5.3

층 안정성 지수 $Q = \dfrac{\Sigma P_u \Delta_o}{V_u l_c} = \dfrac{98,585\times 9.2}{1,737\times\left(4,560-\dfrac{500}{2}\right)} = 0.12$

층 안정성 지수 $Q = 0.12 > 0.05$이므로 골조 1층에서는 비횡구속이다.

적용기준	계산 및 해설

2. 기둥 C1의 설계

기준 6.5.4(2)

(1) 장주효과를 고려해야 하는지 검토

$$I_{기둥} = 0.7\left(\frac{650^4}{12}\right) = 10.4\times 10^9 \text{ mm}^4$$

기준 식 3.4.2

$$E_c = 8{,}500\sqrt[3]{f_{cu}} \text{ MPa}$$

기준 식 3.4.3

$$f_{cu} = (f_{ck}+4) \text{ MPa}$$

$$E_c = 8{,}500\sqrt[3]{44} = 30{,}010 \text{ MPa}$$

2층 미만의 기둥에 대해

$$\left(\frac{E_cI}{l_c}\right)_{기둥} = \frac{30{,}010\times(10.4\times 10^9)}{\left(4{,}560-\dfrac{500}{2}\right)} = 72.5\times 10^9 \text{ N}\cdot\text{mm}$$

2층 이상의 기둥에 대해

$$\left(\frac{E_cI}{l_c}\right)_{기둥} = \frac{30{,}010\times(10.4\times 10^9)}{3{,}650} = 85.6\times 10^9 \text{ N}\cdot\text{mm}$$

기준 6.5.4(2)

$$I_{보} = 0.35I_g = 0.35\left(\frac{700\times 500^3}{12}\right) = 2.6\times 10^9 \text{ mm}^4$$

보의 탄성계수 $E_c = 8{,}500\sqrt[3]{31} = 26{,}700 \text{ MPa}$

$$\left(\frac{E_cI}{l_c}\right)_{보} = \frac{26{,}700\times(2.6\times 10^9)}{7{,}300} = 9.3\times 10^9 \text{ N}\cdot\text{mm}$$

$$\Psi_A = \frac{\sum\left(\dfrac{E_cI}{l_c}\right)_{기둥}}{\sum\left(\dfrac{E_cI}{l_c}\right)_{보}} = \frac{(72.5\times 10^9 + 85.6\times 10^9)}{9.3\times 10^9} = 16.9$$

해설 그림 6.5.1.1

기둥은 밑면에 고정되어 있으므로 $\Psi_B = 0$이지만, 완전고정을 보장하기는 어려우므로 $\Psi_B = 1.0$으로 가정

해설그림 6.5.1.1의 횡구속 골조 그림으로부터 $k = 1.9$

기준 식 6.5.1

$$\frac{kl_u}{r} = \frac{1.9\times 4{,}060}{0.3\times 650} = 39.6 > 22$$

따라서 장주효과는 고려되어야 한다.

적용기준	계산 및 해설

(2) 기준 6.5.7의 절차에 따라 장주효과를 고려한 전체모멘트 M_2의 계산과 설계하중조합 결정

예시로써 예제 표 5.5-3에 하중조합 4번과 5번에 대한 기둥 C1의 확대모멘트 계산 결과를 정리하였고, 상세한 계산 절차는 다음과 같다.

예제 표 5.5-3 하중조합 4번과 5번에 대한 기둥 C1의 확대모멘트

하중조합 번호	하중조합	ΣP_u (kN)	Δ_o (mm)	V_u (kN)	Q	δ_s	M_{2ns} (kN·m)	M_{2s} (kN·m)	M_2 (kN·m)
4	$1.2D+1.6L_r+0.65W$	95,504	4.6	868.4	0.12	1.14	27.6	120.3	164.7
5	$1.2D+1.6L_r-0.65W$	95,504	4.6	868.4	0.12	1.14	27.6	-120.3	-109.5

기준 식 6.5.12

$$M_2 = M_{2ns} + \delta_s M_{2s}$$

기준 식 6.5.13

$$\delta_s = \frac{1}{1-Q} \geq 1$$

하중조합 4번과 5번에 대해

기준 3.3.2

$$U = 1.2D + 1.6L_r \pm 0.65W$$

$$\Sigma P_u = (1.2 \times 78{,}000) + (1.6 \times 1{,}190) \pm 0 = 95{,}504\ \text{kN}$$

$$\Delta_o = 0.65 \times 7.1 = 4.6\ \text{mm}$$

$$V_u = 0.65 \times 1{,}336 = 868.4\ \text{kN}$$

$$l_c = 4{,}560 - \left(\frac{500}{2}\right) = 4{,}310\ \text{mm}$$

기준 식 6.5.3

$$Q = \frac{\Sigma P_u \Delta_o}{V_u l_c} = \frac{95{,}504 \times 4.6}{868.4 \times 4{,}310} = 0.12$$

$$\delta_s = \frac{1}{1-Q} = \frac{1}{1-0.12} = 1.14$$

북쪽(N)에서 남쪽(S)으로의 비횡구속에 대해 (하중조합 4번)

$$\delta_s M_{2s} = 1.14 \times 120.3 = 137.1\ \text{kN·m}$$

$$M_2 = M_{2ns} + \delta_s M_{2s} = 27.6 + 137.1 = 164.7\ \text{kN·m}$$

$$P_u = 3{,}162.7\ \text{kN}$$

적용기준	계산 및 해설

남쪽(S)에서 북쪽(N)으로의 비횡구속에 대해 (하중조합 5번)

$$\delta_s M_{2s} = 1.14 \times (-120.3) = -137.1 \text{ kN·m}$$

$$M_2 = M_{2ns} + \delta_s M_{2s} = 27.6 - 137.1 = -109.5 \text{ kN·m}$$

$$P_u = 3{,}435.7 \text{ kN}$$

(3) 비교 목적으로 기준 식 (6.5.14)를 사용하여 $\delta_s M_{2s}$의 재계산

기준 식 6.5.14

$$\delta_s = \frac{1}{1 - \dfrac{\sum P_u}{0.75 \sum P_c}} \geq 1$$

기준 식 (6.5.14)에서 임계좌굴하중 P_c는 기준 식 (6.5.16)으로부터 계산할 수 있고, 철근량 및 배치를 모르기 때문에 EI는 기준 식 (6.5.18)로부터 계산한다.

기둥 선 1에서 4에 배치된 12개의 외부기둥 각각에 대해 k는 위의 2의 1)에서 계산된 $k = 1.9$를 사용한다. 바람에 의한 $\beta_{ds} = 0$이다.

기준 식 6.5.8

$$EI = \frac{0.4 E_c I_g}{1 + \beta_{ds}} = \frac{0.4 \times 30{,}010 \times \left(\dfrac{650^4}{12}\right)}{(1+0)} = 178.6 \times 10^{12} \text{ N·mm}^2$$

기준 식 6.5.6

$$P_c = \frac{\pi^2 EI}{(kl_u)^2} = \frac{\pi^2 \times (178.6 \times 10^{12})}{(1.9 \times 4{,}060)^2} = 29{,}610 \text{ kN}$$

외부기둥 A2, A3, F2와 F3 각각에 대해

$$\Psi_A = \frac{(72.5 \times 10^9 + 85.6 \times 10^9)}{(2 \times 9.3 \times 10^9)} = 8.5$$

$$\Psi_B = 1.0$$

해설그림 6.5.1.1의 비횡구속 골조 그림으로부터 $k = 1.85$

$$P_c = \frac{\pi^2 \times (178.6 \times 10^{12})}{(1.85 \times 4{,}060)^2} = 31{,}240 \text{ kN}$$

8개의 내부기둥 각각에 대해

기준 6.5.4

$$I_{기둥} = 0.7\left(\frac{700^4}{12}\right) = 14.0 \times 10^9 \text{ mm}^4$$

적용기준	계산 및 해설

2층 미만의 기둥에 대해

$$\left(\frac{E_c I}{l_c}\right)_{기둥} = \frac{30,010 \times (14.0 \times 10^9)}{\left(4,560 - \dfrac{500}{2}\right)} = 97.5 \times 10^9 \ \mathrm{N \cdot mm}$$

2층 이상의 기둥에 대해

$$\left(\frac{E_c I}{l_c}\right)_{기둥} = \frac{30,010 \times (14.0 \times 10^9)}{3,650} = 115.1 \times 10^9 \ \mathrm{N \cdot mm}$$

$$\Psi_A = \frac{(97.5 \times 10^9 + 115.1 \times 10^9)}{(2 \times 9.3 \times 10^9)} = 11.4$$

$$\Psi_B = 1.0$$

해설그림 6.5.1.1의 비횡구속 골조 그림으로부터 $k = 1.9$

바람에 의한 $\beta_{ds} = 0$

기준 식 6.5.8

$$EI = \frac{0.4 E_c I_g}{1 + \beta_{ds}} = \frac{0.4 \times (30,010) \times \left(\dfrac{700^4}{12}\right)}{(1+0)} = 240.2 \times 10^{12} \ \mathrm{N \cdot mm^2}$$

기준 식 6.5.14

$$P_c = \frac{\pi^2 EI}{(k l_u)^2} = \frac{\pi^2 \times (240.2 \times 10^{12})}{(1.9 \times 4,060)^2} = 39,010 \ \mathrm{kN}$$

그러므로

$$\Sigma P_c = 12 \times (29,610) + 4 \times (31,240) + 8 \times (39,010)$$
$$= 792,400 \ \mathrm{kN}$$

예시로써 예제 표 5.5-4에 하중조합 4번과 5번에 대한 기둥 C1의 확대모멘트 계산결과를 정리하였고, 상세 계산절차는 다음과 같다.

예제 표 5.5-4 하중조합 4번과 5번에 대한 기둥 C1의 확대모멘트

하중조합 번호	하중조합	ΣP_u (kN)	δ_s	M_{2ns} (kN·m)	M_{2s} (kN·m)	M_2 (kN·m)
4	$1.2D + 1.6L_r + 0.65W$	95,504	1.19	27.6	120.3	170.9
5	$1.2D + 1.6L_r - 0.65W$	95,504	1.19	27.6	−120.3	−115.6

적용기준	계산 및 해설

하중조합 4번과 5번에 대해

기준 3.3.2

$$U = 1.2D + 1.6L \pm 0.65W$$

기준 식 6.5.14

$$\delta_s = \frac{1}{1 - \frac{\sum P_u}{0.75 \sum P_c}} = \frac{1}{1 - \frac{95,504}{0.75 \times 792,400}} = 1.19$$

북쪽(N)에서 남쪽(S)으로의 비횡구속에 대해 (하중조합 4번)

$$\delta_s M_{2s} = 1.19 \times 120.3 = 143.3 \text{ kN·m}$$

$$M_2 = M_{2ns} + \delta_s M_{2s} = 27.6 + 143.3 = 170.9 \text{ kN·m}$$

$$P_u = 3,162.7 \text{ kN}$$

남쪽(S)에서 북쪽(N)으로의 비횡구속에 대해 (하중조합 5번)

$$\delta_s M_{2s} = 1.19 \times (-120.3) = -143.2 \text{ kN·m}$$

$$M_2 = M_{2ns} + \delta_s M_{2s} = 27.6 - 143.2 = -115.6 \text{ kN·m}$$

$$P_u = 3,435.7 \text{ kN}$$

하중조합 4번과 5번에 대해 기둥 C1의 확대모멘트 계산결과를 예제 표 5.5-5에 비교 정리하였다.

예제 표 5.5-5 하중조합 4번과 5번에 대한 기둥 C1의 확대모멘트 계산결과 비교

하중조합 번호	하중조합	P_u(kN)	기준 식 (6.5.18)		기준 식 (6.5.19)	
			δ_s	M_2(kN·m)	δ_s	M_2(kN·m)
4	$1.2D + 1.6L_r + 0.65W$	3,162.7	1.14	164.7	1.19	170.9
5	$1.2D + 1.6L_r - 0.65W$	3,435.7	1.14	−109.5	1.19	−115.6

3. 기둥 C2의 설계

(1) 장주효과를 고려해야 하는지 검토

2의 (3)에서 내부기둥에 대한 $k = 1.9$로 계산되었기 때문에

기준 식 6.5.1

$$\frac{kl_u}{r} = \frac{1.9 \times 4,060}{0.3 \times 700} = 36.7 > 22$$

따라서 장주효과를 고려하여야 한다.

(2) 기준 6.5.7의 절차에 따라 장주효과를 고려한 전체모멘트 M_2의 계산과 설계하중조합 결정

예시로써 예제 표 5.5-6, 하중조합 4번과 5번에 대한 기둥 C2의 확대모멘트 계산결과를 정리하였고, 상세 계산절차는 다음과 같다.

예제 표 5.5-6 하중조합 4번과 5번에 대한 기둥 C2의 확대모멘트

하중조합 번호	하중조합	ΣP_u (kN)	Δ_o (mm)	V_u (kN)	Q	δ_s	M_{2ns} (kN·m)	M_{2s} (kN·m)	M_2 (kN·m)
4	$1.2D+1.6L_r+0.65W$	95,504	4.6	868.4	0.12	1.14	-1.6	179.3	202.8
5	$1.2D+1.6L_r-0.65W$	95,504	4.6	868.4	0.12	1.14	-1.6	-179.3	-206.0

기준 식 6.5.12

$$M_2 = M_{2ns} + \delta_s M_{2s}$$

기준 식 6.5.13

$$\delta_s = \frac{1}{1-Q} \geq 1$$

ΣP_u, $\triangle_o$, V_u, l_c, Q, 그리고 δ_s의 계산결과는 2의 (2) 참조

하중조합 4번과 5번에 대해 2의 (2)에서 $\delta_s = 1.14$로 계산되었으므로

북쪽(N)에서 남쪽(S)으로의 비횡구속에 대해 (하중조합 4번)

$$\delta_s M_{2s} = 1.14 \times 179.3 = 204.4\ \mathrm{kN \cdot m}$$

$$M_2 = M_{2ns} + \delta_s M_{2s} = -1.6 + 204.4 = 202.8\ \mathrm{kN \cdot m}$$

$$P_u = 5{,}697.6\ \mathrm{kN}$$

남쪽(S)에서 북쪽(N)으로의 비횡구속에 대해 (하중조합 5번)

$$\delta_s M_{2s} = 1.14 \times (-179.3) = -204.4\ \mathrm{kN \cdot m}$$

$$M_2 = M_{2ns} + \delta_s M_{2s} = -1.6 - 204.4 = -206.0\ \mathrm{kN \cdot m}$$

$$P_u = 5{,}699.2\ \mathrm{kN}$$

(3) 비교를 위한 목적으로 기준 식 (6.5.14)를 사용하여 $\delta_s M_{2s}$의 재계산

기준 식 6.5.14

$$\delta_s = \frac{1}{1 - \dfrac{\Sigma P_u}{0.75 \Sigma P_c}} \geq 1$$

ΣP_u, ΣP_c, 그리고 δ_s의 계산결과는 2의 (3) 참조

적용기준	## 계산 및 해설

예시로써 예제 표 5.5-7에 하중조합 4번과 5번에 대한 기둥 C2의 확대모멘트 계산결과를 정리하였고, 상세 계산절차는 다음과 같다.

예제 표 5.5-7 하중조합 4번과 5번에 대한 기둥 C2의 확대모멘트

하중조합 번호	하중조합	ΣP_u (kN)	δ_s	M_{2ns} (kN·m)	M_{2s} (kN·m)	M_2 (kN·m)
4	$1.2D+1.6L_r+0.65W$	95,504	1.19	-1.6	179.3	245.8
5	$1.2D+1.6L_r-0.65W$	95,504	1.19	-1.6	-179.3	-249.0

하중조합 4번과 5번에 대해

기준 3.3.2 $U = 1.2D + 1.6L \pm 0.65W$

2의 (3) 계산결과로부터 $\delta_s = 1.19$

북쪽(N)에서 남쪽(S)으로의 횡구속에 대해 (하중조합 4번)

$$\delta_s M_{2s} = 1.19 \times 179.3 = 213.4\,\mathrm{kN \cdot m}$$

$$M_2 = M_{2ns} + \delta_s M_{2s} = -1.6 + 213.4 = 211.8\,\mathrm{kN \cdot m}$$

$$P_u = 5{,}697.6\,\mathrm{kN}$$

남쪽(S)에서 북쪽(N)으로의 비횡구속에 대해 (하중조합 5번)

$$\delta_s M_{2s} = 1.19 \times (-179.3) = -213.4\,\mathrm{kN \cdot m}$$

$$M_2 = M_{2ns} + \delta_s M_{2s} = -1.6 - 213.4 = -215.0\,\mathrm{kN \cdot m}$$

$$P_u = 5{,}699.2\,\mathrm{kN}$$

하중조합 4번과 5번에 대해 기둥 C2의 확대모멘트 계산결과를 예제 표 5.5-8에 비교 정리하였다.

예제 표 5.5-8 하중조합 4번과 5번에 대한 기둥 C2의 확대모멘트 계산결과 비교

하중조합 번호	하중조합	P_u(kN)	기준 식 (6.5.13)		기준 식 (6.5.14)	
			δ_s	M_2(kN·m)	δ_s	M_2(kN·m)
4	$1.2D+1.6L_r+0.65W$	5,697.6	1.14	202.8	1.19	211.8
5	$1.2D+1.6L-0.65W$	5,699.2	1.14	-206.0	1.19	-215.0

이상의 계산을 바탕으로 강도상관도 등을 이용해서 철근량을 구하고 배근한다.

제 6 장

전 단

예제 6.1

전단과 휨이 작용하는 부재

길이가 9,000 mm인 단순보에 대하여 부재축과 수직인 U형 전단철근의 크기와 간격을 결정하라.

$b_w = 330\ \mathrm{mm}$

$d = 508\ \mathrm{mm}$

$f_{ck} = 21\ \mathrm{MPa}$

$f_{yt} = 500\ \mathrm{MPa}$

$w_u = 65.5\ \mathrm{kN/m}$

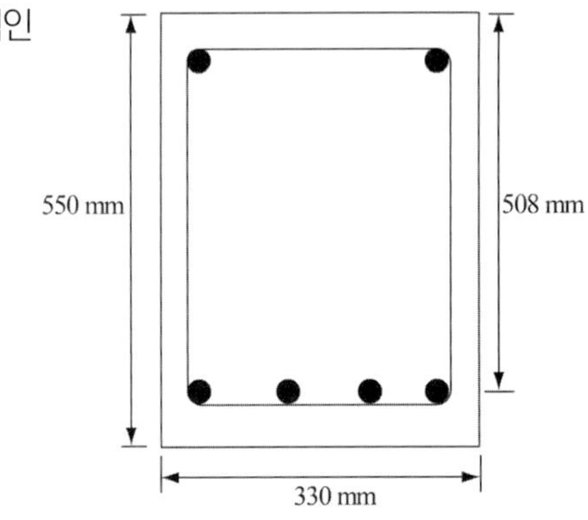

예제 그림 6.1-1 설계단면

적용기준

계산 및 해설

이 예제의 목적은 전단설계 절차의 기본적인 방향을 제시하는 데 있다. 활하중이 모든 경간에 등분포로 작용하고 있다고 가정한다. 따라서 경간 중앙에서 계수전단력은 "0"이다.(경간 중앙에서 실제 설계전단력은 "0"보다 크고 설계전단력은 경간에 부분적으로 하중을 재하하여 얻을 수 있다.)

1. 전단력 결정

본 예제에 대한 전단력 분포는 예제 그림 6.1-2에 제시되어 있다.

받침점에서 전단력 : $V_u = 65.5 \times (4{,}500) = 294.8\ \mathrm{kN}$

받침점에서 d만큼 떨어진 단면(임계단면)에서 전단력 :

$V_u = 294.8 - 65.5 \times (0.508) = 261.5\ \mathrm{kN}$

적용기준	계산 및 해설

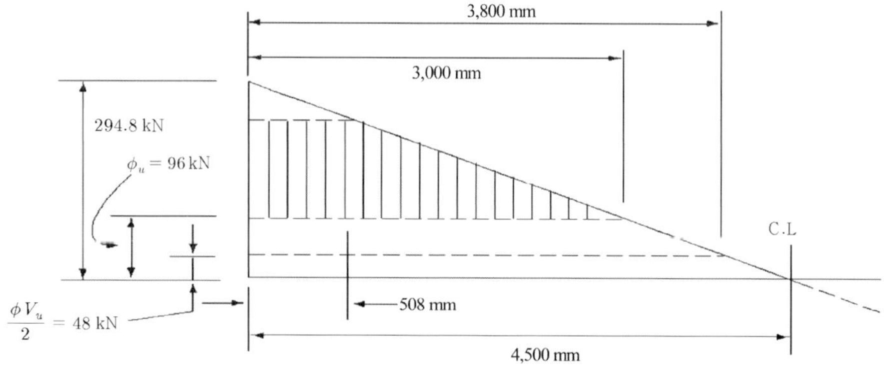

예제 그림 6.1-2 전단력 분포

기준 7.3.1

2. 콘크리트에 의한 공칭전단강도 결정

$$V_c = \frac{1}{6}\sqrt{f_{ck}}\, b_w d$$

$$\phi = 0.75$$

$$\phi V_c = 0.75\left(\frac{1}{6}\right)\sqrt{21} \times 330 \times 508 = 96.0 \text{ kN}$$

$$V_u = 261.5 \text{ kN} > 96.0 \text{ kN}$$

따라서 전단보강이 필요하다.

기준 7.4.4(9)

3. 임계단면에서 $V_u - \phi V_c$ 계산

$$V_u - \phi V_c = 261.5 - 96.0 = 165.5 \text{ kN}$$

$$\leq \phi V_{s,\max} = \phi \times 0.2\left(1 - \frac{f_{ck}}{250}\right) f_{ck} b_w d = 483.7 \text{ kN}$$

따라서 단면 크기를 키울 필요는 없다.

4. 최소 전단보강($V_u = \phi V_c$)이 필요한 지점의 범위를 넘어서부터 거리 x_c을 결정

$$x_c = \frac{V_{u\,(\text{받침지점})} - \phi V_c}{w_u} = \frac{294.8 - 96.0}{65.5} = 3.0 \text{ m}$$ (예제 그림 6.1-2 참조)

콘크리트의 전단강도만으로 계수전단력을 지지할 수 있는 거리(x_m) 산정 ($V_u \leq \phi V_c / 2$)

$$x_m = \frac{V_{c\,(\text{지점})} - (\phi V_c / 2)}{w_u} = \frac{294.8 - (96.0/2)}{65.5} = 3.8 \text{ m}$$ (예제 그림 6.1-2 참조)

적용기준	계산 및 해설

5. 수직 U형 전단철근의 간격을 예제 표 6.1-1을 사용하여 결정

임계단면에서 $V_u = 261.5\,\mathrm{kN} > \phi \mathrm{V_c} = 96.0\,\mathrm{kN}$

$$s = \frac{\phi A_v f_{yt} d}{V_u - \phi V_c}$$

D13 – U 형(다리 2개) 전단철근으로 가정 ($A_v = 253\,\mathrm{mm}^2$)

$$s = \frac{0.75 \times 253 \times 500 \times 508}{165.5 \times 10^3} = 291\,\mathrm{mm},\ 290\,\mathrm{mm}\ \text{선택}$$

- 전단철근의 최대 간격 검토

$V_u - \phi V_c = 165.5\,\mathrm{kN} < \phi \frac{1}{3} \sqrt{f_{ck}}\, b_w d = 192.1\,\mathrm{kN}$이므로

기준 7.4.2

$$s_{\max} \le \frac{d}{2} = \frac{508}{2} = 254\,\mathrm{mm} \le 600\,\mathrm{mm}$$

따라서 $s_{\max} \le 254\,\mathrm{mm}$, $250\,\mathrm{mm}$로 선택

$\therefore\ s_{\max} = 250\,\mathrm{mm}$이므로 $s = 250\,\mathrm{mm}$로 한다.

- 최소 전단철근량을 기초로 결정된 최대 전단철근 간격

기준 7.4.3(3)

$$s_{\max} \le \frac{A_v f_{yt}}{0.0625 \sqrt{f_{ck}}\, b_w} = \frac{253 \times 500}{0.0625 \sqrt{21}\,(330)} = 1{,}338.4\,\mathrm{mm}$$

기준 7.4.3(4)

$$\le \frac{A_v f_{yt}}{0.35 b_w} = \frac{253 \times 500}{0.35(330)} = 1{,}095.2\,\mathrm{mm}$$

예제 표 6.1-1 전단철근의 전단강도

		$V_u \le \phi \frac{V_c}{2}$	$\phi \frac{V_c}{2} < V_u \le \phi V_c$	$\phi V_c < V_u$
요구 전단철근량		-	$A_{v,\min} = 0.0625 \sqrt{f_{ck}} \frac{b_w s}{f_{yt}} \ge 0.35 \frac{b_w s}{f_{yt}}$	$\frac{(V_u - \phi V_c)s}{\phi f_{yt}}$
전단철근 간격 (s)	**요구량**	-	$s_{\max} = \frac{A_v f_{yt}}{0.062 \sqrt{f_{ck}}\, b_w} \le \frac{A_v f_{yt}}{0.35 b_w}$	$\frac{\phi A_v f_{yt}}{V_u - \phi V_c}$
	최대량	-	$s_{\max} = \min\left(\frac{d}{2},\ 600\,\mathrm{mm}\right)$	$s_{\max} = \min\left(\frac{d}{2},\ 600\,\mathrm{mm}\right)$ 단, $(V_u - \phi V_c) \le \phi \frac{1}{3} \sqrt{f_{ck}}\, b_w d$
				$s_{\max} = \min\left(\frac{d}{4},\ 300\,\mathrm{mm}\right)$ 단, $(V_u - \phi V_c) > \phi \frac{1}{3} \sqrt{f_{ck}}\, b_w d$

적용기준	계산 및 해설

• D13 – U형 전단철근을 사용한 전단철근 간격

전단철근의 간격 상세는 예제 그림 6.1-3에 제시되어 있다.

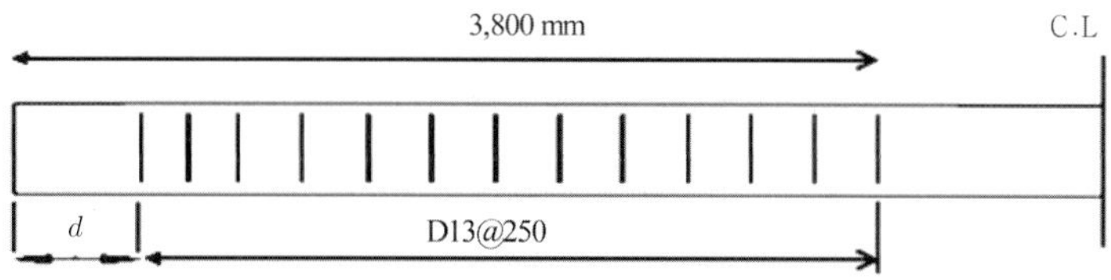

예제 그림 6.1-3 전단철근의 배치 간격

주의(참고) 전단철근(D13) 강도 $f_{yt} = 400$ MPa을 사용할 경우 계산 단계5에서 전단철근의 간격 $s = 233$ mm이며, 최대 간격 $s_{max} = 254$ mm이다. 이를 고려하여 예제 그림 6.1-4와 같이 전단철근을 배근하면 된다.

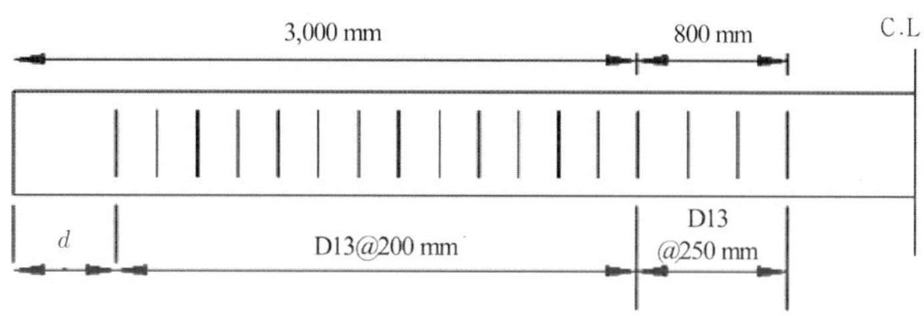

예제 그림 6.1-4 전단철근의 배치 간격

예제 6.2 축방향 인장력이 작용하는 부재

축방향 인장을 받는 보의 부재축에 대하여 수직인 U형 전단철근의 간격을 결정하라.

$f_{ck} = 24\text{ MPa}$(모래 경량콘크리트)

$f_{yt} = 500\text{ MPa}$

$M_l = 43.4\text{ kN}\cdot\text{m}$

$M_d = 58.9\text{ kN}\cdot\text{m}$

$V_d = 56.9\text{ kN}$

$V_l = 40.0\text{ kN}$

$N_l = -67.6\text{ kN}$(인장)

$N_d = -8.9\text{ kN}$(인장)

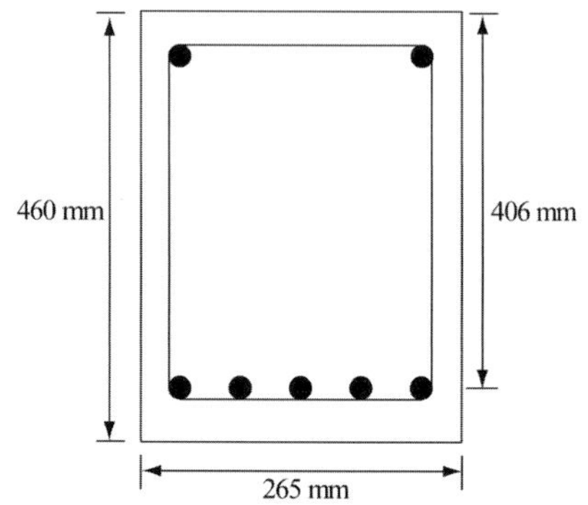

예제 그림 6.2-1

적용기준	계산 및 해설

1. 계수하중 결정

$$M_u = 1.2(58.9) + 1.6(43.4) = 140.1\text{ kN}\cdot\text{m}$$

$$V_u = 1.2(56.9) + 1.6(40.0) = 132.3\text{ kN}$$

$$N_u = 1.2(-8.9) + 1.6(-67.6) = -118.8\text{ kN}\text{(인장)}$$

2. 콘크리트의 설계전단강도 결정

기준 식 7.3.6

$$V_c = \frac{1}{6}\left[1 + \frac{N_u}{3.5A_g}\right]\lambda\sqrt{f_{ck}}b_w d$$

$$\phi = 0.75,\ A_g = 460 \times 265 = 121.9 \times 10^3\text{ mm}^2$$

$$\phi V_c = (0.75)\frac{1}{6}\left[1 + \frac{(-118,800)}{3.5(121,900)}\right]0.85\sqrt{24}(265)406 = 40.4\text{ kN}$$

$\lambda = 0.85$: 경량골재 콘크리트 계수

적용기준	계산 및 해설

3. 단면의 적절성 검토

기준 7.4.4(9)

$$V_s \le 0.2\left(1-\frac{f_{ck}}{250}\right)f_{ck}b_w d$$

$$(V_u-\phi V_c) = 132.3 - 40.4 = 91.9\ \text{kN}$$

$$\phi\times 0.2\left(1-\frac{f_{ck}}{250}\right)f_{ck}b_w d = 0.75\times 0.2\left(1-\frac{24}{250}\right)\times 24\times 265\times 406$$

$$= 350.1\ \text{kN} > 91.9\ \text{kN} \quad \langle\text{적합}\rangle$$

기준 식 7.4.3

4. U형 전단철근의 간격 결정

− D10 U형 전단철근으로 가정 ($A_v = 142.7\ \text{mm}^2$)

$$s = \frac{\phi A_v f_{yt}\, d}{(V_u-\phi V_c)}$$

$$= \frac{0.75\times 142.7\times 500\times 406}{91.9\times 10^3} = 236\ \text{mm}$$

기준 7.4.2

5. 전단철근의 최대 허용간격 결정

$$V_u-\phi V_c = 91.9\ \text{kN}$$

$$\phi\frac{1}{3}(0.85)\sqrt{f_{ck}}\,b_w d = 112\ \text{kN} > 91.9\ \text{kN}$$

• 전단철근의 최대 간격 $s_{\max} \le \frac{d}{2} = 203\ \text{mm} \approx 200\ \text{mm}$ 또는 $\le 600\ \text{mm}$

$$s = s_{\max} = 200\ \text{mm}$$

• 최소 전단철근이 요구되는 구간에서 D10 U형 전단철근의 $s_{\max}$

기준 식 7.4.1

$$A_{v,\min} = 0.0625\sqrt{f_{ck}}\frac{b_w s}{f_{yt}}\ \text{단,}\ A_{v,\min} \ge 0.35\frac{b_w s}{f_{yt}}$$

$$s_{\max} = \frac{A_v f_{yt}}{0.0625(0.85)\sqrt{f_{ck}}\,b_w} = \frac{142.7\times 500}{0.0625(0.85)\sqrt{24}\times 265} = 1{,}034.5\ \text{mm}$$

$$s_{\max} = \frac{A_v f_{yt}}{0.35\,b_w} = \frac{142.7\times 500}{0.35\times 265} = 769.3\ \text{mm}$$

∴ 최소 값인 $s_{\max} = 200\ \text{mm}$

적용기준	계산 및 해설

6. 전단설계

- D10 U형 전단철근을 200 mm 간격으로 배치

주의(참고) 전단철근(D10) 강도 $f_{yt} = 400\ \mathrm{MPa}$을 사용할 경우 전단철근의 간격은 189 mm 이하로 배치해야 한다.

예제 6.3 축방향 압축력이 작용하는 부재

전단철근이 배치된 압축부재가 주어진 하중조건에 대하여 설계되어 있다. 그런데 초기설계에서 횡방향 풍하중과 축방향 압축력의 조합에 의한 효과는 반영되지 않았고, 축력이 $P_u = 45\ \mathrm{kN}$이 되었을 때에도 M_u 및 V_u는 변하지 않는다고 가정한다. 다음 (1)설계하중과 (2)계수축력 P_u가 $45\ \mathrm{kN}$으로 감소되었을 때 기둥의 전단에 대한 안전성을 검토하라.

$M_u = 117\ \mathrm{kN \cdot m}$

$P_u = 711.7\ \mathrm{kN}$

$V_u = 89.0\ \mathrm{kN}$

$f_{ck} = 27\ \mathrm{MPa}$

$f_{yt} = 500\ \mathrm{MPa}$

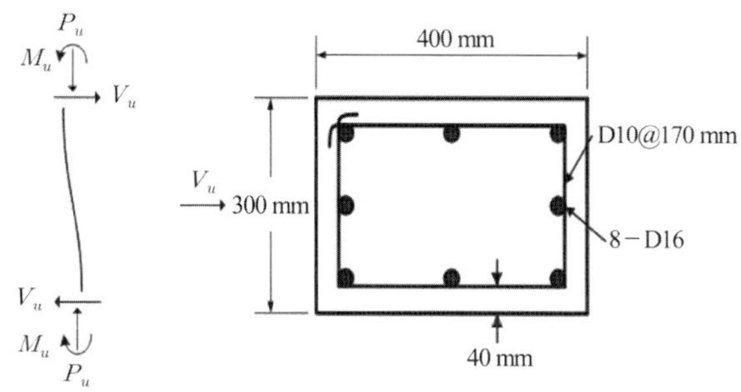

예제 그림 6.3-1 설계단면

적용기준	계산 및 해설

계산 및 해설

1. 설계하중에 대한 검토

$$P_u = N_u = 711.7\ \mathrm{kN}$$

(1) 콘크리트에 의한 전단강도

$$d = 400 - \left[40 + 9.53 + \frac{15.9}{2}\right] = 343\ \mathrm{mm}$$

기준 식 7.3.2

$$V_c = \frac{1}{6}\left(1 + \frac{N_u}{14A_g}\right)\sqrt{f_{ck}}\,b_w d$$

$$\phi = 0.75,\quad A_g = 300 \times 400 = 120 \times 10^3\ \mathrm{mm}^2$$

$$\phi V_c = (0.75)\frac{1}{6}\left(1 + \frac{711{,}700}{14(120{,}000)}\right)\sqrt{27}(300)(343) = 95.1\ \mathrm{kN}$$

$$\phi V_c = 95.1\ \mathrm{kN} > 89.0\ \mathrm{kN}$$

(2) $V_u = 89.0\ \mathrm{kN} > \dfrac{\phi V_c}{2} = 47.6\ \mathrm{kN}$이므로 최소 전단철근 이상이 배근되어야 한다.

기준 식 7.4.1

$$A_{v,\min} = 0.0625\sqrt{f_{ck}}\frac{b_w s}{f_{yt}} \quad \text{단, } A_{v,\min} \geq 0.35\frac{b_w s}{f_{yt}}$$

적용기준	↘ 계산 및 해설

D10 전단철근($A_v = 142.7\ \mathrm{mm}^2$)을 사용하면

$$s_{\max} = \frac{A_v f_{yt}}{0.0625\sqrt{f_{ck}}\, b_w} = \frac{142.7 \times 500}{0.0625\sqrt{27}(300)} = 732\ \mathrm{mm}$$

$$s_{\max} = \frac{A_v f_{yt}}{0.35\, b_w} = \frac{142.7 \times 500}{0.35(300)} = 680\ \mathrm{mm}$$

$$s_{\max} = d/2 = 343/2 = 172\ \mathrm{mm}$$

위의 결과 $s = 170\ \mathrm{mm}$의 사용이 가능하다.

2. 감소된 계수축력($P_u = 45\ \mathrm{kN}$)

$$P_u = N_u = 45\ \mathrm{kN}$$

(1) 콘크리트에 의한 전단강도

기준 식 7.3.2

$$V_c = \frac{1}{6}\left(1 + \frac{N_u}{14A_g}\right)\sqrt{f_{ck}}\, b_w d$$

$$\phi V_c = (0.75)\frac{1}{6}\left(1 + \frac{45{,}000}{14(120{,}000)}\right)\sqrt{27}(300)(343) = 68.6\ \mathrm{kN}$$

$$\phi V_c = 68.6\ \mathrm{kN} < 89.0\ \mathrm{kN}$$

여분의 전단력을 지지하기 위하여 전단철근의 배치가 요구된다.

(2) D10 전단철근의 최대 허용간격 결정

$$s_{\max} = \frac{d}{2} = \frac{343}{2} = 172\ \mathrm{mm}$$

(3) D10@170 mm일 때 전단강도 계산

기준 식 7.4.3

$$V_s = \frac{A_v f_{yt} d}{s}$$

$$\phi V_s = \frac{0.75(142.7)(500)(343)}{170} = 108\ \mathrm{kN}$$

$$\phi V_c + \phi V_s = 68.6 + 108 = 176.6\ \mathrm{kN} > V_u = 89.0\ \mathrm{kN} \quad \langle 적합 \rangle$$

예제 6.4 장선구조 바닥판

균등한 하중을 받는 아래의 조건에 따라 장선구조 바닥판의 전단강도를 검토하라.

$f_{ck} = 27\ \mathrm{MPa}$

$w_d = 3.7\ \mathrm{kN/m^2}$

$w_l = 5.7\ \mathrm{kN/m^2}$

장선의 중심간 간격 $= 0.9\ \mathrm{m}$

길이방향으로 배근된 휨철근은 다음과 같다.

하부철근 :

$2 - \mathrm{D}16(A_s = 198.6\ \mathrm{mm^2})$

상부철근 : D16 @ 250 mm

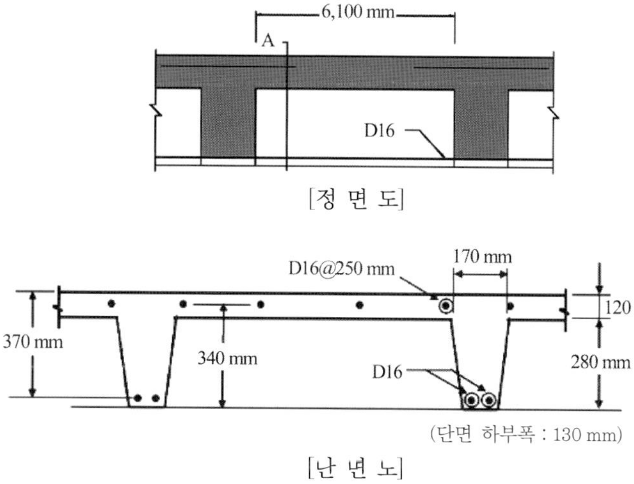

예제 그림 6.4-1 설계단면

적용기준

계산 및 해설

1. 계수하중 산정

$$w_u = [1.2(3.7) + 1.6(5.7)]0.9 = 12.2\ \mathrm{kN/m}$$

2. 전단력 계산

받침점으로부터 거리 d에서의 계수전단력(위험단면에서의 계수전단력 산정)

$$V_u = 12.2\left(\frac{6.1}{2}\right) - 12.2(0.37) = 33.0\ \mathrm{kN}$$

3. 콘크리트의 전단강도 계산

기준 3.4.11(3)

3.4.11(3)에 따르면 콘크리트 장선구조의 전단강도 V_c를 10 % 증가시킬 수 있다.

장선복부의 평균폭 $b_w = \dfrac{(170+130)}{2} = 150\ \mathrm{mm}$

$$\phi V_c = 1.1\phi \frac{1}{6}\sqrt{f_{ck}}\, b_w d$$

적용기준	☑ 계산 및 해설

$\phi = 0.75$

$\phi V_c = 1.1(0.75)\frac{1}{6}\sqrt{27}(150)(370) = 39.7\text{ kN}$

$\phi V_c = 39.7\text{ kN} > V_u = 33.0\text{ kN}$ 〈적합〉

기준 7.4.3

최소 전단철근은 7.4.3에 나타나듯이 장선구조에 대해 필요하지 않다.

전단력과 휨모멘트를 동시에 받는 부재의 경우 식 (7.3.3)을 사용하여 V_c를 계산한다.

기준 식 7.3.3

$$V_c = \left(0.16\sqrt{f_{ck}} + 17.6\rho_w \frac{V_u d}{M_u}\right)b_w d \le 0.29\sqrt{f_{ck}}\,b_w d$$

지점으로부터의 거리 d에서 ρ_w 와 $\frac{V_u d}{M_u}$를 계산한다.

$$\rho_w = \frac{A_s}{b_w d} = \frac{(2\times 198.6)}{(150)(370)} = 0.0072$$

• 지점 면에서 $M_u = \frac{w_u l_n^2}{11} = \frac{12.2(6.1)^2}{11} = 41.3\text{ kN}\cdot\text{m}$

• 거리 d에서의 $M_u = \frac{w_u {l_n}^2}{11} + \frac{w_u d^2}{2} - \frac{w_u l_n d}{2}$

$$= 41.3 + \frac{12.2(0.37^2)}{2} - \frac{12.2(6.1)(0.37)}{2} = 28.4\text{ kN}\cdot\text{m}$$

$\frac{V_u d}{M_u} = \frac{33(0.37)}{28.4} = 0.43 < 1.0$ 〈적합〉

$$\phi V_c = \phi 1.1\left(0.16\sqrt{f_{ck}} + 17.6\rho_w \frac{V_u d}{M_u}\right)b_w d \le \phi(1.1)0.29\sqrt{f_{ck}}\,b_w d$$

$= 0.75(1.1)[0.16\sqrt{27} + 17.6(0.0072)(0.43)](150)(370)$

$= 40.6\text{ kN} < 0.75(1.1)(0.29)\sqrt{27}(150)(370) = 69.0\text{ kN}$ 〈적합〉

예제 6.5

수평전단설계

다음 그림과 같은 현장타설콘크리트 합성슬래브와 프리캐스트 보에 대해 보와 슬래브의 접합부에서 수평전단응력 전달을 다음의 세 가지 경우에 대하여 설계하라. 단, 보는 9.1 m 경간의 단순보로 가정하고 보통콘크리트를 사용하며, $f_{ck} = 21\,\mathrm{MPa}$, $f_{yt} = 500\,\mathrm{MPa}$이다.

〈경우 1〉

사용하중 상태의
고정하중 = $4.60\,\mathrm{kN/m}$
사용하중 상태의
활하중 = $3.40\,\mathrm{kN/m}$
계수하중 = $10.96\,\mathrm{kN/m}$

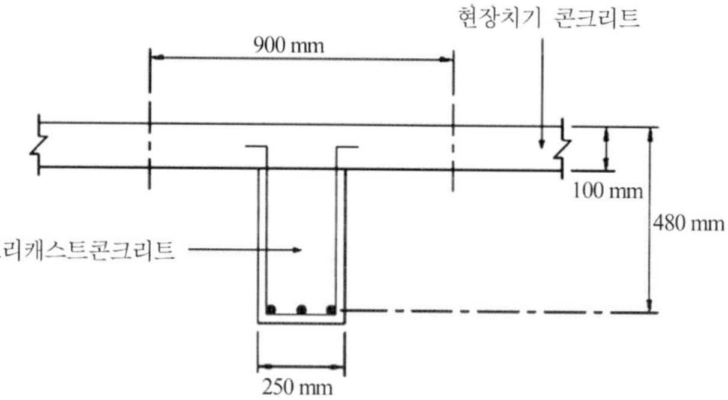

예제 그림 6.5-1 설계단면

〈경우 2〉

사용하중 상태의 고정하중 = $4.60\,\mathrm{kN/m}$
사용하중 상태의 활하중 = $14.60\,\mathrm{kN/m}$
계수하중 = $28.88\,\mathrm{kN/m}$

〈경우 3〉

사용하중 상태의 고정하중 = $4.60\,\mathrm{kN/m}$
사용하중 상태의 활하중 = $49.20\,\mathrm{kN/m}$
계수하중 = $84.24\,\mathrm{kN/m}$

적용기준

계산 및 해설

경우 1

사용하중 상태의 고정하중 = $4.60\,\mathrm{kN/m}$
사용하중 상태의 활하중 = $3.40\,\mathrm{kN/m}$
계수하중 = $10.96\,\mathrm{kN/m}$

1. 받침점에서 d만큼 떨어진 부분에서 계수전단력

$$V_u = (10.96 \times 9{,}100/2) - (10.96 \times 480) = 44.6\,\mathrm{kN}$$

적용기준	↘ 계산 및 해설

2. 수평전단력

기준 식 17.3.1

$$V_u \leq \phi V_{nh}$$

$$\phi V_{nh} = \phi(0.56 b_v d)$$

(단, 접촉면이 청결하고 부유물이 없으며 표면이 거칠게 만들어진 경우)

$$\phi V_{nh} = \phi 0.56 b_v d = 0.75(0.56 \times 250 \times 480) = 50.4\,\mathrm{kN}$$

$$V_u = 44.6\,\mathrm{kN} \leq \phi V_{nh} = 50.4\,\mathrm{kN}$$

기준 17.3.2

따라서 기준 17.3.2의 조건에 부합한다.

대부분의 경우 슬래브 콘크리트 타설 전 프리캐스트 보의 상부면(슬래브와의 접촉면)은 청결하고 부유물이 없다.

프리캐스트 보의 상부면이 의도적으로 거칠게 만들어졌을 경우 전단연결재는 요구되지 않는다. 만일 프리캐스트 보의 상부면이 거칠게 만들어지지 않은 경우는 기준 17.3.2에서 요구하는 최소량의 전단연결재가 필요하다.

3. 최소 전단연결재의 단면적

기준 식 7.4.1

$$A_{v,\min} = 0.0625\sqrt{f_{ck}}\frac{b_w s}{f_{yt}} \text{ 단, } A_{v,\min} \geq 0.35\frac{b_w s}{f_{yt}}$$

기준 17.3.3(1)

전단연결재의 최대 간격은 지지요소 최소 치수의 4배, $600\,\mathrm{mm}$ 이하여야 한다.

최대 간격 $s = 4 \times 100\,\mathrm{mm} = 400\,\mathrm{mm} < 600\,\mathrm{mm}$

$$A_v = 0.0625 \times \sqrt{21} \times \frac{250 \times 400}{500} \geq \frac{0.35 \times 250 \times 400}{500}$$

$$= 57.3\,\mathrm{mm}^2 \leq 70\,\mathrm{mm}^2$$

$$= 57.3\,\mathrm{mm}^2$$

경우 2

사용하중 상태의 고정하중 $= 4.60\,\mathrm{kN/m}$

사용하중 상태의 활하중 $= 14.60\,\mathrm{kN/m}$

계수하중 $= 28.88\,\mathrm{N/m}$

1. 지지점에서 d만큼 떨어진 부분에서 계수전단력

$$V_u = (28.88 \times 9{,}100/2) - (28.88 \times 480) = 117.5\,\mathrm{kN}$$

적용기준	계산 및 해설

2. 수평전단력

기준 17.3.2(2)②

$$V_u = 117.5\,\text{kN} > \phi V_{nh} = 51.5\,\text{kN}$$

(접촉면이 청결하고 부유물이 없으며 표면이 거칠게 만들어진 경우)

기준 17.3.2(2)②를 만족하는 최소 전단연결재가 경우 1에서 계산되었다. ($57\,\text{mm}^2$)

$$\phi V_{nh} = \phi(1.8 + 0.6\rho_v f_{yt})\lambda b_v d \le \phi(3.5 b_v d)$$

$$\rho_v = \frac{A_v}{b_v s} = \frac{57\,\text{mm}^2}{250\,\text{mm} \times 400\,\text{mm}} \fallingdotseq 0.0005$$

$\lambda = 1$(보통중량 콘크리트)

$$\phi V_{nh} = 0.75(1.8 + 0.6 \times 0.00057 \times 500)250 \times 480$$

$$\le 0.75(3.5 \times 250 \times 480)$$

$$\phi V_{nh} = 175.5\,\text{kN} \le 315\,\text{kN} \quad \langle \text{적합} \rangle$$

$$V_u = 117.5\,\text{kN} < \phi V_{nh} = 175.5\,\text{kN}$$

그러므로 이는 식 (17.3.1)에 만족한다.

접촉면은 반드시 약 6mm 깊이로 만들어져야 하고 기준 17.3.3을 만족해야 한다.

3. 전단연결재와 받침점에서 d만큼 떨어진 부분에서의 수직전단철근 요구량 비교

기준 식 7.3.1

$$V_u = 117.5\,\text{kN}$$

$$\phi V_c = \phi \frac{1}{6}\sqrt{f_{ck}}\, b_w d$$

$$\phi V_c = 0.75 \times \frac{1}{6} \times \sqrt{21} \times 250 \times 480 = 68.7\,\text{kN}$$

기준 식 7.4.3

$$s_{\max} = \frac{d}{2} = \frac{480}{2} = 240\,\text{mm} < 600\,\text{mm}$$

$$\phi V_s \ge V_u - \phi V_c$$

기준 7.4.2(1)

$$\phi V_s \ge 117.5 - 68.7 = 48.8\,\text{kN}$$

$$\phi \frac{A_v f_{yt} d}{s} \ge 48.8\,\text{kN}$$

$$A_v \ge \frac{48.8 \times 1{,}000 \times s}{\phi \times f_{yt} \times d} = \frac{48.8 \times 1{,}000 \times 240}{0.75 \times 500 \times 480} = 65.1\,\text{mm}^2$$

$$A_v \ge 65.1\,\text{mm}^2$$

적용기준	계산 및 해설

U형 전단철근 - D10@240 간격으로 배근한다. 이것은 수평전단에 대한 최소 전단연결재량($A_{v,\min} = 57\ \mathrm{mm}^2$)을 초과한다. 따라서 위와 같은 배근은 기준에 의한 수직·수평 전단 보강 요구량에 적합하다. 전단연결재는 반드시 갈고리(hook)나 임베드먼트(embedment)에 의해 슬래브에 정확하게 정착되어야 한다.

경우 3

사용하중 상태의 고정하중 = $4.60\ \mathrm{kN/m}$

사용하중 상태의 활하중 = $49.20\ \mathrm{kN/m}$

계수하중 = $84.24\ \mathrm{kN/m}$

1. 지지점으로부터 d만큼 떨어진 부분에서의 계수전단력

$$V_u = (84.24 \times 9{,}100/2) - (84.24 \times 480) \fallingdotseq 342857\mathrm{N} \fallingdotseq 342.9\ \mathrm{kN}$$

$$V_u = 342.9\ \mathrm{kN} > \phi(3.5 b_v d) = 315.0\ \mathrm{kN}$$

기준 17.3.2(2) V_u가 $\phi(3.5b_vd)$보다 크기 때문에 기준 17.3.2(2)에 따라 수평전단력에 대한 설계는 기준 7.7.2의 전단마찰 규정에 부합되도록 해야 하며, 보와 슬래브 사이 접촉면의 전단력은 접촉면에 수직인 전단-마찰 보강에 의해 저항해야 한다.

기준 17.3.2 기준 17.3.2에 따라 실제 수평전단력 분포에 기초하여 전단연결재 간격을 사용해야 한다(전체에 똑같은 간격 적용을 하지 않음). 다음의 방법은 합리적이고 과거부터 사용되어 온 방법이다.

계수전단력을 단위길이당 전단응력으로 환산한다. 경간의 끝에서 d만큼 떨어진 부분의 계수수평전단응력은

$$v_{uh} = \frac{V_u}{b_v d} = \frac{342.9 \times 10^3}{250 \times 480} = 2.9\ \mathrm{MPa}$$

전단응력 블록도는 다음과 같다.

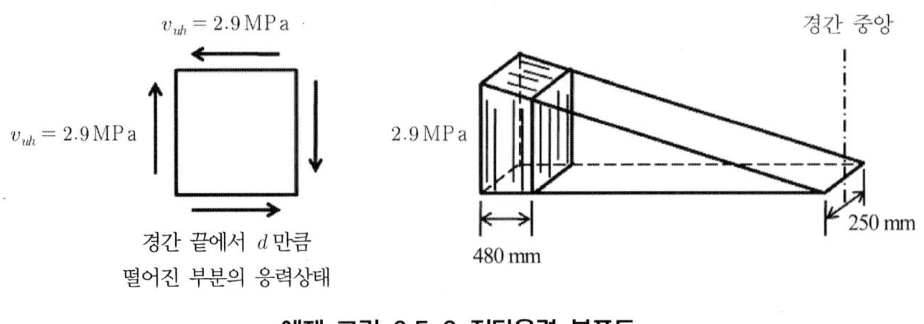

예제 그림 6.5-2 전단응력 분포도

적용기준	↘ 계산 및 해설

단위길이 1 m 범위에서의 수평전단응력이 같다고 가정하면 처음 1 m(단위길이)의 전단력은

$$V_{uh} = 2.9 \times 250 \times 1{,}000 = 725.0\ \mathrm{kN}$$

기준의 식 7.2.1과 식 7.7.1에서

기준 식 7.2.1
기순 식 7.7.1

$$V_{uh} \le \phi V_n = \phi A_{vf} f_{yt} \mu$$

따라서 수평전단 철근량은 $A_{vf} = \dfrac{V_{uh}}{\phi \mu f_{yt}}$ 이 되고, 만약 프리캐스트 보의 접촉면이 약 6 mm 깊이로 거칠게 만들어진 경우 $\mu = 1.0$이다.

$$A_{vf} = \frac{725 \times 10^3}{0.75 \times 500 \times 1.0} = 1{,}933.3\ \mathrm{mm}^2/(1\,\mathrm{m} : \text{단위길이})$$

U형－D16의 단면적은 $A_v = 198.6 \times 2 = 397\ \mathrm{mm}^2$

기준 식 7.4.3

$$s = \frac{397 \times 1{,}000}{1{,}933.3} = 205.3\ \mathrm{mm}$$

U형－D16@200 간격으로 경간의 끝에서 $(d+1)$ m까지 배근한다.

만약 프리캐스트 보의 접촉면이 거칠게 만들어지지 않은 경우 $\mu = 0.6$이다.

$$A_{vf} = \frac{725 \times 10^3}{0.75 \times 500 \times 0.6} = 3{,}222.2\ \mathrm{mm}^2/(1\,\mathrm{m} : \text{단위길이})$$

기준 식 7.4.3

$$s = \frac{397 \times 1{,}000}{3{,}222.2} = 123.2\ \mathrm{mm}$$

U형－D16@120 간격으로 경간의 끝에서 $(d+1)$ m까지 배근한다.

이 방법은 연속적인 1 m 단위길이에 대한 전단연결재의 간격을 결정하는 데 매우 유용하다.

경간의 중앙을 향해서 수평전단력은 단위길이가 한번 증가할 때마다 변하게 되고, 전단연결재의 간격도 최대 간격($s = 4 \times 90\ \mathrm{mm} = 360\ \mathrm{mm} < 600\ \mathrm{mm}$)의 범위 안에서 조정하여 배치할 수 있다.

주의(참고) 최종적인 전단철근 및 연결재의 상세는 수식 전단설계에 대하여 검토되어야 한다.

예제 6.6

기둥에 지지된 슬래브 전단강도

$1,200\ \mathrm{mm} \times 200\ \mathrm{mm}$ 직사각형 내부기둥으로 지지된 슬래브의 유효깊이 $d = 165\ \mathrm{mm}$이고, 콘크리트 설계기준 압축강도 $f_{ck} = 27\ \mathrm{MPa}$일 때, 이 슬래브의 2방향 전단강도를 산정하라.

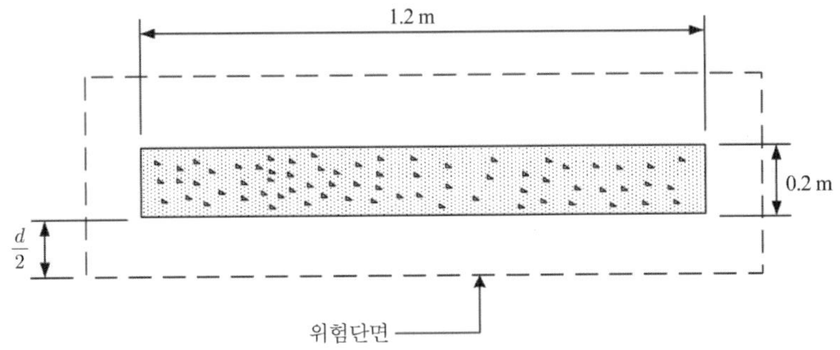

예제 그림 6.6-1 내부기둥과 펀칭 위험단면

적용기준 | 계산 및 해설

(경우 1)

기준 7.12.2(2)

인장 주철근비 $\rho = 0.005$인 경우

$$V_c = v_c \times b_o \times d$$

$$v_c = \lambda k_s k_{bo} f_{te} \cot\psi (c_u / d)$$

여기서

위험단면의 둘레길이 $b_o = 2(1.2 + 0.2 + 0.165 \times 2) = 3.46\ \mathrm{m}$

경량콘크리트계수 $\lambda = 1$(일반콘크리트)

슬래브의 두께계수 $k_s = \left(\dfrac{300}{d}\right)^{0.25} = \left(\dfrac{300}{165}\right)^{0.25} = 1.16 \le 1.1$이므로 1.1

위험단면 둘레길이의 영향계수

$$k_{bo} = \frac{4}{\sqrt{\alpha_s (b_o / d)}} \le 1.25$$

$$= \frac{4}{\sqrt{1(3460/165)}} = 0.87 \le 1.25\text{이므로 } 0.87$$

$\alpha_s = 1$(내부기둥)

적용기준	계산 및 해설

압축대 콘크리트의 인장강도 $f_{te} = 0.2\sqrt{f_{ck}} = 0.2\sqrt{27} = 1.04\,\text{MPa}$

슬래브 휨 압축대의 균열 각도 $\cot\psi = \sqrt{f_{te}(f_{te}+f_{cc})}/f_{te}$

$$= \sqrt{1.04(1.04+18)}/1.09 = 4.279$$

위험단면의 압축대에 작용하는 평균압축응력 $f_{cc} = \dfrac{2}{3}f_{ck} = \dfrac{2}{3}\times 27 = 18\,\text{MPa}$

슬래브 위험단면 압축대 깊이의 평균값

$$c_u = d(25\sqrt{\rho/f_{ck}} - 300(\rho/f_{ck})$$
$$= 165(25\sqrt{0.005/27} - 300(0.005/27)) = 46.97\,\text{mm}$$

따라서

$$v_c = \lambda k_s k_{bo} f_{te}\cot\psi(c_u/d)$$
$$= 1\times 1.1\times 0.87\times 1.04\times 4.279\times(46.97/165) = 1.10\,\text{MPa}$$

$$V_c = v_c\times b_o\times d = 1.10\times 3.46\times 0.165 = 627.99\,\text{kN}$$

$$\phi V_c = 0.75\times 627.99\,\text{kN} = 470.99\,\text{kN}$$

경우 2

인장 주철근비 $\rho = 0.01$인 경우

기준 7.12.2(2)

$$V_c = v_c\times b_o\times d$$
$$v_c = \lambda k_s k_{bo} f_{te}\cot\psi(c_u/d)$$

여기서

위험단면의 둘레길이 $b_o = 2(1.2+0.2+0.165\times 2) = 3.46\,\text{m}$

경량콘크리트계수 $\lambda = 1$(일반콘크리트)

슬래브의 두께계수 $k_s = \left(\dfrac{300}{d}\right)^{0.25} = \left(\dfrac{300}{165}\right)^{0.25} = 1.16 \geq 1.1$이므로 1.1

위험단면 둘레길이의 영향계수

$$k_{bo} = \frac{4}{\sqrt{\alpha_s(b_o/d)}} \leq 1.25$$
$$= \frac{4}{\sqrt{1(3460/165)}} = 0.87 \leq 1.25\text{이므로 } 0.87$$

$\alpha_s = 1$(내부기둥)

압축대 콘크리트의 인장강도 $f_{te} = 0.2\sqrt{f_{ck}} = 0.2\sqrt{27} = 1.04\,\text{MPa}$

적용기준	계산 및 해설

슬래브 휨 압축대의 균열각도

$$\cot\psi = \frac{\sqrt{f_{te}(f_{te}+f_{cc})}}{f_{te}}$$

$$= \frac{\sqrt{1.04(1.04+18)}}{1.04} = 4.279$$

위험단면의 압축대에 작용하는 평균압축응력 $f_{cc} = \frac{2}{3}f_{ck} = \frac{2}{3}\times 27 = 18\,\mathrm{MPa}$

슬래브 위험단면 압축대 깊이의 평균값

$$c_u = d\left(25\sqrt{\frac{\rho}{f_{ck}}} - 300\left(\frac{\rho}{f_{ck}}\right)\right)$$

$$= 165\left(25\sqrt{\frac{0.01}{27}} - 300\left(\frac{0.01}{27}\right)\right) = 61.05\,\mathrm{mm}$$

따라서

$$v_c = \lambda k_s k_{bo} f_{te}\cot\psi(c_u/d)$$

$$= 1\times 1.1\times 0.87\times 1.04\times 4.279\times(61.05/165) = 1.58\,\mathrm{MPa}$$

$$V_c = v_c\times b_o\times d = 1.58\times 3.46\times 0.165 = 902.02\,\mathrm{kN}$$

$$\phi V_c = 0.75\times 902.02\mathrm{kN} = 676.52\,\mathrm{kN}$$

경우 3

인장 주철근비 $\rho = 0.01$이고 $d = 0.4\,\mathrm{m}$로 증가하는 경우

기준 7.12.2(2)

$$V_c = v_c\times b_o\times d$$

$$v_c = \lambda k_s k_{bo} f_{te}\cot\psi(c_u/d)$$

여기서

위험단면의 둘레길이 $b_0 = 2(1.2+0.2+0.4\times 2) = 4.4\,\mathrm{m}$

경량콘크리트계수 $\lambda = 1$

슬래브의 두께계수 $k_s = (300/d)^{0.25} = (300/400)^{0.25} = 0.93 \le 1.1$이므로 0.93

위험단면 둘레길이의 영향계수

$$k_{bo} = \frac{4}{\sqrt{\alpha_s(b_o/d)}} \le 1.25$$

$$= \frac{4}{\sqrt{1(4{,}400/400)}} = 1.21 \le 1.25\text{이므로 } 1.21$$

적용기준 | 계산 및 해설

$\alpha_s = 1$(내부기둥)

압축대 콘크리트의 인장강도 $f_{te} = 0.2\sqrt{f_{ck}} = 0.2\sqrt{27} = 1.04\,\text{MPa}$

슬래브 휨 압축대의 균열각도

$$\cot\psi = \frac{\sqrt{f_{te}(f_{te}+f_{cc})}}{f_{te}}$$

$$= \frac{\sqrt{1.04(1.04+18)}}{1.04} = 4.279$$

위험단면의 압축대에 작용하는 평균압축응력 $f_{cc} = \dfrac{2}{3}f_{ck} = \dfrac{2}{3}\times 27 = 18\,\text{MPa}$

슬래브 위험단면 압축대 깊이의 평균값

$$c_u = d\left(25\sqrt{\frac{\rho}{f_{ck}}} - 300\left(\frac{\rho}{f_{ck}}\right)\right)$$

$$= 400\left(25\sqrt{\frac{0.01}{27}} - 300(\frac{0.01}{27})\right) = 148.01\,\text{mm}$$

따라서

$$v_c = \lambda k_s k_{b_0} f_{te}\cot\psi(c_u/d)$$

$$= 1\times 0.93\times 1.21\times 1.04\times 4.279\times(148.01/400) = 1.85\,\text{MPa}$$

$$V_c = v_c\times b_o\times d = 1.85\times 4.4\times 0.4 = 3{,}256\,\text{kN}$$

$$\phi V_c = 0.75\times 3{,}256\,\text{kN} = 2{,}442\,\text{kN}$$

경우 1, 2, 3에서 슬래브의 2방향 전단강도는 인장 주철근비와 슬래브 두께에 따라 영향을 받는다.

예제 6.7 비직사각형 기둥에 지지된 슬래브의 전단강도

다음 그림과 같은 L형 단면을 갖는 기둥으로 지지되고, 콘크리트 설계기준 압축강도 $f_{ck} = 27\ \mathrm{MPa}$, 유효깊이 $d = 150\ \mathrm{mm}$, 주철근비 $\rho = 0.5\%$인 슬래브의 2방향 전단강도를 산정하라.

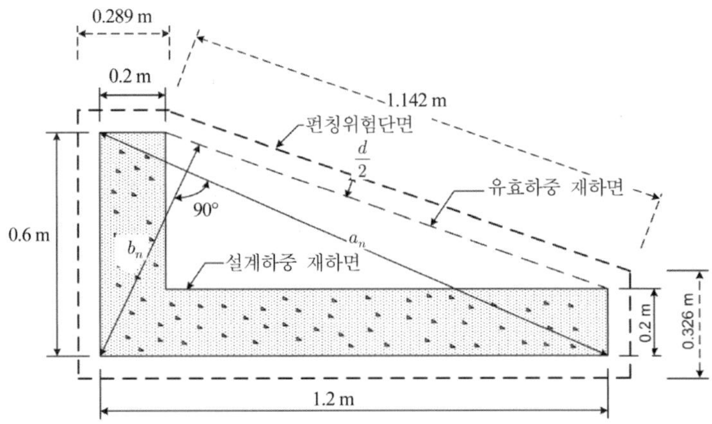

예제 그림 6.7-1 L형 비직사각형 기둥 설계제원

적용기준	계산 및 해설

기준 7.12.2(2)

$$V_c = v_c \times b_o \times d$$

$$v_c = \lambda k_s k_{bo} f_{te} \cot\psi (c_u/d)$$

여기서

위험단면의 둘레길이

$$b_o = [(1.2+0.150)+(0.6+0.150)+0.289+0.326+1.142] = 3.857\ \mathrm{m}$$

경량콘크리트계수 $\lambda = 1$(일반콘크리트)

슬래브의 두께계수 $k_s = (300/d)^{0.25} = (300/150)^{0.25} = 1.1 \le 1.1$이므로 1.1

위험단면 둘레길이의 영향계수

$$k_{bo} = \frac{4}{\sqrt{\alpha_s (b_o/d)}} \le 1.25$$

$$= \frac{4}{\sqrt{1(3,848/150)}} = 0.79 \le 1.25\text{이므로 } 0.79$$

$\alpha_s = 1$(내부기둥)

압축대 콘크리트의 인장강도 $f_{te} = 0.2\sqrt{f_{ck}} = 0.2\sqrt{27} = 1.04\ \mathrm{MPa}$

슬래브 휨 압축대의 균열각도

적용기준

계산 및 해설

$$\cot\psi = \frac{\sqrt{f_{te}(f_{te}+f_{cc})}}{f_{te}}$$

$$= \frac{\sqrt{1.04(1.04+18)}}{1.04} = 4.279$$

위험단면의 압축대에 작용하는 평균압축응력 $f_{cc} = \frac{2}{3}f_{ck} = \frac{2}{3}\times 27 = 18\,\text{MPa}$

슬래브 위험단면 압축대 깊이의 평균값

$$c_u = d\left(25\sqrt{\frac{\rho}{f_{ck}}} - 300\left(\frac{\rho}{f_{ck}}\right)\right)$$

$$= 150\left(25\sqrt{\frac{0.005}{27}} - 300\left(\frac{0.005}{27}\right)\right) = 42.70\,\text{mm}$$

따라서

$$v_c = \lambda k_s k_{bo} f_{te} \cot\psi (c_u/d)$$

$$= 1\times 1.1\times 0.79\times 1.04\times 4.279\times (42.70/150) = 1.10\,\text{MPa}$$

$$V_c = v_c \times b_o \times d = 1.10\times 3.857\times 0.15 = 636.41\,\text{kN}$$

$$\phi V_c = 0.75\times 636.41\,\text{kN} = 477.31\,\text{kN}$$

예제 6.8

전단철근이 배치된 슬래브 전단강도

$500\,\text{mm} \times 500\,\text{mm}$ 정사각형 단면기둥에 지지되는 플랫 슬래브의 크기가 $l_1 = l_2 = 6.4\,\text{m}$이고, $h = 200\,\text{mm}$, $d = 160\,\text{mm}$일 때 전단강도를 계산하라. 만약 설계기준을 만족하지 못하면 주철근비 또는 콘크리트 설계기준 압축강도 f_{ck}를 상향조정 또는 지판을 설치하거나 전단철근 배치를 고려하라. 이때 슬래브 위 상재분포하중 $w'_u = 8.0\,\text{kN/m}^2$가 작용하고 있으며, 슬래브의 콘크리트 설계기준 압축강도 $f_{ck} = 27\,\text{MPa}$, 철근의 설계기준 항복강도 $f_y = 400\,\text{MPa}$이다.

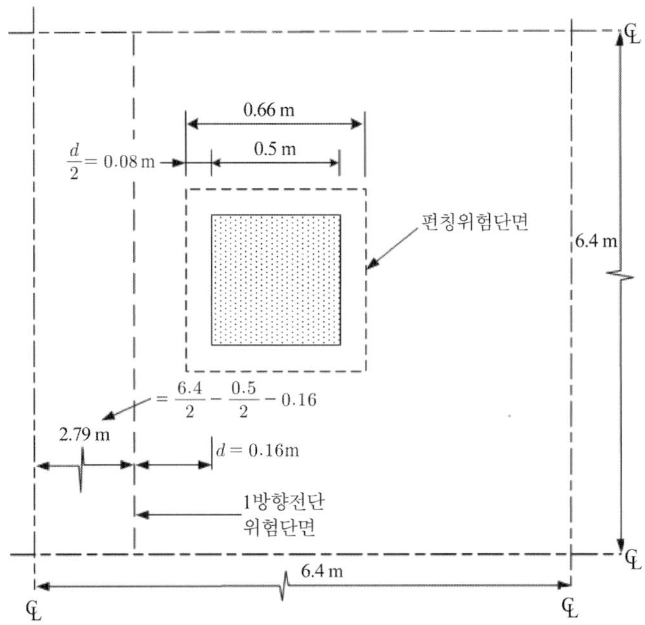

예제 그림 6.8-1 내부기둥 제원과 전단위험단면

적용기준

계산 및 해설

1. 전단철근이 없는 2방향 전단작용

$$V_u \le \phi V_n = \phi V_c$$

(1) 계수등분포하중(w_u) 계산

- 슬래브 자중에 의한 계수등분포 고정하중(w_d)

$$w_d = 1.2(\text{하중계수}) \times 0.2 \times 25\,\text{kN/m}^3 = 6\,\text{kN/m}^2$$

$$\therefore\ w_u = 6.0 + 8.0 = 14.0\,\text{kN/m}^2$$

적용기준	계산 및 해설

(2) 보작용 전단(1방향)

• 기둥 지지면에서 거리 d(1방향)만큼 떨어진 위험단면에서 보작용 전단강도 검토

$$V_u = 14.0(2.79 \times 6.4) = 249.98 \text{ kN}$$

기준 식 7.3.1

$$V_c = \frac{1}{6}\sqrt{f_{ck}}b_w d = \frac{1}{6}\sqrt{27} \times 2.79 \times 0.16 \times 10^3 = 386.59 \text{ kN}$$

$$\phi = 0.75$$

$$\phi V_c = 0.75 \times (386.59) = 289.94 \text{ kN} > V_u$$

$$= 244.98 \text{ kN} \quad \langle 적합 \rangle$$

∴ 2방향 슬래브에서는 보작용 전단에 지배되지 않음.

(3) 2방향 전단

기둥면에서 $0.5d(= 80 \text{ mm})$ 떨어진 위치에서 위험단면 b_o에서 2방향 전단강도 검토

• $V_u = 14.0\,[6.4^2 - (0.5 + 2 \times 0.08)^2] = 567.34 \text{ kN}$

• 전단철근이 없는 전단강도 V_c

기준 7.12.2(2)

$$V_c = v_c \times b_o \times d$$

$$v_c = \lambda k_s k_{bo} f_{te} \cot\psi (c_u/d)$$

여기서

위험단면의 둘레길이 $b_o = 2(0.5 + 0.5 + 0.16 \times 2) = 2.64$

경량콘크리트계수 $\lambda = 1$(일반콘크리트)

슬래브의 두께계수 $k_s = (300/d)^{0.25} = (300/160)^{0.25} = 1.17 \le 1.1$이므로 1.1

위험단면 둘레길이의 영향계수

$$k_{bo} = \frac{4}{\sqrt{\alpha_s (b_o/d)}} \le 1.25$$

$$= \frac{4}{\sqrt{1(2{,}640/160)}} = 0.98 \le 1.25 \text{이므로 } 0.98$$

$\alpha_s = 1$(내부기둥)

압축내 콘크리트의 인장강도 $f_{te} = 0.2\sqrt{f_{ck}} = 0.2\sqrt{27} = 1.04 \text{ MPa}$

슬래브 휨 압축대의 균열각도

$$\cot\psi = \frac{\sqrt{f_{te}(f_{te} + f_{cc})}}{f_{te}}$$

적용기준	◪ 계산 및 해설

$$= \frac{\sqrt{1.04(1.04+18)}}{1.04} = 4.279$$

위험단면의 압축대에 작용하는 평균압축응력 $f_{cc} = \dfrac{2}{3}f_{ck} = \dfrac{2}{3} \times 27 = 18\,\mathrm{MPa}$

슬래브 위험단면 압축대 깊이의 평균값

$$c_u = d\left(25\sqrt{\frac{\rho}{f_{ck}}} - 300\left(\frac{\rho}{f_{ck}}\right)\right)$$

$$= 160\left(25\sqrt{\frac{0.005}{27}} - 300\left(\frac{0.005}{27}\right)\right) = 45.54\,\mathrm{mm}$$

따라서

$$v_c = \lambda k_s k_{bo} f_{te} \cot\psi (c_u/d)$$

$$= 1 \times 1.1 \times 0.98 \times 1.04 \times 4.279 \times (45.54/160) = 1.37\,\mathrm{MPa}$$

$$V_c = v_c \times b_o \times d = 1.37 \times 2.64 \times 0.16 = 578.69\,\mathrm{kN}$$

$$\phi V_c = 0.75 \times 578.69\,\mathrm{kN} = 434.0\,\mathrm{kN} < V_u = 567.34\,\mathrm{kN} \quad \text{〈부적합〉}$$

• 기둥 지지된 슬래브는 계수전단력 $V_u = 567.34\,\mathrm{kN}$을 저항하지 못하는 상태임. 따라서 다음과 같은 방법 등으로 전단강도를 증가시켜야 한다.

i) 주철근비 증가

ii) 콘크리트 설계기준 압축강도 f_{ck} 증가

iii) 기둥 지지점에서 슬래브 두께 증가(예 : drop pannel)

iv) 전단철근 배치(전단철근, 와이어 또는 I형, ㄷ형 강재 배치)

v) 기둥 단면 크기의 증가

2. 주철근비(ρ) 증가방법(방법1)

$\rho = 0.025$를 사용할 경우 $\phi V_c = 734.98\,\mathrm{kN} > 567.4\,\mathrm{kN}$으로 펀칭전단에 대해서 안전함. 하지만 주철근비 0.025는 실제 설계에서 사용하기에는 지나치게 높은 값임.

기준 7.12.2(2) — 3. 슬래브 콘크리트 설계기준 압축강도(f_{ck}) 증가방법(방법2)

$f_{ck} = 151\,\mathrm{MPa}$ 사용할 경우

$V_c = 971.5\,\mathrm{kN}$이고

$\phi V_c = 728.6\,\mathrm{kN} > V_u$이므로 펀칭전단에 대하여 안전함. 하지만 콘크리트 설계기준

적용기준	계산 및 해설

압축강도 151 MPa은 실제 설계에서 사용하기에는 지나치게 높은 값임.

4. 지판(drop pannel)(방법3)

- 슬래브 두께 $t_s = 0.2\ \mathrm{m}$
- 드롭패널 두께 $t_d - (1.25 \sim 1.5)t_s - 0.25 \sim 0.3\ \mathrm{m}$, $0.3\ \mathrm{m}$ 사용
- 지판패널 $d_d = 0.27\ \mathrm{m}$
- 지판패널 크기 : $2.2\ \mathrm{m} \times 2.2\ \mathrm{m}$

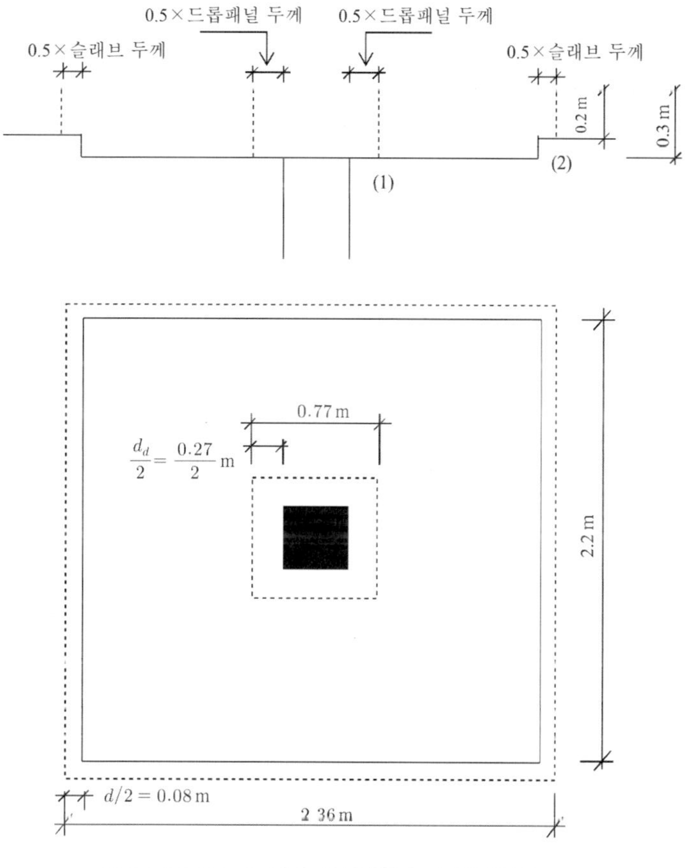

예제 그림 6.8-2 지판 설치제원과 전단위험단면

(1) 기둥지지면에서 드롭패널 두께 $\dfrac{d}{2}$ 떨어진 위험단면에서 전단강도 검토

예제 그림 6.8-2의 위험단면 (1)에서

적용기준	↘ 계산 및 해설

$$t_d = 1.5 \times 0.2 = 0.3\ \text{m}$$

$$d_d = t_d - 0.03 = 0.3 - 0.03 = 0.27\ \text{m}$$

$$\rho = \frac{0.22}{0.27} \times 0.005 = 0.0041$$

기준 7.12.2(2)

$$V_c = v_c \times b_o \times d$$

$$v_c = \lambda k_s k_{bo} f_{te} \cot\psi (c_u / d)$$

여기서

위험단면의 둘레길이 $b_o = 2(0.5 + 0.5 + 0.27 \times 2) = 3.08\ \text{m}$

경량콘크리트계수 $\lambda = 1$(일반콘크리트)

슬래브의 두께계수 $k_s = (300/d)^{0.25} = (300/270)^{0.25} = 1.03 \le 1.1$이므로 1.03

위험단면 둘레길이의 영향계수

$$k_{bo} = \frac{4}{\sqrt{\alpha_s (b_o / d)}} \le 1.25$$

$$= \frac{4}{\sqrt{1(3{,}080/270)}} = 1.18 \le 1.25\text{이므로 } 1.18$$

$\alpha_s = 1$(내부기둥)

압축대 콘크리트의 인장강도 $f_{te} = 0.2\sqrt{f_{ck}} = 0.2\sqrt{27} = 1.04\ \text{MPa}$

슬래브 휨 압축대의 균열각도 $\cot\psi = \dfrac{\sqrt{f_{te}(f_{te} + f_{cc})}}{f_{te}}$

$$= \frac{\sqrt{1.04(1.04 + 18)}}{1.04} = 4.279$$

위험단면의 압축대에 작용하는 평균압축응력 $f_{cc} = \dfrac{2}{3} f_{ck} = \dfrac{2}{3} \times 27 = 18\ \text{MPa}$

슬래브 위험단면 압축대 깊이의 평균값

$$c_u = d\left(25\sqrt{\frac{\rho}{f_{ck}}} - 300\left(\frac{\rho}{f_{ck}}\right)\right)$$

$$= 270\left(25\sqrt{\frac{0.005}{27}} - 300\left(\frac{0.005}{27}\right)\right) = 76.86\ \text{mm}$$

(기준 7.12.2(6)에 의하면 $\rho \le 0.005$인 경우 $\rho = 0.005$ 사용)

따라서

$$v_c = \lambda k_s k_{bo} f_{te} \cot\psi (c_u / d)$$

$= 1 \times 1.03 \times 1.18 \times 1.04 \times 4.279 \times (76.86/270) = 1.54\ \mathrm{MPa}$

$V_c = v_c \times b_o \times d = 1.54 \times 3.08 \times 0.27 = 1{,}280.7\ \mathrm{kN}$

$\phi V_c = 0.75 \times 1{,}280.7\ \mathrm{kN} = 960.5\ \mathrm{kN} > V_u = 569.36\ \mathrm{kN}$ 〈적합〉

(2) 지반 끝변으로부터 슬래브 두께 $\frac{d}{2}$ 떨어진 위험단면에서 전단강도 검토

그림 6.8-2의 위험단면 (2)에서

$d = 0.16\ \mathrm{m}$

$V_u = 14.0\ \mathrm{kN/m^2} \times (6.4^2 - 2.36^2) = 495.5\ \mathrm{kN}$

기준 7.12.2(2) $V_c = v_c \times b_o \times d$

$v_c = \lambda k_s k_{bo} f_{te} \cot\psi (c_u/d)$

여기서

위험단면의 둘레길이 $b_o = 2(2.2 + 2.2 + 0.16 \times 2) = 9.44\ \mathrm{m}$

경량콘크리트계수 $\lambda = 1$ (일반콘크리트)

슬래브의 두께계수 $k_s = \left(\frac{300}{d}\right)^{0.25} = \left(\frac{300}{160}\right)^{0.25} = 1.17 \le 1.1$이므로 1.1

위험단면 둘레길이의 영향계수

$$k_{bo} = \frac{4}{\sqrt{\alpha_s (b_o/d)}} \le 1.25 = \frac{4}{\sqrt{1(9{,}440/160)}} = 0.52 \le 1.25\text{이므로 } 0.52$$

$\alpha_s = 1$(내부기둥)

압축대 콘크리트의 인장강도 $f_{te} = 0.2\sqrt{f_{ck}} = 0.2\sqrt{27} = 1.04\ \mathrm{MPa}$

슬래브 휨 압축대의 균열각도

$$\cot\psi = \frac{\sqrt{f_{te}(f_{te} + f_{cc})}}{f_{te}}$$

$$= \frac{\sqrt{1.04(1.04 + 18)}}{1.04} = 4.279$$

위험단면의 압축대에 작용하는 평균압축응력 $f_{cc} = \frac{2}{3} f_{ck} = \frac{2}{3} \times 27 = 18\ \mathrm{MPa}$

슬래브 위험단면 압축대 깊이의 평균값

$$c_u = d\left(25\sqrt{\frac{\rho}{f_{ck}}} - 300\left(\frac{\rho}{f_{ck}}\right)\right)$$

적용기준	계산 및 해설

$$= 160\left(25\sqrt{\frac{0.005}{27}} - 300\left(\frac{0.005}{27}\right)\right) = 45.54\ \mathrm{mm}$$

따라서

$$v_c = \lambda k_s k_{bo} f_{te} \cot\psi (c_u/d)$$

$$= 1 \times 1.1 \times 0.52 \times 1.04 \times 4.279 \times (45.54/160) = 0.72\ \mathrm{MPa}$$

$$V_c = v_c \times b_o \times d = 0.72 \times 9.44 \times 0.16 = 1{,}087.5\ \mathrm{kN}$$

$$\phi V_c = 0.75 \times 1{,}087.5\ \mathrm{kN} = 815.6\ \mathrm{kN} > V_u = 505.7\ \mathrm{kN}$$ 〈적합〉

5. 전단철근 배치를 통한 전단강도 증가방법(방법4)

(1) 유효깊이(d) 검토

- D10철근 사용(공칭지름 $d_b = 9.53\ \mathrm{mm}$, $A_s = 71.33\ \mathrm{mm}^2$)

$$d = 160\ \mathrm{mm} \geq 16 \times d_b = 15.25\ \mathrm{m}$$

또는 150 mm 이상 〈적합〉

(2) 전단철근에 의한 최대 전단강도

$$V_u \leq \phi V_n$$

$$V_u = 14.0(6.4^2 - (0.5 \times 0.16)^2) = 567.34\ \mathrm{kN}$$

기준 7.12.2(5)

$$\phi V_n = \phi 0.58 f_{ck} b_o c_u = 0.75 \times (0.58 \times 27 \times 2.64 \times 45.54) = 1{,}412.05\ \mathrm{kN}$$

$$= 1{,}412.05\ \mathrm{kN} > V_u$$ 〈적합〉

(3) 전단철근이 배치된 콘크리트의 전단강도 계산

$V_c = 578.69\ \mathrm{kN}$("1. 전단철근이 없는 전단강도 V_c"에서)

$$\phi V_c = 0.75 \times 578.69\ \mathrm{kN} = 434.0\ \mathrm{kN}$$

(4) 전단철근량 계산

$A_v = \dfrac{(V_u - \phi V_c)\cdot s}{\phi f_s \cdot d}$, 여기서 $s = 70\ \mathrm{mm}$($d/2$ 이하)와 $f_s = 0.5 f_{yt}$를 적용

$$A_v = \frac{(567.34 - 434.0) \times 1{,}000 \times 70\ \mathrm{mm}}{0.75 \times 0.5 \times 400\ \mathrm{N/mm^2} \times 160\ \mathrm{mm}} = 388.9\ \mathrm{mm}^2$$

여기서 A_v는 기둥 4면에 대한 필요한 양이므로 1면에 대한 철근량은 다음과 같다.

계산 및 해설

$$A_v(1\text{면}) = \frac{388.9}{4} = 97.23\ \text{mm}^2$$

(5) 기둥면으로부터 스터럽 배치 위치 결정

$$V_u \leq \phi V_c \leq \phi \times v_c \times b_o \times d$$

- 사각기둥에서 대각선 방향의 위험단면 길이

$$b_o = 4 \times (0.3 + a\sqrt{2})$$

$V_u \leq \phi v_c b_o d$에 적용하면

$$567.34 \times 10^{-3} \leq 0.75 \times 1.37 \times 4 \times (0.3 + a\sqrt{2}) \times 0.16$$

따라서 a에 관하여 풀이하면

$$a = \left(\frac{567.34 \times 10^{-3}}{0.75 \times 1.37 \times 4 \times 0.16} - 0.3\right) \times \frac{1}{\sqrt{2}}$$

$$= 0.61\ \text{m}$$

스터럽으로는 D10철근(폐합)을 사용하며, 이 경우 요구 스터럽양($A_v = 97.23\ \text{mm}^2$)을 초과한다.

- A_v(사용) $= 71.33 \times 2$(D10철근, 폐합)

$$= 142.7\ \text{mm}^2 > A_{u,reg} = 97.23\ \text{mm}^2$$ 〈적합〉

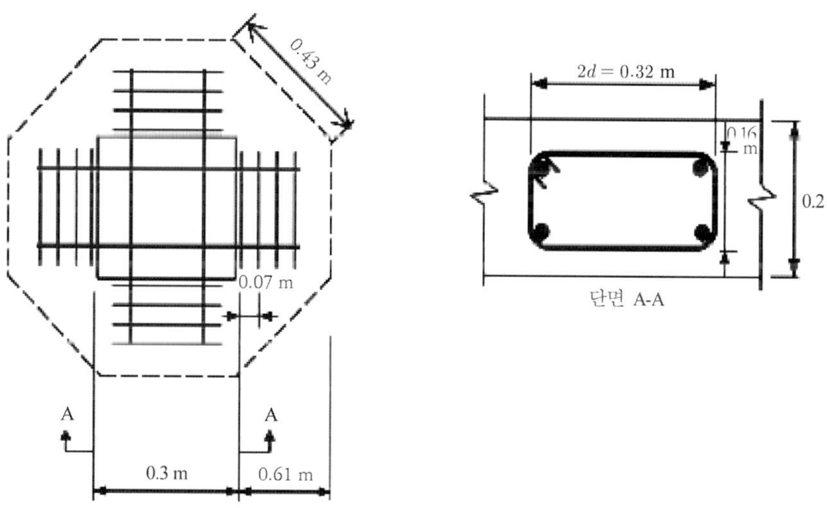

예제 그림 6.8-3 전단철근 배치

예제 6.9

전단머리보강 설계

두께 200 mm인 플랫 플레이트가 한 변이 500 mm인 정사각형 기둥에 지지되고 있다. 각 방향으로 간격이 125 mm이고 평균 유효깊이가 160 mm인 D16 철근이 부모멘트 저항철근으로 사용되고 있다. 그리고 콘크리트의 설계기준 압축강도 f_{ck}는 27 MPa이다. 이 슬래브로부터 계수 전단력 $V_u = 570.5\,\mathrm{kN}$을 기둥으로 전달시키고자 할 때 적절한 전단머리보강 부재를 설계한다. $\varepsilon_t \geq 0.005$인장지배 : $\phi = 0.85$ 적용

적용기준

계산 및 해설

1. 전단보강의 필요 여부 결정

(1) 기둥면으로부터 $\dfrac{d}{2}$만큼 떨어진 둘레에서 공칭전단강도를 얻을 수 있고

기준 7.12.2(2)

$$V_c = v_c \times b_o \times d$$

$$v_c = \lambda k_s k_{bo} f_{te} \cot\psi (c_u/d)$$

여기서

위험단면의 둘레길이 $b_o = (500+160)\times 4 = 2,640\,\mathrm{mm}$

경량콘크리트계수 $\lambda = 1$

슬래브의 두께계수 $k_s = \left(\dfrac{500}{d}\right)^{0.25} = \left(\dfrac{500}{160}\right)^{0.25} = 1.33 \leq 1.1$이므로 1.1

위험단면 둘레길이의 영향계수

$$k_{bo} = 4/\sqrt{\alpha_s\left(\frac{b_o}{d}\right)} \leq 1.25$$

$$= \frac{4}{\sqrt{1\left(\dfrac{2,640}{160}\right)}} = 0.98 \leq 1.25\text{이므로 } 0.98$$

$\alpha_s = 1$(내부기둥)

압축대 콘크리트의 인장강도 $f_{te} = 0.2\sqrt{f_{ck}} = 0.2\sqrt{27} = 1.04\,\mathrm{MPa}$

슬래브 휨 압축대의 균열각도

$$\cot\psi = \frac{\sqrt{f_{te}(f_{te}+f_{cc})}}{f_{te}}$$

$$= \frac{\sqrt{1.04(1.04+18)}}{1.04} = 4.279$$

적용기준

계산 및 해설

위험단면의 압축대에 작용하는 평균압축응력 $f_{cc} = \dfrac{2}{3}f_{ck} = \dfrac{2}{3}\times 27 = 18\,\mathrm{MPa}$

슬래브 위험단면 압축대 깊이의 평균값

$$c_u = d\left(25\sqrt{\frac{\rho}{f_{ck}}} - 300\left(\frac{\rho}{f_{ck}}\right)\right)$$

$$= 160(25\sqrt{0.005/27} - 300(0.005/27)) = 45.54\,\mathrm{mm}$$

(기준 7.12.2(6)에 따라 주철근비는 0.005 사용)

따라서

$$v_c = \lambda k_s k_{bo} f_{te} \cot\psi\,(c_u/d)$$

$$= 1\times 1.1\times 0.98\times 1.04\times 4.279\times\left(\frac{45.54}{160}\right) = 1.37\,\mathrm{MPa}$$

$$V_c = v_c\times b_o\times d = 1.37\times 2.64\times 0.16 = 578.69\,\mathrm{kN}$$

(2) $\phi V_c = 0.75\times 578.69\,\mathrm{kN} = 434.02\,\mathrm{kN}$

이때 $\phi V_c \le V_u = 570.5\,\mathrm{kN}$이므로 전단보강이 필요함.

(3) 여기에서는 $f_y = 330\,\mathrm{MPa}$인 H형강으로 이루어진 전단머리 보강부재를 사용하고자 한다. 이러한 전단머리 보강부재를 설치할 경우 최대 공칭전단강도 V_n을 계산하면

$\dfrac{0.59\times\sqrt{27}\times 2,640\times 160}{1,000} = 1,294.96\,\mathrm{kN}$ (이때 b_o는 전단머리가 없는 경우의 $1,840\,\mathrm{mm}$를 사용)

$$\phi V_n = 0.75\times 1,294.96 = 971.22\,\mathrm{kN}$$

$\phi V_n > V_u = 570.5\,\mathrm{kN}$이다. 따라서 현 단면치수를 유지하되 전단머리 보강부재를 사용할 수 있다.

2. 보강부재 크기의 결정

기준 7.12.4(9)

(1) 전단머리 보강부재를 사용할 경우 공칭전단강도 $V_n = \left(\dfrac{\lambda}{3}\sqrt{f_{ck}}\right)b_o d$ (기준 7.12.4(9))에 의해 산정된다. 전단머리 보강부재 사용시, 전단머리가 없는 경우보다 위험단면의 길이가 길어진다.(기준 7.12.4(8)) 전단력 $V_u = 570.5\,\mathrm{kN}$에 대하여 요구되는 위험단면 길이는 $V_u = \phi V_c$(기준 7.12.4(9))를 이용하여 다음과 같이 산정된다.

적용기준	계산 및 해설

$$b_o = \frac{V_u}{\frac{1}{3}\phi\sqrt{f_{ck}}\cdot d} = \frac{570.5}{\frac{1}{3}\times 0.75\times\sqrt{27}\times 160} = 2{,}745\ \mathrm{mm}$$

(2) 실제로 b_o가 확대될 경우 계수전단력이 570.5 kN보다는 조금 작게 작용하지만 여기에서는 이를 무시하고 계산하였다. 그러나 전단머리 보강부재가 매우 큰 경우에는 이를 고려하여 계산할 수 있다.

(3) 위에서 계산된 b_o을 사용하여 전단머리 보강부재의 내민길이 l_v를 계산하면

$$b_o = 4\times\sqrt{2}\times\left[\frac{c_1}{2}+\frac{3}{4}\left(l_v-\frac{c_1}{2}\right)\right] = 2{,}745\ \mathrm{mm}$$

로부터 $c_1 = 500\ \mathrm{mm}$를 대입하면 $l_v = 564\ \mathrm{mm}$를 얻을 수 있다.

보강부재가 저항해야 할 강성을 구하는 데는 반복계산이 필요하다. 콘크리트구조기준 7.12.4(6)에 의하면 상대강성 a_v가 0.15 이상이어야 하므로 여기에서는 $a_v = 0.25$로 일단 가정한다. 이때 요구되는 소성휨모멘트 M_p는 H형강의 깊이를 100 mm로 하여

기준 식 7.12.11

$$M_p = \frac{V_u}{2\phi\eta}\left[h_v + a_v\left(l_v - \frac{c_1}{2}\right)\right] M_p = \frac{V_u}{2\phi\eta}\left[h_v + a_v\left(l_v - \frac{c_1}{2}\right)\right]$$

$$= \frac{570{,}500}{2\times 0.85\times 4}\times\left[100 + 0.25 + \left(564 - \frac{500}{2}\right)\right] = 14.99\ \mathrm{kN\cdot m}$$

따라서 $f_y = 330\ \mathrm{MPa}$(SWS50)H $-100\times 100\times 6\times 8$을 사용하면

$M_p = 76{,}500\times 300 = 25.25\ \mathrm{kN\cdot m}$로서 요구되는 값보다 크다.

3. 보강부재 검토

(1) 균열단면에 대한 중심 위치 y(탄성계수비 $n = 9$로 가정)

$$y = \left(460y\times\frac{y}{2} + 2{,}910\times 80 + 9\times 730.8\times 160\right)/\left(460y + 2{,}190\times 9 + 730.8\times 9\right)$$

로부터 $y = 64.1\ \mathrm{mm}$를 얻을 수 있다.

적용기준	계산 및 해설

(2) 보강부재의 상대강성 a_v값

환산균열단면에 대한 I_{cr}은

$$I_{cr} = \frac{1}{3} \times 460 \times 64.1^3 + 730.8 \times (160 - 64.1)^2$$
$$+ 9 \times [3,830,000 + 2,190 \times (80 - 64.1)^2]$$
$$= 1,403 \times 10^8 \text{ mm}^4$$

$$a_v = \frac{E_s I_s}{E_c I_{cr}} = 9 \times \frac{3.83 \times 10^6}{1.403 \times 10^8} = 0.246$$

이 값은 0.15 이상이므로 만족한다.

(3) 요구되는 M_p값

$$M_p = \frac{570,500}{2 \times 0.85 \times 4}\left[100 + 0.246 \times \left(564 - \frac{500}{2}\right)\right]$$
$$= 14.87 \text{ kN·m}$$

그러므로 만족한다.

기준 식 7.12.11

(4) 주열대에서 보강부재가 부담할 수 있는 휨모멘트는 콘크리트구조기준 7.12.4에 의해

$$M_v = \frac{\phi a_v V_u}{2\eta}\left(\ell_v - \frac{c_1}{2}\right)$$
$$= \frac{0.85 \times 0.246 \times 570,500}{2 \times 4}\left(564 - \frac{500}{2}\right) = 4.682 \text{ kN·m}$$

이 값은 주열대 전체 휨모멘트의 30 %, 길이 l_v상에서 주열대의 휨모멘트 변화량, 그리고 M_v보다도 작은 값이다.

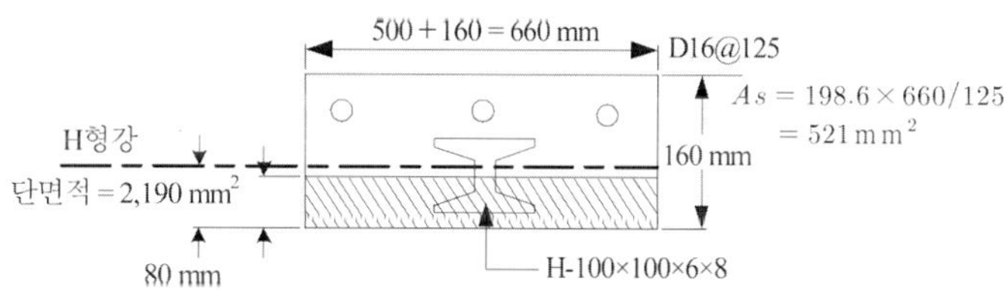

예제 그림 6.9-1 I형 강재 보강

제 7 장

철근콘크리트-비틀림

예제 7.1 캔틸레버보의 비틀림 설계

그림 7.1-1의 캔틸레버 보를 D10 폐쇄스터럽을 이용하여 설계하라. 단면의 중심축으로부터 250 mm 떨어져서 계수등분포하중이 작용하고 있다. $f_{ck} = 27\ \text{MPa}$, $f_y = 400\ \text{MPa}$, $w_u = 25\ \text{kN/m}$, $l = 3.5\ \text{m}$이고, 휨철근량 $A_s = 1{,}350\ \text{mm}^2$이다.

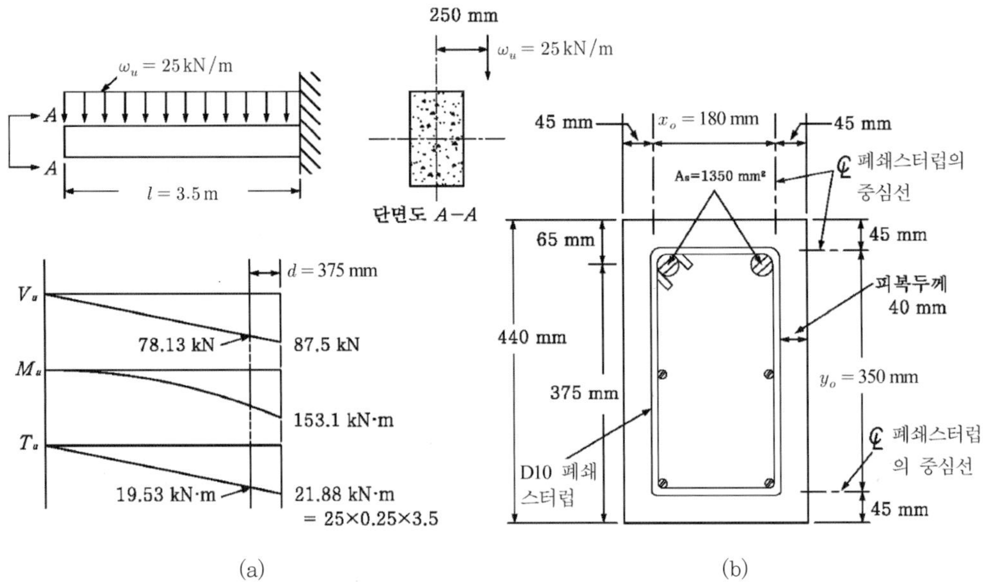

예제 그림 7.1-1 (a) 전단력, 휨모멘트 및 비틀림모멘트도; (b) 폐쇄스터럽의 단면도

적용기준	계산 및 해설
기준 7.5.1(1)	1. 기준 7.5.1(1)의 제한값과 고정단으로부터 거리 d만큼 떨어진 점에서의 계수비틀림모멘트 T_u를 비교하여 비틀림설계가 필요한지 판단한다. 먼저 $A_{cp}{}^2/p_{cp}$를 계산한다.

$$\frac{A_{cp}{}^2}{p_{cp}} = \frac{(270 \times 440)^2}{(270+440)\times 2} = \frac{118{,}800^2}{1{,}420}\ (\text{mm}^3)$$

$$T_u < \phi\left(\frac{\lambda\sqrt{f_{ck}}}{12}\right)\frac{A_{cp}{}^2}{p_{cp}} = 0.75\left(\frac{1\times\sqrt{27}}{12}\ \frac{\text{N}}{\text{mm}^2}\right)\left(\frac{118{,}800^2}{1{,}420}\ \text{mm}^3\right)\times 10^{-6}$$

$$= 3.23\ \text{kN}\cdot\text{m}$$

$T_u = 19.53\ \text{kN}\cdot\text{m} > 3.23\ \text{kN}\cdot\text{m}$이므로 설계에서 비틀림을 고려해야 한다.

적용기준	계산 및 해설

기준 7.5.2(1),(2)

2. 평형비틀림 상태인지 적합비틀림 상태인지 결정

주어진 조건에서 비틀림모멘트는 평형비틀림 상태이다. 따라서 설계는 $T_u = 19.53\ \mathrm{kN \cdot m}$에 대해 수행한다.

3. 전단력에 요구되는 스터럽

기준 식 7.3.1

$$V_c = \left(\lambda \frac{\sqrt{f_{ck}}}{6}\right) b_w d = \left(1.0 \frac{\sqrt{27}}{6}\right)(270)(375) \times 10^{-3} = 87.7\ (\mathrm{kN})$$

기준 식 7.2.1
기준 식 7.2.2

$$V_s \geq \frac{V_u}{\phi} - V_c = \frac{78.13}{0.75} - 87.7 = 16.47\ (\mathrm{kN})$$

기준 식 7.4.3

$$\frac{A_v}{s} = \frac{V_s}{f_{yt} d} = \frac{16.47 \times 10^3}{400 \times 375} = 0.1098\ \mathrm{mm^2/mm}$$

또는 $\frac{A_t}{s}$로 표현하기 위해서 $\frac{1}{2}\frac{A_v}{s} = 0.0549\ \mathrm{mm^2/mm}$

4. 비틀림모멘트에 요구되는 스터럽을 기준 식 7.6.4로 계산

기준 식 7.6.4

$$\frac{A_t}{s} = \frac{T_u}{\phi\, 2\, A_o\, f_{yv} \cot\theta} = \frac{19.53 \times 10^6}{0.75 \times 2 \times [0.85(180 \times 350)] \times 400 \times 1}$$

$$= 0.6078\ \mathrm{mm^2/mm}$$

5. 전단과 비틀림철근을 더하면

기준 7.6.2.(4)

$$\frac{A_{v+t}}{s} = 0.1098 + 2 \times 0.6078 = 1.3254\ \mathrm{mm^2/mm}$$

D10 철근의 단면적이 $71.33\ \mathrm{mm^2}$이므로

$\therefore\ s_{(최대)} \leq \frac{2 \times 71.33}{1.3254} = 107.6\ \mathrm{mm}$; 따라서 $100\mathrm{mm}$를 사용한다.

6. 스터럽의 최대간격은 $300\ \mathrm{mm}$ 또는 $p_h/8 = 2(180+350)/8 = 1{,}060/8 = 133\ \mathrm{mm}$ 이하여야 하므로 $100\ \mathrm{mm}$ 간격을 만족한다.

보의 전체에 걸쳐 $100\ \mathrm{mm}$ 간격으로 폐쇄스터럽을 배치한다. 계수비틀림모멘트가 과정 1에서 구한 $3.23\mathrm{kN \cdot m}$ 이하가 되면 비틀림 보강을 할 필요가 없다. 계수비틀림모멘트가 $3.23\mathrm{kN \cdot m}$이 되는 위치의 자유단에서 거리 x는 $0.517\ \mathrm{m}\ (= 3.23 \times 3.5/21.88)$이다 (예

적용기준	계산 및 해설

제 그림 7.1-2 참고). 기준의 규정에 따라 비틀림철근이 더 이상 필요하지 않은 위치로부터 $b_t + d = 270 + 375 = 645\ \mathrm{mm}$까지 비틀림철근을 배치해야 한다. 645 mm가 527 mm보다 크므로 보의 전체에 걸쳐 폐쇄스터럽 간격으로 배치한다.

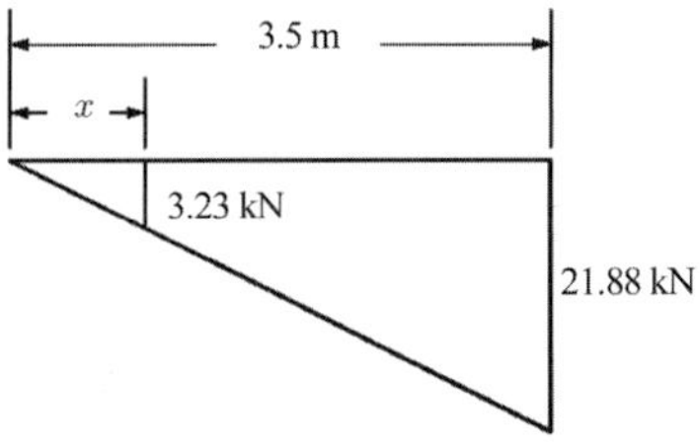

예제 그림 7.1-2 비틀림 철근을 배치할 필요가 없는 영역

기준 7.6.4.(2)

7. 기준의 최소 철근 규정을 만족하는지 검토하고, 비틀림 철근과 전단철근을 함께 계산

$$\frac{A_v}{s} + \frac{2A_t}{s} \geq 0.0625\sqrt{f_{ck}}\frac{b_w}{f_{yt}} = 0.0625\sqrt{27}\frac{270}{400} = 0.219\ \mathrm{mm^2/mm}$$

$$\frac{A_v}{s} + \frac{2A_t}{s} \geq \frac{0.35b_w}{f_{yt}} = \frac{0.35 \times 270}{400} = 0.236\ \mathrm{mm^2/mm}$$

$$0.1098 + 2(0.6078) = 1.3254\ \mathrm{mm^2/mm} > 0.236\ \mathrm{mm^2/mm} \quad \langle 적합 \rangle$$

기준 식 7.6.5

8. 기준 식 7.6.5로 소요 종방향철근의 단면적 계산

$$p_h = (x_0 + y_0) = 2(180 + 350) = 1{,}060\ \mathrm{mm}$$

$$A_l = \left(\frac{A_t}{s}\right)p_h = 0.6078(1{,}060) = 644.3\ \mathrm{mm^2}$$

종방향철근의 최대간격은 300 mm이므로 A_l을 3등분하여 보의 상부와 바닥, 그리고 중간 깊이에 배치한다.

$$A_s = \frac{A_l}{3} = \frac{644.3}{3} = 214.8\ \mathrm{mm^2}$$

종방향철근의 직경 d_b가 스터럽 간격의 1/24 이상 또는 D10 철근 이상이어야 하므로

$$최소\ 직경\ d_{b(최소)} = \frac{100}{24} = 4.17\ \mathrm{mm}$$

2개의 D13($A_s = 253\ \mathrm{mm^2}$, 1개의 지름 12.7 mm)을 중간 깊이와 바닥에 배치하고, 상부에서의 종방향철근은 휨보강철근 $A_s = 1{,}350\ \mathrm{mm^2}$와 더하면 $1{,}350 + 214.8 = 1{,}564.8\ \mathrm{mm^2}$가 된다. 2개의 D35 철근을 배치하면(예제 그림 7.1-3 참고)

$$A_{s(배치)} = 1{,}913\ \mathrm{mm^2} > A_{s(소요)} = 1{,}564.8\ \mathrm{mm^2}$$

기준 식 7.6.7

9. 기준 식 (7.6.7)로 최소 종방향철근 검토

$$A_{l(\min)} = \frac{0.42\sqrt{f_{ck}}}{f_{yl}}A_{cp} - \left(\frac{A_t}{s}\right)p_h\frac{f_{yv}}{f_{yl}}$$

여기에서 A_t/s는

$$\frac{A_t}{s} = \frac{0.175b_w}{f_{yv}} = \frac{0.175(270)}{400} = 0.118\text{보다}$$

작게 할 수 없다.

따라서 $A_t/s = 0.6078$을 사용한다.[과정 6 참고]

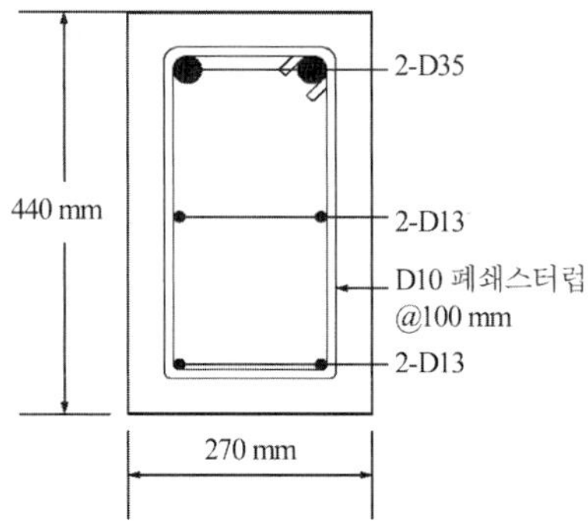

예제 그림 7.1-3 철근 배치도

$$A_{l(\min)} = \frac{0.42\sqrt{27}}{400}(270\times 440) - (0.6078)(1{,}060)(1) = 3.90\ \text{mm}^2$$

$$< A_{l(\text{배치})} = 253\times 2 + (1{,}913 - 1{,}350) = 1{,}069\ \text{mm}^2$$

10. 경사콘크리트 입축대의 압축강도가 기준 식 (7.6.1)을 만족하는지 검토

기준 식 7.6.1

$$\sqrt{\left(\frac{V_u}{b_w d}\right)^2 + \left(\frac{T_u p_h}{1.7A_{oh}^2}\right)^2} \le \phi\left(\frac{V_c}{b_w d} + \frac{2}{3}\sqrt{f_{ck}}\right) = \phi\frac{5}{6}\sqrt{f_{ck}}$$

기준 식 7.3.1

여기에서 $V_c = (\lambda\sqrt{f_{ck}}/6)b_w d$이고 $A_{oh} = 180\times 350 = 63{,}000\ \text{mm}^2$이다. 먼저 첫 번째 항을 정리하면 $\left[\frac{78.13\times 10^3}{270\times 375}\right]^2$이 되고, 2번째 항은 $\left[\frac{19.53\times 1{,}060\times 10^6}{1.7\times(63{,}000)^2}\right]^2$이 된다. 따라서

$$\sqrt{\left[\frac{78.13\times 10^3}{270\times 375}\right]^2 + \left[\frac{19.53\times 1{,}060\times 10^6}{1.7\times(63{,}000)^2}\right]^2}$$

$$= 3.16\ \text{N/mm}^2 \le 0.75\left[\frac{5}{6}\sqrt{27}\right] = 3.25\ \text{N/mm}^2 \quad \langle\text{적합}\rangle$$

적용기준	↘ 계산 및 해설

기준 7.6.2.(5)

11. 기준 7.6.2(5)에서는 휨압축 영역의 종방향 비틀림철근 면적을 $M_u/(0.9\,d f_{yl})$만큼 줄일 수 있도록 되어 있다.

기준 7.6.4.(5)

다음의 2가지 이유 때문에 이 예제에서는 이 규정을 적용하지 않는다. 첫째는 M_u가 보의 길이에 걸쳐서 변하기 때문이고, 둘째는 D10 이상, $s/24$ 이상 $[d_b = 100/24\ = 4.17\,(\mathrm{mm})]$의 종방향 철근이 스터럽의 각 모서리에 최소한 하나가 배치되어야 한다는 기준 7.6.4(5) 규정 때문이다.

12. 대략적인 철근배치도는 예제 그림 7.1-3과 그림 7.1-4에 주어졌다.

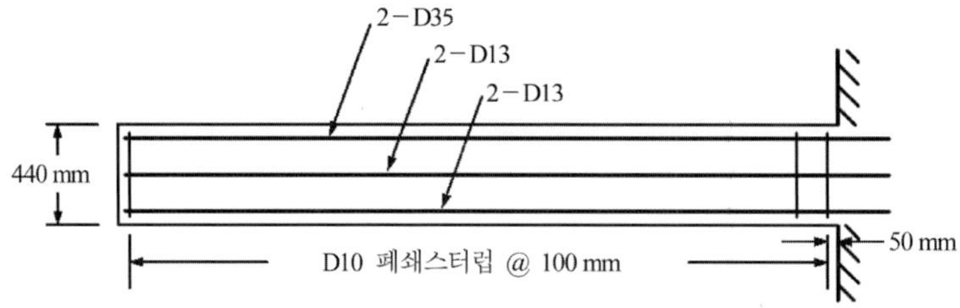

예제 그림 7.1-4 입면철근 배치도

예제 7.2 적합비틀림을 고려한 테두리보의 비틀림 설계

예제 그림 7.2-1에 나타낸 일방향 장선 슬래브 시스템은 7.5 kN/m의 계수고정하중 및 8 kN/m의 계수활하중, 총 계수하중 15.5 kN/m을 지지한다. 길이방향이 ①선을 따라 배치된 외부 테두리보(Ⓐ-Ⓑ)를 설계하라. 슬래브에서 전달되는 하중을 제외한 보의 극한계수하중의 합은 16 kN/m이다. 종방향철근의 항복강도 및 횡방향철근의 설계기준 항복강도 $f_y = 400$ MPa, $f_{yv} = 400$ MPa, 콘크리트의 설계기준 압축강도 $f_{ck} = 30$ MPa을 사용한다.

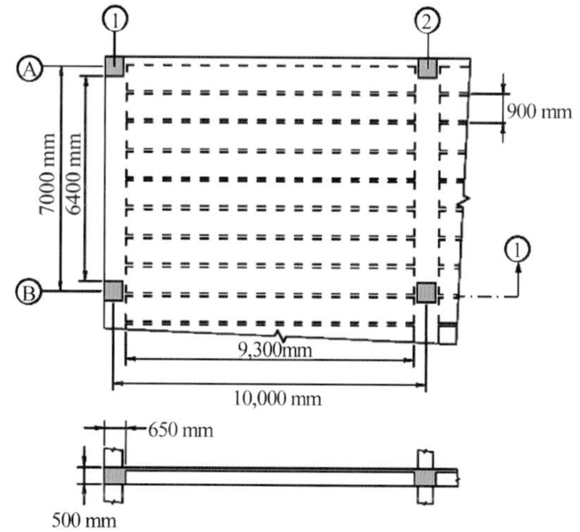

예제 그림 7.2-1 설계단면

적용기준

계산 및 해설

1. 휨모멘트 계산

장선 슬래브는 이미 휨과 전단에 대하여 설계 및 검토가 완료된 상태이며, 장선의 높이는 500 mm, 슬래브 두께는 110 mm로 결정되었다. 거푸집 비용을 절약하기 위해 테두리보는 동일한 높이로 하였고, 보를 지지하는 기둥은 600 mm의 정사각형으로 결정되었다. 장선 거푸집 작업의 단순화를 위해 보는 기둥면부터 50 mm 내민형태로 설계되었다. 그러므로 보 크기 높이(h)는 500 mm, 폭(b)은 650 mm, 그리고 유효깊이(d)는 435 mm이다.

슬래브 장선으로부터 외부 테두리보(Ⓐ-Ⓑ)로 전달되는 하중은 단순화를 위해 등분포하중으로 가정한다. 보 길이에 걸쳐 단위 m당 장선의 반력은 다음과 같다.

$$\frac{wl}{2} = \frac{15.5\ \mathrm{kN/m^2} \times 9.3\ \mathrm{m}}{2} = 72.1\ \mathrm{kN/m}$$

장선의 반력과 보에 직접 작용하는 계수하중을 합하여 보에 가해지는 총 하중은

$$w = 72.1 + 16 = 88.1\ \mathrm{kN/m}$$

기준 3.4.1 으로 계산된다. 따라서 총 하중을 기준 3.4.1에 제시된 휨모멘트계수를 이용하여 테두리보에 작용하는 휨모멘트를 계산하면

$$\text{외단 부모멘트}: -M_u = -\frac{wl_n^{\ 2}}{16} = -\frac{88.1 \times 6.4^2}{16} = -225.5\ \mathrm{kN \cdot m}$$

적용기준	계산 및 해설

경간중앙 정모멘트 : $M_u = \dfrac{wl_n^{\ 2}}{14} = \dfrac{88.1 \times 6.4^2}{14} = 257.8\ \mathrm{kN \cdot m}$

첫 번째 내부 부모멘트 : $-M_u = -\dfrac{wl_n^{\ 2}}{10} = -\dfrac{88.1 \times 6.4^2}{10} = -360.9\ \mathrm{kN \cdot m}$

으로 계산된다.

2. 종방향철근량 결정

기준에 따라 휨모멘트에 의해 소요되는 종방향철근의 소요단면적은 다음과 같이 산정된다.

$$M_n = A_s f_y \left(d - \frac{a}{2}\right),\ A_s = \rho bd$$

$$a = \frac{A_s f_y}{0.85 f_{ck} b} = \frac{\rho f_y d}{0.85 f_{ck}} = \rho m d,\ m = \frac{f_y}{0.85 f_{ck}} = \frac{400}{0.85 \times 30} = 15.686$$

$$M_n = \rho f_y b d^2 \left(1 - \frac{1}{2}\rho m\right)$$

$$\frac{M_n}{bd^2} = \rho f_y \left(1 - \frac{1}{2}\rho m\right) = R_n = \frac{M_u}{\phi b d^2}$$

$$\rho f_y - \frac{1}{2}\rho^2 m f_y - R_n = 0$$

구 분	M_u (kN·m)	R_n (N·mm²)	ρ	A_s (mm²)
외단 부모멘트	−255.5	2.444	0.00643	1,818
경간중앙 정모멘트	257.8	2.466	0.00650	1,838
첫 번째 내부 부모멘트	−360.9	3.452	0.00931	2,632

외단 부모멘트 : $A_s = 1{,}818\ \mathrm{mm}^2$

경간중앙 정모멘트 : $A_s = 1{,}838\ \mathrm{mm}^2$

첫 번째 내부 부모멘트 : $A_s = 2{,}632\ \mathrm{mm}^2$

3. 최종 M_u, V_u 및 T_u 분포도 결정

기준 3.4.1

기준 3.4.1을 이용하여 계산된 연단보에 대한 모멘트 및 전단력 분포도를 예제 그림 7.2-3에 나타내었다.

장선은 한쪽 보의 면으로부터 나머지 보의 면까지 9,300 mm의 순경간길이를 가진 것으로 설계한다. 장선의 외단부는 테두리보와 일체를 이루도록 타설되므로 장선의 외단부에 작

용하는 단위폭당 휨모멘트를

$$-M_u = \frac{15.5\ \mathrm{kN/m^2} \times (9.3\ \mathrm{m})^2}{24} = -55.9\ \mathrm{kN \cdot m}$$

으로 계산할 수 있다. 이 모멘트는 장선 슬래브에서는 단부 휨모멘트이지만 연단보에 대해서는 비틀림모멘트로 작용한다. 예제 그림 7.2-3(a)에 나타낸 것처럼, 이 모멘트와 $72.1\ \mathrm{kN/m}$의 단부전단력이 연단보의 표면에서 작용한다. 기둥 도심을 연결하는 축(예제 그림 7.2-4(a)에서 축 $A - A'$)을 중심으로 모멘트의 평형을 계산하면 기둥으로 전달되어야 할 모멘트는 $81.5\ \mathrm{kN \cdot m/m}$로 계산된다.

비틀림에 대한 연단보의 설계를 위해 보의 축을 중심으로 전체 비틀림모멘트를 계산하기 위하여 연단보의 도심(예제 그림 7.2-4(b)에 $A - A'$)을 기준으로 모멘트를 합하면 비틀림 t는

$$\begin{aligned} t &= 81.5\ \mathrm{kN \cdot m/m} - 88.1\ \mathrm{kN/m} \times 0.025\ \mathrm{m} \\ &= 79.3\ \mathrm{kN \cdot m/m} \end{aligned}$$

으로 계산된다. 연단보에 작용하는 단위 m당 휨 및 비틀림이 예제 그림 7.2-4(b)에 나타나 있다.

보 A-B의 양 단부가 기둥에 의해 회전하지 못하도록 고정되면 각 단부의 총비틀림은

$$T = \frac{t\,l_n}{2} = \frac{79.3 \times 6.4}{2} = 253.8\ \mathrm{kN \cdot m}$$

으로 계산되며, 이를 예제 그림 7.2-3(c)의 비틀림모멘트 분포도에 나타내었다. 만일 양 단부가 고정되지 않으면 비틀림모멘트 분포도는 예제 그림 7.2-2에 예시된 두 경우의 범위 이내에서 변할 수 있지만 본 예제에서는 고려하지 않는다.

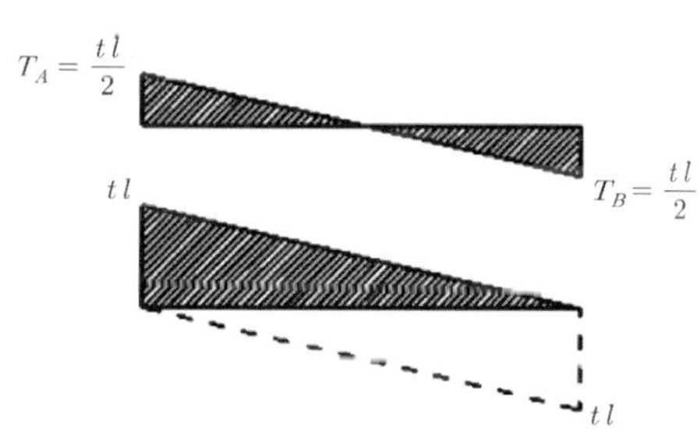

예제 그림 7.2-2 설계단면

적용기준	계산 및 해설

4. 비틀림모멘트의 고려 여부 확인

기준 7.5.1

기준 7.5.1에서는 T_u가 최소 비틀림모멘트(T_{min})를 초과하면 고려해야 한다.

기준 식 7.5.1

$$T_{min} = \phi(\lambda\sqrt{f_{ck}}/12)\frac{A_{cp}^{2}}{p_{cp}}$$

기준 10.3

비틀림에 대한 유효횡단면이 예제 그림 7.2-5에 나타나 있다. 기준 7.5.1에서 돌출플랜지는 기준 10.3의 정의를 따른다고 기술하고 있다. 그러므로 플랜지의 돌출부는 플랜지 아래쪽 복부의 높이(390 mm)와 플랜지 두께의 4배(440 mm) 중 작은 쪽이다.

따라서

$$A_{cp} = 500 \times 650 + 110 \times 390 = 367{,}900\ \text{mm}^2$$

$$p_{cp} = 500 + 650 + 390 + 390 + 110 + 1{,}040 = 3{,}080\ \text{mm}$$

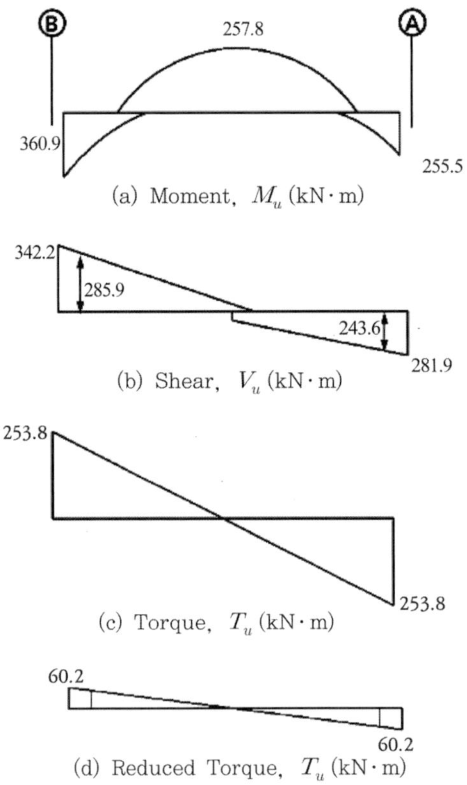

예제 그림 7.2-3 연단보의 단부 경간에서의 모멘트, 전단력, 비틀림

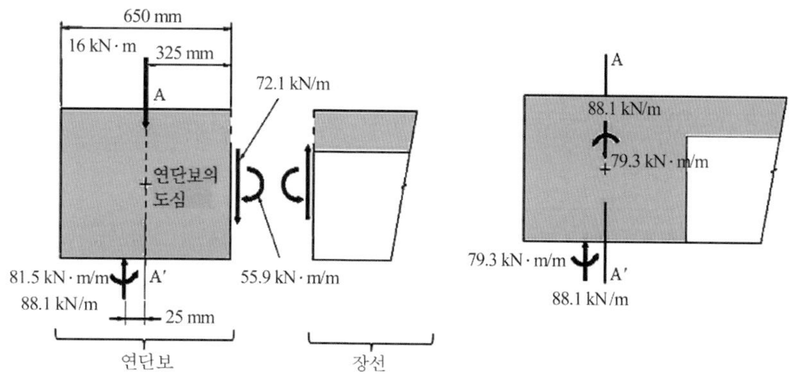

(a) 연단보의 자유체 다이어그램 (b) 연단보에 작용하는 힘

예제 그림 7.2-4 연단보에 작용하는 힘

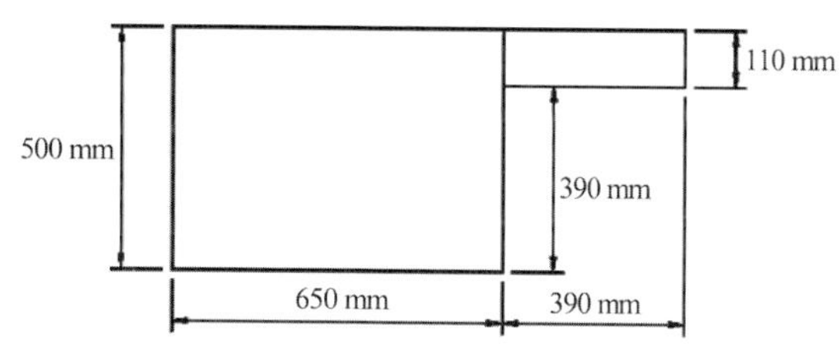

예제 그림 7.2-5 비틀림에 대한 유효단면

로 계산할 수 있고, 최소 비틀림모멘트를 계산하면

$$T_{\min} = 0.75\frac{\sqrt{30}}{12}\left(\frac{367,900^2}{3,080}\right) = 15,043,521\ \text{N}\cdot\text{mm}$$

$$\approx 15\ \text{kN}\cdot\text{m}$$

$253.8\,\text{kN}\cdot\text{m}$은 최소 비틀림모멘트를 초과하므로 비틀림에 대해 검토해야 한다.

5. 평형비틀림과 적합비틀림

(1) 적합비틀림모멘트 산정

보와 기둥 축 사이의 25 mm 이격거리 때문에 발생되는 비틀림(예제 그림 7.2-4 참고)은 구조물을 유지하는 데 필요하므로 평형비틀림이다. 이로 인한 보 단부에서의 비틀림은

$$88.1\times 0.025\times\frac{6.4}{2} = 7.0\ \text{kN}\cdot\text{m}$$

한편, 장선의 단부 휨모멘트 때문에 테두리보에 유발되는 비틀림모멘트는 테두리보가 비틀림 강성을 가진다고 가정될 때만 존재한다. 만일 테두리보의 비틀림 강성이 0으로 감소하면 비틀림저항이 없으므로 장선 슬래브의 단부모멘트 때문에 유발되는 비틀림모멘트는 적합비틀림이다.

기준 7.5.2

본 예제에서는 적합비틀림을 수반하므로 기준 7.5.2에 따라 기둥 전면으로부터 d만큼 떨어진 단면에서 최대 비틀림모멘트를 다음 값으로 감소시킬 수 있다.

$$\phi\frac{\lambda\sqrt{f_{ck}}}{3}\left(\frac{A_{cp}^{\ 2}}{p_{cp}}\right)=0.75\times\frac{1\times\sqrt{30}}{3}\times\frac{367,900^2}{3,080}=60.2\ \mathrm{kN\cdot m}$$

그러나 평형비틀림모멘트 $7.0\ \mathrm{kN\cdot m}$보다 더 적게 감소시킬 수는 없다. 감소된 비틀림모멘트 분포도를 예제 그림 7.2-3(d)에 나타내었다. 따라서 감소된 분포비틀림 t는

$$t=\frac{60.2}{6.4-(2\times0.435)}=10.9\ \mathrm{kN\cdot m/m}$$

으로 계산된다.

(2) 장선 내의 모멘트 수정

외부 부모멘트가 $-\omega l_n^{\ 2}/24$ 라고 가정할 때 장선에 대한 단위폭당(/m) 모멘트 다이어그램이 예제 그림 7.2-6(a)에 나타나 있다. 장선과 보의 이음부에서 부모멘트가 $-55.9\ \mathrm{kN\cdot m/m}$에서 $-10.9\ \mathrm{kN\cdot m/m}$로 감소하면, 예제 그림 7.2-6(b)에 나타낸 것처럼 $-0.5(55.9-10.9)=-22.5\ \mathrm{kN\cdot m/m}$의 모멘트가 장선의 다른 단부(지점 ②)로 재분배되고, 중앙부로는 $+11.3\ \mathrm{kN\cdot m/m}$의 모멘트가 재분배된다. 각 장선은 $900\ \mathrm{mm}$ 폭의 스트립(strip)을 지지한다. 따라서 재분배가 고려된 모멘트의 90 %를 지탱한다. 장선에서의 외부 부모멘트 철근은 재분배가 발생되기 전에 테두리보에서 비틀림 균열을 발생시키는 것이 필요하므로 부모멘트에 대하여 설계되어야 한다. 일반적으로 사용되는 경험적인 방법은 예제 그림 7.2-6(c)에서 점선으로 나타낸 것처럼 $\omega l_n^{\ 2}/24$의 모멘트에 대해 외부 부모멘트 철근을 설계하는 것이다.

적용기준

계산 및 해설

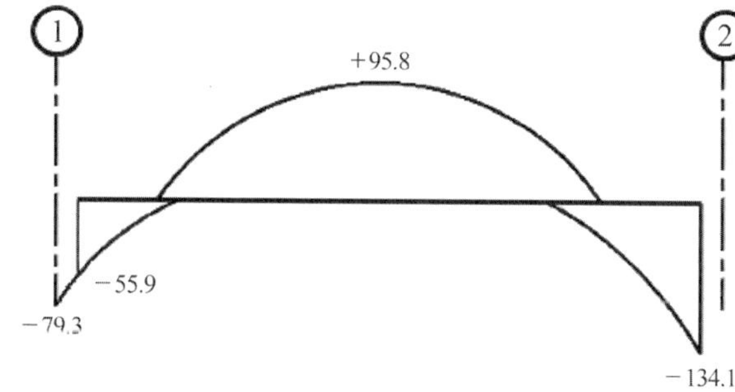

(a) 수정 전 폭의 단위 m당 장선모멘트 (kN·m)

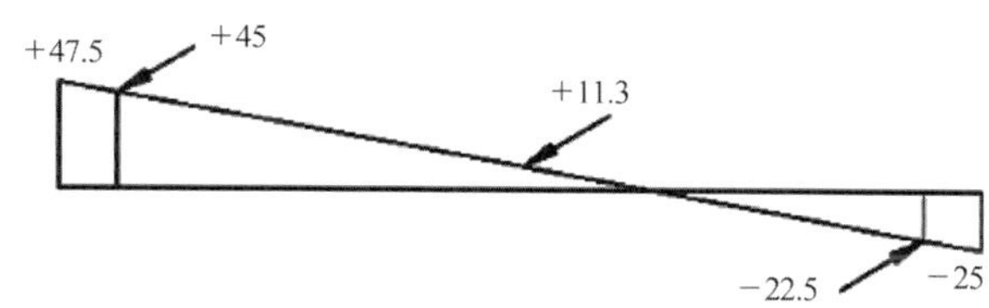

(b) 폭의 단위 m당 모멘트의 재분배 (kN·m)

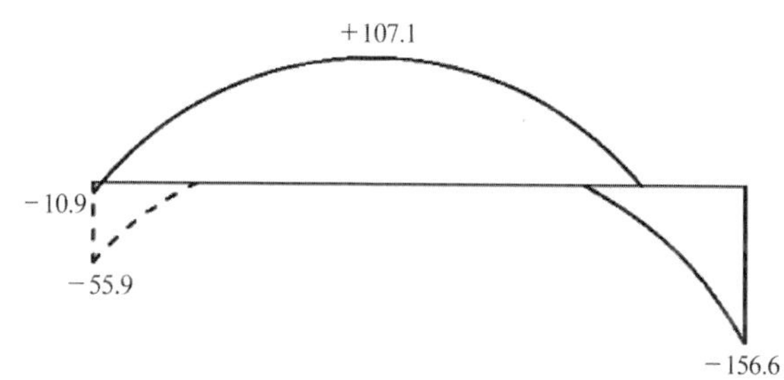

(c) 폭의 단위 m당 설계모멘트 (kN·m)

예제 그림 7.2-6 장선의 끝 경간에서의 모멘트

6. 단면 크기 검토

속 찬 단면의 경우, 기준에서는 비틀림이 작용하는 부재에서 단면의 치수는 다음 식을 만족해야 한다.

기준 식 7.6.1

$$\sqrt{\left(\frac{V_u}{b_w d}\right)^2 + \left(\frac{T_u p_h}{1.7A_{oh}^2}\right)^2} \le \phi\left(\frac{V_c}{b_w d} + \frac{2}{3}\sqrt{f_{ck}}\right)$$

횡방향 보강철근의 중심으로 닫힌 단면적 A_{oh} 및 횡방향 폐쇄스터럽에 둘레길이 p_h는 예제 그림 7.2-7을 참고하여

적용기준	계산 및 해설

$$A_{oh} = (500 - 2 \times 40 - 12.7)(650 - 2 \times 40 - 12.7)$$
$$= 226{,}988\ \mathrm{mm}^2$$
$$p_h = 2(407 + 557)$$
$$= 1{,}928\ \mathrm{mm}$$

이 되고, 기준 식 7.6.1의 좌변은

$$\sqrt{\left(\frac{285.9 \times 10^3}{650 \times 435}\right)^2 + \left(\frac{60.2 \times 10^6 \times 1{,}928}{1.7 \times 226{,}988^2}\right)^2} = \sqrt{1.022 + 1.756}$$
$$= 1.667\ \mathrm{MPa}$$

이 된다. V_c는 기준 식 7.3.1을 이용하여

$$V_c = \frac{1}{6}\lambda\sqrt{f_{ck}}\, b_w d$$

이므로 이를 기준 식 7.6.1 우변에 대입하여 정리하면

기준 식 7.6.1
$$\phi\left(\frac{\sqrt{f_{ck}}}{6} + \frac{2}{3}\sqrt{f_{ck}}\right) = 0.75\left(\frac{5\sqrt{30}}{6}\right) = 3.423\ \mathrm{MPa}$$

이 된다. 따라서 1.667 MPa은 3.423 MPa보다 적으므로 이 단면은 비틀림 저항을 위한 단면 크기로 적합하다.

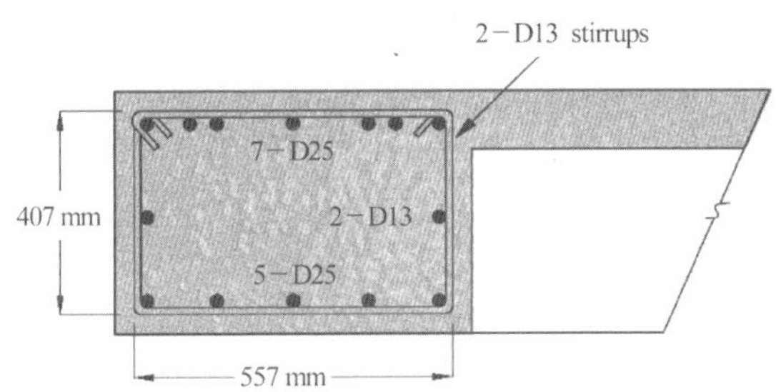

예제 그림 7.2-7 연단보의 단면 A-A. 장선철근 생략

7. 전단에 요구되는 스터럽의 면적 계산

기준 7.2.1 기준 식 7.2.1과 7.2.2에서는 전단철근에 의한 전단강도를

$$V_s = \frac{V_u}{\phi} - V_c$$

으로 제시하고 있다. 또한 기준 식 7.4.3으로부터

기준 식 7.4.3
$$\frac{A_v}{s} = \frac{V_u/\phi - V_c}{f_{yv} d}$$

적용기준	계산 및 해설

으로 나타낼 수 있으며, 기준 식 7.3.1로부터 콘크리트의 전단강도 V_c는

기준 식 7.3.1

$$V_c = \frac{1 \times \sqrt{30}}{6} \times 650 \times 435 = 258.114\,\mathrm{kN}$$

으로 계산할 수 있다. 따라서 기준 식 7.4.3은

$$\frac{A_v}{s} = \frac{V_u/0.75 - 258,114}{400 \times 435}$$

이 된다. 여기에 V_u의 단위는 N이다.

예제 그림 7.2-8(a)는 $V_u/\phi - V_c$(기준 식 7.2.2)의 계산을 보여주고 있다. 예제 그림 7.2-8(b)는 보의 길이를 따라서 전단에 요구되는 A_v/s의 그림이다. 계수전단력에 의해 요구되는 횡방향철근량(A_v/s)과 계수비틀림모멘트에 의해 요구되는 횡방향철근량(A_t/s)의 값은 각각 8단계와 9단계에서 계산될 것이다.

8. 비틀림에 요구되는 횡방향철근량 계산

기준 식 7.6.3 및 7.6.4로부터, 그리고 $\theta = 45°$ 및 $A_o = 0.85A_{oh}$를 취하면 다음을 얻는다.

기준 식 7.6.4

$$\frac{A_t}{s} = \frac{60.2 \times 10^6/0.75}{2 \times 0.85 \times 226,988 \times 400} = 0.5200\,\mathrm{mm^2/m}$$

이를 예제 그림 7.2-8(d)에 나타내었다.

9. 부가적인 횡방향철근량 설계 및 배근량 결정

기준 7.6.2(4)의 해설에서는 횡방향철근의 전체 양을

$$\frac{A_{v+t}}{s} = \frac{A_v}{s} + \frac{2A_t}{s}$$

기준 7.4.2

으로 제시하고 있다. 예제 그림 7.2-8(e)에는 A_{v+t}/s를 나타내었으며, 기준에서 제시한 허용 가능한 최대간격은

전단의 경우 (기준 7.4.2) : $d/2 - 217.5\,\mathrm{mm}$

기준 7.6.4

비틀림의 경우 (기준 7.6.4) : $p_h/8 = 1,928/8 = 241\,\mathrm{mm}$, $300\,\mathrm{mm}$ 중 작은 값이 된다. 예제 그림 7.2-8(e)의 수평선은 D13 폐쇄스터럽을 $120\,\mathrm{mm}$ 및 $200\,\mathrm{mm}$ 간격으로 배치할 경우에 A_{v+t}/s의 값으로, $120\,\mathrm{mm}$ 간격인 경우 소요단면적은 $2 \times 126.7/120 = 2.112\,\mathrm{mm^2/mm}$이다. 횡방향철근은 $V_u/\phi = V_c/2$인 점 혹은 비틀림철근이 더 이상 필요

하지 않는 점으로부터 $d + b_t$ 만큼 연장되어야 한다. 따라서 연장될 길이는 $d + b_t = 435 + 650 = 1{,}085$ mm로 계산되며, 비틀림철근이 필요 없는 위치는 $T_u/\phi =$ (기준 식 7.5.1에 의해 계산된 최소 비틀림)$/\phi = 15/0.75 = 20$ kN·m인 위치를 말한다. 이 점들은 예제 그림 7.2-8(b) 및 (d)에 표시되어 있다. 이들은 경간 중앙에 1,085 mm보다 더 가까우므로 전 경간에 걸쳐 스터럽이 요구된다.

따라서 최종적으로 배치될 횡방향철근은 D13 폐쇄스터럽을 다음과 같이 배치한다.

단부 A : 1@60 mm, 13@120 mm
단부 B : 1@60 mm, 그 다음에 경간의 나머지 부분 전체에 걸쳐
200 mm 중심 간격으로 배근

10. 비틀림에 대한 종방향철근 설계

기준 식 7.6.5

비틀림에 저항하기 위한 추가 종방향철근량은 기준 식 7.6.5에

$$A_l = \left(\frac{A_t}{s}\right) p_h \left(\frac{f_{yv}}{f_{yl}}\right) \cot^2\theta$$

으로 제시되어 있다. 여기에서 A_t/s는 8단계에서 계산된 양이다. 이것은 보의 길이방향에 따라 변화하며, 이를 모두 계산하는 것은 번거로우므로 경간 길이를 따라 종방향철근을 일정하게 유지되게 설계한다. 또한 종방향철근량(A_t/s)은 최대 예제 그림 7.2-8(d)에 나타낸 $A_t/s = 0.5200\ \mathrm{mm^2/mm}$ 로부터 구하고, θ는 45°로 가정한다. 따라서 추가적인 종방향철근량 A_l은

$$A_l = 0.5200 \times 1{,}928 \times 1 \times 1 = 1{,}003\ \mathrm{mm^2}$$

으로 산정되며, 최소 A_l은 기준 식 7.6.7에 따라서

기준 식 7.6.7

$$A_{l,\min} = \frac{0.42\sqrt{f_{ck}}\,A_{cp}}{f_{yl}} - \left(\frac{A_t}{s}\right) p_h \left(\frac{f_{yv}}{f_{yl}}\right)$$

으로 계산할 수 있다. 여기에서 A_t/s는 $b_w/6f_{yt} = 650/(6 \times 400) = 0.2708$ 이상으로 취해야 하며, A_t/s는 경간을 따라서 변하므로 최대 A_l은 최소 A_t/s와 관계된다. 보의 중심영역에서는 200 mm 간격에 D13 스터럽이 배치되었으므로(예제 그림 7.2-8(e) 참조), 기준 식 7.6.7에서 $A_t/s = 126.7/200 = 0.634$를 취한다. 따라서 비틀림모멘트에 의해 추가되는 최소 종방향철근량은

적용기준	계산 및 해설

$$A_{l,\min} = \frac{0.42\sqrt{30} \times 367{,}900}{400} - 0.634 \times 1{,}928 \times 1.0$$

$$= 893\ \mathrm{mm}^2$$

이 되고, 기준 식 7.6.5를 통하여 계산된 $A_l = 1{,}003\ \mathrm{mm}^2$는 기준 식 7.6.7에 의해 계산된 $A_{l,\min} = 893\ \mathrm{mm}^2$ 이상이므로 추가될 최종 종방향철근량은 $1{,}003\ \mathrm{mm}^2$로 결정한다.

기준 7.6.4

기준 7.6.4(5)에서 종방향철근은 300 mm의 최대 간격을 가지며 스터럽 둘레로 분배된다. 스터럽의 각 모서리에 한 개의 철근이 있어야 하고, 이 철근은 스터럽 간격의 1/24인 최소 직경을 가지며 D10 철근보다 작아서는 안 된다고 제시하고 있다. 따라서 기준 7.6.4(5)를 만족하는 최소 철근직경은 최대 스터럽 간격(= 200 mm)의 1/24로 200/24 = 8.33 mm가 된다.

300 mm의 최대 간격을 만족하기 위해서는 상·하부에 3개의 철근, 그리고 각 측면의 중간 부위에 각각 1개를 필요로 하므로 철근당 $A_s = 1{,}003/8 = 125.4\ \mathrm{mm}^2$가 요구된다. 따라서 종방향철근으로 D13철근을 사용해야 한다

보의 상부에 비틀림에 의한 추가 종방향철근이 배치됨으로써 각 단부에서 실질적으로 배치된 휨인장 철근의 단면적이 증가되었다. 모든 철근이 동일한 위치에서 이어지므로 3-D13 철근 및 미리 설계된 부모멘트 철근은 모두 B급 인장겹침이음으로 배치한다. 최종적으로 결정된 부모멘트 철근량은 다음과 같다.

외단부 부모멘트 : $A_s = 1{,}595 + 3 \times 125.4 = 1{,}971.2\ \mathrm{mm}^2$

8-D19 = $2{,}292\ \mathrm{mm}^2$를 배근한다.

첫 번째 내부 부모멘트 : $A_s = 2{,}633 + 3 \times 125.4 = 3{,}009.2\ \mathrm{mm}^2$

7-D25 = $3{,}547\ \mathrm{mm}^2$를 배근한다.

보의 하부에 추가된 길이방향 비틀림철근과 경간중앙의 정모멘트 휨철근 면적에 합하면 최종적으로 다음과 같다.

경간중앙 정모멘트 : $A_s = 1{,}838 + 3 \times 125.4 = 2{,}214.2\ \mathrm{mm}^2$

5-D25 = $2{,}534\ \mathrm{mm}^2$를 배근한다.

적용기준 | **계산 및 해설**

최종적으로 선택된 철근이 예제 그림 7.2-9에 나타나 있다. 첫 내부 지지점에서의 보
기준 5.8.1 단면이 예제 그림 7.2-7에 나타나 있다. 휨철근에 대한 절단위치는 기준 5.8.1에 근거하였다. 다만, 갈고리 및 겹침이음에 의해 지점에 정착된 정모멘트 철근의 면적은 기준
기준 5.8.1(2) 5.8.1(2)에 주어진 양과 $A_l = 3 \times 125.4 = 376.2\,\mathrm{mm}^2$의 하부 철근 중 더 큰 값을 취하였다. 이것을 $2-\mathrm{D}22$ 철근으로 대체하여 상향 조정하였다.

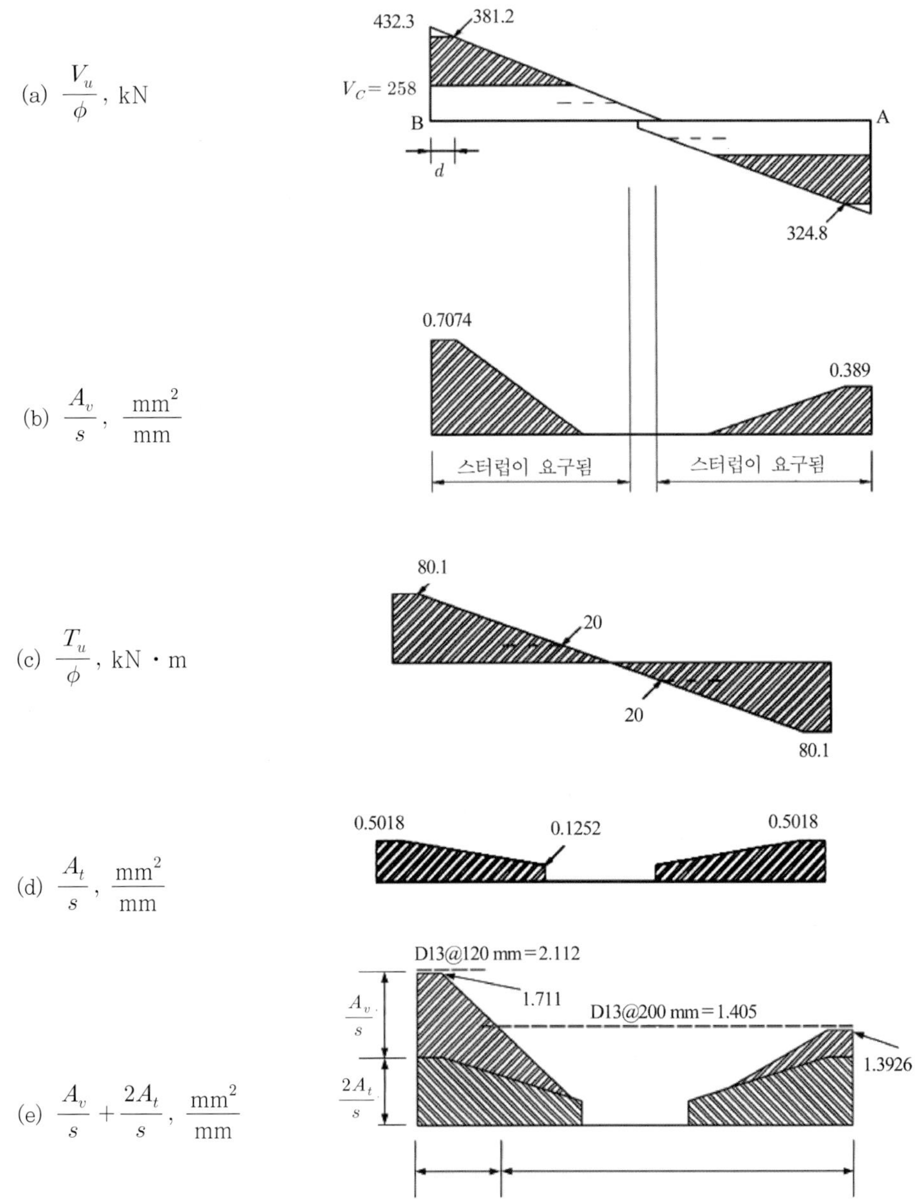

예제 그림 7.2-8 전단과 비틀림에 대한 스터럽 계산

계산 및 해설

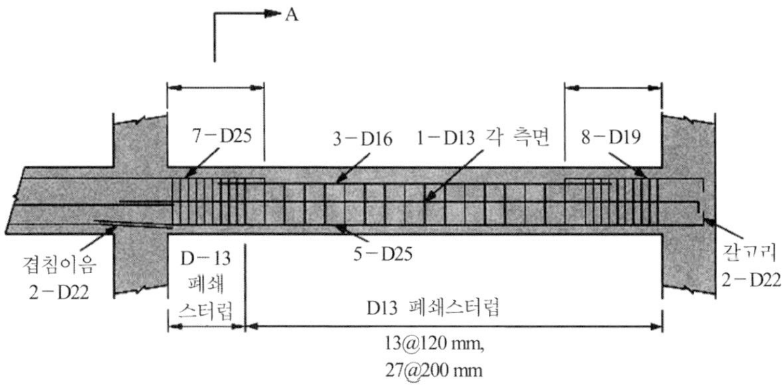

예제 그림 7.2-9 연단보의 철근

제 8 장

정착 및 이음

예제 8.1 외부 보-기둥 접합부에서 보 주철근의 정착

외부 보-기둥 접합부에서 보 주철근을 외부기둥에 정착시킬 때 상하단 철근의 정착길이를 설계하라. 모멘트골조는 중력하중 저항시스템으로만 사용되며, 보의 상단 주철근에 대해서는 표준갈고리와 확대머리철근으로 각각 설계하라. (콘크리트 피복 40mm)

$f_{ck} = 30$ MPa(일반콘크리트)

$f_y = 400$ MPa

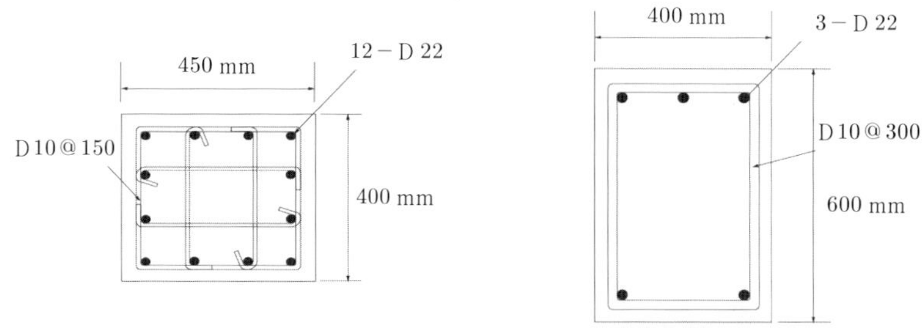

기둥 단면

보 단면

적용기준	계산 및 해설
기준 식 8.2.5	1. 상단 주철근의 표준갈고리 정착
	기본정착길이 산정
기준 식 8.2.4	$l_{hb} = \dfrac{0.24\beta d_b f_y}{\lambda\sqrt{f_{ck}}} = \dfrac{0.24\times 1\times 22.2\times 400}{1\sqrt{30}} = 390\text{ mm}$
	여기서 $\beta = 1.0$(도막되지 않은 철근), $\lambda = 1.0$(일반콘크리트)
	측면 피복두께 : 보 주철근을 기둥 주철근 안쪽에 배치하므로 $40+10+22 = 72$ mm
	보정계수 산정
	피복두께 보정계수 : 0.7(D35 이하이면서 갈고리 측면 피복 70 mm, 후면 피복 50 mm)
	표준갈고리 정착길이 산정
	$l_{dh} = l_{hb}\times 0.7 = 275\text{ mm} \geq 150\text{ mm},\ 8d_b = 176\text{ mm}$

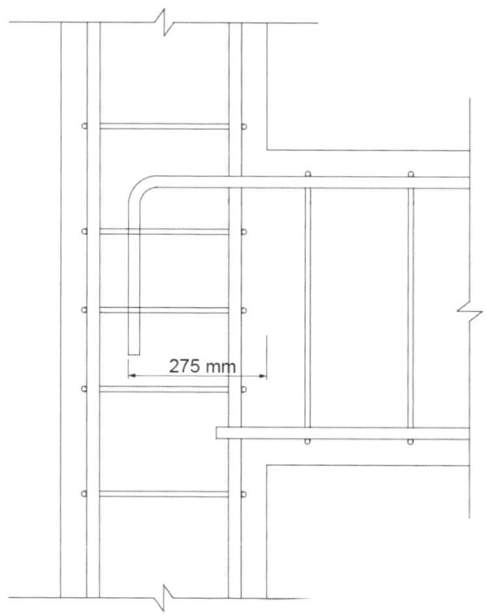

표준갈고리 정착

기준 8.2.6

2. 상단 주철근의 확대머리철근 정착

인장을 받는 상단 주철근의 확대머리 이형철근의 정착길이 l_{dt} 산정

기준 식 8.2.5

$$l_{dt} = 0.22\frac{\beta f_y d_b}{\psi\sqrt{f_{ck}}} = 0.22\frac{1\times 400\times 22.2}{1.375\sqrt{30}} = 265\ \mathrm{mm} \geq 150\ \mathrm{mm},\ 8d_b = 176\ \mathrm{mm}$$

여기서 $\beta = 1.0$(도막되지 않은 철근)

기준 8.2.6의 적용조건에 의하여 확대머리 이형철근의 정착길이를 350mm로 둔다.

기준 식 8.2.6

$$\psi = 0.6 + 0.3\frac{c_{so}}{d_b} + 0.38\frac{K_{tr}}{d_b} = 0.6 + 0.3\frac{72}{22.2} + 0.38\frac{6.34}{22.2} = 1.68 \leq 1.375$$

여기서 ψ는 측면 피복과 횡보강철근에 의한 영향계수, c_{so}는 철근 표면에서의 측면 피복두께, K_{tr}은 확대머리 이형철근을 횡구속한 경우에 8.2.2에 따라 산정하고 $1.0d_b$보다 큰 경우는 $1.0d_b$를 대입한다.

적용조건 검토

철근 순피복두께는 $1.35\,d_b$ 이상 : $72\ \mathrm{mm} \geq 1.35\,d_b = 29.5\ \mathrm{mm}$ 〈적합〉

철근 순간격은 $2\,d_b$ 이상 $95\ \mathrm{mm} \geq 2\,d_b = 44\ \mathrm{mm}$ 〈적합〉

적용기준	계산 및 해설

확대머리 뒷면이 횡보강철근 바깥면으로부터 50 mm 이내에 위치 〈적합〉

확대머리 이형철근이 정착된 접합부는 지진력 저항시스템별로 요구되는 전단강도를 가져야 한다. 〈적합〉

$d/l_{dt} > 1.5$인 경우는 22.4.2에 따라 설계한다. 여기서, d는 확대머리 이형철근이 주철근으로 사용된 부재의 유효높이이다.

$d/l_{dt} = 520/350 = 1.485 < 1.5$ 〈적합〉

3. 하단 주철근의 정착

기준 8.5.2

골조가 중력하중 저항시스템으로만 사용되므로 하단 주철근은 기둥에 150 mm 연장하여 정착시킨다.

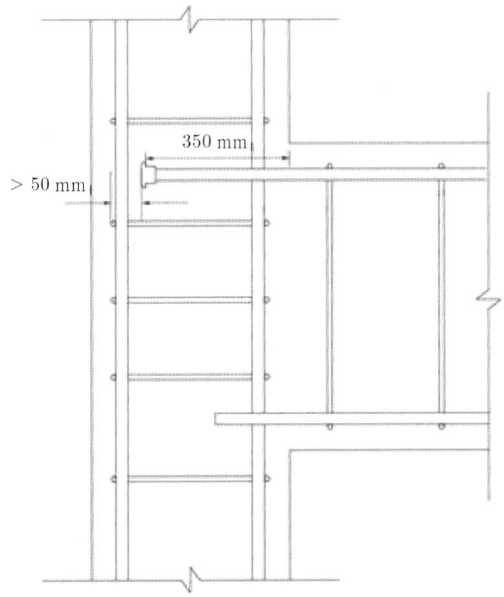

확대머리철근 정착

예제 8.2 연속보의 설계 : 정모멘트 철근의 정착길이

다음 그림과 같은 3경간 이상의 연속보에서 외부경간 정모멘트 철근의 정착길이를 결정하라. 보의 폭과 높이는 각각 400 mm와 600 mm, 콘크리트 설계기준 압축강도 $f_{ck} = 27\ \mathrm{MPa}$, 철근의 설계기준 항복강도 $f_y = 400\ \mathrm{MPa}$, 그리고 보의 자중을 포함하여 보에 작용하는 등분포하중계수 $w_u = 88\ \mathrm{kN/m}$이다.

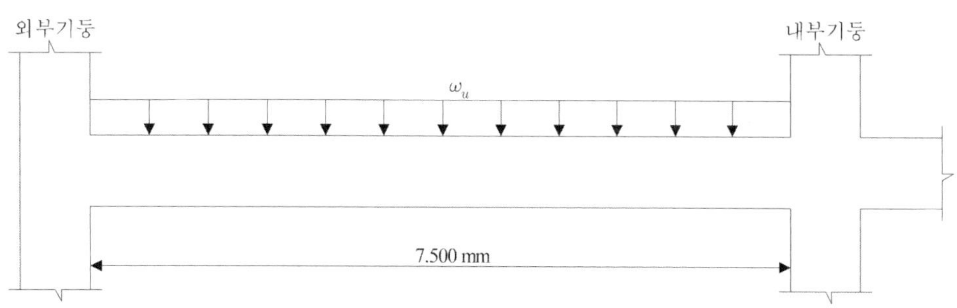

예제 그림 8.2-1

적용기준 | **계산 및 해설**

기준 3.4.1(4)

1. 계수모멘트와 계수전단력 계산

받침부가 기둥인 경우 최외단 받침부 내면에서 부모멘트

$$M_u = \frac{\omega_u {l_n}^2}{16} = \frac{88 \times 7.5^2}{16} = 309.4\ \mathrm{kN \cdot m}$$

최외단 경간의 정모멘트

$$M_u = \frac{\omega_u l_n^2}{14} = \frac{88 \times 7.5^2}{14} = 353.6\ \mathrm{kN \cdot m}$$

첫 번째 내부 받침부 외측면 부모멘트

$$M_u = \frac{\omega_u {l_n}^2}{10} = \frac{88 \times 7.5^2}{10} = 495.0\ \mathrm{kN \cdot m}$$

첫 번째 내부 받침부 외측면 전단력

$$V_u = \frac{1.15\,\omega_u l_n}{2} = \frac{1.15 \times 88 \times 7.5}{2} = 379.5\ \mathrm{kN}$$

적용기준	계산 및 해설

2. 소요철근량 결정

기준 5.4.1④

순피복두께를 40 mm로 가정하고, D25 혹은 D29 철근과 D13 스터럽을 사용하면 유효깊이 $d = 600 - \left(40 + 13 + \dfrac{29}{2}\right) = 532.5\ \mathrm{mm}$, 따라서 $d = 532\ \mathrm{mm}$로 선택

$\dfrac{M_u}{\phi f_{ck} bd^2} = \dfrac{\rho f_y}{f_{ck}}\left(1 - 0.59\rho\dfrac{f_y}{f_{ck}}\right)$, 여기에 $w = \rho\dfrac{f_y}{f_{ck}}$를 대입하면

$\dfrac{M_u}{\phi f_{ck} bd^2} = w(1 - 0.59w)$, 그러므로 w를 구한 후 $A_s = \dfrac{wbdf_{ck}}{f_y}$

받침부가 기둥인 경우 최외단 받침부 내면에서 부모멘트에 대응되는 소요철근량

$$\frac{M_u}{\phi f_{ck} bd^2} = \frac{309.4 \times 10^6}{0.85 \times 27 \times 400 \times 532^2} = 0.119$$

$0.59w^2 - w + 0.119 = 0$, 따라서 $w = 0.129$

그러므로 $A_s = \dfrac{wbdf_{ck}}{f_y} = \dfrac{0.129 \times 400 \times 532 \times 27}{400} = 1{,}853\ \mathrm{mm}^2$

$4 - \mathrm{D}25\,(A_s = 2{,}027\ \mathrm{mm}^2)$ 선택

최외단 경간의 정모멘트에 대응되는 소요철근량

$$\frac{M_u}{\phi f_{ck} bd^2} = \frac{353.6 \times 10^6}{0.85 \times 27 \times 400 \times 532^2} = 0.136$$

$0.59w^2 - w + 0.136 = 0$, 따라서 $w = 0.149$

그러므로 $A_s = \dfrac{wbdf_{ck}}{f_y} = \dfrac{0.149 \times 400 \times 532 \times 27}{400} = 2{,}140\ \mathrm{mm}^2$

$2 - \mathrm{D}25 + 2 - \mathrm{D}29\,(A_s = 2{,}298\ \mathrm{mm}^2)$ 선택

첫 번째 내부 받침부 외측면 부모멘트에 대응되는 소요철근량

$$\frac{M_u}{\phi f_{ck} bd^2} = \frac{495.0 \times 10^6}{0.85 \times 27 \times 400 \times 532^2} = 0.191$$

$0.59w^2 - w + 0.191 = 0$, 따라서 $w = 0.219$

그러므로 $A_s = \dfrac{wbdf_{ck}}{f_y} = \dfrac{0.219 \times 400 \times 532 \times 27}{400} = 3{,}146\ \mathrm{mm}^2$

$4-D32(A_s = 3,177\ mm^2)$ 선택

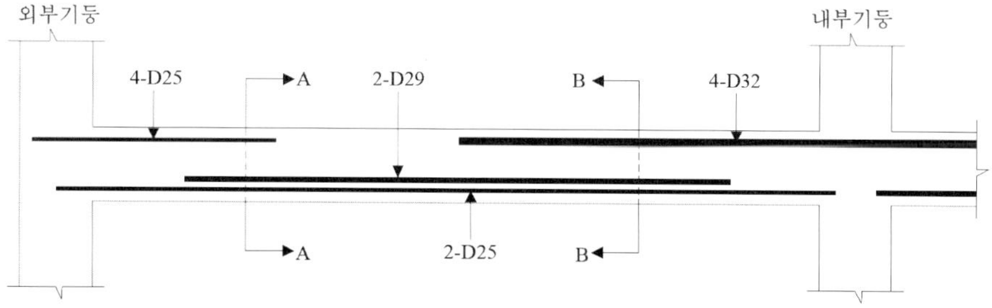

예제 그림 8.2-2

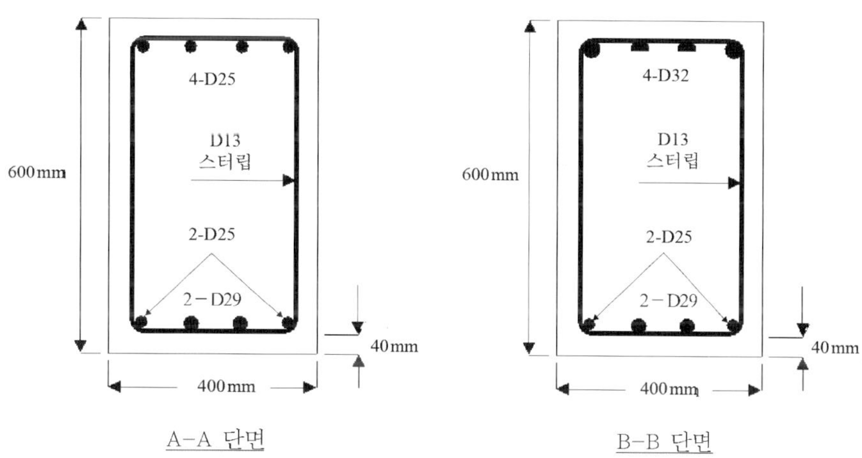

예제 그림 8.2-3

3. 소요전단철근 결정

기준 7.2.1(5) 반침부 내면에서 d만큼 떨어진 단면의 계수전단력

$$V_u = 379.5 - (88 \times 0.532) = 332.7\ kN$$

콘크리트에 의한 전단강도

기준 식 7.3.1

$$V_c = \frac{1}{6}\lambda\sqrt{f_{ck}}bd = \frac{1}{6} \times 1 \times \sqrt{27} \times 400 \times 532 = 184.3\ kN$$

기준 3.3.3(2)

$$\phi V_c = 0.75 \times 184.3 = 138.2\ kN$$

기준 7.4.2(1) 스터럽 D13@200mm를 사용하면

스터럽 간격 $200\ mm < \frac{d}{2} = \frac{532}{2} = 266\ mm$ 〈적합〉

적용기준	☒ 계산 및 해설

전단철근에 의한 전단강도

기준 식 7.4.3

$$\phi V_s = \frac{\phi A_v f_y d}{s} = \frac{0.75 \times (2 \times 126.7) \times 400 \times 532}{200} = 202.2 \text{ kN}$$

그러므로 전단강도는

$$\phi V_n = \phi V_c + \phi V_s = 138.2 + 202.2 = 340.4 \text{ kN} > V_u = 332.7 \text{ kN} \quad \text{〈적합〉}$$

기준 7.4.3

최소 전단철근 검토

$$\frac{1}{2}\phi V_c = \frac{1}{2} \times 138.2 = 69.1 \text{ kN}$$

따라서 $379.5 - (88 \times x) = 69.1$, $x = 3.5$ m

그러므로 전 경간에 걸쳐 200 mm 간격으로 D13 스터럽을 배근

4. 정모멘트 철근의 정착길이

기준 8.5.2

단순부재에서 정모멘트 철근의 $\frac{1}{3}$ 이상, 연속부재에서 정모멘트 철근의 $\frac{1}{4}$ 이상을 부재의 같은 면을 따라 받침부까지 연장해야 한다. 보의 경우는 이러한 철근을 받침부 내로 150 mm 이상 연장해야 한다.

따라서 양쪽 구석의 2 − D25는 (경간 + 150 mm) 이상 연장하여 배근하고, 그 외 2 − D29는 경간 내에서 절단한다.

배근된 정모멘트 철근에 대해 2 − D25에 대한 설계모멘트 $\phi M_n = 187$ kN·m, 그리고 (2 − D25 + 2 − D29)에 대한 설계모멘트 $\phi M_n = 398$ kN·m이다.

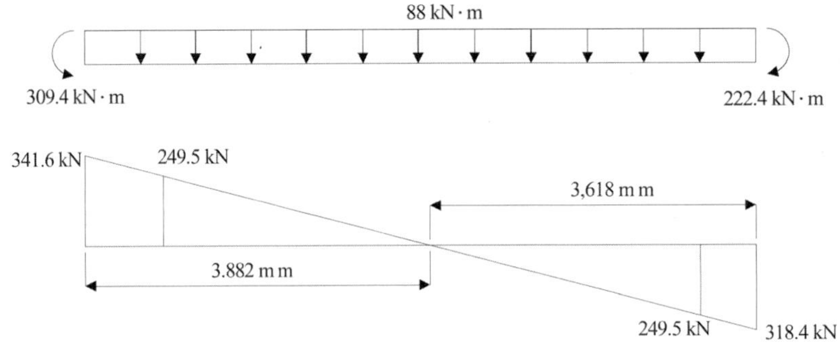

적용기준

계산 및 해설

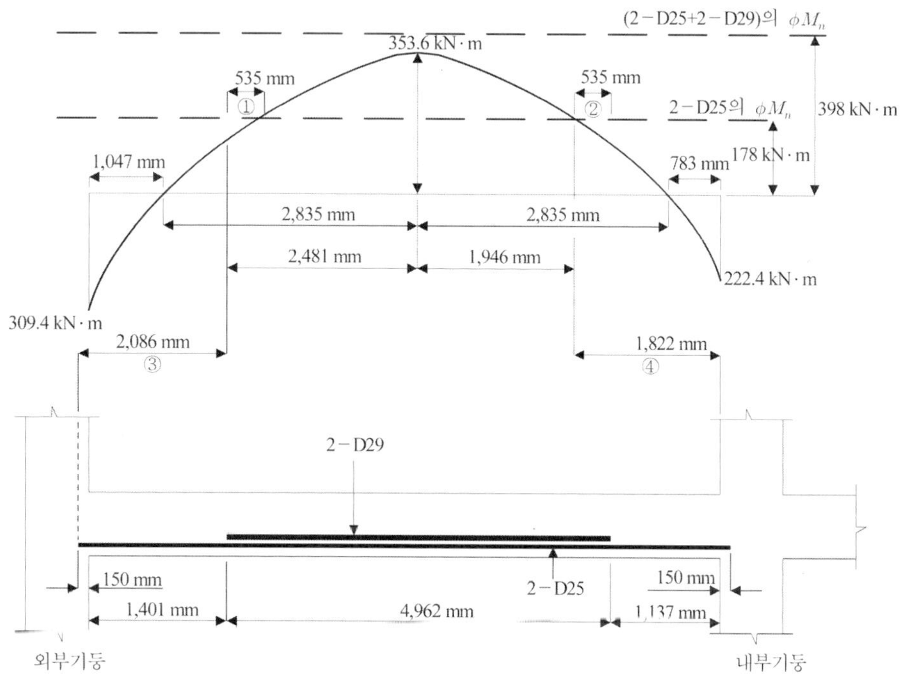

예제 그림 8.2-4

5. 절단점 결정

기준 8.5.1(2) 예제 그림 8.2-4의 ① = ② = 535 mm 길이에 대한 검토

① = ② = 535 mm > $d = 532$ mm

> $12d_b = 12 \times 29 = 348$ mm 〈적합〉

양쪽 구석 2－D25 철근의 정착길이 검토

기준 식 8.2.2

$$l_d = \frac{0.90 d_b f_y}{\lambda \sqrt{f_{ck}}} \frac{\alpha\beta\gamma}{\left(\dfrac{c+K_{tr}}{d_b}\right)} = \frac{0.9 \times 25 \times 400}{1 \times \sqrt{27}} \frac{1 \times 1 \times 1}{\left(\dfrac{44.8+12.7}{25}\right)} = 753 \text{ mm}$$

여기서 철근 중심부터 콘크리트 표면까지 최단거리는 65.5 mm(피복두께 40 mm, 스터럽 13 mm, 철근지름의 $\frac{1}{2}$인 12.5 mm), 철근 중심간 거리의 $\frac{1}{2}$은 44.8 mm ($= (400 - 2(40+13) - 25)/3/2$)이므로 $c = 44.8$ mm

$$K_{tr} = \frac{40 A_{tr}}{sn} = \frac{40 \times 2 \times 126.7}{200 \times 4} = 12.7 \text{ mm}$$

$$\frac{c+K_{tr}}{d_b} = \frac{44.8+12.7}{25} = 2.3 \le 2.5 \quad \text{〈적합〉}$$

그러므로 ③ $= 2{,}086\ \text{mm} > 753\ \text{mm}$ 〈적합〉

④ $= 1{,}822\ \text{mm} > 753\ \text{mm}$ 〈적합〉

2 − D29 철근의 정착길이 검토

2 − D29 철근의 순간격

$$= \frac{1}{3}\{400 - 2\times(40+13+25+29)\} = 62\ \text{mm} > 2d_b = 58\ \text{mm} \quad \text{〈적합〉}$$

$$l_d = \frac{0.90 d_b f_y}{\lambda\sqrt{f_{ck}}}\frac{\alpha\beta\gamma}{\left(\dfrac{c+K_{tr}}{d_b}\right)} = \frac{0.9\times29\times400}{1\times\sqrt{27}}\frac{1\times1\times1}{\left(\dfrac{44.8+12.7}{29}\right)}$$

$$= 1{,}013\ \text{mm} \le 2{,}481\ \text{mm} \quad \text{〈적합〉}$$

6. 변곡점에서 2 − D25 철근의 정착 검토

기준 식 8.5.1

$$l_d \le \frac{M_n}{V_u}$$

2 − D25의 공칭모멘트 $M_n = \dfrac{187}{\phi} = \dfrac{187}{0.85} = 220\ \text{kNm}$

왼쪽 변곡점에서 $V_u = 341.6 - (88\times1.047) = 249.5\ \text{kN}$

$$\frac{M_n}{V_u} = \frac{220\times10^3}{249.5} = 882\ \text{mm}$$

그러므로 $753\ \text{mm} < 882\ \text{mm}$ 〈적합〉

오른쪽 변곡점에서 $V_u = 318.4 - (88\times0.783) = 249.5\ \text{kN}$

$$\frac{M_n}{V_u} = \frac{220\times10^3}{249.5} = 882\ \text{mm}$$

그러므로 $753\ \text{mm} < 882\ \text{mm}$ 〈적합〉

기준 8.5.1(6)

7. 휨철근의 인장구역 절단 검토

왼쪽 받침부의 절단점

$V_u = 341.6 - (88\times1.401) = 218\ \text{kN}$

D13@200 mm의 $\phi V_n = 385\ \text{kN}$

$$\frac{2}{3}\phi V_n = \frac{2}{3}\times385 = 257\ \text{kN} > V_u = 218\ \text{kN} \quad \text{〈적합〉}$$

적용기준	계산 및 해설

오른쪽 받침부의 절단점

$V_u = 318.4 - (88 \times 1.137) = 218\ \mathrm{kN}$

D13@200 mm의 $\phi V_n = 385\ \mathrm{kN}$

$\frac{2}{3}\phi V_n = \frac{2}{3} \times 385 = 257\ \mathrm{kN} > V_u = 218\ \mathrm{kN}$ 〈적합〉

예제 8.3

압축을 받는 다월 철근의 정착 및 이음

그림과 같이 기둥에서 축력이 기초로 전달되도록 다월 철근(Dowel Bar)을 배근하려고 한다. 기둥 주근은 D22 철근을 사용하고 소요철근량은 배근철근량의 0.9배이고, 띠철근은 D10@150을 기둥 단면에 3가닥 배근하였다. 다월 철근은 D19를 사용하고 소요철근량은 배근철근량의 0.8배이다. 사용재료 강도는 아래와 같다.

- 기둥 : $f_{ck} = 30\ \mathrm{MPa}$(일반콘크리트), 기초 : $f_{ck} = 21\ \mathrm{MPa}$(일반콘크리트)
- 철근 : $f_y = 400\ \mathrm{MPa}$

1. 압축을 받는 다월 철근의 기둥 내 겹침이음길이(l_s)를 산정하시오.
2. 압축을 받는 다월 철근의 기초 내 정착길이(l_d)를 산정하시오.

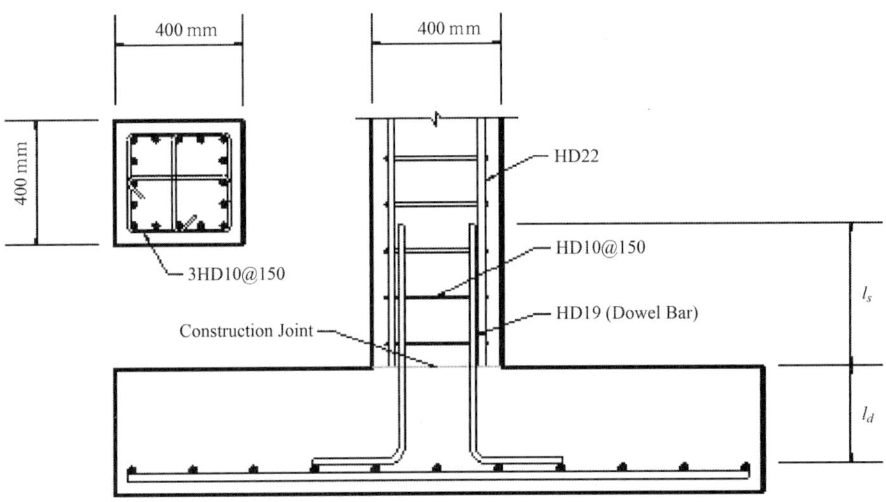

예제 그림 8.3-1

적용기준

계산 및 해설

1. 압축을 받는 다월 철근의 기둥 내 겹침이음길이(l_s)를 산정하시오.

(1) 크기가 큰 압축 이형철근(기둥 주근 D22)의 정착길이

기준 8.2.3(2)

기본정착길이 산정

기준 식 8.2.3

$$l_{db} = \frac{0.25\, d_b f_y}{\lambda \sqrt{f_{ck}}} = \frac{0.25 \times 22.2 \times 400}{1 \times \sqrt{30}} = 405\ \mathrm{mm}$$

여기서 $\lambda = 1.0$ (일반콘크리트)

적용기준	계산 및 해설
	기본정착길이(l_{db})는 $0.043\,d_b f_y$ 이상이어야 함.
	$l_{db} = 405\text{ mm} \geq 0.043 d_b f_y = 0.043 \times 22.2 \times 400 = 382\text{ mm}$ 〈적합〉
기준 8.2.3(3)	보정계수 산정
	해석결과 요구되는 철근량을 초과하여 배치한 경우 : $\left(\dfrac{소요 A_s}{배근 A_s}\right)$
	따라서 보정계수는 $\left(\dfrac{소요 A_s}{배근 A_s}\right) = 0.9$임.
기준 8.2.3(1)	정착길이 산정
	$l_d = l_{db} \times 보정계수 = 405\text{ mm} \times 0.9 = 365\text{ mm}$
	이때 정착길이(l_d)는 항상 200 mm 이상이어야 함.
	$l_d = 365\text{ mm} \geq 200\text{ mm}$ 〈적합〉
	결과 : 크기가 큰 압축 이형철근(기둥 주근 D22)의 정착길이 = 365 mm
	(2) 크기가 작은 압축 이형철근(다월 철근 D19)의 겹침이음길이
기준 8.6.3(1)	겹침이음길이 산정
기준 식 8.6.1	$l_s = \left(\dfrac{1.4 f_y}{\lambda\sqrt{f_{ck}}} - 52\right) d_b = \left(\dfrac{1.4 \times 400}{1 \times \sqrt{30}} - 52\right) \times 19.1 = 960\text{ mm}$
	여기서 $\lambda = 1.0$(일반콘크리트)
	f_y가 400 MPa 이하인 경우 : $0.072 f_y d_b = 0.072 \times 400 \times 19.1 = 550\text{ mm}$
	여기서 겹침이음길이는 960 mm와 550 mm 중 작은 값인 550 mm이며,
	이때 겹침이음길이는 300 mm 이상이어야 함. 〈적합〉
	결과 : 크기가 작은 압축 이형철근(다월 철근 D19)의 겹침이음길이 = 550 mm

적용기준	계산 및 해설

(3) 다월 철근의 기둥 내 겹침이음길이

기준 8.6.3(2)

서로 다른 크기의 철근을 압축부에서 겹침이음하는 경우 이음길이는 크기가 큰 철근의 정착길이와 크기가 작은 철근의 겹침이음길이 중 큰 값 이상이어야 한다.

따라서 겹침이음길이는 크기가 큰 철근(기둥 주근 D22)의 정착길이(365 mm)와 크기가 작은 철근(다월 철근 D19)의 겹침이음길이(550 mm) 중 큰 값인 550 mm이다.

기준 8.8(2)①

띠철근 압축부재의 경우 겹침이음길이 전체에 걸쳐서 띠철근의 유효단면적이 각 방향 모두 $0.0015hs$ 이상이면 겹침이음길이에 계수 0.83을 곱할 수 있다.

여기서 띠철근(D10)의 유효단면적($71.3\ \mathrm{mm}^2 \times 3 = 213.9\ \mathrm{mm}^2$)이

$0.0015hs(= 0.0015 \times 400 \times 150 = 90\ \mathrm{mm}^2)$ 이상이므로

겹침이음길이는 $550\ \mathrm{mm} \times 0.83 = 457\ \mathrm{mm}$임.

이때 겹침이음길이는 300 mm이상이어야 함. 〈적합〉

결과 : 다월 철근의 기둥 내 겹침이음길이 = 457 mm

2. 압축을 받는 다월 철근의 기초 내 정착길이(l_d)를 산정하시오.

(1) 압축 이형철근의 정착길이

기준 8.2.3(2)

기본정착길이 산정

기준 식 8.2.3

$$l_{db} = \frac{0.25 d_b f_y}{\lambda \sqrt{f_{ck}}} = \frac{0.25 \times 19.1 \times 400}{1 \times \sqrt{21}} = 417\ \mathrm{mm}$$

여기서 $\lambda = 1.0$ (일반콘크리트)

기본정착길이(l_{db})는 $0.043 d_b f_y$ 이상이어야 한다.

$l_{db} = 417\ \mathrm{mm} \geq 0.043 d_b f_y = 0.043 \times 19.1 \times 400 = 329\ \mathrm{mm}$ 〈적합〉

기준 8.2.3(3)

보정계수 산정

해석결과 요구되는 철근량을 초과하여 배치한 경우 : $\left(\frac{\text{소요}A_s}{\text{배근}A_s}\right)$

따라서 보정계수는 $\left(\frac{\text{소요}A_s}{\text{배근}A_s}\right) = 0.8$임.

적용기준 | **계산 및 해설**

기준 8.2.3(1)

정착길이 산정

$l_d = l_{db} \times$ 보정계수 $= 417\text{ mm} \times 0.8 = 334\text{ mm}$

이때 정착길이(l_d)는 항상 200 mm 이상이어야 함.

$l_d = 334\text{ mm} \geq 200\text{ mm}$ 〈적합〉

결과 : 다월 철근의 기초 내 성착길이 = 334 mm

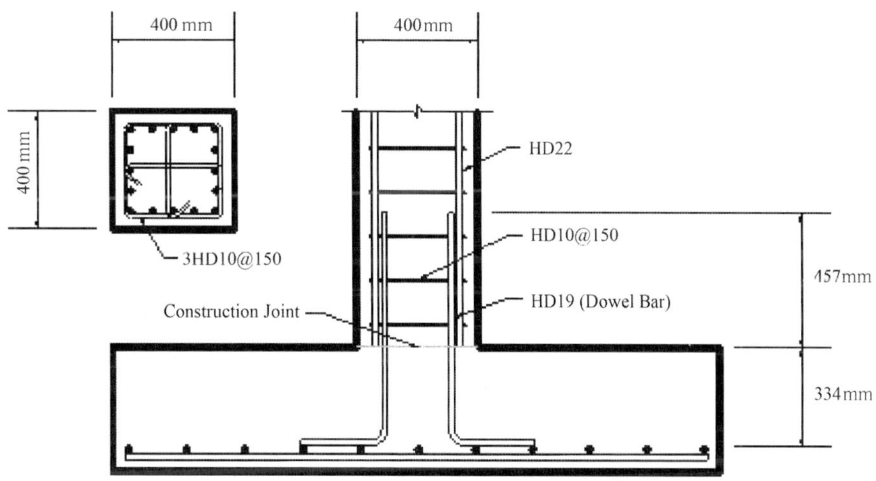

예제 그림 8.3-2

예제 8.4 압축철근의 이음길이와 인장철근의 정착길이

그림과 같은 기둥-보 접합부에서 기둥 주근은 D 25(직경 = 25.4mm, 단면적 = 506.7 mm^2)와 D 29(직경 = 28.6 mm, 단면적 = 642.4 mm^2) 철근을 겹침이음하고, 띠철근은 D 10@150(직경 = 9.53 mm, 단면적 = 71.3 mm^2)으로 배근하려고 한다. 또한, 보 상단의 부모멘트에 대한 소요철근량 1,380 mm^2에 대하여 3 − D 25 (A_s = 1520.1 mm^2)가 사용되고, D 10@300 스터럽으로 횡보강하였다. 사용재료 강도는 f_{ck} = 30 MPa, f_y = 400 MPa이다.

1. 기둥의 압축철근 겹침이음길이(l_s)를 구하라.(단, 소요철근량은 배근철근량의 0.86배)
2. 철근의 기둥면에서 보쪽으로 정착길이(l_d)를 구하라.

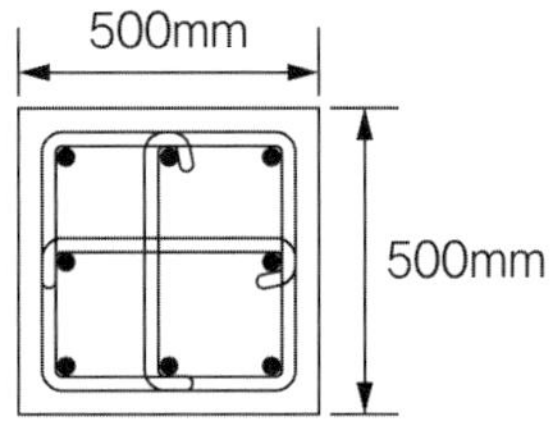

기둥단면

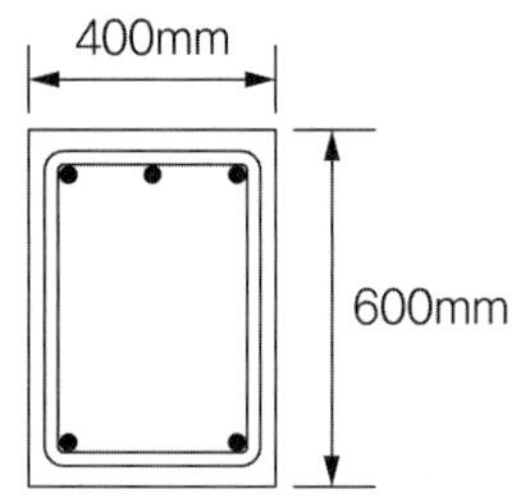

보단면

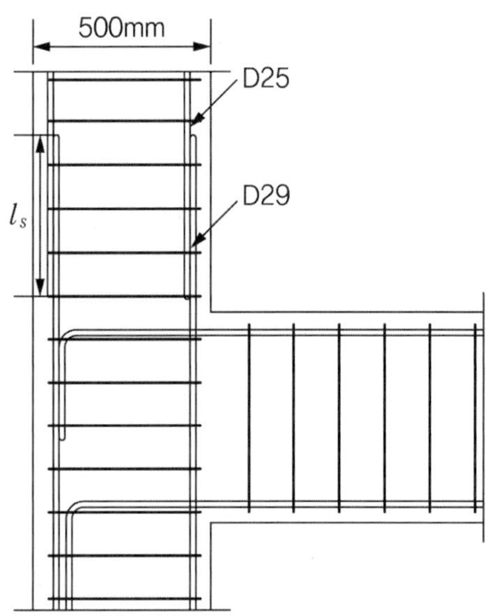

예제 그림 8.4-1

적용기준	계산 및 해설

1. 기둥의 압축철근 겹침이음길이(l_s)를 구하라.(단, 소요철근량은 배근철근량의 0.86배)

기준 8.2.3 (1) 굵은 철근(D29)의 정착길이 계산

기본정착길이 산정

기준 8.2.3

$$l_{db} = \frac{0.25\,d_b f_y}{\lambda\sqrt{f_{ck}}} > 0.0043\,d_b f_y$$

여기서, $\lambda = 1.0$ (일반콘크리트)

$$l_{db} = \frac{0.25\,d_b f_y}{\lambda\sqrt{f_{ck}}} = \frac{0.25 \times 28.6 \times 400}{(1.0)\sqrt{30}} = 522\ \mathrm{mm}$$

$$0.043 d_b f_y = 0.043 \times 28.6 \times 400 = 492\ \mathrm{mm}$$

$$\therefore\ l_{db} = 522\ \mathrm{mm}$$

보정계수 적용

배근된 철근이 소요량 이상으로 과다인 경우: $\left(\frac{소요\ A_s}{배근\ A_s}\right) = 0.86$

지름 6 mm 이상이며 간격 100 mm 이하인 나선철근 또는 압축철근에 대한 설계기준에 따라 배근된 D13 띠철근으로 둘러싸인 압축 이형철근일 경우: 0.75

배근된 기둥의 띠철근이 조건을 충족시키지 못하므로 1.0

$$l_d = \frac{0.25 \times 28.6 \times 400}{1 \times \sqrt{30}} \times 0.86 = 450\ \mathrm{mm}$$

기준 8.6.3) (2) 가는 철근(D25)의 압축철근 겹침이음길이 계산

겹침이음길이 산정

기준 8.6.1

$$l_s = \left(\frac{1.4 f_y}{\lambda\sqrt{f_{ck}}} - 52\right) d_b = \left(\frac{1.4 \times 400}{1 \times \sqrt{30}} - 52\right) \times 25.4 = 1{,}276\ \mathrm{mm}$$

여기서, $f_y \le 400\ \mathrm{MPa}$일 때

$$l_s \le 0.072\,d_b f_y = 0.072 \times 400 \times 25.4 = 732\ \mathrm{mm}$$

그러므로 가는 철근(D25)의 겹침이음길이는 1,276 mm와 732 mm 중 작은 값인 732 mm이며, 필요한 겹침이음길이는 굵은 철근의 정착길이와 가는 철근의 겹침이음길이 중에서 큰 값인 732 mm이다.

적용기준	계산 및 해설

(3) 겹침이음길이 감소계수 계산

겹침이음길이 감소계수

기준 8.8 띠철근 압축부재의 경우 겹침이음길이 전체에 걸쳐 띠철근의 유효단면적이 $0.0015hs$ 이상이면, 겹침이음길이에 계수 0.83을 곱하여 겹침이음길이를 감소시킬 수 있다.

겹침이음길이 구간 내의 띠철근 유효단면적인 $71.3 \times 3 = 214\,\mathrm{mm}^2$이 $0.0015hs = 0.0015 \times 500 \times 150 = 113\,\mathrm{mm}^2$ 이상이므로 적용 가능하다. 따라서 최종 겹침이음길이(l_s)는 $732 \times 0.83 = 607\,\mathrm{mm}$이다.

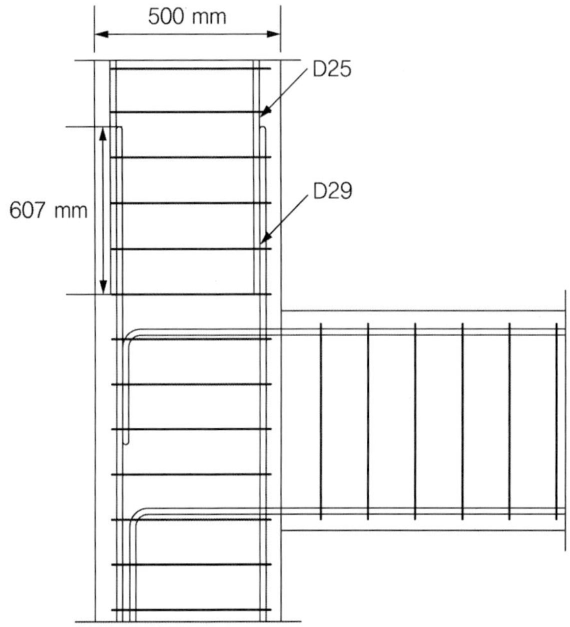

예제 그림 8.4-2 기둥의 겹침이음길이

2. 철근의 기둥면에서 보쪽으로 정착길이(l_d)를 구하라.

기준 8.2.2 (1) 인장 이형철근의 정착

정착길이

기준 8.2.2

$$l_d = \frac{0.90\, d_b f_y}{\lambda \sqrt{f_{ck}}} \frac{\alpha \beta \lambda}{\left(\dfrac{c + K_{tr}}{d_b} \right)}$$

$(c + K_{tr})/d_b \le 2.5$

적용기준	계산 및 해설

$$K_{tr} = \frac{40A_{tr}}{sn}$$

c = 철근간격 또는 피복두께에 관련된 지수

철근 또는 철선의 중심으로부터 콘크리트 표면까지 최단거리 또는 정착되는 철근 또는 철선의 중심간 거리의 1/2 중 작은 값으로 한다.

철근 중심에서 콘크리트 표면까지 최단거리 :

$40+10+25.4/2 = 62.7\ \text{mm}$

철근 중심간 거리 1/2 :

$\{([400-(40+10)\times 2-25.4\times 3]/2)\}+25.4 = 137.3\times 1/2 = 68.7\ \text{mm}$

$\therefore\ c = 62.7\ \text{mm}$

$A_{tr} = 71.3\times 2 = 142.6\ \text{mm}^2,\ \text{s} = 300\ \text{mm},\ \text{n} = 3$

$$K_{tr} = \frac{40A_{tr}}{sn} = \frac{40\times 142.6}{300\times 3} = 6.3\ \text{mm}$$

$$\frac{c+K_{tr}}{d_b} = \frac{62.7+6.3}{25.4} = 2.71 \rightarrow 2.5$$

$\alpha = 1.3,\ \beta = 1.0,\ \gamma = 1.0$

기준 8.2.2(4) $\alpha = 1.3$ (상부철근)

$\beta = 1.0$ (도막되지 않은 철근)

$\gamma = 1.0$ (D22 이상의 철근)

$$\therefore\ l_d = \frac{0.9\,d_b f_y}{\lambda\sqrt{f_{ck}}}\frac{\alpha\beta\gamma}{\left(\dfrac{c+K_{tr}}{d_b}\right)} = \frac{0.9\times 25.4\times 400}{(1.0)\sqrt{30}}\frac{(1.3)(1.0)(1.0)}{(2.5)} = 868\ \text{mm}$$

으로 계산된다.

배근된 철근량 $1{,}520.1\ \text{mm}^2$이 소요철근량 $1{,}380\ \text{mm}^2$을 넘으므로 이에 대한 보정계수는 $\dfrac{1{,}380}{1{,}520.1} = 0.91$

$868\times 0.91 = 790\ \text{mm} \rightarrow 800\ \text{mm}$로 줄일 수 있다.

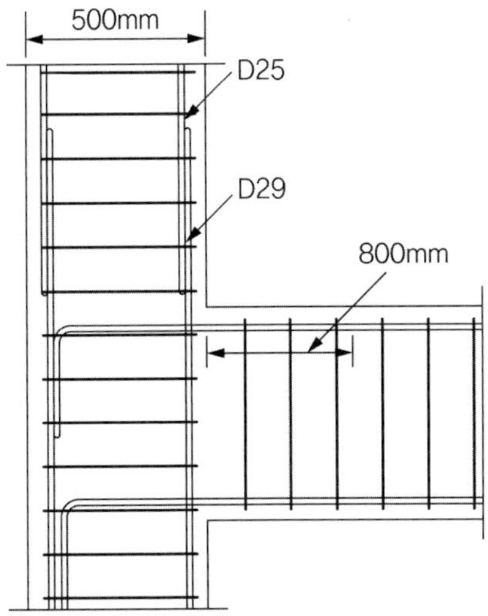

예제 그림 8.4-3 보의 정착길이

제 9 장

프리스트레스트 콘크리트

예제 9.1 프리스트레스 손실 계산

다음 프리텐션 보의 프리스트레스 손실을 계산하라.

활하중 $= 1.915\ \mathrm{kN/m^2} \rightarrow 5.8\ \mathrm{kN/m}$

지붕하중 $= 0.957\ \mathrm{kN/m^2} \rightarrow 2.9\ \mathrm{kN/m}$

고정하중 $= 2.25\ \mathrm{kN/m^2} \rightarrow 6.8\ \mathrm{kN/m}$

경간 $= 14\ \mathrm{m}$

$f_{ci} = 24.5\ \mathrm{MPa}$ ($0.7 f_{ck}$: 긴장시 콘크리트 강도는 설계기준 압축강도의 70 %로 가정)

$f_{ck} = 35\ \mathrm{MPa}$

$8 - \phi 12.7\ \mathrm{mm}$ 저릴랙세이션 긴장재

$A_{ps} = 8 \times (98.71\ \mathrm{mm^2}) = 789.68\ \mathrm{mm^2}$

$e = 248\ \mathrm{mm}$ (모든 긴장재는 직선으로 배치됨)

$f_{pu} = 1{,}860\ \mathrm{MPa}$

$f_{py} = 0.85 f_{pu}$

긴장응력 $f_{pi} = 0.74 f_{pu} = 1{,}376\ \mathrm{MPa}$, $RH = 75\ \%$

기준 식 3.4.3 $f_{cm} = f_{ck} + 4 = 39\ \mathrm{MPa}$

기준 식 3.4.2 $E_c = 8{,}500 \sqrt[3]{f_{cm}} = 8{,}500 \sqrt[3]{39} = 28{,}825\ \mathrm{MPa}$

$E_{ci} = 8{,}500 \sqrt[3]{f_{ci}} = 8{,}500 \sqrt[3]{24.5} = 24{,}687\ \mathrm{MPa}$

$E_{ps} = 2 \times 10^5\ \mathrm{MPa}$

단면상수

$A_c = 2.90 \times 10^5\ \mathrm{mm^2}$

$I_c = 9.35 \times 10^9\ \mathrm{mm^4}$

$y_b = 451\ \mathrm{mm}$

$y_t = 158\ \mathrm{mm}$

V/S(체적/표면적비) $= 34.29\ \mathrm{mm}$

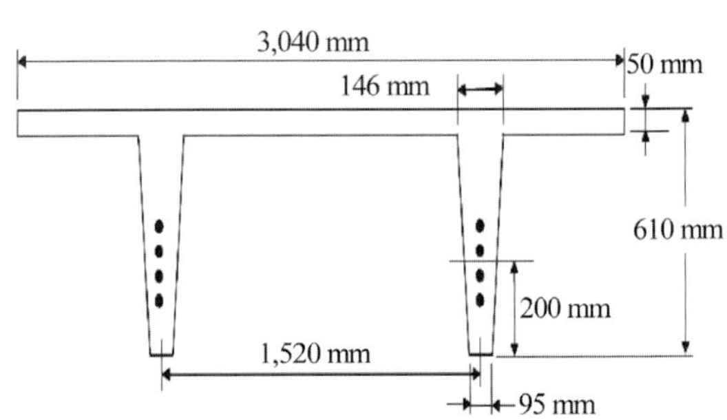

예제 그림 9.1-1 설계단면

프리스트레스 손실을 산출하는 다양한 방법들이 있으나, 이 예제에서는 기준에서 추천하고 있는 아래와 같은 방법을 적용하였다.[9-1)]

9-1) Zia, P. et al., "Estimating Prestress Losses", Concrete International, Vol. 1, No. 6, June 1979, pp.32-38.

적용기준	계산 및 해설

기준 9.4.1

콘크리트의 탄성수축

– 부착 긴장재를 사용한 경우

$$ES = K_{es} E_{ps} \frac{f_{cir}}{E_{ci}}$$

여기서 K_{es} = 프리텐션 부재의 경우 1.0

K_{es} = 포스트텐션 부재의 경우 0.5

$f_{cir} = K_{cir} f_{cpi} - f_g$

여기서 K_{cir} = 프리텐션 부재의 경우 0.9

K_{cir} = 포스트텐션 부재의 경우 1.0

– 비부착 긴장재를 사용한 경우

$$ES = K_{es} E_{ps} \frac{f_{cpa}}{E_{ci}}$$

콘크리트의 크리프

– 부착 긴장재를 사용한 경우

$$CR = K_{cr} \frac{E_{ps}}{E_c}(f_{cir} - f_{cds})$$

여기서 K_{cr} = 프리텐션 부재의 경우 2.0

K_{cr} = 포스트텐션 부재의 경우 1.6

참고 모래경량콘크리트 부재를 사용한 경우에는 K_{cr}이 20 % 감소되어야 한다.

– 비부착 긴장재를 사용한 경우

$$CR = K_{cr} \frac{E_{ps}}{E_c} f_{cpa}$$

콘크리트의 건조수축

$$SH = 8.2 \times 10^{-6} K_{sh} E_{ps} \left(1 - 0.06 \frac{V}{S}\right)(100 - RH)$$

여기서 K_{sh} = 프리텐션 부재의 경우 1.0

K_{sh}는 포스트텐션 부재인 경우 예제 표 9.1-1을 참고하라.

예제 표 9.1-1 포스트텐션 부재에 대한 K_{sh} 값

일자*	1	3	5	7	10	20	32	60
K_{sh}	0.92	0.85	0.80	0.77	0.73	0.64	0.58	0.45

* 습윤양생이 끝난 후부터 긴장력을 도입할 때까지의 경과시간(일)

긴장재의 릴랙세이션

$$RE = [K_{re} - J(SH + CR + ES)]C$$

여기서 K_{re} 및 J의 수치는 예제 표 9.1-2를 참고하고, C의 수치는 예제 표 9.1-3을 참고하라.

예제 표 9.1-2 K_{re} 및 J의 값

긴장재의 유형	K_{re}(MPa)	J
1860 MPa 응력제거 강연선 (270 Grade stress-relieved strand)	137.89	0.150
1720 MPa 응력제거 강연선 (250 Grade stress-relieved strand)	127.55	0.140
1650 MPa 또는 1620 MPa 응력제거 강선 (240 or 235 Grade stress-relieved wire)	121.34	0.130
1860 MPa 저릴랙세이션 강연선 (270 Grade low-relaxation strand)	34.47	0.040
1720 MPa 저릴랙세이션 강선 (250 Grade low-relaxation wire)	31.92	0.037
1650 MPa 또는 1620 MPa 저릴랙세이션 강선 (240 or 235 Grade low-relaxation wire)	30.33	0.035
1000 MPa 또는 1100 MPa 응력제거 강봉 (145 or 160 Grade stress-relieved bar)	41.36	0.050

적용기준

계산 및 해설

예제 표 9.1-3 C의 값

f_{pi}/f_{pu}	응력제거 강연선 또는 강선 (Stress-relieved strand or wire)	응력제거 강봉 또는 저릴랙세이션 강연선 또는 강선 (Stress-relieved bar or low-relaxation strand or wire)
0.80		1.28
0.79		1.22
0.78		1.16
0.77		1.11
0.76		1.05
0.75	1.45	1.00
0.74	1.36	0.95
0.73	1.27	0.90
0.72	1.18	0.85
0.71	1.09	0.80
0.70	1.00	0.75
0.69	0.94	0.70
0.68	0.89	0.66
0.67	0.83	0.61
0.66	0.78	0.57
0.65	0.73	0.53
0.64	0.68	0.49
0.63	0.63	0.45
0.62	0.58	0.41
0.61	0.53	0.37
0.60	0.49	0.33

위에 소개된 방법에 의하여 다음과 같이 응력손실을 계산할 수 있다.

1. 콘크리트의 탄성수축

$$ES = K_{es}E_{ps}\frac{f_{cir}}{E_{ci}} = 1.0\,(2\times 10^5)\frac{5.4}{24,687} = 43.7\ \mathrm{MPa}$$

K_{es} = 프리텐션 부재에 대해 1.0

$$f_{cir} = K_{cir}f_{cpi} - f_g$$

$$= K_{cir}\left(\frac{P_i}{A_c} + \frac{P_i e^2}{I_c}\right) - \frac{M_d e}{I_c}$$

$$= 0.9\left(\frac{1,086,915}{2.90\times10^5}+\frac{1,086,915\times248^2}{9.35\times10^9}\right)-\frac{(166.6\times10^6)\times248}{9.35\times10^9}$$

$$= 5.4\ \mathrm{MPa}$$

K_{cir} = 프리텐션 부재에 대해 0.9

$$P_i = 0.74 f_{pu} A_{ps} = 0.74(1,860)(789.68) = 1,086,916\ \mathrm{N} = 1,087\ \mathrm{kN}$$

$$M_d = \frac{6.8\times14^2}{8} = 166.6\ \mathrm{kN\cdot m}$$

2. 콘크리트의 크리프

$$CR = K_{cr}\frac{E_{ps}}{E_c}(f_{cir}-f_{cds}) = 2.0\times\frac{2\times10^5}{28,825}(5.4-1.9) = 48.6\ \mathrm{MPa}$$

$$f_{cds} = M_{ds}\frac{e}{I_c} = (71.1\times10^6)\frac{248}{9.35\times10^9} = 1.9\ \mathrm{MPa}$$

$$M_{ds} = \frac{w_{ds}l^2}{8} = \frac{2.9\times14^2}{8} = 71.1\ \mathrm{kN\cdot m}\ \text{(지붕하중)}$$

K_{cr} = 프리텐션 부재에 대해 2.0

3. 콘크리트의 건조수축

$$SH = 8.2\times10^{-6}K_{sh}E_{ps}\left(1-0.06\frac{V}{S}\right)(100-RH)$$

$$= 8.2\times10^{-6}\times1.0\times(2\times10^5)\left(1-0.06\times\frac{34.29}{25.4}\right)(100-75)$$

$$= 37.7\ \mathrm{MPa}$$

RH = 상대습도

K_{sh} = 프리텐션 부재에 대해 1.0

V/S는 in. 단위로 사용

4. PS강연선 응력의 릴랙세이션

$$RE = [K_{re} - J(SH + CR + ES)]C$$

$$= [34.5-0.04(37.7+48.6+43.7)]0.95 = 27.8\ \mathrm{MPa}$$

f_{pu} = 1,860 MPa의 저릴랙세이션 강연선 :

$$K_{re} = 34.5\ \mathrm{MPa},\ J = 0.040 \quad \text{[예제 표 9.1-2]}$$

$$C = 0.95\left(\because\ \frac{f_{\pi}}{f_{pu}} = 0.74\right) \quad \text{[예제 표 9.1-3]}$$

5. 프리스트레스 총 손실

$$ES + CR + SH + RE = 43.7 + 48.6 + 37.7 + 27.8 = 157.8\ \mathrm{MPa}$$

6. 긴장력 도입 직후 f_p 및 P_p

긴장력 도입 시 릴랙세이션 손실이 $\frac{1}{4}$ 일어난다고 가정

$$f_p = 0.74 f_{pu} - (ES + 1/4\,RE)$$

$$= 0.74(1{,}860) - [43.7 + 1/4(27.8)] = 1{,}326\ \mathrm{MPa}$$

$$P_p - f_p A_{ps} = 1{,}326 \times 789.68 - 1{,}047{,}115\ \mathrm{N} = 1{,}047\ \mathrm{kN}$$

7. 모든 손실 발생 후 f_{pe} 및 P_e

$$f_{pe} = 0.74 f_{pu} - \text{모든 프리스트레스의 손실}$$

$$= 0.74\,(1{,}860) - 157.8 = 1{,}219\ \mathrm{MPa}$$

$$P_e = f_{pe} A_{ps} = 1{,}219 \times 789.68 = 962{,}619\ \mathrm{N} = 963\ \mathrm{kN}$$

예제 9.2 프리스트레스 도입시 응력 및 사용하중 상태에서의 응력 검토

다음의 단순지지된 더블 T단면의 부재가 긴장 직후와 사용하중 상태에서 허용응력을 만족하는지 검토하라. 단, 다음 부재는 지붕을 지지하는 구조체로 가정한다.

활하중 $= 1.915\ \mathrm{kN/m^2} \rightarrow 5.8\ \mathrm{kN/m}$

지붕하중 $= 0.957\ \mathrm{kN/m^2} \rightarrow 2.9\ \mathrm{kN/m}$

고정하중 $= 2.25\ \mathrm{kN/m^2} \rightarrow 6.8\ \mathrm{kN/m}$

경간길이 $= 14\ \mathrm{m}$

$f_{ci} = 24.5\ \mathrm{MPa}$ ($0.7 f_{ck}$: 긴장시 콘크리트 강도는 설계기준 압축강도의 70%로 가정)

$f_{ck} = 35\ \mathrm{MPa}$

$8 - \phi 12.7\ \mathrm{mm}$ 저릴랙세이션 긴장재

$A_{ps} = 8 \times (98.71\ \mathrm{mm^2}) = 789.68\ \mathrm{mm^2}$

$e = 248\ \mathrm{mm}$ (모든 긴장재는 직선으로 배치됨)

$f_{pu} = 1{,}860\ \mathrm{MPa}$

$f_{py} = 0.85 f_{pu}$

긴장응력 $f_{pi} = 0.74 f_{pu} = 1{,}376\ \mathrm{MPa}$

단면상수

$A_c = 2.90 \times 10^5\ \mathrm{mm^2}$

$I_c = 9.35 \times 10^9\ \mathrm{mm^4}$

$y_b = 451\ \mathrm{mm}$

$y_t = 158\ \mathrm{mm}$

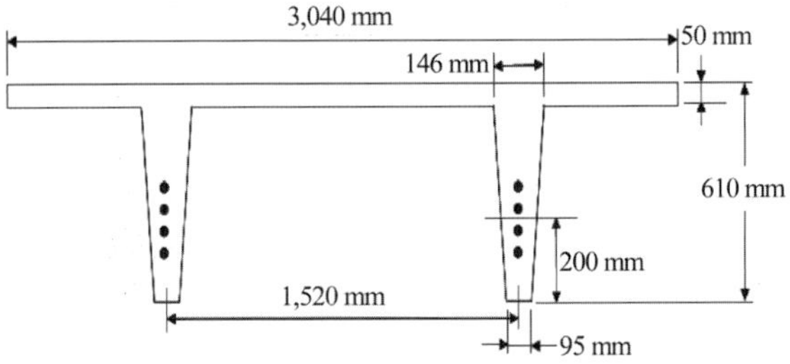

예제 그림 9.2-1 설계단면

적용기준	## 계산 및 해설

기준 9.3

1. 콘크리트 허용응력 계산

기준 9.3.1(1)

긴장력 도입시 (시간에 따른 프리스트레스 손실 발생 전) :

압축 : $0.6f_{ci} = 14.7\,\text{MPa}$ (단순지지 부재 끝단의 경우 $0.7f_{ci} = 17.2\,\text{MPa}$)

인장 : $0.25\sqrt{f_{ci}} = 1.24\,\text{MPa}$(단순지지 부재 끝단의 경우 $0.50\sqrt{f_{ci}} = 2.47\,\text{MPa}$)

기준 9.3.1(2)

사용하중 작용시 (모든 프리스트레스 손실 발생 후) :

압축 : $0.45f_{ck} = 15.8\,\text{MPa}$ → 유효프리스트레스 + 지속하중

압축 : $0.60f_{ck} = 21.0\,\text{MPa}$ → 유효프리스트레스 + 전체하중

인장 : $0.63\sqrt{f_{ck}} = 3.73\,\text{MPa}$ → 비균열등급으로 설계

2. 경간 중앙지점에서의 사용하중 모멘트 계산

$$M_d = \frac{w_d l^2}{8} = \frac{6.8\times 14^2}{8} = 166.6\,\text{kN}\cdot\text{m}\text{(보의 고정하중)}$$

$$M_{ds} = \frac{w_{ds} l^2}{8} = \frac{2.9\times 14^2}{8} = 71.1\,\text{kN}\cdot\text{m}\text{(지붕의 고정하중)}$$

$$M_{sus} = M_d + M_{ds} = 237.7\,\text{kN}\cdot\text{m}\text{(지속하중)}$$

$$M_l = \frac{w_l l^2}{8} = \frac{5.8\times 14^2}{8} = 142.1\,\text{kN}\cdot\text{m}\text{(활하중)}$$

$$M_t = M_d + M_{ds} + M_l = 166.6 + 71.1 + 142.1 = 379.8\,\text{kN}\cdot\text{m}\text{(전체하중)}$$

3. 전달길이 지점에서 사용하중에 의한 모멘트 계산

보의 단부로부터 $50d_b = 635\,\text{mm}$에 전달길이가 위치한다고 가정한다. 보의 단부에서 지지점 중심까지 거리는 $102\,\text{mm}$로 가정한다. 따라서 $x = 635 - 102 = 533\,\text{mm}$이다.

$$M_d = \frac{w_d x}{2}(l - x) = \frac{6.8\times 0.533}{2}(14 - 0.533) = 24.4\,\text{kN}\cdot\text{m}\text{(보의 고정하중)}$$

프리텐션 부재 단부에서는 긴장력 도입 직후의 조건이 전달길이 위치에서 지배되기 때문에 추가적인 모멘트 계산은 불필요하다.

4. 부재단면 상하연에서의 응력은 선형탄성이론에 의해 계산

$$f_t = \frac{P}{A_c} - \frac{Pe}{I_c}y_t + \frac{M}{I_c}y_t$$

$$f_b = \frac{P}{A_c} + \frac{Pe}{I_c}y_b - \frac{M}{I_c}y_b$$

$P = P_p = 1{,}047\ \mathrm{kN}$ (긴장력 도입 직후 : 예제 9.1 참조)

$P = P_e = 962\ \mathrm{kN}$ (사용하중 작용시 : 예제 9.1 참조)

예제 표 9.2-1 긴장력 도입 직후의 콘크리트 응력 (MPa)

	가정한 전달길이 지점		경간 중앙지점	
	상연	하연	상연	하연
P_p / A_c	+3.61	+3.61	+3.61	+3.61
$P_p ey / I_c$	−4.39	+12.52	−4.39	+12.52
$M_d y / I_c$	+0.41	−1.18	+2.82	−8.04
합계	−0.37	+14.95	+2.04	+8.09
허용응력	−2.47	+17.15	+14.7	+14.7
판정	O.K.	O.K.	O.K.	O.K.

주 : 압축(+), 인장(−)

예제 표 9.2-2 사용하중 작용시의 콘크리트 응력 (MPa)

	경간 중앙지점-지속하중		경간 중앙지점-전체하중	
	상부	하부	상부	하부
P_p / A_c	+3.32	+3.32	+3.32	+3.32
$P_p ey / I_c$	−4.03	+11.51	−4.03	+11.51
$M_d y / I_c$	+4.02	−11.47	+6.42	−18.32
합계	+3.31	+3.36	+5.71	−3.49
허용응력	+15.75	+15.75	+21.0	−3.73
판정	O.K.	O.K.	O.K.	O.K.

주 : 압축(+), 인장(−)

예제 9.3 f_{ps}의 근사값을 이용한 프리스트레스트 부재의 휨강도

다음 부재의 휨강도를 산정하라.

$f_{ck} = 35\ \mathrm{MPa}$

$f_{pu} = 1{,}860\ \mathrm{MPa}$

$f_{py} = 0.85 f_{pu}$

$6 - \phi 12.7\ \mathrm{mm}$ 저릴랙세이션 긴장재

$A_{ps} = 6 \times (98.71\ \mathrm{mm}^2) = 592.26\ \mathrm{mm}^2$

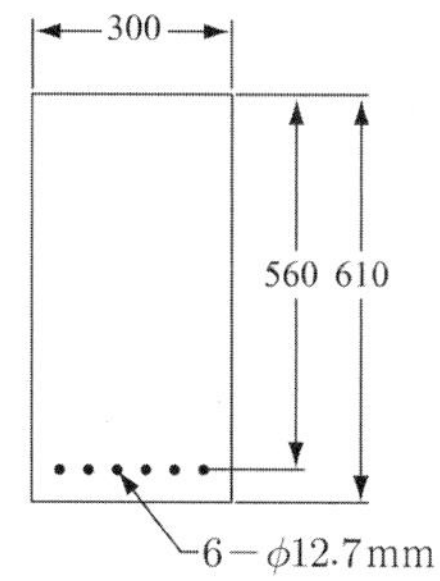

예제 그림 9.3-1 설계단면

적용기준

계산 및 해설

1. f_{ps}의 근사값을 이용하여 프리스트레스된 긴장재의 응력 계산

기준 식 9.5.1

$$f_{ps} = f_{pu}\left[1 - \frac{\gamma_p}{\beta_1}\left\{\rho_p \frac{f_{pu}}{f_{ck}} + \frac{d}{d_p}(\omega - w')\right\}\right]$$

이 예제에서 주어진 단면은 철근이 사용되지 않은 완전 프리스트레스트 부재이므로 식 (9.5.1)은 간략히 다음과 같이 표현될 수 있다.

$$f_{ps} = f_{pu}\left(1 - \frac{\gamma_p}{\beta_1}\rho_p \frac{f_{pu}}{f_{ck}}\right)$$

$$f_{ps} = 1{,}860\left(1 - \frac{0.40}{0.80} \times 3.525 \times 10^{-3} \times \frac{1{,}860}{35}\right) = 1{,}686\ \mathrm{MPa}$$

여기서 $\rho_p = \dfrac{A_{ps}}{bd_p} = \dfrac{592.26}{300 \times 560} = 3.525 \times 10^{-3}$

$\gamma_p = 0.40$ $(\because \dfrac{f_{py}}{f_{pu}} > 0.85)$

기준 6.2.1(8)③

$\beta_1 = 0.80$ $(\because f_{ck} \leq 40\ \mathrm{MPa})$

적용기준	계산 및 해설

2. 공칭휨강도 계산

기준 6.2.1(8)

콘크리트 등가직사각형 압축응력블록의 깊이를 계산한다.

$$a = \frac{A_{ps} f_{ps}}{\eta(0.85 f_{ck}) b} = \frac{592.26 \times 1{,}686}{1.0 \times (0.85 \times 35) \times 300} = 112 \text{ mm}$$

여기서 $\eta = 1.0$ ($\because f_{ck} \leq 40 \text{ MPa}$)

$$M_n = A_{ps} f_{ps}\left(d_p - \frac{a}{2}\right) = 592.26 \times 1{,}686\left(560 - \frac{112}{2}\right)$$

$$= 5.03 \times 10^8 \text{ N}\cdot\text{mm} = 503 \text{ kN}\cdot\text{m}$$

3. 단면의 인장지배 여부 확인

$$c/d_p = (a/\beta_1)/d_p = \left(\frac{112}{0.80}\right)/560 = 0.250$$

기준 6.2.2(4)

$$c/d_p = 0.250 < 0.398$$

$\therefore$ 인장지배이고 $\phi = 0.85$

(위 계산에서 $c/d_p < 0.398$의 조건은 결국 기준 6.2.2(4)에서 제시하고 있는 긴장재 순인장변형률이 0.005를 넘는 조건과 동일하다.

$\because 0.0033/(0.0033 + 0.005) = 0.398$

예제 9.4 변형률 적합조건을 이용한 프리스트레스트 부재의 휨강도

다음과 같이 긴장력이 도입된 긴장재와 도입되지 않은 긴장재가 조합되어 사용된 장방형 단면에 대해 변형률 적합조건을 이용하여 공칭휨강도를 계산하라.

$f_{ck} = 35\ \text{MPa}$

$f_{pu} = 1{,}860\ \text{MPa}$

$f_{py} = 0.85 f_{pu} = 1{,}581\ \text{MPa}$

$E_{ps} = 2 \times 10^5\ \text{MPa}$

$6 - 12.7\ \text{mm}$ 저릴랙세이션 긴장재

긴장응력 $f_{pi} = 0.74 f_{pu} = 1{,}376\ \text{MPa}$

프리스트레스 손실량 $= 218.5\ \text{MPa}$[9-5)]

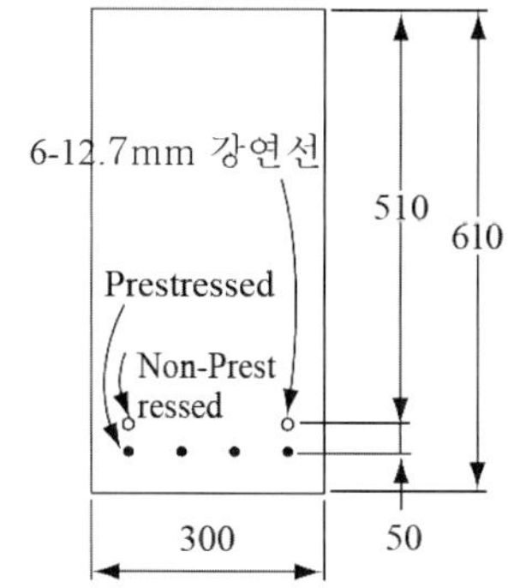

예제 그림 9.4-1 설계단면

적용기준

계산 및 해설

1. 유효프리스트레스에 의한 긴장재의 변형률

$$\varepsilon_{pe} = \frac{(0.74 f_{pu} - losses)}{E_{ps}} = \frac{(0.74 \times 1{,}860 - 218.5)}{(1.965 \times 10^5)}$$

$$= 0.0059$$

2. $f_{ck} = 35\ \text{MPa}$, $\beta_1 = 0.8$일 때 콘크리트 단면의 압축측 최외단의 최대 압축변형률이 0.0033에 도달할 때 중심축으로부터의 거리 c를 계산하고 공칭휨강도의 변형률 분포를 그림으로 나타낸다.

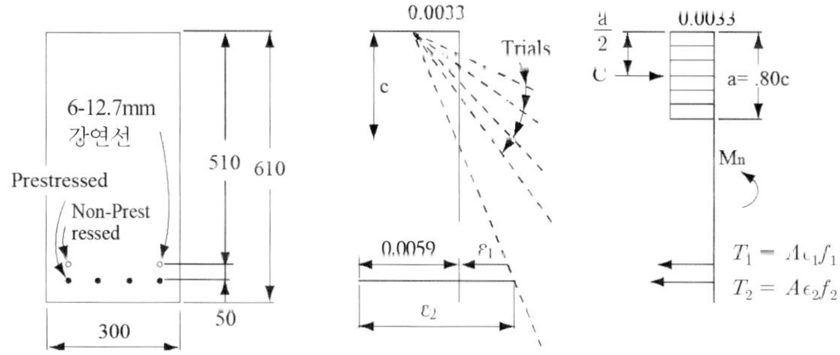

예제 그림 9.4-2 단면의 응력과 변형률 분포

3. 단면에서 힘의 평형방정식

단면의 변형률 분포 그림에서 변형률이 "0"이 되는 중립축에서 단면의 힘의 평형을 계산할 수 있다.

$$C = T_1 + T_2$$

T_1과 T_2를 계산하기 위하여 ε_1과 ε_2를 응력변형률 곡선에 적용한다.

수평힘의 평형은 다음과 같은 과정을 되풀이하면서 얻어지게 된다.

a. c를 가정한다.

b. ε_1과 ε_2를 계산한다.

c. 예제 그림 9.4-3의 응력-변형률 곡선을 이용하여 f_1과 f_2를 찾는다.

d. $a = \beta_1 c$를 계산한다.

e. $C = \eta(0.85 f_{ck})ab$, 여기서 $\eta = 1.0$ ($\because f_{ck} \leq 40\text{ MPa}$)

f. T_1과 T_2를 계산한다.

g. $C = T_1 + T_2$를 이용하여 힘의 평형을 확인한다.

h. 만약 $C = T_1 + T_2$이 성립하지 않을 경우 C를 증가 또는 감소시키고 단계 b로 돌아가 계산을 반복한다.

중립축 위치를 계산하기 위해 긴장된 긴장재는 1,790 MPa, 비긴장 긴장재는 1,378 MPa을 가정하여 첫 번째 시도를 한다.

$$T = \Sigma A_{sp} f_s = 197.42 \times 1{,}378 + 394.84 \times 1{,}790 = 979\text{ kN}$$

$$a = C/(0.85 f_{ck} b) = 979/(0.85 \times 35 \times 300) = 109.69\text{ mm}$$

$$c = a/\beta = 109.69/0.8 = 137.11\text{ mm}$$

오류와 수정과정을 거치면 다음과 같은 표를 얻을 수 있다.

예제 표 9.4-1 적합조건을 이용한 반복계산 결과

Trial	c	ε_1	ε_2	f_1	f_2	a	C	T_1	T_2	$T_1 + T_2$
No.	mm	-	-	MPa	MPa	mm	kN	kN	kN	kN
1	137.11	0.0090	0.0161	1,795	1,780	109.69	979	709	351	1,060
2 〈적합〉	142.94	0.0085	0.0155	1,695	1,780	114.35	1,021	669	351	1,021

4. 공칭휨강도 산정

$C = 1{,}021\ \mathrm{kN}$, $T_1 = 669\ \mathrm{kN}$, $T_2 = 351\ \mathrm{kN}$을 이용하여 T_2의 위치에서 모멘트를 취하면 단면의 공칭휨강도를 산정할 수 있다.

$$M_n = \{[(d_2 - a/2)\times C] - [(d_2 - d_1)\times T_1]\}$$
$$= \{[(560 - 114.35/2)\times 1{,}021\times 10^3] - [(560 - 510)\times 669\times 10^3]\}$$
$$= 4.80\times 10^8\ \mathrm{N\cdot mm} = 480\ \mathrm{kN\cdot m}$$

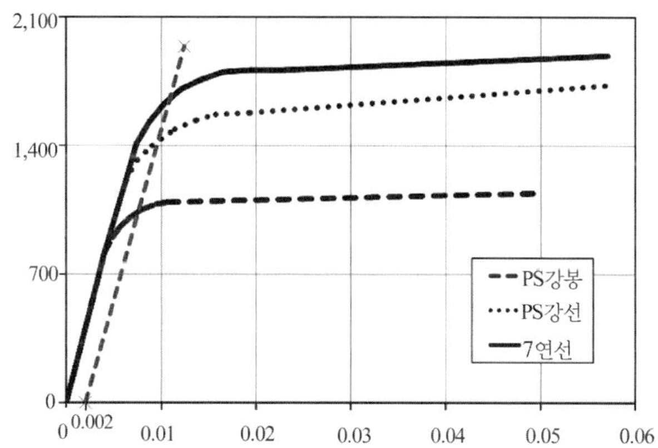

예제 그림 9.4-3 긴장재의 응력-변형률 곡선

예제 9.5 인장지배되는 휨부재의 보강 긴장재량

1. 예제그림 9.5-1에 주어진 보강된 더블 T형 단면의 단면이 인장지배인지를 검토하라.

$f_{ck} = 35\text{ MPa}$

12.7 mm 7-wire 저릴랙세이션 긴장재 22개

$A_{ps} = 22 \times 98.71\text{ mm}^2 = 2,171.62\text{ mm}^2$

$f_{pu} = 1,860\text{ MPa}$

$f_{py} = 0.85 f_{pu} = 1,581\text{ MPa}$

2. 예제 그림 9.5-1의 단면에서 플랜지 두께를 75 mm로 대체하여 전체깊이 815 mm인 단면이 인장지배인지를 검토한다.
(최외각 텐던 중심까지의 거리 760 mm)

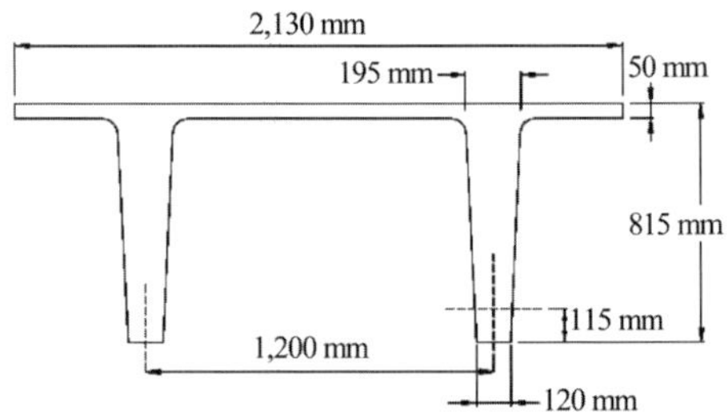

예제 그림 9.5-1 설계단면

적용기준 / 계산 및 해설

1. 예제그림 9.5-1에 주어진 보강된 더블 T형 단면의 단면이 인장지배인지를 검토하라.

(1) 긴장재의 응력 계산

$$w_{pu} = \frac{A_{ps} f_{pu}}{b d_p f_{ck}} = \frac{2,171.62 \times 1,860}{2,130 \times 700 \times 35} = 0.0774$$

$$b = 2,130\text{ mm}$$

$$d_p = 815 - 115 = 700\text{ mm}$$

기준 식 9.5.1

$$f_{ps} = f_{pu}\left[1 - \frac{\gamma_p}{\beta_1}\left\{\rho_p \frac{f_{pu}}{f_{ck}} + \frac{d}{d_p}(\omega - w')\right\}\right]$$

$$= 1,860\left(1 - \frac{0.40}{0.80} \times 0.0774\right) = 1,788\text{ MPa}$$

여기서 $\omega = 0$

$\omega' = 0$

$\gamma_p = 0.40 \; (\because \frac{f_{py}}{f_{pu}} \geq 0.85)$

기준 6.2.1(8)③

$\beta_1 = 0.80 \; (\because f_{ck} \leq 40\text{ MPa})$

적용기준

계산 및 해설

(2) 등가압축응력블록의 높이

$$a = \frac{A_{ps} f_{ps}}{\eta (0.85 f_{ck}) b} = \frac{2{,}171.62 \times 1{,}788}{1.0 \times 0.85 \times 35 \times 2{,}130} = 61.28\ \mathrm{mm} > h_f = 50\ \mathrm{mm}$$

$\eta = 1.0$ ($\because f_{ck} \leq 40\ \mathrm{MPa}$)

등가압축응력블록의 깊이가 가정한 플랜지 두께를 넘기 때문에 T형 보로 계산을 수행한다.

(3) 압축영역 재계산

$$A_c = \frac{A_{ps} f_{ps}}{0.85 f_{ck}} = \frac{2{,}171.62 \times 1{,}788}{0.85 \times 35} = 130{,}516\ \mathrm{mm}^2$$

(4) 등가압축응력블록의 깊이와 중립축 c의 계산

$$A_c = 50 \times 2{,}130 + (a-50) \times 2 \times \left(\frac{195 + \left(195 - \frac{(195-120)}{(815-50)} \times (a-50)\right)}{2} \right)$$

$a = 112.56\ \mathrm{mm}$

$$c = \frac{a}{\beta_1} = \frac{112.56}{0.80} = 140.7\ \mathrm{mm}$$

(5) 인장측 변형률 확인

$$\frac{c}{d_t} = \frac{140.7}{760} = 0.185 < 0.398$$

(단, 치수 "d_t"는 최하단의 텐던 중심까지 거리이다.)

∴ 인장지배단면이다.

주의 1단계에서, 기준 식(9.5.1)은 f_{ps}을 산정하기 위해 사용된다. 하지만 등가응력블록이 단면의 복부에 존재하기 때문에 위에서 계산된 값은 이 예제에 한해 오류가 적을 수 있지만, 식 (9.5.3)에 사용된 w_{pu}의 값은 옳지 않다. 변형률 적합해석을 통하여 다시 계산하면 $c = 144.6\ \mathrm{mm}$, $f_{ps} = 1{,}810\ \mathrm{MPa}$을 가져야 한다.

적용기준

계산 및 해설

2. 앞에 예제 그림 9.5-1의 단면에서 플랜지 두께를 75 mm로 대체하여 전체깊이 815 mm인 단면이 인장지배인지 검토

(1) 9.5-1에서 나온 $f_{ps} = 1{,}788\ \mathrm{MPa}$은 변화가 없다.

(2) 9.5-1에서 단계2의 $a = 61.28\ \mathrm{mm}$는 변화가 없다.

등가압축응력블록이 플랜지 내부에 존재하기 때문에 단면의 휨효율은 예제 그림 9.5-1에 비하여 직사각형 블록으로 효율적이다.

(3) $c\,/\,d_t$비 검토

$$c = \frac{61.28}{0.80} = 76.6\ \mathrm{mm}$$

$$\frac{c}{d_t} = \frac{77.54}{760} = 0.102 < 0.398$$

∴ 인장지배단면이다.

예제 9.6 프리스트레스트 부재의 균열휨강도와 최소 철근량 산정

예제 그림 9.6-1의 프리스트레스트 부재의 균열모멘트강도를 계산하고, 그 최소 철근량을 검토하기 위해 설계휨강도와 비교하라.

$f_{ck} = 35\,\mathrm{MPa}$

$f_{pu} = 1{,}860\,\mathrm{MPa}$

긴장응력 $= 0.7 f_{pu}$

손실 20% 가정

$A_p = 6 \times 98.71 = 592.26\,\mathrm{mm}^2$

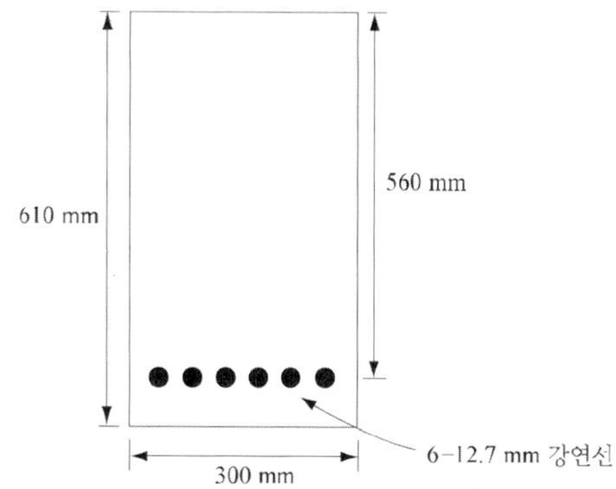

예제 그림 9.6-1 설계단면

적용기준

계산 및 해설

1. 균열휨강도는 다음과 같이 계산할 수 있다.

$$M_{cr} = \left(f_r + \frac{P_{se}}{A_c}\right) S_b + (P_{se} \times e) \qquad f_r = 0.63\sqrt{f_{ck}} = 3.7\,\mathrm{MPa}$$

20 %의 프리스트레스 손실을 가정하면 다음과 같다.

$$P_{se} = 0.8 \times [592.26 \times (0.7 \times 1{,}860)] = 617\,\mathrm{kN}$$

$$S_b = \frac{bh^2}{6} = \frac{300 \times 610^2}{6} = 1.86 \times 10^7\,\mathrm{mm}$$

$$A_c = bh = 300 \times 610 = 183{,}000\,\mathrm{mm}^2$$

$$\bar{y} = \frac{\dfrac{bh^2}{2} + (n-1)A_{ps}\,d_p}{bh + (n-1)\,A_{ps}} = 309.86\,\mathrm{mm}$$

$$e = 309.86 - 50 = 259.86\,\mathrm{mm}$$

$$M_{cr} = \left(3.7 + \frac{617 \times 10^3}{183{,}000}\right) 1.86 \times 10^7 + (617 \times 10^3 \times 259.86)$$

$$2.92 \times 10^8\,\mathrm{N \cdot mm} = 292\,\mathrm{kN \cdot m}$$

주의 균열모멘트는 기준 9.5.2(3)에 의해 최소 철근을 검토하기 위해 계산할 필요가 있다.

적용기준	◪ 계산 및 해설
	2. 기준 9.5.2에 전체 보강재량(철근 및 긴장재)은 적어도 설계모멘트가 균열모멘트의 1.2배 이상이 되도록 산정되어야 한다. 예제 9.3을 예로 들어 계산하면 다음과 같다. $M_n = 503\ \mathrm{kN \cdot m}$ 이고 $\phi M_n \geq 1.2 M_{cr}$ $0.85(503) > 1.2(288.0)$ $427.6\ \mathrm{kN \cdot m} > 345.6\ \mathrm{kN \cdot m}$ 〈적합〉

예제 9.7 균열모멘트강도와 프리스트레스트 합성부재의 최소 보강량 산정

50 mm의 치장표면처리 콘크리트를 갖는 150 mm 프리캐스트 슬래브에 대해서 균열모멘트강도를 계산하라. 바닥은 4,570 mm 길이의 내력벽으로 지지되어 있다. 최소 보강량 만족 여부를 검토하라.

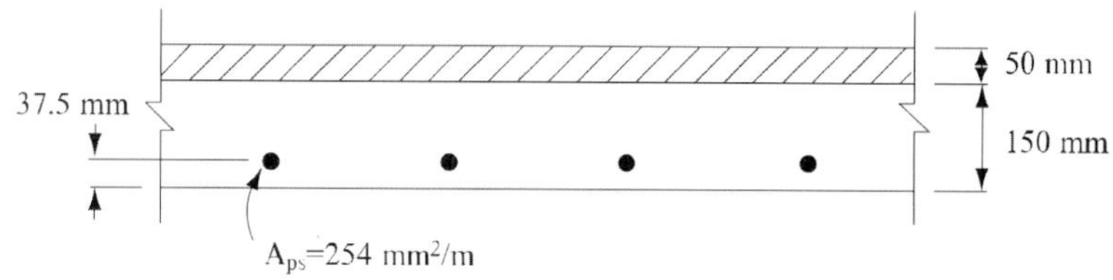

예제 그림 9.7-1 설계단면

$A_c = 46,451\ \text{mm}^2$, $f_{ck} = 35\ \text{MPa}$(전 경량콘크리트, $w_c = 20\ \text{kN/m}^3$)

$S_b = 1,179,868\ \text{mm}^2$, $f_{pu} = 1,725\ \text{MPa}$

$f_{py} = 0.85 f_{pu}$(즉, 응력제거 강선임)

$S_c = 2,174,563\ \text{mm}^2$, 긴장응력 $= 0.70 f_{pu}$

손실은 25%로 가정한다.

적용기준

계산 및 해설

1. 합성된 부재에 대하여 균열모멘트강도 계산

(단, 계산은 단위길이당으로 한다.)

$$M_{cr} = \left(f_r + \frac{P_{se}}{A_c} + \frac{P_{se}e}{S_b}\right)S_c - M_d\left(\frac{S_c}{S_b} - 1\right)$$

$$f_r = 0.75(0.63\sqrt{35}) = 2.80\ \text{MPa}\ (\because\ \text{전 경량콘크리트 사용})$$

손실을 25%로 가정하여 계산하면 다음과 같다.

$$P_{se} = 0.75(254 \times 0.7 \times 1,725) = 230\ \text{kN}$$

$$e = 150/2 - 37.5 = 37.5\ \text{mm}$$

$$\omega_d = (0.15 + 0.05) \times 20 = 4.0\ \text{kN/m}$$

$$M_d = \frac{4 \times 4.570^2}{8} = 10.4\ \text{kN}\cdot\text{m}$$

적용기준	☑ 계산 및 해설

$$M_{cr} = \left[\left(2.80 + \frac{230\times10^3}{46,451} + \frac{230\times10^3\times37.5}{1,179,868}\right)\times2,174,563\right] - \left[10.4\times10^6\left(\frac{2,174,563}{1,179,868} - 1\right)\right]$$

$$= 2.40\times10^7\ \text{N·mm} = 24\ \text{kN·m}$$

2. 설계모멘트강도와 균열모멘트강도를 계산하여 비교

(단, 모든 계산은 단위길이당으로 한다.)

$A_{ps} = 254\ \text{mm}^2/\text{m},\ d_p = 200 - 37.5 = 162.5\ \text{mm}$

기준 식 9.5.1

철근이 사용되지 않은 경우 기준 식 9.5.1을 간략화하면 다음과 같다.

$$f_{ps} = f_{pu}\left[1 - \frac{\gamma_p}{\beta_1}\left\{\rho_p\frac{f_{pu}}{f_{ck}} + \frac{d}{d_p}(\omega - \omega')\right\}\right]$$

$$f_{ps} = f_{pu}\left(1 - \frac{\gamma_p}{\beta_1}\rho_p\frac{f_{pu}}{f_{ck}}\right)$$

$$f_{ps} = f_{pu}\left(1 - \frac{\gamma_p}{\beta_1}p_p\frac{f_{pu}}{f_{ck}}\right) = 1,725\times\left(1 - \frac{0.40}{0.80}\times0.001563\times\frac{1,725}{35}\right)$$

$$= 1,659\ \text{MPa}$$

여기서 $\rho_p = \dfrac{A_{ps}}{bd_p} = \dfrac{254}{1,000\times162.5} = 0.001563$

$\omega = 0$

$\omega' = 0$

$\gamma_p = 0.40\ \left(\because \dfrac{f_{py}}{f_{pu}} \geq 0.85\right)$

기준 6.2.1(8)③

$\beta_1 = 0.80\ (\because f_{ck} \leq 40\ \text{MPa})$

$$a = \frac{A_{ps}f_{ps}}{\eta(0.85f_{ck})b} = \frac{254\times1,659}{1.0\times0.85\times35\times1,000} = 14.16\ \text{mm}$$

$\eta = 1.0\ (\because f_{ck} \leq 40\ \text{MPa})$

$M_n = A_{ps}f_{ps}(d_p - a/2) = 254\times1,659\times[162.5 - (14.16/2)] = 65.5\ \text{kN·m}$

$\phi M_n = 0.85(65.5) = 55.7\ \text{kN·m}$

$\phi M_n \geq 1.2(M_{cr})$

$55.7 \geq 1.2(24) = 28.8\ \text{kN·m}$

예제 9.8 프리스트레스트 압축부재

다음 그림에 주어진 단주단면에서 공칭축하중 $P_n = 135\ \mathrm{kN}$에 대한 공칭모멘트강도 M_n을 계산하라.

$f_{ck} = 35\ \mathrm{MPa}$

$f_{pu} = 1{,}860\ \mathrm{MPa}$

긴장응력 $= 0.70 f_{pu}$

손실은 10%로 가정한다.

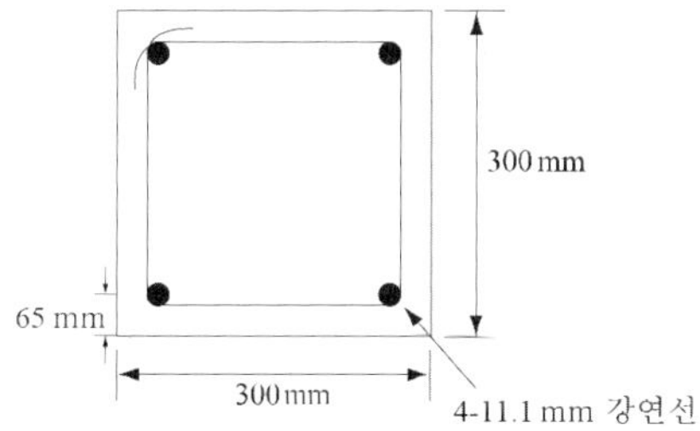

예제 그림 9.8-1 설계단면

적용기준

계산 및 해설

콘크리트구조기준 식 9.5.1은 프리스트레싱 강재가 압축영역일 때 사용해서는 안 된다. 휨부재에서 사용된 변형률 적합조건을 여기에서 사용해야 한다. 축하중을 받는 부재는 휨부재와 달리 하중 P_n을 단면에서 힘의 평형방정식에서 포함하여 계산해야 한다.

1. 유효긴장력 산정

$$f_{pe} = 0.9 \times 0.7 \times 1{,}860 = 1{,}171.8\ \mathrm{MPa}$$

$$P_e = 4 \times 74.19 \times 1{,}171.8 = 348\ \mathrm{kN}$$

기준 9.7.2(2)

2. 기둥단면의 평균프리스트레스(압축응력) 산정

$$f_{pc} = \frac{P_e}{A_g} = \frac{348 \times 10^3}{300 \times 300} = 3.86\ \mathrm{MPa}$$

$f_{pc} = 3.86\ \mathrm{MPa} \geq 1.6\ \mathrm{MPa}$이기 때문에 기준 9.7.2(2)의 요구사항을 만족시키는 횡방향 구속철근을 배치해야 한다.

3. 프리스트레싱재의 유효변형률 산정

기준 3.4.3 (3)

$$\varepsilon = \frac{f_{pe}}{E_{ps}} = \frac{1{,}171.8}{200{,}000} = 0.0059$$

4. $f_{ck} = 35\,\text{MPa}$, $\beta_1 = 0.8$일 때 콘크리트 압축측 최외단이 최대 압축변형률 0.0033에 도달했을 때 중심축으로부터의 거리 c를 계산하고, 공칭모멘트강도를 산정할 때 변형률 분포를 그림으로 나타낸다.

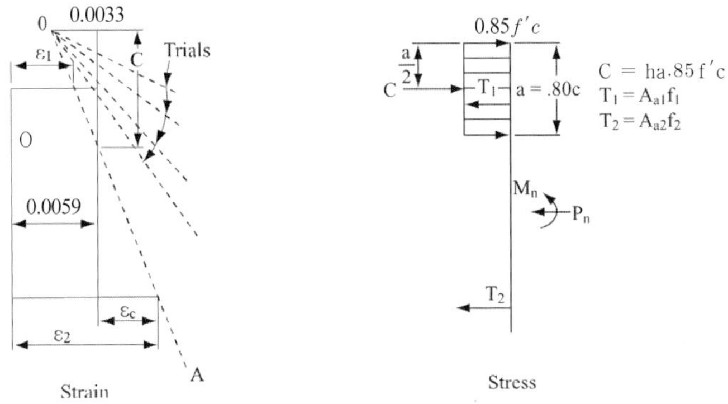

예제 그림 9.8-2 변형률과 응력의 분포

5. 단면에서의 평형방정식을 얻을 수 있으며, 위의 그림과 같이 변형률 OA가 그려지며 단면에서의 축방향으로 힘의 평형을 산정할 수 있다.

$$C = T_1 + T_2 + P_n$$

이것은 예제 9.4와 같은 시행착오법에 의하여 가능하다. C를 변수로 하여 반복계산하면 다음과 같은 표를 얻을 수 있다.

예제 표 9.8-1 적합조건을 이용한 반복계산 결과

예상	c	ε_1	ε_2	f_1	f_2	a	C	T_1	T_2	$T_1+T_2+P_n$
No.	(mm)	-	-	(MPa)	(MPa)	(mm)	(kN)	(kN)	(kN)	(kN)
1	80	0.0053	0.0123	1,030	1,808	64.0	571	153	268	556
2	75	0.0055	0.0129	1,065	1,814	60.0	536	158	269	562
3 〈적합〉	78.2	0.0053	0.0125	1,042	1,810	62.6	558	155	269	558

여기서, 긴장재의 응력-변형률 특성은 PCI(2007)의 근사식을 사용하였다. 설계자의 판단에 따라 단순화된 직선근사식을 적용할 수 있다.[9-2)]

9-2) "PCI HAND BOOK-Precast and Prestressed Concrete", MNL 120-10 8th Edition, Precast/Prestressed Concrete Institue, Chicago, 2018, p.15-30

적용기준

계산 및 해설

6. 공칭강도 계산

$C = 558\,\mathrm{kN}$, $P_n = 135\,\mathrm{kN}$, $T_1 = 155\,\mathrm{kN}$, $T_2 = 269\,\mathrm{kN}$을 사용할 경우 모멘트 강도는 단면의 도심에 위치해 있는 P_n의 위치에서 모멘트를 취하면 다음과 같이 계산될 수 있다.

$$M_n = \{[(h/2 - a/2) \times C] - [(h/2 - 65) \times T_1] + [(h/2 - 65) - T_2]\} \times 10^{-3}$$
$$= [(118.7 \times 558) - (85 \times 155) + (85 \times 269)] \times 10^{-3}$$
$$= 75.9\ \mathrm{kN \cdot m}$$

7. 설계강도 계산

$$\varepsilon_t = \varepsilon_2 - 0.0059 = 0.0125 - 0.0059 = 0.0066 > 0.005$$

따라서 이 예제의 단면은 인장지배이기 때문에 강도감소계수를 $\phi = 0.85$로 사용해야 한다.

$$\phi P_n = 0.85 \times 135 = 115\,\mathrm{kN}$$

$$\phi M_n = 0.85 \times 75.9 = 64.5\ \mathrm{kN \cdot m}$$

예제 9.9 완전균열단면의 설계

다음 단면에 대한 사용성을 검토하라.

$f_{ck} = 40\ \mathrm{MPa}$

$d_p = 660\ \mathrm{mm}$

유효프리스트레스 $f_{se} = 1{,}034\ \mathrm{MPa}$

감압응력(Decompression stress)

$f_{dc} = 1{,}117\ \mathrm{MPa}$

부재경간 = 12 m

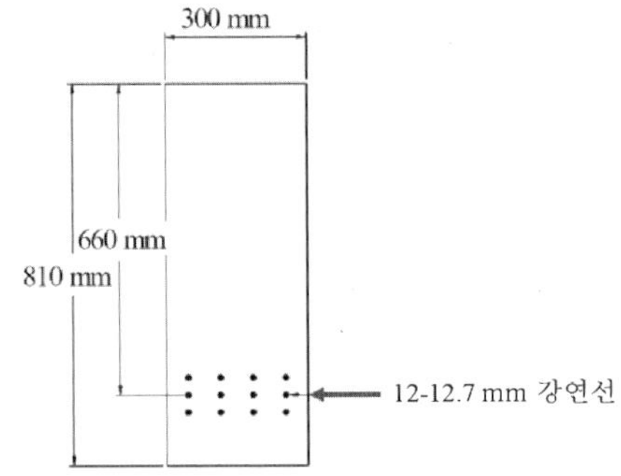

예제 그림 9.9-1 설계단면

	w (kN / m)	중앙점의 모멘트 (kN · m)
자중	6.5	117
추가 고정하중	15.0	270
활하중	20.0	360
합계	41.5	747

적용기준

계산 및 해설

1. 순단면적을 사용한 사용하중이 작용할 때 인장응력 검토

$$A_{ps} = 12 \times 98.71 = 1{,}184.5\ \mathrm{mm}^2,\ P = A_{ps} f_{pe} = 1{,}184.5 \times 1{,}034 = 1{,}225\ \mathrm{kN}$$

$$e = 660 - 810/2 = 255\ \mathrm{mm}$$

$$S = \frac{bh^2}{6} = \frac{300 \times 810^2}{6} = 3.28 \times 10^7\ \mathrm{mm}^3$$

$$P/A = \frac{1{,}225 \times 10^3}{243{,}000} = 5.04\ \mathrm{MPa}$$

$$Pe/S = \frac{1{,}225 \times 10^3 \times 255}{3.28 \times 10^7} = 9.52\ \mathrm{MPa}$$

$$\Sigma M/S = -\frac{747 \times 10^6}{3.28 \times 10^7} = -22.77\ \mathrm{MPa}$$

총합 : $-8.21\ \mathrm{MPa}$ (인장)

$$1.0\sqrt{f_{ck}} = \sqrt{40} = 6.32\ \mathrm{MPa}$$

기준 9.2.2 인장응력이 $1.0\sqrt{f_{ck}}$를 초과하기 때문에 설계는 완전균열등급의 단면으로 설계한다.

적용기준 | 계산 및 해설

2. 균열단면 해석

균열단면 해석은 일반적인 철근콘크리트의 환산단면적 개념과 일치한다. 철근(긴장재)의 단면적을 환산된 단면으로 대체하는데, 이는 실제 철근(또는 긴장재)의 단면적에 탄성계수비(콘크리트에 대한 강재의 탄성계수비)를 곱하여 산정한다.

탄성계수비 $n = 200,000/30,008 - 6.66$

$E_c = 8,500\sqrt[3]{f_{cm}} = 8,500\sqrt[3]{(40+4)} = 30,008\text{ MPa}$

힘 P_{dc}는 감압영역에서 (긴장재 위치의 콘크리트 응력이 0 되는 하중단계)

$P_{dc} = A_{ps}f_{dc} = 1,184.5\times 1,117 = 1,323,087\text{ N} = 1,323\text{ kN}$

3. $\triangle f_{ps}$의 계산

단면 상부의 응력은 앞서 1에서 계산된 응력을 이용하여 계산할 수 있다.

$$P/A = \frac{1,225\times 10^3}{243,000} = 5.04\text{ MPa}$$

$$Pe/S = -\frac{1,225\times 10^3\times 255}{3.28\times 10^7} = -9.52\text{ MPa}$$

$$\Sigma M/S = \frac{747\times 10^6}{3.28\times 10^7} = 22.77\text{ MPa}$$

총합 : 18.29 MPa (압축)

중립축 깊이(c)를 계산하기 위하여 예제 그림 9.9-1을 참고하여 힘의 평형방정식을 세우면

$f_c bc\frac{1}{2} - \left[n\frac{f_c}{c}(d_p - c) + f_{dc}\right]A_{ps} = 0$이 되고, 이 식은 2차방정식이므로 c에 대하여 풀이하면 $c = 499\text{ mm}$가 된다. 이를 이용하여 긴장재 도심 위치에서 콘크리트 응력을 산정하면

$$\frac{\Delta f_{ps}}{n} = \frac{f_c}{c}(d_p - c) = \frac{18.29}{499}(660-499) = 5.90\text{ MPa}$$

이 되므로 긴장재의 응력은 $\Delta f_{ps} = 6.66\times 5.90 = 39.29\text{ MPa}$로 산정된다.

적용기준	계산 및 해설

기준 9.3.1(4)

4. $\triangle f_{ps}$의 검토 제한

$\triangle f_{ps}$는 250 MPa인 기준 9.3.1(4)의 제한값보다 낮다. 〈적합〉

$\triangle f_{ps}$는 140 MPa보다 낮기 때문에 기준 9.3.1(4)①과 기준 9.3.1 (4)②의 보강재 최대 간격은 적용할 필요가 없다.

5. 처짐 검토

완전균열등급 부재에서는 활하중에 의한 처짐검토 시 균열단면 해석이 요구된다. 본 예제에서는 참고문헌[9-3]에 제시된, 이단선형모멘트 관계(bilinear moment-deflection relationship)를 사용하였다.

- P_{dc}를 사용하여 균열모멘트 M_{cr}을 산정

$$\frac{P}{A} + \frac{Pe}{S} + \frac{M_{cr}}{S} = f_r$$

파괴계수 $f_r = 0.63\sqrt{f_{ck}} = 0.63\sqrt{40} = 3.98\ \mathrm{MPa}$

$M_{cr} = (5.44 + 10.29 + 3.98) \times 3.28 \times 10^7 = 6.46 \times 10^8\ \mathrm{N \cdot mm} = 646\ \mathrm{kN \cdot m}$

$M_d = 117 + 270 = 387\ \mathrm{kN \cdot m}$

$M_{cr} - M_d = 259\ \mathrm{kN \cdot m}$ = 균열 전단면에 적용된 활하중

$M_l = 360 - 259 = 101\ \mathrm{kN \cdot m}$ = 균열 단면에 적용된 활하중

- 균열 전후의 처짐량 계산

$$\triangle L_{균열전} = \frac{5}{48}\frac{259 \times 10^6 \times l^2}{EI_g} = \frac{5}{48}\frac{259 \times 10^6 \times 12{,}000^2}{30{,}008 \times 1.329 \times 10^{10}}$$

$$= 9.74\ \mathrm{mm}$$

$$\triangle L_{균열후} = \frac{5}{48}\frac{101 \times 10^6 \times l^2}{EI_{cr}} = \frac{5}{48}\frac{101 \times 10^6 \times 12{,}000^2}{30{,}008 \times 4.369 \times 10^9}$$

$$= 11.56\ \mathrm{mm}$$

$\triangle L_{Total} = 21.3\ \mathrm{mm}$

$\triangle L_{Total} \le l/360 = 12{,}000/360 = 33.33\ \mathrm{mm}$ 〈적합〉

9-3) "PCI HAND BOOK-Precast and Prestressed Concrete", MNL 120-04 8th Edition, Precast/Prestressed Concrete Institute, Chicago, 2018, p.5-111

적용기준

계산 및 해설

활하중에 의한 처짐은 다음 그래프에 나타낸 바와 같다.

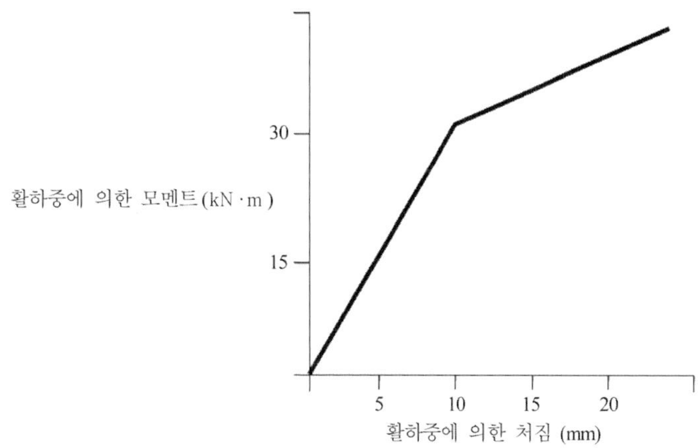

예제 그림 9.9-2 하중과 처짐 관계

예제 9.10 2방향 프리스트레스트 슬래브의 설계

다음 예제 그림 9.10-1은 2방향 프리스트레스트 플랫 플레이트의 평면과 단면 그림이며, 이를 바탕으로 2방향으로 직교하는 등가골조를 설계하라.

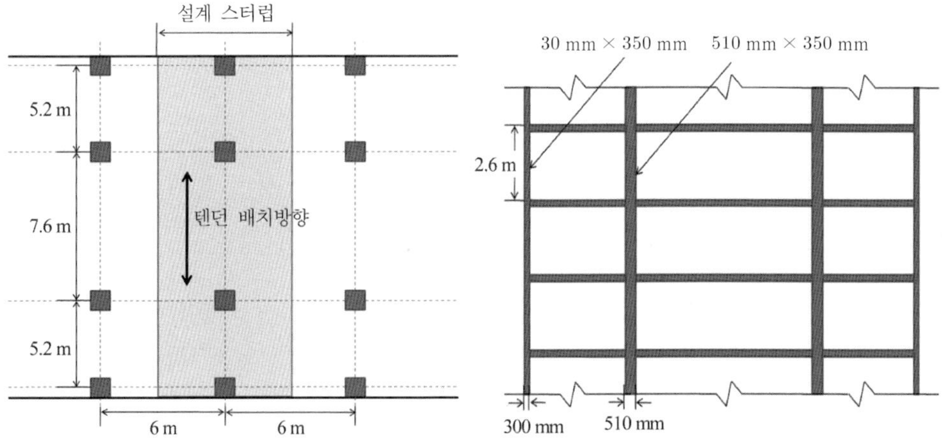

예제 그림 9.10-1 예제 평면 및 입면

예제 표 9.10-1 설계 기본사항

설계하중 및 일반사항		
하 중	고정하중(DL)	23.0 kN/m^3
	활하중(LL)	1.4 kN/m^2
	추가 고정하중(SDL)	0.72 kN/m^2
내 화 시 간	2시간	피복두께 20 mm로 가정
층 고	2.6 m	
슬래브 두께	165 mm	

재 료		
콘 크 리 트	f_{ck}	27 MPa
철 근	f_y	400 MPa
긴장재 (SWPC 7BL, $\phi = 12.7$ mm)	f_{pu}	1,860 MPa
	f_{py}	1,640 MPa
	A_{ps}	98.71 mm^2
긴 장 력	$0.8 f_{pu}$	

적용기준

계산 및 해설

1. 슬래브 두께

2방향 슬래브의 경우 일반적으로 경간/깊이비(span/depth ratio)가 45 정도일 때 경제성을 확보하면서도 우수한 구조성능을 가질 수 있는 것으로 알려져 있다.[9-4)]

$$\therefore \ \frac{l}{h} = 45 \Rightarrow \frac{l}{45} = \frac{7,600}{45} = 169\,\text{mm}$$

따라서 슬래브 두께를 165 mm로 선택한다.

(1) 외부경간

슬래브 자중	$23\,\text{kN/m}^3 \times 0.165 = 3.8\,\text{kN/m}^2$	사용하중 및 계수하중(kN/m^2)	
추가 고정하중	$0.72\,\text{kN/m}^2$	사용하중	6.15
저감된 활하중	$1.63\,\text{kN/m}^2$	계수하중	8.02

(2) 내부경간

슬래브 자중	$23\,\text{kN/m}^3 \times 0.165 = 3.8\,\text{kN/m}^2$	사용하중 및 계수하중(kN/m^2)	
추가 고정하중	$0.72\,\text{kN/m}^2$	사용하중	5.90
저감된 활하중	$1.40\,\text{kN/m}^2$	계수하중	7.64

2. 설계절차

텐던은 포물선 배치로 가정하고, 중력하중에 대하여 기준 10.5에 따라 등가골조법으로 설계한다. 주요단면 및 위치에서 휨강도를 검토하고, 기준 9.3.1, 기준 9.2.2의 허용응력에 따라 등가하중과 텐던의 긴장력을 수정한다.

최종적으로 텐던의 긴장력이 결정되면 골조의 계수하중에 의한 모멘트를 결정하고, 프리스트레스 힘에 의한 2차모멘트를 산정한다. 다음으로 계수하중에 의한 모멘트와 2차모멘트를 조합하여 최종 설계모멘트를 결정한다. 다음으로 기준 9.5.3에 따라 최소 철근량을 결정하고 배치한다.

9-4) "Design of Post-Tensioned Slab Using Unboned Tendons", PTI, 3rd. ed, Pheonix, AZ, 2004

휨강도를 검토한 후 강도가 부족하면 철근을 추가로 배치하고, 수직력(중력방향)에 의한 전단뿐만 아니라 기둥에서의 모멘트 전달에 의한 전단응력까지 포함하여 전단강도를 검토한다. 그리고 기준 7.12.2에 따라 산정된 전단강도와 허용수치와 비교하고 안정성을 검토한다.

3. 등가하중

유효프리스트레싱 힘(P_{se})을 산정하기 위해 텐던이 중앙경간(가장 긴 경간) 슬래브 자중의 80 %에 해당하는 등가하중을 적용하는 것으로 가정하고, 텐던의 프로파일은 허용 가능한 최대의 sag(새그)를 가진 포물선형태로 배치하여 설계한다.

$$w_{bal} = 23\ \mathrm{kN/m^3} \times 0.165\ \mathrm{m} \times 0.8 = 3.04\ \mathrm{kN/m^2}$$

$$w_{bal}/\mathrm{m} = 3.04\ \mathrm{kN/m}$$

(자중의 80 %에 해당하는 등가하중 산정 : 1차 시도)

이 예제에서 설계방향은 예제 그림 9.10-1에 텐던 배치방향으로 나타낸 방향이다. 슬래브 중앙부에 배근되는 하부철근을 D13으로 가정한다. 콘크리트 외단에서 텐던 중앙까지 거리를 25 mm로 가정하고 최외단에서 긴장재가 단면 도심에 위치하게 하면 다음과 같은 sag(새그)가 계산된다.

(1) 중앙경간

$$a = 165 - 25 - 25 = 115\ \mathrm{mm}$$

예제 표 9.10-2 유효긴장력 산정

중앙경간	$w_{bal} = \dfrac{8P_{se}a}{l^2}$, $a = 0.115\,\mathrm{m}$	$P_{se} = \dfrac{w_{bal}\,l^2}{8a} = \dfrac{3.04 \times 7.6^2}{8 \times 0.115} = 191\,\mathrm{kN}$

예제 표 9.10-3 긴장력의 손실 및 유효긴장력

텐던	초기 긴장응력 (f_i : initial stress)	손실 후 긴장응력[9-5] (f_e : stress after all losses)	유효프리스트레싱 힘 (P_{se} : effective force)
7-wire ($A_p = 98.71\ \mathrm{mm^2}$)	$1{,}302(0.7f_{pu})$	1,206 MPa	$98.71 \times 1{,}206 = 119\ \mathrm{kN}$

9-5) "Design of Post-Tensioned Slab Using Unboned Tendons", PTI, 3rd. ed, Pheonix, AZ, 2004

적용기준

계산 및 해설

예제 표 9.10-4 텐던의 개수산정 및 평균압축응력

요구 긴장력	P_{se} / 개	개수	s(간격)	평균압축응력 P/A
$6\times 191 = 1{,}146$ kN	118 kN	10	600 mm	1.2 MPa

유효긴장력을 1 m당 유효긴장력으로 환산하면

$P_{se} = 118\times 10/6 = 196.7$ kN/m이 되며, 따라서

$$f_{pc} = \frac{196.7\times 10^3}{165\times 1{,}000} = 1.2\ \text{MPa}$$

그러므로 실제 프리스트레스에 의한 등가하중은 다음과 같다.

$$w_{bal} = \frac{8P_{se}\,a}{l^2} = \frac{8\times 196.7\times 0.115}{7.6^2} = 3.13\ \text{kN/m}^2$$

(?) 이부경간

위의 결과를 가지고 내부경간과 같은 등가상향력을 갖추기 위하여 다음과 같은 텐던의 배치가 요구된다.

$$a = \frac{w_{bal}\,l^2}{8P_{se}} = \frac{3.13\times 5.2^2}{8\times 196.7} = 0.054\ \text{m} = 54\ \text{mm}$$

이를 만족하기 위한 프로파일은 다음과 같다.

$$\frac{\left[\frac{h}{2} + (\text{피복두께} + a_{\text{중앙}})\right]}{2} - a_{\text{외부}} = \frac{[82.5 + (25+115)]}{2} - 54 = 57\ \text{mm}$$

4. 텐던 프로파일

57 mm로 슬래브 바닥에서 텐던 중앙까지 거리를 결정하면 다음 예제 그림 9.10-2와 같은 프로파일을 결정할 수 있다.

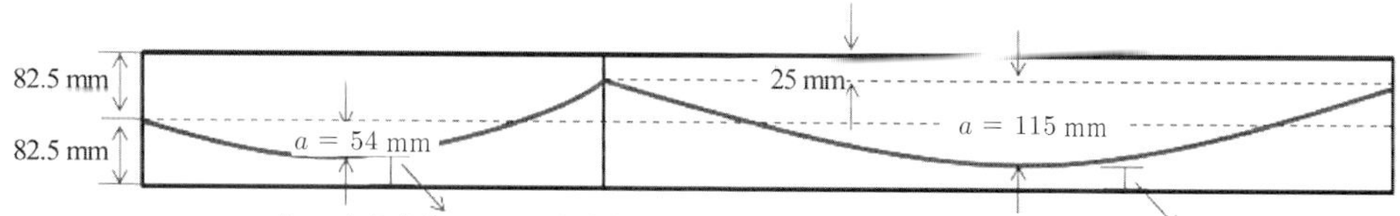

예제 그림 9.10-2 텐던 프로파일

계산 및 해설

(1) 외부경간

등가 상향 하중을 공제한 순하중(net load)

$$6.15 - 3.04 = 3.11\ \mathrm{kN/m^2}$$

(2) 내부경간

등가 상향 하중을 공제한 순하중(net load)

$$5.90 - 3.04 = 2.86\ \mathrm{kN/m^2}$$

5. 등가골조법의 기본값(강성, 분배율, 전달률)

슬래브에 작용하는 부재력을 산정하기 위하여 등가골조법을 적용한다. 등가골조의 적용에 있어서 슬래브-보와 등가기둥은 무한강성, 즉 고정단으로 가정하고 간략식으로 계산하여도 근사한 값을 구할 수 있다.[9-6)]

(1) 등가기둥의 강성 K_{ec}

등가기둥의 강성 K_{ec}는 다음 식과 같이 산정된다.

$$\frac{1}{K_{ec}} = \frac{1}{\Sigma K_c} + \frac{1}{K_t(I_{sb}/I_s)}$$

K_c : 기둥의 강성

K_t : 비틀림 강성

I_{sb} : 슬래브-보의 단면2차모멘트

I_s : 슬래브의 단면2차모멘트

(가) 외부기둥($300\,\mathrm{mm} \times 350\,\mathrm{mm}$)

기둥의 단면2차모멘트는 $I_c = \dfrac{350 \times 300^3}{12} = 7.875 \times 10^8\ \mathrm{mm}^4$이고

$l = l_c - 2h = 2{,}600 - 2 \times 165 = 2{,}270\ \mathrm{mm}$이므로

$$K_c = \frac{4\,E_c I_c}{l} = \frac{4\,E_c \times 7.875 \times 10^8}{2{,}270} = 1.388 \times 10^6\,E_c$$

그런데 기둥은 슬래브 아래와 위에 각각 존재하므로 기둥 강성의 합은

9-6) "Design of Post-Tensioned Slab Using Unbonded Tendons", PTI, 3rd. ed, Pheonix, AZ, 2004

적용기준	계산 및 해설

$$\sum K_c = 2.776 \times 10^6 E_c$$

이 된다.

등가기둥의 강성 산정 시에 슬래브의 비틀림 강성 K_t는 기준 식 10.5.1과 같이 산정된다. 응력 손실을 산출하는 다양한 방법들이 있으나 본 예제에서는 비교적 실무 적용이 용이한 것으로 알려진 다음과 같은 방법을 적용하였다.

기준 식 10.5.1

$$K_t = \sum \frac{9E_c C}{l_2(1-c_2/l_2)^3}$$

여기서 C는 비틀림 상수이며, 다음 식으로 계산된다.

기준 식 10.5.2

$$C = \sum\left[\left(1-0.63\frac{x}{y}\right)\frac{x^3y}{3}\right]$$

따라서

$$C = \left(1-0.63\times\frac{165}{300}\right)\frac{300\times165^3}{3} = 2.936\times10^8$$

로 계산된다. 이 비틀림 상수를 기준 식 10.5.1에 대입하여 정리하면, 등가기둥의 비틀림 강성을 구할 수 있다. 그런데 비틀림 팔이 기둥의 양쪽에 각각 1개씩 존재하므로 양쪽의 비틀림 팔 전체의 비틀림 강성은

$$K_t = \frac{9E_c\times2.936\times10^8}{6{,}000(1-350/6{,}000)^3}\times2 = 1.055\times10^6 E_c$$

으로 계산된다. 또한 슬래브의 단면2차모멘트 I_s는 I_{sb}와 같으므로 $I_{sb}/I_s = 1$이 되며, 등가기둥의 강성 K_{ec}는 다음 식과 같이 산정된다.

$$K_{ec} = \frac{1}{\dfrac{1}{\sum K_c}+\dfrac{1}{K_t(I_{sb}/I_s)}} = \frac{1}{\dfrac{1}{2.776\times10^6\times E_c}+\dfrac{1}{1.055\times10^6 E_c}}$$

$$= 7.6\times10^5\times E_c$$

(나) 내부기둥(510 mm × 350 mm)

위와 같은 방법으로 기둥의 강성을 구하면 다음과 같다.

기둥의 단면2차모멘트는 $I_c = \dfrac{350\times510^3}{12} = 3.87\times10^9\ \mathrm{mm}^4$이고

$l = l_c - 2h = 2{,}600 - 2\times165 = 2{,}270\ \mathrm{mm}$이므로

$$K_c = \frac{4E_cI_c}{l} = \frac{4E_c\times3.87\times10^9}{2{,}270} = 6.82\times10^6 E_c$$

적용기준 | 계산 및 해설

그런데 기둥은 슬래브의 아래와 위에 각각 존재하므로 기둥강성의 합은 다음과 같다.

$$\Sigma K_c = 1.364 \times 10^7 E_c$$

$$C = \left(1 - 0.63 \times \frac{165}{510}\right)\frac{510 \times 165^3}{3} = 6.08 \times 10^8$$

$$K_t = \frac{9E_c \times 6.08 \times 10^8}{6,000(1 - 350/6,000)^3} \times 2 = 2.18 \times 10^6 E_c$$

$$K_{ec} = \frac{1}{\dfrac{1}{\Sigma K_c} + \dfrac{1}{K_t(I_{sb}/I_s)}}$$

$$= \frac{1}{\dfrac{1}{1.364 \times 10^7 \times E_c} + \dfrac{1}{2.18 \times 10^6 E_c}}$$

$$= 1.88 \times 10^6 \times E_c$$

(2) 슬래브의 등가강성 K_s

슬래브의 강성을 계산하기 위해 먼저 근사적으로 다음과 같이 계산될 수 있다.

기준 10.5.3

$$K_s = \frac{4EI}{(l_1 - c_1/2)}$$

(가) 외부기둥

$$I_s = \frac{6,000 \times 165^3}{12} = 2.246 \times 10^9 \text{ mm}^4$$

$$l_1 = 5,200 \text{ mm}, \ c_1 = 300 \text{ mm}$$

$$K_s = \frac{4 \times 2.246 \times 10^9 \times E_c}{(5,200 - 300/2)} = 1.78 \times 10^6$$

(나) 내부기둥(외부경간 방향)

$$I_s = \frac{6,000 \times 165^3}{12} = 2.246 \times 10^9 \text{ mm}^4$$

$$l_1 = 5,200 \text{ mm}, \ c_1 = 510 \text{ mm}$$

$$K_s = \frac{4 \times 2.246 \times 10^9 \times E_c}{(5200 - 510/2)} = 1.816 \times 10^6$$

(다) 내부기둥(내부경간 방향)

$$I_s = \frac{6{,}000 \times 165^3}{12} = 2.246 \times 10^9 \ \mathrm{mm}^4$$

$$l_1 = 7{,}600 \ \mathrm{mm}, \ c_1 = 510 \ \mathrm{mm}$$

$$K_s = \frac{4 \times 2.246 \times 10^9 \times E_c}{(7{,}600 - 510/2)} = 1.223 \times 10^6$$

위에서 산정된 강성 및 분배율로 절점에서 모멘트의 분배율을 결정할 수 있다. 절점에서의 분배율은

$$\frac{k_{\text{해당부재}}}{\sum k_{\text{절점}}} = \text{분배율}(DF)$$

으로 산정할 수 있으며, 등가골조의 모멘트 분배율은 예제 그림 9.10-3과 같다.

산정된 등가골조의 모멘트 분배계수에 따라 모멘트 분배법을 적용하여 설계모멘트, 사용하중이 작용할 때의 무멘트 및 프리스드레스싱 힘에 의한 2차모멘트를 산정할 수 있다.

- 외부절점 $= \dfrac{1.78 \times 10^6}{1.78 \times 10^6 + 0.75 \times 10^6} = 0.7$
- 외부경간의 내부절점 $= \dfrac{1.816 \times 10^6}{1.880 \times 10^6 + 1.223 \times 10^6 + 1.816 \times 10^6} = 0.37$
- 중앙경간의 내부절점 $= \dfrac{1.223 \times 10^6}{1.880 \times 10^6 + 1.223 \times 10^6 + 1.816 \times 10^6} = 0.25$

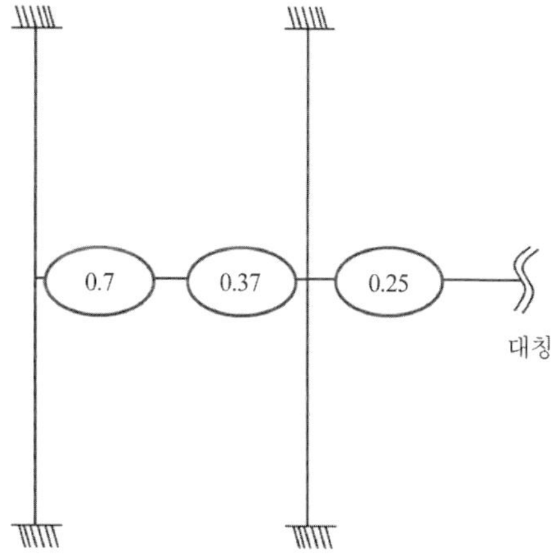

예제 그림 9.10-3 등가골조의 모멘트 분배율

6. 모멘트 분배응력 검토(net load : 순하중)

약간의 단면변화가 있더라도 대부분의 경우는 부재의 고정단모멘트에 대한 영향이 크지 않으므로 고정단모멘트 $FEM=\frac{wl^2}{12}$, 전달률 $COF=0.5$로 구할 수 있다.

(1) 외부경간

순하중(net load)

$$6.145-3.036=3.1\,\mathrm{kN/m^2}$$

$$FEM=\frac{wl^2}{12}=\frac{3.1\times 5.2^2}{12}=6.99\,\mathrm{kN\cdot m/m}$$

$$COF=0.5$$

(2) 내부경간

순하중(net load)

$$5.9-3.036=2.9\,\mathrm{kN/m^2}$$

$$FEM=\frac{wl^2}{12}=\frac{2.9\times 7.6^2}{12}=13.96\,\mathrm{kN\cdot m/m}$$

$$COF=0.5$$

참고로 이 예제에서 활하중은 고정하중의 3/4 이하 정도로 매우 작으므로 활하중을 두 인접한 경간에 만재되거나 한 경간씩 건너서 만재된 경우를 비교하여 불리한 경우를 고려할 필요는 없기 때문에 최대 계수모멘트는 모든 경간에 적용하여 계산하였다.[9-7)]

DF	0.70		DF	0.37	0.25		0.25
FEM	-6.99	6.99	FEM	6.99	-13.96	6.82	13.96
D1	4.89		D1	2.59	1.71		-1.71
C1	1.29	-1.29	C1	2.45	-0.85	-1.59	
D2	-0.91		D2	-0.48	-0.3985		
∑M	-1.01		∑M	11.91	-13.26		

예제 그림 9.10-4 순하중(net load)의 분배(모멘트 단위 : kN · m/m)

9-7) "Continuity in Concrete Building Frame", Portland Cement Association, Skokie, IL, 1986

적용기준	◩ 계산 및 해설

7. 응력 검토(net load : 순하중)

(1) 내부기둥의 내부면

$$\text{기둥면에서의 모멘트} = \text{기둥 중심의 모멘트} + \left(\frac{V \times c_1}{3}\right)$$

$$M_{\max} = -13.26 + \frac{1}{3} \times 2.9 \times \frac{7.6}{2} \times 0.51 = -11.4\ \text{kN·m/m}$$

$$S(\text{단면계수}) = \frac{1{,}000 \times 165^2}{6} = 4.54 \times 10^6\ \text{mm}^3$$

$$\text{휨응력} = \frac{M_{\max}}{S} = 2.51\ \text{MPa}$$

$$\text{축응력} = f_{pc} = \frac{196.7 \times 10^3}{165 \times 1{,}000} = -1.20\ \text{MPa}$$

$$\text{응력} = -f_{pc} \mp \frac{M_{\max}}{S_{t,b}} = 1.31,\ -3.71\ \text{MPa}$$

기준 9.2.2 허용인장응력 $= 0.5\sqrt{f_{ck}} = 0.5 \times \sqrt{27} = 2.60 > 1.31\ \text{MPa}$(상연)

기준 9.3.1 허용압축응력 $= 0.6 f_{ck} = 16.2 > 3.71\ \text{MPa}$(하연)

지속하중에 의한 허용압축응력 $= 0.45 f_{ck} = 12.15 > 3.71\ \text{MPa}$(하연)

따라서 허용응력에 만족한다.

(2) 중앙경간의 중앙응력(정모멘트 구역)

$$M_{\max} = \frac{2.9 \times 7.6^2}{8} - 13.8 = 7.14\ \text{kN·m/m}$$

$$\text{휨응력} = \frac{M_{\max}}{S} = 1.57\ \text{MPa}$$

$$\text{축응력} = f_{pc} = \frac{196.7 \times 10^3}{165 \times 1000} = -1.20\ \text{MPa}$$

$$\text{응력} = -f_{pc} \mp \frac{M_{\max}}{S_{t,b}} = 0.37,\ -2.77\ \text{MPa}$$

모든 허용응력을 만족한다.

기준 9.5.3 위의 결과를 정리하면 다음 예제 표 9.10-5와 같다.

또한 기준 9.5.3(3)에서는 사용하중에 의한 콘크리트 인장응력(모든 프리스트레스 손실을 고려한 후)이 $0.17\sqrt{f_{ck}}$를 초과하는 경우 정모멘트 구역에 배치할 최소 부착철근량은 다음 기준 식 9.5.5와 같다.

적용기준	계산 및 해설

기준 식 9.5.5

$$A_s = \frac{N_c}{0.5 f_y}$$

본 예제에서는 $0.17\sqrt{f_{ck}} = 0.17\sqrt{27} = 0.9 > 0.37\,\mathrm{MPa}$이다. 따라서 정모멘트 구역에서 추가적인 부착철근은 요구되지 않는다. 만약 정모멘트 구역에서 위에 허용인장응력을 초과할 경우는 다음과 같은 방법을 이용하여 부착철근량을 산정한다.

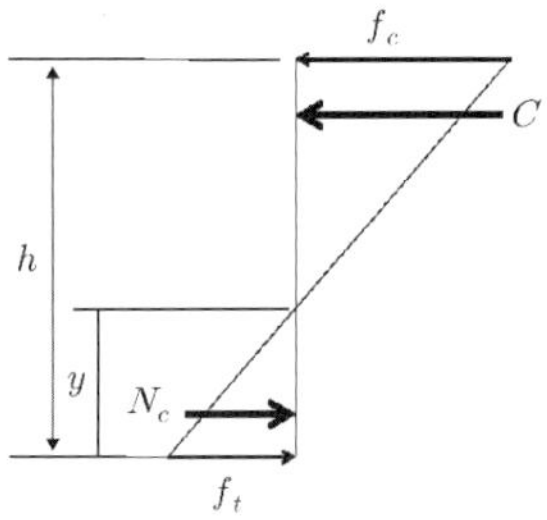

예제 그림 9.10-5 변형률 분포

$$y = \frac{f_t}{f_t + f_c} \times h\ (\mathrm{mm})$$

$$N_c = \frac{f_t \times y}{2}\ (\mathrm{N/m})$$

$$A_s = \frac{N_c}{0.5 f_y}\ (\mathrm{mm^2/m})$$

최소 철근길이는 기준 9.5.3(4)에 따라 결정하도록 한다.

기준 4.3.3에 따라 사용하중에 대하여 탄성이론과 총 순단면적을 이용하여 처짐을 계산하고, 기준의 표 4.3.2 에 처짐한계를 만족하도록 설계한다.

예제 표 9.10-5 사용하중 하의 응력분포

기둥면						
M_{max} (kN·m/m)	단면계수 (mm^3)	휨응력 (MPa)	축응력 (MPa)	허용응력 (MPa)	응력분포 (MPa)	
−11.4	4,537,500	−2.51	1.20	2.6	TOP	1.31
				−16.2	BOTTOM	−3.71
				−12.15		
중앙						
M_{max} (kN·m/m)	단면계수 (mm^3)	휨응력 (MPa)	축응력 (MPa)	허용응력 (MPa)	응력분포 (MPa)	
7.14	4,537,500	1.57	1.20	2.63	TOP	−2.77
				−16.2	BOTTOM	0.37
				−12.15		

8. 휨강도 산정

(8-1) 설계휨모멘트 산정

부정정구조물의 설계휨모멘트는 긴장재의 프리스트레스싱 힘에 의한 2차모멘트와 계수하중에 의한 골조의 계수휨모멘트 조합으로 산정할 수 있다. 등가하중에 의한 접근방법은 직접적으로 1차모멘트와 2차모멘트를 산정할 수 있다. 따라서 사용하중 하에서는 순하중(net load)에 대해서만 고려하면 된다.

휨강도를 산정할 때는 등가하중에 의한 모멘트에서 1차모멘트를 공제하여 얻을 수 있으며, 1차모멘트는 간단하게 $P_{se} \times e_x$로 각 지점에서 산정할 수 있다. 또한 다수의 층을 포함한 구조물에서는 수직하중뿐만 아니라 횡하중에 의한 하중조합을 고려해야 하며, 효율적인 접근방법은 등가골조 해석시 고정하중, 활하중, 등가하중, 횡하중, 그리고 조합하중을 적당한 하중계수를 적용하여 고려해야 한다. 이 예제에서는 다음과 같은 절차로 등가하중에 의한 휨모멘트를 결정한다.

(1) 2차모멘트 결정

계수모멘트를 결정하기 위하여 먼저 2차모멘트를 결정해야 한다.

2차모멘트는 다음 식을 이용하여 결정한다.

$M_2 = M_{bal} - M_1$ (M_{bal} = 등가하중에 의한 휨모멘트)

(가) 외부경간

$$w_{bal} = 3.04\ \mathrm{kN/m^2}$$

$$FEM = \frac{w_{bal} l^2}{12} = \frac{3.04 \times 5.2^2}{12} = 6.85\ \mathrm{kN \cdot m/m}$$

$$M_2 = 1.61 - 0 = 1.61\ \mathrm{kN \cdot m/m}$$

(나) 내부경간(좌)

$$w_{bal} = 3.04\ \mathrm{kN/m^2}$$

$$FEM = \frac{w_{bal} l^2}{12} = \frac{3.04 \times 7.6^2}{12} = 14.63\ \mathrm{kN \cdot m/m}$$

$$M_2 = 11.6 - 196.7 \times 0.0575 = -0.29\ \mathrm{kN \cdot m/m}$$

(다) 내부경간(우)

$$M_2 = 14.03 - 196.7 \times 0.0575 = 2.72\ \mathrm{kN \cdot m/m}$$

DF	0.70		DF	0.37	0.25		0.25
FEM	6.85	-6.85	FEM	-6.85	14.63	-7.78	14.63
D1	-4.80		D1	-2.53	-1.95		1.95
C1	-1.27	1.27	C1	-2.40	0.97	1.43	
D2	0.89		D2	0.47	0.35625		
∑M	2.37		∑M	-10.94	14.26		

예제 그림 9.10-6 등가하중의 분배(모멘트 단위 : kN · m/m)

(2) 계수휨모멘트 산정

(가) 외부경간

$$FEM = \frac{w_{bal} l^2}{12} = \frac{8.02 \times 5.2^2}{12} = 18.07\ \mathrm{kN \cdot m/m}$$

(나) 내부경간

$$FEM = \frac{w_{bal} l^2}{12} = \frac{7.64 \times 7.6^2}{12} = 36.77\ \mathrm{kN \cdot m/m}$$

DF	0.70		DF	0.37	0.25		0.25
FEM	-18.07	18.07	FEM	18.07	-36.77	18.70	38.77
D1	12.65		D1	6.69	4.68		-4.68
C1	3.34	-3.34	C1	6.32	-2.34	-3.99	
D2	-2.34		D2	-1.24	-0.9968		
∑M	-3.72		∑M	30.21	-35.18		

예제 그림 9.10-7 설계모멘트 분배(모멘트 단위 : kN · m/m)

이를 바탕으로 2차모멘트와 계수모멘트의 조합은 다음 예제 표 9.10-6에 나타내었다.

예제 표 9.10-6 기둥면에서 계수모멘트

	외부경간 (kN · m/m)		내부경간 (kN · m/m)
계수모멘트	−3.72	−30.21	−35.18
2차모멘트	1.61	0.29	2.72
기둥중심에서 휨모멘트(column center)	−2.11	−29.92	−32.46
기둥면에서 모멘트(column face)	−0.26	−26.38	−27.70

(3) 정모멘트 결정

(가) 외부경간

$$V_{ext} = 8.02 \times \frac{5.2}{2} - \left(\frac{29.92 - 2.11}{5.2}\right) = 15.5\ \mathrm{kN/m}$$

$$V_{\int} = 8.02 \times \frac{5.2}{2} + \left(\frac{29.92 - 2.11}{5.2}\right) = 26.2\ \mathrm{kN/m}$$

정모멘트가 최대가 되고, 전단력이 0이 되는 위치는 중심부터 $x = \dfrac{15.5}{8.02} = 1.933\ \mathrm{m}$ 떨어진 거리이고 설계 정모멘트는 다음과 같다.

$$M_{mid} = \frac{V_{ext}}{2}x + M_u = \frac{15.5}{2} \times 1.933 - 2.11 = 12.87\ \mathrm{kN \cdot m/m}$$

(나) 내부경간

$$V_{ext} = 7.64 \times \frac{7.6}{2} = 29.0\ \mathrm{kN/m}$$

$$M_{mid} = \frac{V_{ext}}{2}x + M_u = \frac{29.0}{2} \times \frac{7.6}{2} - 32.46 = 22.64\ \mathrm{kN \cdot m/m}$$

(8-2) 휨강도 계산

내부지지점에서의 휨강도를 검증한다. 기준 9.5.3에서는 사용하중에서의 응력을 기준으로 기둥 주변의 부모멘트 구역에서 최소 철근량을 규정하고 있다. 휨강도를 위해서 최소 철근보다 더 많은 철근을 배치할 수도 있다. 최소 철근은 휨에 대한 연속성, 연성, 과하중에 의한 균열제어, 온도, 그리고 건조수축을 제어하는 데 도움을 준다.

(1) 균열제어 철근량 결정

기준 9.5.3 콘크리트구조기준에서는 비부착 긴장재가 배치된 휨부재는 최소 부착철근을 배치하도록 규정하고 있다. 콘크리트구조기준 9.5.3에서 제시하는 2방향 플랫 플레이트에 대한 최소 부착철근량은 정모멘트 구역과 부모멘트 구역에 대하여 각각 다음과 같이 배치하도록 하고 있다.

- 정모멘트 구역에서 사용하중에서의 인장응력이 $0.17\sqrt{f_{ck}}$를 초과할 경우 최소 부착철근량은 $A_s = \dfrac{N_c}{0.5f_y}$이며, 여기에서 f_y는 400 MPa을 초과하지 않아야 한다.
- 기둥받침부의 부모멘트 구역에서 최소 부착철근량은 $A_s = 0.00075\,A_{cf}$이며, 기둥받

적용기준	계산 및 해설

침부 전면에서 각각 $1.5h$ 떨어진 슬래브 폭 내에 균등하게 4개 이상의 철근 또는 철선을 각 방향으로 300 mm 이하 간격으로 배치해야 한다.

(가) 외부경간

부모멘트 구역에서 최소 부착철근량은

$$A_s = 0.00075 \times 165 \times 6{,}000 = 742.5\ \mathrm{mm}^2$$

로 산정될 수 있다. 따라서 6 − D13 = 760.2 m^2이므로 1 m당 철근량은

$$\frac{760.2}{6} = 126.7\ \mathrm{mm}^2/\mathrm{m}$$가 된다.

(나) 내부경간

부모멘트 구역에서 최소 부착철근량은

$$A_s = 0.00075 \times 165 \times \left(\frac{5{,}200 + 7{,}600}{2}\right) = 792\ \mathrm{mm}^2$$

로 산정될 수 있다. 따라서 7 − D13 = 886.9 m^2이므로 1 m당 철근량은

$$\frac{886.9}{6} = 147.8\ \mathrm{mm}^2/\mathrm{m}$$가 된다.

(2) 강도설계

비부착 텐던을 사용한 휨부재의 계수하중상태에서 텐던의 강도는 기준 식 9.5.3으로 산정할 수 있다.

기준 식 9.5.3

$$f_{ps} = f_{pe} + 70 + \frac{f_{ck}}{300\rho_p}$$

$$\rho_p = \frac{A_{ps}}{b\,d_p} = \frac{10 \times 98.71}{6{,}000 \times (165 - 25)} = 1.175 \times 10^{-3}$$

$$f_{ps} = 1{,}206 + 70 + \frac{27}{300 \times 1.175 \times 10^{-3}} = 1{,}352.6\ \mathrm{MPa}$$

$$f_{ps}A_{ps} = 223\ \mathrm{kN/m},\ f_y A_s = 400 \times 147.8 = 60\ \mathrm{kN/m}$$

(가) 중앙경간

가-1) 부모멘트

$$a = \frac{f_{ps}A_{ps} + f_y A_s}{\eta(0.85 f_{ck})b} = \frac{(223 + 60) \times 10^3}{1.0 \times 0.85 \times 28 \times 1{,}000} = 11.89\ \mathrm{mm}$$

적용기준	계산 및 해설

$\eta = 1.0$ ($\because f_{ck} \le 40\,\text{MPa}$)

$c = \dfrac{a}{\beta_1} = \dfrac{11.89}{0.80} = 14.86\,\text{mm}$

$\beta_1 = 0.80$ ($\because f_{ck} \le 40\,\text{MPa}$)

$$\varepsilon_t = \varepsilon_{cu}\left(\frac{d_{ps}}{c} - 1\right)$$

$$= 0.0033\left(\frac{140}{14.86} - 1\right)$$

$$= 0.028 > \varepsilon_y = 0.002$$

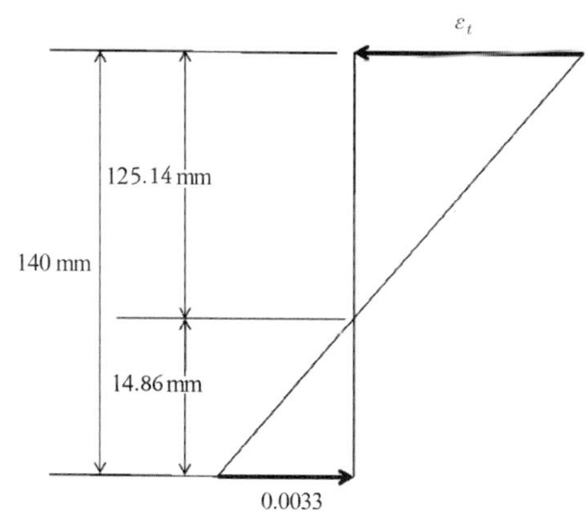

예제 그림 9.10-8 내부 받침점의 변형률 분포

기준 6.2.2 따라서 기준 6.2.2의 표 6.2.1에 따라 인장지배단면으로 강도감소계수 $\phi = 0.85$

철근과 텐던은 같은 위치에 배치되었으므로 휨강도는 다음과 같다.

$$\therefore\ \phi M_n = 0.85 \times \left[(223 + 62) \times \left(0.14 - \frac{0.012}{2}\right)\right]$$

$$= 32.46\,\text{kN}\cdot\text{m} > 26.38\,\text{kN}\cdot\text{m} \quad \langle\text{적합}\rangle$$

휨강도가 계수휨모멘트보다 크기 때문에 모멘트 재분배를 통하여 설계 정모멘트를 최소화하고 부모멘트를 증가시킬 수 있다. 이를 계산하면 다음과 같다.

기준 3.4.2 $\varepsilon_t \times 1000 = 28\,\% > 20\,\%\ \text{max}$

따라서 최대로 20 %의 부모멘트를 변화시킬 수 있다.

부모멘트 증가 가능량 $= 0.2 \times 26.38 = 5.28\,\text{kN}\cdot\text{m}$

실제 증가 부모멘트 $= 32.46 - 26.38 = 6.08\,\text{kN}\cdot\text{m} > 5.28\,\text{kN}\cdot\text{m}$ 〈부적합〉

중앙경간의 실제 정모멘트는 $M_{mid} = 22.64 - 5.28 = 17.36\,\text{kN}\cdot\text{m}$이 된다.

가-2) 정모멘트 설계

$$f_{ps} A_{ps} = 223\,\text{kN/m},\ a = \frac{f_{ps} A_{ps}}{\eta(0.85 f_{ck})\, b} = \frac{223 \times 10^3}{1.0 \times 0.85 \times 27 \times 1{,}000} = 9.72\,\text{mm}$$

$\eta = 1.0$ ($\because f_{ck} \le 40\,\text{MPa}$)

$$\therefore\ \phi M_n = 0.85 \times \left[223 \times \left(0.14 - \frac{0.0097}{2}\right)\right] = 25.62\,\text{kN}\cdot\text{m} > 17.36\,\text{kN}\cdot\text{m} \quad \langle\text{적합}\rangle$$

나) 외부경간

나-1) 정모멘트 설계

$$f_{ps}A_{ps} = 223\ \text{kN/m},\ \left(d - \frac{a}{2}\right) = 108 - \frac{9.72}{2} = 103.14\ \text{mm}$$

$$\therefore\ \phi M_n = 0.85 \times [223 \times 103.14 \times 10^{-3}] = 19.55\ \text{kN·m} > 12.87\ \text{kN·m}\quad \langle \text{적합} \rangle$$

나-2) 부모멘트 설계(외부기둥)

$$A_s/\text{m} = \frac{760.2}{6} = 126.7\ \text{mm}^2/\text{m}$$

$$A_s f_y = 126.7 \times 400 = 50.7\ \text{kN}$$

$$\rho_p = \frac{A_{ps}}{b\,d_p} = \frac{10 \times 98.71}{6{,}000 \times (82.5)} = 1.99 \times 10^{-3}$$

$$f_{ps} = 1{,}206 + 70 + \frac{27}{300 \times 1.99 \times 10^{-3}} = 1{,}321.2\ \text{MPa}$$

$$f_{ps}A_{ps} = 217.4\ \text{kN/m}$$

$$a = \frac{f_{ps}A_{ps} + f_y A_s}{\eta(0.85 f_{ck})b} = \frac{(217.4 + 50.7) \times 10^3}{1.0 \times 0.85 \times 27 \times 1{,}000} = 11.68\ \text{mm}$$

$$\eta = 1.0\ (\because\ f_{ck} \le 40\ \text{MPa})$$

$$\therefore\ \phi M_n = 0.85 \times \left[217\left(82.5 - \frac{11.68}{2}\right) + 50.7\left(140 - \frac{11.68}{2}\right)\right] \times 10^{-3}$$

$$= 19.92\ \text{kN·m} > 0.26\ \text{kN·m}$$

이것으로 휨모멘트에 대한 요구강도는 충족된 것으로 볼 수 있다.

9. 외부기둥의 전단 및 불균형모멘트 전달

2방향 전단에 대한 계수전단력은 다음과 같이 산정할 수 있다.

$$A_{distributed} = l_1/2 \times l_2 = 5.2/2 \times 6 = 15.6\ \text{m}^2$$

$$A_{column,\ d/2} = \left(\frac{c_1}{2} + \frac{d}{2}\right) \times (c_2 + d) = 0.1041\ \text{m}^2$$

$$V_u = w_u(A_{distributed} - A_{column,\ d/2})$$

$$= 8.02\ \text{kN/m}^2 \times (15.6 - 0.1041)\ \text{m}^2 = 124\ \text{kN}$$

$M_u = 2.36(\text{kN·m}/\text{m}) \times 6\ \text{m} = 14.2\ \text{kN·m}$(외부 기둥중심에서 계수휨모멘트)

적용기준	계산 및 해설

또한 슬래브의 불균형모멘트는 기둥으로 전달되어야 하며, 콘크리트구조기준에서는 불균형모멘트가 전단력 및 모멘트로 전달되도록 고려하고 있다.

(1) 기본사항 계산

위험단면은 기둥면으로부터 $d/2$ 떨어진 곳에 위치하는 것으로 보아 위험단면의 거리를 계산하면 $d = 0.8 \times 165 = 132\ \mathrm{mm}$이다.

해설 식 7.12.4 $e = 0 \leq 2h = 330\ \mathrm{mm}$

기준 7.12.1(3) $b_o = 2(c_1 + 0.5d + e) + (c_2 + d)$

해설그림 7.12.7.2 $= 2 \times (300 + 0.5 \times 132 + 0) + (350 + 132) = 1{,}214\ \mathrm{mm}$

$A_c = b_o d = 1{,}214 \times 132 = 160{,}248\ \mathrm{mm}$

기준 7.12.2(2) $k_s = (300/d)^{0.25} = 1.23 \leq 1.1$

$\therefore\ k_s = 1.1$

$k_{bo} = 4/\sqrt{\alpha_s (b_o/d)} = 4/\sqrt{1.33(1{,}214/132)} = 1.14 \leq 1.25$

($\because\ \alpha = 1.33$, 외부기둥)

$f_{te} = 0.2\sqrt{f_{ck}} = 0.2\sqrt{27} = 1.04\ \mathrm{MPa}$

$f_{cc} = (2/3)f_{ck} = (2/3) \times 27 = 18\ \mathrm{MPa}$

$\cot\psi = \sqrt{f_{te}(f_{te} + f_{cc})}/f_{te} = \sqrt{1.04(1.04 + 18)}/1.04 = 4.28$

$\rho = A_{ps}/(b d_p) = 1.17 \times 10^{-3} \leq 0.005$

$\therefore\ \rho = 0.005$

$c_u = d[25\sqrt{\rho/f_{ck}} - 300(\rho/f_{ck})]$

$= 132[25\sqrt{0.005/27} - 300(0.005/27)] = 37.57\ \mathrm{mm}$

(2) 전단력 검토

전단응력은 다음과 같이 계산할 수 있다.

$$v_u = \frac{V_u}{A_c} = \frac{124 \times 10^3}{160{,}248} = 0.77\ \mathrm{MPa}$$

앞서 계산한 기본사항들을 참고로 슬래브의 공칭전단강도를 다음과 같이 산정할 수 있다.

적용기준	계산 및 해설

기준 식 7.12.2

$$v_c = \lambda k_s k_{bo} f_{te} \cot\psi (c_u/d)$$
$$= 1.0 \times 1.1 \times 1.14 \times 1.04 \times 4.28 \times (37.57/132) = 1.59\ \mathrm{MPa}$$

기준 식 7.12.9

기준 식 7.12.9에 따라 프리스트레스트 콘크리트 슬래브의 기둥 주위 공칭전단강도 V_c를 산정하면

$$V_c = v_c b_o d + V_p$$
$$= [1.59 \times 1{,}214 \times 132 + 0] \times 10^{-3} = 255\ \mathrm{kN}$$

($\because$ V_p는 안전측으로 무시한다.)

따라서 앞서 산정한 계수전단력과 비교해 보면,

$$\phi V_c = 0.75 \times 254.79 = 181.48\ \mathrm{kN} > V_u = 124\ \mathrm{kN} \quad \langle 적합 \rangle$$

로 계산되어 슬래브의 공칭전단강도가 계수전단응력보다 크므로 이에 대하여 안전하다고 볼 수 있다.

(3) 불균형모멘트 검토

기준 7.12.7

한편, 휨전달을 위한 유효폭 안에서(기둥폭 + 1.5×슬래브 두께) 텐던 배치는 3개의 묶음으로 기둥에 배치된 것으로 가정하고, 이를 정확히 도면에 명시해야 한다. 또한 프리스트레싱 힘이 직접적으로 중요단면에서 작용하여 전단강도를 높여준다. 기준 7.12.7에 따라 휨모멘트 전달을 위한 편심전단 설계를 수행하면 다음과 같다. 외부기둥에 작용하는 모멘트는 앞서 계산한 바와 같이

$$M_u = 2.36\ (\mathrm{kN \cdot m/m}) \times 6\ \mathrm{m} = 14.2\ \mathrm{kN \cdot m}$$

기준 7.12.7(2)

이며, 이는 기준 식 7.12.14에 따라 위험단면을 구성하는 전면, 후면, 측면의 3개 모멘트 성분의 합으로 계산한다.

기준 7.12.7(3)

기둥 주변 슬래브의 휨에 의한 설계불균형 휨강도는 외부기둥이므로 다음과 같이 전면의 휨강도만 산정한다.

휨전달을 위한 유효폭 $c_2 + 1.5h \times 2 = 350 + 3 \times 165 = 845\ \mathrm{mm}$

$$A_s = 0.00075 \times 165 \times 6{,}000 = 742.5\ \mathrm{mm}^2$$

따라서 배근은 $6 - \mathrm{D}13 = 760.2\ \mathrm{m}^2$를 유효폭 내에 배치한다.

$$\rho_p = \frac{A_{ps}}{bd_p} = \frac{3 \times 98.71}{845 \times 85} = 4.12 \times 10^{-3}$$

$$f_{ps} = 1{,}206 + 70 + \frac{27}{300 \times 4.12 \times 10^{-3}} = 1{,}298\ \mathrm{MPa}$$

$$f_{ps} A_{ps} = 384\ \mathrm{kN},\ f_y A_s = 304\ \mathrm{kN}$$

적용기준	계산 및 해설

이 되고, 휨전달 유효폭 내에서의 휨모멘트강도는 다음과 같이 산정된다.

$$a = \frac{f_{ps}A_s + f_y A_s}{\eta(0.85 f_{ck})b} = \frac{(384+304)\times 10^3}{1.0\times 0.85\times 27\times 845} = 35.48\ \mathrm{mm}$$

$$\eta = 1.0\ (\because\ f_{ck} \le 40\ \mathrm{MPa})$$

$$\therefore\ \phi M_F = \phi M_{Ff} = 0.85\times\left[384\left(82.5-\frac{35.48}{2}\right)+304\left(140-\frac{35.48}{2}\right)\right]\times 10^{-3}$$

$$= 52.7\ \mathrm{kN\cdot m}$$

기준 7.12.7(4) 기둥 주변 슬래브에서 전면과 후면의 편심전단에 의한 휨강도와 측면의 편심전단에 의한 비틀림강도는 다음과 같이 산정한다.

기준 식 7.12.16

$$v_n = v_c + v_p + v_s$$

$$= 1.59+0+0 = 1.59\ \mathrm{MPa} \le 0.58 f_{ck}c_u/d = 4.45\ \mathrm{MPa}$$

($\because$ v_p는 안전측으로 무시한다.)

해설 식 7.12.3

$$\phi M_S = \phi M_{Sf} = \phi 0.5 v_n(c_2+d)d(c_1+d)$$

$$= 0.75\times[0.5\times 1.48\times(350+132)\times 132\times(300+132)]\times 10^{-6}$$

$$= 15.25\ \mathrm{kN\cdot m}$$

기준 식 7.12.17

$$v_{nT} = 0.63\lambda\sqrt{f_{ck}} + v_p + v_s$$

$$= 0.63\times 1.0\times\sqrt{27}+0+0 = 3.27\ \mathrm{MPa} \le 0.25 f_{ck} = 6.75\ \mathrm{MPa}$$

해설 식 7.12.4

$$c_{N1} + c_{N2} = c_1 + 0.5d + e$$

$$c_{N1} + c_{N2} = 300 + 0.5\times 132 + 0 = 366\ \mathrm{mm}$$

$$(\because\ e = 0 \le 2h = 330\ \mathrm{mm})$$

$$c_{N1} = \frac{v_{nT}(c_1+0.5d+e)^2}{v_{nT}(2c_1+d+2e)+v_n(c_2+d)-v_g b_o}$$

$$= \frac{3.27(300+0.5\times 132+0)^2}{3.27(2\times 300+132+2\times 0)+1.59(350+132)-0.78\times 1{,}214}$$

$$= 197.9\ \mathrm{mm} < c_1+0.5d+e = 366\ \mathrm{mm}$$

$$c_{N2} = c_1 + 0.5d + e - c_{N1}$$

$$= 366 - 197.9 = 168.1\ \mathrm{mm}$$

$$v_{nTf} = v_{nT} = 3.27\ \mathrm{MPa}$$

$$v_{nTb} = (c_{N2}/c_{N1})v_{nT}$$

$$= (168.1/197.9)\times 3.27 = 2.78\ \mathrm{MPa}$$

$$\phi M_T = \phi\left[c_{N2}+\frac{2}{3}c_{N1}-\frac{c_1}{2}-e\right]v_{n\,Tf}dc_{N1}+\phi\left[-\frac{1}{3}c_{N2}+\frac{c_1}{2}+e\right]v_{n\,Tb}dc_{N2}$$

$$= 0.75\times\left[168.1+\frac{2}{3}\times197.9-\frac{300}{2}-0\right]\times3.27\times132\times197.9\times10^{-6}$$

$$+0.75\times\left[-\frac{1}{3}\times168.1+\frac{300}{2}+0\right]\times2.63\times132\times168.1\times10^{-6}$$

$$= 13.7\ \mathrm{kN\cdot m}$$

따라서 기둥 주변 슬래브의 설계불균형 휨강도는 다음과 같이 계산된다.

기준 식 7.12.14

$$\phi M_n = \phi_f M_F+\phi_v M_S+\phi_v M_T$$

$$= 52.7+15.25+13.7 = 81.7\ \mathrm{kN\cdot m} > M_u = 14.2\ \mathrm{kN\cdot m}\quad \langle\text{적합}\rangle$$

10. 내부기둥의 전단 및 불균형모멘트의 전달

2방향 전단에 대한 계수전단력은 다음과 같이 산정할 수 있다.

$$A_{distributed} = l_1\times l_2 = 5.2\times6 = 31.2\ \mathrm{m^2}$$

$$A_{column,\ d/2} = (c_1+d)\times(c_2+d) = 0.3094\ \mathrm{m^2}$$

$$V_u = w_u(A_{distributed}-A_{column,\ d/2})$$

$$= 8.02\ \mathrm{kN/m^2}\times(31.2-0.3094)\ \mathrm{m^2} = 248\ \mathrm{kN}$$

$M_u = 26.6\ \mathrm{kN\cdot m}$(내부 기둥 중심에서 계수휨모멘트)

내부기둥도 외부기둥에서의 과정을 반복하여 다음과 같이 계산된다.

(1) 기본사항 계산

$$d = 0.8\times165 = 132\ \mathrm{mm}$$

기준 7.12.1(3)
해설그림 7.12.7.1

$$b_o = 2[(c_1+d)+(c_2+d)] = 2(642+482) = 2{,}248\ \mathrm{mm}$$

$$A_c = b_o d = 296{,}736\ \mathrm{mm^2}$$

기준 7.12.2(2)

$$k_s = (300/d)^{0.25} = 1.23\ \le\ 1.1$$

$$\therefore\ k_s = 1.1$$

$$k_{bo} = 4/\sqrt{\alpha_s(b_o/d)} = 4/\sqrt{1.0(2{,}248/132)} = 0.97\ \le\ 1.25$$

($\because\ \alpha = 1.0$, 내부기둥)

적용기준 | ↘ 계산 및 해설

$$f_{te} = 0.2\sqrt{f_{ck}} = 0.2\sqrt{27} = 1.04\ \text{MPa}$$

$$f_{cc} = (2/3)f_{ck} = (2/3)\times 27 = 18\ \text{MPa}$$

$$\cot\psi = \sqrt{f_{te}(f_{te}+f_{cc})}/f_{te} = \sqrt{1.04(1.04+18)}/1.04 = 4.28$$

$$\rho = A_{ps}/(b\,d_p) = 1.17\times 10^{-3} \geq 0.005$$

$$\therefore\ \rho = 0.005$$

$$c_u = d[25\sqrt{\rho/f_{ck}} - 300(\rho/f_{ck})]$$

$$= 132[25\sqrt{0.005/27} - 300(0.005/27)] = 37.57\ \text{mm}$$

(2) 전단력 검토

앞서 계산한 기본사항들을 참고로 슬래브의 공칭전단강도를 다음과 같이 산정할 수 있다.

$$v_u = \frac{V_u}{A_c} = \frac{248\times 10^3}{296{,}736} = 0.83\ \text{MPa}$$

기준 식 7.12.2

$$v_c = \lambda k_s k_{bo} f_{te}\cot\psi(c_u/d)$$

$$= 1.0\times 1.1\times 0.97\times 1.04\times 4.28\times(37.57/132) = 1.35\ \text{MPa}$$

기준 식 7.12.9

기준 식 7.12.9에 따라 프리스트레스트콘크리트 슬래브의 기둥 주위 공칭전단강도 V_c를 산정하면

$$V_c = v_c b_o d + V_p$$

$$= [1.35\times 2{,}248\times 132 + 0]\times 10^{-3} = 401\ \text{kN}$$

($\because$ V_p는 안전측으로 무시한다.)

따라서 앞서 산정한 계수전단력과 비교해 보면

$\phi V_c = 0.75\times 401 = 301\ \text{kN} > V_u = 248\ \text{kN}$ 〈적합〉

로 계산되어 슬래브의 공칭전단강도가 계수전단응력보다 크므로 이에 대하여 안전하다고 볼 수 있다.

(3) 불균형모멘트 검토

기준 7.12.7

한편, 휨전달을 위한 유효폭 안에서(기둥폭 +1.5×슬래브 두께) 텐던의 배치는 3개이 묶음으로 기둥에 배치된 것으로 가정하고, 이를 정확히 도면에 명시해야 한다. 또한 프리스트레싱 힘이 직접적으로 중요 단면에 작용하여 전단강도를 높여준다. 기준 7.12.7에 따라 휨모멘트 전달을 위한 편심전단 설계를 수행하면 다음과 같다. 내부기둥에 작용하는 모멘트는 기준 식 7.12.14에 따라 위험단면을 구성하는 전면, 후면, 측면의 3개 모멘트

성분의 합으로 계산한다.

기준 7.12.7(3) 휨전달을 위한 유효폭 $c_2+1.5h\times 2 = 350+3\times 165 = 845\ \mathrm{mm}$

$$A_s = 0.00075\times 165\times\left(\frac{5{,}200+7{,}600}{2}\right) = 792\ \mathrm{mm}^2$$

따라서 $7-\mathrm{D}13 = 886.9\ \mathrm{m}^2$를 유효폭 내에 배치한다.

$$\rho_p = \frac{A_{ps}}{b\,d_p} = \frac{3\times 98.71}{845\times 85} = 4.12\times 10^{-3}$$

$$f_{ps} = 1{,}206+70+\frac{27}{300\times 4.12\times 10^{-3}} = 1{,}298\ \mathrm{MPa}$$

$$f_{ps}A_{ps} = 381\ \mathrm{kN},\ f_yA_s = 354\ \mathrm{kN}$$

이 되고, 휨전달 유효폭 내에서의 휨모멘트강도는 다음과 같이 산정된다.

$$a = \frac{f_{ps}A_s+f_yA_s}{\eta(0.85f_{ck})b} = \frac{(381+354)\times 10^3}{1.0\times 0.85\times 27\times 845} = 37.90\ \mathrm{mm}$$

$$\eta = 1.0\ (\because\ f_{ck}\le\ 40\ \mathrm{MPa})$$

$$\therefore\ \phi M_F = \phi M_{Ff} = 0.85\times\left[(381+354)\times\left(140-\frac{37.90}{2}\right)\right]\times 10^{-3}$$

$$= 75.9\ \mathrm{kN\cdot m}$$

기준 7.12.7(4) 기둥 주변 슬래브에서 전면과 후면의 편심전단에 의한 휨강도와 측면의 편심전단에 의한 비틀림강도는 다음과 같이 산정한다.

$$v_n = v_c+v_p+v_s$$

기준 식 7.12.16

$$= 1.26+0+\times 0 = 1.26\ \mathrm{MPa}\ \le\ 0.58f_{ck}c_u/d = 4.45\ \mathrm{MPa}$$

해설 식 7.12.1 ($\because\ v_p$는 안전측으로 무시한다.)

$$\phi M_S = \phi[(v_n-v_g)(c_2+d)d](c_1+d)$$

$$= 0.75\times[(1.26-0.83)(350+132)\times 132]\times(510+132)\times 10^{-6}$$

$$= 13.2\ \mathrm{kN\cdot m}$$

기준 식 7.12.17

$$v_{nT} = 0.63\lambda\sqrt{f_{ck}}+v_p+v_s$$

$$= 0.63\times 1.0\times\sqrt{27}+0+0 = 3.27\ \mathrm{MPa}\ \le\ 0.25f_{ck} = 6.75\ \mathrm{MPa}$$

해설 식 7.12.2

$$\phi M_T = \phi\frac{4}{3}(v_{nT}-v_g)\left(\frac{c_1+d}{2}\right)^2 d$$

$$= 0.75\times\frac{4}{3}(3.27-0.83)\times\left(\frac{510+132}{2}\right)^2\times 132\times 10^{-6}$$

적용기준	계산 및 해설

$$= 33.2 \text{ kN}\cdot\text{m}$$

따라서 기둥 주변 슬래브의 설계불균형 휨강도는 다음과 같이 계산된다.

기준 식 7.12.16

$$\phi M_n = \phi_f M_F + \phi_v M_S + \phi_v M_T$$

$$= 75.9 + 13.2 + 33.2 = 122.3 \text{ kN}\cdot\text{m} > M_u = 26.6 \text{ kN}\cdot\text{m} \quad \langle 적합 \rangle$$

따라서 슬래브의 불균형모멘트에 의한 전달 휨모멘트에 대하여 휨전달 유효폭 내에서 휨모멘트 강도가 충분히 만족됨을 알 수 있다. 이로써 2방향 포스트텐션 플랫 플레이트 슬래브의 설계가 완료되었다.

11. 텐던 배치

기준 9.8.2

기준 9.8.2에 따라 6 m 경간에서 3개의 텐던을 기둥폭 내에 배치하고 나머지 7개를 750 mm 간격으로 배치한다. 직교방향의 텐던은 좁은 밴드를 만들어 기둥 근처에 집중배치한다.

예제 9.11 2방향 프리스트레스트 슬래브의 설계(SD600 철근 적용)

예제 9.10을 SD600 철근을 사용하여 설계하라.

적용기준	계산 및 해설

1. 슬래브 두께 ~ (8-1) 설계휨모멘트 산정은 예제 9.10과 동일함.

(8-2) 휨강도 계산

(1) 균열제어 철근량 결정

기준 9.5.3

최소 부착철근량 산정시 f_y는 400 MPa을 초과하지 않아야 하기 때문에 SD600 철근을 사용하더라도 필요 철근량은 동일하게 산정된다.

(가) 외부경간

부모멘트 구역에서 최소 부착철근량은

$$A_s = 0.00075 \times 165 \times 6{,}000 = 742.5\ \mathrm{mm}^2$$

로 산정될 수 있다. 따라서 $6-\mathrm{D}13 = 760.2\ \mathrm{m}^2$ 이므로 1 m당 철근량은

$\dfrac{760.2}{6} = 126.7\ \mathrm{mm}^2/\mathrm{m}$가 된다.

(나) 내부경간

부모멘트 구역에서 최소 부착철근량은

$$A_s = 0.00075 \times 165 \times \left(\frac{5{,}200 + 7{,}600}{2}\right) = 792\ \mathrm{mm}^2$$

로 산정될 수 있다. 따라서 $7-\mathrm{D}13 = 886.9\ \mathrm{m}^2$이므로 1 m당 철근량은

$\dfrac{886.9}{6} = 147.8\ \mathrm{mm}^2/\mathrm{m}$가 된다.

(2) 강도설계

텐던의 강도는 예제 9.1과 동일하다.

기준 식 9.5.3

$$f_{ps} = f_{pe} + 70 + \frac{f_{ck}}{300\rho_p}$$

$$\rho_p = \frac{A_{ps}}{b\,d_p} = \frac{10 \times 98.71}{6{,}000 \times (165 - 25)} = 1.175 \times 10^{-3}$$

적용기준	계산 및 해설

$$f_{ps} = 1{,}206 + 70 + \frac{27}{300 \times 1.175 \times 10^{-3}} = 1{,}352.6\ \text{MPa}$$

$$f_{ps}A_{ps} = 223\ \text{kN/m},\ f_yA_s = 600 \times 147.8 = 88.7\ \text{kN/m}$$

(가) 중앙경간

가-1) 부모멘트

$$a = \frac{f_{ps}A_{ps} + f_yA_s}{\eta(0.85f_{ck})b}$$

$$= \frac{(223 + 88.7) \times 10^3}{1.0 \times 0.85 \times 27 \times 1{,}000} = 13.58\ \text{mm}$$

$$\eta = 1.0\ (\because f_{ck} \le 40\ \text{MPa})$$

$$c = \frac{a}{\beta_1} = \frac{13.58}{0.80} = 16.98\ \text{mm}$$

$$\beta_1 = 0.80\ (\because f_{ck} \le 40\ \text{MPa})$$

$$\varepsilon_t = \varepsilon_{cu}\left(\frac{d_{ps}}{c} - 1\right)$$

$$= 0.0033\left(\frac{140}{16.98} - 1\right)$$

$$= 0.024 > \varepsilon_y = 0.002$$

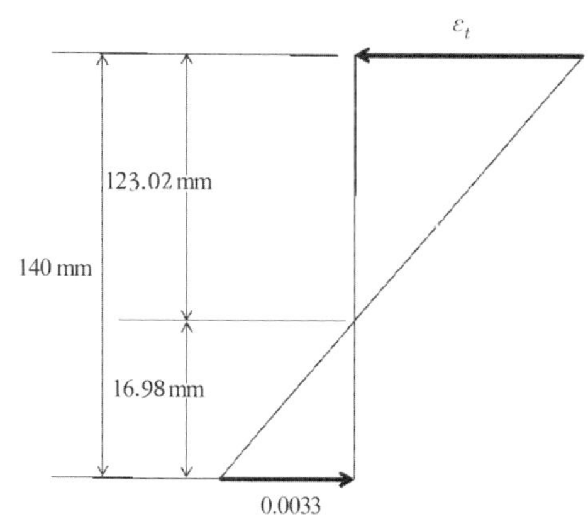

예제 그림 9.11-1 내부 받침점의 변형률 분포

기준 6.2.2 따라서 기준 6.2.2의 표 6.2.1에 따라 인장지배단면으로 강도감소계수 $\phi = 0.85$

철근과 텐던은 같은 위치에 배치되었으므로 휨강도는 다음과 같다.

$$\therefore\ \phi M_n = 0.85 \times \left[(223 + 88.7) \times \left(0.14 - \frac{0.0136}{2}\right)\right]$$

$$= 35.29\ \text{kN·m} > 26.38\ \text{kN·m}\ \langle\text{적합}\rangle$$

SD400을 사용한 예제 9.10에 비해 휨모멘트에 대한 강도가 약 8.7 % 증가한다.

휨강도가 계수휨모멘트보다 크기 때문에 모멘트 재분배를 통하여 설계 정모멘트를 최소화하고 부모멘트를 증가시킬 수 있다. 이를 계산하면 다음과 같다.

기준 3.4.2 $\varepsilon_t \times 1000 = 24\% > 20\%\ \max$

따라서 예제 9.10과 마찬가지로 최대로 20 %의 부모멘트를 변화시킬 수 있다.

부모멘트 증가 가능량 $= 0.2 \times 26.38 = 5.28\ \text{kN·m}$

실제 증가 부모멘트 $= 35.29 - 26.38 = 8.91\ \text{kN·m} > 5.28\ \text{kN·m}$ 〈부적합〉

중앙경간의 설계 정모멘트는 $M_{mid} = 22.64 - 5.28 = 17.36\ \text{kN·m}$ 이 된다.

가-2) 정모멘트 설계

$f_{ps}A_{ps} = 223\ \mathrm{kN/m}$

$$a = \frac{f_{ps}A_{ps}}{\eta(0.85f_{ck})b} = \frac{223\times10^3}{1.0\times0.85\times27\times1{,}000} = 9.72\ \mathrm{mm}$$

$\eta = 1.0\ (\because\ f_{ck} \le 40\,\mathrm{MPa})$

$$\therefore\ \phi M_n = 0.85\times\left[223\times\left(0.14-\frac{0.0097}{2}\right)\right] = 25.62\ \mathrm{kN\cdot m} > 17.36\ \mathrm{kN\cdot m}\quad \langle 적합\rangle$$

(나) 외부경간

나-1) 정모멘트 설계

$$f_{ps}A_{ps} = 223\ \mathrm{kN/m},\ \left(d-\frac{a}{2}\right) = 108-\frac{9.72}{2} = 103.14\ \mathrm{mm}$$

$$\therefore\ \phi M_n = 0.85\times[223\times103.14\times10^{-3}] = 19.55\,\mathrm{kN\cdot m} > 12.87\ \mathrm{kN\cdot m}\quad \langle 적합\rangle$$

나-2) 부모멘트 설계(외부기둥)

$$A_s/\mathrm{m} = \frac{760.2}{6} = 126.7\ \mathrm{mm^2/m}$$

$A_s f_y = 126.7\times600 = 76\ \mathrm{kN}$

$$\rho_p = \frac{A_{ps}}{b\,d_p} = \frac{10\times98.71}{6{,}000\times(82.5)} = 1.99\times10^{-3}$$

$$f_{ps} = 1{,}206+70+\frac{27}{300\times1.99\times10^{-3}} = 1{,}320\ \mathrm{MPa}$$

$f_{ps}A_{ps} = 217.36\ \mathrm{kN/m}$

$$a = \frac{f_{ps}A_{ps}+f_yA_s}{\eta(0.85f_{ck})b} = \frac{(217.36+76)\times10^3}{1.0\times0.85\times27\times1{,}000} = 12.78\ \mathrm{mm}$$

$\eta = 1.0\ (\because\ f_{ck} \le 40\ \mathrm{MPa})$

$$\therefore\ \phi M_n = 0.85\times\left[217\left(82.5-\frac{12.78}{2}\right)+76\left(140-\frac{12.78}{2}\right)\right]\times10^{-3}$$

$$= 22.67\ \mathrm{kN\cdot m} > 0.26\ \mathrm{kN\cdot m}$$

이것으로 휨모멘트에 대한 요구강도는 충족된 것으로 볼 수 있다.

SD400을 사용한 예제 9.10에 비해 휨모멘트에 대한 강도가 약 13.8 % 증가한다.

휨철근에 SD600을 적용한 결과 최소 철근량에 의해 설계가 지배되는 경우 철근강도 증가에 의한 효과가 크지 않은 것으로 나타났다. 프리스트레스트 콘크리트 부재에서

적용기준	↘ 계산 및 해설
	SD600 철근의 효과를 충분히 얻기 위해서는 최소 철근량이 아닌 휨강도에 의해 설계가 지배되도록 하는 경우가 보다 적절할 것이다.

예제 9.12

PSC T형 보의 전단설계

다음의 T형 단면의 콘크리트의 전단강도(V_c)를 기준 식 7.3.7을 이용하여 산정하라.

프리캐스트콘크리트 : $f_{ck} = 35\,\mathrm{MPa}$ (경량모래)

상부 콘크리트 : $f_{ck} = 27\,\mathrm{MPa}$ (일반)

보 안쪽으로 들어온 지점의 길이 $= 255\,\mathrm{mm}$

$255\,\mathrm{mm}$에서의 $M_d = 24\,\mathrm{kN \cdot m}$

긴장재

$\phi 12.7\,\mathrm{mm}$ $1{,}860\,\mathrm{MPa}$

경간길이 : $18.3\,\mathrm{m}$

고정하중 : $10.58\,\mathrm{kN/m}$

활하중 : $10.50\,\mathrm{kN/m}$

f_{pe}(모든 손실 후) $= 1{,}034\,\mathrm{MPa}$

프리캐스트 단면 $A = 0.37\,\mathrm{m}^2$

$I = 2.868 \times 10^{10}\,\mathrm{mm}^4$

$y_b = 660\,\mathrm{mm}$

$y_t = 255\,\mathrm{mm}$

합성단면 : $y_{bc} = 740\,\mathrm{mm}$

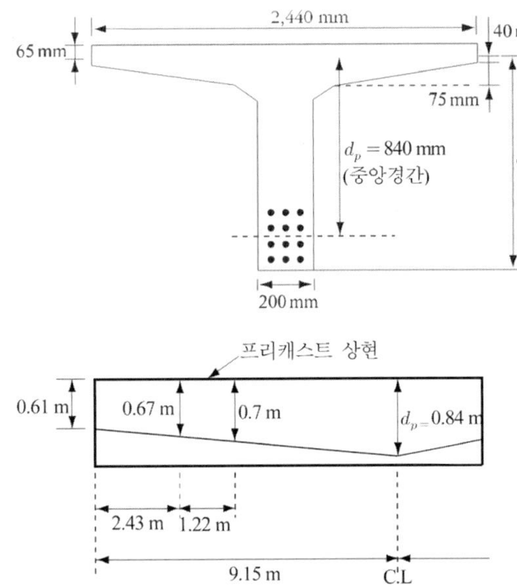

예제 그림 9.12-1 설계단면 및 긴장재 배치

적용기준

계산 및 해설

1. 경간을 따라 각 위치에서 계수전단력 V_u를 결정한다. 계산결과는 예제 그림 9.12-2와 같다.

2. 기준 식 7.3.7을 사용하여 콘크리트의 전단강도 V_c를 결정하고, 유효프리스트레스 f_{pe}는 f_{pu}의 40% 이상이 되도록 결정한다.($1{,}034 > 0.40 \times 1{,}860 = 744\,\mathrm{MPa}$) 콘크리트 단면의 전단강도 계산시 d(콘크리트 최상현에서 긴장재 도심까지 거리)의 값이 $0.8h$보다 적게 되지 않도록 주의한다. 지지점으로부터 $2.43\,\mathrm{m}$ 떨어진 위치에서 기준 식 7.3.7을 사용한 계산은 모든 콘크리트의 전단강도가 프리캐스트(Precast) 부분의 웨브 부위에서 저항한다고 가정하며, 그 계산은 다음과 같다.

$$\omega_u = 1.2(10.58) + 1.6(10.50) = 29.5\ \mathrm{kN/m}$$

$$V_u = \left(\frac{18.3}{2} - 2.43\right) \times 29.5 = 198.2\ \mathrm{kN}$$

$$M_u = (9.15 \times 29.5 \times 2.43) - (29.5 \times 2.43 \times 1.215) = 569\ \mathrm{kN \cdot m}$$

비합성 단면의 계산을 위하여 2.43 m에서의 유효깊이 d_p를 결정한다. $d_p = 670\ \mathrm{mm}$ (긴장재의 프로파일 참고)

기준 7.3.2(2) 합성 단면에서는 $d_p = 0.67 + 0.065 = 0.735\ \mathrm{m} < 0.8h = 0.784\ \mathrm{m}$ ∴ 0.784 m 사용

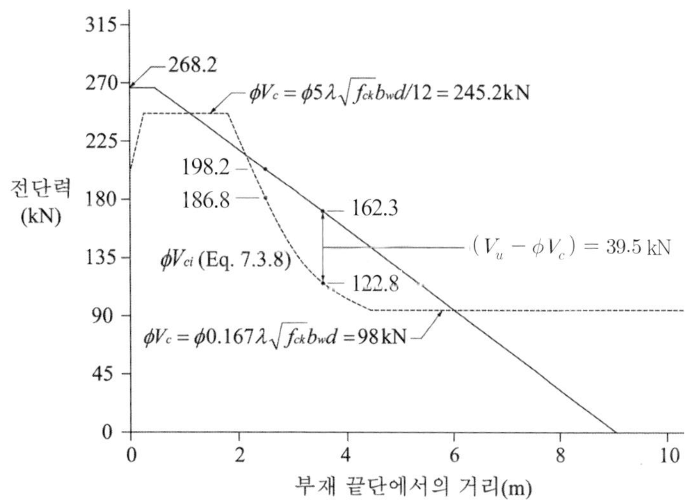

예제 그림 9.12-2 부재의 길이방향 전단력 변화

기준 식 7.3.7

$$V_c = \left(0.05\lambda\sqrt{f_{ck}} + 4.9\frac{V_u d_p}{M_u}\right) b_w d$$

단, V_c는 $\frac{1}{6}\lambda\sqrt{f_{ck}}b_w d$ 이상, $\frac{5}{12}\lambda\sqrt{f_{ck}}b_w d$ 이하여야 한다.

기준 7.3.2 프리캐스트 부분은 경량모래콘크리트를 사용하기 때문에 모든 $\sqrt{f_{ck}}$ 에는 $\lambda = 0.85$에 감소계수를 적용한다.

주의 $d_p = 0.735\ \mathrm{m}$ 대신 $0.8h = 0.784\ \mathrm{m}$를 $\frac{V_u d_p}{M_u}$ 항에 대입해야 한다.

기준 식 7.3.7

$$V_c = \left(0.05 \times 0.85\sqrt{35} + 4.9 \times \frac{198.24 \times 784}{569 \times 10^3}\right) \times 200 \times 784 \times \frac{1}{1{,}000}$$

$$= 249\ \mathrm{kN}$$

기준 식 7.3.1

$$\geq \left(\frac{0.85\sqrt{35}}{6}\right) \times 200 \times 784 \times \frac{1}{1{,}000} = 131\ \mathrm{kN}$$

적용기준	계산 및 해설

$$\le \left(5\times\frac{0.85\sqrt{35}}{12}\right)\times 200\times 784\times\frac{1}{1,000} = 329\ \mathrm{kN}$$

기준 7.3.2

$\phi V_c = 0.75\times 249 = 187\ \mathrm{kN}$ (예제 그림 9.12-2 참고)

참고 단순지지된 부재와 등분포하중 조건에는 다음과 같은 수식을 사용할 수도 있다.

l은 그 경간길이로 기준 식 7.3.7을 $\frac{d}{l}$에 관하여 다음과 같이 정리할 수 있다.

$$V_c = \left[0.05\lambda\sqrt{f_{ck}} + 4.9d_p\frac{(l-2x)}{x(l-x)}\right]b_w d$$

여기서 x는 지지점으로부터 계산하고자 하는 단면까지 거리이고, 본 예제에서는 2.43 m이므로 다음과 같이 계산된다.

$$V_c = \left[0.05\times 0.85\sqrt{35} + 4.9\times 784\frac{(18,300-2\times 2,430)}{2,430(18,300-2,430)}\right]\times 200\times 784\times\frac{1}{1,000}$$

$$= 249\ \mathrm{kN}$$

기준 7.3.2(4)

3. 프리텐션 부재의 단부영역에서 콘크리트의 전단강도 V_c는 콘크리트구조기준 7.3.2(4)에 의하여 제한된다. 본 예제의 설계에서 7.3.2(4)는 받침부의 안쪽면에서 $\frac{h}{2}$만큼 떨어진 단면이 전달길이 이상이기 때문에 적용되지 않는다.(예제 그림 9.12-3 참고) 그러나 예제의 지지점에서 255 mm 떨어진 단면의 V_c를 7.3.2(4) 기준을 만족하도록 설계한다.

- 부착전달길이 : $50d_b = 50\times 12.7 = 635\ \mathrm{mm}$
- 255 mm 위치에서 프리스트레스 힘

$$P_{se} = \left(\frac{255}{635}\right)\times 1,034\times 98.7\times 12\times\frac{1}{1000} = 492\ \mathrm{kN}$$

- 255 mm 프리스트레스 수직 분력

$$\text{slope} = \frac{(d_{CL}-d_{end})}{l/2} = \frac{(840-610)}{(18.3/2)\times 10^3} = 0.025$$

$$V_p \approx P_{se}\times slope = (492)(0.025) = 12\ \mathrm{kN}$$

합성 단면에서 $d = 616.4\ \mathrm{mm}$, $0.8h = 784\ \mathrm{mm}$이다. 따라서 $0.8h$를 사용해야 한다.

M_d(프리캐스트 부재의 자중 + 토핑의 하중) $= 24\ \mathrm{kN\cdot m}$

프리캐스트 단면의 도심으로부터 합성 단면의 도심까지 거리

$$c = y_{bc} - y_b = 740 - 660 = 80\ \mathrm{mm}$$

적용기준	☒ 계산 및 해설

e(텐던편심) $= d_{end} + 255 \times slope - y_t = 610 + 255 \times 0.025 - 255 = 361$ mm(프리캐스트 부재단면 중심에서)

$$f_{pc} = \frac{P_{se}}{A_g} - (P_{se} \cdot e)\frac{c}{I_g} + M_d\frac{c}{I_g}$$

$$= \frac{492 \times 10^3}{0.37 \times 10^6} - (492 \times 10^3)361\left(\frac{80}{2.868 \times 10^{10}}\right) + (24 \times 10^6)\left(\frac{80}{2.868 \times 10^{10}}\right)$$

$$= 0.9 \text{ MPa}$$

기준 식 7.3.10

$$V_{cw} = (0.29\lambda\sqrt{f_{ck}} + 0.3 f_{pc}) b_w d_p + V_p$$

$$= [(0.29 \times 0.85\sqrt{35} + 0.3 \times 0.9)(200) \times (784)] \times 10^{-3} + 12.3 = 283 \text{ kN}$$

$$\phi V_{cw} = 0.75 \times 283 = 212 \text{ kN}$$

그 결과를 다음 예제 그림 9.12-3에 정리하였다.

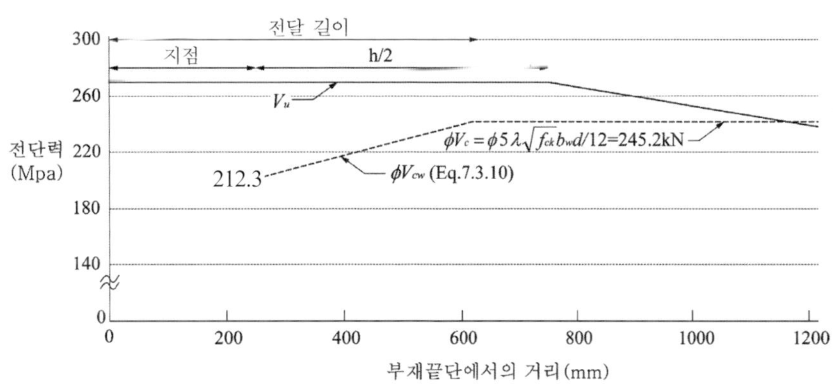

예제 그림 9.12-3 부재 끝단에서의 전단력의 분포

4. 계수전단력을 콘크리트의 전단강도 ϕV_c와 비교하고, 만약 $V_u > \phi V_c$인 경우 초과하는 선단력에 대한 전단철근을 설계해야 한다. 또한 최소 전단철근량을 검토한다.

5. 3.65 m에시의 진단에 대한 검토

주의 $d_p = 0.765$ m 대신 $0.8h = 0.784$ m를 $\frac{V_u d_p}{M_u}$ 항에 대입해야 한다.

$$M_u = (9.15 \times 29.5 \times 3.65) - (29.5 \times 3.65 \times 1.825) = 786.7 \text{ kN·m}$$

$$V_u = \left(\frac{18.3}{2} - 3.65\right) \times 29.5 = 162 \text{ kN}$$

적용기준	계산 및 해설

$$V_c = \left(0.05 \times 0.85\sqrt{35} + 4.9 \times \frac{162 \times 10^3 \times 784}{786.7 \times 10^6}\right) 200 \times 784 \times \frac{1}{1,000}$$

$$= 164 \text{ kN}$$

$$\phi V_c = 0.75 \times 164 = 123 \text{ kN}$$

$$A_v = \frac{(V_u - \phi V_c)s}{\phi f_y d} = \frac{(162 - 123) \times 10^3 \times 1,000}{0.75 \times 400 \times 784} = 166 \text{ mm}^2/\text{m}$$

휨철근 인장강도의 40 % 이상 유효프리스트레싱 힘이 작용하는 프리스트레스트 콘크리트 부재에 대한 최소 전단철근량은 기준 식 7.4.1과 기준 식 7.4.2에 의해 구한 값 중 작은 값 이상으로 해야 한다.

기준 식 7.4.1

$$A_{v(\min)} = 0.0625\sqrt{f_{ck}}\frac{b_w s}{f_{yt}} = 0.0625\sqrt{35}\left(\frac{200 \times 1,000}{400}\right) = 185 \text{ mm}^2/\text{m}$$

$$= 0.35\left(\frac{200 \times 1,000}{400}\right) = 175 \text{ mm}^2/\text{m}$$

단, 위에 기준 식 7.4.1은 $0.35\frac{b_w s}{f_{yt}}$ 이상으로 설계되어야 한다.

기준 식 7.4.2

$$A_{v(\min)} = \frac{A_{ps}}{80}\frac{f_{pu}}{f_{yt}}\frac{s}{d}\sqrt{\frac{d}{b_w}}$$

$$= \frac{1,184.4}{80} \times \frac{1,860}{400} \times \frac{1,000}{784}\sqrt{\frac{784}{200}} = 174 \text{ mm}^2/\text{m}$$

기준 식 7.4.1과 7.4.2 중 최소값(작은 값)을 최소 전단철근량으로 결정한다.

위에서 결정된 전단철근량은 최소 철근과 근소한 차이를 보이며 최대 전단철근 간격은 다음과 같다.

- 최대 스터럽 간격 : $\frac{3}{4}h = \frac{3}{4} \times 0.98 = 0.735 \text{ m}$
- 전단철근을 D10으로 결정하면 전단철근의 다리가 2개이므로 단면적은 143 mm^2가 되고 간격을 계산하면 다음과 같다.

전체 길이에 의한 D10@450으로 배근하면 단위길이당 철근량은 $A_v = 318 \text{ mm}^2/\text{m}$가 된다.

예제 9.13 콘크리트구조기준해설 그림 7.3.2.1을 이용한 전단설계

다음 부재의 전단철근을 설계하라.

$f_{ck} = 40\ \text{MPa}$

$d_p = 660\ \text{mm}$

$f_{pe} = 1{,}034\ \text{MPa}$

$f_{dc} = 1{,}117\ \text{MPa}$

경간길이 $= 12\ \text{m}$

	w (kN/m)	중앙부 모멘트 (kN·m)
자중	6.02	108.36
추가 고정하중	14.58	262.44
활하중	18.22	327.96
합 계	38.82	698.76

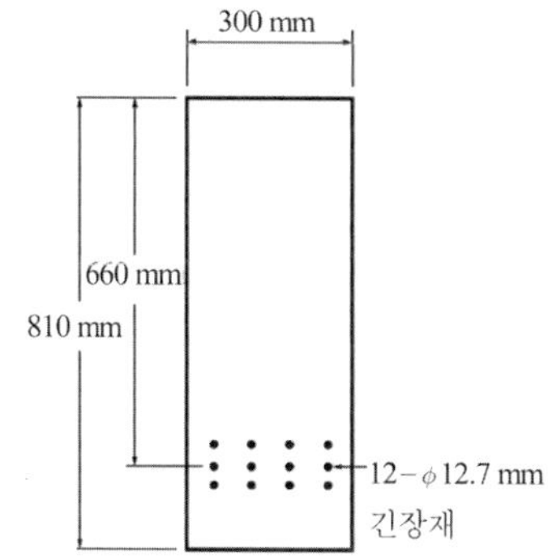

예제 그림 9.13-1 설계단면

적용기준

계산 및 해설

1. 지지점에서의 전단 계산

$$V_u = 1.2D + 1.6L = [1.2(6.02 + 14.58) + 1.6(18.22)] \times \frac{12}{2}$$

$$= 323.2\ \text{kN}$$

기준해설 7.3.2

2. 해설 그림 7.3.2.1을 이용 기본사항 계산

참고 해설 그림 7.3.2.1은 $f_{ck} = 35\ \text{MPa}$에 대한 것이므로 $f_{ck} = 40\ \text{MPa}$에 적용하면 10% 정도 안전측의 값을 얻을 수 있다.

$$\frac{d}{l} = \frac{660}{12{,}000} = \frac{1}{18.2}$$

그림에서 가장 근사한 $\frac{d}{l} = \frac{1}{20}$을 이용하면

$$\frac{V_u}{\phi b_w d} = \frac{323.2 \times 1{,}000}{0.75 \times 300 \times 660} = 2.18$$

적용기준 | **계산 및 해설**

3. 기준해설 7.3.2의 그림 7.3.2.1 위에 공칭전단강도 선을 그리고 요구되는 V_s를 찾는다. 전단보강은 예제 그림 9.13-2에 어두운 부분이 필요하다. 전단보강에 의해 저항해야 하는 최대 공칭전단응력은 $0.20\mathrm{MPa}$이다.

$$V_s = 0.20\ \mathrm{MPa} \times b_w \times d = \frac{0.20 \times 300 \times 660}{1{,}000} = 39.6\ \mathrm{kN}$$

$$A_v = \frac{V_s s}{f_{yt} d} = \frac{39.6 \times 10^3 \times 1{,}000}{400 \times 660} = 150\ \mathrm{mm}^2/\mathrm{m}$$

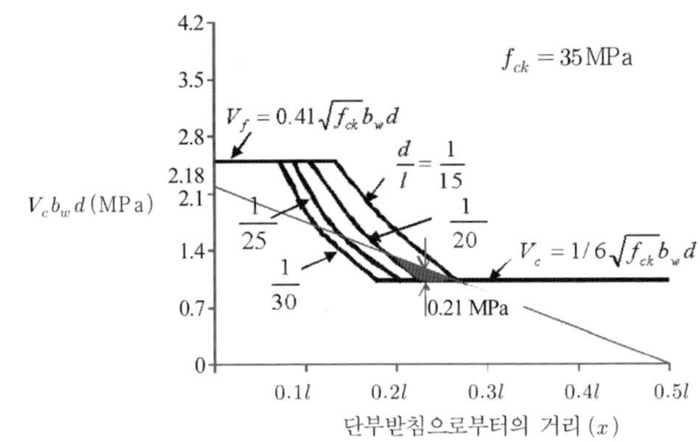

예제 그림 9.13-2 등분포하중을 받는 프리스트레스트 보의 기준 식 7.3.7의 적용

4. 최소 전단철근량 검토

기준 식 7.4.1

$$A_{v(\min)} = 0.0625\sqrt{f_{ck}}\,\frac{b_w s}{f_{yt}}$$

단, 위의 기준 식 7.4.1은 $0.35\dfrac{b_w s}{f_{yt}}$ 이상으로 설계되어야 한다.

$0.0625\sqrt{40} = 0.40 > 0.35$, 따라서

$$A_{v,\min} = 0.0625\sqrt{40}\,\frac{300 \times 1{,}000}{400} = 296.5\ \mathrm{mm}^2/\mathrm{m}$$

기준 식 7.4.2

$$A_{v(\min)} = \frac{A_{ps}}{80}\frac{f_{pu}}{f_{yt}}\frac{s}{d}\sqrt{\frac{d}{b_w}}$$

$$A_{v,\min} = \frac{1{,}184.4}{80} \times \frac{1{,}860}{400} \times \frac{1{,}000}{660}\sqrt{\frac{660}{300}} = 154.7\ \mathrm{mm}^2/\mathrm{m}$$

기준 식 7.4.1과 7.4.2에 의해 구한 값 중 작은 값 이상으로 해야 한다.

적용기준

계산 및 해설

5. 전단철근량 결정

$$A_v = 154.7\ \text{mm}^2/\text{m}$$

$$s_{\max} = \left(\frac{3}{4}\right)h \leq 600\ \text{mm}$$

$$s = \left(\frac{3}{4}\right)810 = 607.5\ \text{mm}$$

스터럽-D10@450 mm를 사용하면 전단철근량은 다음과 같다.

$$A_v = \frac{143}{(450/1{,}000)}/\text{m} = 318\ \text{mm}^2/\text{m}$$

위의 계산은 다음의 $V_u > \dfrac{\phi V_c}{2}$ 조건을 전제로 하며, 이를 만족한다.

설계의 편의상 대부분의 설계자는 위에 계산된 철근량을 부재길이 전체에 걸쳐 배치할 것이다.

예제 9.14

기준 식 7.3.8을 이용한 전단설계

다음 그림의 단순지지 프리텐션 받침보 기준 식 7.3.8과 7.3.10을 이용하여 단면의 콘크리트 전단강도 V_c를 산정하라.

$A = 360{,}000\ \mathrm{mm}^2$

$w_d = 80.0\ \mathrm{kN/m}$

$w_d = 72.3\ \mathrm{kN/m}$

$I = 2.66 \times 10^{10}\ \mathrm{mm}^4$

$h = 900\ \mathrm{mm}$

$y_b = 380\ \mathrm{mm}$

$L = 7{,}300\ \mathrm{mm}$

$f_{ck} = 40\ \mathrm{MPa}$

$16 - \phi 12.7\ \mathrm{mm}$

$P_{se} = 1{,}765\ \mathrm{kN}$

$e_{end} = e_{mid} = 254\ \mathrm{mm}$

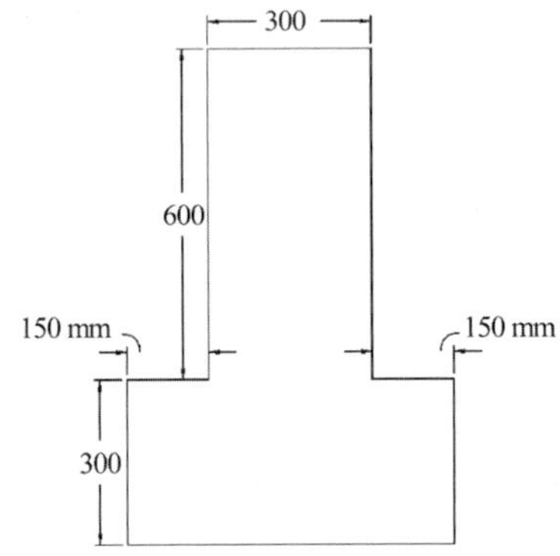

예제 그림 9.14-1 설계단면

적용기준

계산 및 해설

1. 중앙 부모멘트와 단부전단력

$$M_d = \frac{w_d l^2}{8} = \frac{80 \times 7{,}300^2}{8} = 533\ \mathrm{kN \cdot m}$$

$$M_l = \frac{w_l l^2}{8} = \frac{72.3 \times 7{,}300^2}{8} = 482\ \mathrm{kN \cdot m}$$

$$M_u = 1.2M_d + 1.6M_l = 1{,}410\ \mathrm{kN \cdot m}$$

$$M_{\max} = M_u - M_d = 1{,}410 - 533 = 877\ \mathrm{kN \cdot m}$$

$$V_d = \frac{w_d l}{2} = \frac{80 \times 7{,}300}{2} = 292\ \mathrm{kN}$$

$$V_l = \frac{w_l l}{2} = \frac{72.3 \times 7{,}300}{2} = 264\ \mathrm{kN}$$

$$V_u = 1.2V_d + 1.6V_l = 773\ \mathrm{kN}$$

$$V_i = V_u - V_d = 481\ \mathrm{kN}$$

적용기준	계산 및 해설

2. $\frac{x}{l}=0.3$이며, 중앙부에 모멘트와 전단력을 받침점으로부터 $\frac{x}{l}$의 거리에 있는 전단력과 단부의 모멘트로 변환하여 계수 결정

$$V \text{ factor} = 1-2\left(\frac{x}{l}\right) = 1-2\times 0.3 = 0.4$$

$$M \text{ factor} = 4\left[\frac{x}{l}-\left(\frac{x}{l}\right)^2\right] = 4(0.3-0.3^2) = 0.84$$

3. 휨-전단강도(flexural shear strength), V_{ci} 계산

기준 식 7.3.8

$$V_{ci} = 0.05\lambda\sqrt{f_{ck}}\,b_w d_p + V_d + \frac{V_i M_{cre}}{M_{\max}}$$

$$\frac{P_{se}}{A} = \frac{1,765\times 10^3}{360,000} = 4.90\text{ MPa}$$

$$\frac{P_{sc}\cdot e}{S_b} = \frac{1,765\times 10^3\times 254}{\left(2.66\times\frac{10^{10}}{380}\right)} = 6.40\text{ MPa}$$

$$-\frac{M_d}{S_b} = -0.84\frac{(532.9\times 10^6)}{(7.0\times 10^7)} = -6.39\text{ MPa}$$

$$0.5\lambda\sqrt{f_{ck}} = 0.5\sqrt{40} = 3.16\text{ MPa}$$

총합 : 8.07 MPa

이 되고 나머지 계수는 다음과 같이 계산된다.

$$M_{cre} = S_b(8.07) = 5.65\times 10^8\text{ N}\cdot\text{m} = 565\text{ kN}\cdot\text{m}$$

$$V_i = 0.4V_{i,end} = 192\text{ kN}$$

$$M_{\max} = 0.84M_{\max,\,mid} = 736.7\text{ kN}$$

$$V_3 = \frac{V_i M_{cre}}{M_{\max}} = \frac{192\times 565}{736.7} = 147\text{ kN}$$

$$0.8h = 720\text{ mm} \therefore d_p = 774\text{ mm}$$

$$V_1 = 0.05b_w d\lambda\sqrt{f_{ck}} = 0.05\times 300\times 774\times 1.0\times\sqrt{40}\times\frac{1}{1,000} = 73\text{ kN}$$

$$V_2 = V_d = 0.4V_{d,end} = 0.4\times 292 = 117\text{ kN}$$

$$V_{ci} = V_1+V_2+V_3 = 337\text{ kN}$$

적용기준	↘ 계산 및 해설

4. V_n과 V_s

$$V_u = 0.4\,V_{u,end} = 309\ \mathrm{kN}$$

전단에서 $\phi = 0.75$

$$V_s = \frac{V_u}{\phi} - V_c = \frac{309}{0.75} - 337 = 75\ \mathrm{kN}$$

5. 스터럽 요구량

$$A_v = \frac{V_s s}{f_{yt} d} = -\frac{75 \times 1{,}000 \times 1{,}000}{400 \times 774} = 242.2\ \mathrm{mm^2/m}$$

최소 요구량

기준 식 7.4.1

$$A_{v(\min)} = 0.0625\sqrt{f_{ck}}\,\frac{b_w s}{f_{yt}}$$

$$0.0625\sqrt{40} = 0.40 > 0.35$$

$$A_v = 0.0625\sqrt{f_{ck}}\,\frac{b_w s}{f_{yt}}$$

$$= 0.0625\sqrt{40} \times \frac{300 \times 1{,}000}{400}$$

$$= 296.5\ \mathrm{mm^2/m}$$

기준 식 7.4.2

$$A_{v(\min)} = \frac{A_{ps}}{80}\,\frac{f_{pu}}{f_{yt}}\,\frac{s}{d}\sqrt{\frac{d}{b_w}}$$

$$A_v = \frac{A_{ps} f_{pu} s}{80 f_{yt} d}\sqrt{\frac{d}{b_w}} = \frac{1{,}579.36 \times 1{,}860 \times 1{,}000}{80 \times 400 \times 774}\sqrt{\frac{774}{300}} = 190.5\ \mathrm{mm^2/m}$$

$$A_{ps} = 98.71 \times 16 = 1{,}579.36\ \mathrm{mm^2}$$

기준 식 7.3.1과 7.4.2에서 더 작은 값을 최소값으로 산정한다.

따라서 $190.5\ \mathrm{mm^2/m}$가 최소 요구량이다.

최대 간격 : $\frac{3}{4}h = \frac{3}{4} \times 900 = 675\ \mathrm{mm}$

500 mm를 간격으로 D10, $A_s = 143\ \mathrm{mm^2}$(D10 U형)를 배치하면

$286\ \mathrm{mm^2/m} > 238\ \mathrm{mm^2/m}$ 〈적합〉

계산 및 해설

6. 받침지점의 전단보강 요구량

프리텐션 받침보는 하중이 상부가 아닌 하부 받침부에 재하되기 때문에 일반 프리스트레스트 부재와 같이 $\frac{h}{2}$이 아닌 지지점에서의 전단강도 검토가 반드시 요구된다.

단, 계산의 간략화를 위하여 지점에서 프리스트레싱 힘 P는 0으로 계산된다.

$$V_{cw} = (0.29\lambda\sqrt{f_{ck}} + 0.3f_{pc})b_w d + V_p$$

$$= (0.29\sqrt{40}) \times 300 \times 774 \times \frac{1}{1,000} = 426\ \mathrm{kN}$$

$$V_s = \frac{V_u}{\phi} - V_c = \frac{V_u}{0.75} - V_c = \frac{773}{0.75} - 426 = 605\ \mathrm{kN}$$

$$A_v = \frac{V_s s}{f_{yt} d} = \frac{605 \times 10^3 \times 1,000}{400 \times 774} = 1,954\ \mathrm{mm^2/m}$$

단계 5에서와 같이 계산된 최소 철근량($A_v = 190.5\ \mathrm{mm^2/m}$)보다 위의 값이 크므로 200 mm 간격으로 D16, $A_v = 397.2\ \mathrm{mm^2}$(D16 U형)를 배치하면

$1,986\ \mathrm{mm^2/m} > 1,954\ \mathrm{mm^2/m}$ 〈적합〉

7. 최종 설계결과

최종 설계결과는 다음 그래프와 같다.

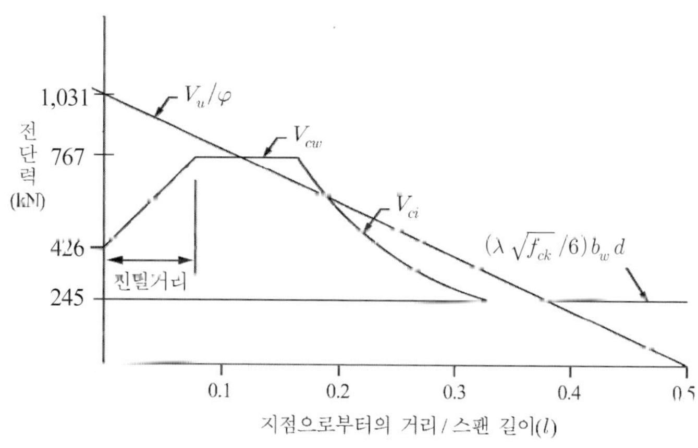

예제 그림 9.14-2 최종 설계결과

주의

(1) 스프레드시트를 구성할 때는 열을 x/l와 단계 2에서와 같이 모멘트와 전단력의 계수값(M factor, V factor)을 변화시켜 가면서 구성한다.

적용기준	계산 및 해설
	(2) 편심을 가지고 절곡 또는 곡선 배치된 긴장재의 경우(draped tendon) 편심, 깊이, 텐던의 각도 등을 단계 2에서 추가로 고려해야 한다. (3) 합성부재에서 합성거동 이전과 이후의 고정하중 부분은 따로 나누어서 계산할 필요가 있다. 보가 합성거동을 한 후의 고정하중은 V_d와 M_d의 크기에 포함되지 않아야 한다.

제 10 장

슬래브

예제 10.1

1방향 연속 슬래브의 설계-Ⅰ

같은 경간이 두 개 이상 연속된 1방향 슬래브의 두께와 철근보강을 설계하라. 보의 폭은 300 mm, 순경간 l_n은 5,500 mm로 한다.[10-1)]

$f_{ck} = 27\ \mathrm{MPa}$

$f_y = 400\ \mathrm{MPa}$

고정하중 = $3.53\ \mathrm{kN/m^2}$ (슬래브 두께 150 mm)

활하중 = $2.5\ \mathrm{kN/m^2}$

적용기준	계산 및 해설

기준 3.4.1

1. 기준 3.4.1(4)의 근사해법을 이용한 단부경간의 휨모멘트

(1) 계수분포하중

$$w_u = (1.2\times 3.53) + (1.6\times 2.5) = 8.236\ \mathrm{kN/m^2}$$

(2) 불연속 단부가 받침부와 일체로 된 최외측 경간의 정모멘트

$$M_u^{\ +} = \frac{w_u l_n^{\ 2}}{14} = 8.236\times\frac{5.5^2}{14} = 17.8\ \mathrm{kN\cdot m/m}$$

(3) 첫 번째 내부 받침부 외측면 부모멘트

$$M_u^{\ -} = \frac{w_u l_n^{\ 2}}{10} = 8.236\times\frac{5.5^2}{10} = 24.91\ \mathrm{kN\cdot m/m}$$

2. 슬래브 두께

(1) 철근비 가정

필요한 철근비를 인장지배단면의 최대 철근비(ρ_t)의 52 %로 가정하면

$$\rho = 0.52\,\rho_t$$

인장지배단면의 최대 철근비는 다음 식으로부터 구할 수 있다.

$$\rho_t = \frac{0.00255\,\beta_1}{(\varepsilon_{a,\min}+0.0033)}\left(\frac{f_{ck}}{f_y}\right)\left(\frac{d_t}{d}\right) = 0.0176$$

여기서 $\varepsilon_{a,\min} = 0.005$, $\beta_1 = 0.85$, $f_{ck} = 27\,\mathrm{MPa}$, $f_y = 400\,\mathrm{MPa}$, $d_t = d$

10-1) 김상식, 철근콘크리트구조설계, 4판, 문운당, 2008, p.65. 1)

적용기준	계산 및 해설

(2) 슬래브의 깊이와 유효깊이

$$R_n = \rho f_y\left(1-\frac{0.5\rho f_y}{0.85 f_{ck}}\right) = (0.00915\times 400)\left(1-\frac{0.5\times 0.00915\times 400}{0.85\times 27}\right)$$

$$= 3.368\ \mathrm{N/mm}$$

기준 3.3.3

$$d = \sqrt{\frac{M_u}{\phi R_n b}} = \sqrt{\frac{24.91\times 1{,}000\times 1{,}000}{0.85\times 3.368\times 1{,}000}} = 93.28\ \mathrm{mm}\ \ (\phi = 0.85)$$

D16을 사용 하면 슬래브의 최소 두께는

기준 5.4.1

$h = 93.28 + 7.95 + 20 = 121.23\ \mathrm{mm}$ (피복두께 = 20)

기준 10.2.3(1)

기준 표 4.3.1에 의하면 처짐을 계산하지 않는 경우, 1방향 슬래브의 최소 두께는 $\frac{l}{24}$ = 242 mm이다. 따라서 슬래브 두께는 $h = 250\,\mathrm{mm}$로 한다.

$\therefore\ d = 222$ mm

3. 부모멘트 설계

(1) 철근비 산정

$$R_n = \frac{M_u}{\phi b d^2} = \frac{24.91\times 1{,}000\times 1{,}000}{0.85\times 1{,}000\times 222^2} = 0.59\ \mathrm{N/mm^2}$$

$\rho \approx 0.00915\left(\frac{0.59}{3.368}\right) = 0.0016 \le 0.002$(최소 철근비)

따라서 $\rho = 0.002$로 한다.

(2) 휨보강 철근 설계

최소 철근량 $A_s = 0.0020\times 1{,}000\times 250 = 500\ \mathrm{mm^2}$

필요한 D13 철근의 개수 = $\frac{500}{127} = 3.93 \rightarrow$ 4개로 함.

기준 10.2.3(2)

최대 철근간격 $s_{\max} = \min\{2h = 500\ \mathrm{mm},\ 300\ \mathrm{mm}\} \rightarrow 300\,\mathrm{mm}$로 함.

최대 철근간격을 만족시키기 위한 D13 철근의 개수 = $\frac{1{,}000}{300} = 3.3 \rightarrow$ 4개

$\therefore$ D13@250 mm

슬래브 폭 1,000 mm당 4개의 D13 철근은 슬래브의 부모멘트에 대한 휨강도와 최소 철근비 및 최대 철근간격을 만족시킨다.

적용기준 | 계산 및 해설

4. 도표를 사용한 정모멘트 설계

(1) 철근비 산정

$$R_n = \frac{M_n}{bd^2} = \rho f_y\left(1 - \frac{0.5\rho f_y}{0.85 f_{ck}}\right),\ M_u = \phi M_n \text{이므로}$$

$$\frac{M_u}{\phi f_{ck} bd^2} = \frac{\rho f_y}{f_{ck}}\left(1 - \frac{0.5\rho f_y}{0.85 f_{ck}}\right)\text{이 된다.}$$

$w = \dfrac{\rho f_y}{f_{ck}}$로 정의하면 위의 식은 $\dfrac{M_u}{\phi f_{ck} bd^2} = w(1 - 0.59w)$으로 간단히 할 수 있다.

$$\frac{M_u}{\phi f_{ck} bd^2} = \frac{17.8 \times 1{,}000 \times 1{,}000}{0.85 \times 27 \times 1{,}000 \times 222^2} = 0.016$$

예제 표 10.1-1로부터 $w \approx 0.016$

$$\rho = \frac{w f_{ck}}{f_y} = \frac{0.016 \times 27}{400} = 0.0011$$

(2) 휨보강 철근 설계

$$A_s = \rho bd = 0.0011 \times 1{,}000 \times 222 = 244\ \text{mm}^2$$

기준 5.7.2(1) 최소 철근비 $\rho_{\min} = 0.0020$

최소 철근량 $A_s = 0.0020 \times 1{,}000 \times 250 = 500\ \text{mm}^2 > 244\ \text{mm}^2$

필요한 D13 철근의 개수 $= \dfrac{500}{127} = 3.9 \rightarrow$ 4개로 함.

기준 10.2.3(2) 최대 철근간격 $s_{\max} = \min\{2h = 500\ \text{mm},\ 300\ \text{mm}\} \rightarrow 300\ \text{mm}$로 함.

최대 철근간격을 만족시키기 위한 D13 철근의 개수 $= \dfrac{1{,}000}{300} = 3.3 \rightarrow$ 4개

∴ D13@250 mm

슬래브 폭 1,000 mm당 4개의 D13철근은 슬래브의 정모멘트에 대한 휨강도와 최소 철근비 및 최대 철근간격을 만족시킨다.

5. 수축·온도철근 설계

기준 10.2.3(3) 1방향 슬래브에서는 정모멘트 철근 및 부모멘트 철근에 직각방향으로 수축·온도철근을 배치해야 한다.

기준 5.7.2(1) 수축·온도철근량 $A_s = 0.0020 \times 1{,}000 \times 250 = 500\ \text{mm}^2$

적용기준	◪ 계산 및 해설

필요한 D13 철근의 개수 $= \dfrac{500}{127} = 3.9 \rightarrow$ 4개로 함.

기준 5.7.2(3) 최대 철근간격 $s_{\max} = \min\{5h = 1{,}250\ \mathrm{mm},\ 450\ \mathrm{mm}\} = 450\ \mathrm{mm}$로 함.

최대 철근간격을 만족시키기 위한 D13 철근의 개수 $= \dfrac{1{,}000}{450} = 2.2 \rightarrow$ 4개로 함.

$\therefore$ D13@250 mm

예제 표 10.1-1 단근 직사각형보의 휨강도, $M_u/\phi f_{ck} bd^2$

ω	.000	.001	.002	.003	.004	.005	.006	.007	.008	.009
0.0	0	.0010	.0020	.0030	.0040	.0050	.0060	.0070	.0080	.0090
0.01	.0099	.0109	.0119	.0129	.0139	.0149	.0159	.0168	.0178	.0188
0.02	.0197	.0207	.0217	.0226	.0236	.0246	.0256	.0266	.0278	.0285
0.03	.0295	.0304	.0314	.0324	.0333	.0343	.0352	.0362	.0372	.0381
0.04	.0391	.0400	.0410	.0420	.0429	.0438	.0448	.0457	.0467	.0476
0.05	.0485	.0495	.0504	.0513	.0523	.0532	.0541	.0551	.0560	.0569
0.06	.0579	.0588	.0597	.0607	.0616	.0625	.0634	.0643	.0653	.0662
0.07	.0671	.0680	.0689	.0699	.0708	.0717	.0726	.0735	.0744	.0753
0.08	.0762	.0771	.0780	.0789	.0798	.0807	.0816	.0825	.0834	.0843
0.09	.0852	.0861	.0870	.0879	.0888	.0897	.0906	.0915	.0923	.0932
0.10	.0941	.0950	.0959	.0967	.0976	.0985	.0994	.1002	.1011	.1020
0.11	.1029	.1037	.1046	.1055	.1063	.1072	.1081	.1099	.1098	.1106
0.12	.1115	.1124	.1133	.1141	.1149	.1158	.1166	.1175	.1183	.1192
0.13	.1200	.1209	.1217	.1226	.1234	.1243	.1251	.1259	.1268	.1276
0.14	.1284	.1293	.1301	.1309	.1318	.1326	.1334	.1342	.1351	.1359
0.15	.1367	.1375	.1384	.1392	.1400	.1408	.1416	.1425	.1433	.1441
0.16	.1449	.1457	.1465	.1473	.1481	.1489	.1497	.1506	.1514	.1522
0.17	.1529	.1537	.1545	.1553	.1561	.1569	.1577	.1585	.1593	.1601
0.18	.1609	.1617	.1624	.1632	.1640	.1648	.1656	.1664	.1671	.1679
0.19	.1687	.1695	.1703	.1710	.1718	.1726	.1733	.1741	.1749	.1756
0.20	.1764	.1772	.1779	.1787	.1794	.1802	.1810	.1817	.1825	.1832
0.21	.1840	.1847	.1855	.1862	.1870	.1877	.1885	.1892	.1900	.1907
0.22	.1914	.1922	.1929	.1937	.1944	.1951	.1959	.1966	.1973	.1981
0.23	.1988	.1995	.2002	.2010	.2017	.2024	.2031	.2039	.2046	.2053
0.24	.2060	.2067	.2075	.2082	.2089	.2096	.2103	.2110	.2117	.2124
0.25	.2131	.2138	.2145	.2152	.2159	.2166	.2173	.2180	.2187	.2194
0.26	.2201	.2208	.2215	.2222	.2229	.2236	.2243	.2249	.2256	.2263
0.27	.2270	.2277	.2284	.2290	.2297	.2304	.2311	.2317	.2324	.2331
0.28	.2337	.2344	.2351	.2357	.2364	.2371	.2377	.2384	.2391	.2397
0.29	.2404	.2410	.2417	.2423	.2430	.2437	.2443	.2450	.2456	.2463
0.30	.2469	.2475	.2482	.2488	.2495	.2501	.2508	.2514	.2520	.2527
0.31	.2533	.2539	.2546	.2552	.2558	.2565	.2571	.2577	.2583	.2590
0.32	.2596	.2602	.2608	.2614	.2621	.2627	.2633	.2639	.2645	.2651
0.33	.2657	.2664	.2670	.2676	.2682	.2688	.2694	.2700	.2706	.2712
0.34	.2718	.2724	.2730	.2736	.2742	.2748	.2754	.2760	.2766	.2771
0.35	.2777	.2783	.2789	.2795	.2801	.2807	.2812	.2818	.2824	.2830
0.36	.2835	.2841	.2847	.2853	.2858	.2864	.2870	.2875	.2881	.2887
0.37	.2892	.2898	.2904	.2909	.2915	.2920	.2926	.2931	.2937	.2943
0.38	.2948	.2954	.2959	.2965	.2970	.2975	.2981	.2986	.2992	.2997
0.39	.3003	.3008	.3013	.3019	.3024	.3029	.3035	.3040	.3045	.3051

* $\omega = \rho f_y / f_{ck}$

예제 10.2 1방향 연속 슬래브의 설계-II

보 중심간격 3.5 m, 보폭 300 mm에 고정하중 5.0 kN/m²와 활하중 8.0 kN/m²가 작용하는 연속 슬래브를 설계하라.[10-2)]

$f_{ck} = 21\,\text{MPa},\ f_y = 400\,\text{MPa}$

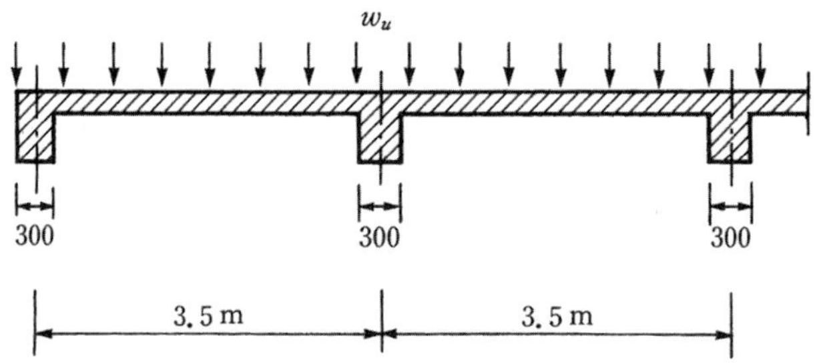

예제 그림 10.2-1 슬래브 개요

적용기준	계산 및 해설

1. 슬래브 두께

기준 10.2.3(1)

가장 불리한 부재는 1단 연속 슬래브이므로 기준 표 4.3.1로부터

$$h = \frac{l}{24} = \frac{3,500}{24} = 146\ \text{mm} \rightarrow 150\ \text{mm로 한다.}$$

$$d = 150 - 20 - \frac{13}{2} = 123.5\ \text{mm}$$

2. 계수휨모멘트

계수하중 : $w_u = 1.2 \times 5.0 + 1.6 \times 8.0 = 18.8\ \text{kN/m}^2$

순 경 간 : $l_n = 3.5 - 0.3 = 3.2\ \text{m}$

$w_u\, l_n^{\ 2} = 18.8 \times (3.2)^2 = 192.5\ \text{kN·m/m}$

기준 3.4.1

예제의 슬래브는 기준 3.4.1(3)의 조건을 모두 만족시키므로 기준 3.4.1(4)의 근사해법을 적용하여 계수휨모멘트를 구한다.

외부경간 외단 : $M_u = \dfrac{w_u l_n^{\ 2}}{24} = 8.0\ \text{kN·m/m}$

중앙 : $M_u = \dfrac{w_u l_n^{\ 2}}{14} = 13.8\ \text{kN·m/m}$

10-2) 김상식, 철근콘크리트구조설계, 4판, 문운당, 2008, p.281. 5)

$$\text{내단}: M_u = \frac{w_u l_n^{\ 2}}{10} = 19.3\ \mathrm{kN \cdot m/m}$$

내부경간

$$\text{단부}: M_u = \frac{w_u l_n^{\ 2}}{11} = 17.5\ \mathrm{kN \cdot m/m}$$

$$\text{중앙}: M_u = \frac{w_u l_n^{\ 2}}{16} = 12.0\ \mathrm{kN \cdot m/m}$$

3. 철근보강 설계

슬래브의 휨보강 설계에서 응력 중심거리 jd는 대개 $0.9d$와 $0.95d$ 사이에 있으므로 $jd = 0.925d$로 가정한다. $M_u = \phi A_s f_y jd$로부터 A_s를 구하고 $a = \dfrac{(A_s f_y)}{(0.85 f_{ck} b)}$에 적용하여 a를 계산한다(예제 그림 10.2-2 참조). 최종적으로 관계식 $\phi M_n = \phi A_s f_y \left(d - \dfrac{a}{2}\right)$로부터 A_s를 구하면 예제 표 10.2-1과 같다.

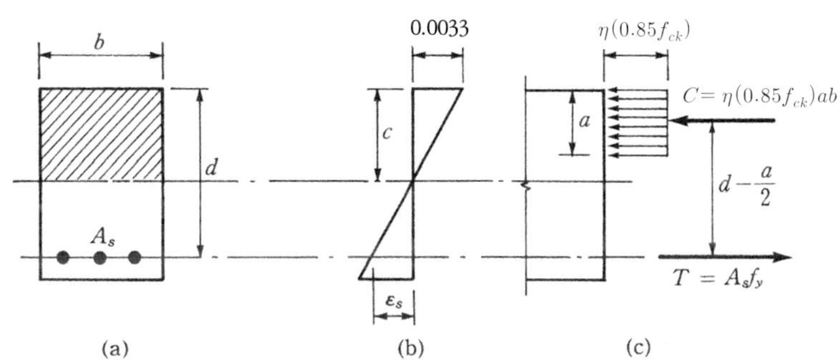

예제 그림 10.2-2 단철근 직사각형 휨부재

예제 표 10.2-1 철근보강 설계 요약표

		M_u (kN·m/m)	ρ	A_s (mm²/m)	D13철근 (개/m)	D10철근 (개/m)
외부경간	외단	8.8	0.0020*	300	3	5
	중앙	15.1	0.0028	351	3	5
	내단	21.1	0.0040	498	4	7
내부경간	단부	19.2	0.0034	414	4	6
	중앙	13.2	0.0025	306	3	5

* 철근비가 최소 철근비(수축·온도철근비)에 의해 결정됨.

기준 5.7.2(1)

$$A_s = 0.0020 \times (150 \times 1{,}000\ \mathrm{mm})[\mathrm{mm^2/m}]$$

예제 10.3

보가 없는 슬래브의 불균형 모멘트 해석

다음 그림에 있는 플랫 슬래브의 내부기둥과 인접한 슬래브의 휨과 2방향 전단에 대한 안전성을 검토하라.

기둥 크기 = $460 \times 460\ \mathrm{mm}$

횡하중은 전단벽에 의해 지지됨.

슬래브 두께 = $200\ \mathrm{mm}$

슬래브 유효깊이 = $170\ \mathrm{mm}$

$f_{ck} = 27\ \mathrm{MPa}$(보통콘크리트)

$f_y = 400\ \mathrm{MPa}$

$M_u = 40.5\ \mathrm{kN \cdot m}$, $V_u = 180\ \mathrm{kN}$

상부 주철근비 = 0.6%

하부 주철근비 = 0.3%

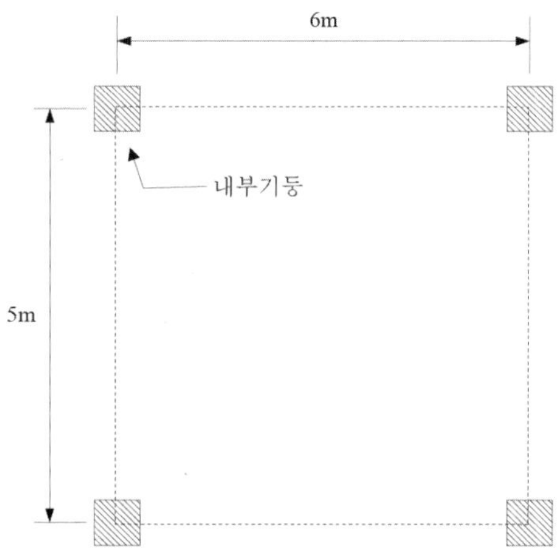

예제 그림 10.3-1 해석대상 플랫슬래브

적용기준

계산 및 해설

1. 2방향 전단강도 검토

접한 슬래브의 중심선에 작용하는 전단력이 없으므로 기둥 주위 $d/2$에서 2방향 거동에 대한 전단강도는 다음과 같이 계산한다.

$$V_u = 180\ \mathrm{kN}$$

$$V_c = v_c \times b_o \times d$$

$$v_c = \lambda k_s k_{b_o} f_{te} \cot\psi \left(\frac{c_u}{d}\right)$$

여기서

위험단면의 둘레길이 $b_o = 0.46 \times 4 + 0.17 \times 4 = 2.52\ \mathrm{m}$

경량콘크리트계수 $\lambda = 1$(일반콘크리트)

슬래브의 두께계수 $k_s = (300/d)^{0.25}$

$= (300/170)^{0.25} = 1.15 \geq 1.1$이므로 1.1

위험단면 둘레길이의 영향계수

$$k_{b_o} = 4/\sqrt{\alpha_s(\frac{b_o}{d})} \le 1.25$$

$$= 4/\sqrt{1.0(\frac{2,520}{170})} = 1.04 \le 1.25$$이므로 1.04이다.

$\alpha_s = 1.0$(내부기둥)

압축대 콘크리트의 인장강도 $f_{te} = 0.2\sqrt{f_{ck}} = 0.2\sqrt{27} = 1.04\,\text{MPa}$

슬래브 휨 압축대의 균열각도 $\cot\psi = \dfrac{\sqrt{f_{te}(f_{te}+f_{cc})}}{f_{te}}$

$$= \frac{\sqrt{1.04(1.04+18)}}{1.04} = 4.279$$

위험단면의 압축대에 작용하는 평균압축응력 $f_{cc} = \dfrac{2}{3}f_{ck}$

$$= \frac{2}{3}\times 27 = 18\,\text{MPa}$$

슬래브 위험단면 압축대 깊이의 평균값

$$c_u = d\left(25\sqrt{\frac{\rho}{f_{ck}}} - 300\left(\frac{\rho}{f_{ck}}\right)\right)$$

$$= 170\left(25\sqrt{\frac{0.006}{27}} - 300\left(\frac{0.006}{27}\right)\right) = 87.01\,\text{mm}$$

따라서

$$v_c = \lambda k_s k_{b_o} f_{te}\cot\psi\left(\frac{c_u}{d}\right)$$

$$= 1\times 1.1\times 1.04\times 1.04\times 4.279\times\left(\frac{87.01}{170}\right) = 2.6\,\text{MPa}$$

$$V_c = v_c\times b_o\times d = 2.6\times 2.25\times 170 = 994.5\,\text{kN}$$

$$\phi V_c = 0.75\times 994.5\,\text{kN} = 745.86\,\text{kN} > V_u = 180\,\text{kN}$$ 〈적합〉

2. 슬래브와 내부기둥 사이의 불균형 휨모멘트 전달을 위한 안전성 검토

개정기준(콘크리트구조기준 2019)에서는 슬래브와 기둥 사이의 불균형 모멘트 전달을 위한 설계방법이 변경되었으며, 7.12.7을 따라 설계하도록 규정하고 있다.(해설 그림 7.12.7.1)

설계 불균형 휨강도 $\phi M_n = \phi_f M_F + \phi_v M_S + \phi_v M_T$(식 7.12.14)

여기서

적용기준	계산 및 해설

전후면의 휨강도 $M_F = M_{Ff} + M_{Fb}$

전후면의 편심전단강도 $M_S = M_{Sf} + M_{Sb} = [(v_n - v_g)(c_2 + d)d](c_1 + d) \ge 0$

측면의 편심전단강도 $M_T = \dfrac{4}{3}(v_{nT} - v_g)\left(\dfrac{c_1 + d}{2}\right)^2 d \ge 0$

- 슬래브 전체에 균등하게 14개의 D10 휨철근이 배근된다고 가정하면, 위험단면의 폭 $(c_2 + d)$에는 3개의 철근이 요구된다. 따라서 위험단면의 폭에는 3개의 D10이 배치되는 것으로 가정한다.
- 전후면의 휨강도 산정

$$M_{Ff} = A_{st} f_y jd \approx 0.006 \times (460 \times 170) \times 400 \times 0.9 \times 170 = 28.72\ \mathrm{kN \cdot m}$$

$$M_{Fb} = A_{sb} f_y jd \approx 0.003 \times (460 \times 170) \times 400 \times 0.9 \times 170 = 14.36\ \mathrm{kN \cdot m}$$

$$M_F = M_{Ff} + M_{Fb} = 28.72 + 14.36 = 43.08\ \mathrm{kN \cdot m}$$

- 전후면의 편심전단강도 산정

$$M_S = M_{Sf} + M_{Sb} = [(v_n - v_g)(c_2 + d)d](c_1 + d) \ge 0$$

$$= [(2.6 - 0.42) \times (460 + 170) \times 170] \times (460 + 170) = 147.1\ \mathrm{kN \cdot m} \ge 0$$이다.

여기서 $v_n = v_c + v_p + 0.4 v_s = 2.6\ \mathrm{MPa} + 0 + 0 \le 0.58 f_{ck} c_u / d = 4.45$

$v_n = 2.6\ \mathrm{MPa}$

여기서 $v_g = \dfrac{V_u}{b_o \times d} = \dfrac{180 \times 10^3}{2.52 \times 0.17 \times 10^6} = 0.42\ \mathrm{MPa}$

- 측면의 편심전단강도 산정

$$M_T = \frac{4}{3}(v_{nT} - v_g)\left(\frac{c_1 + d}{2}\right)^2 d \ge 0$$

$$= \frac{4}{3} \times (3.27 - 0.42) \times \left(\frac{460 + 170}{2}\right)^2 \times 170 = 64.1\ \mathrm{kN \cdot m} \ge 0$$이다.

여기서 $v_{nT} = 0.63 \lambda \sqrt{f_{ck}} + v_p + v_s \le 0.25 f_{ck}$ (식 7.12.17)

$= 0.63 \times 1 \times \sqrt{27} + 0 + 0 \le 0.25 \times 27 = 6.75\ \mathrm{MPa}$

$= 3.27\ \mathrm{MPa} \le 6.75\ \mathrm{MPa}$이므로 $3.27\ \mathrm{MPa}$

적용기준

계산 및 해설

• 접합부의 설계 불균형 모멘트 강도

$$\phi M_n = \phi_f M_F + \phi_v M_S + \phi_v M_T$$

$$= 0.85 \times 43.08 + 0.75 \times 147.1 + 0.75 \times 64.1 = 195.02\,\mathrm{kN \cdot m}$$ 이다.

$\phi M_n = 195.02\,\mathrm{kN \cdot m} > M_u = 40.5\,\mathrm{kN \cdot m}$ 〈적합〉

예제 10.4 직접설계법에 의한 보가 없는 2방향 슬래브의 해석

다음 그림에 있는 플랫 슬래브의 설계휨모멘트를 직접설계법으로 계산하고, 외부기둥과 인접한 슬래브의 휨보강 및 전단철근을 설계하라.

층고 = 2.7 m

기둥 크기 = 400 × 400 mm

횡하중은 전단벽에 의해 지지됨.

테두리보 없음.

칸막이벽 무게 = 1 kN/m^2

활하중 = 2 kN/m^2

f_{ck} = 27 MPa(보통콘크리트)

f_y = 400 MPa

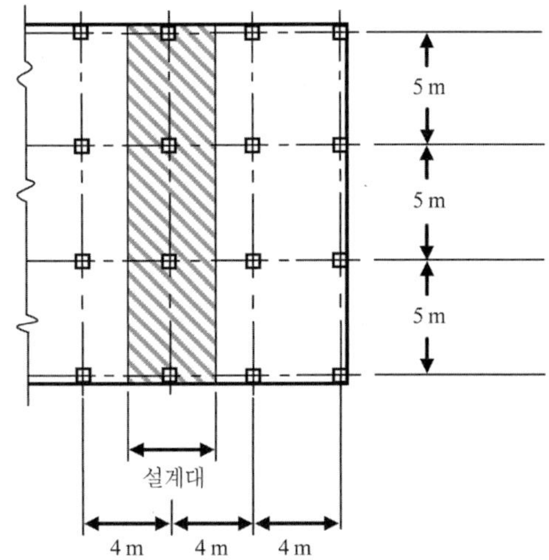

예제 그림 10.4-1 해석 대상 슬래브

적용기준	계산 및 해설

계산 및 해설

1. 슬래브 두께 h

기준 4.3.2 (1) 처짐제한

기준 표 4.3.3 내부에 보가 없는 플랫 슬래브의 최소 두 께 (철근의 설계기준 항복강도 f_y = 400 MPa)

$$h = \frac{l_n}{30} = \frac{4,600}{30} = 153\ \mathrm{mm} \rightarrow 160\,\mathrm{mm}\text{로 함.}$$

여기서 l_n은 장방향의 순경간길이 = 5,000 − 400 = 4,600 mm

기준 4.3.2(2) 결정된 두께는 지판이 없는 슬래브의 최소 두께인 120 mm보다 크다.

(2) 슬래브의 전단강도

슬래브의 피복두께를 20 mm, 철근 중심거리를 5 mm로 하여 (D10철근 사용)

유효깊이 d = 160 − 20 − 5 = 135 mm

슬래브의 자중 $W_s = 2.4\ \mathrm{t/m^3} \times 9.8\ \mathrm{kN/t} \times 0.16\ \mathrm{m} = 3.76\ \mathrm{kN/m^2}$

계수고정하중 = $1.2(3.76 + 1) = 5.7\ \mathrm{kN/m^2}$

계수활하중 = $1.6 \times 2 = 3.2\ \mathrm{kN/m^2}$

전체 계수분포하중 $w_u = 8.9\ \mathrm{kN/m^2}$

적용기준	↘ 계산 및 해설

기준 7.12.1(2)

1방향 전단강도 검토: 슬래브의 장방향으로 휨거동을 하는 1 m 폭의 넓은 보에 대한 전단강도를 기둥면에서 d만큼 떨어진 위험단면에 대해 검토(예제 그림 10.4-2)

$$V_u = 8.9 \times 2.165 = 19.27\,\mathrm{kN}$$

기준 식 7.3.1

$$V_c = \frac{1}{6}\sqrt{f_{ck}}\,b_w d = \frac{\sqrt{27} \times 1{,}000 \times 135}{6 \times 1{,}000} = 116.9\,\mathrm{kN}$$

$$\phi V_c = 0.75 \times 116.9 = 87.7\,\mathrm{kN} > V_u = 19.27\,\mathrm{kN} \quad \langle 적합 \rangle$$

따라서 결정된 160 mm 슬래브 두께는 처짐제한과 전단력에 적합하다.

기준 10.4.1

2. 직접설계법의 적용성 검토

- 각 방향으로 3경간 이상이 연속된다.
- 슬래브판들은 단변 경간에 대한 장변 경간의 비가 2 이하이다.
- 연속한 받침부 중심간 경간길이가 같다.
- 연속한 기중 중심선으로부터 기둥의 이탈이 없다.
- 하중은 슬래브판 전체에 등분포되어 있으며, 활하중은 고정하중의 2배 이하이다 (0.37배).
- 슬래브판을 지지하는 보가 없다.

기준 10.4.2

3. 슬래브의 계수휨모멘트

(1) 경간별 전체 계수휨모멘트

기준 식 10.4.2

$$M_o = \frac{w_u l_2 l_n^{\,2}}{8} = \frac{8.9 \times 4 \times 4.6^2}{8} = 94.2\,\mathrm{kN \cdot m}$$

기준 10.4.3

(2) 전체 계수휨모멘트 M_0에 대한 분배율을 적용하여 전체 계수휨모멘트를 경간별 정 및 부모멘트로 분배하고, 이를 주열대와 중간대로 나눈다.

(가) 계수정 및 부모멘트

내부경간

계수부모멘트 $0.65M_o = 61.2\,\mathrm{kN \cdot m}$

계수정모멘트 $0.35M_o = 33.0\,\mathrm{kN \cdot m}$

단부경간

내부 받침부의 계수부모멘트 $0.70M_o = 65.9\,\mathrm{kN \cdot m}$

계수정모멘트 $0.52M_o = 49.0\,\mathrm{kN \cdot m}$

적용기준	계산 및 해설

외부 받침부의 계수부모멘트 $0.26M_o = 24.5$ kN·m

기준 10.4.4 (나) 주열대 및 중간대의 휨모멘트

휨모멘트 방향으로 슬래브에 대한 보의 휨강성 비 $\alpha_1 = 0$

내부경간

기준 표 10.4.2 주열대 양단 받침부의 분배 백분율 : 75 % → $0.49\,M_o = 45.9$ kN·m

기준 표 10.4.4 주열대 중앙부의 분배 백분율 : 60 % → $0.21\,M_o = 19.8$ kN·m

단부경간

기준 표 10.4.2 주열대 내부 받침부의 분배 백분율 : 75 % → $0.53M_o = 49.4$ kN·m

기준 표 10.4.4 주열대 중앙부의 분배 백분율 : 60 % → $0.31M_o = 29.4$ kN·m

기준 표 10.4.3 주열대 외부 받침부의 분배 백분율 : 100 % → $0.26M_o = 24.5$ kN·m

기준 표 10.4.3의 적용에서 슬래브 휨강성에 대한 테두리보 비틀림의 강성 비 $\beta_t = 0$

기준 10.4.6(1) 주열대가 부담하지 않는 계수정 및 부휨모멘트의 분담분은 주열대 양쪽의 1/2 중간대에 비례하여 각각 할당한다. 계수휨모멘트의 주열대와 중간대에 대한 배분은 다음과 같다.

위치		계수휨모멘트 (kN·m)	주열대		중간대
			분배 백분율	모멘트 (kN·m)	모멘트 (kN·m)
내부 경간	양단 부모멘트	61.2	75 %	45.9	15.3
	중앙부 정모멘트	33.0	60 %	19.8	13.2
단부 경간	내단 부모멘트	65.9	75 %	49.4	16.5
	중앙부 정모멘트	49.0	60 %	29.4	19.6
	외단 부모멘트	24.5	100 %	24.5	0

기준 10.4.9 4. 기둥의 계수휨모멘트

(1) 내부기둥

기준 식 10.4.3

$$M_u = 0.07(0.5w_l l_2 l_n^{\,2}) = 0.07(0.5\times1.6\times2.0\times4\times4.6^2) = 9.5\ \text{kN·m}$$

슬래브의 상하부 기둥 크기와 길이가 같을 경우 하나의 내부기둥이 견디는 휨모멘트는 다음과 같다.

$$M_c = \frac{9.5}{2} = 4.8\ \text{kN·m}$$

적용기준	계산 및 해설

여기서 계산된 휨모멘트는 각 층으로부터 기둥에 가해지는 계수축력과 합쳐져서 내부기둥의 설계에 사용되어야 한다.

(2) 외부기둥

주열대 외부 받침부가 분담하는 휨모멘트(24.5 kN·m)는 외부기둥으로 바로 전달된다. 슬래브의 상하부 기둥 크기와 길이가 같을 경우 하나의 외부기둥이 견디는 휨모멘트는 다음과 같다.

$$M_c = \frac{24.5}{2} = 12.3\ \mathrm{kN \cdot m}$$

여기서 계산된 휨모멘트는 각 층으로부터 기둥에 가해지는 계수축력과 합쳐져서 외부기둥의 설계에 사용되어야 한다.

5. 단부경간 외부 받침부의 슬래브 철근보강 설계

외부기둥에서의 슬래브 휨강노틀 바탕으로 철근량을 계산하고 전단력을 검토한다.

(1) 슬래브의 휨보강 철근 설계

단부경간의 주열대 외단계수휨모멘트 $M_u = 24.5\ \mathrm{kN \cdot m}$에 대한 휨보강 철근 설계

기준 3.3.3 — 인장지배단면으로 가정 ($\phi = 0.85$)

기준 10.3.1(2) — 주열대 넓이 $b = \frac{4,000}{2} = 2,000\ \mathrm{mm}$

$$R_n = \frac{M_u}{\phi b d^2} = \frac{24.5 \times 1,000 \times 1,000}{0.85 \times 2,000 \times 135^2} = 0.79\ \mathrm{MPa}$$

$$\rho = \frac{\eta 0.85 f_{ck}}{f_y}\left(1 - \sqrt{1 - \frac{2R_n}{\eta 0.85 f_{ck}}}\right)$$

$$= \frac{1.0 \times 0.85 \times 27}{400}\left(1 - \sqrt{1 - \frac{2 \times 0.79}{1.0 \times 0.85 \times 27}}\right)$$

$$= 0.0020$$

$$A_s = \rho b d = 0.0020 \times 2,000 \times 135 = 540\ \mathrm{mm}^2$$

기준 10.6.1(1) — 최소 철근비 $\rho_{min} = 0.0020$

최소 철근량 $A_s = 0.0020 \times 2,000 \times 160 = 640\ \mathrm{mm}^2 > 540\ \mathrm{mm}^2$

필요한 D10 철근의 개수 $= \frac{640}{71.3} = 8.98 \rightarrow 9$개로 함.

적용기준	계산 및 해설
기준 10.6.1(2)	최대 철근간격 $s_{\max} = \text{Min.}(2h = 320\text{ mm},\ 300\text{ mm}) = 300\text{mm}$로 함.

최대 철근간격을 만족시키기 위한 D10 철근의 개수 $= \dfrac{2{,}000}{300} = 6.7 \rightarrow 7$개

9개의 D10 철근은 슬래브 휨강도와 최소 철근비 및 최대 철근간격을 만족시킨다.

인장지배단면의 검증 :

$$a = \frac{A_s f_y}{\eta 0.85 f_{ck} b} = \frac{9 \times 71.3 \times 400}{1.0 \times 0.85 \times 27 \times 2{,}000} = 5.6\text{ mm}$$

$$c = \frac{a}{\beta_1} = \frac{5.6}{0.8} = 7.0\text{ mm}$$

기준 6.2.2(4)

$$\varepsilon_t = \left(\frac{0.0033}{c}\right)d_t - 0.0033 = \left(\frac{0.0033}{7.0}\right)135 - 0.0033 = 0.060 > 0.005$$

따라서 설계대상 슬래브는 인장지배단면이며 9개의 D10을 휨보강 철근으로 주열대에 사용한다.

(2) 슬래브와 외부기둥 접합부의 전단강도 검토

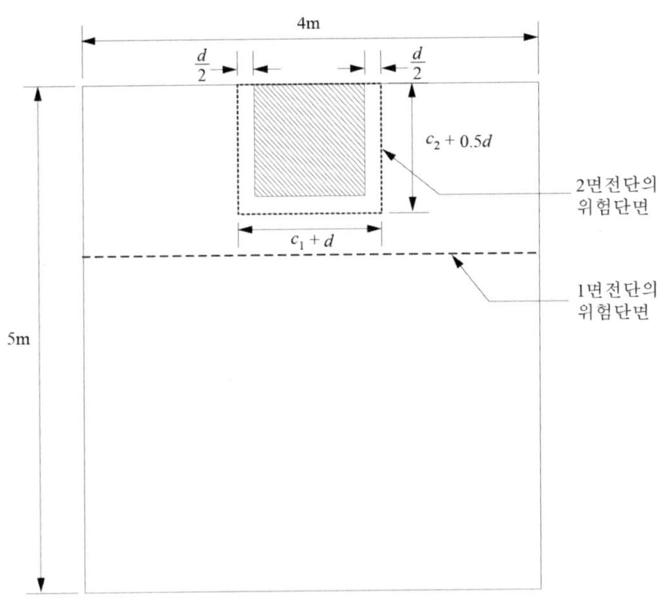

예제 그림 10.4-2 전단위험단면

기준 7.12.2(2)

2방향 전단강도 검토 : 인접한 슬래브의 중심선에 작용하는 전단력이 없으므로 (예제 그림 10.4-2), 기둥 주위 $d/2$에서 2방향 거동에 대한 전단강도는 다음과 같이 계산한다.

$$V_u = 8.9\,[(5 \times 4) - (0.535 \times 0.4675)] = 175.8\text{ kN}$$

$$V_c = v_c \times b_o \times d$$

$$v_c = \lambda k_s k_{b_o} f_{te} \cot\psi \left(\frac{c_u}{d}\right)$$

여기서

위험단면의 둘레길이 $b_o = 0.4 \times 3 + 0.135 \times 2 = 1.47$

경량콘크리트계수 $\lambda = 1$(일반콘크리트)

슬래브의 두께계수 $k_s = (300/d)^{0.25}$

$= (300/135)^{0.25} = 1.22 \geq 1.1$이므로 1.1이다.

위험단면 둘레길이의 영향계수

$$k_{b_o} = 4/\sqrt{\alpha_s\left(\frac{b_o}{d}\right)} \leq 1.25$$

$$= 4/\sqrt{1.33(\frac{1,470}{135})} = 1.05 \leq 1.25 \text{이므로 } 1.05$$

$\alpha_s = 1.33$(외부기둥)

압축대 콘크리트의 인장강도 $f_{te} = 0.2\sqrt{f_{ck}} = 0.2\sqrt{27} = 1.04\,\text{MPa}$

슬래브 휨 압축대의 균열각도 $\cot\psi = \dfrac{\sqrt{f_{te}(f_{te}+f_{cc})}}{f_{te}}$

$$= \frac{\sqrt{1.04(1.04+18)}}{1.04} = 4.279$$

위험단면의 압축대에 작용하는 평균압축응력 $f_{cc} = \dfrac{2}{3} f_{ck}$

$$= \frac{2}{3} \times 27 = 18\,\text{MPa}$$

슬래브 위험단면 압축대 깊이의 평균값

$$c_u = d\left(25\sqrt{\frac{\rho}{f_{ck}}} - 300\left(\frac{\rho}{f_{ck}}\right)\right)$$

$$= 135\left(25\sqrt{\frac{0.005}{27}} - 300(\frac{0.005}{27})\right) = 38.43\,\text{mm}$$

(기준 7.12.2(2)에 의하면 $\rho \leq 0.005$인 경우 $\rho = 0.005$ 사용)

따라서

$$v_c = \lambda k_s k_{b_o} f_{te} \cot\psi \left(\frac{c_u}{d}\right)$$

$$= 1 \times 1.1 \times 1.05 \times 1.04 \times 4.279 \times \left(\frac{38.43}{135}\right) = 1.5\,\text{MPa}$$

$V_c = v_c \times b_o \times d = 1.5 \times 1.47 \times 135 = 297.68\,\text{kN}$

$\phi V_c = 0.75 \times 297.68\,\text{kN} = 223.26\,\text{kN} > V_u = 175.58\,\text{kN}$ 〈적합〉

(3) 슬래브와 외부기둥 사이의 불균형 휨모멘트 전달을 위한 안전성 검토

개정기준(콘크리트학회 구조기준 2019)에서는 슬래브와 기둥 사이의 불균형 모멘트 전달을 위한 설계방법이 변경되었으며, 7.12.7을 따라 설계하도록 규정하고 있다. 접합부는 주위 위험단면 중 후면이 외부에 면한 외부 접합부의 모멘트 방향 E_{1f}의 경우로 설계해야 한다.(해설 그림 7.12.7.2 (a))

설계 불균형 휨강도 $\phi M_n = \phi_f M_F + \phi_v M_S + \phi_v M_T$ (식 7.12.14)

여기서

전후면의 휨강도 $M_F = M_{Ff} + M_{Fb}$ (식 7.12.15)

전후면의 편심전단강도 $M_S = M_{Sf} = 0.5 v_n (c_2 + d) d (c_1 + d)$ (식 7.12.3)

측면의 편심전단강도

$$M_T = \left[c_{N2} + \frac{2}{3}c_{N1} - \frac{c_1}{2} - e\right] v_{nTf} d c_{N1} + \left[-\frac{1}{3}c_{N2} + \frac{c_1}{2} + e\right] v_{nTb} d c_{N2} \quad \text{(식 7.12.14)}$$

- 슬래브 전체에 균등하게 9개의 D10 휨철근이 배근된다고 가정하면, 위험단면의 폭 $(c_2 + d)$에는 2.4개의 철근이 요구된다. 따라서 위험단면 폭에는 3개의 D10 철근을 사용한다.

- 전후면의 휨강도 산정

$M_{Ff} = A_s f_y jd \approx 213.9 \times 400 \times 0.9 \times 135 = 10.4\,\text{kN}\cdot\text{m}$

$M_F = M_{Ff} + M_{Fb} = 10.4 + 0 = 10.4\,\text{kN}\cdot\text{m}$

하부에 철근이 배근되지 않으므로 $M_{Fb} = 0$이다.

- 전후면의 편심전단강도 산정

$M_S = M_{Sf} = 0.5 v_n (c_2 + d) d (c_1 + d)$

$= 0.5 \times 1.5 \times (400 + 135) \times 135 \times (400 + 135) = 28.98\,\text{kN}$이다.

$v_n = v_c + v_p + 0.4 v_s = 1.5\,\text{MPa} + 0 + 0 \le 0.58 f_{ck} c_u / d = 3.47\,\text{MPa}$이며,

따라서 $v_n = 1.5\,\text{MPa}$

적용기준	계산 및 해설

• 측면의 편심전단강도 산정

$$M_T = \left[c_{N2} + \frac{2}{3}c_{N1} - \frac{c_1}{2} - e\right] v_{nTf} d c_{N1} + \left[-\frac{1}{3}c_{N2} + \frac{c_1}{2} + e\right] v_{nTb} d c_{N2}$$

$= 29.09\ \mathrm{kN \cdot m}$ 이다.

여기서 $v_{nT} = 0.63\lambda\sqrt{f_{ck}} + v_p + v_s \le 0.25 f_{ck} c_u / d$ (식 7.12.17)

$= 0.63 \times 1 \times \sqrt{27} + 0 + 0 \le 0.25 \times 27\,\mathrm{MPa}$

$= 3.27\ \mathrm{MPa} \le 6.75\ \mathrm{MPa}$ 이므로 $3.27\,\mathrm{MPa}$

c_{N1}, c_{N2}은 위험단면의 중심에서 위험단면의 전면과 후면까지의 거리를 나타내는데, 구조기준 해설그림 7.12.7.2(a)에 제시된 정의를 따라서 산정하면 다음과 같다.

$$C_{N1} + C_{N2} = c_1 + 0.5d + e$$

$$C_{N2} = \frac{v_{nT}(c_1 + 0.5d + e)^2}{v_{nT}(2c_1 + d + 2e) - v_n(c_2 + d) + v_g b_o} - 0.281\ \mathrm{m}$$

$$C_{N1} = c_1 + 0.5d + e - C_{N2} = 0.186\ \mathrm{m}$$

• 접합부의 설계 불균형 모멘트 강도

$$\phi M_n = \phi_f M_F + \phi_v M_S + \phi_v M_T$$

$= 0.85 \times 10.4 + 0.75 \times 28.98 + 0.75 \times 29.09 = 52.39\ \mathrm{kN \cdot m}$ 이다.

$\phi M_n = 52.39\ \mathrm{kN \cdot m} > M_u = 24.5\ \mathrm{kN \cdot m}$ → 1〈적합〉

위 검토결과에 따라 주열대에는 9개의 D10 철근으로 휨보강을 하되, 그중 3개의 D10 철근의 간격을 좁혀서 기둥에 인접한 위험단면 이내($c_2 + d = 535\,\mathrm{mm}$)에 배치한다. 이는 슬래브와 기둥 사이의 불균형 휨모멘트를 전달할 수 있도록 설계된 것이다.(예제 그림 10.4-3)

(4) 중간대의 휨보강 철근 설계

테두리보가 없는 슬래브의 외부 받침부 모멘트는 전부 주열대에 의해 지지되므로 단부 경간의 중간대에는 최소 철근량을 사용한다.

$\mathrm{Min}\ A_s = 0.0020 \times 2{,}000 \times 160 = 640\ \mathrm{mm^2}$

필요한 D10 철근의 개수 $= \dfrac{640}{71.3} = 8.98$ →9개로 함.

기준 10.6.1(2) — 최대 철근간격 $s_{max} = 2h = 320\ \mathrm{mm} > 300\ \mathrm{mm}$ → $300\,\mathrm{mm}$로 함.

적용기준	계산 및 해설

$$\text{최대 철근간격을 만족시키기 위한 D10 철근의 개수} = \frac{2,000}{300} = 6.7 \rightarrow 7\text{개}$$

9개의 D10 철근은 최소 철근량 및 최대 철근간격을 만족시키지만, 대칭을 고려하여 10개의 D10 철근을 중간대에 사용한다. 주열대 양쪽의 1/2 중간대에 각각 5개의 D10 철근을 200 mm 간격으로 배치한다.

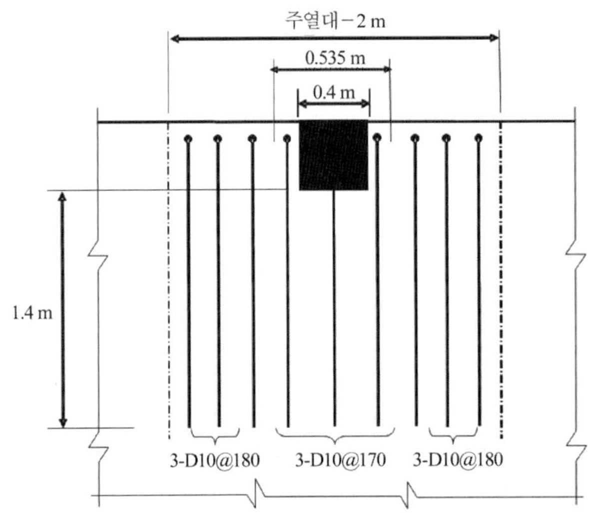

예제 그림 10.3-4 주열대 외부기둥에서 슬래브의 휨보강 철근 배치

예제 10.5 직접설계법에 의한 보가 있는 2방향 슬래브의 해석

다음 그림에 보여지는 슬래브 중간 부분의 설계휨모멘트를 직접설계법으로 계산하라.

층고 = 3.6 m

테두리보 크기 = 360 × 600 mm

내부 보 크기 = 360 × 500 mm

기둥 크기 = 460 × 460 mm

슬래브 두께 = 150 mm

활하중 = 5 kN/m^2

f_{ck} = 27 MPa(보통콘크리트)

f_y = 400 MPa

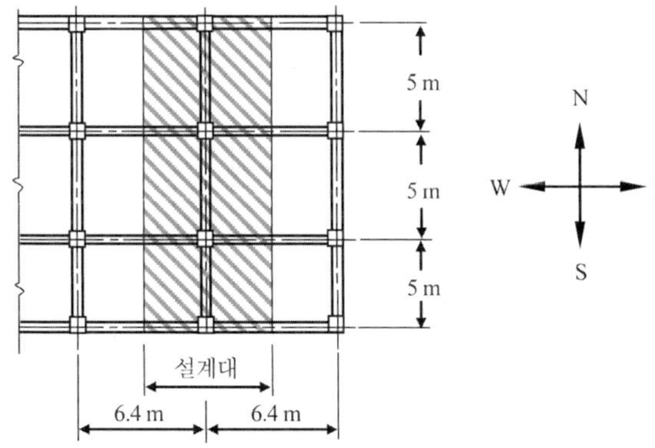

예제 그림 10.5-1 예제 슬래브 개요

적용기준	계산 및 해설

기준 4.3.2

1. 슬래브 두께 h

(1) 처짐제한

슬래브 휨강성에 대한 보의 휨강성의 비

기준 10.1.2

$$\alpha = \frac{4E_{cb}I_b/l}{4E_{cs}I_s/l} = \frac{E_{cb}I_b}{E_{cs}I_s}$$

보 단면에 대한 단면2차모멘트 I_b는 예제 그림 10.5-2를 바탕으로 계산할 수 있다. 본 예제에서는 예시를 위하여 예제 그림 10.5-3과 10.5-4의 계산용 도표에서 얻은 f값을 이용하여 I_b를 구한다.

비틀림 보 단면의 중심축에 대한 단면2차모멘트 $I_b = \left(\frac{ba^3}{12}\right)f$

슬래브 전체 단면의 중심축에 대한 단면2차모멘트 $I_s = \frac{l_2 h^3}{12}$

계산 및 해설

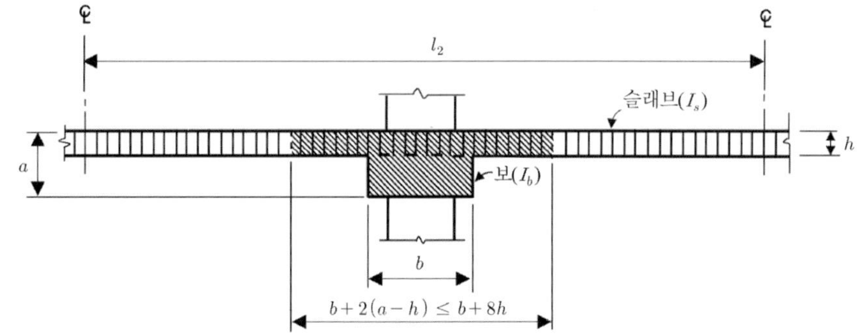

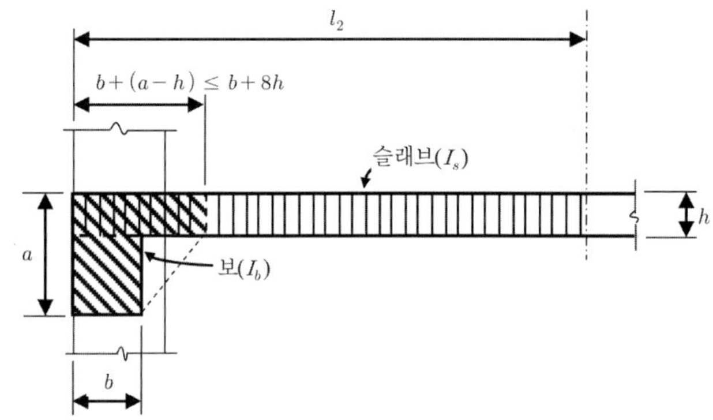

예제 그림 10.5-2 보강성 I_b 계산용 유효보와 슬래브의 단면

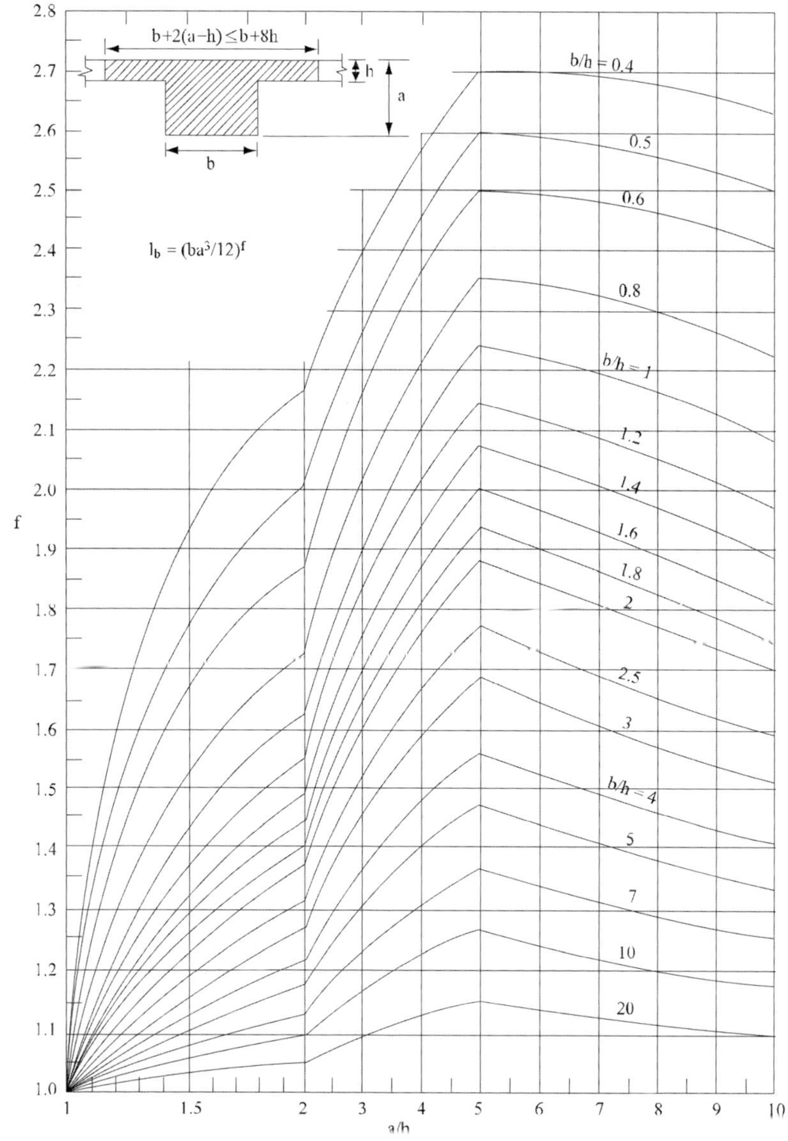

예제 그림 10.5-3 부강성 I_b 계산용 도표(내부보)

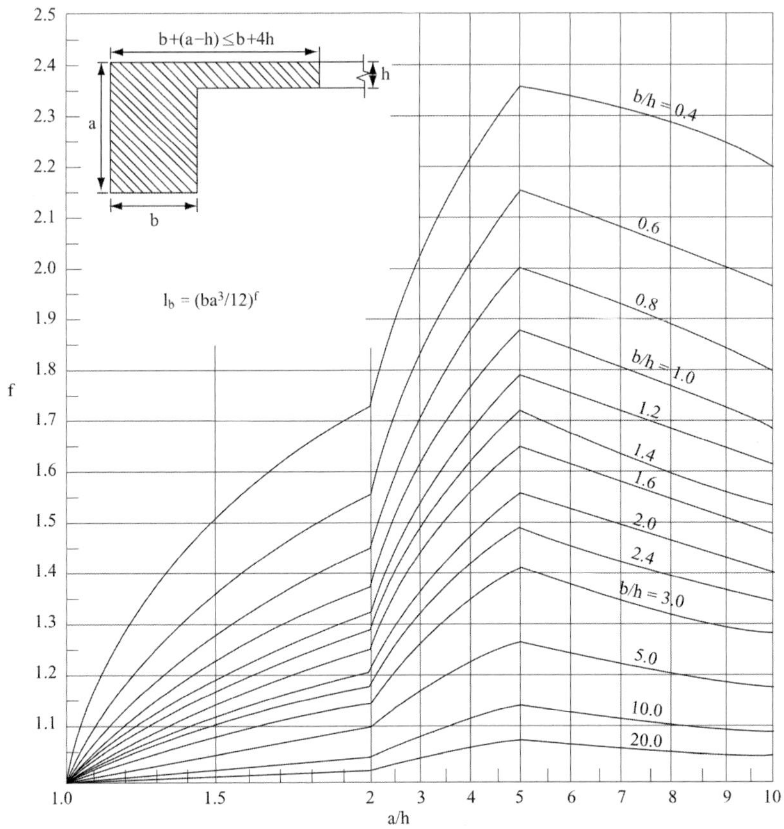

예제 그림 10.5-4 보강성 I_b 계산용 도표(테두리보)

NS 테두리보:

$$l_2 = \frac{6,400}{2} + \frac{460}{2} = 3,430\ \mathrm{mm}$$

$$\frac{a}{h} = \frac{600}{150} = 4.0$$

$$\frac{b}{h} = \frac{360}{150} = 2.4$$

예제 그림 10.5-4로부터 $f = 1.42$

$$\alpha = \frac{E_{cb}I_b}{E_{cs}I_s} = \frac{I_b}{I_s} = \left(\frac{b}{l_2}\right)\left(\frac{a}{h}\right)^3 f = \left(\frac{360}{3,430}\right)\left(\frac{600}{150}\right)^3 1.42 = 9.54$$

EW 테두리보:

$$l_2 = \frac{5,000}{2} + \frac{460}{2} = 2,730\ \mathrm{mm}$$

$$\frac{a}{h} = \frac{600}{150} = 4.0$$

$$\frac{b}{h} = \frac{360}{150} = 2.4$$

예제 그림 10.5-4로부터 $f = 1.42$

$$\alpha = \frac{E_{cb} I_b}{E_{cs} I_s} = \frac{I_b}{I_s} = \left(\frac{b}{l_2}\right)\left(\frac{a}{h}\right)^3 f = \left(\frac{360}{2,730}\right)\left(\frac{600}{150}\right)^3 1.42 = 11.98$$

NS 내부보 :

$$l_2 = 6,400 \text{ mm}$$

$$\frac{a}{h} = \frac{500}{150} = 3.3$$

$$\frac{b}{h} = \frac{360}{150} = 2.4$$

예제 그림 10.5-3으로부터 $f = 1.59$

$$\alpha = \frac{E_{cb} I_b}{E_{cs} I_o} = \frac{I_b}{I_s} = \left(\frac{b}{l_2}\right)\left(\frac{a}{h}\right)^3 f = \left(\frac{360}{6,400}\right)\left(\frac{500}{150}\right)^3 1.59 = 3.31$$

EW 내부보 :

$$l_2 = 5,000 \text{ mm}$$

$$\frac{a}{h} = \frac{500}{150} = 3.3$$

$$\frac{b}{h} = \frac{360}{150} = 2.4$$

예제 그림 10.5-3으로부터 $f = 1.59$

$$(\alpha = \frac{E_{cb} I_b}{E_{cs} I_s} = \frac{I_b}{I_s} = \left(\frac{b}{l_2}\right)\left(\frac{a}{h}\right)^3 f = \left(\frac{360}{5,000}\right)\left(\frac{500}{150}\right)^3 1.59 = 4.24$$

기준 4.3.2(3)

모든 보에 대하여 $\alpha > 2.0$이므로 슬래브의 최소 두께는 다음 식 이상으로 해야 하며, 또한 90 mm 이상으로 해야 한다.

기준 식 4.3.6

$$h = \frac{l_n\left(800 + \frac{f_y}{1.4}\right)}{36,000 + 9,000\beta} = \frac{5,940\left(800 + \frac{400}{1.4}\right)}{36,000 + 9,000 \times 1.31} = 134.9 \text{ mm}$$

여기서 $\beta = \dfrac{\text{장변방향의 순경간}}{\text{단변방향의 순경간}} = \dfrac{6,400 - 460}{5,000 - 460} = 1.31$

$l_n = \text{장변방향의 순경간} = 6,400 - 460 = 5,940 \text{ mm}$

적용기준	계산 및 해설

따라서 슬래브 두께는 150mm로 한다.

기준 10.4.1 — 2. 직접설계법의 적용성 검토

기준 10.4.1(2) — 각 방향으로 3경간 이상이 연속된다.

기준 10.4.1(3) — 슬래브판들은 단변경간에 대한 장변경간의 비가 2 이하이다.

기준 10.4.1(4) — 연속한 받침부 중심간 경간길이는 같다.

기준 10.4.1(5) — 연속한 기중 중심선으로부터 기둥의 이탈이 없다.

기준 10.4.1(6) — 고정하중에 대한 활하중 비율 검토

슬래브 자중 $W_s = 2.4\,\mathrm{t/m^3} \times 9.8\,\mathrm{kN/t} \times 0.15\,\mathrm{m} = 3.53\,\mathrm{kN/m^2}$

길이방향 보의 평균자중 $= (2.4 \times 9.8) \times \dfrac{[(0.5-0.15) \times 0.36]}{6.4} = 0.46\,\mathrm{kN/m^2}$

하중은 슬래브판 전체에 등분포되어 있으며, 활하중은 고정하중의 2배 이하이다.(1.25배)

기준 10.4.1(7) — • 슬래브판을 지지하는 양방향 보의 상대강성 검토

내부 슬래브판 :

$\alpha_1 = 3.31 \quad l_2 = 6{,}400\,\mathrm{mm}$

$\alpha_2 = 4.24 \quad l_1 = 5{,}000\,\mathrm{mm}$

$$\frac{\alpha_1 {l_2}^2}{\alpha_2 {l_1}^2} = \frac{3.31 \times 6{,}400^2}{4.24 \times 5{,}000^2} = 1.28 \ \rightarrow 0.2 < 1.28 < 5.0 \rightarrow \langle \text{적합} \rangle$$

외부 슬래브판 :

설계대의 외부 슬래브판은 NS 중간보와 EW 테두리보에 의해 지지되므로

$\alpha_1 = 3.31 \quad l_2 = 6{,}400\,\mathrm{mm}$

$\alpha_2 = 11.98 \quad l_1 = 5{,}000\,\mathrm{mm}$

$\rightarrow 0.2 < 0.28 < 5.0$

$$\frac{\alpha_1 {l_2}^2}{\alpha_2 {l_1}^2} = \frac{3.31 \times 6{,}400^2}{11.98 \times 5{,}000^2} = 0.45 \rightarrow 0.2 < 0.45 < 5.0 \rightarrow \langle \text{적합} \rangle$$

따라서 직접설계법을 적용할 수 있다.

적용기준	계산 및 해설

기준 10.4.2

3. 슬래브의 계수휨모멘트

(1) 경간별 전체 계수휨모멘트

슬래브 자중 $W_s = 2.4\ \mathrm{t/m^3} \times 9.8\ \mathrm{kN/t} \times 0.15\ \mathrm{m} = 3.53\ \mathrm{kN/m^2}$

길이방향 보의 평균자중 $= (2.4 \times 9.8) \times \dfrac{[(0.5 - 0.15) \times 0.36]}{6.4} = 0.46\ \mathrm{kN/m^2}$

기준 식 3.3.2

$W_u = 1.2(3.53 + 0.46) + 1.6(5) = 12.78\ \mathrm{kN/m^2}$

$l_n = 5 - 0.46 = 4.54\ \mathrm{m}$

기준 식 10.4.2

$$M_o = \frac{w_u l_2 l_n^{\,2}}{8} = \frac{12.78 \times 6.4 \times 4.54^2}{8} = 210.73\ \mathrm{kN \cdot m}$$

기준 10.4.3

(2) 전체 계수휨모멘트를 경간별 정 및 부휨모멘트로 분배

기준 10.4.3(2)

i. 내부경간

부계수모넨트 $0.65M_o = 136.97\ \mathrm{kN \cdot m}$

정계수모멘트 $0.35\,M_o = 73.76$

기준 10.4.3(3)

ii. 단부경간

내부 받침부의 부계수모멘트 $0.70M_o = 147.51\ \mathrm{kN \cdot m}$

정계수모멘트 $0.57M_o = 120.12\ \mathrm{kN \cdot m}$

외부 받침부의 부계수모멘트 $0.16M_o = 33.72\ \mathrm{kN \cdot m}$

기준 10.4.4

4. 계수휨모멘트를 주열대 및 중간대로 분배

(1) 내부경간

휨모멘트 방향으로 슬래브에 대한 보의 휨강성 비 $\alpha_1 = 3.31$(NS 내부보)

$\dfrac{l_2}{l_1} = 1.28 \quad \dfrac{\alpha_1 l_2}{l_1} = 4.24$

기준 표 10.4.2

i. 주열대 양단 받침부의 분배백분율

$$75 + \frac{45 - 75}{2.0 - 1.0}(1.28 - 1.0) = 66.6\,\% \rightarrow 0.43M_o = 90.61\ \mathrm{kN \cdot m}$$

기준 표 10.4.4

ii. 주열대 중앙부의 분배백분율

$$75 + \frac{45 - 75}{2.0 - 1.0}(1.28 - 1.0) = 66.6\,\% \rightarrow 0.23\,M_o = 48.47\ \mathrm{kN \cdot m}$$

적용기준	계산 및 해설

(2) 단부경간

휨모멘트 방향으로 슬래브에 대한 보의 휨강성 비 $\alpha_1 = 3.31$(NS 내부보)

$$\frac{l_2}{l_1} = 1.28 \quad \frac{\alpha_1 l_2}{l_1} = 4.24$$

기준 표 10.4.2

i. 주열대 내부 받침부의 분배백분율

$$75 + \frac{45-75}{2.0-1.0}(1.28-1.0) = 66.6\% \rightarrow 0.47M_o = 99.04 \text{ kN}\cdot\text{m}$$

기준 표 10.4.4

ii. 주열대 중앙부의 분배백분율

$$75 + \frac{45-75}{2.0-1.0}(1.28-1.0) = 66.6\% \rightarrow 0.38M_o = 80.08 \text{ kN}\cdot\text{m}$$

기준 표 10.4.3

iii. 주열대 외부 받침부의 분배백분율

$$100 + \frac{\left[75 + \frac{45-75}{2.0-1.0}\left(\frac{l_2}{l_1} - 1.0\right)\right] - 100}{2.5-0}(\beta_t - 0)$$

$$= 100 + \left(2 - \frac{12\,l_2}{l_1}\right)\beta_t$$

$$= 100 + (2 - 12 \times 1.28) \times 1.72 = 77.0\%$$

$$\rightarrow 0.12M_o = 25.29 \text{ kN}\cdot\text{m}$$

기준 표 10.4.3의 적용에서 슬래브의 휨강성에 대한 테두리보의 비틀림 강성 비 β_t는 다음과 같이 계산된다.

기준 10.1.2

$$\beta_t = \frac{E_{cb}C}{2E_{cs}I_s} = \frac{6,203,943,900}{2 \times 1.8 \times 10^9} = 1.72$$

기준 10.1.2

$$I_s = \frac{l_2 h^3}{12} = \frac{6,400 \times 150^3}{12} = 1.8 \times 10^9 \text{ mm}$$

기준 10.1.2

비틀림 단면상수 C는 다음의 그림과 같이 플랜지를 유효폭으로 하는 보 단면에 대해 계산된 값 중에서 큰 것을 사용한다.

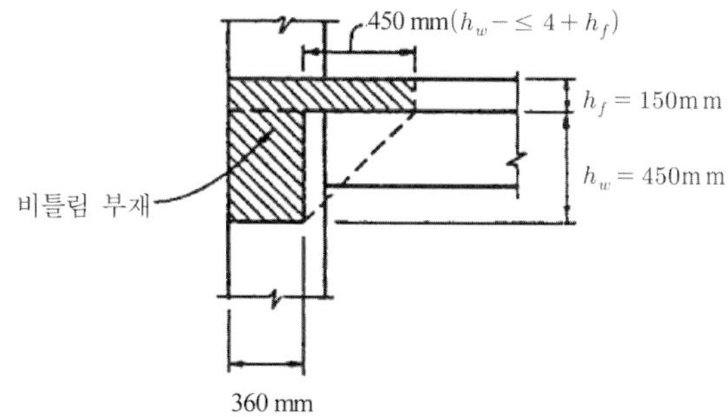

예제 그림 10.5-5 비틀림 부재의 유효폭

위 그림의 비틀림 부재 단면은 다음과 같이 직사각형으로 구성될 수 있다.

단면의 나눔	$C = \sum \left[\left(1 - 0.63\frac{x}{y}\right) \frac{x^3 y}{3} \right]$ x = 짧은 변, y = 긴 변
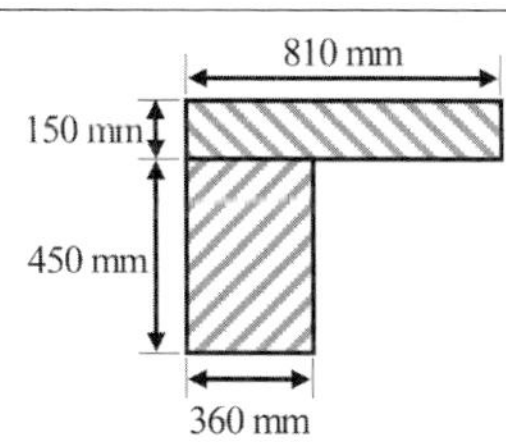	$C = \left(1 - 0.63\frac{150}{810}\right)\frac{150^3 \times 810}{3} + \left(1 - 0.63\frac{360}{450}\right)\frac{360^3 \times 450}{3}$ $= 804{,}937{,}500 + 3{,}471{,}206{,}400 = 4{,}276{,}143{,}900\ \mathrm{mm}^4$
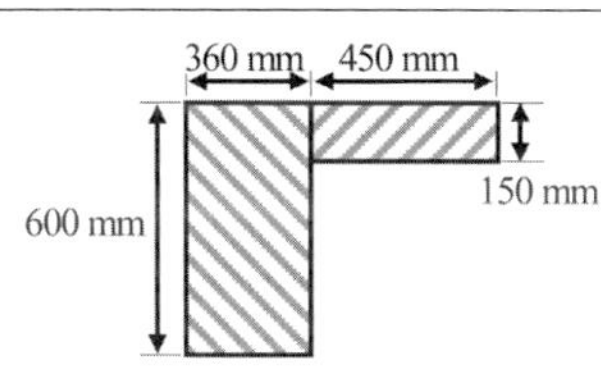	$C = \left(1 - 0.63\frac{360}{600}\right)\frac{360^3 \times 600}{3} + \left(1 - 0.63\frac{150}{450}\right)\frac{150^3 \times 450}{3}$ $= 5{,}804{,}006{,}400 + 399{,}937{,}500 = 6{,}203{,}943{,}900\ \mathrm{mm}^4$

예제 그림 10.5-6 비틀림 상수 C의 계산을 위한 단면구성

(3) 설계대의 계수휨모멘트 분담 요약

기준 10.4.6(1)

주열대가 부담하지 않는 정 및 부계수휨모멘트의 분담분은 주열대 양쪽의 1/2 중간대에 비례하여 할당한다. 계수휨모멘트의 주열대와 중간대에 대한 배분은 다음과 같다.

위치		계수모멘트 (kN·m)	주열대		중간대 모멘트 (kN·m)
			분배백분율	모멘트 (kN·m)	
내부 경간	양단 부모멘트	136.97	66.6 %	91.31	45.66
	중앙부 정모멘트	73.76	66.6 %	49.17	24.59
단부 경간	내단 부모멘트	147.51	66.6 %	98.34	49.17
	중앙부 정모멘트	120.12	66.6 %	80.08	40.04
	외단 부모멘트	33.72	77.0 %	25.96	7.76

적용기준	계산 및 해설

기준 10.4.5(1)에 의거하여 $\frac{\alpha_1 l_2}{l_1} > 1.0$이므로 받침부 사이의 보는 주열대 휨모멘트의 85 %를 견디도록 설계해야 한다.

기준 10.4.9

5. 기둥의 계수휨모멘트

기준 식 10.4.3

(1) 내부기둥

$$M_u = 0.07(0.5\,w_l l_2 {l_n}^2) = 0.07(0.5\times1.6\times5.0\times6.4\times4.54^2) = 36.94\ \mathrm{kN\cdot m}$$

슬래브 상하부 기둥의 크기와 길이가 같을 경우 하나의 내부기둥이 견디는 휨모멘트는 다음과 같다.

$$M_c = \frac{36.94}{2} = 18.47\ \mathrm{kN\cdot m}$$

여기에서 계산된 휨모멘트는 각 층으로부터의 기둥에 가해지는 계수축하중과 합쳐져서 내부기둥의 설계에 사용되어야 한다.

(2) 외부기둥

주열대 외부 받침부가 분담하는 휨모멘트($24.5\ \mathrm{kN\cdot m}$)는 외부기둥으로 바로 전달된다. 슬래브 상하부 기둥의 크기와 길이가 같을 경우 하나의 외부기둥이 견디는 휨모멘트는 다음과 같다.

$$M_c = \frac{33.72}{2} = 16.86\ \mathrm{kN\cdot m}$$

여기에서 계산된 휨모멘트는 각 층으로부터의 기둥에 가해지는 계수축하중과 합쳐져서 외부기둥의 설계에 사용되어야 한다.

6. 전단강도 검토

(1) 보의 전단강도

기준 10.4.8(1)

모든 보에 대하여 $\frac{\alpha_1 l_2}{l_1} > 1.0$ 이므로 이들은 기준 10.4.8(1)에 정의된 전단력에 견디도록 설계되어야 한다. 내부보에 가해지는 전단력이 테두리보에 비해 훨씬 크기 때문에 이 예제에서는 내부보의 전단강도만 검토하기로 한다.

적용기준	◪ 계산 및 해설

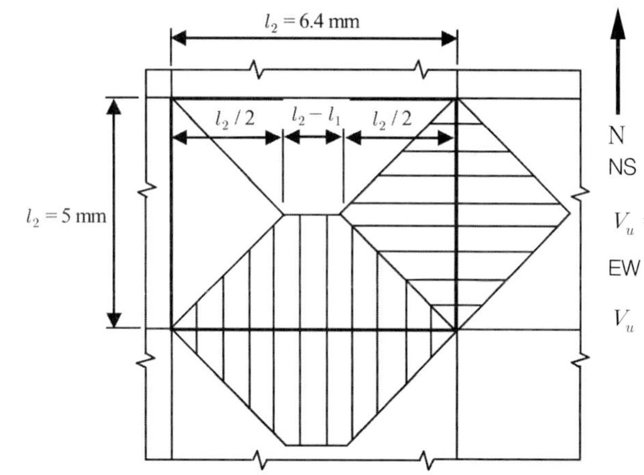

NS 보

$$V_u = \frac{1}{2} w_u l_1 \frac{l_1}{2} = \frac{w_u l_1^2}{4}$$

EW 보

$$V_u = 2\left(\frac{1}{2} w_u \frac{l_1}{2} \frac{l_1}{2}\right) + w_u (l_2 - l_1) \frac{l_1}{2}$$

$$= \frac{w_u l_1}{4}(l_1 + 2l_2 - 2l_1)$$

$$= \frac{w_u l_1}{4}(2l_2 - l_1)$$

예제 그림 10.5-7 내부보의 전단력 계산용 재하면적

i. NS 보

$$V_u = \frac{w_u {l_1}^2}{4} = \frac{12.78 \times 5^2}{4} = 79.88\,\text{kN}$$

기준 식 7.3.1

$$\phi V_c = \phi \frac{1}{6} \sqrt{f_{ck}}\, b_w d = 0.75 \times \frac{1}{6} \times \sqrt{27} \times 360 \times \frac{(500-60)}{1{,}000}$$

$$= 102.9\,\text{kN} > \text{V}_\text{u}$$

기준 7.4.3(1) 기준 7.4.3(3)에 의한 최소 전단철근을 배치한다.

ii. EW 보

$$V_u = \frac{w_u l_1 (2 l_2 - l_1)}{4} = \frac{12.78 \times 5 \times (2 \times 6.4 - 5)}{4} = 124.61\ \text{kN}$$

$\phi V_c = 102.9\,\text{kN} < V_u = 124.61\ \text{kN}$ → 〈부적합〉

전단철근에 의해 보강해야 할 전단강도

$$V_s = \frac{(V_u - \phi V_c)}{\phi} = \frac{(124.61 - 102.9)}{0.75} = 28.95\,\text{kN}$$

기준 10.4.8(4) (2) 슬래브의 전단강도

폭 1 m의 단위 슬래브에 대한 검토 ($b_w = 1{,}000$ mm, $d =$ mm)

$$W_u = 1.2(3.53) + 1.6(5) = 12.24\,\text{kN/m}^2$$

$$V_u = \frac{w_u l_1}{2} = \frac{12.24 \times 5}{4} = 15.3\,\text{kN}$$

적용기준

계산 및 해설

$$\phi V_c = \phi \frac{1}{6}\sqrt{f_{ck}}\,b_w d = 0.75\times\frac{1}{6}\times\sqrt{27}\times 1{,}000\times\frac{(150-30)}{1{,}000}$$

$$= 77.94\,\mathrm{kN} > V_u$$

$$= 15.3\,\mathrm{kN}$$ →〈부적합〉

슬래브의 전단강도는 전단철근으로 보강하지 않아도 적합하다.

7. 테두리보는 내부보에 의한 모멘트가 외부기둥으로 전달되지 않도록 기준 7.5와 7.6에 의해 설계한다.

예제 10.6

등가골조법에 의한 보가 없는 2방향 슬래브의 해석

다음 그림에 있는 플랫 슬래브의 설계휨모멘트를 등가골조법으로 계산하고, 외부기둥과 인접한 슬래브의 휨보강 및 전단철근을 설계하라.

층고 = 2.7 m
기둥 크기 = 400 × 400 mm
횡하중은 전단벽에 의해 지지됨.
테두리보 없음.
칸막이벽 무게 = 1 kN/m^2
활하중 = 2 kN/m^2
f_{ck} = 27 MPa (보), 보통콘크리트
f_{ck} = 40 MPa (기둥), 보통콘크리트
f_y = 400 MPa

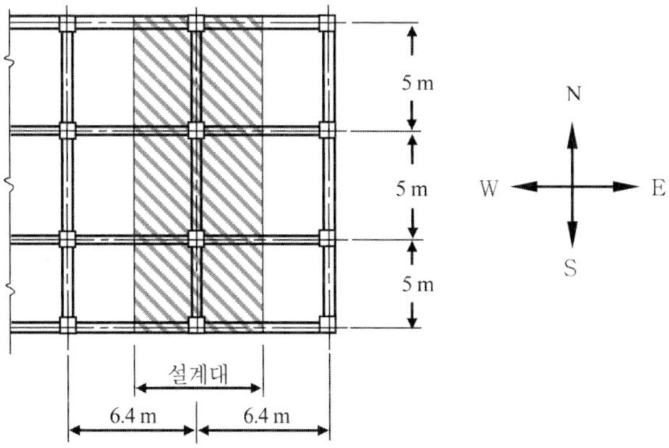

예제 그림 10.6-1 예제 슬래브 개요

적용기준

계산 및 해설

1. 슬래브 두께 h

기준 4.3.2

(1) 처짐제한

기준 표 4.3.3

내부에 보가 없는 플랫 슬래브의 최소 두께(철근의 설계기준 항복강도 f_y = 400 MPa)

$$h = \frac{l_n}{30} = \frac{4,600}{30} = 153\ \text{mm} \rightarrow 160\ \text{mm}\text{로 함.}$$

여기에서 l_n은 장방향의 순경간 길이 = 5,000 − 400 = 4,600 mm

기준 4.3.2(2)

결정된 두께는 지판이 없는 슬래브의 최소 두께인 120 mm보다 크다.

(2) 슬래브의 전단강도

슬래브의 피복두께를 20 mm, 철근 중심거리를 5 mm로 하여 (D10철근 사용)

유효깊이 d = 160 − 20 − 5 = 135 mm

슬래브의 사중 $W_s = 2.4\ t/m^3 \times 9.8\ kN/t \times 0.16\ m = 3.76\ kN/m^2$

계수고정하중 = $1.2(3.76 + 1) = 5.7\ kN/m^2$

계수활하중 = $1.6 \times 2 = 3.2\ kN/m^2$

전체 계수분포하중 $w_u = 8.9\ kN/m^2$

적용기준	◪ 계산 및 해설

기준 7.12.1(2)

1방향 전단강도 검토 : 슬래브의 장방향으로 휨거동을 하는 1 m 폭의 넓은 보에 대한 전단강도를 기둥면에서 d만큼 떨어진 위험단면에 대해 검토

$$V_u = 8.9 \times 2.165 = 19.27\,\text{kN}$$

기준 식 7.3.1

$$V_c = \frac{1}{6}\sqrt{f_{ck}}\,b_w d = \frac{\sqrt{27} \times 1,000 \times 135}{6 \times 1,000} = 116.9\,\text{kN}$$

$$\phi V_c = 0.75 \times 116.9 = 87.7\,\text{kN} > V_u = 19.27\,\text{kN} \rightarrow \langle 적합 \rangle$$

따라서 결정된 160 mm 슬래브 두께는 처짐제한과 전단강도에 적합하다.

2. 등가골조 부재의 모멘트 분배계수

등가골조의 부재모멘트는 모멘트 분배법을 이용하여 계산할 수 있다. 등가골조의 해석에 모멘트 분배법을 이용하기 위해 슬래브-보와 기둥의 휨강성 K, 전달률 COF, 분배율 DF 및 고정단모멘트 FEM이 정해져야 한다. 이 모멘트 분배에 관한 계수들은 예제 표 10.7-3을 이용하여 다음과 같이 계산될 수 있다.

(1) 슬래브-보의 모멘트 분배계수

$$\frac{c_{N1}}{l_1} = \frac{400}{5,000} = 0.08,\quad \frac{c_{N2}}{l_2} = \frac{400}{4,000} = 0.10$$

해당 슬래브-보 양단의 기둥 크기가 같으므로 $c_{F1} = c_{N1}$이며, $c_{F2} = c_{N2}$이다.

i. 슬래브-보 양단의 휨강성 K_{sb}

예제 표 10.7-3㉮에서 직선보간을 통해

$$k_{NF} = k_{FN} = 4.14$$

따라서 $k_{sb} = k_{NF}\dfrac{E_{cs}I_s}{l_1} = 4.14\dfrac{E_{cs}I_s}{l_1}$

$$= 4.14\,\frac{26,702 \times 1,365,333,333}{5,000} = 30,186,504,185\,\text{N}\cdot\text{mm}$$

$$\rightarrow 30,186\,\text{kN}\cdot\text{m}$$

여기서 $I_s = \dfrac{l_2 h^3}{12} = \dfrac{4,000 \times 160^3}{12} = 1,365,333,333\,\text{mm}^4$

기준 3.4.3(1)

$$E_{cs} = 8,500\sqrt[3]{(27+4)} = 26,702\,\text{MPa}$$

적용기준	계산 및 해설

ii. 전달률, COF

예제 표 10.7-3㉮에서 직선보간을 통해 $COF = 0.508$

iii. 고정단 모멘트, FEM

예제 표 10.6-7㉮에서 직선보간을 통해 $m_{NF} = m_{FN} = 0.0840$

따라서 $FEM = 0.0840\, w_u l_2 l_1^2$

(2) 등가기둥의 모멘트 분배계수

i. 기둥 양단의 휨강성 K_c

예제 표 10.7-3㉳에 의해서

$$t_a = 80\text{ mm},\ t_b = 80\text{ mm},\ l_c = 2{,}700\text{ mm},\ l_u = 2{,}540\text{ mm}$$

$$\frac{t_a}{t_b} = 1.0,\ \frac{l_c}{l_u} = 1.06$$

휨강성계수를 직선보간으로 구하면 $k_{AB} = k_{BA} = 4.63$

따라서 $k_c = 4.63\dfrac{E_{cc} I_c}{l_c}$

$$= 4.63\frac{30{,}008 \times 2{,}133{,}333{,}333}{2{,}700}$$

$$= 109{,}777{,}414{,}304\text{ N}\cdot\text{mm}$$

$$\rightarrow 109{,}777\text{ kN}\cdot\text{m}$$

여기서 $I_c = \dfrac{c^4}{12} = \dfrac{400^4}{12} = 2{,}133{,}333{,}333\text{ mm}^4$

기준 3.4.3(1) $E_{cc} = 8{,}500\sqrt[3]{(40+4)} = 30{,}008\text{ MPa}$

전달률 $C_{AB} = 0.55$

기준 10.5.5 ii. 비틀림 부재의 강성 K_t

기준 식 10.5.1

$$\Sigma K_t = \Sigma\frac{9E_{cs}C}{l_2\left(1 - \dfrac{c_2}{l_2}\right)^3}$$

$$= 2 \times \frac{9E_{cs}C}{l_2\left(1 - \dfrac{c_2}{l_2}\right)^3}$$

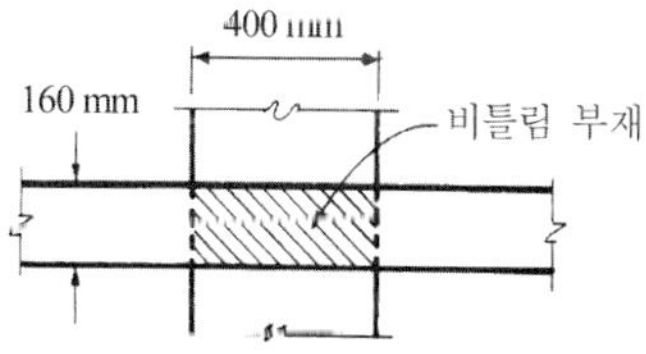

적용기준	☑ 계산 및 해설

$$= 2 \times \frac{9 \times 26,702 \times 408,507,733}{4,000 \times (1 - \frac{400}{4,000})^3}$$

$$= 67,333,169,670\,\text{N}\cdot\text{mm} \rightarrow 67,333\,\text{kN}\cdot\text{m}$$

기준 식 10.5.2

여기서 $C = \Sigma\left[\left(1-0.63\frac{x}{y}\right)\frac{x^3 y}{3}\right] = \left(1-0.63\frac{160}{400}\right)\frac{160^3 \times 400}{3}$

$$= 408,507,733\,\text{mm}^4$$

iii. 등가기둥의 휨강성 K_{ec}

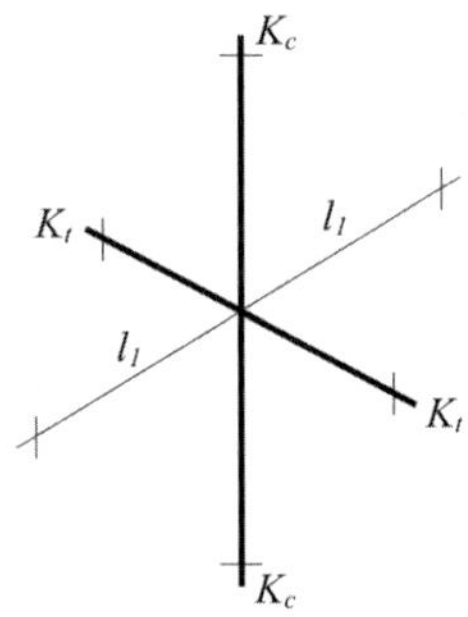

$$K_{ec} = \frac{\Sigma K_c \times \Sigma K_t}{\Sigma K_c + \Sigma K_t}$$

$$= \frac{(2 \times 109,777) \times 67,333}{(2 \times 109,777) + 67,333} = 51,530\,\text{kN}\cdot\text{m}$$

여기서 ΣK_c는 중간층 슬래브-보의 접합부에 연결된 상부와 하부기둥 강성의 합이며, ΣK_t는 기둥 양쪽 옆면에 각각 연결된 비틀림 부재 강성의 합이다.

(3) 슬래브 – 보 접합부의 분배율 DF

• 외부 접합부

$$DF = \frac{30,186}{30,186 + 51,530} = 0.369$$

• 내부 접합부

$$DF = \frac{30,186}{30,186 + 30,186 + 51,530} = 0.270$$

COF 슬래브-보의 전달률 $COF = 0.508$

3. 등가골조 해석

기준 10.5.6(2)

모멘트 분배법을 이용하여 슬래브-보의 정 및 부계수휨모멘트를 구한다. 활하중이 고정하중의 3/4 이하이므로 전체 슬래브 시스템에 활하중이 작용했을 때 최대 계수휨모멘트가 발생할 것으로 가정하고 이를 설계에 사용한다.

$$\frac{L}{D} = \frac{2}{(3.76+1)} = 0.42 < \frac{3}{4}$$

적용기준	계산 및 해설

(1) 계수고정단모멘트

전체 계수부포하중 $w_u = 8.9\,\mathrm{kN/m^2}$

슬래브-보의 고정단모멘트 $FEM = m_{NF}\,w_u\,l_2\,l_1^2 = 0.0840\,(8.9\times 4)5^2 = 74.76\,\mathrm{kN\cdot m}$

(2) 모멘트 분배

i. 모멘트 분배법을 이용한 계수부모멘트 계산

슬래브-보의 양단 부모멘트 계산과정이 예제 표 10.6-1에 나타나 있다. 모멘트의 정방향은 부재의 끝에서 시계방향 회전으로 정한다.

예제 표 10.6-1 등가골조의 모멘트 분배

절점	ⓐ			ⓑ			ⓒ			ⓓ
부재	기둥	슬래브-보 (ⓐ-ⓑ)		기둥	슬래브-보 (ⓑ-ⓒ)		기둥	슬래브-보 (ⓒ-ⓓ)		기둥
COF		0.508 ↘	↙ 0.50		0.508 ↘	↙ 0.508		0.508 ↘	↙ 0.508	
DF	0.648	0.352	0.260	0.480	0.260	0.260	0.480	0.260	0.352	0.648
FEM		−74.76	74.76		−74.76	74.76		−74.76	74.76	
분배	48.25	26.21	0.00	0.00	0.00	0.00	0.00	0.00	−26.21	−48.25
전달		0.00	13.31		0.00	0.00		−13.31	0.00	
분배	0.00	0.00	−3.46	−6.39	−3.46	3.46	6.39	3.46	0.00	0.00
전달		−1.76	0.00		1.76	−1.76		0.00	1.76	
분배	1.14	0.62	−0.46	−0.84	−0.46	0.46	0.84	0.46	0.62	−1.14
전달		−0.23	0.31		0.23	−0.23		0.31	0.23	
분배	0.15	0.08	−0.14	−0.26	−0.14	0.14	0.26	0.14	−0.08	−0.15
합계	49.54	−49.54	84.03	−7.50	−76.53	76.53	7.50	−84.03	49.54	−49.54
$+M_u$		44.47			34.72			44.47		

ii. 부재 중간의 정모멘트는 다음과 같이 계산된다.

$$M_u = M_o - \frac{(M_{uL} + M_{uR})}{2}$$

여기서 M_o는 단순보의 경간중심 모멘트 $M_o = w_u \times l_2 \times l_1^2$

경간 ⓐ-ⓑ의 정모멘트:

$$+M_u = (8.9 \times 4) \times \frac{5^2}{8} - \frac{(48.54 + 84.66)}{2} = 44.65\,\mathrm{kN \cdot m}$$

경간 ⓑ-ⓒ의 정모멘트:

$$+M_u = (8.9 \times 4) \times \frac{5^2}{8} - \frac{(77.05 + 77.05)}{2} = 34.2\,\mathrm{kN \cdot m}$$

4. 설계휨모멘트

기준 10.5.7(1)

계수정 및 부모멘트가 예제 그림 10.6-2에 나타나 있다. 설계 부모멘트를 취하기 위한 위험단면은 직사각형의 지지부재면으로 하되, 부휨모멘트를 과도하게 감소시키지 않도록 기둥 중심에서부터 $01.75\,l_1$ 거리 이내에 위치하도록 한다.

$400/2 = 200\,\mathrm{mm} < 0.175(5{,}000) = 875\,\mathrm{mm}$ → 기둥면(지지부재면)의 휨모멘트 사용

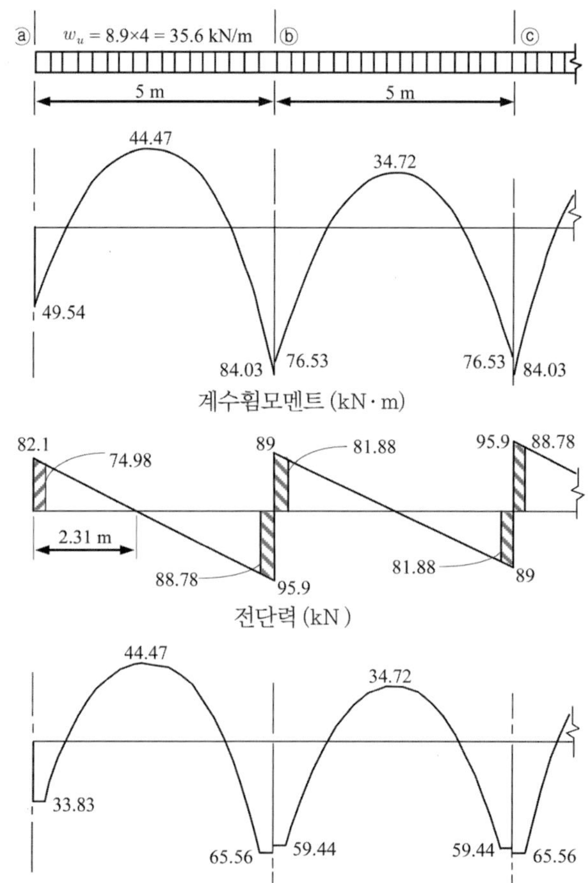

예제 그림 10.6-2 슬래브-보의 설계휨모멘트

적용기준	계산 및 해설

5. 경간별 전체 계수휨모멘트의 검토

기준 10.5.7(4) 이 예제와 같이 기준 10.4.1의 제한사항을 만족하는 슬래브 시스템의 경우 등가골조법의 계산결과로 얻은 휨모멘트는 설계에 사용하는 정모멘트와 평균 부모멘트 절대값의 합이 기준 식 10.4.2의 값을 초과할 필요가 없다는 사실을 근거로 그에 상응하게 감소시킬 수 있다.

- 기준 식 10.4.2에 의한 전체 계수휨모멘트 (순경간 l_n 사용)

$$M_o = \frac{w_u l_2 l_n^2}{8} = \frac{8.9 \times 4 \times 4.6^2}{8} = 94.2\,\text{kN}\cdot\text{m}$$

- 모멘트 분배법 해석결과에 의한 전체 계수휨모멘트

외부경간 : $44.47 + \dfrac{(33.83 + 65.56)}{2} = 94.17\,\text{kN}\cdot\text{m}$

내부경간 : $34.72 + \dfrac{(59.44 + 59.44)}{2} = 94.16\,\text{kN}\cdot\text{m}$

위의 사항으로 볼 때, 이 예제의 슬래브 시스템에 대하여 등가골조법에 의한 전체 설계휨모멘트는 직접설계법에 의한 값과 같다고 볼 수 있다. 따라서 기준 10.5.7(4)의 규정에 의한 설계모멘트 감소를 고려하지 않는다.

기준 10.5.7(5) 6. 슬래브-보의 설계휨모멘트 분포

각 골조의 위험단면에서 정 및 부계수휨모멘트는 기준 10.4.4에 규정된 분배율에 따라 슬래브-보의 주열대와 중간대에 분배한다. 보가 없는 플랫 슬래브이므로 휨모멘트 방향으로 슬래브에 대한 보의 휨강성 비 $\alpha_1 = 0$이며, 기준 10.4.1(7) 규정의 만족 여부를 검토할 필요는 없다. 위험단면에서 계수휨모멘트의 주열대 및 중간대에 대한 배분은 다음과 같이 계산된다.

기준 10.4.4 (1) 주열대 기준

휨모멘트 방향으로 슬래브에 대한 보의 휨강성 비 $\alpha_1 = 0$

- 내부경간

기준 표 10.4.2 주열대 양단 받침부의 분배백분율 : 75 % → $59.4 \times 0.75 = 44.6\,\text{kN}\cdot\text{m}$

기준 표 10.4.4 주열대 중앙부의 분배백분율 : 60 % → $34.7 \times 0.6 = 20.8\,\text{kN}\cdot\text{m}$

- 단부경간

기준 표 10.4.2 주열대 내부 받침부의 분배백분율 : 75 % → $65.6 \times 0.75 = 49.2\,\text{kN}\cdot\text{m}$

적용기준	계산 및 해설

기준 표 10.4.4 주열대 중앙부의 분배백분율 : 60 % → $44.5 \times 0.6 = 26.7\,\text{kN}\cdot\text{m}$

기준 표 10.4.3 주열대 외부 받침부의 분배백분율 : 100 % → $33.8 \times 1.0 = 33.8\,\text{kN}\cdot\text{m}$

기준 표 10.4.3의 적용에서 슬래브 휨강성에 대한 테두리보 비틀림의 강성 비 $\beta_t = 0$

기준 10.4.6(1) (2) 주열대가 부담하지 않는 정 및 부계수휨모멘트의 분담분은 주열대 양쪽의 1/2 중간대에 각각 할당한다.

예제 표 10.6-2 계수휨모멘트의 배분

위치		계수모멘트 (kN · m)	주열대		중간대
			분배백분율	모멘트 (kN · m)	모멘트 (kN · m)
내부 경간	양단 부모멘트	59.4	75 %	44.6	14.9
	중앙부 정모멘트	34.7	60 %	20.8	13.9
단부 경간	내단 부모멘트	65.6	75 %	49.2	16.4
	중앙부 정모멘트	44.5	60 %	26.7	17.8
	외단 부모멘트	33.8	100 %	33.8	0.0

7. 기둥의 설계휨모멘트

지지단에서 슬래브-보의 불균형 휨모멘트는 상·하부 기둥으로 분배되며, 그 크기는 실제 기둥의 휨강성에 비례한다. 예제 표 10.6-1로부터 접합부 ⓐ와 ⓑ에서 기둥으로 분배되는 불균형 휨모멘트는 각각 $49.54\,\text{kN}\cdot\text{m}$와 $7.5\,\text{kN}\cdot\text{m}$이다.

기둥의 휨강성과 전달률, 이를 바탕으로 한 내부 및 외부기둥으로의 불균형 휨모멘트 분배가 예제 그림 10.6-3에 나타나 있다. 기둥의 설계휨모멘트는 기둥과 슬래브의 접면에서 취할 수 있다.

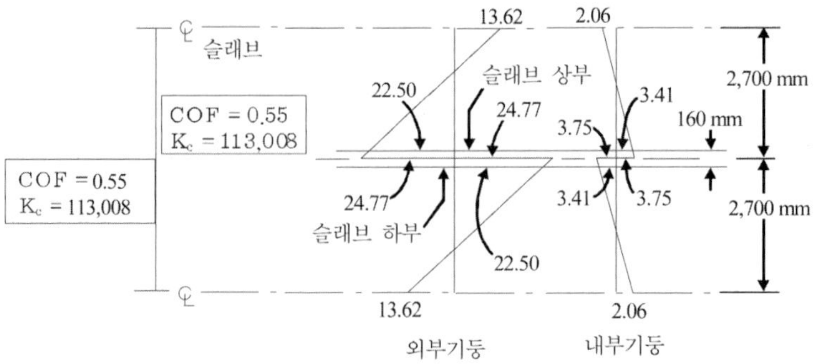

예제 그림 10.6-3 기둥의 휨모멘트 (슬래브-보로부터의 불균형 휨모멘트)

적용기준	계산 및 해설

외부기둥의 설계휨모멘트 $= 22.50\,\mathrm{kN \cdot m}$

내부기둥의 설계휨모멘트 $= 3.41\,\mathrm{kN \cdot m}$

여기서 계산된 휨모멘트는 각 층으로부터의 기둥에 가해지는 계수축하중과 합쳐져서 기둥의 설계에 사용되어야 한다.

8. 단부경간 외부 받침부의 슬래브 철근보강 설계

외부기둥에서의 슬래브 휨강도를 바탕으로 철근량을 계산하고 전단강도 검토

(1) 슬래브의 휨보강철근 설계

단부경간의 주열대 외단모멘트 $M_u = 33.8\,\mathrm{kN \cdot m}$에 대한 휨보강철근 설계

기준 3.3.3 인장지배단면으로 가정 ($\phi = 0.85$)

기준 10.3.1(2) 주열대 넓이 $b = \dfrac{4{,}000}{2} = 2{,}000\,\mathrm{mm}$

$$R_n = \frac{M_u}{\phi b d^2} = \frac{33.8 \times 1{,}000 \times 1{,}000}{0.85 \times 2{,}000 \times 135^2} = 1.09\,\mathrm{MPa}$$

$$\rho = \frac{\eta 0.85 f_{ck}}{f_y}\left(1 - \sqrt{1 - \frac{2R_n}{\eta 0.85 f_{ck}}}\right)$$

$$= \frac{1.0 \times 0.85 \times 27}{400}\left(1 - \sqrt{1 - \frac{2 \times 1.09}{1.0 \times 0.85 \times 27}}\right)$$

$$= 0.0028$$

$$A_s = \rho b d = 0.0028 \times 2{,}000 \times 135 = 756\,\mathrm{mm}^2$$

기준 10.6.1(1) 최소 철근비 $\rho_{\min} = 0.0020$

최소 철근량 $\mathrm{Min.}\ A_s = 0.0020 \times 2{,}000 \times 160 = 640\,\mathrm{mm}^2 < 756\,\mathrm{mm}^2$

필요한 D10 철근의 개수 $= \dfrac{756}{71.3} = 10.6 \rightarrow 11$개로 함.

기준 10.6.1(2) 최대 철근간격 $s_{\max} = 2h = 320\,\mathrm{mm} > 300\,\mathrm{mm} \rightarrow 300\,\mathrm{mm}$로 함.

최대 철근간격을 만족시키기 위한 D10 철근의 개수 $= \dfrac{2{,}000}{300} = 6.7 \rightarrow 7$개

11개의 D10철근은 슬래브의 휨강도와 최소 철근비 및 최대 철근간격을 만족시킨다.

인장지배단면의 검증

적용기준	계산 및 해설

$$a = \frac{A_s f_y}{\eta 0.85 f_{ck} b} = \frac{11 \times 71.3 \times 400}{1.0 \times 0.85 \times 27 \times 2{,}000} = 6.83\ \mathrm{mm}$$

$$c = \frac{a}{\beta_1} = \frac{6.83}{0.8} = 8.54\ \mathrm{mm}$$

기준 6.2.2(4)

$$\varepsilon_t = \left(\frac{0.0033}{c}\right) d_t - 0.0033 = \left(\frac{0.0033}{8.54}\right) 135 - 0.0033 = 0.049 > 0.005$$

따라서 설계 대상 슬래브는 인장지배단면이며 11개의 D10을 휨보강 철근으로 주열대에 사용한다.

(2) 슬래브와 외부기둥 접합부의 전단강도 검토

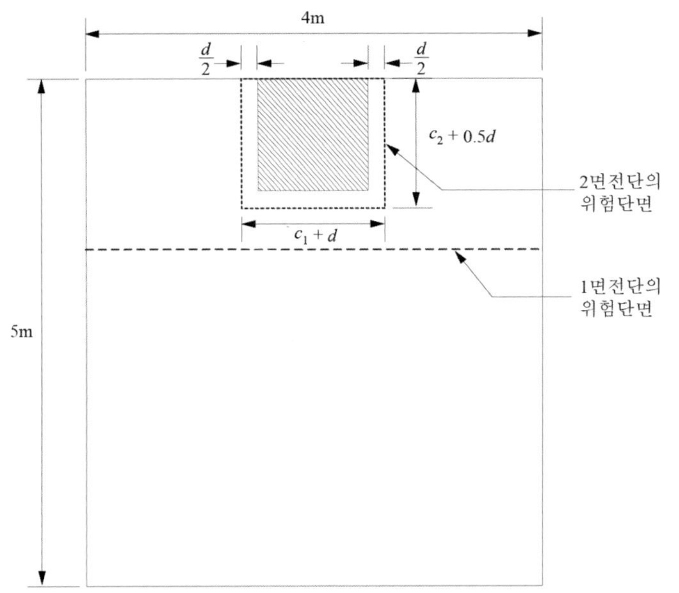

예제 그림 10.6-4 전단위험단면

기준 7.12.2(2)

2방향 전단강도 검토: 인접한 슬래브의 중심선에 작용하는 전단력이 없으므로 예제 그림 10.5-2, 기둥 주위 $d/2$에서 2방향 거동에 대한 전단강도는 다음과 같이 계산한다.

$$V_u = 8.9[(5 \times 4) - 0.535^2] = 175.5\ \mathrm{kN}$$

$$V_c = v_c \times b_o \times d$$

$$v_c = \lambda k_s k_{b_o} f_{te} \cot\psi \left(\frac{c_u}{d}\right)$$

여기서

위험단면의 둘레길이 $b_o = 0.4 \times 3 + 0.135 \times 2 = 1.47\ \mathrm{m}$

적용기준	◪ 계산 및 해설

경량콘크리트계수 $\lambda = 1$(일반콘크리트)

슬래브의 두께계수

$$k_s = \left(\frac{300}{d}\right)^{0.25} = \left(\frac{300}{135}\right)^{0.25} = 1.22 \geq 1.1 \text{이므로 } 1.1 \text{이다.}$$

위험단면 둘레길이의 영향계수

$$k_{bo} = 4/\sqrt{\alpha_s\left(\frac{b_o}{d}\right)} \leq 1.25$$

$$= 4/\sqrt{1.33\left(\frac{1,470}{135}\right)} = 1.05 \leq 1.25 \text{이므로 } 1.05 \text{이다.}$$

$\alpha_s = 1.33$(외부기둥)

압축대 콘크리트의 인장강도 $f_{te} = 0.2\sqrt{f_{ck}} = 0.2\sqrt{27} = 1.04\,\text{MPa}$

슬래브 휨 압축대의 균열각도

$$\cot\psi = \frac{\sqrt{f_{te}(f_{te}+f_{cc})}}{f_{te}} = \frac{\sqrt{1.04(1.04+18)}}{1.04} = 4.279$$

위험단면의 압축대에 작용하는 평균압축응력 $f_{cc} = \frac{2}{3}f_{ck} = \frac{2}{3} \times 27 = 18\,\text{MPa}$

슬래브 위험단면 압축대 깊이의 평균값

$$c_u = d\left(25\sqrt{\frac{\rho}{f_{ck}}} - 300\left(\frac{\rho}{f_{ck}}\right)\right)$$

$$= 135\left(25\sqrt{\frac{0.005}{27}} - 300\left(\frac{0.005}{27}\right)\right) = 38.43\,\text{mm}$$

(기준 7.12.2(6)에 의하면 $\rho \leq 0.005$인 경우 $\rho = 0.005$ 사용)

따라서

$$v_c = \lambda k_s k_{b_o} f_{te} \cot\psi\left(\frac{c_u}{d}\right)$$

$$= 1 \times 1.1 \times 1.05 \times 1.04 \times 4.279 \times \left(\frac{38.43}{135}\right) = 1.5\,\text{MPa}$$

$$V_c = v_c \times b_o \times d = 1.5 \times 1.47 \times 135 \times 10^6 = 297.68\,\text{kN}$$

$$\phi V_c = 0.75 \times 375.57\,\text{kN} = 281.68\,\text{kN} > V_u = 175.5\,\text{kN} \rightarrow \langle\text{적합}\rangle$$

기준 10.3.3(3)

i. 슬래브와 외부기둥 사이의 불균형 휨모멘트 전달을 위한 안전성 검토

개정기준(콘크리트구조기준 2012)에서는 슬래브와 기둥 사이의 불균형 모멘트 전달을 위한 설계방법이 변경되었으며, 7.12.7을 따라서 설계하도록 규정하고 있다. 접

합부는 주위 위험단면 중 후면이 외부에 면한 외부 접합부의 모멘트 방향 E_{1f}의 경우로 설계해야 한다.(해설 그림 7.12.7.2 (a))

설계 불균형 휨강도 $\phi M_n = \phi_f M_F + \phi_v M_S + \phi_v M_T$ (식 7.12.14)

여기서

전후면의 휨강도 $M_F = M_{Ff} + M_{Fb}$

전후면의 편심전단강도 $M_S = M_{Sf} = 0.5 v_n (c_2 + d) d (c_1 + d)$

측면의 편심전단강도

$$M_T = \left[c_{N2} + \frac{2}{3}c_{N1} - \frac{c_1}{2} - e\right] v_{nTf} d c_{N1} + \left[-\frac{1}{3}c_{N2} + \frac{c_1}{2} + e\right] v_{nTb} d c_{N2}$$

- 슬래브 전체에 균등하게 11개의 D10 휨철근이 배근된다고 가정하면, 위험단면의 폭 $(c_2 + d)$에는 2.5개의 철근이 요구된다. 따라서 위험단면의 폭은 3개의 D10이 배치되는 것으로 가정한다.
- 전후면의 휨강도 산정

$M_{Ff} = A_s f_y jd \approx 213.9 \times 400 \times 0.9 \times 135 = 10.4\,\mathrm{kN \cdot m}$

$M_F = M_{Ff} + M_{Fb} = 10.4 + 0 = 10.4\,\mathrm{kN \cdot m}$

하부에 철근이 배근되지 않으므로 $M_{Fb} = 0$이다.

- 전후면의 편심전단강도 산정

$M_S = M_{Sf} = 0.5 v_n (c_2 + d) d (c_1 + d)$

$= 0.5 \times 1.5 \times (400 + 135) \times 135 \times (400 + 135) = 28.98\,\mathrm{kN \cdot m}$

여기서 $v_n = v_c + v_p + 0.4 v_s = 1.5\mathrm{MPa} + 0 + 0 \le 0.58 f_{ck} c_u / d = 4.45\,\mathrm{MPa}$

따라서 $v_n = 1.5\,\mathrm{MPa}$

- 측면의 편심전단강도 산정

$$M_T = \left[c_{N2} + \frac{2}{3}c_{N1} - \frac{c_1}{2} - e\right] v_{nTf} d c_{N1} + \left[-\frac{1}{3}c_{N2} + \frac{c_1}{2} + e\right] v_{nTb} d c_{N2} = 29.09\,\mathrm{kN \cdot m}$$

여기서 $v_{nT} = 0.63\lambda\sqrt{f_{ck}} + v_p + v_s \le 0.25 f_{ck}$ (식 7.12.17)

$= 0.63 \times 1 \times \sqrt{27} + 0 + 0 \le 0.25 \times 27 = 6.75\mathrm{MPa}$

$= 3.27\mathrm{MPa} \le 6.75\mathrm{MPa}$이므로 $3.27\,\mathrm{MPa}$

c_{N1}, c_{N2}은 위험단면 중심에서 위험단면의 전면과 후면까지의 거리를 나타내는데 구조기준 해설그림 7.12.7.2(a)에 제시된 정의를 따라서 산정하면 다음과 같다.

$C_{N1} + C_{N2} = c_1 + 0.5d + e$

$$C_{N2} = \frac{v_{nT}(c_1 + 0.5d + e)^2}{v_{nT}(2c_1 + d + 2e) - v_n(c_2 + d) + v_g b_o} = 0.281\text{m}$$

$$C_{N1} = c_1 + 0.5d + e - C_{N2} = 0.186\text{m}$$

• 접합부의 설계 불균형 모멘트 강도

$$\phi M_n = \phi_f M_F + \phi_v M_S + \phi_v M_T$$

$$= 0.85 \times 10.4 + 0.75 \times 28.98 + 0.75 \times 29.09 = 52.39\,\text{kN}\cdot\text{m}$$ 이다.

$\phi M_n = 52.39\,\text{kN}\cdot\text{m} > M_u = 24.5\,\text{kN}\cdot\text{m}$ 〈적합〉

위 검토결과에 따라 주열대에는 11개의 D10 철근으로 휨보강을 하되, 그중 3개의 D10 철근을 간격을 좁혀서 기둥에 인접한 위험단면 이내($c_2 + d = 535\,\text{mm}$)에 배치한다. 이는 슬래브와 기둥 사이의 불균형 휨모멘트를 전달할 수 있도록 설계된 것이다.(예제 그림 10.6-5)

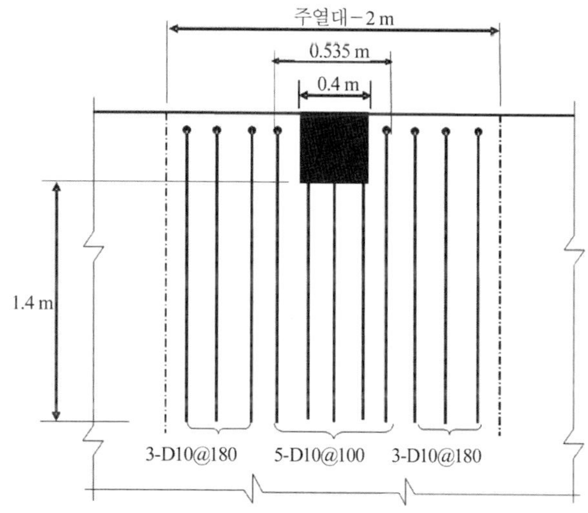

예제 그림 10.6-5 주열대 외부기둥에서 슬래브의 휨보강 철근 배치

(3) 중간대의 휨보강철근 설계

테두리보가 없는 슬래브의 외부 받침부 모멘트는 전부 주열대에 의해 지지되므로 단부 경간의 중간대에는 최소 철근량을 사용한다.

$$\text{Min. } A_s = 0.0020 \times 2{,}000 \times 160 = 640\,\text{mm}^2$$

필요한 D10 철근의 개수 $= \dfrac{640}{71.3} = 8.98 \rightarrow$ 9개로 함.

적용기준	계산 및 해설
기준 10.6.1(2)	최대 철근간격 $s_{\max} = 2h = 320\,\mathrm{mm} > 300\,\mathrm{mm} \rightarrow 300\,\mathrm{mm}$로 함.
	최대 철근간격을 만족시키기 위한 D10 철근의 개수 $= \dfrac{2,000}{300} = 6.7 \rightarrow 7$개

9개의 D10 철근은 최소 철근량 및 최대 철근간격을 만족시키지만, 대칭을 고려하여 10개의 D10 철근을 중간대에 사용한다. 주열대 양쪽의 1/2 중간대에 각각 5개의 D10 철근을 200 mm 간격으로 배치한다.

예제 10.7 등가골조법에 의한 보가 있는 2방향 슬래브의 해석

다음 그림에 보여지는 슬래브 중간 부분의 설계휨모멘트를 등가골조법으로 계산하라.

층고 = 3.6 m

테두리보 크기 = 360 × 600 mm

내부보 크기 = 360 × 500 mm

기둥 크기 = 460 × 460 mm

활하중 = 5 kN/m^2

f_{ck} = 27 MPa(보통콘크리트)

f_y = 400 MPa

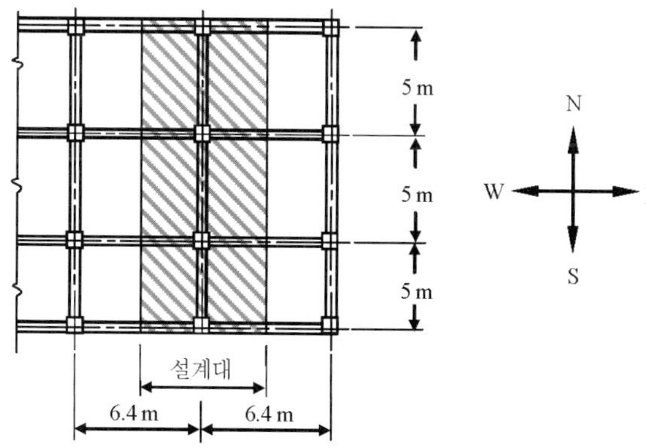

예제 그림 10.7-1 예제 슬래브 개요

적용기준	계산 및 해설

기준 4.3.2

1. 슬래브 두께 h

(1) 처짐제한

슬래브 두께를 150 mm로 가정하면, 예제 10.5로부터 슬래브 휨강성에 대한 보의 휨강성 비 α는 다음과 같다.

기준 10.1.2

$$\alpha = 9.54 \text{(NS 테두리보)}$$
$$= 11.98 \text{(EW 테두리보)}$$
$$= 2.08 \text{(NS 내부보)}$$
$$= 2.67 \text{(EW 내부보)}$$

$$\alpha = \frac{4E_{cb}I_b/l}{4E_{cs}I_s/l} = \frac{E_{cb}I_b}{E_{cs}I_s}$$

기준 4.3.2(3)

모든 보에 대하여 $\alpha > 2.0$이므로 슬래브의 최소 두께는 다음 식 이상으로 해야 하며, 또한 90mm 이상으로 해야 한다.

$$h = \frac{l_n\left(800 + \frac{f_y}{1.4}\right)}{36,000 + 9,000\beta} = \frac{5,940\left(800 + \frac{400}{1.4}\right)}{36,000 + 9,000 \times 1.31} = 134.9 \text{ mm}$$

여기서 $\beta = \dfrac{\text{장변방향의 순경간}}{\text{단변방향의 순경간}} = \dfrac{6,400-460}{5,000-460} = 1.31$

l_n = 장변방향의 순경간 $= 6,400 - 460 = 5,940\,\text{mm}$

따라서 슬래브 두께는 150 mm로 한다.

2. 등가골조 부재의 모멘트 분배계수

등가골조의 부재모멘트는 모멘트 분배법을 이용하여 계산할 수 있다. 등가골조 해석에 모멘트 분배법을 이용하기 위해 슬래브-보와 기둥의 휨강성 K, 전달률 COF, 분배율 DF 및 고정단모멘트 FEM이 정해져야 한다. 이 모멘트 분배에 관한 계수들은 예제 표 10.7-3을 이용하여 다음과 같이 계산될 수 있다.

(1) 슬래브-보의 모멘트 분배계수

$$\frac{c_{N1}}{l_1} = \frac{460}{5,000} = 0.092, \quad \frac{c_{N2}}{l_2} = \frac{460}{6,400} = 0.072$$

해당 슬래브-보 양단의 기둥 크기가 같으므로 $c_{F1} = c_{N1}$이며, $c_{F2} = c_{N2}$이다.

i. 슬래브-보 양단의 휨강성 K_{sb}

예제 표 10.7-3㉮에서 직선보간을 통해

$k_{NF} = k_{FN} = 4.12$

따라서 $k_{sb} = k_{NF}\dfrac{E_{cs} I_{sb}}{l_1} = 4.14\dfrac{E_{cs} I_{sb}}{l_1}$

$= 4.12\,\dfrac{E_{cs} \times 10,047,576,000}{5,000}$

$= 8,279,203\,E_{cs} \rightarrow 8.279\,E_c$

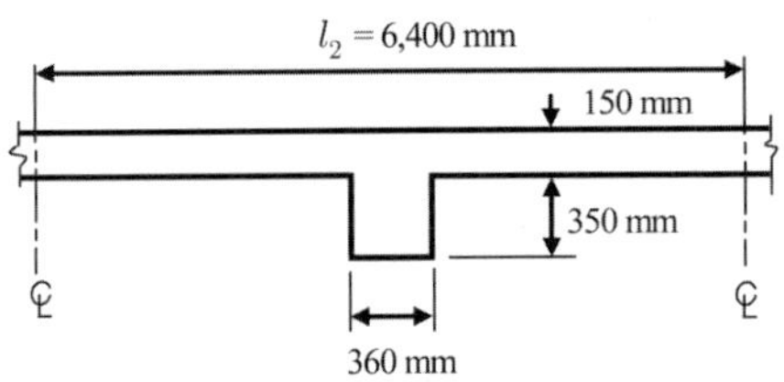

예제 그림 10.7-2 슬래브-보의 단면

여기서 I_{sb}는 예제 그림 10.7-2에 나타난 슬래브-보의 단면2차모멘트이며, 다음과 같이 계산된다.

$$I_{sb} = \left[\frac{64,000 \times 150^3}{12} + (64,000 \times 150) \times 29^2\right] + \left[\frac{360 \times 350^3}{12} + (360 \times 350) \times 221^2\right] = 33,513,816,000\,\text{mm}^4$$

ii. 전달률 COF

예제 표 10.7-3㉮에서 직선보간을 통해 $COF = 0.506$

iii. 고정단 모멘트 FEM

예제 표 10.7-3㉮에서 직선보간을 통해 $m_{NF} = m_{FN} = 0.0842$

따라서 $FEM = 0.0842\, w_u l_2 l_1^2$

(2) 등가기둥의 모멘트 분배 계수

i. 기둥의 휨강성 K_c

예제 표 10.7-3㉷에 의해서 휨강성계수를 직선보간으로 구한다.

$t_a = 425\text{ mm},\ t_b = 75\text{ mm},\ l_c = 3{,}600\text{ mm},\ l_u = 3{,}100\text{ mm}$

$$\frac{t_a}{t_b} = 5.67,\ \frac{l_c}{l_u} = 1.16 \rightarrow k_{AB} = 6.80$$

$$\frac{t_b}{t_a} = 0.18,\ \frac{l_c}{l_u} = 1.16 \rightarrow k_{BA} = 4.99$$

외부기둥

$t_a = 525\text{ mm},\ t_b = 75\text{ mm},\ l_c = 3{,}600\text{ mm},\ l_u = 3{,}000\text{ mm}$

$$\frac{t_a}{t_b} = 7.00,\ \frac{l_c}{l_u} = 1.20 \rightarrow k_{AB} = 7.76$$

$$\frac{t_b}{t_a} = 0.14,\ \frac{l_c}{l_u} = 1.20 \rightarrow k_{BA} = 5.15$$

따라서 기둥의 상하부 휨강성은 다음과 같이 계산된다.

내부기둥 상부 $K_{ct} = 6.80 \dfrac{E_{cc} I_c}{l_c} = 6.80 \dfrac{E_{cc} \times 3{,}731{,}213{,}333}{3{,}600}$

$$= 7{,}047{,}847\, E_{cc} \rightarrow 7.480\, E_c$$

내부기둥 하부 $K_{ct} = 4.99 \dfrac{E_{cc} I_c}{l_c} = 4.99 \dfrac{E_{cc} \times 3{,}731{,}213{,}333}{3{,}600}$

$$= 5{,}171{,}876\, E_{cc} \rightarrow 5.172\, E_c$$

외부기둥 상부 $K_{ct} = 7.76 \dfrac{E_{cc} I_c}{l_c} = 7.76 \dfrac{E_{cc} \times 3{,}731{,}213{,}333}{3{,}600}$

$$= 8{,}042{,}838\, E_{cc} \rightarrow 8.043\, E_c$$

적용기준	계산 및 해설

외부기둥 하부 $K_{ct} = 5.15 \dfrac{E_{cc} I_c}{l_c} = 5.15 \dfrac{E_{cc} \times 3,731,213,333}{3,600}$

$= 5,337,708\, E_{cc} \rightarrow 5.338\, E_c$

여기서 $I_c = \dfrac{c^4}{12} = \dfrac{460^4}{12} = 3,731,213,333\ \mathrm{mm}^4$

기준 10.5.5

ii. 비틀림 부재의 강성, K_t

기준 식 10.5.1

$$K_t = \frac{9\, E_{cs}\, C}{l_2 \,(1 - c_2 / l_2)^3}$$

기준 식 10.5.2

여기서 $C = \Sigma \left[\left(1 - 0.63 \dfrac{x}{y} \right) \dfrac{x^3 y}{3} \right]$

비틀림 단면상수 C는 예제 그림 10.7-3과 10.7-4와 같이 플랜지를 유효폭으로 하는 보 단면에 대해 계산된 값 중에서 큰 것을 사용한다.

내부기둥

예제 그림 10.7-3으로부터 $C = 4,823,681,400\ \mathrm{mm}^4$

따라서

$$K_t = \frac{9\, E_{cs}\, C}{l_2 \,(1 - c_2 / l_2)^3} = \frac{9\, E_{cs} \times 4,823,681,400}{6,400\,(1 - 460/6,400)^3} = 8,484,412\, E_{cs} \rightarrow 8.484\, E_c$$

외부기둥

예제 그림 10.7-4로부터 $C = 6,203,943,900\ \mathrm{mm}^4$

따라서

$$K_t = \frac{9\, E_{cs}\, C}{l_2 \,(1 - c_2 / l_2)^3} = \frac{9\, E_{cs} \times 6,203,943,900}{6,400\,(1 - 460/6,400)^3} = 10,912,167\, E_{cs} \rightarrow 10.912\, E_c$$

단면의 나눔	$C=\sum\left[\left(1-0.63\frac{x}{y}\right)\frac{x^3y}{3}\right]$ $x=$ 짧은 변, $y=$ 긴 변
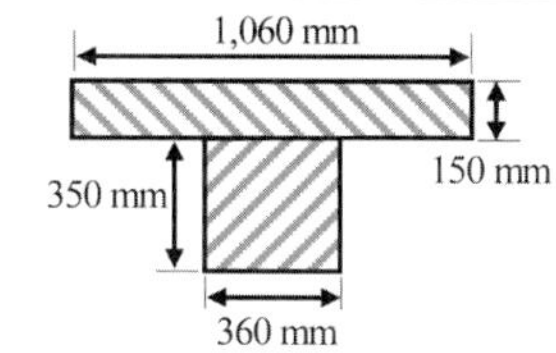	$C=\left(1-0.63\frac{150}{1,060}\right)\frac{150^3\times 1,060}{3}+\left(1-0.63\frac{350}{360}\right)\frac{350^3\times 360}{3}$ $=1,086,187,500+1,993,687,500=3,079,875,000\ \text{mm}^4$
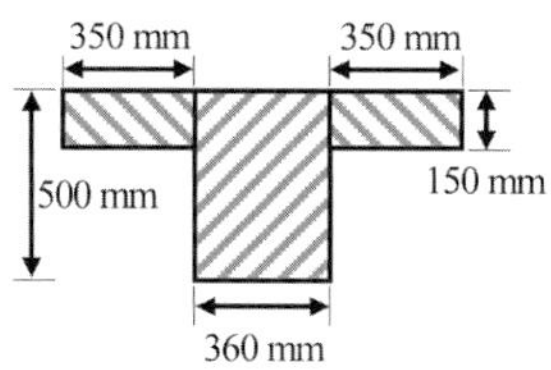	$C=2\times\left(1-0.63\frac{150}{350}\right)\frac{150^3\times 350}{3}+\left(1-0.63\frac{360}{500}\right)\frac{360^3\times 500}{3}$ $=2\times 287,437,500+4,248,806,400=4,823,681,400\ \text{mm}^4$

예제 그림 10.7-3 내부기둥에 연결된 비틀림 부재의 단면구성

단면의 나눔	$C=\sum\left[\left(1-0.63\frac{x}{y}\right)\frac{x^3y}{3}\right]$ $x=$ 짧은 변, $y=$ 긴 변
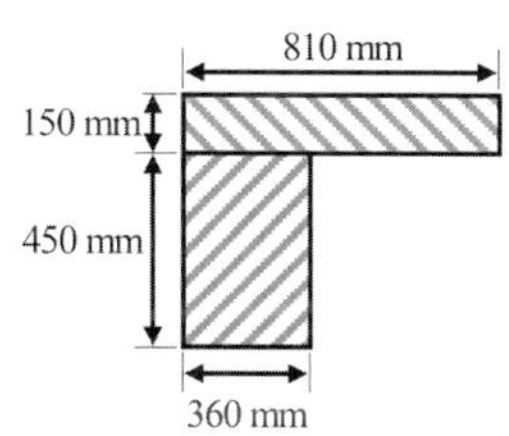	$C=\left(1-0.63\frac{150}{810}\right)\frac{150^3\times 810}{3}+\left(1-0.63\frac{360}{450}\right)\frac{360^3\times 450}{3}$ $=804,937,500+3,471,206,400=4,276,143,900\ \text{mm}^4$
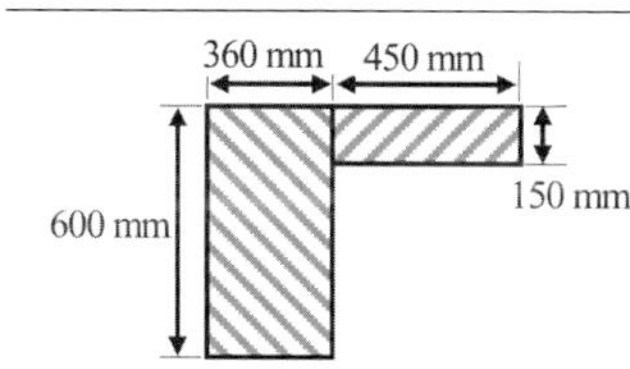	$C=\left(1-0.63\frac{360}{600}\right)\frac{360^3\times 600}{3}+\left(1-0.63\frac{150}{450}\right)\frac{150^3\times 450}{3}$ $=5,804,006,400+399,937,500=6,203,943,900\ \text{mm}^4$

예제 그림 10.7-4 외부기둥에 연결된 비틀림 부재의 단면구성

iii. 힘모멘트 산정 방향과 평행한 보로 인해 비틀림 부재의 강성이 증가하며, 이는 다음과 같이 구한다.

$$K_{ta}=K_t\left(\frac{I_{sb}}{I_s}\right)=K_t\left(\frac{10,047,576,000}{1,800,000,000}\right)=5.582\times K_t$$

여기서 I_s는 슬래브의 단면2차모멘트 (예제 그림 10.7-2)

$$I_s = \frac{64,000 \times 150^3}{12} = 18,000,000,000 \text{ mm}^4$$

I_{sb}는 슬래브와 보를 합친 전체 T단면에 대한 단면2차모멘트 (예제 그림 10.7-2)

$I_{sb} = 10,047,576,000 \text{ mm}^4$

내부기둥에서의 비틀림 부재 강성 $K_{ta} = 5.582 \times 8.484\, E_c = 47.358\, E_c$

외부기둥에서의 비틀림 부재 강성 $K_{ta} = 5.582 \times 10.912\, E_c = 60.911\, E_c$

iv. 등가기둥의 휨강성 K_{ec}

$$K_{ec} = \frac{\sum K_c \times \sum K_{ta}}{\sum K_c + \sum K_{ta}}$$

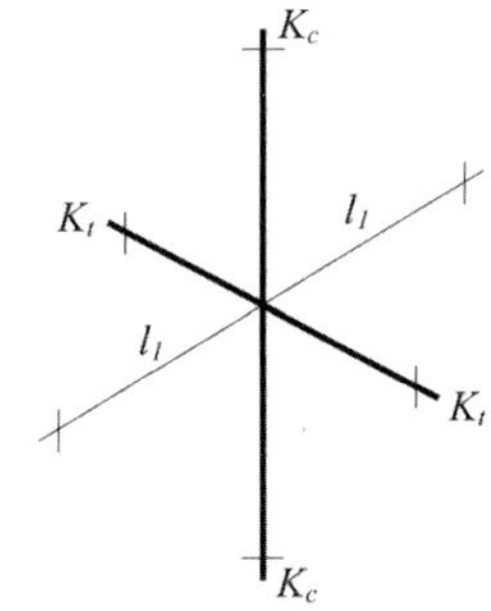

여기서 $\sum K_c$는 중간층 슬래브-보의 접합부에 연결된 상부와 하부기둥 강성의 합이며, $\sum K_{ta}$는 기둥 양쪽 옆면에 각각 연결된 비틀림 부재 강성의 합이다.

내부기둥

$$K_{ec} = \frac{(7.480\, E_c + 5.172\, E_c) \times (2 \times 47.358\, E_c)}{(7.480\, E_c + 5.172\, E_c) + (2 \times 47.358\, E_c)} = 11.161\, E_c$$

외부기둥

$$K_{ec} = \frac{(8.043\, E_c + 5.338\, E_c) \times (2 \times 60.911\, E_c)}{(8.043\, E_c + 5.338\, E_c) + (2 \times 60.911\, E_c)} = 12.057\, E_c$$

(3) 슬래브-보 접합부의 분배율 DF

외부 접합부

$$DF = \frac{8.279E_c}{8.279E_c + 12.057E_c} = 0.407$$

내부 접합부

$$DF = \frac{8.279E_c}{8.279E_c + 8.279E_c + 11.161E_c} = 0.299$$

COF 슬래브-보의 전달률 $COF = 0.506$

3. 등가골조 해석

모멘트 분배법을 이용하여 슬래브-보의 정 및 부계수휨모멘트를 구한다.

(1) 활하중 배치

고정하중에 대한 활하중의 비 $L/D = 5/(3.53 + 0.46) = 1.25 > 3/4$

활하중이 고정하중의 3/4 보다 큰 경우이므로 활하중의 패턴 재하를 고려해야 한다. 슬래브판의 경간 중앙 부근에서의 최대 정계수휨모멘트는 전체 계수활하중의 3/4이 그 슬래브판과 한 경간씩 건너 슬래브판에 작용할 때 일어난다고 가정한다. 또한 받침부의 최대 부계수휨모멘트는 전체 계수활하중의 3/4이 그 받침부에 인접한 두 슬래브판들에만 작용할 때 발생한다고 가정한다. 이를 고려하기 위해 예제 그림 10.6-5와 같이 5가지 하중조건에 대해 골조해석을 수행한다.

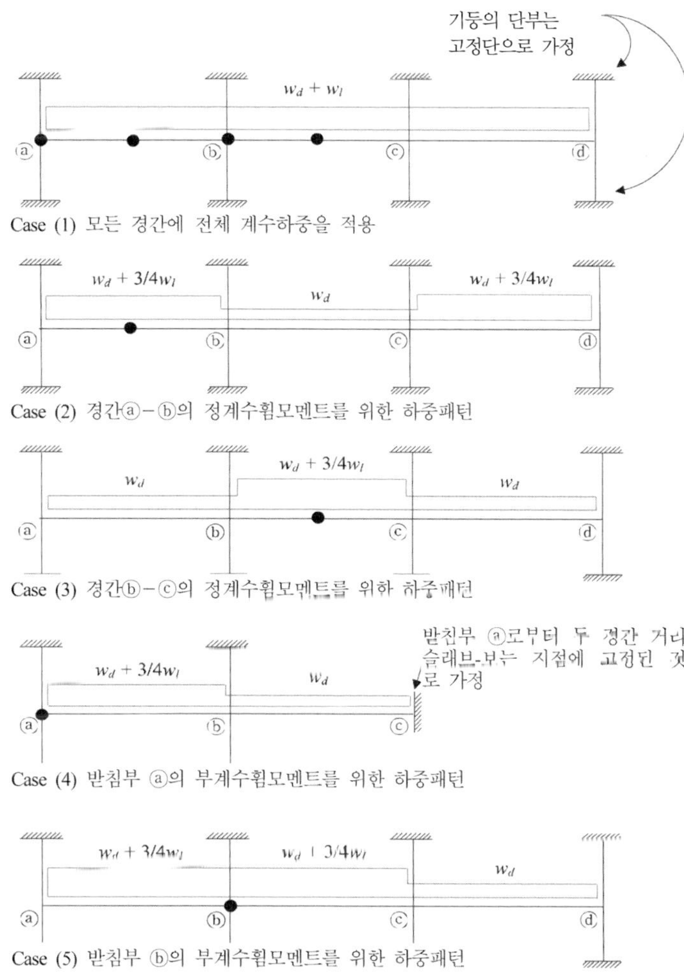

예제 그림 10.7-5 수직하중에 대한 골조해석을 위한 하중패턴

(2) 계수하중과 고정단모멘트

i. 계수하중

슬래브 자중 $W_s = 2.4\ \mathrm{t/m^3} \times 9.8\ \mathrm{kN/t} \times 0.15\ \mathrm{m} = 3.53\ \mathrm{kN/m^2}$

길이방향 보의 평균자중 $= (2.4 \times 9.8) \times [(0.5 - 0.15) \times 0.36]/6.4 = 0.46\ \mathrm{kN/m^2}$

계수고정하중 $w_d = 1.2(3.53 + 0.46) = 4.79\ \mathrm{kN/m^2}$

계수활하중 $w_l = 1.6 \times 5 = 8.0\ \mathrm{kN/m^2}$

전체 계수하중 $W_u = 1.2(3.53 + 0.46) + 1.6(5) = 12.79\ \mathrm{kN/m^2}$

ii. 슬래브-보의 고정단모멘트

$FEM = m_{NF}\, w_u\, l_2\, l_1^2 = 0.0842\ w_u\, l_2\, l_1^2$

$w_d + w_l$ 재하 고정단모멘트

$FEM = 0.0842\,(12.78 \times 6.4)5^2 = 172.17\ \mathrm{kN \cdot m}$

$w_d + (3/4)w_l$ 재하 고정단모멘트

$FEM = 0.0842\,\{(4.79 + 6) \times 6.4\}5^2 = 145.36\ \mathrm{kN \cdot m}$

w_d 재하 고정단모멘트

$FEM = 0.0842\,\{(4.79) \times 6.4\}5^2 = 64.53\ \mathrm{kN \cdot m}$

(3) 모멘트 분배

다음의 과정에 의해 슬래브-보의 모멘트 분배를 계산한다.

i. 계수부모멘트 계산

예제 그림 10.7-5의 5가지 패턴 재하에 의한 슬래브-보의 양단 부모멘트 계산은 모멘트 분배법에 의해 수행되며 그 과정이 예제 표 10.7-1에 나타나 있다. 모멘트의 정방향은 부재의 끝에서 시계방향 회전으로 정한다. 5가지 패턴 재하에 의한 슬래브-보 양단의 부모멘트, 중앙의 정모멘트 및 기둥 모멘트의 최대값이 예제 표 10.7-2에 주어져 있다.

ii. 부재 중간의 정모멘트는 다음과 같이 계산된다.

$$M_u = M_o - \frac{(M_{uL} + M_{uR})}{2}$$

여기서 M_o는 단순보의 경간 중심 모멘트 $M_o = w_u \times l_2 \times l_1^2$

Case (1)

경간 ⓐ-ⓑ의 정모멘트:

$$+M_u = \frac{12.78 \times 6.4 \times 5^2}{8} - \frac{(105.76 + 195.95)}{2} = 104.75\,\mathrm{kN \cdot m}$$

경간 ⓑ-ⓒ의 정모멘트:

$$+M_u = \frac{12.78 \times 6.4 \times 5^2}{8} - \frac{(178.77 + 178.77)}{2} = 76.83\,\mathrm{kN \cdot m}$$

Case (2)

경간 ⓐ-ⓑ의 정모멘트:

$$+M_u = \frac{\{(4.79 + 6) \times 6.4\} \times 5^2}{8} - \frac{(98.03 + 138.90)}{2} = 97.34\,\mathrm{kN \cdot m}$$

경간 ⓑ-ⓒ의 정모멘트:

$$+M_u = \frac{\{(4.79) \times 6.4\} \times 5^2}{8} - \frac{(84.81 + 84.81)}{2} = 10.99\,\mathrm{kN \cdot m}$$

Case (3)

경간 ⓐ-ⓑ의 정모멘트:

$$+M_u = \frac{\{(4.79) \times 6.4\} \times 5^2}{8} - \frac{(30.90 + 99.99)}{2} = 30.36\,\mathrm{kN \cdot m}$$

경간 ⓑ-ⓒ의 정모멘트:

$$+M_u = \frac{\{(4.79 + 6) \times 6.4\} \times 5^2}{8} - \frac{(133.13 + 133.13)}{2} = 82.67\,\mathrm{kN \cdot m}$$

Case (4)

경간 ⓐ-ⓑ의 정모멘트:

$$+M_u = \frac{\{(4.79 + 6) \times 6.4\} \times 5^2}{8} - \frac{(96.36 + 144.60)}{2} = 95.32\,\mathrm{kN \cdot m}$$

경간 ⓑ-ⓒ의 정모멘트:

$$+M_u = \frac{\{(4.79) \times 6.4\} \times 5^2}{8} - \frac{(98.68 + 47.39)}{2} = 22.77\,\mathrm{kN \cdot m}$$

Case (5)

경간 ⓐ-ⓑ의 정모멘트:

$$+M_u = \frac{\{(4.79 + 6) \times 6.4\} \times 5^2}{8} - \frac{(87.97 + 169.78)}{2} = 86.93\,\mathrm{kN \cdot m}$$

적용기준

계산 및 해설

경간 ⓑ - ⓒ의 정모멘트:

$$+M_u = \frac{\{(4.79+6)\times 6.4\}\times 5^2}{8} - \frac{(161.62+122.44)}{2} = 73.77\,\mathrm{kN\cdot m}$$

경간 ⓒ - ⓓ의 정모멘트:

$$+M_u = \frac{\{(4.79)\times 6.4\}\times 5^2}{8} - \frac{(95.65+32.22)}{2} = 31.87\,\mathrm{kN\cdot m}$$

예제 표 10.7-1 등가골조의 모멘트 분배

Case (1)

절점	ⓐ	w_d+w_l		ⓑ	w_d+w_l		ⓒ	w_d+w_l		ⓓ
부재	기둥	슬래브-보 (ⓐ-ⓑ)		기둥	슬래브-보 (ⓑ-ⓒ)		기둥	슬래브-보 (ⓒ-ⓓ)		기둥
COF		0.506 ↘	↙ 0.50		0.506 ↘	↙ 0.506		0.508 ↘	↙ 0.506	
DF	0.593	0.407	0.299	0.402	0.299	0.299	0.402	0.299	0.407	0.593
FEM		−172.17	172.17		−172.17	172.17		−172.17	172.17	
분배	102.10	70.07	0.00	0.00	0.00	0.00	0.00	0.00	−70.07	−102.10
전달		0.00	35.46		0.00	0.00		−35.46	0.00	
분배	0.00	0.00	−10.60	−14.25	−10.60	10.60	14.25	10.60	0.00	0.00
전달		−5.36	0.00		5.36	−5.36		0.00	5.36	
분배	3.18	2.18	−1.60	−2.16	−1.60	1.60	2.16	1.60	−2.18	−3.18
전달		−0.81	1.10		0.81	−0.81		−1.10	0.81	
분배	0.48	0.33	−0.57	−0.77	−0.57	0.57	0.77	0.57	−0.33	−0.48
합계	105.76	−105.76	195.95	−17.18	−178.77	178.77	17.18	−195.95	105.76	−105.76
$+M_u$		104.75			76.83			104.75		

적용기준

계산 및 해설

Case (2)

절점	ⓐ	$w_d+(3/4)w_l$		ⓑ	w_d		ⓒ	$w_d+(3/4)w_l$		ⓓ
부재	기둥	슬래브-보 (ⓐ-ⓑ)		기둥	슬래브-보 (ⓑ-ⓒ)		기둥	슬래브-보 (ⓒ-ⓓ)		기둥
COF		0.506 ↘	↙ 0.50		0.506 ↘	↙ 0.506		0.508 ↘	↙ 0.506	
DF	0.593	0.407	0.299	0.402	0.299	0.299	0.402	0.299	0.407	0.593
FEM		−145.36	145.36		−64.53	64.53		−145.36	145.36	
분배	86.20	59.16	−24.17	−32.49	−24.17	24.17	32.49	24.17	−59.16	−86.20
전달		−12.23	29.94		12.23	−12.23		−29.94	12.23	
분배	7.25	4.98	−12.61	−16.95	−12.61	12.61	16.95	12.61	−4.98	−7.25
전달		−6.38	2.52		6.38	−6.38		−2.52	6.38	
분배	3.78	2.60	−2.66	−3.58	−2.66	2.66	3.58	2.66	−2.60	−3.78
전달		−1.35	1.31		1.35	−1.35		−1.31	1.35	
분배	0.80	0.55	−0.80	−1.07	−0.80	0.80	1.07	0.80	−0.55	−0.80
합계	98.03	−98.03	138.90	−54.09	−84.81	84.81	54.09	−138.90	98.03	−98.03
$+M_u$		97.34			10.99			97.34		

Case (3)

절점	ⓐ	w_d		ⓑ	$w_d+(3/4)w_l$		ⓒ	w_d		ⓓ
부재	기둥	슬래브-보 (ⓐ-ⓑ)		기둥	슬래브-보 (ⓑ-ⓒ)		기둥	슬래브-보 (ⓒ-ⓓ)		기둥
COF		0.506 ↘	↙ 0.50		0.506 ↘	↙ 0.506		0.508 ↘	↙ 0.506	
DF	0.593	0.407	0.299	0.402	0.299	0.299	0.402	0.299	0.407	0.593
FEM		−64.53	64.53		−145.36	145.36		−64.53	64.53	
분배	38.27	26.26	24.17	32.49	24.17	−24.17	−32.49	−24.17	−26.26	−38.27
전달		12.23	13.29		−12.23	12.23		−13.29	−12.23	
분배	−7.25	−4.98	−0.32	−0.43	−0.32	0.32	0.43	0.32	4.98	7.25
전달		−0.16	−2.52		0.16	−0.16		2.52	0.16	
분배	0.10	0.07	0.71	0.95	0.71	−0.71	−0.95	−0.71	−0.07	−0.10
전달		0.36	0.03		−0.36	0.36		−0.03	−0.36	
분배	−0.21	−0.15	0.10	0.13	0.10	−0.10	−0.13	−0.10	0.15	0.21
합계	30.90	−30.90	99.99	33.15	−133.13	133.13	-33.15	−99.99	30.90	−30.90
$+M_u$		30.36			82.67			30.36		

적용기준

계산 및 해설

Case (4)

절점	ⓐ	$w_d+(3/4)w_l$		ⓑ	w_d		ⓒ		
부재	기둥	슬래브-보 (ⓐ-ⓑ)		기둥	슬래브-보 (ⓑ-ⓒ)		기둥		
COF		0.506 ↘	↙ 0.50		0.506 ↘	↙ 0.506			
DF	0.593	0.407	0.299	0.402	0.299	0.000	1.000		
FEM		−145.36	145.36		−64.53	64.53			
분배	86.20	59.16	−24.17	−32.49	−24.17	0.00	−64.53		
전달		−12.23	29.94		0.00	−12.23			
분배	7.25	4.98	−8.95	−12.03	−8.95	0.00	12.23		
전달		−4.53	2.52		0.00	−4.53			
분배	2.69	1.84	−0.75	−1.01	−0.75	0.00	4.53		
전달		−0.38	0.93		0.00	−0.38			
분배	0.23	0.16	−0.28	−0.37	−0.28	0.00	0.38		
합계	96.36	−96.36	144.60	−45.92	−98.68	47.39	−47.39		
$+M_u$		95.32			22.76				

Case (5)

절점	ⓐ	$w_d+(3/4)w_l$		ⓑ	$w_d+(3/4)w_l$		ⓒ	w_d		ⓓ
부재	기둥	슬래브-보 (ⓐ-ⓑ)		기둥	슬래브-보 (ⓑ-ⓒ)		기둥	슬래브-보 (ⓒ-ⓓ)		기둥
COF		0.506 ↘	↙ 0.50		0.506 ↘	↙ 0.506		0.508 ↘	↙ 0.506	
DF	0.593	0.407	0.299	0.402	0.299	0.299	0.402	0.299	0.407	0.593
FEM		−145.36	145.36		−145.36	145.36		−64.53	64.53	
분배	86.20	59.16	0.00	0.00	0.00	−24.17	−32.49	−24.17	−26.26	−38.27
전달		0.00	29.94		−12.23	0.00		−13.29	−12.23	
분배	0.00	0.00	−5.29	−7.12	−5.29	3.97	5.34	3.97	4.98	7.25
전달		−2.68	0.00		2.01	−2.68		2.52	2.01	
분배	1.59	1.09	−0.60	−0.81	−0.60	0.05	0.06	0.05	−0.82	−1.19
전달		−0.30	0.55		0.02	−0.30		−0.41	0.02	
분배	0.18	0.12	−0.17	−0.23	−0.17	0.21	0.29	0.21	−0.01	−0.01
합계	87.97	−87.97	169.78	−8.16	-161.62	122.44	−26.80	−95.65	32.22	−32.22
$+M_u$		86.93			73.77			31.87		

적용기준	계산 및 해설

예제 표 10.7-2 패턴 재하에 의한 모멘트 분배 최대값

절점 부재	ⓐ 기둥	슬래브-보 (ⓐ-ⓑ)			ⓑ 기둥	슬래브-보 (ⓑ-ⓒ)			ⓒ 기둥	슬래브-보 (ⓒ-ⓓ)			ⓓ 기둥
	case(1)	case(1)	case(1)	case(1)	case(2)	case(1)	case(3)	case(1)	case(2)	case(1)	case(1)	case(1)	case(1)
$-M_u$		−105.76		195.95		−178.77		178.77		−195.95		105.76	
$+M_u$			104.75				82.67				104.75		
기둥	105.76				−54.09				54.09				−105.76

4. 설계휨모멘트

기준 10.5.7(1)

정 및 부계수휨모멘트는 예제 그림 10.7-6과 같다.

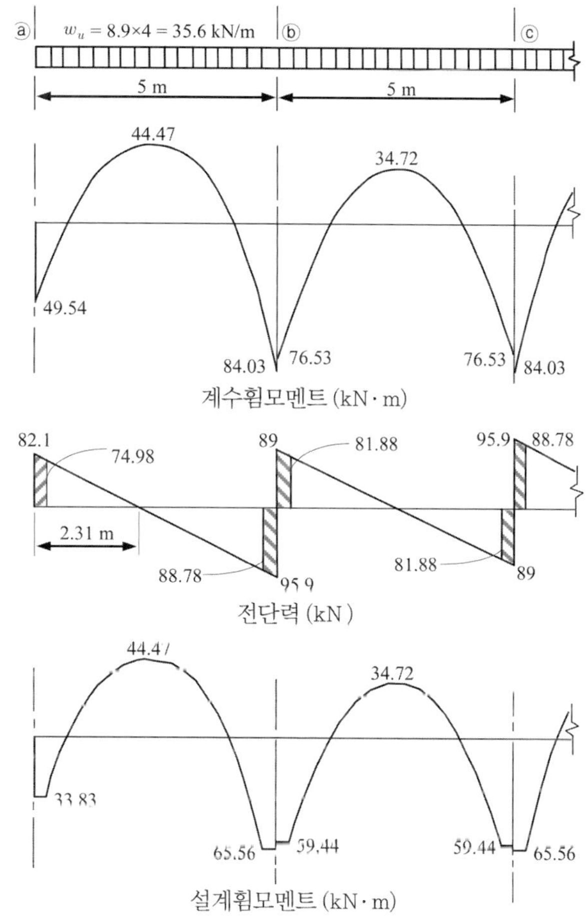

예제 그림 10.7-6 슬래브-보의 설계휨모멘트

적용기준	계산 및 해설

설계부휨모멘트를 취하기 위한 위험단면은 직사각형의 지지부재면으로 하되, 부휨모멘트를 과도하게 감소시키지 않도록 기둥 중심에서부터 $01.75 l_1$ 거리 이내에 있도록 한다.

$$\frac{460}{2} = 230\,\text{mm} < 0.175(5{,}000) = 875\,\text{mm}$$

→ 기둥면(지지부재면)의 휨모멘트 사용

5. 경간별 전체 계수휨모멘트의 검토

기준 10.5.7(4) 이 예제와 같이 기준 10.4.1의 제한사항을 만족하는 슬래브 시스템의 경우 등가골조법의 계산결과로 얻은 휨모멘트는 설계에 사용하는 정모멘트와 평균 부모멘트 절대값의 합이 기준 식 10.4.2의 값을 초과할 필요가 없다는 사실을 근거로 그에 상응하게 감소시킬 수 있다.

기준 10.4.1 (1) 직접설계법의 적용성 검토

기준 10.4.1(2) 각 방향으로 3경간 이상이 연속된다.

기준 10.4.1(3) 슬래브판들은 단변경간에 대한 장변경간의 비가 2 이하이다.

기준 10.4.1(4) 연속한 받침부 중심간 경간길이가 같다.

기준 10.4.1(5) 연속한 기둥 중심선으로부터 기둥의 이탈이 없다.

기준 10.4.1(6) 고정하중에 대한 활하중의 비율 검토

슬래브 자중 $W_s = 2.4\ \text{t/m}^3 \times 9.8\ \text{kN/t} \times 0.15\ \text{m} = 3.53\ \text{kN/m}^2$

길이방향 보의 평균자중 $= (2.4 \times 9.8) \times \dfrac{[(0.5 - 0.15) \times 0.36]}{6.4} = 0.46\ \text{kN/m}^2$

하중은 슬래브판 전체에 등분포되어 있으며, 활하중은 고정하중의 2배 이하이다.(1.25배)

기준 10.4.1(7) 슬래브판을 지지하는 양방향 보의 상대강성 검토

내부 슬래브판 :

$\alpha_1 = 2.08 \qquad l_2 = 6{,}400\ \text{mm}$

$\alpha_2 = 2.67 \qquad l_1 = 5{,}000\ \text{mm}$

기준 식 10.4.1

$$\frac{\alpha_1 l_2^2}{\alpha_2 l_1^2} = \frac{2.08 \times 6{,}400^2}{2.67 \times 5{,}000^2} = 1.28 \rightarrow 0.2 < 1.28 < 5.0 \quad \langle\text{적합}\rangle$$

적용기준 | ■ 계산 및 해설

외부 슬래브판 :

설계대의 외부 슬래브판은 NS 중간보와 EW 테두리보에 의해 지지되므로

$\alpha_1 = 2.08 \qquad l_2 = 6{,}400\ \text{mm}$

$\alpha_2 = 11.98 \qquad l_1 = 5{,}000\ \text{mm}$

$$\frac{\alpha_1 l_2^2}{\alpha_2 l_1^2} = \frac{2.08 \times 6{,}400^2}{11.98 \times 5{,}000^2} = 0.28 \rightarrow 0.2 < 0.28 < 5.0 \quad \langle\text{적합}\rangle$$

따라서 직접설계법을 적용할 수 있다.

(2) 전체 계수휨모멘트의 계산

기준 식 10.4.2에 의한 전체 계수휨모멘트 (순경간 l_n 사용)

$W_u = 1.2(3.53 + 0.46) + 1.6(5) = 12.79\ \text{kN/m}^2,\ l_n = 5 - 0.46 = 4.54\ \text{m}$

$$M_o = \frac{w_u l_2 l_n^2}{8} = \frac{12.78 \times 6.4 \times 4.54^2}{8} = 210.73\ \text{kN}\cdot\text{m}$$

모멘트 분배법 해석결과에 의한 전체 계수휨모멘트 :

외부경간 : $104.75 + \dfrac{(65.04 + 146.93)}{2} = 210.735\ \text{kN}\cdot\text{m}$

내부경간 : $82.67 + \dfrac{(133.90 + 133.90)}{2} = 216.57\ \text{kN}\cdot\text{m}$

기준 10.5.7(4) 위의 사항으로 볼 때, 이 예제의 슬래브 시스템에 대하여 등가골조법에 의한 외부경간의 설계휨모멘트는 직접설계법에 의한 값과 같다고 볼 수 있다. 내부경간의 설계휨모멘트는 기준 10.5.7(4)의 규정에 의해 다음과 같이 감소시킬 수 있다.

감소계수 : $\dfrac{210.73}{216.57} = 0.973$

따라서 내부경간의 설계부모멘트 : $0.973 \times 133.90 = 130.28\ \text{kN}\cdot\text{m}$

내부경간의 설계정모멘트 : $0.973 \times 82.67 = 80.44\ \text{kN}\cdot\text{m}$

기준 10.5.7(5) 6. 슬래브-보의 설계휨모멘트 분포

이 예제의 슬래브 시스템은 기준 10.4.1에 규정된 직접설계법의 제한사항을 만족하므로(예제 10.5 풀이 5단계 참조) 각 골조의 위험단면에서 정 및 부계수휨모멘트는 기준 10.4.4에 규정된 분배율에 따라 슬래브-보의 주열대에 분배하고, 기준 10.4.5와 10.4.6에
기준 10.4.4 따라 보 및 중간대에 분배한다. 위험단면에서 계수휨모멘트의 주열대 및 중간대에 대한 배분은 다음과 같이 계산된다.

적용기준	◪ 계산 및 해설

(1) 내부경간

휨모멘트 방향으로 슬래브에 대한 보의 휨강성 비 $\alpha_1 = 2.08$ (NS 내부보)

$$\frac{l_2}{l_1} = 1.28, \quad \frac{\alpha_1 l_2}{l_1} = 2.66$$

기준 표 10.4.2

i. 주열대 양단 받침부의 분배백분율

$$75 + \frac{45-75}{2.0-1.0}(1.28-1.0) = 66.6\% \rightarrow 130.28 \times 0.666 = 86.77\,\mathrm{kN \cdot m}$$

기준 표 10.4.4

ii. 주열대 중앙부의 분배백분율

$$75 + \frac{45-75}{2.0-1.0}(1.28-1.0) = 66.6\% \rightarrow 80.44 \times 0.666 = 53.57\,\mathrm{kN \cdot m}$$

(2) 단부경간

휨모멘트 방향으로 슬래브에 대한 보의 휨강성 비 $\alpha_1 = 2.08$ (NS 내부보)

$$\frac{l_2}{l_1} = 1.28, \quad \frac{\alpha_1 l_2}{l_1} = 2.66$$

기준 표 10.4.2

i. 주열대 내부 받침부의 분배백분율

$$75 + \frac{45-75}{2.0-1.0}(1.28-1.0) = 66.6\% \rightarrow 146.93 \times 0.666 = 97.86\,\mathrm{kN \cdot m}$$

기준 표 10.4.4

ii. 주열대 중앙부의 분배백분율

$$75 + \frac{45-75}{2.0-1.0}(1.28-1.0) = 66.6\% \rightarrow 104.75 \times 0.666 = 69.76\,\mathrm{kN \cdot m}$$

기준 표 10.4.3

iii. 주열대 외부 받침부의 분배백분율

$$100 + \frac{\left[75 + \frac{45-75}{2.0-1.0}\left(\frac{l_2}{l_1} - 1.0\right)\right] - 100}{2.5-0}(\beta_t - 0)$$

$$= 100 + (2 - 12\,l_2/rl_1)\beta_t = 100 + (2 - 12 \times 1.28) \times 1.72 = 77.0\,\%$$

$$\rightarrow 65.04 \times 0.77 = 50.08\,\mathrm{kN \cdot m}$$

기준 표 10.4.3의 적용에서 슬래브 휨강성에 대한 테두리보의 비틀림 강성 비 β_t는 다음과 같이 계산된다.

적용기준	계산 및 해설

$$\beta_t = \frac{E_{cb} C}{2 E_{cs} I_s} = \frac{6,203,943,900}{2 \times 1.8 \times 10^9} = 1.72$$

여기서 $I_s = \dfrac{l_2 h^3}{12} = \dfrac{6,400 \times 150^3}{12} = 1.8 \times 10^9 \text{ mm}$

비틀림 단면상수 $C = 6,203,943,900\text{mm}^4$ (예제 그림 10.7-2)

(3) 설계대의 계수휨모멘트 분담 요약

기준 10.4.6(1)

주열대가 부담하지 않은 정 및 부계수휨모멘트의 분담분은 주열대 양쪽의 1/2 중간대에 비례하여 할당한다.

계수휨모멘트의 주열대와 중간대에 대한 배분은 다음과 같다.

위치		계수모멘트 (kN·m)	주열대		중간대 모멘트 (kN·m)
			분배백분율	모멘트 (kN·m)	
내부 경간	양단 부모멘트	130.28	66.6 %	86.77	43.51
	중앙부 정모멘트	80.44	66.6 %	53.57	26.87
단부 경간	내단 부모멘트	146.93	66.6 %	97.86	49.07
	중앙부 정모멘트	104.75	66.6 %	69.76	34.99
	외단 부모멘트	65.04	77.0 %	50.08	14.96

기준 10.4.5(1)에 의거하여 $\dfrac{\alpha_1 l_2}{l_1} > 1.0$이므로 받침부 사이의 보는 주열대 휨모멘트의 85 %를 견디도록 설계해야 한다.

7. 전단강도 검토

(1) 보의 전단강도

기준 10.4.8(1)

모든 보에 대하여 $\dfrac{\alpha_1 l_2}{l_1} > 1.0$이므로 이들은 기준 10.4.8(1)에 정의된 전단력에 견디도록 설계되어야 한다. 내부보에 가해지는 전단력이 테두리보에 비해 훨씬 크기 때문에 이 예제에서는 내부보의 전단강도만 검토하기로 한다.

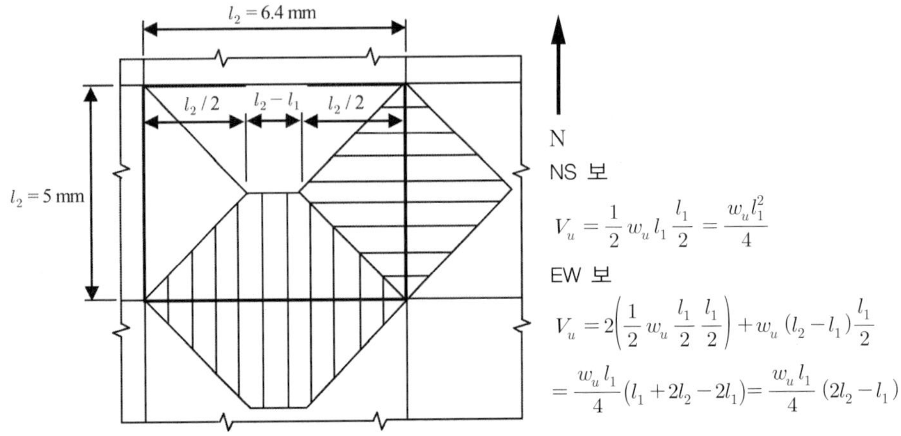

예제 그림 10.7-7 내부보의 전단력 계산용 재하면적

i. NS보

$$V_u = \frac{w_u l_1^2}{4} = \frac{12.78 \times 5^2}{4} = 79.88\,\text{kN}$$

기준 식 7.3.1

$$\phi V_c = \phi \frac{1}{6} \sqrt{f_{ck}}\, b_w d = 0.75 \times \frac{1}{6} \times \sqrt{27} \times 360 \times \frac{(500-60)}{1{,}000}$$

$$= 102.9\,\text{kN} > V_u$$

기준 7.4.3(1) 기준 7.4.3(3)에 의한 최소 전단철근을 배치한다.

ii. EW보

$$V_u = \frac{w_u l_1 (2l_2 - l_1)}{4} = \frac{12.78 \times 5 \times (2 \times 6.4 - 5)}{4} = 124.61\,\text{kN}$$

$\phi V_c = 102.9\,\text{kN} < V_u = 124.61\,\text{kN}$ 〈부적합〉

전단철근에 의해 보강해야 할 전단강도 :

$$V_s = \frac{(V_u - \phi V_c)}{\phi} = \frac{(124.61 - 102.9)}{0.75} = 28.95\,\text{kN}$$

기준 10.4.8(4) (2) 슬래브의 전단강도

폭 1 m의 단위 슬래브에 대한 검토 ($b_w = 1{,}000$ mm, $d =$ mm)

$$W_u = 1.2(3.53) + 1.6(5) = 12.24\,\text{kN/m}^2$$

$$V_u = \frac{w_u l_1}{2} = \frac{12.24 \times 5}{4} = 15.3\,\text{kN}$$

적용기준

계산 및 해설

$$\phi V_c = \phi \frac{1}{6}\sqrt{f_{ck}}\, b_w d = 0.75 \times \frac{1}{6} \times \sqrt{27} \times 1{,}000 \times \frac{(150-30)}{1{,}000}$$

$$= 77.94\,\text{kN} > V_u = 15.3\,\text{kN} \quad \langle\text{적합}\rangle$$

슬래브의 전단강도는 전단철근으로 보강하지 않아도 적합하다.

8. 테두리보는 내부보에 의한 모멘트가 외부기둥으로 전달되지 않도록 기준 7.5와 7.6에 의해 설계한다.

예제 표 10.7-3㉮ 슬래브-보 부재의 모멘트 분배계수

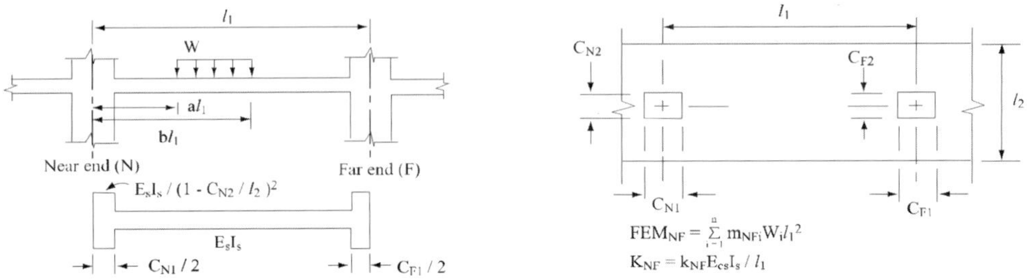

C_{N1}/l_1	C_{N2}/l_2	Stiffness Factors K_{NF}	Carry Over Factors C_{NF}	Unite. Load Fixed end M. Coeff. (m_{NF})	Fixed end moment Coeff. (m_{NF}) for (b-a)=0.2				
					a=0.0	a=0.2	a=0.4	a=0.6	a=0.8
$C_{F1} = C_{N1}$; $C_{F2} = C_{N2}$									
0.00	-	4.00	0.50	0.0833	0.0151	0.0287	0.0247	0.0127	0.00226
0.10	0.00	4.00	0.50	0.0833	0.0151	0.0287	0.0247	0.0127	0.00226
	0.10	4.18	0.51	0.0847	0.0154	0.0293	0.0251	0.0126	0.00214
	0.20	4.36	0.52	0.0860	0.0158	0.0300	0.0255	0.0126	0.00201
	0.30	4.53	0.54	0.0872	0.0161	0.0301	0.0259	0.0125	0.00188
	0.40	4.70	0.55	0.0882	0.0165	0.0314	0.0262	0.0124	0.00174
0.20	0.00	4.00	0.50	0.0833	0.0151	0.0287	0.0247	0.0127	0.00226
	0.10	4.35	0.52	0.0857	0.0155	0.0299	0.0254	0.0127	0.00213
	0.20	4.72	0.54	0.0880	0.0161	0.0311	0.0262	0.0126	0.00197
	0.30	5.11	0.56	0.0901	0.0166	0.0324	0.0269	0.0125	0.00178
	0.40	5.51	0.58	0.0921	0.0171	0.0336	0.0276	0.0123	0.00156
0.30	0.00	4.00	0.50	0.0833	0.0151	0.0287	0.0247	0.0127	0.00226
	0.10	4.49	0.53	0.0863	0.0155	0.0301	0.0257	0.0128	0.00219
	0.20	5.05	0.56	0.0893	0.0160	0.0317	0.0267	0.0128	0.00207
	0.30	5.69	0.59	0.0923	0.0165	0.0334	0.0278	0.0127	0.00190
	0.40	6.41	0.61	0.0951	0.0171	0.0352	0.0287	0.0124	0.00167
0.40	0.00	4.00	0.50	0.0833	0.0151	0.0287	0.0247	0.0127	0.00226
	0.10	4.61	0.53	0.0866	0.0154	0.0302	0.0259	0.0129	0.00225
	0.20	5.35	0.56	0.0901	0.0158	0.0318	0.0271	0.0131	0.00221
	0.30	6.25	0.60	0.0936	0.0162	0.0337	0.0284	0.0131	0.00211
	0.40	7.37	0.64	0.0971	0.0168	0.0359	0.0297	0.0128	0.00195
$C_{F1} = 0.5C_{N1}$; $C_{F2} = 0.5C_{N2}$									
0.00	-	4.00	0.50	0.0833	0.0151	0.0287	0.0247	0.0127	0.0023
0.10	0.00	4.00	0.50	0.0833	0.0151	0.0287	0.0247	0.0127	0.0023
	0.10	4.16	0.51	0.0857	0.0155	0.0296	0.0254	0.0130	0.0023
	0.20	4.31	0.52	0.0879	0.0158	0.0304	0.0261	0.0133	0.0023
	0.30	4.45	0.54	0.0900	0.0162	0.0312	0.0267	0.0135	0.0023
	0.40	4.58	0.54	0.0918	0.0165	0.0319	0.0273	0.0138	0.0023
0.20	0.00	4.00	0.50	0.0833	0.0151	0.0287	0.0247	0.0127	0.0023
	0.10	4.30	0.52	0.0872	0.0156	0.0301	0.0259	0.0132	0.0023
	0.20	4.61	0.55	0.0912	0.0161	0.0317	0.0272	0.0138	0.0023
	0.30	4.92	0.57	0.0951	0.0167	0.0332	0.0285	0.0143	0.0024
	0.40	5.23	0.58	0.0989	0.0172	0.0347	0.0298	0.0148	0.0024
0.30	0.00	4.00	0.50	0.0833	0.0151	0.0287	0.0247	0.0127	0.0023
	0.10	4.43	0.53	0.0881	0.0156	0.0305	0.0263	0.0134	0.0023
	0.20	4.89	0.56	0.0932	0.0161	0.0324	0.0281	0.0142	0.0024
	0.30	5.40	0.59	0.0986	0.0167	0.0345	0.0300	0.0150	0.0024
	0.40	5.93	0.62	0.1042	0.0173	0.0367	0.0320	0.0158	0.0025
0.40	0.00	4.00	0.50	0.0833	0.0151	0.0287	0.0247	0.0127	0.0023
	0.10	4.54	0.54	0.0884	0.0155	0.0305	0.0265	0.0135	0.0024
	0.20	5.16	0.57	0.0941	0.0159	0.0326	0.0286	0.0145	0.0025
	0.30	5.87	0.61	0.1005	0.0165	0.0350	0.0310	0.0155	0.0025
	0.40	6.67	0.64	0.1076	0.0170	0.0377	0.0336	0.0156	0.0026
$C_{F1} = 2C_{N1}$; $C_{F2} = 2C_{N2}$									
0.00	-	4.00	0.50	0.0833	0.0151	0.0287	0.0247	0.0127	0.0023
0.10	0.00	4.00	0.50	0.0833	0.0150	0.0287	0.0247	0.0127	0.0023
	0.10	4.27	0.51	0.0817	0.0153	0.0289	0.0241	0.0116	0.0018
	0.20	4.56	0.52	0.0798	0.0156	0.0290	0.0234	0.0103	0.0013
0.20	0.00	4.00	0.50	0.0833	0.0151	0.0287	0.0247	0.0127	0.0023
	0.10	4.49	0.51	0.0819	0.0154	0.0291	0.0240	0.0114	0.0019
	0.20	5.11	0.53	0.0789	0.0158	0.0293	0.0228	0.0096	0.0014

예제 표 10.7-3㉯ 슬래브-보 부재의 모멘트 분배계수(지판 두께=0.25h)

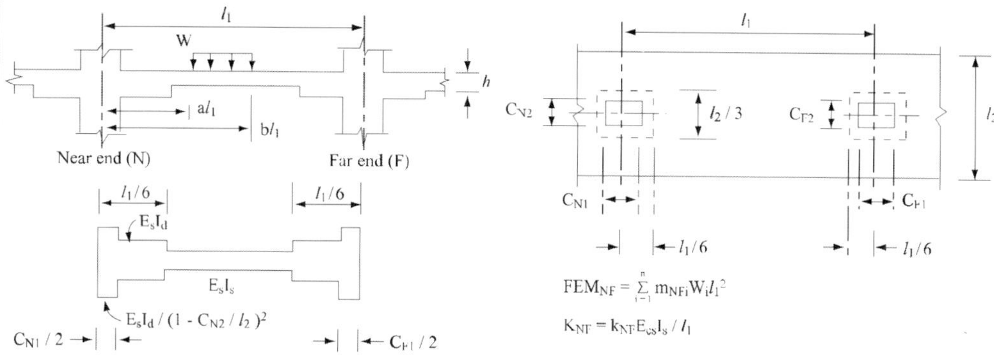

C_{N1}/l_1	C_{N2}/l_2	Stiffness Factors K_{NF}	Carry Over Factors C_{NF}	Unite. Load Fixed end M. Coeff. (m_{NF})	Fixed end moment Coeff. (m_{NF}) for (b-a)=0.2				
					a=0.0	a=0.2	a=0.4	a=0.6	a=0.8
$C_{F1} - C_{N1}$; $C_{F2} - C_{N2}$									
0.00	-	4.79	0.54	0.0879	0.0157	0.0309	0.0263	0.0129	0.0022
0.10	0.00	4.79	0.54	0.0879	0.0157	0.0309	0.0263	0.0129	0.0022
	0.10	4.99	0.55	0.0890	0.0160	0.0316	0.0266	0.0128	0.0020
	0.20	5.18	0.56	0.0901	0.0163	0.0322	0.0270	0.0127	0.0019
	0.30	5.37	0.57	0.0911	0.0167	0.0328	0.0273	0.0126	0.0018
0.20	0.00	4.79	0.54	0.0879	0.0157	0.0309	0.0263	0.0129	0.0022
	0.10	5.17	0.56	0.0900	0.0161	0.0320	0.0269	0.0128	0.0020
	0.20	5.56	0.58	0.0918	0.0166	0.0332	0.0276	0.0126	0.0018
	0.30	5.96	0.60	0.0936	0.0171	0.0344	0.0282	0.0124	0.0016
0.30	0.00	4.79	0.54	0.0879	0.0157	0.0309	0.0263	0.0129	0.0022
	0.10	5.32	0.57	0.0905	0.0161	0.0323	0.0272	0.0128	0.0021
	0.20	5.90	0.59	0.0930	0.0166	0.0338	0.0281	0.0127	0.0019
	0.30	6.55	0.62	0.0955	0.0171	0.0354	0.0290	0.0124	0.0017
$C_{F1} = 0.5C_{N1}$; $C_{F2} = 0.5C_{N2}$									
0.00	-	4.79	0.54	0.0879	0.0157	0.0309	0.0263	0.0129	0.0022
0.10	0.00	4.79	0.54	0.0879	0.0157	0.0309	0.0263	0.0129	0.0022
	0.10	4.96	0.55	0.0900	0.0160	0.0317	0.0269	0.0131	0.0022
	0.20	5.12	0.56	0.0920	0.0164	.00325	0.0276	0.0134	0.0022
0.20	0.00	4.79	0.54	0.0879	0.0157	0.0309	0.0263	0.0129	0.0022
	0.10	5.11	0.56	0.0914	0.0162	0.0323	0.0275	0.0133	0.0022
	0.20	5.43	0.58	0.0950	0.0167	0.0337	0.0286	0.0138	0.0022
$C_{F1} = 2C_{N1}$; $C_{F2} = 2C_{N2}$									
0.00	-	4.79	0.54	0.0879	0.0157	0.0309	0.0263	0.0129	0.0022
0.10	0.00	4.79	0.54	0.0879	0.0157	0.0309	0.0263	0.0129	0.0022
	0.10	5.10	0.55	0.0860	0.0159	0.0311	0.0256	0.0117	0.0017

적용기준

계산 및 해설

예제 표 10.7-3㉱ 슬래브-보 부재의 모멘트 분배계수(지판 두께=0.25h)

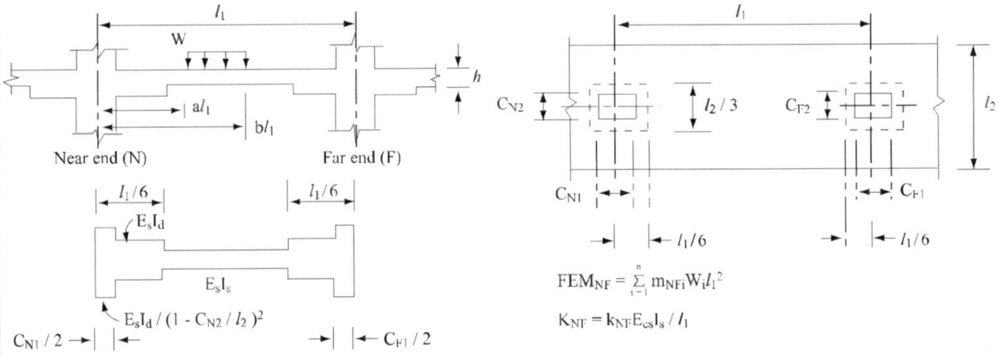

C_{N1}/l_1	C_{N2}/l_2	Stiffness Factors K_{NF}	Carry Over Factors C_{NF}	Unite. Load Fixed end M. Coeff.(m_{NF})	Fixed end moment Coeff. (m_{NF}) for (b−a)=0.2				
					a=0.0	a=0.2	a=0.4	a=0.6	a=0.8
$C_{F1}=C_{N1}$; $C_{F2}=C_{N2}$									
0.00	-	5.84	0.59	0.0926	0.0164	0.0335	0.0279	0.0128	0.0020
0.10	0.00	5.84	0.59	0.0926	0.0164	0.0335	0.0279	0.0128	0.0020
	0.10	6.04	0.60	0.0936	0.0167	0.0341	0.0282	0.0126	0.0018
	0.20	6.24	0.61	0.0940	0.0170	0.0347	0.0285	0.0125	0.0017
	0.30	6.43	0.61	0.0952	0.0173	0.0353	0.0287	0.0123	0.0016
0.20	0.00	5.84	0.59	0.0926	0.0164	0.0335	0.0279	0.0128	0.0020
	0.10	6.22	0.61	0.0942	0.0168	0.0346	0.0285	0.0126	0.0018
	0.20	6.62	0.62	0.0957	0.0172	0.0356	0.0290	0.0123	0.0016
	0.30	7.01	0.64	0.0971	0.0177	0.0366	0.0294	0.0120	0.0014
0.30	0.00	5.84	0.59	0.0926	0.0164	0.0335	0.0279	0.0128	0.0020
	0.10	6.37	0.61	0.0947	0.0168	0.0348	0.0287	0.0126	0.0018
	0.20	6.95	0.63	0.0967	0.0172	0.0362	0.0294	0.0123	0.0016
	0.30	7.57	0.65	0.0986	0.0177	0.0375	0.0300	0.0119	0.0014
$C_{F1}=0.5C_{N1}$; $C_{F2}=0.5C_{N2}$									
0.00	-	5.84	0.59	0.0926	0.0164	0.0335	0.0279	0.0128	0.0020
0.10	0.00	5.84	0.59	0.0926	0.0164	0.0335	0.0279	0.0128	0.0020
	0.10	6.00	0.60	0.0945	0.0167	0.0343	0.0285	0.0130	0.0020
	0.20	6.16	0.60	0.0962	0.0170	0.0350	0.0291	0.0132	0.0020
0.20	0.00	5.84	0.59	0.0926	0.0164	0.0335	0.0279	0.0128	0.0020
	0.10	6.15	0.60	0.0957	0.0169	0.0348	0.0290	0.0131	0.0020
	0.20	6.47	0.62	0.0987	0.0173	0.0360	0.0300	0.0134	0.0020
$C_{F1}=2C_{N1}$; $C_{F2}=2C_{N2}$									
0.00	-	5.84	0.59	0.0926	0.0164	0.0335	0.0279	0.0128	0.0020
0.10	0.00	5.84	0.59	0.0926	0.0164	0.0335	0.0279	0.0128	0.0020
	0.10	6.17	0.60	0.0907	0.0166	0.0337	0.0273	0.0116	0.0015

예제 표 10.7-3㉣ 슬래브-보 부재의 모멘트 분배계수(지판 두께=0.75h)

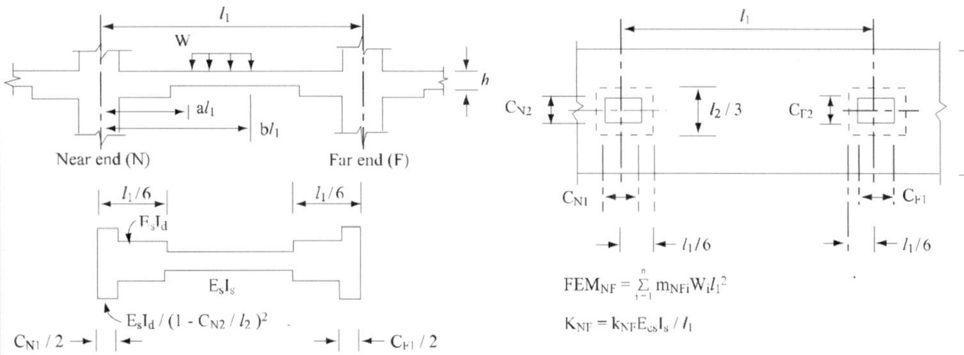

C_{N1}/l_1	C_{N2}/l_2	Stiffness Factors K_{NF}	Carry Over Factors C_{NF}	Unite. Load Fixed end M. Coeff.(m_{NF})	Fixed end moment Coeff. (m_{NF}) for (b-a)=0.2				
					a=0.0	a=0.2	a=0.4	a=0.6	a=0.8
$C_{F1}=C_{N1}$; $C_{F2}=C_{N2}$									
0.00	-	6.92	0.63	0.0965	0.0171	0.0360	0.0293	0.0124	0.0017
0.10	0.00	6.92	0.63	0.0965	0.0171	0.0360	0.0293	0.0124	0.0017
	0.10	7.12	0.64	0.0972	0.0174	0.0365	0.0295	0.0122	0.0016
	0.20	7.31	0.64	0.0978	0.0176	0.0370	0.0297	0.0120	0.0014
	0.30	7.48	0.65	0.0984	0.0179	0.0375	0.0299	0.0118	0.0013
0.20	0.00	6.92	0.63	0.0965	0.0171	0.0360	0.0293	0.0124	0.0017
	0.10	7.12	0.64	0.0977	0.0175	0.0369	0.0297	0.0121	0.0015
	0.20	7.31	0.65	0.0988	0.0178	0.0378	0.0301	0.0118	0.0013
	0.30	7.48	0.67	0.0999	0.0182	0.0386	0.0304	0.0115	0.0011
0.30	0.00	6.92	0.63	0.0965	0.0171	0.0360	0.0293	0.0124	0.0017
	0.10	7.29	0.65	0.0981	0.0175	0.0371	0.0299	0.0121	0.0015
	0.20	7.66	0.66	0.0996	0.0179	0.0383	0.0304	0.0117	0.0013
	0.30	8.02	0.68	0.1009	0.0182	0.0394	0.0309	0.0113	0.0011
$C_{F1}=0.5C_{N1}$; $C_{F2}=0.5C_{N2}$									
0.00	-	6.92	0.63	0.0965	0.0171	0.0360	0.0293	0.0124	0.0017
0.10	0.00	6.92	0.63	0.0965	0.0171	0.0360	0.0293	0.0124	0.0017
	0.10	7.08	0.64	0.0980	0.0174	0.0366	0.0298	0.0125	0.0017
	0.20	7.23	0.64	0.0993	0.0177	0.0372	0.0302	0.0126	0.0016
0.20	0.00	6.92	0.63	0.0965	0.0171	0.0360	0.0293	0.0124	0.0017
	0.10	7.21	0.64	0.0991	0.0175	0.0371	0.0302	0.0126	0.0017
	0.20	7.51	0.65	0.1014	0.0179	0.0381	0.0310	0.0128	0.0016
$C_{F1}=2C_{N1}$; $C_{F2}=2C_{N2}$									
0.00	-	6.92	0.63	0.0965	0.0171	0.0360	0.0293	0.0124	0.0017
0.10	0.00	6.92	0.63	0.0965	0.0171	0.0360	0.0293	0.0124	0.0017
	0.10	7.26	0.64	0.0946	0.0173	0.0361	0.0287	0.0112	0.0013

예제 표 10.7-3㉲ 슬래브-보 부재의 모멘트 분배계수(지판 두께=h)

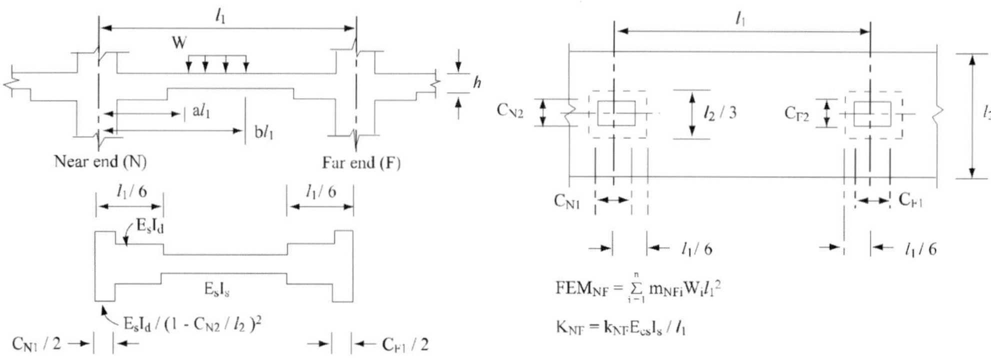

C_{N1}/l_1	C_{N1}/l_2	Stiffness Factors K_{NF}	Carry Over Factors C_{NF}	Unite. Load Fixed end M. Coeff.(m_{NF})	Fixed end moment Coeff. (m_{NF}) for (b-a)=0.2				
					a=0.0	a=0.2	a=0.4	a=0.6	a=0.8
$C_{F1}=C_{N1}$; $C_{F2}=C_{N2}$									
0.00	-	7.89	0.66	0.0993	0.0177	0.0380	0.0303	0.0118	0.0014
0.10	0.00	7.89	0.66	0.0993	0.0177	0.0380	0.0303	0.0118	0.0014
	0.10	8.07	0.66	0.0998	0.0180	0.0385	0.0305	0.0116	0.0013
	0.20	8.24	0.67	0.1003	0.0182	0.0389	0.0306	0.0115	0.0012
	0.30	8.40	0.67	0.1007	0.0183	0.0393	0.0307	0.0113	0.0011
0.20	0.00	7.89	0.66	0.0993	0.0177	0.0380	0.0303	0.0118	0.0014
	0.10	8.22	0.67	0.1002	0.0180	0.0388	0.0306	0.0115	0.0012
	0.20	8.55	0.68	0.1010	0.0183	0.0395	0.0309	0.0112	0.0011
	0.30	9.87	0.69	0.1018	0.0186	0.0402	0.0311	0.0109	0.0009
0.30	0.00	7.89	0.66	0.0993	0.0177	0.0380	0.0303	0.0118	0.0014
	0.10	8.35	0.67	0.1005	0.0181	0.0390	0.0307	0.0115	0.0012
	0.20	8.82	0.68	0.1016	0.0184	0.0399	0.0311	0.0111	0.0011
	0.30	9.28	0.70	0.1026	0.0187	0.0409	0.0314	0.0107	0.0009
$C_{F1}=0.5C_{N1}$; $C_{F2}=0.5C_{N2}$									
0.00	-	7.89	0.66	0.0993	0.0177	0.0380	0.0303	0.0118	0.0014
0.10	0.00	7.89	0.66	0.0993	0.0177	0.0380	0.0303	0.0118	0.0014
	0.10	8.03	0.66	0.1006	0.0180	0.0386	0.0307	0.0119	0.0014
	0.20	8.16	0.67	0.1016	0.0182	0.0390	0.0310	0.0120	0.0014
0.20	0.00	7.89	0.66	0.0993	0.0177	0.0380	0.0303	0.0118	0.0014
	0.10	8.15	0.67	0.1014	0.0181	0.0389	0.0310	0.0120	0.0014
	0.20	8.41	0.68	0.1032	0.0184	0.0398	0.0316	0.0121	0.0013
$C_{F1}=2C_{N1}$; $C_{F2}=2C_{N2}$									
0.00	-	7.89	0.66	0.0993	0.0177	0.0380	0.0303	0.0118	0.0014
0.10	0.00	7.79	0.66	0.0993	0.0177	0.0380	0.0303	0.0118	0.0014
	0.10	8.20	0.67	0.0981	0.0179	0.0382	0.0297	0.0113	0.0010

예제 표 10.7-3㉥ 슬래브-보 부재의 모멘트 분배계수

(양단의 기둥 크기가 일치하는 경우, $C_{F1} = C_{N1}$, $C_{F2} = C_{N2}$)

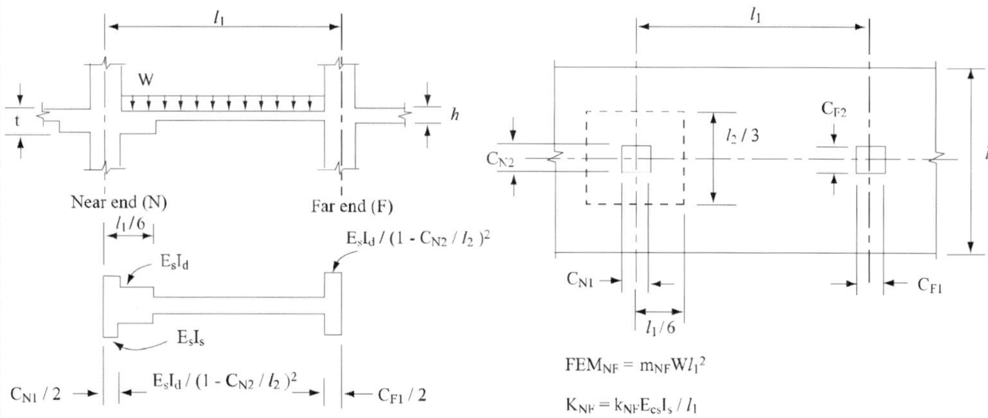

C_{N1}/l_1	C_{N1}/l_2	$t=1.5h$						$t=2h$					
		K_{NF}	C_{NF}	m_{NF}	K_{NF}	C_{NF}	m_{NF}	K_{NF}	C_{NF}	m_{NF}	K_{NF}	C_{NF}	m_{NF}
0.00	-	5.39	0.49	0.1023	4.26	0.60	0.0749	6.63	0.49	0.1190	4.49	0.65	0.0676
0.10	0.00	5.39	0.49	0.1023	4.26	0.60	0.0749	6.63	0.49	0.1190	4.49	0.65	0.0676
	0.10	5.65	0.52	0.1012	4.65	0.60	0.0794	7.03	0.54	0.1145	5.19	0.66	0.0757
	0.20	5.86	0.54	0.1012	4.91	0.61	0.0818	7.22	0.56	0.1140	5.43	0.67	0.0778
	0.30	6.05	0.55	0.1025	5.10	0.62	0.0838	7.36	0.56	0.1142	5.57	0.67	0.0786
0.20	0.00	5.39	0.49	0.1023	4.26	0.60	0.0749	6.63	0.49	0.1190	4.49	0.65	0.0676
	0.10	5.88	0.54	0.1006	5.04	0.61	0.0826	7.41	0.58	0.1111	5.96	0.66	0.0823
	0.20	6.33	0.58	0.1003	5.63	0.62	0.0874	7.85	0.61	0.1094	6.57	0.67	0.0872
	0.30	6.75	0.60	0.1008	6.10	0.64	0.0903	8.18	0.63	0.1093	6.94	0.68	0.0892
0.30	0.00	5.39	0.49	0.1023	4.26	0.60	0.075	6.63	0.49	0.1190	4.49	0.65	0.0676
	0.10	6.08	0.56	0.1003	5.40	0.61	0.085	7.76	0.62	0.1087	6.77	0.67	0.0873
	0.20	6.78	0.61	0.0996	6.38	0.63	0.092	8.49	0.66	0.1055	7.91	0.68	0.0952
	0.30	7.48	0.64	0.0997	7.25	0.65	0.096	9.06	0.68	0.1047	8.66	0.69	0.0991

예제 표 10.7-3㉳ 기둥의 휨강성과 전달률(COF)

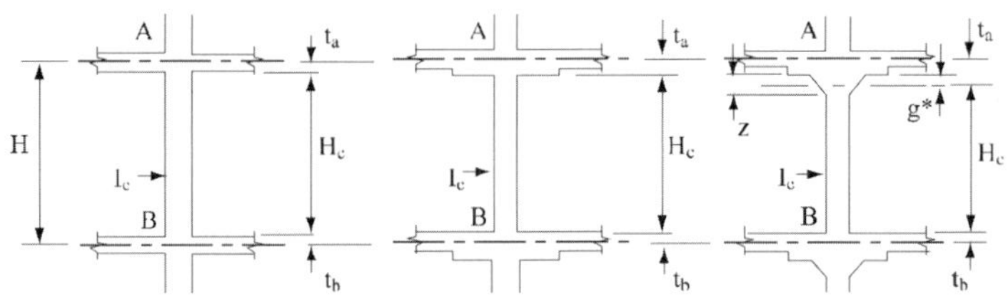

$K_c = k\dfrac{EI_c}{H}$
For values of k_{BA} and C_{BA} read (t_a / t_b) as (t_b / t_a)
*g can be approximated as z/2

t_a/t_b	H/Hc	1.05	1.10	1.15	1.20	1.25	1.30	1.35	1.40	1.45	1.50
0.00	kAB	4.20	4.40	4.60	4.80	5.00	5.20	5.40	5.60	5.80	6.00
	CAB	0.57	0.65	0.73	0.80	0.87	0.95	1.03	1.10	1.17	1.25
0.2	kAB	4.31	4.62	4.95	5.30	5.65	6.02	6.40	6.79	7.20	7.62
	CAB	0.56	0.62	0.68	0.74	0.80	0.85	0.91	0.96	1.01	1.07
0.4	kAB	4.38	4.79	5.22	5.67	6.15	6.65	7.18	7.74	8.32	8.94
	CAB	0.55	0.60	0.65	0.70	0.74	0.79	0.83	0.87	0.91	0.94
0.6	kAB	4.44	4.91	5.42	5.96	6.54	7.15	7.81	8.50	9.23	10.01
	CAB	0.55	0.59	0.63	0.67	0.70	0.74	0.77	0.80	0.83	0.85
0.8	kAB	4.49	5.01	5.58	6.19	6.85	7.56	8.31	9.12	9.98	10.89
	CAB	0.54	0.58	0.61	0.64	0.67	0.70	0.72	0.75	0.77	0.79
1.0	kAB	4.52	5.09	5.71	6.38	7.11	7.89	8.73	9.63	10.60	11.62
	CAB	0.54	0.57	0.60	0.62	0.65	0.67	0.69	0.71	0.73	0.74
1.2	kAB	4.55	5.16	5.82	6.54	7.32	8.17	9.08	10.07	11.12	12.25
	CAB	0.53	0.56	0.59	0.61	0.63	0.65	0.66	0.68	0.69	0.70
1.4	kAB	4.58	5.21	5.91	6.68	7.51	8.41	9.38	10.43	11.57	12.78
	CAB	0.53	0.55	0.58	0.60	0.61	0.63	0.64	0.65	0.66	0.67
1.6	kAB	4.60	5.26	5.99	6.79	7.66	8.61	9.64	10.75	11.95	13.24
	CAB	0.53	0.55	0.57	0.59	0.60	0.61	0.62	0.63	0.64	0.65
1.8	kAB	4.62	5.30	6.06	6.89	7.80	8.79	9.87	11.03	12.29	13.65
	CAB	0.52	0.55	0.56	0.58	0.59	0.60	0.61	0.61	0.62	0.63
2.0	kAB	4.63	5.34	6.12	6.98	7.92	8.94	10.06	11.27	12.59	14.00
	CAB	0.52	0.54	0.56	0.57	0.58	0.59	0.59	0.60	0.60	0.61
2.2	kAB	4.65	5.37	6.17	7.05	8.02	9.08	10.24	11.49	12.85	14.31
	CAB	0.52	0.54	0.55	0.56	0.57	0.58	0.58	0.59	0.59	0.59
2.4	kAB	4.66	5.40	6.22	7.12	8.11	9.20	10.39	11.68	13.08	14.60
	CAB	0.52	0.53	0.55	0.56	0.56	0.57	0.57	0.58	0.58	0.58
2.6	kAB	4.67	5.42	6.26	7.18	8.20	9.31	10.53	11.86	13.29	14.85
	CAB	0.52	0.53	0.54	0.55	0.56	0.56	0.56	0.57	0.57	0.57
2.8	kAB	4.68	5.44	6.29	7.23	8.27	9.41	10.66	12.01	13.48	15.07
	CAB	0.52	0.53	0.54	0.55	0.55	0.55	0.56	0.56	0.56	0.56
3.0	kAB	4.69	5.46	6.33	7.28	8.34	9.50	10.77	12.15	13.65	15.28
	CAB	0.52	0.53	0.54	0.54	0.55	0.55	0.55	0.55	0.55	0.55
3.2	kAB	4.70	5.48	6.36	7.33	8.40	9.58	10.87	12.28	13.81	15.47
	CAB	0.52	0.53	0.53	0.54	0.54	0.54	0.54	0.54	0.54	0.54
3.4	kAB	4.71	5.50	6.38	7.37	8.46	9.65	10.97	12.40	13.95	15.64
	CAB	0.51	0.52	0.53	0.53	0.54	0.54	0.54	0.53	0.53	0.53
3.6	kAB	4.71	5.51	6.41	7.41	8.51	9.72	11.05	12.51	14.09	15.80
	CAB	0.51	0.52	0.53	0.53	0.53	0.53	0.53	0.53	0.53	0.52
3.8	kAB	4.72	5.53	6.43	7.44	8.56	9.78	11.13	12.50	14.21	15.95
	CAB	0.51	0.52	0.53	0.53	0.53	0.53	0.53	0.52	0.52	0.52
4.0	kAB	4.72	5.54	6.45	7.47	8.60	9.84	11.21	12.70	14.32	16.08
	CAB	0.51	0.52	0.52	0.53	0.53	0.52	0.52	0.52	0.52	0.51
4.2	kAB	4.73	5.55	6.47	7.50	8.64	9.90	11.27	12.78	14.42	16.20
	CAB	0.51	0.52	0.52	0.52	0.52	0.52	0.52	0.51	0.51	0.51
4.4	kAB	4.73	5.56	6.49	7.53	8.68	9.95	11.34	12.86	14.52	16.32
	CAB	0.51	0.52	0.52	0.52	0.52	0.52	0.51	0.51	0.51	0.50
4.6	kAB	4.74	5.57	6.51	7.55	8.71	9.99	11.40	12.93	14.61	16.43
	CAB	0.51	0.52	0.52	0.52	0.52	0.52	0.51	0.51	0.50	0.50
4.8	kAB	4.74	5.58	6.53	7.58	8.75	10.03	11.45	13.00	14.69	16.53
	CAB	0.51	0.52	0.52	0.52	0.52	0.51	0.51	0.50	0.50	0.49
5.0	kAB	4.75	5.59	6.54	7.60	8.78	10.07	11.50	13.07	14.77	16.62
	CAB	0.51	0.51	0.52	0.52	0.51	0.51	0.51	0.50	0.49	0.49
6.0	kAB	4.76	5.63	6.60	7.69	8.90	10.24	11.72	13.33	15.10	17.02
	CAB	0.51	0.51	0.51	0.51	0.50	0.50	0.49	0.49	0.48	0.47
7.0	kAB	4.78	5.66	6.65	7.76	9.00	10.37	11.88	13.54	15.35	17.32
	CAB	0.51	0.51	0.51	0.50	0.50	0.49	0.48	0.48	0.47	0.46
8.0	kAB	4.78	5.68	6.69	7.82	9.07	10.47	12.01	13.70	15.54	17.56
	CAB	0.51	0.51	0.50	0.50	0.49	0.49	0.48	0.47	0.46	0.45
9.0	kAB	4.79	5.69	6.71	7.86	9.13	10.55	12.11	13.83	15.70	17.74
	CAB	0.50	0.50	0.50	0.50	0.49	0.48	0.47	0.46	0.45	0.45
10.0	kAB	4.80	5.71	6.74	7.89	9.18	10.61	12.19	13.93	15.83	17.90
	CAB	0.50	0.50	0.50	0.49	0.48	0.48	0.47	0.46	0.45	0.44

제 11 장

벽 체

예제 11.1

실용설계법을 이용한 내력벽체 설계

높이가 4.6 m인 콘크리트 내력벽체는 상부 바닥슬래브의 하중간 중심거리가 2.5 m, 재하폭이 180 mm로써 고정하중 125 kN, 활하중 62 kN을 받고 있다. 벽체의 상·하단 회전이 구속되어 있을 때 실용설계법을 이용하여 철근량을 계산하시오.

단, 벽체의 자중은 무시하고 $f_{ck}=28\ \mathrm{MPa}$, $f_y=400\ \mathrm{MPa}$이다.

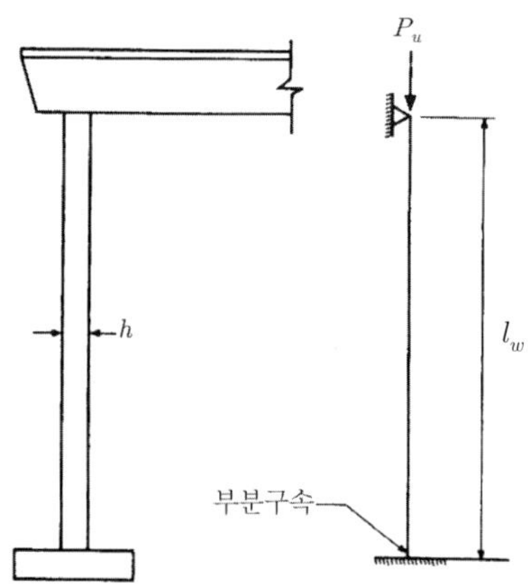

적용기준	계산 및 해설

기준 11.4.2(3)①

1. 벽체의 두께 가정

수직 또는 수평 받침점 간 거리 중 작은 값의 1/25 이상 또는 100 mm 이상

$h = 4.6\,\mathrm{m}/25 = 184\,\mathrm{mm}$ 또는 $100\,\mathrm{mm}$

따라서 $h = 190\,\mathrm{mm}$로 가정

2. 계수축하중 계산

기준 식 3.3.2

$P_u = 1.2D + 1.6L = 1.2(125) + 1.6(62) = 249.2\,\mathrm{kN}$

3. 콘크리트의 지압강도 검토

재하면적 $A_1 = 180 \times 190 = 34,200\,\mathrm{mm}^2$

기준 6.8(1)

콘크리트의 설계지압강도 $\phi(0.85 f_{ck} A_1) = 0.65(0.85 \times 28 \times 34,200)$

$= 529.1\,\mathrm{kN} > 249.2\,\mathrm{kN}$ 〈적합〉

적용기준	계산 및 해설

4. 벽체의 설계축강도 계산

기준 11.2(4)

벽체의 유효수평길이 b_e는 다음 중 작은 값 사용

$b_e = b + 4h = 180 + 4 \times 190 = 940\,\text{mm}$

b_e =하중 간 중심거리 $= 2.5\,\text{m} = 2{,}500\,\text{mm}$

$\therefore\ b_e = 940\,\text{mm}$

기준 식 11.4.1

벽체의 설계축강도 $\phi P_{nw} = 0.55\phi f_{ck} A_g \left[1 - \left(\dfrac{kl_c}{32h}\right)^2\right]$

기준 11.4.2(2)①

여기서 $\phi = 0.65$, 상하단의 회전이 구속되어 있으므로 $k = 0.8$

$$\phi P_{nw} = 0.55 \times 0.65 \times 28 \times (940 \times 190) \times \left[1 - \left(\frac{0.8 \times 4{,}600}{32 \times 190}\right)^2\right]$$

$$= 1132.8\,\text{kN} > P_u = 249.2\,\text{kN} \quad \langle\text{적합}\rangle$$

편심하중 작용에 대해 충분한 여유가 있으므로 벽체두께 $h = 190\,\text{mm}$는 적절하다.

5. 철근 계산

단위 폭 1 m에 대해

기준 11.3(2)

(1) 수직철근 $A_s = 0.0012 \times 1{,}000 \times 190 = 228\,\text{mm}^2$

기준 11.3(3)

(2) 수평철근 $A_s = 0.0020 \times 1{,}000 \times 190 = 380\,\text{mm}^2$

기준 11.3(5)

(3) 수직 및 수평 철근의 간격 (최대 규정)

$3h = 3 \times 190 = 570\,\text{mm}$ 이하 또는 $450\,\text{mm}$ 이하

따라서 간격 $s = 450\,\text{mm}$ 사용

사용 철근으로는

수직철근 2-D13/m ($A_s = 253.4\,\text{mm}^2$)

수평철근 3-D13/m ($A_s = 380.1\,\text{mm}^2$)

예제 11.2 세장한 벽체의 대체설계법을 이용한 벽체 설계

다음 그림과 같은 프리캐스트 벽체의 수직 철근량을 세장한 벽체의 대체설계법을 이용하여 결정하시오.

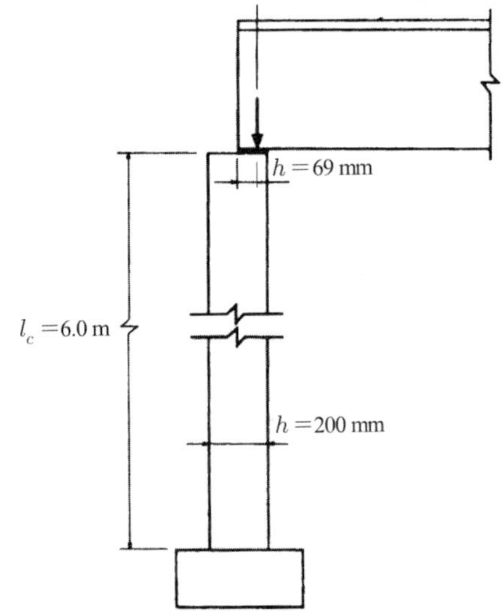

- 벽체두께 $h=200\,\mathrm{mm}(w_c=24\,\mathrm{kN/m^3})$
- 벽체의 수직 높이 $l_c=6.0\,\mathrm{m}$
- 고정하중 $D=29.3\,\mathrm{kN/m}$
- 지붕 활하중 $L_r=13.1\,\mathrm{kN/m}$
- 축방향 하중편심 $e=69\,\mathrm{mm}$
- 콘크리트의 설계기준 압축강도 $f_{ck}=28\,\mathrm{MPa}$
- 철근의 설계기준 항복강도 $f_y=400\,\mathrm{MPa}$

적용기준

계산 및 해설

1. 벽체의 철근 가정

벽체 폭 1 m에 대해 벽체의 중심 가운데에 1단(single layer)으로 D16@300($A_s=662\mathrm{mm^2/m}$)로 배근된 것으로 가정

기준 11.3(2)③ 폭 1 m에 대한 철근비 $\rho=\dfrac{A_s}{l_w h}=\dfrac{662}{1000\times 200}=0.0033>0.0012$ 〈적합〉

균형철근비 $\rho_b=0.85\beta_1\dfrac{f_{ck}}{f_y}\dfrac{600}{600+f_y}=0.85\times 0.85\times\dfrac{28}{400}\times\dfrac{600}{600+400}=0.03035$

해설 11.4.3 인장이 지배적인 거동하기 위한 최대 철근비 $0.6\rho_b=0.018>\rho=0.0033$ 〈적합〉

2. 벽체높이 중앙부에서의 사용 모멘트 계산

기준 3.3.2(1) 본 구조물의 소요강도 계산을 위해서는 3.3.2 소요강도편의 하중조합을 모두 고려하여 모멘트(M_u)를 구한 후 설계휨강도(ϕM_n)와 비교해야 하지만, 본 예제에서는 대표적 예시로써 하중조합 $U=1.2D+0.5L_r$에 대해서만 계산하기로 한다.

벽체의 자중 $0.2\,\mathrm{m}\times 6.0\,\mathrm{m}\times 24\,\mathrm{kN/m^3}=28.8\,\mathrm{kN/m}$

적용기준	▣ 계산 및 해설

$$P_u = P_{u1} + \frac{P_{u2}}{2} \text{ (예제 그림 11.2-1 참조)}$$

$$P_{u1} = 1.2 \times 29.3 + 0.5 \times 13.1 = 41.7\,\text{kN/m}$$

$$P_{u2} = 1.2 \times 28.8 = 34.6\,\text{kN/m}$$

$$P_u = 41.7 + \frac{34.6}{2} = 59.0\,\text{kN/m}$$

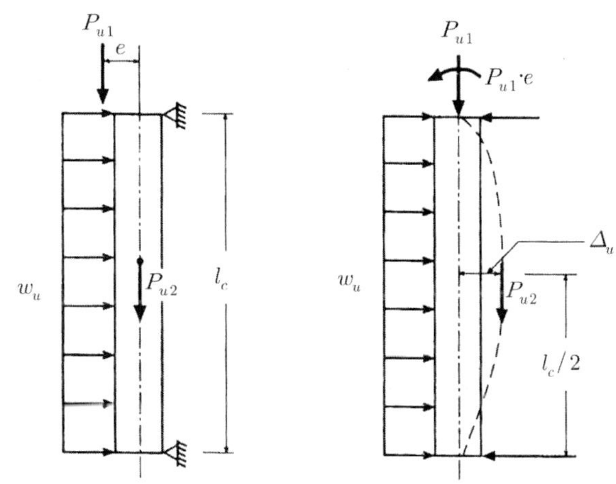

예제 그림 11.2-1

기준 식 11.4.6

$$M_u = M_{ua} + P_u \Delta_u = \frac{M_{ua}}{1 - \dfrac{5P_u l_c^2}{(0.75)48E_c I_{cr}}}$$

$$M_{ua} = \frac{w_u l_c^2}{8} + \frac{P_{u1} e}{2} = 0 + \frac{41.7 \times 0.069}{2} = 1.44\,\text{kN}\cdot\text{m/m}$$

기준 식 11.4.7

$I_{cr} = nA_{se}(d-c)^2 + \dfrac{l_w c^3}{3}$ 으로부터

기준 식 3.4.2

$$E_c = 8500\sqrt[3]{f_{cm}} = 8500\sqrt[3]{f_{ck}+4} = 8500\sqrt[3]{28+4} = 26{,}986\,\text{MPa}$$

($\because$ $f_{ck} \le 40\,\text{MPa}$이면 $f_{cm} = f_{ck} + 4\,\text{MPa}$ 적용)

$$n = \frac{E_s}{E_c} = \frac{2 \times 10^5}{26{,}986} = 7$$

$$A_{se} = A_s + \frac{P_u}{f_y}\frac{h}{2d} = 662 + \frac{59{,}000}{400}\frac{200}{2 \times 100} = 809.5\,\text{mm}^2$$

$$a = \frac{A_{se} f_y}{0.85 f_{ck} l_w} = \frac{809.5 \times 400}{0.85 \times 28 \times 1{,}000} = 13.6\,\text{mm}$$

적용기준	계산 및 해설

$$c = \frac{a}{\beta_1} = \frac{13.6}{0.85} = 16\,\text{mm}$$

따라서 $I_{cr} = 7 \times 809.5 \times (100-16)^2 + \dfrac{1,000 \times 16^3}{3} = 41.35 \times 10^6\,\text{mm}^4$

콘크리트가 극한값 0.003에 도달하였을 때의 철근변형률 계산

$$\varepsilon = 0.003\frac{d-c}{c} = 0.003 \times \frac{100-16}{16} = 0.0158 > 0.005$$

기준 11.4.3 ③ ∴ 인장지배단면 (인장이 지배적인 거동) 〈적합〉

$$M_u = \frac{1.44 \times 10^6}{1 - \dfrac{5 \times 59,000 \times 6,000^2}{0.75 \times 48 \times 26,986 \times (41.35 \times 10^6)}} = 1.96\,\text{kN}\cdot\text{m}$$

3. 균열모멘트 M_{cr} 계산

기준 식 4.3.2 $M_{cr} = \dfrac{f_r I_g}{y_t}$ 에서,

$$I_g = \frac{1}{12} l_w h^3 = \frac{1,000 \times 200^3}{12} = 666.7 \times 10^6\,\text{mm}^4$$

기준 식 4.3.3 $f_r = 0.63\sqrt{f_{ck}} = 0.63\sqrt{28} = 3.33\,\text{MPa}$

$$M_{cr} = \frac{3.33 \times (666.7 \times 10^6)}{\dfrac{200}{2}} = 22.20\,\text{kN}\cdot\text{m}$$

4. 설계휨강도 ϕM_n과의 비교

$$M_n = A_{se} f_y \left(d - \frac{a}{2}\right) = 809.5 \times 400 \times \left(100 - \frac{13.6}{2}\right) = 30.18\,\text{kN}\cdot\text{m}$$

기준 식 11.4.3 $\phi M_n = 0.85 \times 30.18 = 25.65\,\text{kN}\cdot\text{m} > M_u = 1.96\,\text{kN}\cdot\text{m}$ 〈적합〉

기준 식 11.4.2 $> M_{cr} = 22.20\,\text{kN}\cdot\text{m}$ 〈적합〉

적용기준	↘ 계산 및 해설

기준 11.4.3(2) ⑥ 5. 벽체높이 중간부에서의 수직응력 검토

$\dfrac{P_u}{A_g}$는 $0.06f_{ck}$를 초과하지 않아야 한다.

$$\frac{P_u}{A_g} = \frac{59.0 \times 10^3}{200 \times 1,000} = 0.3\,\text{MPa} < 0.06 \times 28 = 1.68\,\text{MPa} \quad \langle\text{적합}\rangle$$

기준 11.4.3(4) 6. 벽체높이 중간부에서의 변위량 Δ_s 검토

$$M = M_{sa} + P_s \Delta_s$$

$$M_{sa} = \frac{wl_c^2}{8} + \frac{P_{s1}e}{2} = 0 + \frac{(29.3 + 13.1) \times 0.069}{2} = 1.46\,\text{kN}\cdot\text{m}$$

$$P_s = P_{s1} + \frac{P_{s2}}{2} = (29.3 + 13.1) + \frac{28.8}{2} = 56.8\,\text{kN}$$

기준 식 4.3.1

$$I_e = \left(\frac{M_{cr}}{M}\right)^3 I_g + \left[1 - \left(\frac{M_{cr}}{M}\right)^3\right] I_{cr}$$

그러나 I_e는 M의 함수이므로 Δ_s를 직접 구할 수 없다.

따라서 반복작업을 적용하기로 한다. 먼저,

$\Delta_s = \dfrac{l_c}{150} = \dfrac{6,000}{150} = 40\,\text{mm}$로 가정하면,

$$M = (1.46 \times 10^6) + (56.8 \times 10^3) \times 40 = 3.73\,\text{kN}\cdot\text{m}$$

그러나 $\dfrac{2}{3}M_{cr} = \dfrac{2}{3} \times 22.20 = 14.80\,\text{kN}\cdot\text{m} > M = 3.73\,\text{kN}\cdot\text{m}$이므로 $I_e = I_g$

$$M = \frac{M_{sa}}{1 - \dfrac{5P_s l_c^2}{48E_c I_e}} = \frac{1.46 \times 10^6}{1 - \dfrac{5 \times 56,800 \times 6,000^2}{48 \times 26,986 \times (666.7 \times 10^6)}} = 1.48\,\text{kN}\cdot\text{m}$$

기준 11.4.3(4)

$$\Delta_s = \frac{5Ml_c^2}{48E_c I_c} = \frac{5 \times (1.48 \times 10^6) \times 6,000^2}{48 \times 26,986 \times (666.7 \times 10^6)} = 0.31\,\text{mm}$$

$$< \frac{l_c}{150} = 40\,\text{mm} \quad \langle\text{적합}\rangle$$

∴ 벽체에 적용한 D19@300은 안전하다.

예제 11.3 압축부재로서의 벽체의 설계

다음 그림에 나타난 벽체를 설계하라. 벽체는 상부에서 구속되어 있으며, 지붕 하중은 1.2m 간격으로 놓인 200mm T형 장선을 통해 지지된다.[11-1)]

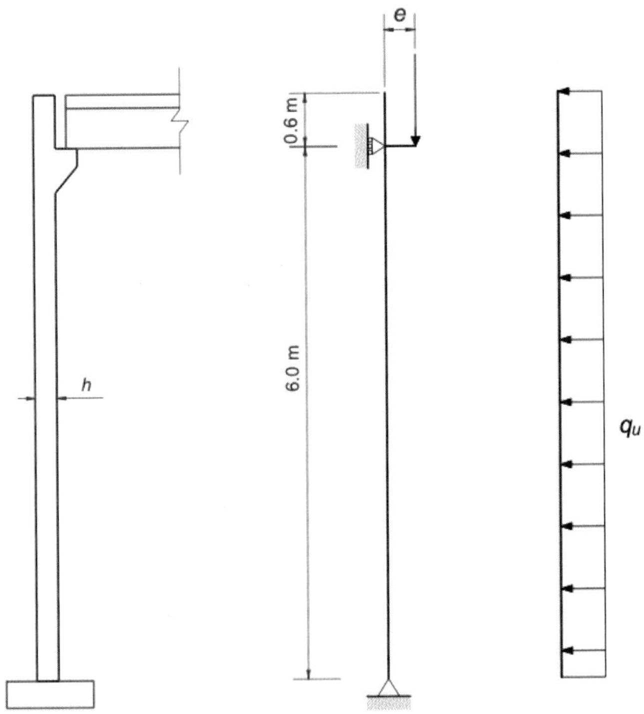

- 지붕 고정하중 $= 4.0\ \mathrm{kN/m^2}$
- 지붕 활하중 $= 2.0\ \mathrm{kN/m^2}$
- 풍하중 $= 1.5\ \mathrm{kN/m^2}$
- 벽체의 비지지거리 $l_u = 6\ \mathrm{m}$
- 유효길이계수 $K = 1.0$(양단힌지)
- $f_{ck} = 27\ \mathrm{MPa}$
- $f_{yt} = 400\ \mathrm{MPa}$
- 횡구속골조로 설계

적용기준

계산 및 해설

1. 벽체의 두께 가정

기준 11.4.2(3)

벽체의 두께는 수직 또는 수평 받침점 간 거리 중에서 작은 값의 1/25 이상이어야 하고, 또한 $100\ \mathrm{mm}$ 이상이어야 하므로 비지지거리가 $6\ \mathrm{m}$인 경우 벽체의 두께는 max $(6{,}000/25, 100) = 240\ \mathrm{mm}$를 통해 $250\ \mathrm{mm}$로 가정한다.

수직철근은 D13@300 mm로 이열배근하는 것으로 가정한다. 이 경우 단위길이당 벽체의 수직철근비는 다음과 같다.

11-1) 본 예제는 PCA Notes pp.11-1~2의 내용을 바탕으로 수정된 문제임.

적용기준	◪ 계산 및 해설

$$\rho_l = \frac{A_s}{bh} = \frac{126.7 \times 2}{300 \times 250} = 0.0034$$

기준 11.3(2)③ 설계기준 항복강도 400MPa 이상으로서 D16 이하의 이형철근이 사용될 경우 요구되는 최소철근비는 0.0012이므로 사용 가능하다.

2. 지붕하중 지지를 위한 유효수평길이 산정

기준 11.2(4) 각 집중하중에 대한 벽체의 유효수평길이는 하중 사이의 중심거리, 그리고 하중 지지폭에 벽체 두께의 4배를 더한 길이 중 작은 값을 초과하지 않아야 하므로

유효수평길이 $= \min(120, 200 + 250 \times 4) = 1200\ \mathrm{mm}$

3. 벽체의 단위길이에 작용하는 지붕하중 크기 산정

고정하중 $= \left(4.0 \times \frac{1.2}{1.2}\right) \times \frac{12}{2} = 24\ \mathrm{kN/m}$

활하중 $= \left(2.0 \times \frac{1.2}{1.2}\right) \times \frac{12}{2} = 12\ \mathrm{kN/m}$

벽체 중앙부에서의 자중 $= 0.25 \times \left(\frac{6}{2} + 0.6\right) \times 23.5 = 21.21\ \mathrm{kN/m}$

4. 하중조합

콘크리트구조 학회기준(2017)에 의거하여 다음의 하중조합을 적용할 수 있다.

$U = 1.2D + 0.5L_r$

$U = 1.2D + 1.6L_r + 0.65W$

$U = 1.2D + 1.3W + 0.5L_r$

$U = 0.9D + 1.3W$

벽체에 작용하는 지붕하중 위치가 벽체 중심으로부터 200mm 떨어져 있다고 가정하고, 각 하중조합에 대하여 벽체의 단위길이당 작용하는 하중의 크기를 계산하면,

하중 조합 1 : $U = 1.2D + 0.5L_r$

$P_u = 1.2(24 + 21.21) + 0.5(12) = 60.25\ \mathrm{kN/m}$

$M_u = 1.2(24 \times 0.2) + 0.5(12) = 6.96\ \mathrm{kNm/m}$

적용기준	계산 및 해설

하중조합 2 : $U = 1.2D + 1.6L_r + 0.65W$

$P_u = 1.2(24 + 21.21) + 1.6(12) + 0.65(0) = 73.45\ \mathrm{kN/m}$

$M_u = 1.2 \times 2.4 + 1.6 \times 1.2 + 0.65 \times 6.62 = 9.10\ \mathrm{kNm/m}$: 벽체 중앙부

$M_u = 1.2 \times 4.8 + 1.6 \times 2.4 + 0.65 \times 0.27 = 9.78\ \mathrm{kNm/m}$: 벽체 상단 지지점

벽체 상단 지지점 모멘트 사용

하중 조합 3 : $U = 1.2D + 1.3W + 0.5L_r$

$P_u = 1.2(24 + 21.21) + 1.3(0) + 0.5(12) = 60.25\ \mathrm{kN/m}$

$M_u = 1.2 \times 2.4 + 1.3 \times 6.62 + 0.5 \times 1.2 = 12.08\ \mathrm{kNm/m}$: 벽체 중앙부

$M_u = 1.2 \times 4.8 + 1.3 \times 0.27 + 0.5 \times 2.4 = 7.31\ \mathrm{kNm/m}$: 벽체 상단 지지점

벽체 중앙부 모멘트 사용

하중조합 4 : $U = 0.9D + 1.3W$

$P_u = 0.9(24 + 21.21) + 1.3(0) = 40.69\ \mathrm{kN/m}$

$M_u = 0.9 \times 2.4 + 1.3 \times 6.62 = 10.76\ \mathrm{kNm/m}$: 벽체 중앙부

$M_u = 0.9 \times 4.8 + 1.3 \times 0.27 = 4.67\ \mathrm{kNm/m}$: 벽체 상단 지지점

벽체 중앙부 모멘트 사용

5. 벽체의 세장비 검토

기준 6.5.1(4)

$$\frac{k\ell_u}{r} = \frac{1.0 \times 6}{0.3 \times 0.25} = 80$$ 장주효과를 무시할 수 없다.

기준 6.5.6

6. 횡구속 골조의 확대휨모멘트 계산

기준 식 6.5.4

$$M_c = \delta_{ns} M_2$$

기준 식 6.5.5

$$\delta_{ns} = \frac{C_m}{1 - \dfrac{P_u}{0.75P_c}} \geq 1.0$$

기준 식 6.5.6

$$P_c = \frac{\pi^2 EI}{(k\ell_u)^2}$$

적용기준	↘ 계산 및 해설

기준 식 6.5.7
기준 식 6.5.8

$$EI=\frac{(0.2E_cI_g+E_sI_{se})}{1+\beta_{dns}}\ \text{또는}\ EI=\frac{0.4E_cI_g}{1+\beta_{dns}}$$

양단 사이에 횡하중이 존재할 경우

$C_m=1.0$

기준 식 6.5.10 $M_{2,\min}=P_ue_{\min}$

기준 식 6.5.11 $e_{\min}=15+0.03h$ [mm]

으로부터 네 가지의 하중조합에 대해 계산하면,

하중 조합	P_u [kN]	M_2 [kNm]	$M_{2,\min}$ [kNm]	β	EI [Nmm^2]	P_c [kN]	δ_{ns}	M_c [kNm]
1	60.25	6.96	1.36	0.90	7.55×10^{12}	2,069	1.04	7.24
2	73.45	9.78	1.65	0.74	8.25×10^{12}	2,261	1.05	10.22
3	60.25	12.08	1.36	0.90	7.55×10^{12}	2,069	1.04	12.57
4	40.69	10.76	0.92	1.00	7.17×10^{12}	1,966	1.03	11.06

7. 설계강도와 소요강도의 비교

기준 6.2.2(4)
기준 6.2.1(7)

극한상태에서 최외단 인장철근의 변형률이 0.005를 초과하고, 강도감소계수로 0.85를 사용하는 것을 가정한다. 압축력과 모멘트를 동시에 받는 부재로 콘크리트구조기준의 6.2.1(7)에서 제시한 응력변형률 관계를 적용한 단면해석 결과 각 하중조합에 대한 벽체의 면외방향 휨에 대한 저항성능을 다음과 같이 정리할 수 있다.

하중 조합	$P_n=P_u/\phi$ [kN]	M_n [kN·m]	c [mm]	ε_t	M_u/ϕ [kN·m]
1	70.88	47.64	23.12	0.024	8.52
2	86.41	50.67	24.24	0.023	12.02
3	70.88	47.64	23.12	0.024	14.79
4	47.87	46.51	22.02	0.025	13.02

위 표에서 나타난 바와 같이 모든 하중조합에 대해 주어진 벽체의 최외단 인장철근의 순인장변형률이 0.005를 초과하고 있으며, 각 하중조합에서 발현 가능한 휨강도가 작용하중에 비해 크게 나타나므로 안전한 것으로 판단할 수 있다.

예제 11.4 전단벽의 설계

예제 그림 11.4-1은 설계에 고려되고 있는 일반 철근콘크리트 전단벽을 나타낸다. 전단 및 휨에 대하여 설계하라. 철근콘크리트 전단벽의 기본적인 재료 정보로 f_{ck}는 24MPa과 f_y는 400 MPa이다. 설계응력조건은 축하중 P_u는 1,200kN, 휨모멘트 M_u는 1,440 kN·m ($e = 1,200$)이고 전단력 V_u는 750 kN이다. 다만, 벽체의 면외 휨모멘트에 대한 편심은 $e < 0.1h$로 하고, 세장비의 영향을 고려할 필요가 없는 것으로 가정한다.

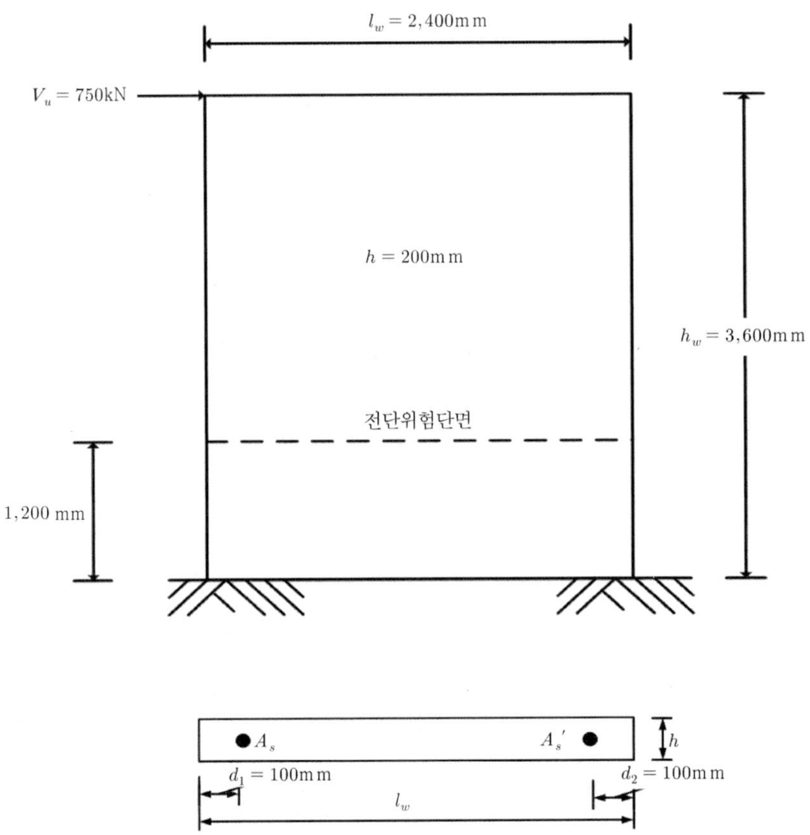

예제 그림 11.4 -1 횡력을 받는 철근콘크리트 전단벽 설계

적용기준	계산 및 해설

1. 면내 휨과 축하중에 대한 검토

이 예제는 벽체의 면외 편심이 $e < 0.1h$이기 때문에 면내응력에 대한 전단벽 기능, 즉 세장비의 고려 없이 면내 휨과 축하중에 대해서만 검토하면 된다.

(1) 등가 직사각응력 블록 길이 a의 결정($e \geq 0.5l_w$인 경우)

$$a = \frac{P_u}{\phi 0.85 f_{ck} h} = \frac{1,200 \times 10^3}{0.85 \times 0.85 \times 24 \times 200} = 346.02\,\text{mm}$$

$\therefore a = 346.02\,\text{mm} \rightarrow 350\,\text{mm}$로 가정한다.

(2) 철근의 응력 검토

기준 6.2.1 $c = a/\beta_1 = 350/0.85 = 411.76\,\text{mm}$

$$f_s = 200,000 \times \frac{0.0033(2,300 - 411.76)}{411.76} = 3,026.61 > f_y$$

$$f_s = 200,000 \times \frac{0.0033(411.76 - 100)}{411.76} = 499.71 > f_y$$

$\therefore f_s = f_s' = f_y = 400\,\text{MPa}$

(3) 단면 산정

$C_c = 0.85 f_{ck} h a = 0.85 \times 24 \times 200a = 4,080 \times 425 = 1,734,000$

$C_s = A_s(f_y - 0.85 f_{ck}) = 379.6A_s' \; (A_s = A_s')$

$T_s = A_s f_y = 400A_s$

$P_n = 1,428,000 + 379.6A_s - 400A_s = 1,428,000 - 20.4A_s$

$M_n = 1,428,000(1,200 - 350/2) + 379.6A_s(1,200 - 100) + 400A_s(1,200 - 100)$

$\quad = 1,463,700,000 + 857,560A_s$

$P_n \cdot e = (1,428,000 - 20.4A_s) \times 1,200$

$\quad = 1,713,600,000 - 24,480A_s$

$P_n \cdot e = M_n \rightarrow 882,040A_s = 249,900,000$

$A_s = 283.32\,\text{mm}^2 \rightarrow 2 - \text{D}16(\text{A}_\text{s} = 396.72\,\text{mm}^2)$를 사용한다.

적용기준	계산 및 해설

(4) 벽체 단면의 설계강도 검토

$A_s = 396.72\,\text{mm}^2,\ e = 1,200\,\text{mm}$ 로부터 a를 정산한다.

$$P_n = 4,080a + 379.6(396.72) - 400(396.72) = 4,080a - 8,093.09$$

$$M_n = 4,080a(1,200 - 0.5a) + 379.6(396.72) \times 1,100 + 400(396.72) \times 1,100$$

$$= 4,896,000a - 2040a^2 + 340,211,203$$

$$P_n \cdot e = (4,080a, - 8,093.09) \times 1,200 = 4,896,000a - 2,040a^2 + 340,211,203 = M_n$$

$$a = 414.16\,\text{mm}$$

$$P_n = 4,080 \times 414.16 - 8,093.09 = 1,681.69\,\text{kN}$$

$$M_n = 4,896,000 \times 414.16 - 2,040 \times (414.16)^2 + 340,211,203$$

$$= 2,018.03\ \text{kN}\cdot\text{m}$$

$$\phi P_n = 0.85 \times 1,681.69 = 1,429.44\,\text{kN} > 1,200\,\text{kN}$$

$$\phi M_n = 0.85 \times 2,018.03 = 1,715.33\ \text{kN}\cdot\text{m} > 1,440\ \text{kN}\cdot\text{m}$$

$e = 1,429.44/1,715.33 = 1,200\text{mm}$ 〈적합〉

(5) 인장철근과 압축철근의 변형률 검토와 강도감소계수의 결정

기준 6.2.1(3)

압축연단으로부터 중립축 깊이 재산정 $c = \dfrac{a}{\beta_1} = \dfrac{414.16}{0.85} = 487.25\,\text{mm}$

압축철근의 변형률 $\varepsilon_s = \dfrac{0.0033(487.25 - 100)}{487.25} = 0.0026 > 0.002 = \varepsilon_y$

압축철근은 항복하므로 휨강도 산정시 압축철근의 강도는 f_y 사용 가능 〈적합〉

기준 6.2.2(4)

강도감소계수 산정용 인장철근의 변형률

$$\varepsilon_s = \frac{0.0033(2,300 - 487.25)}{487.25} = 0.0112 > 0.005$$

인장지배한계변형률을 초과했으므로 $\phi = 0.85$ 사용가능 〈적합〉

2. 전단력에 대한 검토

(1) 최대 계수전단력 값을 만족하는지 확인

기준 7.10.2(3)

벽체 평면에서 전단력에 대한 수평단면의 전단강도 V_n을 $(\dfrac{5\sqrt{f_{ck}}}{6})hd$ 이하로 취해야 한다.

적용기준	⧅ 계산 및 해설

$$V_u \le \phi V_n$$

$$\phi V_n = 0.75(\frac{5\sqrt{f_{ck}}}{6})hd = 0.75 \times (\frac{5\sqrt{24}}{6}) \times 200 \times (0.8 \times 2,400) \times 10^{-3}$$

$$= 1,175.76\ \mathrm{kN} > 750\ \mathrm{kN} \quad \text{〈적합〉}$$

(2) 콘크리트 단면의 전단강도 산정 및 보강이 필요한지 확인

기준 7.10.2(1)

전단강도 V_c는 기준 7.10.2(2)에 따라 계산하지 않는 한 N_u가 압축인 벽체에 대해서 $(\frac{\sqrt{f_{ck}}}{6})hd$ 이하로 취해야 한다.

$$\phi V_c = \phi \frac{1}{6}\sqrt{f_{ck}}\,hd$$

$$= 0.75 \times (\frac{1}{6} \times \sqrt{24} \times 200 \times (0.8 \times 2,400) \times 10^{-3})$$

$$= 235.15\ \mathrm{kN} < V_u = 750\mathrm{kN} \ \text{(전단보강이 필요)}$$

기준 7.10.2(5)

(3) 수평전단 보강철근 설계

기준 식 7.10.3을 기준 식 7.2.1 및 7.2.2에 대입하여 A_v에 대해 풀이하면 수평전단 철근의 소요면적 A_v는 다음과 같다.

$$A_{vh} = \frac{(V_u - \phi V_c)s_h}{\phi f_y d}$$

위 식을 이용하여 수평전단 보강철근의 요구량을 구하면

$$\frac{A_v}{s_h} = \frac{(V_u - \phi V_c)}{\phi f_y d}$$

$$= \frac{(750 - 235.15) \times 1,000}{0.75 \times 400 \times (0.8 \times 2,400)} = 0.89$$

$D10$과 $D13$ 철근을 교대로 양면으로 배근하면

$$s_h = \frac{2 \times 99}{0.89} = 221.63\,\mathrm{mm} \ \rightarrow 220\,\mathrm{mm}\text{로 배근}$$

(4) 수평전단 철근의 최소 철근량 및 배치

기준 7.10.3(3)

수평전단 철근의 간격 s_h는 $\frac{l_w}{5}$ 이하, $3h$ 이하 또한 450 mm 이하로 설계되어야 한다.

적용기준	계산 및 해설

$$\frac{l_w}{5} = \frac{2,400}{5} = 480\,\text{mm} > s_h = 220\,\text{mm}$$

$$3h = 3 \times 200 = 600\,\text{mm} > s_h = 220\,\text{mm}$$

$$450\,\text{mm} > s_h = 220\,\text{mm} \quad \langle\text{적합}\rangle$$

기준 7.10.3(2)

콘크리트의 전체 연직단면적에 대한 수평전단 철근 단면적의 비 $\rho_h = 0.0025$ 이상으로 해야 한다.

$$\rho_h = \frac{2 \times 99}{200 \times 220} = 0.0045 > \rho_{h,\,\min} = 0.0025 \quad \langle\text{적합}\rangle$$

(5) 수직전단 보강철근의 설계

기준 7.10.3(4)

콘크리트 전체 수평단면적에 대한 연직전단 철근의 단면적 비 ρ_l은 기준 식 7.10.4의 값 이상, 또한 0.0025 이상으로 해야 한다.

$$\rho_l = 0.0025 + 0.5\,(2.5 - \frac{h_w}{l_w})\,(\rho_h - 0.0025)$$

$$= 0.0025 + 0.5\,(2.5 - \frac{3,600}{2,400})\,(0.0045 - 0.0025) = 0.0035$$

$$A_{sw} = 0.0035 \times 2,400 \times 200 = 1,680\text{mm}^2$$

양면 배근으로 $D10$과 $D13$ 교대 @260 ($A_{sw} = 1,680\,\text{mm}^2$) 으로 한다.

3. 전단벽의 단면배근도

전단벽의 단면배근도는 예제 그림 11.4-2와 같다.

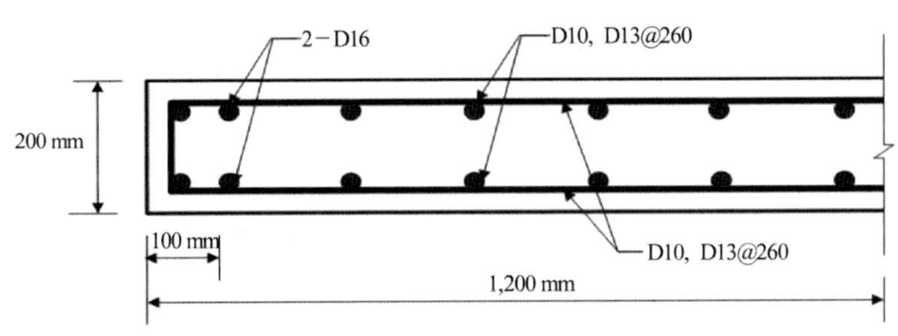

예제 그림 11.4-2 전단벽의 단면배근도

제 12 장

기 초

예제 12.1 기초판 설계-면적 결정

다음의 예제 그림 12.1-1의 설계조건을 가지는 정사각형 모양의 기초판을 설계할 때 판의 소요 면적 A_f를 계산하라.

사용 고정하중 : $1,560\ \mathrm{kN}$

사용 활하중 : $1,225\ \mathrm{kN}$

사용 상재하중 : $4.8\ \mathrm{kN/m^2}$

또한 기초판 바닥 위의 토사 및 콘크리트의 평균질량은 $2,100\ \mathrm{kg/m^3}$로 가정한다.
기초 밑면의 지반허용지지력은 $210\ \mathrm{kN/m^2}$ 이며, 기둥단면의 크기는 $800\,\mathrm{mm} \times 300\,\mathrm{mm}$이다.

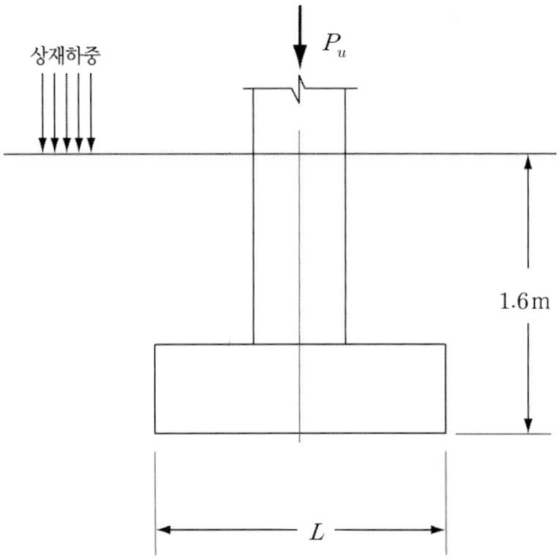

예제 그림 12.1-1 구조물과 작용하중

적용기준	계산 및 해설

계산 및 해설

1. 기초판 소요면적 계산

기준 12.2.(2)

기초판의 소요면적은 하중계수가 고려되지 않은 사용하중과 지반의 순수 허용지지력을 기준으로 계산한다.

상재하중 크기 : $4.8\mathrm{kN/m^2}$

순수 허용지지력 :

$$210\mathrm{kN/m^2} - (4.8 + 2.1 \times 1.6 \times 9.8)\mathrm{kN/m^2} = 172.3\mathrm{kN/m^2}$$

요구되는 기초 밑면의 면적 : $A_f = \dfrac{1,560 + 1,225}{172.3} \fallingdotseq 16.0\ \mathrm{m^2}$

따라서 $4\mathrm{m} \times 4\mathrm{m}$ 정사각형 기초판을 사용해야 한다.

기준 12.2.(1)

2. 하중계수가 고려된 계수하중에 의한 지반 반력

$$P_u = 1.2(1,560) + 1.6(1,225) = 3,832\,\mathrm{kN}$$

$$q_s = \frac{P_u}{A_f} = \frac{3,832}{16} = 239.5\,\mathrm{kN/m^2} \simeq 240\,\mathrm{kN/m^2}$$

예제 12.2 기초판 설계-두께 결정

앞 예제 12.1의 조건을 활용하여 예제 그림 12.2-1의 제원을 가지는 기초판에서 전단 보강재를 배치하지 않는 상태로 작용 전단력을 지지할 수 있는 기초판 두께를 결정하라. 기초판에서 사용할 콘크리트의 설계기준 압축강도는 $f_{ck} = 21\ \mathrm{MPa}$이다.

주철근비 $\rho = 0.2\%$

주철근강도 $f_y = 400\ \mathrm{MPa}$

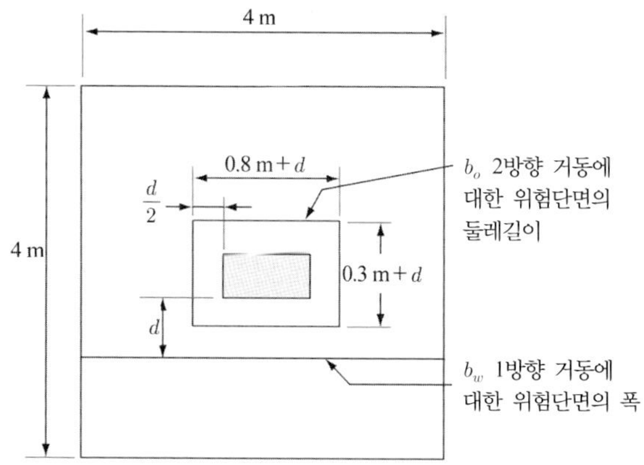

예제 그림 12.2-1 기초의 평면

적용기준

계산 및 해설

기준 7.12

일빈직으로 기초의 두께는 작용 전단력에 저항할 수 있는 두께의 지배를 받는다. 따라서 기초판의 작용 전단력을 계산하기 위해 1방향과 2방향 거동에 대한 전단강도의 검토가 필요하다.

기초판 두께가 0.9 m라고 가정하고 유효깊이는 0.8 m라 가정한다.

1. 1방향 거동

$V_u = q_s \times$ 상관영역의 면적

$b_w = 4\mathrm{m}$

상관영역의 면적 $= 4 \times (1.85 - 0.8) = 4.2\mathrm{m}^2$

$V_u = 240 \times 4.2 = 1{,}008\ \mathrm{kN}$

기준 식 7.3.1

$\phi V_n = \phi(\frac{1}{6}\sqrt{f_{ck}}\, b_w d) = 0.75\,(\frac{1}{6}\sqrt{21} \times 4 \times 0.8) \times 1{,}000$

$= 1{,}833\ \mathrm{kN} > V_u$ 〈적합〉

기준 7.12.2(6)

2. 2방향 거동

$V_u = q_s \times$ 상관영역의 면적

상관영역의 면적 $= [(4 \times 4) - (0.8 + 1.5 \times 0.8)(0.3 + 1.5 \times 0.8)] = 13\ \mathrm{m}^2$

$$V_u = 240 \times 13 = 3,120\text{kN}$$

기초판-기둥 접합부의 경우에는 기둥면에서 $0.75d$ 내에 재하되는 등분포 지반력의 영향을 무시

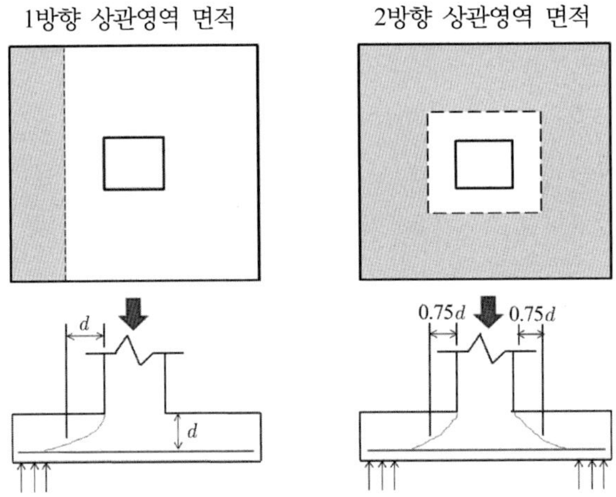

예제 그림 12.2-2 상관영역의 면적

$$V_c = v_c \times b_o \times d$$

$$v_c = \lambda k_s k_{b_0} f_{te} \cot\psi \left(\frac{c_u}{d}\right)$$

$$b_0 = 2(0.8 + 0.3 + 0.8 \times 2) = 5.4\text{m}$$

$\lambda = 1$(일반콘크리트)

$k_s = \left(\dfrac{300}{d}\right)^{0.25} = \left(\dfrac{300}{800}\right)^{0.25} = 0.783$(0.75보다 크고 1.1보다 작으므로 0.783 사용)

$k_{b0} = 4/\sqrt{\alpha_s\left(\dfrac{b_o}{d}\right)} = 4/\sqrt{1 \times \left(\dfrac{5,400}{800}\right)} = 1.54 \geq 1.25$이므로 1.25

$\alpha_s = 1$(내부기둥)

$$f_{te} = 0.2\sqrt{f_{ck}} = 0.2\sqrt{21} = 0.917 \text{ MPa}$$

$$\cot\psi = \frac{\sqrt{f_{te}(f_{te} + f_{cc})}}{f_{te}} = \frac{\sqrt{0.917(0.917 + 14)}}{0.917} = 4.034$$

$$f_{cc} = \frac{2}{3} f_{ck} = \frac{2}{3} \times 21 = 14 \text{ MPa}$$

$$c_u = d\left[25\sqrt{\frac{\rho}{f_{ck}}} - 300\left(\frac{\rho}{f_{ck}}\right)\right])$$

적용기준

계산 및 해설

$$= 800 \times \left[25 \sqrt{\frac{0.005}{21}} - 300 \times (\frac{0.005}{21}) \right] = 251.5 \text{ mm}$$

(기준 7.12.2(2)에 의하면 $\rho \leq 0.005$인 경우 $\rho = 0.005$ 사용)

$$v_c = \lambda k_s k_{b_0} f_{te} \cot\psi (\frac{c_u}{d})$$

$$= 1 \times 0.783 \times 1.25 \times 0.817 \times 4.034 \times (\frac{251.5}{800}) = 1.14 \text{MPa}$$

$$V_c = v_c \times b_o \times d = 1.14 \times 5.4 \times 0.8 = 4{,}911.2 \text{ kN}$$

$$\phi V_c = 0.75 \times 4{,}911.2 \text{ kN}$$

$$= 3{,}684.4 \text{ kN} > 3{,}120 \text{ kN}$$ 〈적합〉

참고로 주철근비 $\rho = 0.01$ 사용시 뚫림전단강도 $\phi V_c = 4{,}718.8 \text{ kN}$이다.

예제 12.3

기초판 설계-철근 배치

앞 예제 12.1의 설계조건을 적용하여 예제 그림 12.3-1의 제원을 가지는 기초판을 휨설계하라. 기초판에 사용할 콘크리트의 f_{ck}는 $21\,\mathrm{MPa}$이고, 철근의 f_y는 $400\,\mathrm{MPa}$이다.

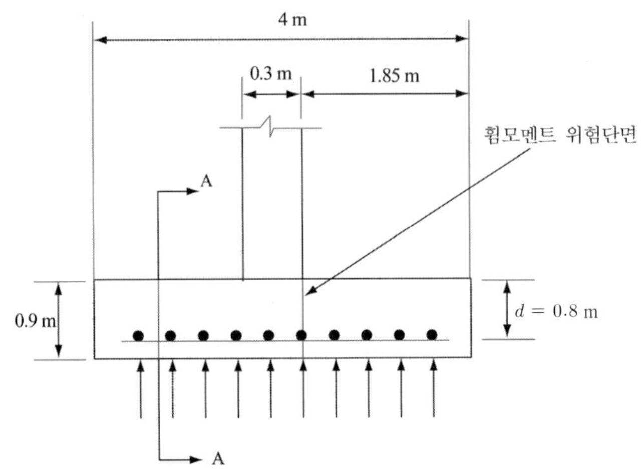

예제 그림 12.3-1 기초판의 측면도

적용기준	계산 및 해설

기준 12.3.1

1. 휨모멘트에 대한 위험단면은 기둥의 외면이 위험한 단면이다.

$$M_u = 240 \times 4 \times 1.85 \times \frac{1.85}{2} = 1{,}642.8\,\mathrm{kN\cdot m}$$

기준 3.3.3(2)①
기준 6.2.2(4)

2. 인장지배단면이라 가정하고 ($\phi = 0.85$)

$$R_n = \frac{M_u}{\phi b d^2} = \frac{1{,}642.8}{0.85 \times 4{,}000 \times 800^2} = 0.755\,\mathrm{MPa}$$

$$\rho = \frac{\eta 0.85 f_{ck}}{f_y}\left(1 - \sqrt{1 - \frac{2R_n}{\eta 0.85 f_{ck}}}\right) = \frac{\eta 0.85 \times 21}{400}\left(1 - \sqrt{1 - \frac{2 \times 0.755}{\eta 0.85 \times 21}}\right) = 0.00193$$

$$\eta = 1 (\because\ f_{ck} \le 40\mathrm{MPa})$$

기준 6.3.2(4)

휨부재의 최소철근량은 $\phi M_n \ge 1.2 M_{cr}$ 이어야 한다.

균열휨강도 $M_{cr} = \dfrac{f_r I_g}{y_t} = \dfrac{0.63\lambda\sqrt{f_{ck}} \times bh^3/12}{h/2}$

$$= \frac{(0.63 \times 1 \times \sqrt{21}) \times (4{,}000 \times 900^3/12)}{900/2}$$

$$= 1{,}559.0\,\mathrm{kN\cdot m}$$

적용기준	◪ 계산 및 해설

설계전단강도 $\phi M_n = \phi \rho f_y b d^2 \left(1 - \dfrac{\rho f_y}{1.7 \eta f_{ck}}\right)$

$$= 0.85 \times 0.0022 \times 400 \times 4{,}000 \times 800^2 \left(1 - \frac{0.0022 \times 4{,}000}{1.7 \times 1 \times 21}\right)$$

$$= 1{,}881.6 \text{ kN} \cdot \text{m}$$

$\phi M_n > 1.2 M_{cr}$ 이므로 적합

기준 6.3.2(4)

기초판의 두께가 균일한 경우 설계기준 항복강도 400 MPa 철근을 사용할 때 수축·온도철근의 최소 단면적 검토

$\rho_{\min} = 0.002 > 0.00193$, 따라서 0.0020 사용

소요보강량 $A_s = \rho b d$

$A_s = \rho b d = 0.0020 \times 4{,}000 \times 800 = 6{,}400 \text{ mm}^2$

각 방향에 대하여 14-D25 철근 사용($A_s = 7{,}094 \text{mm}^2$)

주의 계산에 고려된 단면과 수직적인 방향의 단면에는 M_u의 값이 작으므로 철근량이 적게 요구되지만 시공의 편의를 위하여 각 방향에 동일한 형태의 철근을 배치한다.

3. 인장변형률의 검토(ε_t)

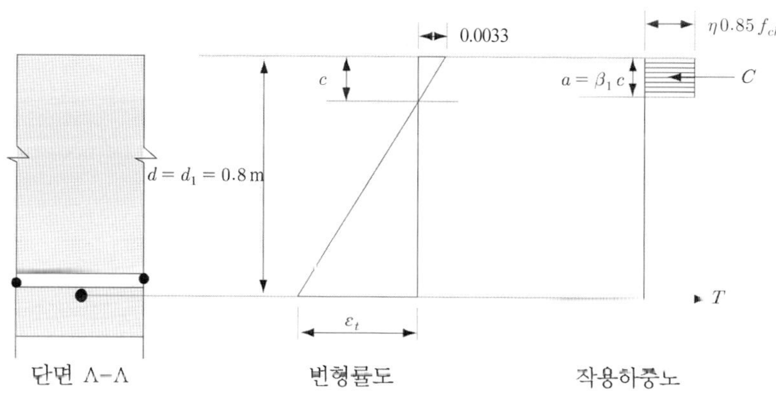

예제 그림 12.3-2 단면의 인장변형률 및 단면합력

$$a = \frac{A_s f_y}{\eta 0.85 f_{ck} b} = \frac{7094 \times 400}{1 \times 0.85 \times 21 \times 4} = 39.7 \text{mm}$$

$$c = \frac{a}{\beta_1} = \frac{39.7}{0.85} = 49.7 \text{ mm}$$

적용기준	계산 및 해설

$$\frac{\varepsilon_t + 0.003}{d_t} = \frac{0.003}{c}$$

기준 6.2.2(5)

$$\varepsilon_t = (\frac{0.003}{49.7})d_t - 0.003 = (\frac{0.003}{49.7})800 - 0.003 = 0.045 > 0.005 \quad \langle 적합 \rangle$$

따라서 단면은 인장지배이며 초기의 가정이 적합함을 알 수 있다.

4. 철근정착 길이의 검증

철근정착에 대한 위험단면은 휨에 대한 위험단면과 동일하다.

기준 식 8.2.2

$$l_d = \frac{0.9 d_b f_y}{\lambda \sqrt{f_{ck}}} \frac{\alpha\beta\gamma}{\left(\dfrac{c + K_{tr}}{d_b}\right)}$$

콘크리트 피복두께(바닥면과 측면) = 80 mm

$$배치간격 = \frac{4{,}000 - 80 \times 2}{14 - 1} = 295\ \text{mm}$$

D25의 지름은 25.4 mm

$$c = \min \begin{cases} \dfrac{25.4}{2} + 80 = 92.7\ \text{mm}\ (사용) \\ \\ \dfrac{295}{2} = 147.7\ \text{mm} \end{cases}$$

기준 8.2.2(3)

$K_{tr} = 0$ (횡방향 철근 지수)

$$\frac{c + K_{tr}}{d_b} = \frac{92.7 + 0}{25.4} = 3.65 > 2.5,\ 따라서\ 2.5\ 사용$$

$\alpha = 1.0$ (기타 철근)

$\beta = 1.0$ (도막되지 않은 철근)

$\alpha\beta = 1.0 < 1.7$ 〈적합〉

$\gamma = 1.0$ (D22 이상의 철근)

$\lambda = 1.0$ (일반콘크리트)

$$l_d = \frac{0.9 \times 25.4 \times 400}{1.0 \times \sqrt{21}} \left(\frac{1.0 \times 1.0 \times 1.0}{2.5}\right) = 798\ \text{mm}$$

계산된 정착길이는 최소 정착길이 300mm보다 크고, 위험단면인 기둥면으로부터의 정착 가능한 길이 1850 − 80 = 1770mm보다 작으므로 적합하다.

적용기준

계산 및 해설

$l_d = 798\ \text{mm}$는 단방향 단면에 대하여 매입길이보다 짧으므로

$\dfrac{4,000}{2} - \dfrac{800}{2} - 8 = 1,592\ \text{mm}$, D25 이형철근은 충분히 정착할 수 있다.

따라서 양방향에 대하여 14-D25 철근 사용

예제 12.4 기초판 설계-기둥 하단의 지압력 검토

앞 예제 12.1의 설계조건을 적용하여 예제 그림 12.4-1의 기둥과 기초판 사이의 지압을 검토하라. 여기서 기둥에 사용된 콘크리트 설계기준 압축강도 f_{ck}는 $35\ \mathrm{MPa}$이며, 기초판 콘크리트 설계기준 압축강도 f_{ck}는 $21\ \mathrm{MPa}$이고, 철근의 설계기준 항복강도 f_y는 $400\ \mathrm{MPa}$이다.

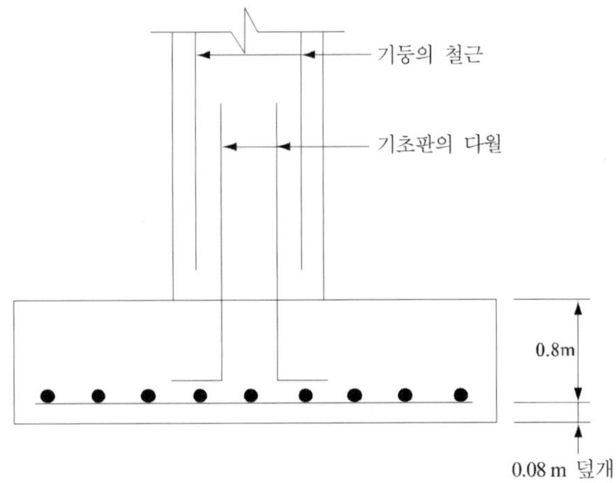

예제 그림 12.4-1 기초의 철근 배치

적용기준	계산 및 해설

기준 12.4.1(2) — 1. 기둥의 지압강도 ($f_{ck} = 35\ \mathrm{MPa}$)

기준 6.8.(1), 기준 3.3.3(2)

$$\phi P_{nb} = \phi(0.85 f_{ck} A_1)$$
$$= 0.65 \times (0.85 \times 35{,}000 \times 0.3 \times 0.8) = 4{,}641\,\mathrm{kN}$$
$$> P_u = 3.832\ \mathrm{kN}$$ 〈적합〉

기준 6.8.(1) — 2. 기초판의 지압강도($f_{ck} = 21\ \mathrm{MPa}$)

기초판의 지압강도는 지지면이 하중의 재하면보다 큰 경우 $\sqrt{A_2/A_1} < 2$ 이며, 이때 A_1은 기둥 단면적(재하면)이며 A_2는 상부의 재하면적으로부터 수직 1, 수평 2의 비율로 측면 경사를 취하여 받침부 내부에 완전히 포함된 가장 큰 피라미드, 원뿔 또는 경사진 쐐기 모양의 하부 면적이다.

여기서 $4\ \mathrm{m} \times 4\ \mathrm{m}$의 정사각형 기초판이 $0.8\ \mathrm{m} \times 0.3\ \mathrm{m}$의 기둥면적을 지지하므로 (예제 그림 12.4-2 참조)

$$A_2 = (1.8 + 0.3 + 1.8) \times (1.6 + 0.8 + 1.6) = 3.9 \times 4 = 15.6\,\mathrm{m}^2$$

$$\sqrt{\frac{A_2}{A_1}} = \sqrt{\frac{3.9 \times 4}{0.8 \times 0.3}} = 8.06 > 2,$$ 따라서 2 사용

적용기준	계산 및 해설

주의 기둥 콘크리트의 강도가 기초판 콘크리트 강도의 2배를 초과할 때까지 항상 기둥에 의한 기초판의 지압이 지배하게 된다.

$$\begin{aligned}\phi P_{nb} &= 2\left[\phi(0.85 f_{ck} A_1)\right] \\ &= 2\left[0.65(0.85\times 21{,}000\times 0.8\times 0.3)\right] \\ &= 5{,}569\,\text{kN} > P_u = 3{,}832\,\text{kN}\end{aligned}$$
〈적합〉

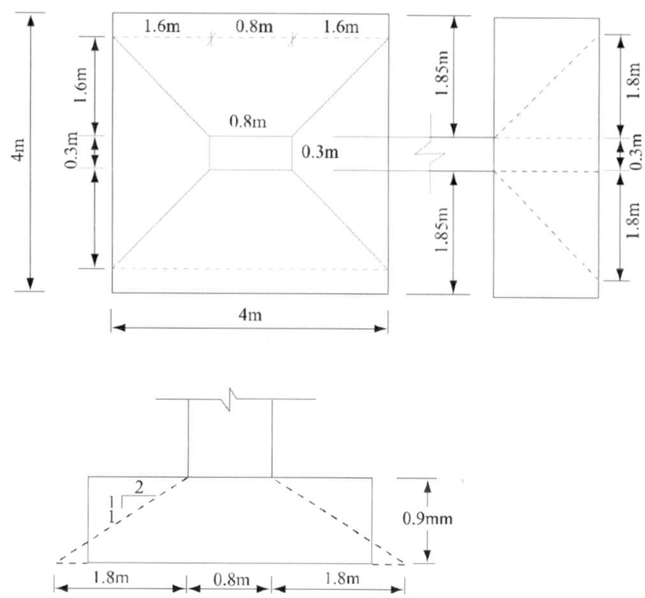

예제 그림 12.4-2 기초판과 기둥의 평면도와 측면도

기준 12.4.2(2) **3. 기둥과 기초판 사이에 요구되는 연결철근 계산**

기둥과 기초판의 지압강도가 계수하중을 전달하기에 충분하더라도 양 부재의 접촉면에서 최소 철근량이 적용된다.

$$A_s(\min) = 0.005\,(800\times 300) = 1{,}200\,\text{mm}^2$$

따라서 4-D22 사용 ($A_s = 1{,}550\,\text{mm}^2$)

기준 8.2.3(2) **4. 압축력을 받는 연결철근 정착**

적용기준

계산 및 해설

$$l_{db} = \frac{0.25 d_b f_y}{\lambda \sqrt{f_{ck}}} \geq 0.043 d_b f_y$$

D22철근인 경우(직경 $d_b = 22.2\,\mathrm{mm}$)

- 기둥

$$l_{db} = \frac{0.25 \times 22.2 \times 400}{1 \times \sqrt{35}} = 375\mathrm{mm}$$

$$l_{db} = 0.043 \times 22.2 \times 400 = 381.8\mathrm{mm} \quad \text{(사용)}$$

- 기초판

$$l_{db} = \frac{0.25 \times 22.2 \times 400}{1 \times \sqrt{21}} = 484.4\mathrm{mm} \quad \text{(사용)}$$

$$l_{db} = 0.043 \times 22.2 \times 400 = 381.8\mathrm{mm}$$

기초판에서 가능한 정착길이

=기초판의 두께 − 피복 − 2×(기초판의 철근지름 − 다월철근의 지름)

$= 900 - 80 - 2 \times (25.4) = 769.2\mathrm{mm} > 484.4\mathrm{mm}$

따라서 연결철근은 기초판에서 충분히 정착될 수 있다.

예제 12.5 말뚝 기초판(Pile Cap) 설계

다음의 예제 그림 12.5-1의 말뚝에 의해 지지되는 말뚝머리 기초판의 두께를 결정하라.

기초판 크기 = $2.6\,\mathrm{m} \times 2.6\,\mathrm{m}$

기둥 크기 = $0.4\,\mathrm{m} \times 0.4\,\mathrm{m}$

말뚝지름 = $0.3\,\mathrm{m}$

$f_{ck} = 27\,\mathrm{MPa}$

말뚝당 작용하중 :

$P_D = 90\,\mathrm{kN}$

$P_L = 45\,\mathrm{kN}$

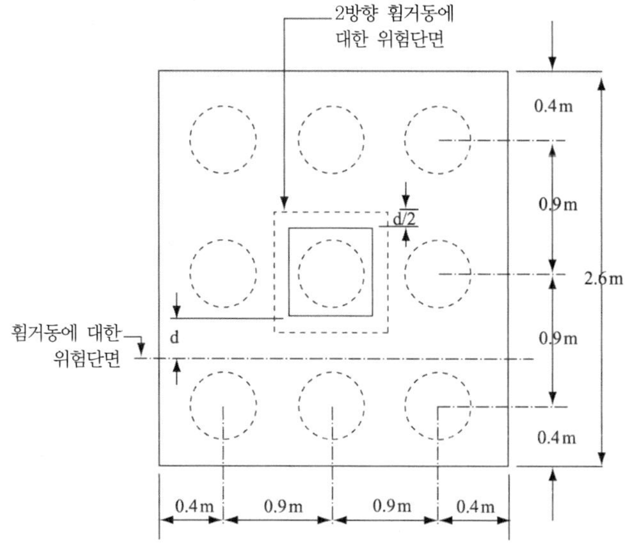

예제 그림 12.5-1 기초판의 평면도

적용기준 / 계산 및 해설

기준 7.12
기준 12.2(5)

1. 일반적으로 전단에 관하여 필요한 두께가 기초판의 두께를 결정한다. 그리고 1방향 거동 및 2방향 거동에 대한 검토가 필요하다.

   기초판의 두께를 $0.6\,\mathrm{m}$로 가정하고 유효깊이를 $0.45\,\mathrm{m}$로 가정한다.

2. 파일에 작용하는 계수하중

$$P_u = 1.2(90) + 1.6(45) = 180\,\mathrm{kN}$$

기준 식 7.2.1

3. 전단에 대한 검토

$$V_u \le \phi V_n$$

기준 7.12.1

   a. 기초판의 1방향 전단에 대한 검토 : 3개 말뚝이 위험단면에 포함

   V_u (기초판의 자중 무시) $= 3 \times 180 = 540\,\mathrm{kN}$

$$\phi V_n = \phi \frac{1}{6} \sqrt{f_{ck}}\, b_w d$$

$b_w = 2.6\text{m}$

$\phi V_n = 0.75 \times \frac{1}{6}\sqrt{27} \times 2{,}600 \times 450 = 760\text{kN} > V_u = 540\text{kN}$ 〈적합〉

기준 7.12.1.(3)

b. 2방향 전단에 대한 검토 : 8개의 말뚝이 위험단면에 포함

$V_u = 8 \times 180 = 1{,}440\text{kN}$

$b_o = 2(400 + 400 + 450 \times 2) = 3{,}400\text{mm}$

$V_c = v_c \times b_o \times d$

$v_c = \lambda k_s k_{b_o} f_{te} \cot\psi (\frac{c_u}{d})$

$\lambda = 1$

$k_s = (\frac{300}{d})^{0.25} = (\frac{300}{450})^{0.25} = 0.9$

(0.75보다 크고 1.1보다 작으므로 0.90 사용)

$k_{b_o} = \frac{4}{\sqrt{\alpha_s(\frac{b_o}{d})}} = \frac{4}{\sqrt{1 \times (\frac{3{,}000}{450})}} = 1.46 \geq 1.25$이므로 1.25

$\alpha_s = 1$(내부기둥)

$f_{te} = 0.2\sqrt{f_{ck}} = 0.2\sqrt{27} = 1.04\text{MPa}$

$\cot\psi = \frac{\sqrt{f_{te}(f_{te} + f_{cc})}}{f_{te}} = \frac{\sqrt{1.04(1.04 + 18)}}{1.04} = 4.28$

$f_{cc} = \frac{2}{3} f_{ck} = \frac{2}{3} \times 27 = 18\text{MPa}$

$c_u = d\left[25\sqrt{\frac{\rho}{f_{ck}}} - 300\left(\frac{\rho}{f_{ck}}\right)\right] = 450\left[25\sqrt{\frac{0.005}{27}} - 300\left(\frac{0.005}{27}\right)\right] = 128.1\text{mm}$

(기준 7.12.2(2)에 의하면 $\rho \leq 0.005$인 경우 $\rho = 0.005$ 사용)

$v_c = \lambda k_s k_{b_0} f_{te} \cot\psi\left(\frac{c_u}{d}\right) = 1 \times 0.90 \times 1.25 \times 1.04 \times 4.28 \times \left(\frac{128.1}{450}\right) = 1.43\text{MPa}$

$V_c = v_c \times b_o \times d = 1.43 \times 3{,}400 \times 450 = 2{,}188.1\text{kN}$

$\phi V_c = 0.75 \times 2{,}188$

$= 1{,}641.1\text{kN} > 1{,}440\text{kN}$ 〈적합〉

적용기준 | ↘ 계산 및 해설

4. 바깥쪽 말뚝에 대한 '펀칭' 전단강도의 확인, 말뚝 중심간 거리가 0.9 m라면 위험면은 서로 겹치지 않는다. (예제 그림 12.5-2 참조)

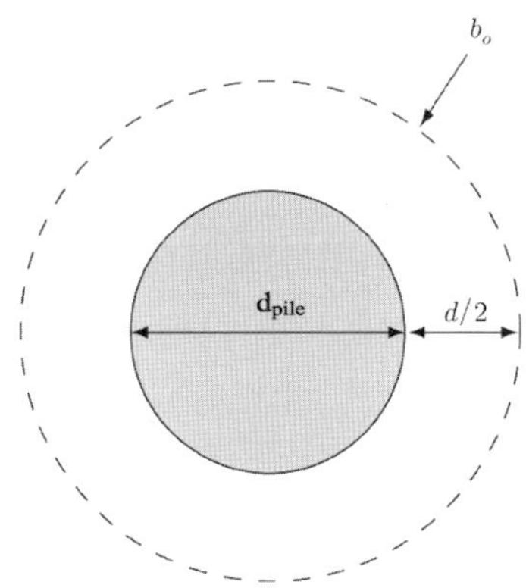

예제 그림 12.5-2 펀칭전단에 대한 위험단면

$V_u = 180\,\text{kN}$ (각 말뚝당)

$b_o = \pi(0.3 + 0.45) = 2{,}356\,\text{mm}$

$\lambda = 1$(일반콘크리트)

$k_s = (\dfrac{300}{d})^{0.25} = (\dfrac{300}{450})^{0.25} = 0.90$

(0.75보다 크고 1.1보다 작으므로 0.90 사용)

$k_{b_o} = \dfrac{4}{\sqrt{\alpha_s(\dfrac{b_o}{d})}} = \dfrac{4}{\sqrt{1.33(\dfrac{2{,}356}{450})}} = 1.52 \geq 1.25$이므로 1.25

$\alpha_s = 1.33$(외부기둥)

$f_{te} = 0.2\sqrt{f_{ck}} - 0.2\sqrt{27} - 1.04\,\text{MPa}$

$\cot\psi = \dfrac{\sqrt{f_{te}(f_{te} + f_{cc})}}{f_{te}} = \dfrac{\sqrt{1\ 04(1.04 + 18)}}{1.04} = 4.28$

$f_{cc} = \dfrac{2}{3}f_{ck} - \dfrac{2}{3} \times 27 - 18\,\text{MPa}$

$c_u = d\left(25\sqrt{\dfrac{\rho}{f_{ck}}} - 300(\dfrac{\rho}{f_{ck}})\right)$

$\quad = 450\left(25\sqrt{\dfrac{0.005}{27}} - 300\left(\dfrac{0.005}{27}\right)\right) = 128.1\,\text{mm}$

(기준 7.12.2(2)에 의하면 $\rho \le 0.005$인 경우 $\rho = 0.005$ 사용)

$$v_c = \lambda k_s k_{b_0} f_{te} \cot\psi (\frac{c_u}{d})$$

$$= 1 \times 0.90 \times 1.25 \times 1.04 \times 4.28 \times (\frac{128.1}{450}) = 1.43\,\mathrm{MPa}$$

$$V_c = v_c \times b_o \times d = 1.43 \times 2{,}356 \times 450 = 1{,}516.2\,\mathrm{kN}$$

$$\phi V_c = 0.75 \times 1{,}516.2\,\mathrm{kN}$$

$$= 1{,}137.2\,\mathrm{kN} > 180\,\mathrm{kN}$$ 〈적합〉

예제 12.6 무근콘크리트 독립 기초판 설계

그림의 주거용 건물에서 정사각형 무근콘크리트 독립 기초판을 설계하라. 기준 제19장의 규정들과 제3장의 강도감소계수 등을 활용하라.

◎ 설계조건

- 고정하중 $= 180\,\text{kN}$
- 활하중 $= 180\,\text{kN}$
- 지붕활하중 $= 35\,\text{kN}$
- 적설하중 $= 45\,\text{kN}$
- 상재하중 $= 0$
- 기둥의 크기 $= 0.3\,\text{m} \times 0.3\,\text{m}$
- 지반의 허용지지강도 $= 120\,\text{kN/m}^2$
- $f_{ck} = 17\,\text{MPa}$

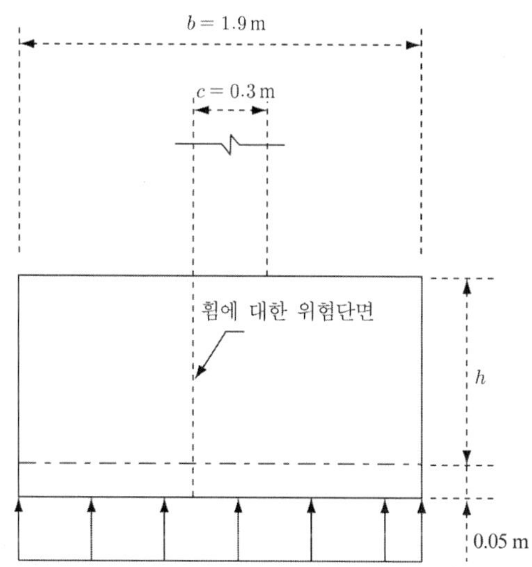

예제 그림 12.6-1 기초판의 단면

적용기준

계산 및 해설

1. 기초판의 소요면적 계산

기초판의 소요면적은 하중계수가 고려되지 않은 사용하중과 지반의 허용지지력에 의하여 산정된다.

$$A_f = \frac{180 + 180 + 45}{120} = 3.38\,\text{m}^2$$

따라서 $1.9\,\text{m} \times 1.9\,\text{m}$의 정사각형 기초판 사용($A_f = 3.61\,\text{m}^2$)

기준 19.5.1

2. 고려해야 하는 하중조합 결정

기준 3.3.2
기준 3.3.3(2)⑧

기초판 설계 위하여 계수하중을 사용해야 하며, 이때 기준 제3장에 제시된 두 가지의 하중조합을 고려하였다.

3. 하중조합에 대하여 계수축하중 계산

하중조합(1) 또는 (2)에서 최대 계수축하중이 발생할 것으로 예상했다.

적용기준	계산 및 해설

기준 식 3.3.2

(1) $P_u = 1.2D + 1.6L + 0.5S$

$= 1.2(180) + 1.6(180) + 0.5(45) = 526.5\,\text{kN}$

기준 식 3.3.3

(2) $P_u = 1.2D + 1.0L + 1.6S$

$= 1.2(180) + 1.0(180) + 1.6(45) = 468\,\text{kN}$

따라서 $P_u = 526.5\text{kN}$ 사용

4. 하중계수가 적용된 지반에 대한 지압강도 결정

기준 19.5.1

기초판 설계는 계수가 곱해진 하중과 반력에 따라 설계해야 하므로 하중계수가 고려된 지반의 지압강도를 사용해야 한다.

$$q_s = \frac{526.5}{3.61} = 145.8\,\text{kN/m}^2$$

5. 휨에 저항할 수 있는 기초판 두께 결정

무근콘크리트에 있어서는 일반적으로 휨강도가 기초판 두께를 결정하게 된다. 휨에 대한 위험단면은 앞의 그림에서와 같이 콘크리트 기둥의 전면이 된다.

기준 19.5.1(5)

$$M_u = q_s\,(b)\left(\frac{b-c}{2}\right)\left(\frac{b-c}{4}\right)$$

$$= 145.8 \times 1.9 \times \left(\frac{1.9-0.3}{2}\right)\left(\frac{1.9-0.3}{4}\right) = 88.6\text{kN}\cdot\text{m}$$

기준 식 19.3.1

$$\phi M_n \geq M_u$$

$$\phi = 0.55$$

$$M_n = 0.42\lambda\sqrt{f_{ck}}\,S_m$$

$$\phi M_n = 0.55 \times 0.42 \times 1 \times \sqrt{17} \times \frac{1{,}900 \times h^2}{6} \geq 88.6\text{kN}\cdot\text{m}$$

$$h \geq 0.542\text{m}$$

$h = 550\text{mm}$로 결정

기준 식 19.3.9

6. 1방향 전단에 대한 전단 검토

여기서 기초판의 유효깊이 h가 0.55 m라 가정하자. 전단에 대한 위험단면은 기둥의 전면으로부터 유효깊이 h만큼 떨어진 곳이 된다. 또는 기초판의 끝으로부터 0.35 m 떨어진 곳이 된다.

기준 19.5.2 $V_u = q_s b\left[\left(\frac{b}{2}\right)-\left(\frac{c}{2}\right)-h\right] = 145.8\times1.9\times\left[\frac{1.9}{2}-\frac{0.3}{2}-0.55\right] = 69.3\,\text{kN}$

$\phi V_n \geq V_u$

기준 식 19.3.8 $V_n = q_n b\left[\left(\frac{h}{2}\right)-V\right] = 0.11\sqrt{f_{ck}}\,bh$

기준 식 19.3.10 $V_n = 0.11\times\sqrt{17}\times1.9\times0.55 = 474\,\text{kN}$

$\phi V_n = 0.55\times474 = 260.7\text{ kN} > 69.3\text{ kN}$ 〈적합〉

기준 19.5.2

7. 2방향 전단(펀칭)에 대한 전단 검토

기준 19.3(4) 2방향 전단이 작용하는 경우 위험단면은 기둥의 전면에서 기초 두께의 0.5배 떨어진 곳이다. 무근콘크리트이므로 기준 19.5.2에 의하여

$V_u = q_s\left[b^2-(c+h)^2\right] = 145.8\left[1.9^2-(0.3+0.55)^2\right] = 421.0\,\text{kN}$

$\phi V_n \geq V_u$

$V_n = 0.11\left(1+\frac{2}{\beta_c}\right)\sqrt{f_{ck}}\,b_o h \leq 0.22\sqrt{f_{ck}}\,b_o h$

$\beta = 1.0$

$V_n = 0.11\left(1+\frac{2}{1}\right)\sqrt{17}\times((0.3+0.55)\times4)\times0.55 = 2{,}544.4\,\text{kN}$

$\geq 0.22\sqrt{17}\times(0.85\times4)\times0.55 = 1{,}696.2\text{ kN}$

$\phi V_n = 0.55\times1{,}696.2 = 932.9\text{ kN} > 421.0\text{ kN}$ 〈적합〉

기준 19.6(3)

8. 기둥과 기초판 경계면의 지압강도 검토

$P_u = 526.5\,\text{kN}$ (앞의 3.항에서)

기준 식 19.3.11 $\phi P_{nb} \geq P_u$

기준 식 19.3.12 $P_{nb} = 0.85 f_{ck} A_1$

$= 0.85\times17\times300\times300 = 1{,}300\text{ kN}$

$\phi P_{nb} = 0.55\times1{,}300 = 715\,\text{kN} > 526.5\,\text{kN}$ 〈적합〉

예제 12.7

캔틸레버 확대기초 설계

그림에 나타낸 토지경계선에 근접한 캔틸레버 확대기초를 설계하라. 기준 제12장의 규정들과 제장의 강도감소계수 등을 활용하라.

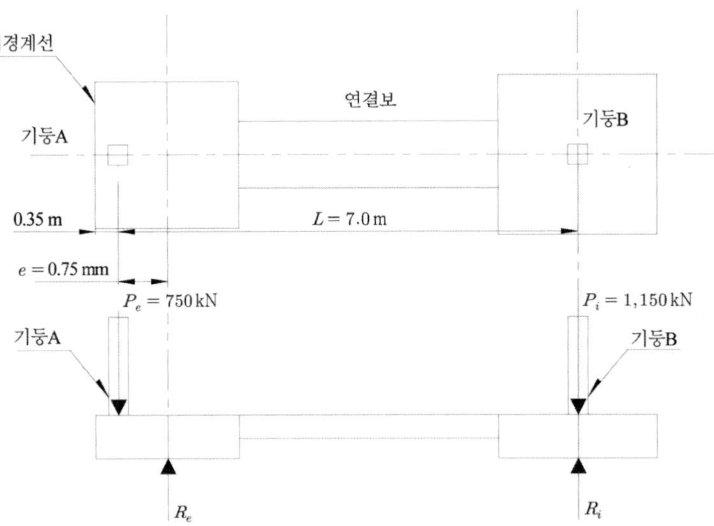

예제 그림 12.7-1

◎ 설계조건

- 기둥A의 고정하중 = $450\,\mathrm{kN}$
- 기둥A의 활하중 = $300\,\mathrm{kN}$
- 기둥B의 고정하중 = $700\,\mathrm{kN}$
- 기둥B의 활하중 = $450\,\mathrm{kN}$
- 기둥A의 크기 = $0.3\,\mathrm{m} \times 0.3\,\mathrm{m}$
- 기둥B의 크기 = $0.3\,\mathrm{m} \times 0.3\,\mathrm{m}$
- 지반의 허용지지강도 = $210\,\mathrm{kN/m^2}$
- $f_{ck} = 27\,\mathrm{MPa}$

적용기준

계산 및 해설

1. 확대기초 면적

외측 기초에서 기둥하중 P_e와 기초의 반력 P_e와의 편심거리 $e = 750\,\mathrm{mm}$로 가정하고, 기초의 두께를 $650\,\mathrm{mm}$로 가정한다. 그러면 확대기초의 자중은

적용기준 | ## 계산 및 해설

$25\,\mathrm{kN/m^3} \times 0.65\,\mathrm{m} = 16.25\,\mathrm{kN/m^2}$

따라서 확대기초 밑면에서 지반의 허용지지력은

$210 - 16.25 = 193.75\,\mathrm{kN/m^2}$

예제 그림 12.7-1에서 내측 기둥B 중심에 대하여 $\Sigma M_B = 0$을 적용하면

$-(450+300)\times 7 + R_e \times (7-0.75) = 0$

$\therefore\ R_e = 840\,\mathrm{kN}$

외측 확대기초 도심에 대하여 모멘트를 취하면

$-750\times 0.75 + 1{,}150 \times (7-0.75) - R_i \times (7-0.75) = 0$

$\therefore\ R_i = 1{,}060\,\mathrm{kN}$

따라서 외측 확대기초에 필요한 면적은

$$A_e = \frac{840}{193.75} = 4.335\,\mathrm{m^2}$$

이에 대하여 다음과 같은 정사각형 확대기초를 채택한다.

$2.2\mathrm{m} \times 2.2\mathrm{m} = 4.84\,\mathrm{m^2}$

그러면 외측 기둥A의 편심거리는

$$e = \frac{2.2}{2} - 0.35 = 0.75\,\mathrm{m}$$

로 최초 가정한 편심거리를 만족한다. 내측 확대기초의 필요 면적은

$$A_i = \frac{1{,}060}{193.75} = 5.471\mathrm{m^2}$$

이에 대하여 다음과 같은 정사각형 확대기초를 채택한다.

$2.4\,\mathrm{m} \times 2.4\,\mathrm{m} = 5.76\,\mathrm{m^2}$

2. 언설모의 선난력과 휨모멘트

기둥A는 하중조합(1) 또는 (2)에서 최대의 계수축하중이 발생할 것으로 예상

기준 식 3.3.1 (1) $P_u = 1.4D$

$= 1.4 \times 450 = 630\,\mathrm{kN}$

기준 식 3.3.2 (2) $P_u = 1.2D + 1.6L$

$= 1.2(450) + 1.6(300) = 1{,}020\,\mathrm{kN}$

따라서 기둥A의 $P_u = 1{,}020\,\mathrm{kN}$ 사용

적용기준	계산 및 해설

기둥B는 하중조합(1) 또는 (2)에서 최대의 계수축하중이 발생할 것으로 예상

기준 식 3.3.1 (1) $P_u = 1.4D = 1.4 \times 700 = 980\,\mathrm{kN}$

기준 식 3.3.2 (2) $P_u = 1.2D + 1.6L = 1.2(700) + 1.6(450) = 1{,}560\,\mathrm{kN}$

따라서 기둥B의 $P_u = 1{,}560\,\mathrm{kN}$ 사용

계수하중에 의한 외측 확대기초의 반력 R_A는

$$-1{,}020 \times 7 + R_A \times (7 - 0.75) = 0$$

$$\therefore\ R_A = 1{,}142.4\,\mathrm{kN}$$

같은 방법으로 계수하중에 의한 내측 확대기초 반력 R_B는

$$-1{,}020 \times 0.75 + 1{,}560 \times (7 - 0.75) - R_B \times (7 - 0.75) = 0$$

$$\therefore\ R_B = 1{,}437.6\,\mathrm{kN}$$

외측 확대기초 밑면에 균등한 압력이 일어나도록 하기 위하여 연결보의 오른쪽 끝에 작용해야 할 전단력 V_u는 다음과 같다.(그림 12.7-2 참조)

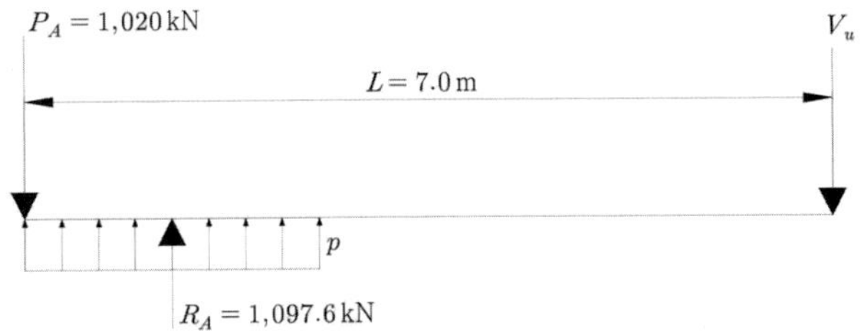

예제 그림 12.7-2

$$V_u = -1{,}020 + 1{,}097.6 = 77.6\,\mathrm{kN}$$

따라서 연결보의 우측 끝에 일어나는 계수휨모멘트는

$$M_{ur} = 77.6 \times \frac{2.4}{2} = 93.12\,\mathrm{kN \cdot m}$$

연결보의 외측 끝에 일어나는 계수휨모멘트는

$$M_{ul} = -77.6 \times (7 + 0.35 - 2.2) = -399.64\,\mathrm{kN \cdot m}$$

3. 연결보의 설계

예제 4.2와 예제 6.1을 이용하여 전단력과 휨모멘트를 받는 직사각형 단면의 보로 설계한다.(계산 생략)

제 13 장

옹벽 및 지하외벽

예제 13.1

역T형 옹벽

6 m 역T형 옹벽의 안전성 및 철근량을 계산하라.

◎ 설계조건

(1) 옹벽제원

- 옹벽형식 : 역T형
- 옹벽의 높이 : 6.0 m

(2) 흙의 특성

- 흙의 단위중량 : $\gamma_t = 19.000\ \mathrm{kN/m^3}$
- 내부마찰각　: $\phi = 30°$
- 흙의 마찰계수 : $\mu = 0.5$ (흙과 콘크리트)
- 지반의 허용지지력 : $300\ \mathrm{kN/m^2}$

(3) 사용재료

- 콘크리트 설계기준 압축강도 : $f_{ck} = 24\ \mathrm{MPa}$
- 철근의 설계기준 항복강도 : $f_y = 400\ \mathrm{MPa}$

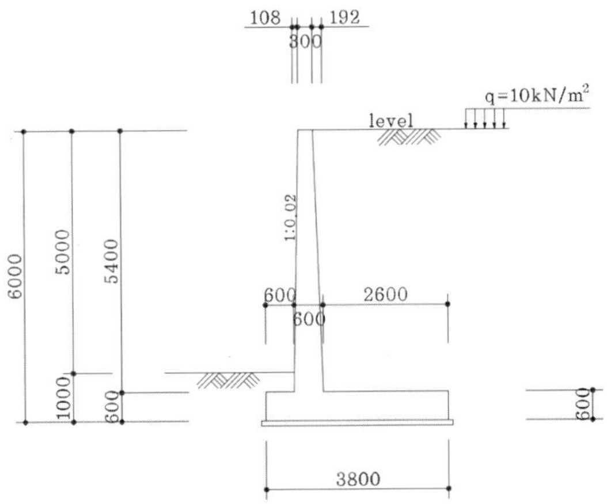

예제 그림 13.1-1 옹벽의 형상

적용기준

계산 및 해설

1. 하중계산

(1) 수평토압

$$P_{ah} = \frac{1}{2} \times k_{ah} \times \gamma_t \times H^2$$

$$= 114.000\ \mathrm{kN/m}$$

$H(\mathrm{m})$	K_a	K_{ah}
6.000	0.333	0.333

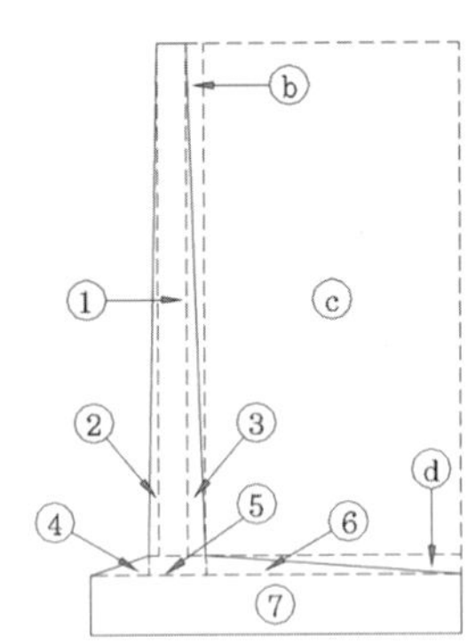

예제 그림 13.1-2 하중계산 위치

(2) 하중계산

구 분		산 출 근 거	단위중량	하 중
구체 자중	①	$5.400\,m \times 0.300\,m = 1.620\,m^2$	$24.50\,kN/m^3$	$39.690\,kN/m$
	②	$5.400\,m \times 0.108\,m \times ½ = 0.292\,m^2$	$24.50\,kN/m^3$	$7.144\,kN/m$
	③	$5.400\,m \times 0.192\,m \times ½ = 0.518\,m^2$	$24.50\,kN/m^3$	$12.701\,kN/m$
	④	$0.000\,m \times 0.600\,m \times ½ = 0.000\,m^2$	$24.50\,kN/m^3$	$0.000\,kN/m$
	⑤	$0.000\,m \times 0.600\,m = 0.000\,m^2$	$24.50\,kN/m^3$	$0.000\,kN/m$
	⑥	$0.000\,m \times 2.600\,m \times ½ = 0.000\,m^2$	$24.50\,kN/m^3$	$0.000\,kN/m$
	⑦	$0.600\,m \times 3.800\,m = 2.280\,m^2$	$24.50\,kN/m^3$	$55.860\,kN/m$
토사 자중	ⓑ	$5.400\,m \times 0.192\,m \times ½ = 0.518\,m^2$	$19.00\,kN/m^3$	$9.850\,kN/m$
	ⓒ	$5.400\,m \times 2.600\,m = 14.040\,m^2$	$19.00\,kN/m^3$	$266.760\,kN/m$
	ⓓ	$0.000\,m \times 2.600\,m = 0.000\,m^2$	$19.00\,kN/m^3$	$0.000\,kN/m$
상재하중		$2.6\,m + 0.192\,m = 2.792\,m$	$10.00\,kN/m^2$	$27.920\,kN/m$

2. 안정 검토

(1) 작용모멘트 계산

구 분	연직력 V (kN/m)	수평력 H (kN/m)	모 멘 트	
			$V \cdot X$ (M_r)	$H \cdot Y$ (M_o)
구체자중	115.395	-	158.604	-
토사자중	276.610	-	678.089	-
토 압	-	114.000	-	228.000
상재하중	27.920	19.980	67.120	59.940
총 계	419.925	133.980	903.813	287.940

(2) 안정 검토

① 활동

- 지반과 저판의 마찰계수 $\mu = 0.5$
- 유효재하면 $(B' = B - 2 \times e) = 3.800 - 2 \times 0.433 = 2.934\,m$
- 지반의 점착력 $C = 0.000\,kN/m^2$
- 총연직력 $\Sigma V = 419.925\,kN/m$
- 총수평력 $\Sigma H = 133.980\,kN/m$

$$H_u = C \times A' + V \times \mu = 209.962\,kN/m$$

적용기준	계산 및 해설

기준 13.2.2(1)

• 안전율(F.S) $= \dfrac{H_u}{\sum H} = 1.56 > 1.5$ 〈적합〉

∴ 활동에 대하여 안전함.

기준 13.2.2(3)

② 전도

• 기초중앙에 대한 작용하중의 편심

$$e = \frac{B}{2} - \frac{(\sum M_r - \sum M_o)}{\sum V}$$

$$e = \frac{3.800}{2} - \frac{903.813 - 287.94}{419.925} = 0.433\,\text{m}$$

• $\dfrac{B}{6} = \dfrac{3.800}{6} = 0.633 > e$ 〈적합〉

• O점에서의 전도 안전율

• 안전율(F.S) $= \dfrac{\sum M_r}{\sum M_o} = 3.139 > 2.0$ 〈적합〉

∴ 전도에 대하여 안전함.

③ 지지력

• 편심 계산 및 지반반력 계산

$$e = 0.433\,\text{m} < \frac{\text{B}}{6} = 0.633\,\text{m}$$

$$x = 3 \cdot [B/2 - e] = 3 \times (\frac{3.800}{2} - 0.433) = 4.401\,\text{m} > 3.800\,\text{m}$$

∴ 사다리꼴 분포

$$q_{(\text{max, min})} = \left(\frac{\sum V}{B}\right) \times \left(1 \pm \frac{6 \cdot e}{B}\right)$$

$$= \left(\frac{419.925}{3.800}\right) \times \left(1 \pm \frac{6 \times 0.433}{3.800}\right)$$

$q_{\text{max}} = 186.058\,\text{kN/m}^2$ (앞굽)

$q_{\text{min}} = 34.955\,\text{kN/m}^2$ (뒷굽)

• 안정 판단

$q_{\text{max}} = 186.058\,\text{kN/m}^2 < q_a = 300.000\,\text{kN/m}^2$ 〈적합〉

∴ 지지력에 대하여 안전함.

3. 단면력 산정

(1) 단면력 산정

① 상시토압

$$P_a = \frac{\sin(\alpha-\phi)}{\cos(\alpha-\phi-\delta-\theta)} \times W, \ (P_a \text{ 최대값 발생시, } \alpha = 58.7^\circ \text{ 적용})$$

여기서,

$\phi(^\circ)$	$\beta(^\circ)$	$\delta(^\circ)$	$\theta(^\circ)$
30.00	0.000	10.00	2.036

※$(\delta = \frac{1}{3}\phi)$

• 수평토압 : $P_{ah} = \frac{1}{2} \times k_{ah} \times \gamma_t \times H^2 = 87.538 \text{ kN/m}$

$$K_{ah} = K_a \cdot \cos(\delta+\theta) = 0.323 \cdot \cos\left(\frac{(10+2.036)}{180} \times \pi\right) = 0.316$$

• 연직토압 : $P_{av} = \frac{1}{2} \times k_{av} \times \gamma_t \times H^2 = 18.560 \text{ kN/m}$

$$K_{av} = K_a \cdot \sin(\delta+\theta) = 0.323 \cdot \sin\left(\frac{(10+2.036)}{180} \times \pi\right) = 0.067$$

② 지진시 토압

$$: P_a = \frac{\sin(\alpha-\phi+\omega)}{\cos(\alpha-\phi-\delta-\theta)} \times \frac{We}{\cos(\omega)}, \ (P_a \text{ 최대값 발생시, } \alpha = 58.5^\circ \text{ 적용})$$

여기서,

$\phi(^\circ)$	$\beta(^\circ)$	$\delta(^\circ)$	$\theta(^\circ)$	$\omega(^\circ)$
30.000	0.000	0.000	2.036	3.148

※$(\delta = \tan^{-1} Kh)$

• 수평토압 : $P_{aeh} = \frac{1}{2} \times k_{aeh} \times \gamma_t \times H^2 = 105.545 \text{ kN/m}$

$K_{aeh} = 0.381$

• 연직토압 : $P_{aev} = \frac{1}{2} \times k_{aev} \times \gamma_t \times H^2 = 3.878 \text{ kN/m}$

$K_{aev} = 0.014$

• 동 토 압 : $P_{aeh'} = \frac{1}{2} \times k_{aeh}' \times \gamma_t \times H^2 = 18.006 \text{ kN/m}$

(여기서, $k_{aeh}' = K_{aeh} - K_{ah}$)

③ 단면력 계산

• 상시

하단부($H = 5.400$ m)

적용기준	계산 및 해설

$$V = 87.538 = 87.538\ \text{kN}$$

$$M = 87.538 \times \frac{5.400}{3} = 157.569\ \text{kN}\cdot\text{m}$$

중앙부 ($H = 2.700\,\text{m}$)

$$V = 21.885 = 21.885\ \text{kN}$$

$$M = 21.885 \times \frac{2.700}{3} = 19.696\ \text{kN}\cdot\text{m}$$

• 상재하중에 의한 벽체 단면력 계산

하단부($H = 5.400$ m)

$$V_q = K_{ah} \times a_L \times H = 17.064\ \text{kN}$$

$$M_q = P_{h1} \times y = 46.073\ \text{kN}\cdot\text{m}$$

중앙부($H = 2.700$ m)

$$V_q = K_{ah} \times a_L \times H = 8.532\ \text{kN}$$

$$M_q = P_{h1} \times y = 11.518\ \text{kN}\cdot\text{m}$$

• 지진시

하단부($H = 5.400$ m)

$$V_e = 105.545 = 105.545\ \text{kN}$$

$$M_e = 105.545 \times \frac{5.400}{2} = 284.972\ \text{kN}\cdot\text{m}$$

중앙부($H = 2.700$ m)

$$V_e = 26.386\,\text{kN}$$

$$M_e = 26.386 \times \frac{2.700}{2} = 35.621\ \text{kN}\cdot\text{m}$$

④ 설계단면력

• 하중조합

기준 3.3.2 LCB 1 : 상시 계수하중 ($1.2D + 1.6L + 1.6H$)

LCB 2 : 지진시 계수하중 ($1.2D + 1.0L + 1.0E + 0.2S$)

LCB 3 : 상시 사용하중 ($1.0D + 1.0L + 1.0H$)

적용기준	계산 및 해설

• 단면검토용 하중집계

구 분	M_u(kN·m)	V_u(kN)	M_o(kN·m)
벽체 하단	325.827	167.364	203.642
벽체 중앙	49.943	48.667	31.214
뒷 굽	322.310	167.091	195.644
앞 굽	43.180	139.628	29.413

(단, 저판에 작용하는 휨모멘드의 크기는 전면벽과 뒷굽판의 모멘트 평형조건에 의하여 전면벽에 작용하는 휨모멘트를 초과하지 않는다.)

4. 철근량 산정

(1) 벽체 하단

$f_{ck} = 24$ MPa, $f_y = 400$ MPa, $K_1 = 0.85$, $\phi_f = 0.85$, $\phi_v = 0.75$

b (mm)	H (mm)	d (mm)	피복 (mm)	M_u (kN·m)	V_u (KN)	M_o (kN·m)
1000.0	600.0	520.0	80.0	325.827	167.364	203.642

• 필요철근량 산정

소요 철근량 $A_s \approx \dfrac{M_u}{\phi_f f_y 0.9d} = \dfrac{326,000,000}{0.85 \cdot 400 \cdot 0.9 \cdot 520} = 2,049 \text{ mm}^2$

사용 철근량 D19@125 (단위 폭 1,000 mm당 철근면적 $A_s = 2,279 \text{ mm}^2$)

• 철근비 검토

기준 6.3.2

• 최소 휨철근비 검토

$$\text{균열모멘트 } M_{cr} = 0.63\sqrt{f_{ck}}\left(\frac{I_g}{y_t}\right) = 0.63\sqrt{24}\left(\frac{1,000 \cdot 600^3}{12 \cdot 520}\right) = 185 \text{ kN·m}$$

$$\text{공칭강도 } M_n = A_s f_y\left(d - \frac{a}{2}\right) = A_s f_y\left(d - \frac{a}{2}\right) = 2,279 \cdot 400\left(520 - \frac{44.7}{2}\right) = 454 \text{ kN·m}$$

(단, $a = \dfrac{A_s f_y}{0.85 f_{ck} b} = \dfrac{2,279 \cdot 400}{0.85 \cdot 24 \cdot 1,000} = 44.7$ mm)

기준 6.3.1

$\phi M_n > 1.2 M_{cr}$ 이므로 최소 휨철근비 만족

• 휨에 대한 검토

$\phi_f M_n = 0.85 \cdot 454 = 386\,\text{kN·m} > M_u (= 326\,\text{kN·m})$

설계강도가 소요강도보다 크므로 〈적합〉

• 전단 검토

$$V_c = \frac{1}{6}\sqrt{f_{ck}}\,b\,d = \frac{1}{6}\sqrt{24} \cdot 1,000 \cdot 520 = 425\,\text{kN}$$

$\phi_v V_c (= 318\,\text{kN}) > V_u (= 167\,\text{kN})$이므로 전단보강 불필요

• 균열 검토

사용하중 모멘트에 의하여 인장철근에 발생되는 응력을 계산하면,

유효깊이 대비 중립축의 깊이 비 $k = \sqrt{2\rho n + (\rho n)^2} - \rho n = 0.229$

(단, $\rho = 0.00438$, $n = \dfrac{E_s}{E_c} = \dfrac{200,000}{8,500\sqrt[3]{24+4}} = 7.75$)

$$f_s = \frac{M_o}{A_s\left(1 - \dfrac{k}{3}\right)d} = \frac{204,000,000}{2,279 \cdot \left(1 - \dfrac{0.229}{3}\right) \cdot 520} = 186\,\text{MPa}$$

휨균열 방지를 위한 요구되는 인장철근의 중심간 간격은

$$s = \min\left\{375\left(\frac{\kappa_{cr}}{f_s}\right) - 2.5c_c, 300\left(\frac{\kappa_{cr}}{f_s}\right)\right\} = \min\left\{375\left(\frac{210}{186}\right) - 2.5 \cdot 70, 300\left(\frac{210}{186}\right)\right\}$$

$$= \min\{248, 339\} = 248\,\text{mm} \quad (\text{단, } c_c = 80\,\text{mm} - \frac{d_b}{2} \approx 70\,\text{mm})$$

벽체 휨철근(D19)의 중심간격은 125 mm이며,

이는 균열 방지를 위한 최대 허용간격 248 mm보다 작으므로 〈적합〉

(2) 벽체 중앙

$f_{ck} = 24\,\text{MPa}$, $f_y = 400\,\text{MPa}$, $K_1 = 0.85$, $\phi_f = 0.85$, $\phi_v = 0.75$

b (mm)	H (mm)	d (mm)	피복 (mm)	M_u (kN·m)	V_u (kN)	M_o (kN·m)
1000.0	450.0	370.0	80.0	49.943	48.667	31.214

• 필요철근량 산정

소요 철근량 $A_s \approx \dfrac{M_u}{\phi_f f_y 0.9d} = \dfrac{49,900,000}{0.85 \cdot 400 \cdot 0.9 \cdot 370} = 441\,\text{mm}^2$

사용 철근량 D19@250 (단위 폭 1,000 mm당 철근면적 $A_s = 1,140\,\text{mm}^2$)

적용기준	계산 및 해설

• 최소 휨철근비 검토

균열모멘트 $M_{cr} = 0.63\sqrt{f_{ck}}\left(\frac{I_g}{y_t}\right) = 0.63\sqrt{24}\left(\frac{1{,}000 \cdot 450^3}{12 \cdot 225}\right) = 104\,\text{kN·m}$

공칭강도 $M_n = A_s f_y\left(d - \frac{a}{2}\right) = A_s f_y\left(d - \frac{a}{2}\right) = 1{,}140 \cdot 400\left(370 - \frac{22.4}{2}\right) = 164\,\text{kN·m}$

(단, $a = \frac{A_s f_y}{0.85 f_{ck} b} = \frac{1{,}140 \cdot 400}{0.85 \cdot 24 \cdot 1{,}000} = 22.4\,\text{mm}$)

기준 6.3.1 — $\phi M_n > 1.2 M_{cr}$ 이므로 최소 휨철근비 만족

• 휨에 대한 검토

$\phi_f M_n = 0.85 \cdot 164 = 139\,\text{kN·m} > M_u (= 49.9\,\text{kN·m})$

설계강도가 소요강도보다 크므로 〈적합〉

• 전단 검도

$V_c = \frac{1}{6}\sqrt{f_{ck}}\,b\,d = \frac{1}{6}\sqrt{24} \cdot 1{,}000 \cdot 370 = 302\,\text{kN}$

$\phi_v V_c (= 227\,\text{kN}) > V_u (= 48.7\,\text{kN})$이므로 전단보강 불필요

• 균열 검토

사용하중 모멘트에 의하여 인장철근에 발생되는 응력을 계산하면,

유효깊이 대비 중립축의 깊이비 $k = \sqrt{2\rho n + (\rho n)^2} - \rho n = 0.196$

(단, $\rho = 0.00308$, $n = \frac{E_s}{E_c} = \frac{200{,}000}{8{,}500\sqrt[3]{24+4}} = 7.75$)

$$f_s = \frac{M_o}{A_s\left(1 - \frac{k}{3}\right)d} = \frac{31{,}200{,}000}{1140 \cdot \left(1 - \frac{0.196}{3}\right) \cdot 370} = 79\ \text{MPa}$$

휨균열 방지를 위한 요구되는 인장철근의 중심간 간격은

$$s = \min\left\{375\left(\frac{\kappa_{cr}}{f_s}\right) - 2.5c_c\,,\,300\left(\frac{\kappa_{cr}}{f_s}\right)\right\} = \min\left\{375\left(\frac{210}{79}\right) - 2.5 \cdot 70\,,\,300\left(\frac{210}{79}\right)\right\}$$

$$= \min\{820\,,\,796\} = 796\,\text{mm}\ (\text{단, } c_c = 80\,\text{mm} - \frac{d_b}{2} \approx 70\,\text{mm})$$

벽체 휨철근(D19)의 중심 간격은 250 mm이며,

이는 균열 방지를 위한 최대 허용간격 796 mm보다 작으므로 〈적합〉

적용기준	계산 및 해설

(3) 뒷굽

$f_{ck} = 24\text{ MPa},\ f_y = 400\text{ MPa},\ K_1 = 0.85,\ \phi_f = 0.85,\ \phi_v = 0.75$

b (mm)	H (mm)	d (mm)	피복 (mm)	M_u (kN·m)	V_u (KN)	M_o (kN·m)
1000.0	600.0	520.0	80.0	322.310	167.091	195.644

• 필요철근량 산정

소요 철근량 $A_s \approx \dfrac{M_u}{\phi_f f_y 0.9d} = \dfrac{322,300,000}{0.85 \cdot 400 \cdot 0.9 \cdot 520} = 2,025\text{ mm}^2$

사용 철근량 D19@125 (단위 폭 1,000 mm당 철근면적 $A_s = 2,279\text{ mm}^2$)

• 최소 휨철근비 검토

균열모멘트 $M_{cr} = 0.63\sqrt{f_{ck}}\left(\dfrac{I_g}{y_t}\right) = 0.63\sqrt{24}\left(\dfrac{1,000 \cdot 600^3}{12 \cdot 300}\right) = 185\text{ kN·m}$

공칭강도 $M_n = A_s f_y\left(d - \dfrac{a}{2}\right) = A_s f_y\left(d - \dfrac{a}{2}\right) = 2,279 \cdot 400\left(520 - \dfrac{44.7}{2}\right) = 454\text{kN·m}$

(단, $a = \dfrac{A_s f_y}{0.85 f_{ck} b} = \dfrac{2,279 \cdot 400}{0.85 \cdot 24 \cdot 1,000} = 44.7\text{ mm}$)

기준 6.3.1

$\phi M_n > 1.2 M_{cr}$ 이므로 최소 휨철근비 만족

• 휨에 대한 검토

$\phi_f M_n = 0.85 \cdot 454 = 386\text{ kN·m} > M_u (= 322.3\text{ kN·m})$

설계강도가 소요강도보다 크므로 〈적합〉

• 전단 검토

$V_c = \dfrac{1}{6}\sqrt{f_{ck}}\,b\,d = \dfrac{1}{6}\sqrt{24} \cdot 1,000 \cdot 520 = 424\text{ kN}$

$\phi_v V_c (= 318\text{ kN}) > V_u (= 167\text{ kN})$이므로 전단보강 불필요

• 균열 검토

사용하중 모멘트에 의하여 인장철근에 발생되는 응력을 계산하면,

유효깊이 대비 중립축의 깊이비 $k = \sqrt{2\rho n + (\rho n)^2} - \rho n = 0.229$

적용기준	계산 및 해설

(단, $\rho = 0.00438$, $n = \dfrac{E_s}{E_c} = \dfrac{200,000}{8,500\sqrt[3]{24+4}} = 7.75$)

$$f_s = \frac{M_o}{A_s\left(1-\frac{k}{3}\right)d} = \frac{195,600,000}{2,279\cdot\left(1-\frac{0.229}{3}\right)\cdot 520} = 178.3\text{ MPa}$$

휨균열 방지를 위해 요구되는 인장철근의 중심간 간격은

$$s = \min\left\{375\left(\frac{\kappa_{cr}}{f_s}\right)-2.5c_c,300\left(\frac{\kappa_{cr}}{f_s}\right)\right\} = \min\left\{375\left(\frac{210}{178}\right)-2.5\cdot 70,300\left(\frac{210}{178}\right)\right\}$$

$$= \min\{267.4,353\} = 267.4\text{ mm}\ (\text{단, } c_c = 80\text{ mm} - \frac{d_b}{2} \approx 70\text{ mm})$$

벽체 휨철근(D19)의 중심 간격은 125 mm이며,

이는 균열 방지를 위한 최대 허용간격 267.4 mm보다 작으므로 〈적합〉

(4) 앞굽

$f_{ck} = 24\text{ MPa}$, $f_y = 400\text{ MPa}$, $K_1 = 0.85$, $\phi_f = 0.85$, $\phi_v = 0.75$

b (mm)	H (mm)	d (mm)	피복 (mm)	M_u (kN·m)	V_u (KN)	M_o (kN·m)
1000.0	600.0	520.0	80.0	43.180	139.628	29.413

• 필요철근량 산정

소요 철근량 $A_s \approx \dfrac{M_u}{\phi_f f_y 0.9d} = \dfrac{43,180,000}{0.85\cdot 400\cdot 0.9\cdot 520} = 271.4\text{ mm}^2$

사용 철근량 D19@200 (단위 폭 1,000 mm당 철근면적 $A_s = 1,425\text{ mm}^2$)

• 최소 휨철근비 검토

균열모멘트 $M_{cr} = 0.63\sqrt{f_{ck}}\left(\dfrac{I_g}{y_t}\right) = 0.63\sqrt{24}\left(\dfrac{1,000\cdot 600^3}{12\cdot 300}\right) = 185\text{ kN·m}$

공칭강도 $M_n = A_s f_y\left(d-\dfrac{a}{2}\right) = A_s f_y\left(d-\dfrac{a}{2}\right) = 1,425\cdot 400\left(520-\dfrac{27.9}{2}\right) = 288\text{ kN·m}$

(단, $a = \dfrac{A_s f_y}{0.85 f_{ck} b} = \dfrac{1,425\cdot 400}{0.85\cdot 24\cdot 1,000} = 27.9\text{ mm}$)

기준 6.3.1 $\phi M_n > 1.2M_{cr}$ 이므로 최소 휨철근비 만족

계산 및 해설

• 휨에 대한 검토

$\phi_f M_n = 0.85 \cdot 288 = 386\,\mathrm{kN \cdot m} > M_u (=43.18\,\mathrm{kN \cdot m})$

설계강도가 소요강도보다 크므로 〈적합〉

• 전단 검토

$$V_c = \frac{1}{6}\sqrt{f_{ck}}\,b\,d = \frac{1}{6}\sqrt{24} \cdot 1{,}000 \cdot 520 = 424\,\mathrm{kN}$$

$\phi_v V_c (=318\,\mathrm{kN}) > V_u (=139.63\,\mathrm{kN})$이므로 전단보강 불필요

• 균열 검토

사용하중 모멘트에 의하여 인장철근에 발생되는 응력을 계산하면,

유효깊이 대비 중립축의 깊이비 $k = \sqrt{2\rho n + (\rho n)^2} - \rho n = 0.186$

(단, $\rho = 0.00274,\ n = \dfrac{E_s}{E_c} = \dfrac{200{,}000}{8{,}500\sqrt[3]{24+4}} = 7.75$)

$$f_s = \frac{M_o}{A_s\left(1-\dfrac{k}{3}\right)d} = \frac{29{,}413{,}000}{1{,}425 \cdot \left(1-\dfrac{0.186}{3}\right) \cdot 520} = 42.32\,\mathrm{MPa}$$

휨균열 방지를 위한 요구되는 인장철근의 중심간 간격은

$$s = \min\left\{375\left(\frac{\kappa_{cr}}{f_s}\right) - 2.5c_c\,,300\left(\frac{\kappa_{cr}}{f_s}\right)\right\} = \min\left\{375\left(\frac{210}{42.32}\right) - 2.5 \cdot 70\,,300\left(\frac{210}{42.32}\right)\right\}$$

$$= \min\{1{,}685,\ 1{,}488\} = 1{,}488\,\mathrm{mm}\ (\text{단, } c_c = 80\,\mathrm{mm} - \frac{d_b}{2} \approx 70\,\mathrm{mm})$$

벽체 휨철근(D19)의 중심 간격은 200 mm이며,

이는 균열 방지를 위한 최대 허용간격 1,488 mm보다 작으므로 〈적합〉

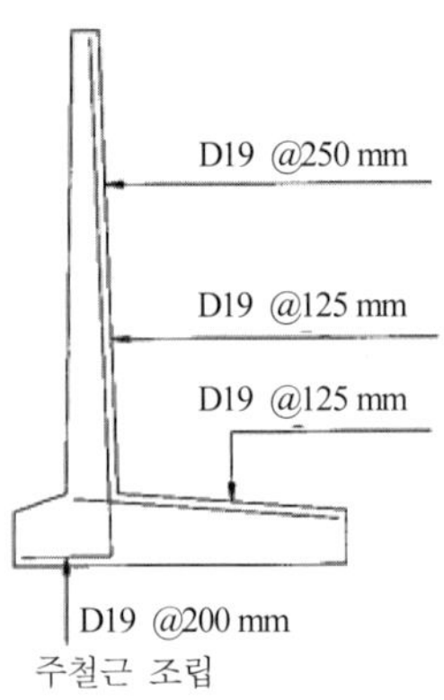

예제 그림 13.1-3 배근 현황

예제 13.2 지하층 외벽의 설계 - 1방향 벽체

다음 그림에 표시된 지하층 연속벽체를 설계하라. 다만, 지하수위는 G.L − 5 m에 위치하고 상재하중은 비상차량 하중 등을 고려하여 16 kPa을 적용한다.

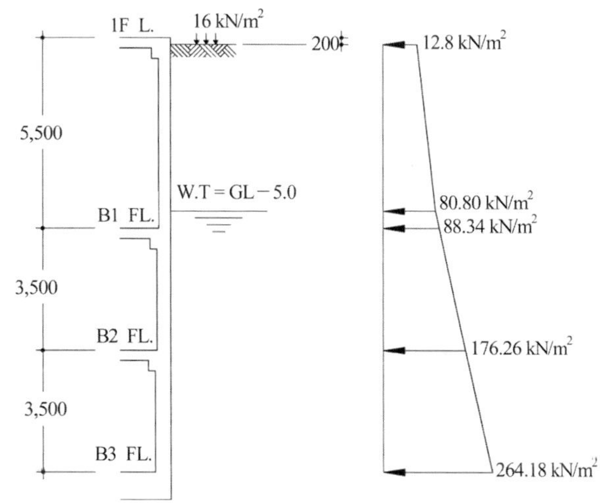

예제 그림 13.2-1 지하층 연속벽체의 현황

◎ 설계조건

- 콘크리트의 설계기준 압축강도 $f_{ck} = 30\ \mathrm{MPa}$
- 철근의 설계기준 항복강도 $f_y = 400\,\mathrm{MPa}$
- 흙의 내부마찰각 $\phi_1 = 30^\circ$
- 흙의 단위체적중량

  지하수위 상부 $\gamma = 17\ \mathrm{kN/m^3}$

  지하수위 하부 $\gamma = 18\ \mathrm{kN/m^3}$, $\gamma' = 11.4\ \mathrm{kN/m^3}$, $\gamma_w = 10\ \mathrm{kN/m^3}$

※ 흙의 수중 단위체적중량

- $G = 27\ \mathrm{kN/m^3}$ (G : 공극이 없을 때 흙의 단위체적중량)
- 흙의 체적률 : $V_s = \dfrac{18}{27} = 0.67$
- $\gamma' = (G - 10) \cdot V_s$

  $= (27 - 10) \cdot 0.67 \fallingdotseq 11.4\,\mathrm{kN/m^3}$

적용기준	계산 및 해설

1. 횡력 산정

건물의 외벽은 횡방향 이동이 구속되므로 정지토압계수를 사용해야 한다.

정지토압계수 $K_o = 1 - \sin\phi_1 = 1 - \sin 30^\circ = 0.5$

벽면의 깊이에 따른 횡압

기준 3.3.2

하중조합 $U = 1.6L + 1.6H_h$

지 면 $P = 1.6 \times (0.5 \times 16) = 12.8\text{kN/m}^2$

지하수위면 $P = 12.8 + 1.6 \times (0.5 \times 17 \times 5.0) = 80.80\text{kN/m}^2$

지하1층 바닥 $P = 80.80 + 1.6 \times (0.5 \times 11.4 \times 0.3) + 1.6 \times 10 \times (0.3)$

$= 88.34\text{kN/m}^2$

지하2층 바닥 $P = 88.34 + 1.6 \times (0.5 \times 11.4 \times 3.5) + 1.6 \times 10 \times (3.5)$

$= 176.26\text{kN/m}^2$

지하3층 바닥 $P = 176.26 + 1.6 \times (0.5 \times 11.4 \times 3.5) + 1.6 \times 10 \times (3.5)$

$= 264.18\text{kN/m}^2$

2. 구조해석(1 m폭 기준)

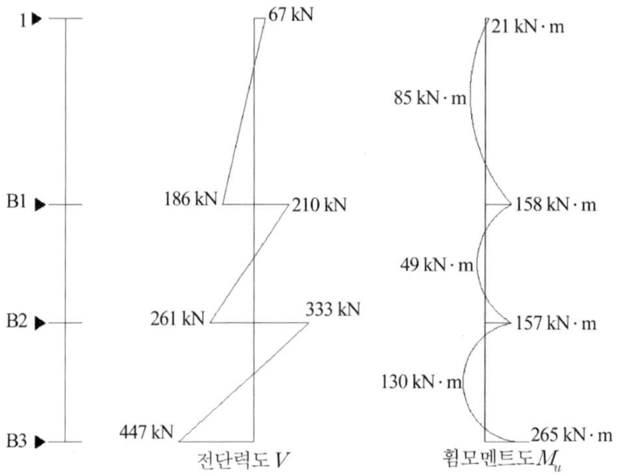

예제 그림 13.2-2 벽체의 구조해석 결과

3. 전단검토

피복은 5 cm로 가정한다.

위 치	벽두께 h (mm)	작용전단력 V_u (kN)	전단강도 ϕV_c (kN)	비 고
B1 FL 하부	350	186(161)	199	적 합
B2 FL 하부	400	261(202)	267	적 합
B3 FL 하부	550	447(319)	335	적 합

$\phi = 0.75,\quad \phi V_c = \phi\left(\frac{1}{6}\sqrt{f_{ck}}\right)b_w d$ ( )는 위험단면에서의 전단력

4. 휨철근량 산정

지하 3층 바닥 하부만 예시한다.

벽두께는 $h = 550$ mm이고 유효깊이는 $d = h - 60 = 490$ mm를 가정한다. 콘크리트의 설계기준 압축강도는 $f_{ck} = 30$ MPa이고 철근의 설계기준 항복강도는 $f_y = 400$ MPa이다.

• 필요철근량 산정

소요모멘트 $M_u = 265$ kN·m에 대하여 단위폭($b = 1{,}000$ mm)에서 요구되는 휨 철근량은 다음과 같이 산정할 수 있다.

소요 철근량 $A_s \approx \dfrac{M_u}{\phi_f f_y 0.9d} = \dfrac{265{,}000{,}000}{0.85 \cdot 400 \cdot 0.9 \cdot 490} = 1{,}767\ \text{mm}^2$

사용 철근량 D19@125 (단위 폭 1,000 mm당 철근면적 $A_s = 2{,}279\ \text{mm}^2$)

• 최소 휨철근비 검토

균열모멘트 $M_{cr} = 0.63\sqrt{f_{ck}}\left(\dfrac{I_g}{y_t}\right) = 0.63\sqrt{30}\left(\dfrac{1{,}000\ 550^3}{12 \cdot 275}\right) = 174$ kN·m

공칭강도 $M_n = A_s f_y\left(d - \dfrac{a}{2}\right) = 2{,}279 \cdot 400\left(490\ \ \dfrac{36.0}{2}\right) = 375$ kN·m

(단, $a = \dfrac{A_s f_y}{0.85 f_{ck} b} = \dfrac{2{,}279 \cdot 400}{0.85 \cdot 30 \cdot 1{,}000} = 36.0$ mm)

기준 6.3.1 $\phi M_n > 1.2 M_{cr}$ 이므로 최소 휨철근비 만족

나머지 위치에서도 동일한 방법으로 지하외벽에 요구되는 휨철근을 결정한다.

적용기준

계산 및 해설

위 치		벽두께 h (mm)	작용모멘트 M_u(kN·m)	소요철근량 (mm^2/m)	설계간격 (mm)
B1 FL	상 부	350	21	236	D19@250
	중앙부	350	85	957	D19@250
	하 부	350	158	1,780	D19@125
B2 FL	상 부	400	158	1,518	D19@150
	중앙부	400	49	471	D19@300
	하 부	400	157	1,509	D19@150
B3 FL	상 부	550	157	1,047	D19@200
	중앙부	550	130	867	D19@200
	하 부	550	265	1,767	D19@125

기준 11.3

- 최소 철근량 및 최대 배근간격 검토

  최소 수직철근비 = 벽체 단면적의 0.0012 (D16 이하)

  최소 수직철근비 = 벽체 단면적의 0.0015 (D16 초과)

  최소 수평철근비 = 벽체 단면적의 0.002

  최대 배근간격 = $3 \times h$ 또한 400 mm 이하

- 벽체 수평철근

  지하1층 바닥 철근량 $A_{sh} = 1,000 \times 350 \times 0.002 = 700\,\text{mm}^2/\text{m}$

  $$\text{배근간격} = \frac{127 \times 1,000 \times 2}{700} = 363\,\text{mm} \qquad \therefore \ \text{D}13@300\,\text{mm}$$

  지하2층 바닥 철근량 $A_{sh} = 1,000 \times 400 \times 0.002 = 800\,\text{mm}^2/\text{m}$

  $$\text{배근간격} = \frac{127 \times 1,000 \times 2}{800} = 318\,\text{mm} \qquad \therefore \ \text{D}13@300\,\text{mm}$$

  지하3층 바닥 철근량 $A_{sh} = 1,000 \times 550 \times 0.002 = 1,100\,\text{mm}^2/\text{m}$

  $$\text{배근간격} = \frac{127 \times 1,000 \times 2}{1,100} = 231\,\text{mm} \qquad \therefore \ \text{D}13@200\,\text{mm}$$

적용기준

계산 및 해설

5. 배근단면도

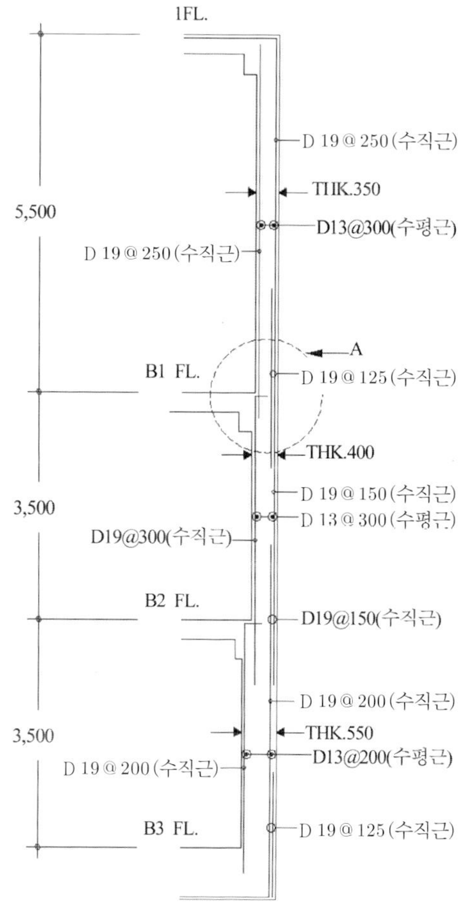

배근단면도

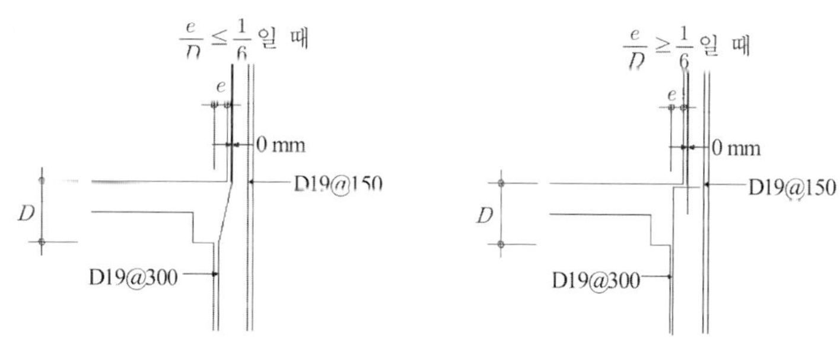

A 상세도

예제 그림 13.2-3 배근현황

예제 13.3 지하층 외벽의 설계 - 3변 고정벽체

예제 그림 13.3-1에 표시된 지하실 외벽을 설계하라. 다만, 지하수위는 $\mathrm{G.L}-1.5\,\mathrm{m}$에 위치하고 상재하중은 비상차량 하중 등을 고려하여 $16\,\mathrm{kPa}$을 적용한다.

◎ 설계조건

- 콘크리트의 설계기준 압축강도

  $f_{ck}=30\mathrm{MPa}$

- 철근의 설계기준 항복강도

  $f_y=400\mathrm{MPa}$

- 흙의 내부마찰각 $\phi_1=30^\circ$
- 흙의 단위체적중량

  지하수위 상부

  $\gamma=17\mathrm{kN/m^3}$

  지하수위 하부

  $\gamma=18\mathrm{kN/m^3}$

  $\gamma'=11.4\mathrm{kN/m^3}$

  $\gamma_w=10\mathrm{kN/m^3}$

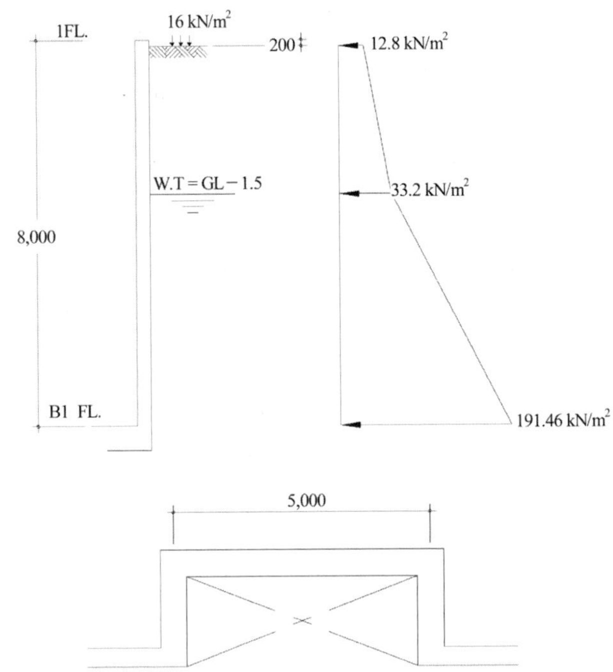

예제 그림 13.3-1 외벽의 형상 및 재하하중

※ 흙의 수중 단위체적중량

- $\mathrm{G}=27\,\mathrm{kN/m^3}$ (G : 공극이 없을 때 흙의 단위체적중량)
- 흙의 체적률 : $V_s=\dfrac{18}{27}=0.67$
- $\gamma'=(G-10)\cdot V_s$

  $=(27-10)\cdot 0.67$

  $\fallingdotseq 11.4\,\mathrm{kN/m^3}$

적용기준

계산 및 해설

1. 횡력 산정

건물의 외벽은 횡방향 이동이 구속되므로 정지토압계수를 사용해야 한다.

정지토압계수 $K_o = 1 - \sin\phi_1 = 1 - \sin 30^\circ = 0.5$

벽면의 깊이에 따른 횡압

기준 3.3.2

하중조합 $U = 1.6L + 1.6H_h$

지 면 $P = 1.6 \times (0.5 \times 16) = 12.8\,\mathrm{kN/m^2}$

지하수위면 $P = 12.8 + 1.6 \times (0.5 \times 17 \times 1.5) = 33.2\,\mathrm{kN/m^2}$

지하1층 바닥 $P = 33.2 + 1.6 \times (0.5 \times 11.4 \times 6.3) + 1.6 \times 10 \times (6.3)$

$= 191.46\,\mathrm{kN/m^2}$

2. 구조해석

3변 고정벽체로 가정하여 구조해석을 수행하면 다음과 같은 부재력을 얻는다.

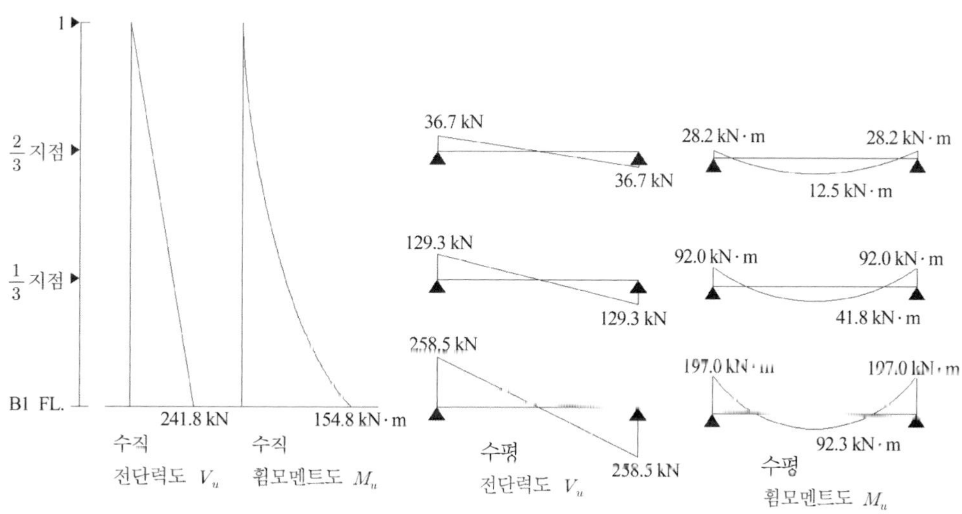

예제 그림 13.3-2 해석결과

적용기준	계산 및 해설

3. 전단 검토

피복두께는 5 cm로 가정한다.

위 치		벽두께 h (mm)	작용전단력 V_u (kN)	전단강도 ϕV_c (kN)	비 고
B1 FL 하부	수직	450	242(140)	267	적 합
	수평	450	259(213)	260	적 합

$\phi = 0.75, \quad \phi V_c = \phi\left(\frac{1}{6}\sqrt{f_{ck}}\right)b_w d$ ( )는 위험단면에서의 전단력

4. 수직철근량 산정

지하1층 바닥 하부만 예시한다.

• 필요철근량 산정

소요모멘트 $M_u = 154\,\text{kN}\cdot\text{m}$에 대하여 단위 폭($b = 1{,}000\,\text{mm}$)에서 요구되는 휨 철근량은 다음과 같이 산정할 수 있다.

소요 철근량 $A_s \approx \dfrac{M_u}{\phi_f f_y 0.9d} = \dfrac{154{,}000{,}000}{0.85 \cdot 400 \cdot 0.9 \cdot 390} = 1{,}290\,\text{mm}^2$

사용 철근량 D16@150 (단위 폭 1,000 mm당 철근면적 $A_s = 1{,}390\,\text{mm}^2$)

• 최소 휨철근비 검토

균열모멘트 $M_{cr} = 0.63\sqrt{f_{ck}}\left(\dfrac{I_g}{y_t}\right) = 0.63\sqrt{30}\left(\dfrac{1{,}000 \cdot 450^3}{12 \cdot 225}\right) = 116.5\,\text{kN·m}$

공칭강도 $M_n = A_s f_y\left(d - \dfrac{a}{2}\right) = 1{,}390 \cdot 400\left(390 - \dfrac{21.8}{2}\right) = 217.1\,\text{kN·m}$

(단, $a = \dfrac{A_s f_y}{0.85 f_{ck} b} = \dfrac{1{,}390 \cdot 400}{0.85 \cdot 30 \cdot 1{,}000} = 21.8\,\text{mm}$)

기준 6.3.1 — $\phi M_n > 1.2 M_{cr}$ 이므로 최소 휨철근비 만족

나머지 위치에서도 동일한 방법으로 지하외벽에 요구되는 휨철근을 결정한다.

위 치	벽두께 h (mm)	작용모멘트 M_u(kN·m)	소요철근량 (mm²)	설계간격 (mm)
B1 FL	450	154	1,290	D16@150

적용기준	계산 및 해설

최소 철근량 및 최대 배근간격 검토

기준 11.3 최소 수직철근비 = 벽체 단면적의 0.0012(D16 이하)

최소 수직철근비 = 벽체 단면적의 0.0015(D16 초과)

최소 수평철근비 = 벽체 단면적의 0.002

최대 배근간격 $= 3 \times h$ 또한 400 mm 이하

5. 수평철근량 산정

지하1층 바닥 하부의 양단부만 예시한다.

• 필요철근량 산정

소요모멘트 $M_u = 197\ \mathrm{kN \cdot m}$에 대하여 단위 폭($b = 1,000\ \mathrm{mm}$)에서 요구되는 휨 철근량은 다음과 같이 산정할 수 있다.

소요 철근량 $A_s \approx \dfrac{M_u}{\phi_f f_y 0.9d} = \dfrac{197,000,000}{0.85 \cdot 400 \cdot 0.9 \cdot 380} = 1,694\ \mathrm{mm^2}$

사용 철근량 D19@125 (단위 폭 1,000 mm당 철근면적 $A_s = 2,279\ \mathrm{mm^2}$)

• 최소 휨철근비 검토

균열모멘트 $M_{cr} = 0.63\sqrt{f_{ck}}\left(\dfrac{I_g}{y_t}\right) = 0.63\sqrt{30}\left(\dfrac{1,000 \cdot 450^3}{12 \cdot 225}\right) = 116.5\ \mathrm{kN \cdot m}$

공칭강도 $M_n = A_s f_y\left(d - \dfrac{a}{2}\right) = 2,279 \cdot 400\left(380 - \dfrac{36}{2}\right) = 330\ \mathrm{kN \cdot m}$

(단, $a = \dfrac{A_s f_y}{0.85 f_{ck} b} = \dfrac{2,279 \cdot 400}{0.85 \cdot 30 \cdot 1,000} = 36\ \mathrm{mm}$)

기준 6.3.1 $\phi M_n > 1.2 M_{cr}$ 이므로 최소 휨철근비 만족

나머지 위치에서도 동일한 방법으로 지하외벽에 요구되는 휨철근을 결정한다.

계산 및 해설

위 치		벽두께 h (mm)	작용모멘트 M_u(kN·m)	소요철근량 (mm^2)	설계간격 (mm)
2/3 지점	양 단	450	28	241	D19@250
	중앙부	450	12	103	D19@250
1/3 지점	양 단	450	92	791	D19@250
	중앙부	450	42	361	D19@250
B1 지점	양 단	450	197	1,694	D19@125
	중앙부	450	92	791	D19@250

6. 배근단면도

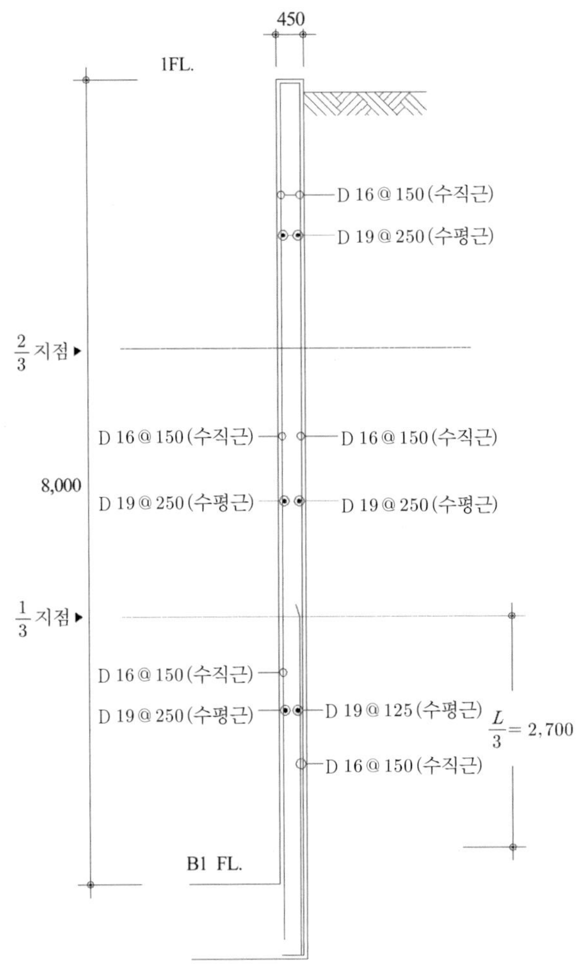

예제 그림 13.3-3 배근결과

제 14 장

아 치

예제 14.1 아치의 좌굴 안전성 검토

리브의 지간이 73 m이고 라이즈는 19 m인 고정 아치의 세장비를 계산하고 이에 따른 단면력의 계산방법을 결정하여라. 주어진 아치는 폭이 12,000 mm이고 높이가 1,400 mm인 직사각형 단면을 가지며 경간의 $\frac{1}{4}$ 지점에서의 회전각은 $37°$ 이다.

적용기준	계산 및 해설

1. 환산부재의 길이 계산

기준 14.3.1(6)

아치 경간에 대한 높이의 비

$$\frac{f}{l} = \frac{19}{73} = 0.260$$

표 14.3.1

계수 δ 결정

$\frac{f}{l}$이 0.25일 때 고정 아치의 경우 δ의 값은 0.422

$\frac{f}{l}$이 0.30일 때 고정 아치의 경우 δ의 값은 0.453

계산된 $\frac{f}{l}$의 값이 0.25와 0.30의 사이 값이므로 선형보간을 이용

$$\delta = 0.422 + \frac{0.26 - 0.25}{0.30 - 0.25} \times (0.453 - 0.422) = 0.428$$

따라서 환산부재의 길이는 $l_{tr} = \delta l = 0.428 \times 73 = 31.24\,\mathrm{m}$가 된다.

2. 단면2차모멘트 계산

폭이 1,200 mm이고 높이가 1,400 mm인 직사각형 단면의 단면2차모멘트

$$I_m = \frac{12,000 \times 1,400^3}{12} = 2.744 \times 10^{12}\,\mathrm{mm}^4 = 2.744\,\mathrm{m}^4$$

3. 세장비 계산

경간의 $\frac{1}{4}$ 지점에서의 단면적

$$A_{l/4} = 12,000 \times 1,400 = 1.68 \times 10^7\,\mathrm{mm}^2 = 16.8\mathrm{m}^2$$

적용기준	계산 및 해설

세장비

기준 식 14.3.1

$$\lambda = l_{tr}\sqrt{\frac{A_{l/4}\cos\theta_{l/4}}{I_m}} = 31.24\sqrt{\frac{16.8\times\cos 37^\circ}{2.74}} = 69.13$$

4. 단면력 계산방법 결정

기준 14.3.2

계산된 세장비의 값인 69.13은 20보다 크고 70 이하인 값이다. 따라서 유한변형에 의한 영향을 편심하중에 의한 휨모멘트로 치환하여 발생하는 휨모멘트에 더하여 단면의 계수휨모멘트에 대한 안전성을 검토해야 한다.

따라서 계산된 편심하중에 의한 휨모멘트를 더하여 증가된 휨모멘트를 단면 계수휨모멘트로 설정하고, 설계된 아치 리브가 주어진 계수휨모멘트를 만족하는지를 확인하는 것을 통해 안전성을 검토할 수 있다.

주의(참고) 현행 콘크리트구조기준(2012)에서는 아치에 적용할 수 있는 유한변형에 의한 영향을 편심하중에 의한 휨모멘트로 치환하는 방법을 따로 명시적으로 제시하지는 않고 있다. 이러한 점을 고려하여 아래에서는 여타 설계기준들에서 제시하고 있는 방법들을 간략히 정리하였다.

(1) 도로교설계기준 2010, 철도설계기준 2004(철도교 편)

소규모 아치교에 있어서 간략식으로 면내좌굴 및 면외좌굴을 검토할 경우에는 다음 식을 사용해야 한다.

$$M_d = M_E\frac{1}{1-\zeta}$$

여기서

M_d : 처짐이론에 의한 휨모멘트(확대모멘트)

M_E : 선형이론에 의해 얻어진 휨모멘트

$\zeta = \dfrac{H_D}{H_{cr}}$: 축방향에 의한 부가모멘트를 보정하는 파라미터

H_D : 작용수평력

H_{cr} : 아치의 좌굴하중

λ가 20보다 크고 70 이하의 값일 때, 아치의 좌굴하중 H_{cr}은

$$H_{cr} = \left[4\pi^2\left\{1-8\left(\frac{f}{L}\right)^2\right\}\right]\frac{EI_y}{L^2}$$

(2) 도로교설계기준 2012(한계상태설계법)

변형이 하중영향에 미치는 영향을 고려하기 위하여 계수모멘트 또는 계수응력을 다음과 같이 증가시킬 수 있다.

$$M_c = \delta M_{2b}$$

$$\delta_s = \frac{1}{1 - \dfrac{P_u}{0.75P_e}} \geq 1.0$$

여기서

P_u : 계수축하중(N)

P_c : 오일러 좌굴하중

M_{2b} : 선형이론에 의하여 얻어진 휨모멘트

오일러 좌굴하중 P_e은

$$P_e = \frac{\pi^2 EI}{(Kl_u)^2}$$

여기서

K : 유효길이 계수

l_u : 아치 리브 길이의 ½(mm)

E : 탄성계수(MPa)

I : 단면2차모멘트(mm^2)

유효길이 계수는 아래 표를 이용하여 구할 수 있다.

높이 대 지간장 비	3힌지 아치	2힌지 아치	고정 아치
0.1-0.2	1.16	1.04	0.70
0.2-0.3	1.13	1.10	0.70
0.3-0.4	1.16	1.16	0.72

예제 14.2 아치 리브의 설계

아치 리브의 단면이 그림과 같이 주어진다. 계수축력 $P_u = 100{,}000\,\mathrm{kN}$과 계수휨모멘트 $M_u = 40{,}000\,\mathrm{kN \cdot m}$에 대하여 주어진 아치 리브의 축방향 철근량을 결정하고 횡방향 철근 및 그 배치간격을 결정하여라. 콘크리트의 설계기준 압축강도는 $f_{ck} = 27\,\mathrm{MPa}$, 철근의 설계기준 항복강도는 $f_y = 400\,\mathrm{MPa}$이다. 아치 리브는 폭 $12{,}000\,\mathrm{mm}$, 두께 $1{,}400\,\mathrm{mm}$인 직사각형 단면이다. 상하면에 배치되는 축방향 철근은 아치 리브 상하면에서 $140\,\mathrm{mm}$ 떨어진 지점에 한 층으로 균등하게 분포되어 있다고 가정한다.

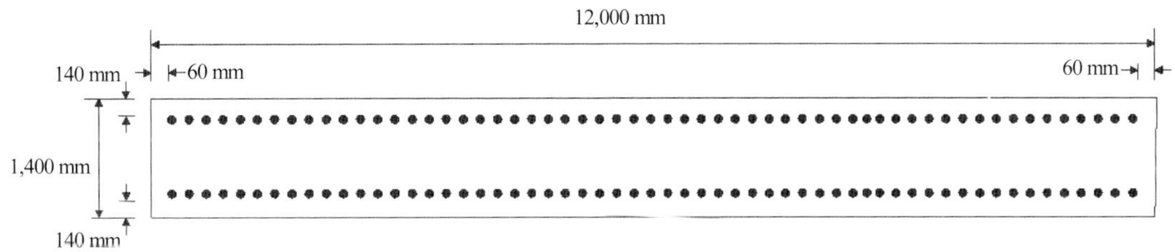

적용기준

계산 및 해설

1. 중립축 c깊이 및 철근응력 계산

균형 파괴가 일어날 때 중립축 c

$$c = d\frac{\varepsilon_u}{\varepsilon_u + \varepsilon_y}$$

$$= 1{,}260 \times \frac{0.003}{0.003 + \dfrac{400}{2 \times 10^5}} = 756\,\mathrm{mm}$$

$$a = 0.85 \times 756 = 643\,\mathrm{mm}$$

균형 파괴 시 $f_s = f_y$

$$\varepsilon_s = \varepsilon_u \frac{d - c}{c}$$

$$= 0.003 \times \frac{1{,}260 - 756}{756} = 0.002$$

압축철근의 응력 f'_s

$$f'_s = \varepsilon_u E_s \frac{c - d'}{c}$$

적용기준	계산 및 해설

$$= 0.003 \times 20 \times 10^5 \times \frac{756 - 140}{756} = 489\,\mathrm{MPa} > f_y = 400\,\mathrm{MPa}$$

2. 최소 철근량 결정

기준 14.4(1)

아치 리브의 상하면 철근량의 합은 콘크리트 단면적의 0.15 % 이상

따라서 최소 총철근량 $A_{st,\min}$은

$$A_{st,\min} = 0.0015 \times 12{,}000 \times 1{,}400 = 25{,}200\,\mathrm{mm}^2$$

기준 14.4(1)

아치 리브의 윗면 또는 하면 철근은 폭 1 m당 600 mm^2 이상

따라서 윗면 혹은 하면 철근의 최소 철근량 $A_{s,\min}$은

$$A_{s,\min} = 600 \times 12 = 7{,}200\,\mathrm{mm}^2$$

아치의 상하면 철근이 대칭을 이룬다고 하면 윗면 혹은 하면 철근의 최소 철근량은 최소 총철근량 $A_{s,}$의 1/2인 값과 최소 철근량 $A_{s,\min}$ 중 큰 값이 되어야 한다.

따라서 최소 철근량은 $A_{s,\min} = 25{,}200/2 = 12{,}600\,\mathrm{mm}^2$

3. 축방향 철근량 결정

주어진 아치 리브 단면의 상하면에 각각 $100 - \mathrm{D}13 = 12{,}700\,\mathrm{mm}^2$가 한 층으로 균등 분포되어 있다고 가정한다.

균형 파괴가 일어날 때의 축력 P_b는

$$P_b = 0.85 f_{ck} ba + A_s f_s + A'_s f'_s$$

$$= 0.85 \times 27 \times 12{,}000 \times 643 + 12{,}700 \times 400 - 12{,}700 \times 400 = 177{,}082\,\mathrm{kN}$$

균형 휨모멘트 M_b는

$$M_b = 0.85 f_{ck} ab\left(\frac{h}{2} - \frac{a}{2}\right) + A'_s f'_s\left(\frac{h}{2} - d'\right) + A_s f_s\left(d - \frac{h}{2}\right)$$

$$= 177{,}082 \times 378.5 + 5{,}080 \times \left(\frac{1{,}400}{2} - 140\right) + 5{,}080 \times \left(1{,}260 - \frac{1{,}400}{2}\right)$$

$$= 72{,}715\,\mathrm{kN \cdot m}$$

인장철근의 응력을 0.002로 가정하였으므로 압축지배영역에 해당하며 이에 따라 강도감소계수는 0.65가 된다.

균형파괴 시의 계수축력 ϕP_b과 계수휨모멘트 ϕM_b는

$$\phi P_b = 115{,}103\,\mathrm{kN}$$

적용기준	계산 및 해설
	$\phi M_b = 47,265\,\mathrm{kN \cdot m}$
	따라서 최소 철근량을 가지는 아치 리브 단면은 $P_u = 100,000\,\mathrm{kN}$와 $M_u = 40,000\,\mathrm{kN \cdot m}$에 대하여 적절하다.
	4. 횡방향 철근 및 배치간격 결정
기준 14.4(2)	횡방향 철근은 D13 이상 혹은 축방향 철근 지름(D13)의 1/3 이상 따라서 D13 철근을 횡방향 철근을 사용해야 한다.
기준 14.4(2)	축방향 철근 지름의 15배에 해당하는 길이는 $13 \times 15 = 195\,\mathrm{mm}$ 아치 리브 단면의 최소 치수는 $1,400\,\mathrm{mm}$ 따라서 횡방향 철근의 간격은 축방향 철근지름의 15배에 해당하는 길이($195\,\mathrm{mm}$)로 한다.

제 15 장

라 멘

지중라멘교의 설계

경간장 15 m인 단경간 지중라멘교를 설계하라. (토피는 2 m이며, 상부 활하중은 서울지하철공사에서 제공한 토피에 따른 등분포하중으로 환산하여 적용한다.)

단 면 가 정

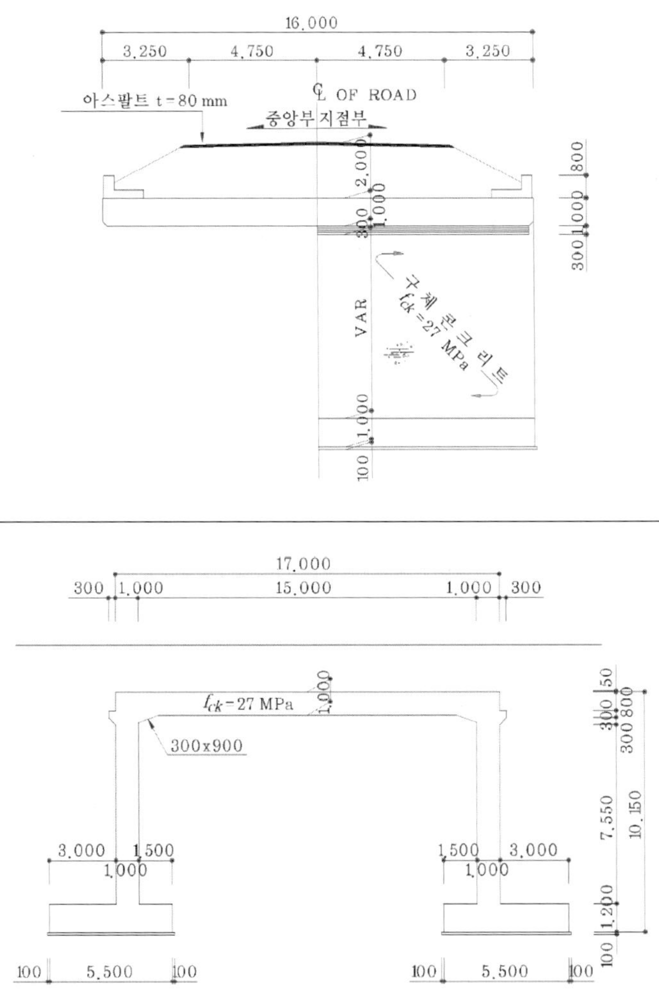

◎ 설계조건

(1) 일반사항

- 교량형식 : 지중라멘교
- 경간장 : $L = 15.0\,\mathrm{m}$ (구조계산 경간장 $L_s = 16.0\,\mathrm{m}$)
- 교량폭원 : $16.0\,\mathrm{m}$
- SKEW 각도 : 0°(직교)
- 기초형식 : 직접기초

적용기준	## 계산 및 해설

(2) 하중

• 고정하중

- 도로교설계기준에 제시된 다음의 단위중량을 적용한다

철근콘크리트 : $24.5\,\mathrm{kN/m^3}$, 뒷채움 토사 : $20.0\,\mathrm{kN/m^3}$

• 활하중

- 노면활하중 : 지중라멘교는 서울지하철공사에서 제시한 토피별 등분포하중으로 환산히여 적용하고, 노출라멘교는 도로교설계기준을 적용한다.

활하중의 토피별 환산 등분포하중『서울지하철공사』

토피(m)	1	1.5	2	2.5	3	4	5	6	7	8	9	10
하 중	51.0	39.0	21.0	17.0	15.0	15.0	15.0	15.0	15.0	12.0	11.0	10.0

- 과재하중 : $10.0\,\mathrm{kN/m^2}$(장비이동, 토사 적재 등을 감안해 시공중 적용)

• 토 압

- 흙의 내부마찰각 : $\phi = 35.00°$(뒷채움 토사의 종류 및 다짐에 따라 변경)

- 정지토압계수 : $K_s = 1 - \sin\phi = 0.426$

• 지진하중

- 내진등급 : 1등급(위험도계수 : 1.4)

- 내진구역 : 1구역(지진가속도 : 0.11)

- 가속도계수 : $A = 1.400 \times 0.110 = 0.154$

- 지반계수 : $S = 1.00$(지반종류 I : 경암 또는 보통암 지반)

- 지진시토압계수 : Mononobe-Okabe 공식

• 온도하중 : 지중구조물이므로 온도변화하중 미적용

- 노출라멘교인 경우 바닥판 상하면 온도차 5℃와 온도변화 ± 20℃ (-5℃~35℃) 적용

• 지점침하 : 콘크리트교이므로 $\delta = \dfrac{L}{2000} = 7.5\,\mathrm{mm}$의 50%인 3.75mm 적용

• 건조수축

- 건조수축률(ε) : 15.0×10^{-5}(온도하강 15℃로 대체, 선팽창계수(α) : 1.0×10^{-5})

(3) 사용재료

• 콘크리트

- $f_{ck} = 27.0\,\mathrm{MPa}$

- $E_c = 8{,}500\sqrt[3]{f_{cm}} = 8{,}500\sqrt[3]{27+4} = 26{,}701.7\,\mathrm{MPa}$

여기서 $f_{cm} = f_{ck} + \Delta f$

(Δf : f_{ck}가 40 MPa 이하면 4 MPa, 60 MPa 이상이면 6 MPa,
그 사이는 직선보간)

– 선팽창계수(α_c) : 1.000×10^{-5}

• 철근

– $f_y = 400.0$ MPa

– $E_s = 200,000.0$ MPa

1. 라멘구조물 하중 산정

(1) 하중재하 개요도(공용중)

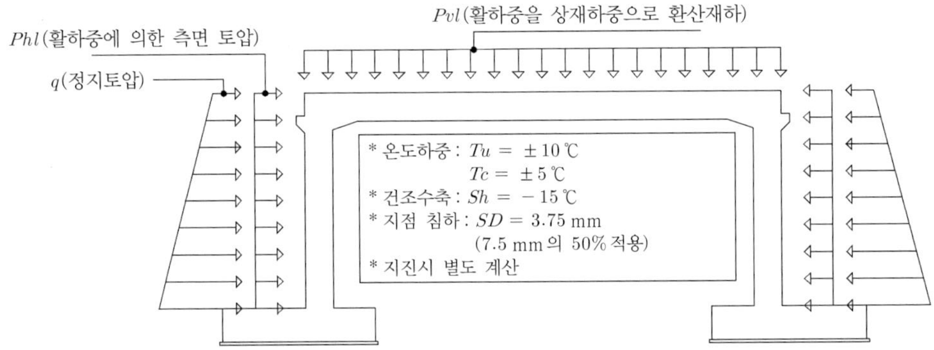

주의 활하중과 활하중에 의한 측면토압은 구조물 단면력이 증가하는 경우만 적용

(2) 고정하중

• 자중은 프로그램 내에서 자동 고려 ($w = A \times \gamma_c$), (사용 프로그램 SAP 2000)

• 기타 고정하중(토피하중 $w = h \times \gamma_g = 2.0\text{m} \times 20\,\text{kN/m}^3 = 40\,\text{kN/m}^2$)

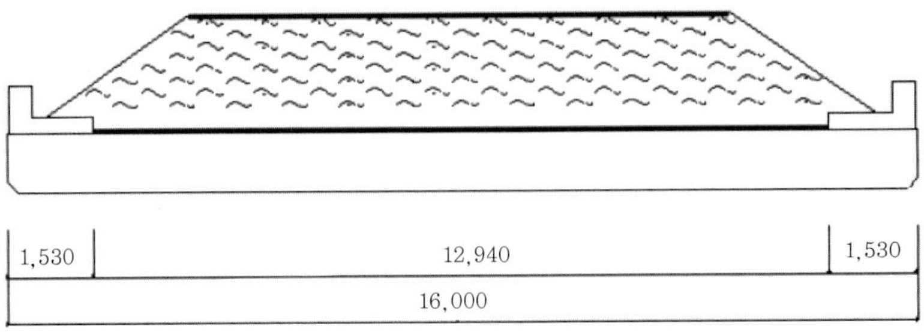

계산 및 해설

(3) 활하중

• 토피에 따라 표와 같이 상재하중으로 환산하여 적용 『서울지하철공사』

토피(m)	1	1.5	2	2.5	3	4	5	6	7	8	9	10
하 중	51.0	39.0	**21.0**	17.0	15.0	15.0	15.0	15.0	15.0	12.0	11.0	10.0

• 토피 2.0m인 경우 환산 연직활하중 및 활하중에 의한 수평토압

$$P_{vl} = 21.000\ \mathrm{kN/m^2}$$

$$P_{hl} = 0.426 \times 21.000 = 8.946\ \mathrm{kN/m^2}$$

(4) 토압

• 정지토압 적용(q_1, q_2...의 적용구간은 “2. 모델링” 참조)

$$q_1 = 0.426 \times (40.000 + 0.500 \times 20.000) = 21.300\ \mathrm{kN/m^2}$$

$$q_2 = 21.300 + 0.426 \times 0.500 \times 20.000 = 25.560\ \mathrm{kN/m^2}$$

$$q_3 = 21.300 + 0.426 \times 0.550 \times 20.000 = 25.986\ \mathrm{kN/m^2}$$

$$q_4 = 21.300 + 0.426 \times 0.800 \times 20.000 = 28.116\ \mathrm{kN/m^2}$$

$$q_5 = 21.300 + 0.426 \times 2.712 \times 20.000 = 44.406\ \mathrm{kN/m^2}$$

$$q_6 = 21.300 + 0.426 \times 4.625 \times 20.000 = 60.705\mathrm{kN/m^2}$$

$$q_7 = 21.300 + 0.426 \times 6.537 \times 20.000 = 79.995\ \mathrm{kN/m^2}$$

$$q_8 = 21.300 + 0.426 \times 8.450 \times 20.000 = 93.294\ \mathrm{kN/m^2}$$

(5) 온도하중

• 지중구조물이므로 미적용

(6) 건조수축

• 선팽창계수(α) : 1.000×10^{-5}

• 건조수축률(ε) : 15.00×10^{-5}

• 15℃의 온도하강으로 변환하여 적용한다.

$$\Delta T = -\frac{\varepsilon}{\alpha} = -\frac{0.000150}{0.000010} = -15\,℃$$

(7) 지점침하

- 지점침하량은 경간장의 $\frac{1}{2,000}$ 로 가정하며, 크리프에 의한 단면력 소산 50% 반영

  콘크리트교이므로 $\delta = \frac{15,000}{2,000} = 7.5\,\mathrm{mm}$ 의 50%인 3.75mm 적용

주의 - 교각의 허용 침하량은 20 mm이므로 최대 부등변위는 20 mm 이하로 한다.

- 교량은 풍화암 이상의 견고한 지반에 지지하므로 풍화암을 기준으로 발생할 수 있는 최대 부등변위를 가정하여 적용하고, 최종 지반 물성치 확정후 보완한다.(아래의 계산 사례와 같이 경간장의 1/2,000을 초기 부등변위로 가정함을 추천)

※ 지점침하(부등변위)량 계산 예 (풍화암지지 기준)

- 설계기준 : 최대 부등침하량을 산정하여 적용(침하량 산정방법 제시)
- 적용현황 : 편람에서 적용한 20 mm를 적용(근거 확인 불가)
- 문 제 점 : 라멘교와 같이 강성이 큰 구조는 부등변위 영향이 매우 큼

→ 적용방안 : 침하량은 탄성침하(S_e)와 압밀침하(S_c), 2차 압축침하(S_s)로 구분되며, 암반지지의 경우 탄성침하만 발생.

과거 설계기준에 제시된 압밀침하량만을 부등침하로 적용할 경우 암반지지 교량은 지점침하(부등침하)에 대한 하중이 없음.

활하중 탄성침하를 부등침하로 할 경우 15m 라멘교는 최대 약 7mm 수준의 침하량 발생(구조계산은 50%인 3.5mm의 지점침하 단면력 적용)

→ 계 산 예

제　원 : 2차로(폭 16m), 토피 2m, 경간장 15m인 라멘교의 경우(기초폭 6m)

침하량(ρ) $= q_l(1-\nu^2)\gamma I_p / E_m$

여기서, $q_l = (12.7\times 2\times 15\,\mathrm{m}(\text{활하중})/2)/6\mathrm{m} = 31.8\,\mathrm{kN/m^2} = 0.032\,\mathrm{MPa}$

$\nu = 0.09$(최소값 세일)

$\gamma = 3,000\,\mathrm{mm}$(기초폭의 반)

$I_P = \sqrt{\pi}/\beta = 1.54$

$E_m = \alpha E_0 = 0.15\times 2.8 N(50) = 21\,\mathrm{MPa}$

활하중만의 침하량(ρ) $= 0.032\times(1-0.092)\times 3000\times 1.54/21 = 7\,\mathrm{mm}\left(\approx \frac{l}{2,000} = 7.5\,\mathrm{mm}\ \text{수준}\right)$

(8) 지진하중

지진하중은 상부 토피 및 상부구조물 질량으로 산정하였으며, 교량의 주기(T)는

$2\pi\cdot\sqrt{\frac{r}{P_o\cdot g\cdot\alpha}}$ $(P_o = 1.000\,\mathrm{kN/m})$로 0.272(sec)로 계산하며,

$$C_s = \frac{1.2\times(A)\times(S)}{T^{\frac{2}{3}}} = \frac{1.2\times0.154\times1.000}{0.272^{\frac{2}{3}}} = 0.440$$ 으로 계산되나,

$2.5\times A$ 보다 클 필요가 없으므로 $C_s = 0.385$ 로 적용한다.

지진에 대한 등가 정적하중(P_e)은 $422.647\ \mathrm{kN/m}$ 로 계산되며, 상부슬래브에 수평으로 재하한다.

(9) 지진시 토압

- 지진시 주동토압계수(K_{AE})는 (Mononobe-okabe식) 0.314로 계산되었으며
- 주동토압은 시점측 벽체에 $P_{AE} = 3587.262\ \mathrm{kN}$ 을 재하한다.

$(P_{AE} = \frac{1}{2}\times K_{AE}\times\gamma\times H^2\times B)$

γ : 흙의 단위중량 H : 벽체높이 B : 벽체폭

2. 모델링

- 단위폭 1 m를 갖는 2D Frame으로 모델링

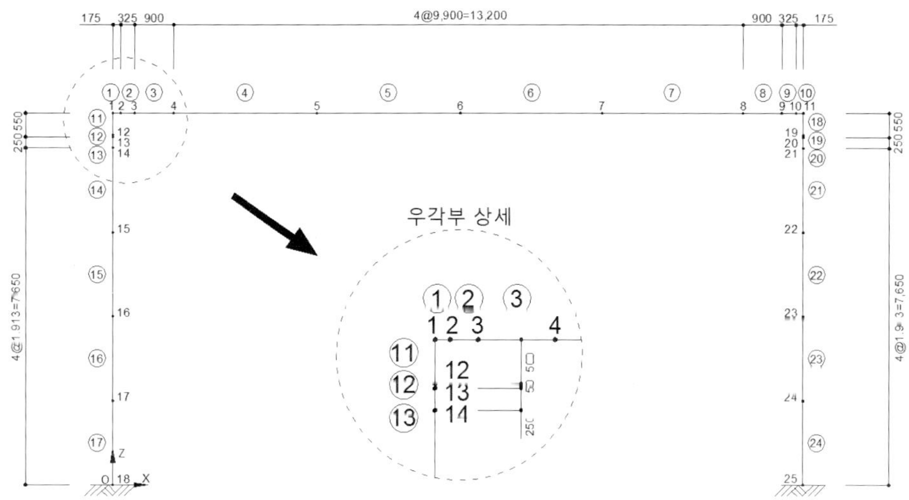

적용기준	계산 및 해설

• 절점좌표

절점	X	Z	절점	X	Z	절점	X	Z
1	0.000	8.450	10	15.825	8.450	19	16.000	7.950
2	0.175	8.450	11	16.000	8.450	20	16.000	7.900
3	0.500	8.450	12	0.000	7.950	21	16.000	7.650
4	1.400	8.450	13	0.000	7.900	22	16.000	5.737
5	4.700	8.450	14	0.000	7.650	23	16.000	3.825
6	8.000	8.450	15	0.000	5.737	24	16.000	1.913
7	11.300	8.450	16	0.000	3.825	25	16.000	0.000
8	14.600	8.450	17	0.000	1.913			
9	15.500	8.450	18	0.000	0.000			

4. 하중조합

기준 3.3.2

① 계수하중 조합(괄호는 '또는'을 의미함)

하중조합 \ 하중	고정하중	활하중	온도하중	연직토압	수평토압	지점침하	지진하중
COMB. 1	1.4						
COMB. 2	1.2	1.6	1.2	1.6	1.6	1.2	
COMB. 3	1.2	1.0					
COMB. 4	1.2	1.0		1.2	(1.0) (0.5)		1.0
COMB. 5	1.2	1.6	1.2	1.6	0.8	1.2	
COMB. 6	0.9			0.9	(1.6) (0.8)		
COMB. 7	0.9			0.9	(1.0) (0.5)		1.0

주 : 연직토압계수는 토피의 두께에 따라 변경됨(조정계수$(\alpha) = 1.05 - 0.025h$)

② 사용하중 조합

하중조합 \ 하중	고정하중	활하중	온도하중	연직토압	수평토압	지점침하	지진하중
COMB. 8	1.0						
COMB. 9	1.0	1.0	1.0	1.0	(1.0) (0.5)	1.0	
COMB. 10	1.0	1.0					
COMB. 11	1.0	1.0		1.0	(1.0) (0.5)		1.0
COMB. 12	1.0			1.0	(1.0) (0.5)		

주 : 사용하중조합은 기초의 안정 검토와 사용성(균열) 검토에 적용

5. 단면력 집계

(1) 상시 단면력

구 분		휨모멘트(kN · m) / m		전단력(kN) / m
		계수하중	사용하중	계수하중
슬 래 브	단부	−2,585.4	−1,776.6	1,057.0
	중앙부	1,826.7	1,231.8	0.0
벽 체	상단부	−2,411.7	−1,666.4	649.0
	중앙(배면)	−551.5	−326.5	0.0
	하단(전면)	708.8	363.5	224.1
	하단(배면)	−144.9	−110.5	224.1

B . M . D (계수하중)

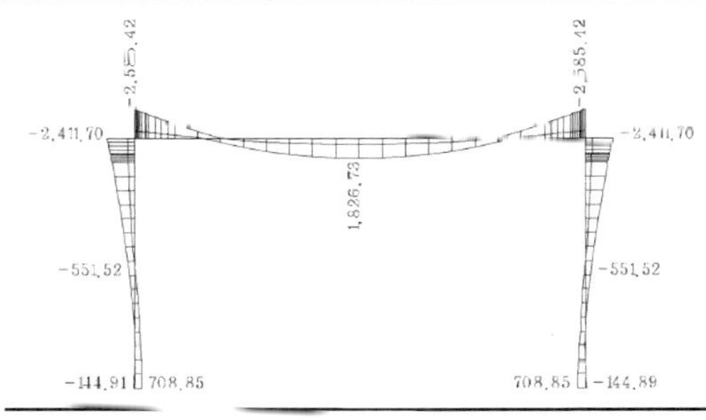

S . F . D (계수하중)

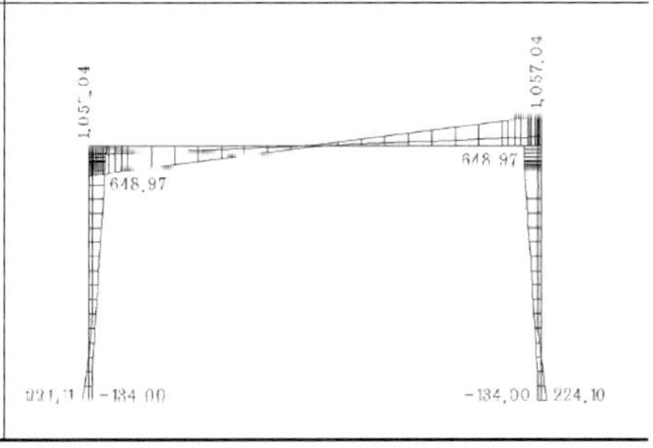

(2) 지진시 단면력

구	분	휨모멘트(kN·m) / m	전단력(kN) / m
슬 래 브	단부	−965.0	317.7
	중앙부	468.3	0.0
벽 체	상단부	−283.5	46.1
	중앙(배면)	−136.4	0.0
	하단(전면)	857.6	222.3
	하단(배면)	−670.4	205.7

(3) 기초검토용 단면력

구	분	수직력(kN)	모멘트(kN · m)	수평력(kN)	비 고
사용하중		947.3	-269.3	123.4	축력 최대
		947.3	110.5	118.3	부모멘트 최대
		609.2	-363.5	-115.5	정모멘트 최대
계수하중		1,331.9	-310.8	224.1	축력 최대
		1,331.9	144.9	218.0	부모멘트 최대
		1,331.9	-708.8	-50.7	정모멘트 최대
지진시	시점	351.0	670.4	205.7	지진시
	종점	351.0	670.4	205.7	지진시

6. 단면설계

(1) 라멘 본체 단면설계

① 상부 슬래브 중앙부 철근량 검토

• 휨철근량 검토

- 검토조건

$f_{ck} = 27.0\,\mathrm{MPa}$ $\quad f_y = 400.0\,\mathrm{MPa}$

$\phi_f = 0.85$

$\alpha = 0.80, \beta = 0.40$

기준 6.3.2

$$\rho_{\min} = \mathrm{Max}\left(0.25 \cdot \frac{\sqrt{f_{ck}}}{f_y},\ \frac{1.4}{f_y}\right) = 0.00350$$

적용기준 | **계산 및 해설**

- 단면력 및 검토대상 단면제원

계수모멘트 $M_u = 1,826.7\,\mathrm{kN \cdot m}$

계수전단력 $V_u = 0.0\,\mathrm{kN}$

단면두께 $H = 1,000.0\,\mathrm{mm}$

단 면 폭 $B = 1,000.0\,\mathrm{mm}$

유효깊이 $D = 940.0\,\mathrm{mm}$

피복두께 $D_c = 60.0\,\mathrm{mm}$

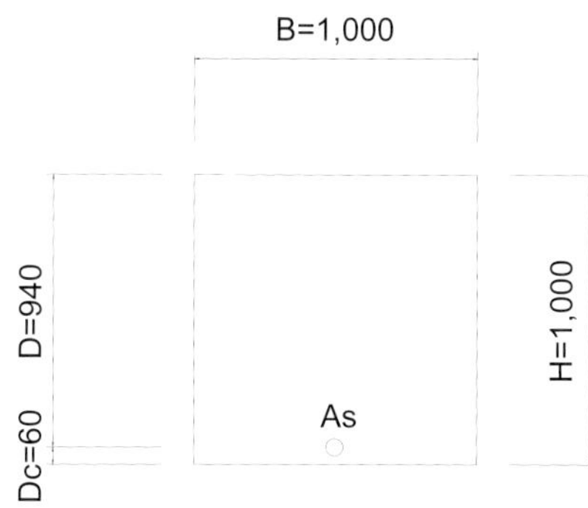

기준 6.2.1

- 휨모멘트 검토

사용철근비 검토 및 인장지배단면 확인 및 계수($\phi_f = 0.85$) 적정성 확인

사용철근량 $= 6353.6\,\mathrm{mm^2}$ (H32@125.0 mm, $D_c = 60.0\,\mathrm{mm}$)

$$\therefore\ \rho = \frac{A_s}{(B \cdot D)} = 0.00676$$

공칭강도시 중립축 깊이 $c = \dfrac{(A_s \cdot f_y)}{(\alpha \cdot 0.85 \cdot f_{ck} \cdot B)} = 138.4\,\mathrm{mm}$

최외단 인장철근 변형률 $\varepsilon_t = 0.01911 \geq 0.004$ 〈적합〉

여기서 $\varepsilon_t = \dfrac{0.0033(D-c)}{c}$

$0.005 \leq \varepsilon_t$ 이므로 인장지배단면, $\phi_f = 0.85$를 적용한다.

가정된 철근량과 필요철근량을 비교하여 강도 검토를 수행한다.

$$\phi M_n = \phi_f \cdot f_y \cdot A_s \cdot (D - \beta c) = 1,911,000,981\,\mathrm{N \cdot mm}$$

$$= 1,911.0\,\mathrm{kN \cdot m} \geq M_u = 1,826.7\,\mathrm{kN \cdot m}$$ 〈적합〉

기준 6.3.2

- 휨부재의 최소 철근량 검토

$$M_{cr} = \frac{f_r I_g}{y_t} = 545,596,004\,\mathrm{N \cdot mm} = 545.6\,\mathrm{kN \cdot m}$$

여기서 $f_r = 0.63\lambda\sqrt{f_{ck}} = 0.63 \times 1.0 \times \sqrt{27} = 3.274\,\mathrm{MPa}$

$\lambda = 1.0$ (경량콘크리트계수)

적용기준	계산 및 해설

$$I_g = \frac{B \cdot H^3}{12} = 83{,}333{,}333{,}333 \text{ mm}^4$$

$y_t = 500\,\text{mm}$ (도심에서 인장측 연단까지 거리)

$\phi M_n \geq 1.2 M_{cr} = 1{,}911.0\ \text{kN·m} > 1.2\,M_{cr} = 654.7\ \text{kN·m}$ 〈적합〉

기준 6.2.2

- 필요철근량 및 철근비 검토

공칭강도시 중립축 깊이 $c = 131.9\ \text{mm}$로 가정

$$A_s = \frac{M_u}{\phi_f \cdot f_y \cdot (D - \beta c)} = 6{,}055.5\ \text{mm}^2$$

$c = (A_s \cdot f_y) / (\alpha \cdot 0.85 \cdot f_{ck} \cdot B) = 131.9\ \text{mm}$ ∴ 가정과 비슷함 〈적합〉

$$\rho_{req} = \frac{\left\{\dfrac{M_u}{\phi_f \cdot f_y \cdot (D - \beta c)}\right\}}{(B \cdot D)} = 0.00644 \Rightarrow \frac{4\rho_{req}}{3} = 0.00859$$

∴ 필요철근량 $A_{s,req} = \rho_{req} \times (B \cdot D) = 6{,}055.5\ \text{mm}^2 \leq A_{s,use} = 6{,}353.6\ \text{mm}^2$

〈적합〉

철근비 검토 : $\rho_{\min}(0.00350) \leq \rho(0.00676)$ 〈적합〉

• 사용성(균열) 검토

$M_o = 1{,}231.9\,\text{kN·m}$ (사용하중 모멘트)

$$n = \frac{E_s}{E_c} = \frac{200{,}000}{\left\{8{,}500 \times (f_{ck} + 8)^{(1/3)}\right\}} = 7$$

$$\rho = \frac{A_s}{(B \cdot D)} = 0.00676$$

$$k = -n_p + \sqrt{(n_p)^2 + (2n_p)} = 0.264 \quad j = 0.912$$

$$x = k \cdot d = 248.1\ \text{mm}$$

$$f_c = \frac{2 \cdot M_o}{B \cdot x \cdot \left(D - \dfrac{x}{3}\right)} = 11.584\ \text{MPa}$$

$$f_s = \frac{M_o}{As \cdot \left(D - \dfrac{x}{3}\right)} = 226.153\ \text{MPa}$$

적용기준	계산 및 해설

$$f_{st} = \frac{f_s \cdot (H - Dc_{\min} - x)}{(D - x)} = 226.153 \text{ MPa}$$

최외단 철근 소요중심간격

기준 6.3.3(4)

$$s = \min\left[375 \cdot \left(\frac{210}{f_{st}}\right) - 2.5C_c,\ 300 \cdot \left(\frac{210}{f_{st}}\right)\right] = 238.2 \text{ mm}$$

여기서 $C_c = \dfrac{dc_{\min} - \text{주철근 직경}}{2} = 44.0 \text{ mm}$

최외단 철근 평균배근간격 $= 125.0 \text{ mm} \le 238.2 \text{ mm}$ 〈적합〉

② 상부 슬래브 단부 철근량 검토

• 휨철근량 검토

- 검토조건

$f_{ck} = 27.0 \text{ MPa}$ $f_y = 400.0 \text{ MPa}$

$\alpha = 0.80, \beta = 0.40$ $\phi_f = 0.85$ $\phi_v = 0.75$

기준 6.3.2

$$\rho_{\min} = \text{Max}\left(0.25 \cdot \frac{\sqrt{f_{ck}}}{f_y},\ \frac{1.4}{f_y}\right) = 0.00350$$

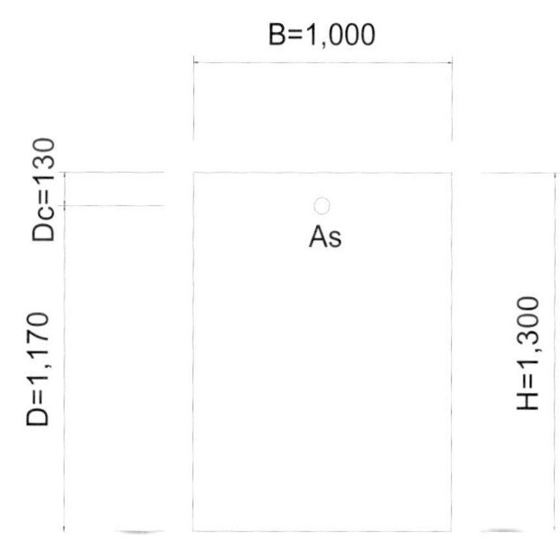

- 단면력 및 검토대상 단면제원

계수모멘트 $M_u = 2,585.4 \text{ kN} \cdot \text{m}$

계수전단력 $V_u = 1,057.0 \text{ kN}$

단면두께 $H = 1,300.0 \text{ mm}$(헌치 포함)

단 면 폭 $B = 1,000.0 \text{ mm}$

기준 15.2.3(2) 유효깊이 $D = 1,170.0 \text{ mm}$

피복두께 $Dc = 130.0 \text{ mm}$

기준 6.2.1

- 휨모멘트 검토

사용철근비 검토 및 인장지배단면 확인 및 계수($\phi_f = 0.85$) 적정성 확인

사용철근량 $= H25@125.0 \text{ mm}(Dc = 80.0 \text{ mm})$

$+ H25@125.0 \text{ mm}(Dc = 180.0 \text{ mm})$

$= 8107.2 \text{ mm}^2$

$$\therefore \rho = \frac{A_s}{(B \cdot D)} = 0.00693$$

적용기준	↘ 계산 및 해설

공칭강도시 중립축 깊이 $c = \dfrac{(A_s \cdot f_y)}{(\alpha \cdot 0.85 \cdot f_{ck} \cdot B)} = 176.627\,\text{mm}$

최외단 인장철근 변형률 $\varepsilon_t = 0.01856 \geq 0.004$ 〈적합〉

여기서 $\varepsilon_t = \dfrac{0.0033\,(D - c)}{c}$

$0.005 \leq \varepsilon_t$이므로 인장지배단면 $\phi_f = 0.85$를 적용한다.

가정된 철근량과 필요철근량을 비교하여 강도 검토를 수행한다.

$\phi M_n = \phi_f \cdot f_y \cdot A_s \cdot (D - \beta c) = 3{,}030{,}298{,}406\,\text{N}\cdot\text{mm}$

$= 3{,}030.3\,\text{kN}\cdot\text{m} \geq M_u = 2{,}585.4\,\text{kN}\cdot\text{m}$ 〈적합〉

기준 6.3.2

- 휨부재의 최소 철근량 검토

$f_r = 0.63\lambda\sqrt{f_{ck}} = 3.274\,\text{MPa}$

$M_{cr} = \dfrac{f_r I_g}{y_t} = 922{,}057{,}247\,\text{N}\cdot\text{mm} = 922.1\text{kN}\cdot\text{m}$

$\phi M_n \geq 1.2 M_{cr} = 3{,}030.3\text{kN}\cdot\text{m} > 1.2 M_{cr} = 1{,}106.5\text{kN}\cdot\text{m}$ 〈적합〉

기준 6.2.2

- 필요철근량 및 철근비 검토

공칭강도시 중립축 깊이 $c = 149.2\,\text{mm}$로 가정

$A_s = \dfrac{M_u}{\phi_f \cdot f_y \cdot (D - \beta c)} = 6{,}848.6\,\text{mm}^2$

$c = \dfrac{(A_s \cdot f_y)}{(\alpha \cdot 0.85 \cdot f_{ck} \cdot B)} = 149.2\,\text{mm}$ ∴ 가정과 비슷함 〈적합〉

$$\rho_{req} = \frac{\left\{\dfrac{M_u}{\phi_f \cdot f_y \cdot (D - \beta c)}\right\}}{(B \cdot D)} = 0.00585 \Rightarrow \left.\frac{4\rho_{req}}{3} = 0.00780\right\}$$

∴ 필요철근량 $A_{s,req} = \rho_{req} \times (B \cdot D) = 6{,}848.6\,\text{mm}^2 \leq A_{s,use} = 8{,}107.2\,\text{mm}^2$

〈적합〉

철근비 검토 : $\rho_{\min}(0.00350) \leq \rho(0.00693)$ 〈적합〉

적용기준	계산 및 해설

기준 7.4.4

• 전단철근량 검토

단면의 두께 $H = 1,000.0$ mm(헌치 제외), 유효깊이 $D = 870.0$ mm

$$\phi_v \cdot V_c = \phi_v \cdot \frac{1}{6} \cdot \frac{\sqrt{f_{ck}} \cdot B \cdot D}{1,000} = 565.082 \text{ kN}$$

$V_u > \phi_v \cdot V_c$ ∴ 전단철근보강이 필요하다.

$A_{v,used} = H19 \times 2.00$ ea/m $= 573.0$ mm^2(간격 $s = 300.0$ mm)

$$\phi_v \cdot V_s = \frac{\phi_v \cdot A_v \cdot f_y \cdot D}{(s \times 1,000)} = 498.510 \text{ kN}$$

$s = 300.0 \text{ mm} \le \min(600,\ 0.5\text{D}) = 435.0$ mm 〈적합〉

$\phi_v \cdot V_n = \phi_v \cdot V_c + \phi_v \cdot V_s = 1,063.6 \text{ kN} \ge V_u$ 〈적합〉

• 사용성(균열) 검토

$M_o = 1,776.7$ kN·m (사용하중 모멘트)

$$n = \frac{E_s}{E_c} = \frac{200,000}{\left\{8,500 \times (f_{ck} + 4)^{(1/3)}\right\}} = 7$$

$$\rho = \frac{A_s}{(B \cdot D)} = 0.00693$$

$$k = -n_p + \sqrt{(n_p)^2 + (2n_p)} = 0.267 \qquad j = 0.911$$

$$x = k \cdot d = 312.1\text{mm}$$

$$f_c = \frac{2 \cdot M_o}{\left(B \cdot x \cdot (D - \frac{x}{3})\right)} = 10.682 \text{ MPa}$$

$$f_s = \frac{M_o}{\left(As \cdot (D - \frac{x}{3})\right)} = 205.580 \text{ MPa}$$

$$f_{st} = \frac{f_s \cdot (H - Dc_{\min} - x)}{(D - x)} = 217.561 \text{ MPa}$$

최외단 철근 소요중심간격

기준 6.3.3(4)

$$s = \min\left[375 \cdot (\frac{210}{f_{st}}) - 2.5C_c,\ 300 \cdot (\frac{210}{f_{st}})\right] = 193.2 \text{ mm}$$

여기서 $C_c = dc_{\min} - \frac{\text{주철근직경}}{2} = 67.5$ mm

최외단 철근 평균 배근간격 = 125.0 mm ≤ 193.2 mm 〈적합〉

(2) 라멘 본체 철근량 검토 및 검토 요약

위와 같은 과정으로 단면설계 결과 라멘구조물 주요부의 철근보강량은 다음과 같다.

① 휨철근량 요약

구 분		M_u (kN·m)	ϕM_n (kN·m)	필요철근량 (mm²)	사용철근
슬래브	단 부	2,585.4	3,030.3	6,848.7	1단-H25@125 2단-H25@125
	중앙부	1,826.7	1,911.0	6,055.7	H32@125
벽 체	상단부	2,411.7	2,479.0	7,868.9	1단-H25@125 2단-H25@125
	중 앙	551.5	784.2	1,793.6	H29@250
	하 단	708.9	940.3	2,188.7	H22@125

② 전단철근량 요약

구 분		ϕV_c (kN)	V_u (kN)	ϕV_n (kN)	다리수 (개)	필요철근량 (mm²)	사용철근량	
							직경	간격
슬래브	단 부	602.8	1,057.0	1,134.5	2	489.5	H19	300
벽 체	상 부	602.8	649.0	1,134.5	2	49.8	H19	300

7. 기초설계

(1) 스트럿 – 타이 모델 선정

본 예제의 압축주응력 흐름	본 예제의 스트럿-타이 모델
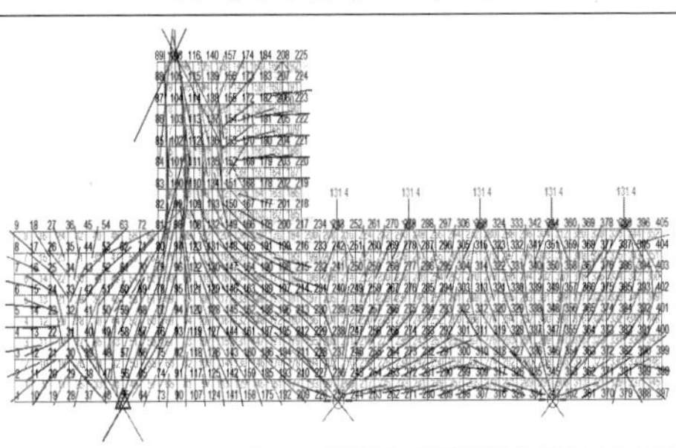	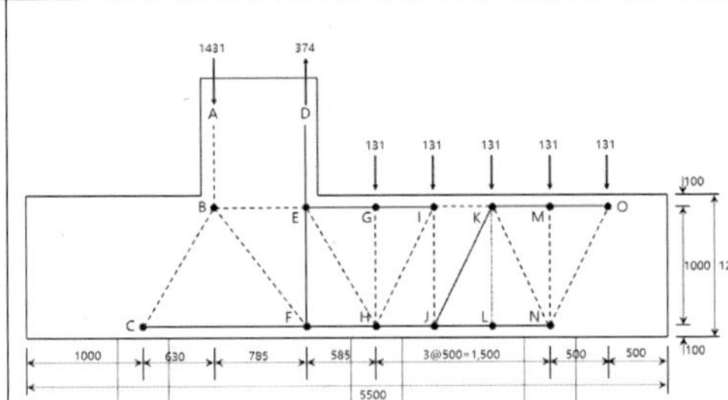

압축주응력 흐름, 피복두께 등을 고려하여 스트럿-타이 모델을 선정하였으며, 요소 KL를 배치할 경우 요소 HI 및 JK가 인장으로 되어 압축주응력 흐름에 반하는 모델이 된다. 따라서 트러스의 안정을 위하여 요소 KL을 배치하였으나 이 요소의 영향을 최소화하기 위해 이 요소의 강성을 매우 작은 값으로 취하여야 한다.

적용기준

계산 및 해설

(2) 라멘 본체 철근량 검토 및 검토요약

교대기초의 스트럿-타이 모델은 부정정 트러스구조이기 때문에 수치해석을 통하여 스트럿과 타이의 단면력을 구하였고, 다음과 같다.

(3) 스트럿과 절점영역의 강도검토

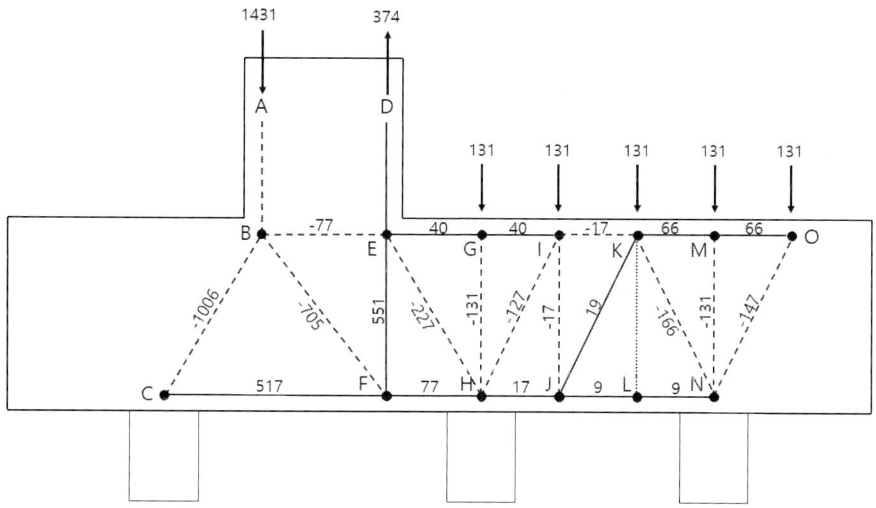

기준 I.3.2(2)

기준 I.5.3(2)

스트럿 요소	요소 종류	β_s 또는 β_n	$\beta_{s,\text{mod}}$	$0.85\beta_{s,\text{mod}}f_{ck}$	F_u(kN)	w_{req} (mm)	안전 여부
AB	스트럿 AB	1.00	0.80	18.36	1,431	104	만족
	절점영역 B-CCC	1.00					
BC	스트럿 BC	0.60	0.60	13.77	1,036	100	만족
	절점영역 B-CCC	1.00					
	절점영역 C-CCT	0.80					
BF	스트럿 BF	0.60	0.60	13.77	705	68	만족
	절점영역 B-CCC	1.00					
	절점영역 F-CTT	0.60					
BE	스트럿 BE	1.00	0.60	13.77	77	7	만족
	절점영역 B-CCC	1.00					
	절점영역 E-CTT	0.60					
EH	스트럿 EH	0.60	0.60	13.77	227	22	만족
	절점영역 E-CTT	0.60					
	절점영역 H-CTT	0.60					

적용기준

계산 및 해설

스트럿 요소	요소 종류	β_s 또는 β_n	$\beta_{s,\text{mod}}$	$0.85\beta_{s,\text{mod}}f_{ck}$	F_u(kN)	w_{req} (mm)	안전 여부
GH	스트럿 GH	1.00	0.60	13.77	131	13	만족
	절점영역 G-CTT	0.60					
	절점영역 H-CTT	0.60					
HI	스트럿 HI	0.60	0.60	13.77	127	12	만족
	절점영역 H-CTT	0.60					
	절점영역 I-CCT	0.80					
IJ	스트럿 IJ	1.00	0.60	13.77	17	2	만족
	절점영역 I-CCT	0.80					
	절점영역 J-CTT	0.60					
IK	스트럿 IK	1.00	0.60	13.77	17	2	만족
	절점영역 I-CCT	0.80					
	절점영역 K-CTT	0.60					
KN	스트럿 KN	0.60	0.60	13.77	166	16	만족
	절점영역 K-CTT	0.60					
	절점영역 N-CCT	0.80					
MN	스트럿 MN	1.00	0.60	13.77	131	13	만족
	절점영역 M-CTT	0.60					
	절점영역 N-CCT	0.80					
NO	스트럿 NO	0.60	0.60	13.77	147	14	만족
	절점영역 N-CCT	1.00					
	절점영역 O-CCT	0.80					

① 스트럿과 절점영역의 강도 검토

스트럿과 절점영역의 강도 검토 절차는 다음과 같다.

- 스트럿의 유효강도와 절점영역의 유효강도 중 가장 작은 값을 스트럿의 유효강도로 결정한다.
- 이를 이용하여 스트럿의 필요 유효폭과 타이의 유효폭을 정하고 스트럿-타이 모델을 차원화한다.
- 차원화한 모델이 기하학적 형상을 벗어나는지 또는 스트럿 단면적이 중첩되는지를 검토한다.

적용기준	계산 및 해설

- 필요 유효폭 결정

해설 I.4.2

$$w_{req} = \frac{F_u}{\phi 0.85 \beta_{s,\,\mathrm{mod}} f_{ck} b}$$

ϕ : 스트럿의 강도감소계수

w_{req} : 스트럿의 필요 유효폭(mm)

b : 두께(단위길이)

$\beta_{s,\,\mathrm{mod}}$: 스트럿 유효강도계수(β_s)와 절점영역 유효강도계수(β_n) 중 가장 작은 값

이를 바탕으로 차원화한 본 예제의 스트럿-타이 모델이다.

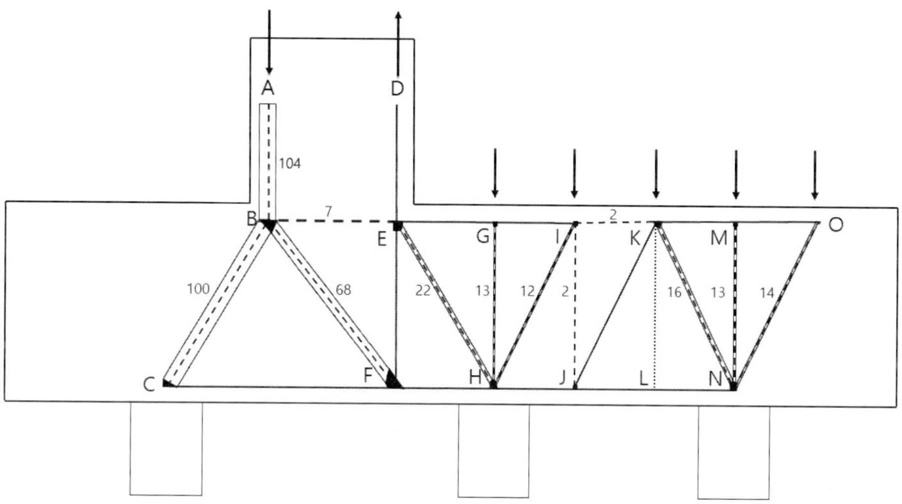

(4) 철근 배치

기준 6.2.1

① 휨철근 결정

타이 CF : $A_{st} = \dfrac{F_u}{\phi f_y} = \dfrac{517 \times 10^3}{0.85 \times 400} = 1{,}521\ \mathrm{mm^2/m}$

타이 EG, GI : $A_{st} = \dfrac{F_u}{\phi f_y} = \dfrac{40 \times 10^3}{0.85 \times 400} = 118\ \mathrm{mm^2/m}$

타이 FH : $A_{st} = \dfrac{F_u}{\phi f_y} = \dfrac{77 \times 10^3}{0.85 \times 400} = 227\ \mathrm{mm^2/m}$

타이 HJ : $A_{st} = \dfrac{F_u}{\phi f_y} = \dfrac{17 \times 10^3}{0.85 \times 400} = 50\ \mathrm{mm^2/m}$

타이 JL, LN : $A_{st}=\dfrac{F_u}{\phi f_y}=\dfrac{9\times10^3}{0.85\times400}=27\ \mathrm{mm^2/m}$

타이 KM, MO : $A_{st}=\dfrac{F_u}{\phi f_y}=\dfrac{66\times10^3}{0.85\times400}=195\ \mathrm{mm^2/m}$

타이 CF부터 LN까지 4-H22($A_{st}=1{,}548.4\ \mathrm{mm^2/m}$) 철근을 배치하고, 타이 EG부터 MO까지의 위치에는 2-H19($A_{st}=573.0\ \mathrm{mm^2/m}$) 철근을 배치한다.

기준 7.4.4

② 전단철근 결정

교대기초 단면의 복부 타이 EF, IJ, KL의 유효폭에 필요한 철근량을 H19의 폐쇄스터럽을 사용한다면 필요한 스터럽의 수(n)은 다음과 같다.

타이 EF : $n=\dfrac{F_u}{\phi A_{st}f_y}=\dfrac{(551-374)\times10^3}{0.85\times573\times400}=0.91$ (기둥부 인장력 제외)

타이 JK : $n=\dfrac{F_u\sin 63^\circ}{\phi A_{st}f_y}=\dfrac{17\times10^3}{0.85\times573\times400}=0.09$

타이 EF와 JK에 필요한 전단철근량은 매우 적으나 시공성과 상부 휨철근 배치를 위해 전 구간에 500mm 간격으로 배근한다.

(5) 균열제어를 위한 철근정착

콘크리트 구조기준에 의하여 타이의 정착길이는 다음과 같다.

기준 8.2.2(2)

타이 LN : $l_{dh}=\dfrac{0.6d_bf_y}{\sqrt{f_{ck}}}\times$보정계수$=\dfrac{0.6\times22.2\times400}{\sqrt{27}}\times\dfrac{27}{774.2}=36\ \mathrm{mm}$

타이 MO : $l_{dh}=\dfrac{0.6d_bf_y}{\sqrt{f_{ck}}}\times$보정계수$=\dfrac{0.6\times19.1\times400}{\sqrt{27}}\times\dfrac{195}{573}=300\ \mathrm{mm}$

타이 LN과 MO는 필요한 정착길이를 확보하였으나, 타이 CF의 경우 충분한 길이를 확보하지 못하므로 콘크리트 구조기준에 따라 90° 표준갈고리를 사용하여 정착길이 l_{dh}를 구해준다.

기준 8.2.5(2)

타이 CF : $l_{dh}=\dfrac{0.24\beta d_bf_y}{\lambda\sqrt{f_{ck}}}\times$보정계수

$$=\frac{0.24\times1.0\times22.2\times400}{1.0\times\sqrt{27}}\times0.7\times\frac{1{,}521}{1{,}548.4}=282\ \mathrm{mm}$$

적용기준	↘ 계산 및 해설

(6) 배근 상세

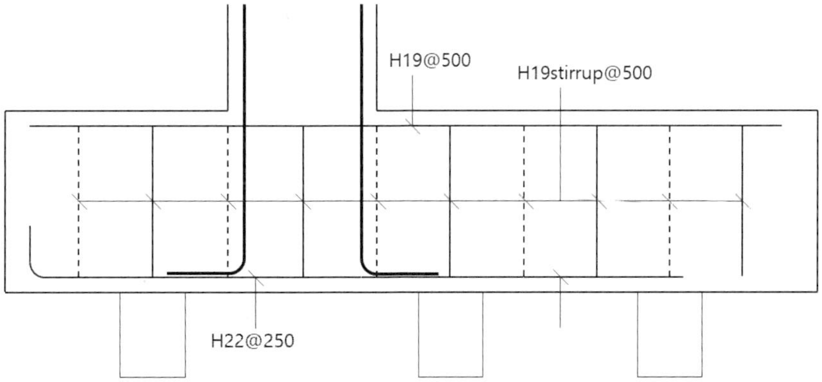

기준 15.2.3(4)

8. 라멘 우각부 검토

(1) 우각부의 계수모멘트 $M_u = 2{,}300\ \mathrm{kN \cdot m}$, $M_u{}' = 2{,}200\ \mathrm{kN \cdot m}$

우각부의 일반적인 스트럿-타이 모델	본 예제 라멘구조물 보넬
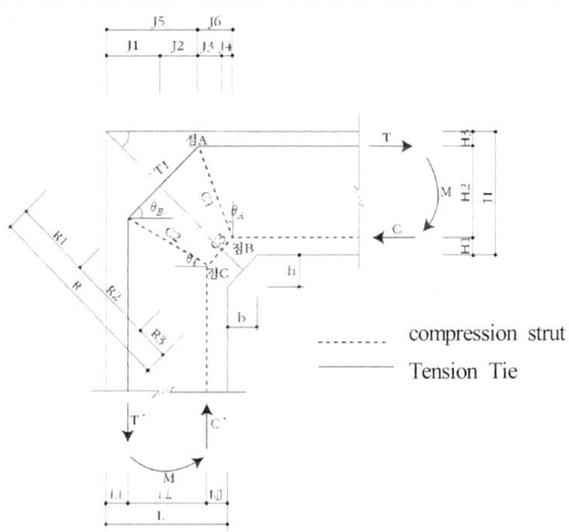	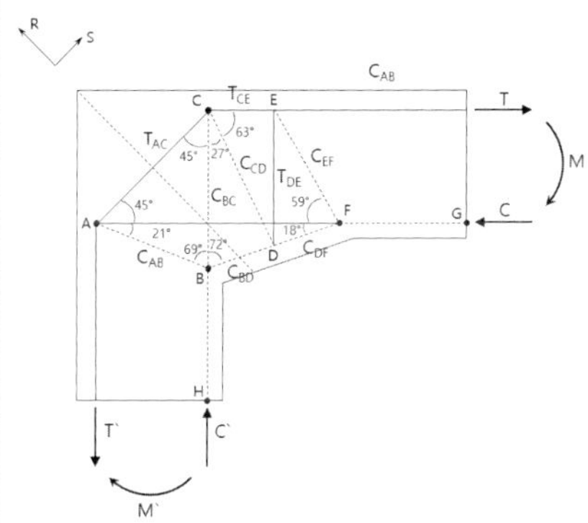

(2) 우각부 형상으로부터

$R_1 = 0.427R$ $R_2 = 0.468R$ $R_3 = 0.105R$

$H_1 = 0.085H$ $H_2 = 0.785H$ $H_3 = 0.130H$

$L_1 = 0.130L$ $L_2 = 0.785L$ $L_3 = 0.085L$

(3) 스트럿-타이 모델의 기하학적 형상으로부터

$$R = \sqrt{2}\,\frac{(b \cdot H + h \cdot L + b \cdot h)}{(b+h)} = 1.732\ \mathrm{m}$$

$$J_1 = \frac{R_1}{\sqrt{2}} = 0.523\ \mathrm{m}$$

$$J_2 = 0.392\ \mathrm{m}$$

$$J_3 = 0.180\ \mathrm{m}$$

$$J_4 = 0.130\ \mathrm{m}$$

$$J_5 = J_1 + J_2 = 0.915\ \mathrm{m}$$

$$J_6 = J_3 + J_4 = 0.310\ \mathrm{m}$$

① 평형조건

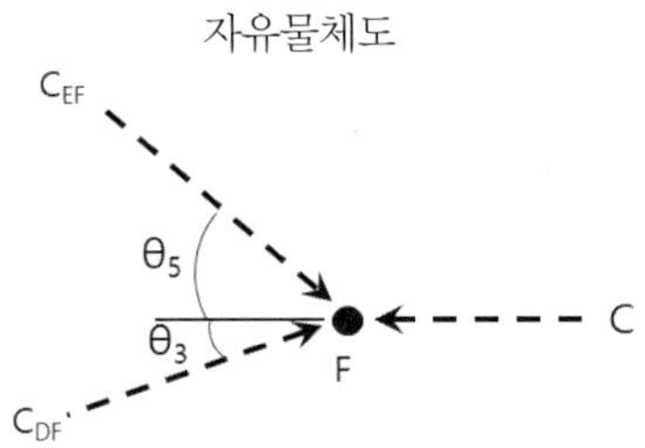

$\Sigma F_x = 0$:

$C = C_{DF} \cdot \cos\theta_3 + C_{EF} \cdot \cos\theta_5$

$\Sigma F_y = 0$:

$C_{DF} \cdot \sin\theta_3 + C_{EF} \cdot \sin\theta_5 = 0$

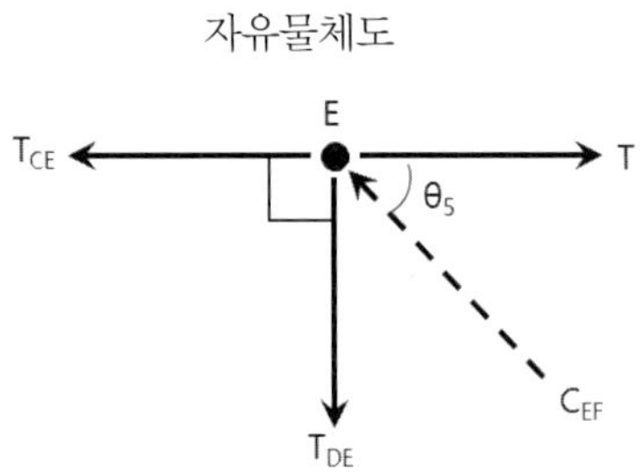

$\Sigma F_x = 0$:

$T = T_{CE} + C_{EF} \cdot \cos\theta_5$

$\Sigma F_y = 0$: $T_{DE} = C_{EF} \cdot \sin\theta_5$

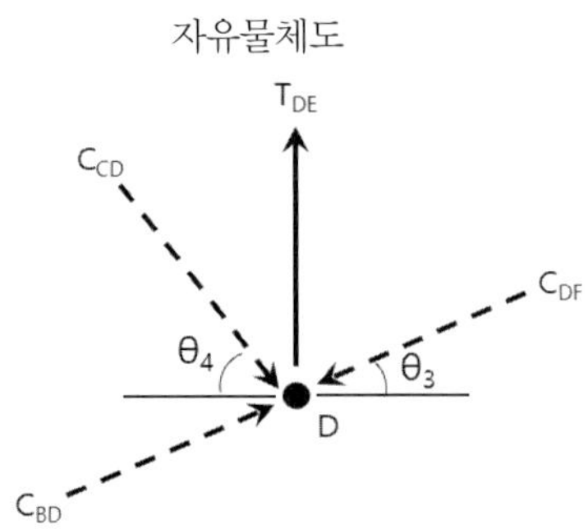

$\Sigma F_x = 0$:

$C_{DF} \cdot \cos\theta_3 = C_{CD} \cdot \cos\theta_4 + C_{BD} \cdot \cos\theta_3$

$\Sigma F_y = 0$:

$T_{DE} + C_{BD} \cdot \sin\theta_3$

$\quad = C_{DF} \cdot \sin\theta_3 + C_{CD} \cdot \sin\theta_4$

적용기준 | 계산 및 해설

자유물체도

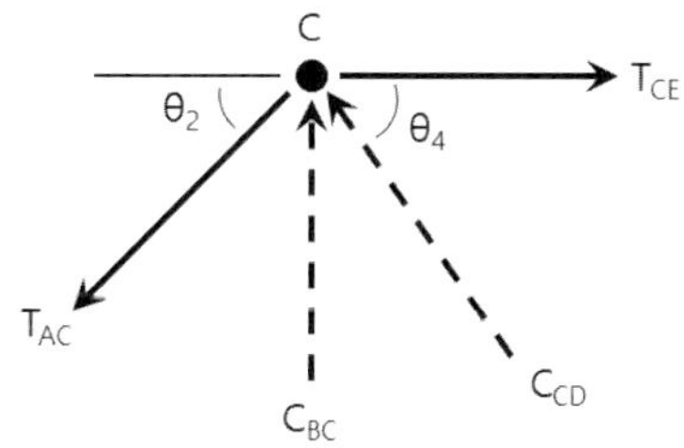

$\Sigma F_x = 0$:

$T_{CE} = T_{AC} \cdot \cos\theta_2 + C_{CD} \cdot \cos\theta_4$

$\Sigma F_y = 0$:

$T_{AC} \cdot \sin\theta_2 = C_{BC} + C_{CD} \cdot \sin\theta_4$

자유물체도

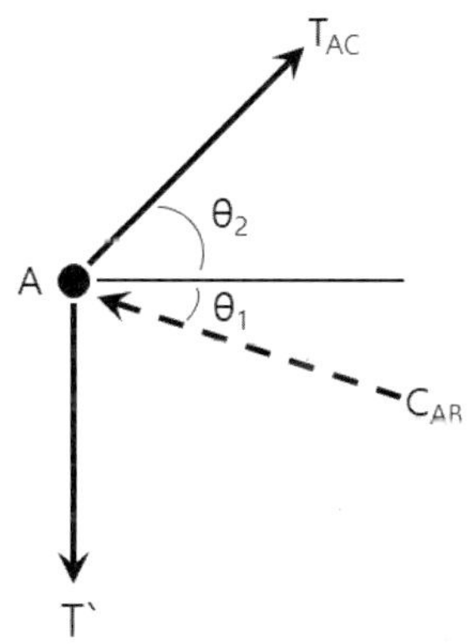

$\Sigma F_x = 0$:

$C_{AB} \cdot \cos\theta_1 = T_{AC} \cdot \cos\theta_2$

$\Sigma F_y = 0$:

$T' = C_{AB} \cdot \sin\theta_1 + T_{AC} \cdot \sin\theta_2$

자유물체도

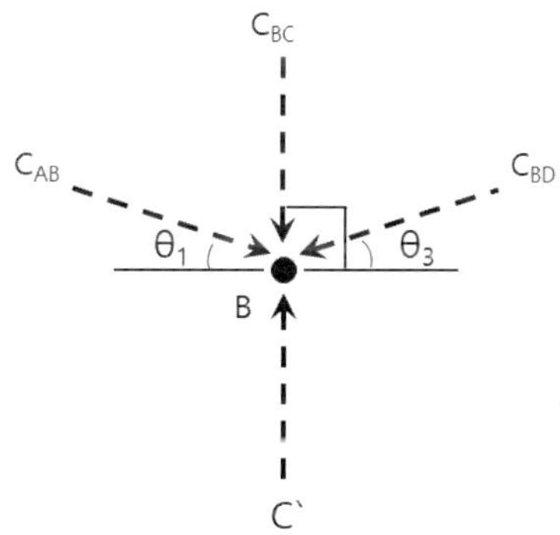

$\Sigma F_x = 0$:

$C_{AB} \cdot \cos\theta_1 = + C_{BD} \cdot \cos\theta_3$

$\Sigma F_y = 0$:

$C' = C_{BC} + C_{AB} \cdot \sin\theta_1 + C_{BD} \cdot \sin\theta_3$

② 인장력(T) 결정

$T_{DE} = C_{EF} \cdot \sin\theta_5 = 797\,\text{kN}$

$T_{CE} = T - C_{EF} \cdot \cos\theta_5 = 2{,}451\,\text{kN}$

$$T_{AC} = \frac{T_{CE} - C_{CD} \cdot \cos\theta_4}{\cos\theta_2} = 2{,}974\,\text{kN}$$

③ 압축력(C) 결정

$$C_{EF}=\frac{C\cdot\tan\theta_3}{\sin\theta_5+\cos\theta_5\cdot\tan\theta_3}=929\text{ kN}$$

$$C_{DF}=\frac{C_{EF}\cdot\sin\theta_5}{\sin\theta_3}=2{,}578\text{ kN}$$

$$C_{BD}=\mathrm{C_{DF}}-\frac{T_{DE}}{\sin\theta_3+\tan\theta_4\cdot\cos\theta_3}=2{,}211\text{ kN}$$

$$C_{CD}=\frac{T_{DE}}{\sin\theta_4+\tan\theta_3\cdot\cos\theta_4}=767\text{ kN}$$

$$C_{BC}=\mathrm{T_{AC}}\cdot\sin\theta_2-\mathrm{C_{CD}}\cdot\sin\theta_4=1{,}420\text{ kN}$$

$$C_{AB}=\frac{T_{AC}\cdot\cos\theta_2}{\cos\theta_1}=2{,}253\text{ kN}$$

기준 15.2.3(4)
기준 15.2.3(5)

④ 인장 보강 여부 및 인장 철근량 산정

- 인장 보강 여부 검토

$$f_t=\frac{T_{AC}}{(R_1+0.5R_2)B}=\frac{2{,}974\times10^3}{1145\times1{,}000}=2.597\text{ MPa}$$

$$\sqrt{f_{ck}}/3=1.732MPa$$

$f_t>\sqrt{f_{ck}}/3=2.597>1.732\text{ MPa}$이므로 보강철근 배치 필요

- 필요 인장 철근량 산정

$$T_{AC}=\frac{T_{CE}-C_{CD}\cdot\cos\theta_4}{\cos\theta_2}=2{,}974\text{ kN}$$

$$A_{s,req}=\frac{T_{AC}}{\phi\cdot f_y}=8{,}747.1\text{ mm}^2$$

- 사용 인장 철근 (절곡 및 배근범위는 0.65R 이내에 배근한다)

• 인장보강주철근 : $H25@125-1$단 $=4{,}053.6\text{ mm}^2$

• 인장보강주철근의 $\frac{1}{2}$: $H25@250-2$단 $=4{,}053.6\text{ mm}^2$

사용인장철근량 : $A_{s,used}=8{,}107.2\text{ mm}^2<A_{s,req}=8{,}391.2\text{ mm}^2$

$A_{s,used}$가 $A_{s,req}$보다 작더라도 부모멘트에 의한 휨철근의 영향도 있기에 적합한 설계라고 볼 수 있다.

계산 및 해설

- 상시 절점부 부모멘트(외측 인장 응력) 발생시 배근

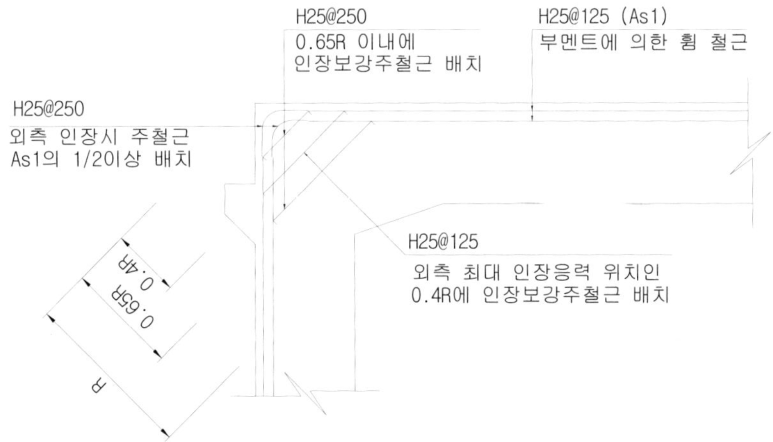

- 지진시 수평력에 의한 정모멘트(내측 인장 응력) 발생시 배근

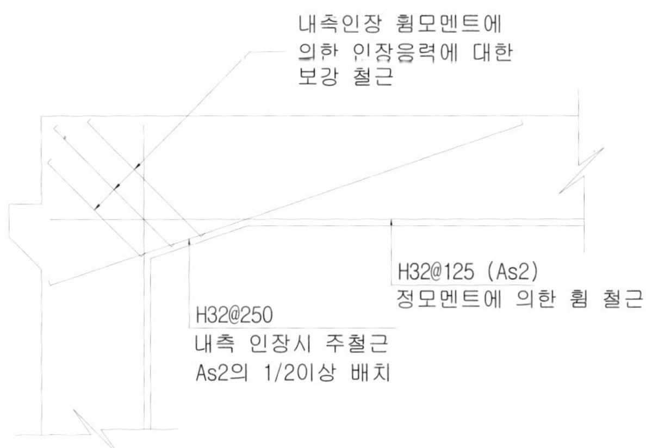

- 최종 배근도

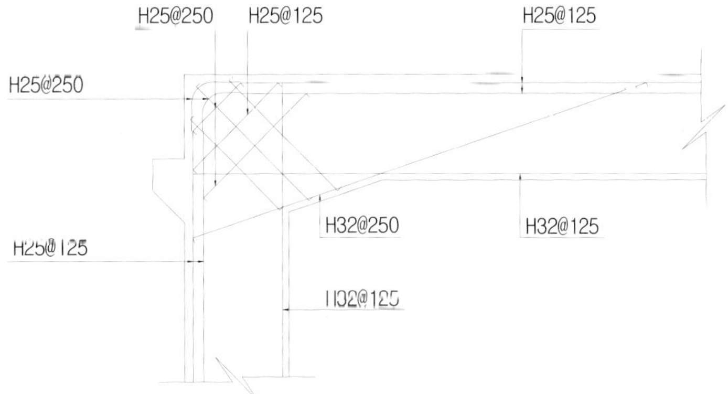

적용기준	계산 및 해설

⑤ 스트럿과 절점영역의 강도 검토

스트럿과 절점영역의 강도 검토 절차는 다음과 같다.

- 스트럿의 유효강도와 절점영역의 유효강도 중 가장 작은 값을 스트럿의 유효강도로 결정한다.
- 이를 이용하여 스트럿의 필요 유효폭과 타이의 유효폭을 정하고 스트럿-타이 모델을 차원화한다.
- 차원화한 모델이 기하학적 형상을 벗어나는지 또는 스트럿 단면적이 중첩하는지를 검토한다.

- 필요 유효폭 결정

해설 I.4.2

$$w_{req} = \frac{F_u}{\phi 0.85 \beta_{s,\mathrm{mod}} f_{ck} b}$$

ϕ : 스트럿의 강도감소계수

w_{req} : 스트럿의 필요 유효폭(mm)

b : 두께(단위길이)

$\beta_{s,\mathrm{mod}}$: 스트럿 유효강도계수(β_s)와 절점영역 유효강도계수(β_n) 중 가장 작은 값

위 식을 이용하여 각 스트럿의 유효강도계수와 필요 유효폭을 계산하면 다음과 같다.

기준 I.3.2(2)
기준 I.5.3(2)

스트럿 요소	요소 종류	β_s 또는 β_n	$\beta_{s,\mathrm{mod}}$	$0.85\beta_{s,\mathrm{mod}}f_{ck}$	F_u(kN)	w_{req} (mm)	안전 여부
AB	스트럿 AB	0.60	0.60	13.77	2,253	218	만족
	절점영역 A-CTT	0.60					
	절점영역 B-CCC	1.00					
BC	스트럿 BC	0.60	0.60	13.77	1,420	137	만족
	절점영역 B-CCC	1.00					
	절점영역 C-CTT	0.60					
BD	스트럿 BD	1.00	0.80	18.36	2,211	161	만족
	절점영역 B-CCC	1.00					
	절점영역 D-CCT	0.80					
CD	스트럿 BD	0.60	0.60	13.77	767	74	만족
	절점영역 C-CTT	0.60					
	절점영역 D-CCT	0.80					
DF	스트럿 DF	1.00	0.80	18.36	2,578	187	만족
	절점영역 D-CCT	0.80					
	절점영역 F-CCC	1.00					

계산 및 해설

스트럿 요소	요소 종류	β_s 또는 β_n	$\beta_{s,\mathrm{mod}}$	$0.85\beta_{s,\mathrm{mod}} f_{ck}$	F_u(kN)	w_{req} (mm)	안전 여부
EF	스트럿 EF	0.60	0.60	13.77	929	90	만족
	절점영역 E-CTT	0.60					
	절점영역 F-CCC	1.00					
BH	스트럿 BH	1.00	1.00	22.95	2,911	170	만족
	절점영역 B-CCC	1.00					
FG	스트럿 FG	1.00	1.00	22.95	2,930	169	만족
	절점영역 F-CCC	1.00					

이를 바탕으로 차원화한 본 예제의 스트럿-타이 모델이다.

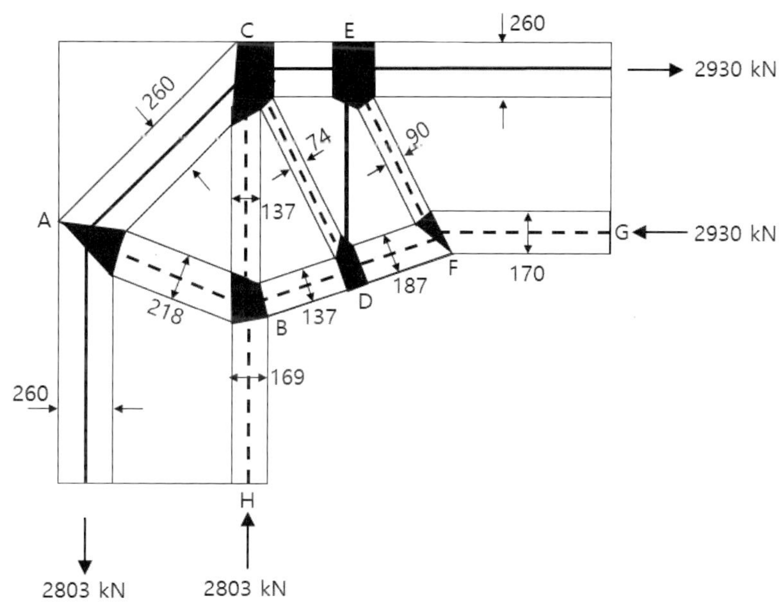

제 16 장

합성구조

예제 16.1

매입형 합성기둥

다음 합성기둥 단면(띠철근)에 대한 공칭강도와 설계강도를 계산하여 상관곡선을 작성하라. 변형률 적합법을 이용하여 구하라.

- 콘크리트

  $f_{ck} = 27\,\mathrm{MPa}$

- 주철근 (4 − D 29)

  피복두께 $d_1 = 65\,\mathrm{mm}$

  $f_y = 400\,\mathrm{MPa}$

  $E_s = 200{,}000\,\mathrm{MPa}$

  $\varepsilon_y = 0.0020$

  $A_s = 641\,\mathrm{mm}^2\,(\mathrm{D}29)$

- 기둥 단면적

  전단면적 $A_g = 160{,}000\,\mathrm{mm}^2$

  철근의 전단면적 $A_s = 2{,}564\,\mathrm{mm}^2$

  강재의 전단면적 $A_{sp} = 7{,}008\,\mathrm{mm}^2$

- 강재 $(\mathrm{H} - 200 \times 204 \times 12 \times 12)$

  항복강도 $F_y = 355\,\mathrm{MPa}(\mathrm{SM355})$

  탄성계수 $E_{sp} = 210{,}000\,\mathrm{MPa}$

  항복변형률 $\varepsilon_{yp} = 0.00169$

  전단면적 $A_{sp} = 7{,}008\,\mathrm{mm}^2$

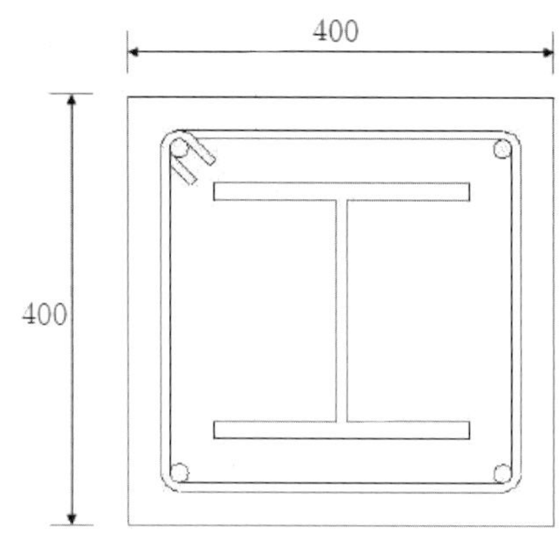

예제 그림 16.1-1 설계단면

적용기준

계산 및 해설

압축대에서 가장 멀리 있는 강재의 변형률 ε_s 를 기준으로 변형률적합법을 적용한다. 콘크리트는 포물선-직선 형상으로부터 제안된 응력분포의 변수와 계수를 사용하며, 횡철근에 의한 횡구속 효과를 고려하지 않는다.

1. 콘크리트 응력계수 및 변수

기준 해설 표 6.2.1(7)③

극한압축변형률 $\varepsilon_{cu} = 0.0033$

압축응력의 평균값 $\alpha(0.85 f_{ck}) = 0.8(0.85 f_{ck}) = 18.4\,\mathrm{MPa}$

중립축 깊이(c)에 대한 압축연단으로부터 콘크리트 합력의 작용 깊이 비 $\beta = 0.4$

계산 및 해설

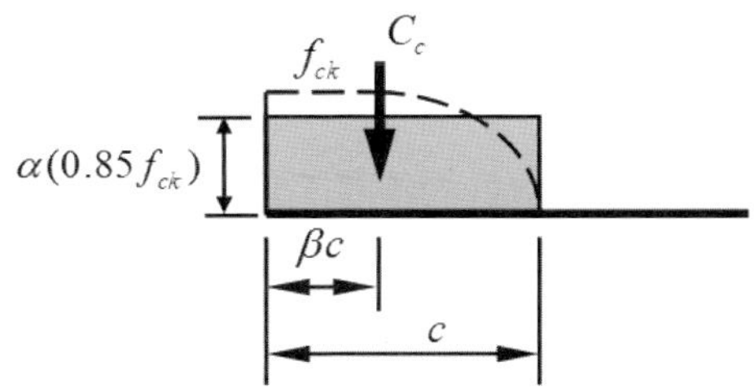

예제 그림 16.1-2 콘크리트 합력 작용위치

2. 순수 압축상태의 설계압축강도

$$P_{n(\max)} = 0.8[0.85f_{ck}(A_g - A_{sp} - A_s) + F_y A_{sp} + f_y A_s]$$
$$= 0.8[0.85 \cdot 27(160{,}000 - 7{,}008 - 2{,}564) + 400 \cdot 2{,}564 + 355 \cdot 7{,}008]$$
$$= 5{,}570\ \text{kN}$$
$$\phi P_{n(\max)} = 0.65 \cdot 5{,}570 = 3{,}620\ \text{kN}$$

대칭단면이므로 $M_n = 0$ 및 $\phi M_n = 0$

3. $\varepsilon_s = 0$인 경우

중립축 깊이 $c = 200 + 94 = 294\ \text{mm}$
합성단면의 선형 변형률 분포로부터 각 재료의 휨 기여도를 구하면 다음과 같다.
(P_n 에서 +는 압축, −는 인장을 나타냄)

예제 표 16.1-1 각 재료의 휨 기여도 ($\varepsilon_s = 0$)

구분	콘크리트	압축철근	인장철근	압축플랜지	웨브	인장플랜지	합계
P_n (kN)	2,004	513	-118	869	468	0	3,740
M_n (kN · m)	165	69.2	15.9	81.7	0	0	332

강도감소계수 $\phi = 0.65$를 적용하여 설계강도를 계산하면 다음과 같다.

$\phi P_n = 2{,}430\ \text{kN}$ 및 $\phi M_n = 216\ \text{kN}\cdot\text{m}$

4. $\varepsilon_s = \varepsilon_{yp}(= 0.00169)$인 경우

중립축 깊이 $c = \left(\dfrac{0.0033}{0.0033 + 0.00169}\right) \cdot (200 + 94) = 194\ \text{mm}$

계산 및 해설

합성단면의 선형 변형률 분포로부터 각 재료의 휨 기여도를 구하면 다음과 같다.
(P_n 에서 +는 압축, −는 인장을 나타냄)

예제 표 16.1-2 각 재료의 휨 기여도 ($\varepsilon_s = \varepsilon_{yp}$)

구분	콘크리트	압축철근	인장철근	압축플랜지	웨브	인장플랜지	합계
P_n (kN)	1,340	513	-513	772	-41.9	-869	1,200
M_n (kN·m)	164	69.2	69.2	72.5	0	81.7	457

강도감소계수 $\phi = 0.65$를 적용하여 설계강도를 계산하면 다음과 같다.

$\phi P_n = 781\text{ kN}$ 및 $\phi M_n = 297\text{ kN}\cdot\text{m}$

5. $\varepsilon_s = 2\varepsilon_{yp}(= 0.00338)$인 경우

중립축 깊이 $c = \left(\dfrac{0.0033}{0.0033 + 0.00338}\right)\cdot(200+94) = 145\text{ mm}$

합성단면의 선형 변형률 분포로부터 각 재료의 휨 기여도를 구하면 다음과 같다.
(P_n 에서 +는 압축, −는 인장을 나타냄)

예제 표 16.1-3 각 재료의 휨 기여도 ($\varepsilon_s = 2\varepsilon_{yp}$)

구분	콘크리트	압축철근	인장철근	압축플랜지	웨브	인장플랜지	합계
P_n (kN)	991	467	-513	458	-552	-869	-17
M_n (kN·m)	141	63.1	69.2	43.1	0	81.7	398

구조용 강재의 둘레를 철근콘크리트로 둘러싼 매입형 합성기둥단면에서 강도감소계수는 구조용 강재의 순인장변형률을 바탕으로 평가한다. 구조용 강재($F_y = 355\text{ MPa}$)의 압축지배변형률 한계와 인장지배변형률 한계는 각각 항복변형률 $\varepsilon_{yp} = 0.00169$와 0.005를 사용한다. 따라서 강도감소계수는 다음과 같이 결정된다.

$$\phi = 0.65 + (0.85 - 0.65)\times\left(\frac{0.00338 - 0.00169}{0.005 - 0.00169}\right) = 0.752$$

강도감소계수 $\phi = 0.752$를 적용하여 설계강도를 계산하면 다음과 같다.

$\phi P_n = -12.8\text{ kN}$ 및 $\phi M_n = 299\text{ kN}\cdot\text{m}$

적용기준

계산 및 해설

6. PM상관도

2~4에서 산정한 설계압축강도와 설계휨강도의 PM상관도를 그리면 다음과 같다.

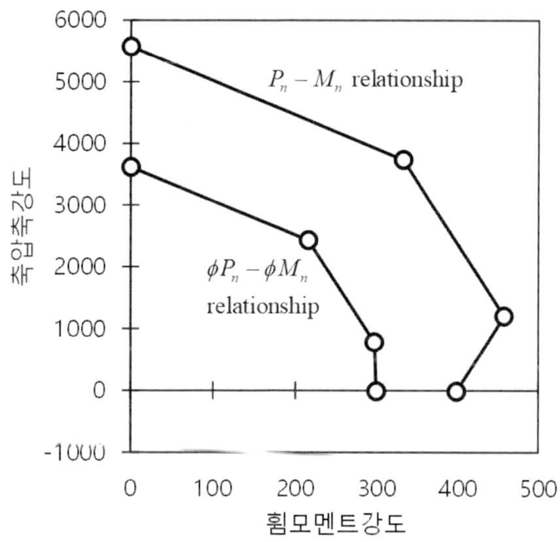

예제 그림 16.1-3 설계단면의 PM상관도

예제 16.2 매입형 합성보

매입형 합성보의 휨강도를 변형률적합법으로 구하시오.

• 콘크리트

$f_{ck} = 27\,\mathrm{MPa}$

• 콘크리트 플랜지

유효폭 $b_{eff} = 2{,}000\,\mathrm{mm}$

슬래브 두께 $h_f = 140\,\mathrm{mm}$

• 강재 $(\mathrm{H} - 350 \times 350 \times 12 \times 19)$

항복강도 $F_y = 355\,\mathrm{MPa(SM355)}$

탄성계수 $E_{sp} = 210{,}000\,\mathrm{MPa}$

항복변형률 $\varepsilon_{yp} = 0.00169$

전단면적 $A_{sp} = 17{,}044\,\mathrm{mm}^2$

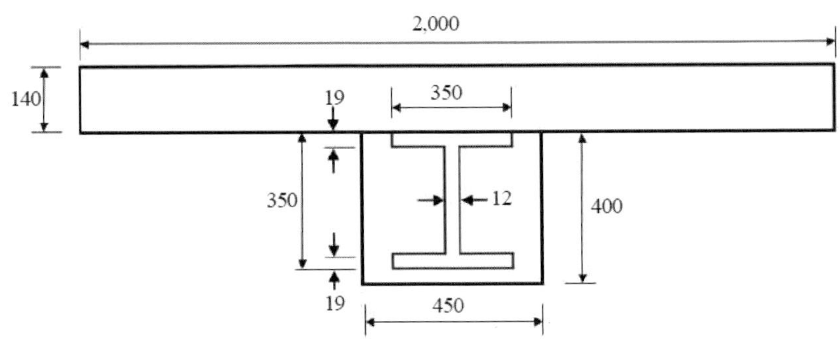

예제 그림 16.2-1 설계단면

적용기준	계산 및 해설

구조용 강재가 인장보강재 역할을 하는 정방향 휨강도를 계산한다. 콘크리트는 포물선-직선 형상으로부터 제안된 응력분포의 변수와 계수를 사용한다.

1. 콘크리트 응력계수 및 변수

기준 해설 표 6.2.1(7)③

극한압축변형률 $\varepsilon_{cu} = 0.0033$

압축응력의 평균값 $\alpha(0.85 f_{ck}) = 0.8(0.85 f_{ck}) = 18.4\,\mathrm{MPa}$

중립축 깊이(c)에 대한 압축연단으로부터 콘크리트 합력의 작용 깊이 비 $\beta = 0.4$

2. 중립축 깊이 $c = 140\,\mathrm{mm}$ 가정

중립축 상부의 콘크리트 압축력은 다음과 같다.

계산 및 해설

$C_c = \alpha(0.85 f_{ck}) b_{eff} c = 0.8 \cdot 0.85 \cdot 27 \cdot 2{,}000 \cdot 140 = 5{,}140 \text{ kN}$

중립축 하부에서 구조용 강재가 저항하는 인장력은 구조용 강재의 인장력은 상부 플랜지, 웨브, 하부 플랜지로 단면을 분할하여 변형률적합법에 따라 계산한다.

$T_s = 4{,}000 \text{ kN}$

콘크리트 압축력이 강재의 인장력보다 더 크므로 중립축 깊이 c는 콘크리트 슬래브의 두께 140 mm보다 작아야 한다.

3. 변형률적합 해석

시행착오를 거쳐 중립축 상부의 콘크리트 압축력과 중립축 하부의 강재 인장력이 평형을 이루는 위치를 찾으면, $c = 125 \text{ mm}$이다. $c = 125 \text{ mm}$에 대하여 매입형 합성보의 단면강도를 구하면 다음과 같다.

중립축 깊이 $c = 125 \text{ mm}$

곡률 $\phi_u = \dfrac{0.0033}{c} = 0.0000264/\text{mm}$

상부 플랜지의 인장변형률

$\varepsilon_{stf} = 0.0000264 \cdot \left(140 - 125 + \dfrac{19}{2}\right) = 0.000647 \le \varepsilon_{yp}$

웨브의 인장변형률 $\varepsilon_{sw} = 0.0000264 \cdot \left(140 - 125 + \dfrac{350}{2}\right) = 0.00502 \ge \varepsilon_{yp}$

하부 플랜지의 인장변형률 $\varepsilon_{sbf} = 0.00939 \ge \varepsilon_{yp}$

콘크리트 압축응력 $\alpha(0.85 f_{ck}) = 18.4 \text{ MPa}$

콘크리트 압축력 $C_c = \alpha(0.85 f_{ck}) b_{eff} c = 4{,}590 \text{ kN}$

상부 플랜지의 인장응력 $F_{stf} = E_{sp} \varepsilon_{stf} = 136 \text{ MPa}$

상부 플랜지의 인장력 $T_{stf} = 5.54 \cdot 6{,}650 = 903 \text{ kN}$

웨브의 인장응력 $F_{sw} = F_y = 355 \text{ MPa}$

웨브의 인장력 $T_{sw} = 355 \cdot 3{,}744 = 1{,}330 \text{ kN}$

하부 플랜지의 인장응력 $F_{sbf} = F_y = 355 \text{ MPa}$

하부 플랜지의 인장력 $T_{sbf} = 355 \cdot 6{,}650 = 2{,}360 \text{ kN}$

구조용 강재의 인장력 총합 $T_s = T_{stf} + T_{sw} + T_{sbf} = 4{,}590 \text{ kN}$

계산 및 해설

콘크리트 및 강재에 의한 휨저항강도를 중립축에 대하여 계산하면 다음과 같다.

$$M_n = C_c(1-\beta)c + T_{stf}(h_{stf}-c) + T_{sw}(h_{sw}-c) + T_{sbf}(h_{sbf}-c)$$
$$= 4{,}590\cdot(1-0.4)\cdot 125 + 903\cdot(150-125) + 1{,}330\cdot(315-125)$$
$$+ 2{,}360\cdot(481-125) = 1{,}460\ \mathrm{kN}$$

구조용 강재의 최외단 순인장변형률은 $\varepsilon_t = \varepsilon_{sbf} = 0.00939$로서 인장지배변형률 한계인 0.005보다 크므로 합성보의 강도감소계수는 $\phi = 0.85$를 적용한다. 따라서 합성보의 설계휨강도는 다음과 같다.

$$\phi M_n = 0.85\cdot 1{,}460 = 1{,}240\ \mathrm{kN}$$

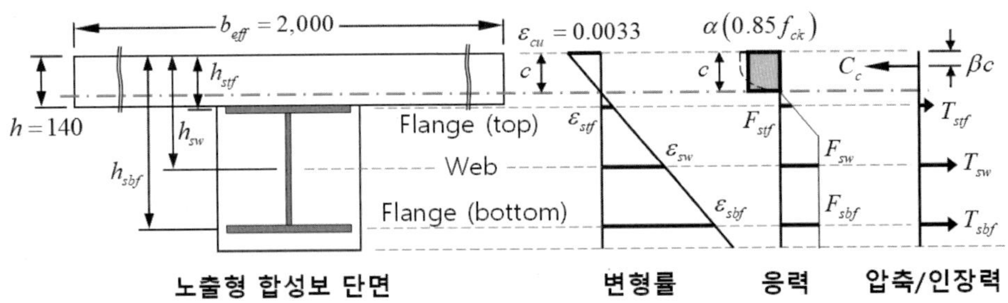

예제 그림 16.2-2 단면 내 변형률 및 응력 분포

예제 16.3 현장타설콘크리트 속채움 중공 PC기둥

다음의 현장타설콘크리트 속채움 중공 PC기둥에 대하여 변형률적합 조건 및 콘크리트 등가직사각형 응력블록을 이용하여 해당 합성단면의 설계 축-휨강도 상관곡선을 구하라. (구성요소간 완전합성 가정)

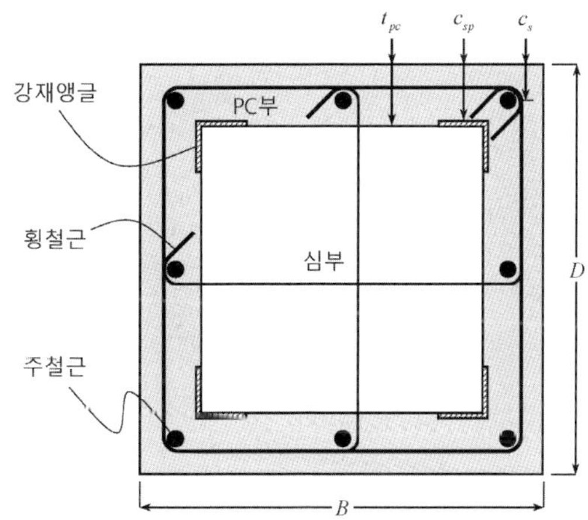

예제 그림 16.3-1 설계단면

- 단면크기 : 너비 $B = 800\text{ mm}$, 깊이 $D = 800\text{ mm}$
- PC부 콘크리트(Precast Concrete) : 압축강도 $f_{ck,pc} = 30\text{ MPa}$, 두께 $t_{pc} = 120\text{ mm}$
- 심부 콘크리트(Infilled Concrete) : 압축강도 $f_{ck,ic} = 50\text{ MPa}$
- 강재앵글(PC부에 매립) : 항복강도 $F_y = 355\text{ MPa(SHN355)}$
  단면 크기 $h_s \times b_s \times t_w \times t_f = 100 \times 100 \times 10 \times 10\text{ mm}$
  (앵글 1개 단면적 $A_{sp} = 1{,}900\text{ mm}^2$)
  콘크리트 연단으로부터 플랜지 표면까지의 거리 $c_{sp} = 110\text{ mm}$
- 주철근 : 항복강도 $f_y = 400\text{ MPa}$, $8 - \text{D}32$(D32 1개 공칭단면적 $A_s = 794.2\text{ mm}^2$),
  콘크리트 연단으로부터 철근 중심까지의 거리 $c_s = 70\text{ mm}$

적용기준	계산 및 해설
기준 17.1.1(1)	현장타설콘크리트 속채움 중공 PC기둥은 프리캐스트콘크리트 부재와 현장치기 콘크리트가 일체로 된 합성콘크리트 부재이다. PC부 두께가 120 mm인 본 예제의 경우 중공률은 약 $(800 - 2 \times 120)^2/800^2 = 49\%$로서, 이는 일반적인 완전PC공법에 비해 양중무게

가 49% 줄어든다는 의미이다. 이러한 부분PC공법은 양중무게를 줄이고, 속채움 콘크리트를 통해 인접하는 부재간 구조적 일체성을 증대시키기 위한 목적으로 활용된다.

1. 변형률 및 응력분포도

해당 합성단면의 강도를 구하기 위하여 변형률 적합조건 및 힘의 평형조건을 사용한다. 변형률분포는 선형으로 가정하였으며, 콘크리트의 등가 직사각형 응력블록 및 강재 및 철근의 완전탄소성 거동을 가정하였다. 이에 따른 변형률 및 응력 분포는 그림 16.3-2와 같다.

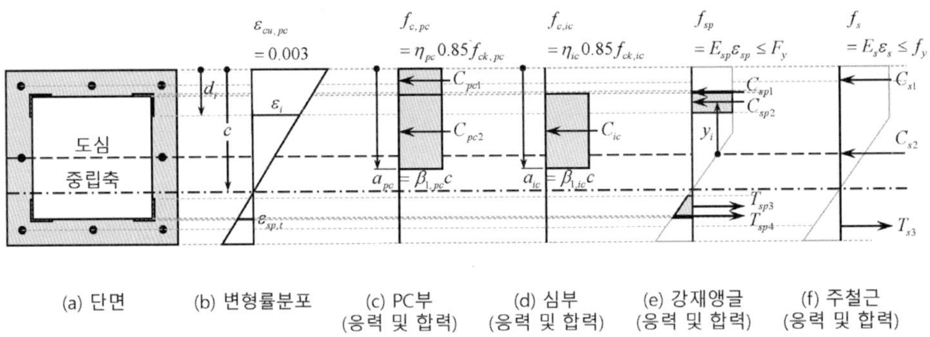

예제 그림 16.3-2 변형률 및 응력 분포도

재료별 설계상수를 정리하면 표 16.3-1과 같다.

예제 표 16.3-1 재료별 설계상수

기준 6.2.1(8)
기준 3.4.3(4)
기준 3.4.3(2)

구분	설계상수
PC부	$\eta_{pc} = 1.0$, $\beta_{1,pc} = 0.8$ ($f_{ck,pc} = 30$ MPa)
심부	$\eta_{ic} = 0.97$, $\beta_{1,ic} = 0.8$ ($f_{ck,ic} = 50$ MPa)
강재앵글	$E_{sp} = 210$ GPa (비록 기준 3.4.3(4)에서는 205 GPa을 권고하나 KDS 41 31 00 : 2019에 따라 210 GPa를 사용)
주철근	$E_s = 200$ GPa

2. 합성단면의 공칭강도 ($P_n - M_n$ 상관곡선)

기준 6.2.2(4)

우선 최인장측 강재앵글의 변형률 $\varepsilon_{sp,t}$ 변화에 따른 단면의 공칭축강도과 공칭휨강도를 계산한다. 이때 PC부 압축연단의 극한변형률은 $\varepsilon_{cu,pc} = 0.0033$으로 가정한다. 추가적으로 본 예제에서는 각 구성요소별 단면 내 응력분포를 선형이라고 가정하였다. 비록 이

적용기준

계산 및 해설

가정은 정확하지 않지만(예를 들면, 강재앵글 웨브의 일부분만 항복한 경우 선형분포가 아님), 별도의 단면해석 프로그램 없이 간단한 수계산이 가능하도록 이 가정을 사용하였다. 사용된 선형응력분포의 가정에 따라 각 구성요소의 합력은 각 구성요소의 도심에 작용한다.

예제 표 16.3-2 각 구성요소별 도심까지의 깊이, 응력, 단면적

구성요소	압축측 연단으로부터 각 구성요소의 도심까지의 깊이, d_i	응력, f_i	단면적, A_i
PC부 플랜지	$d_{pc1}=\frac{t_{pc}}{2}$ ($a_{pc}\ge t_{pc}$인 경우) 또는 $d_{pc1}=\frac{a_{pc}}{2}$ ($a_{pc}<t_{pc}$인 경우)	$f_{c,pc}=\eta_{pc}0.85f_{ck,pc}$	$A_{pc1}=t_{pc}B$ ($a_{pc}\ge t_{pc}$인 경우) 또는 $A_{pc1}=a_{pc}B$ ($a_{pc}<t_{pc}$인 경우)
PC부 웨브	$d_{pc2}=t_{pc}+\frac{a_{pc}-t_{pc}}{2}$ ($a_{pc}\ge t_{pc}$인 경우) 또는 $d_{pc2}=$해당 없음 ($a_{pc}<t_{pc}$인 경우)		$A_{pc2}=(a_{pc}-t_{pc})(2t_{pc})$ ($a_{pc}\ge t_{pc}$인 경우) 또는 $A_{pc2}=$해당 없음 ($a_{pc}<t_{pc}$인 경우)
심부	$d_{ic}=t_{pc}+\frac{a_{ic}-t_{pc}}{2}$ ($a_{ic}\ge t_{pc}$인 경우) 또는 $d_{ic}=$해당 없음 ($a_{ic}<t_{pc}$인 경우)	$f_{c,ic}=\eta_{ic}0.85f_{ck,ic}$	$A_{ic}=(a_{ic}-t_{pc})(B-2t_{pc})$ ($a_{ic}\ge t_{pc}$인 경우) 또는 $A_{ic}=$해당 없음 ($a_{ic}<t_{pc}$인 경우)
압축측 강재앵글 플랜지	$d_{sp1}=c_{sp}+\frac{t_f}{2}$	$f_{sp}=E_{sp}\varepsilon_{sp}$ $(-F_y\le f_{sp}\le F_y)$	$A_{sp1}=2b_st_f$
압축측 강재앵글 웨브	$d_{sp2}=c_{sp}+t_f+\frac{(h_s-t_f)}{2}$		$A_{sp2}=2t_w(h_s-t_f)$
인장측 강재앵글 웨브	$d_{sp3}=D-d_{sp2}$		$A_{sp3}=2t_w(h_s-t_f)$
인장측 강재앵글 플랜지	$d_{sp4}=D-d_{sp1}$		$A_{sp4}=A_{sp1}$
압축측 철근	$d_{s1}=c_s$	$f_s=E_s\varepsilon_s$ $(-f_y\le f_s\le f_y)$	$A_{s1}=3A_s$
중앙부 철근	$d_{s2}=\frac{D}{2}$		$A_{s2}=2A_s$
인장측 철근	$d_{s3}=D-c_s$		$A_{s3}=3A_s$

중립축 깊이는 $c=\left(\frac{\varepsilon_{cu,pc}}{\varepsilon_{cu,pc}-\varepsilon_{sp,t}}\right)d_{sp4}$로 계산되며, 각 구성요소의 변형률, 합력, 휨모

적용기준 | **계산 및 해설**

멘트는 각각 $\varepsilon_i = \left(\dfrac{c-d_i}{c}\right)\varepsilon_{cu,pc}$, $F_i = f_i A_i$(압축을 받는 강재앵글 및 철근의 경우, $F_i = (f_i - \eta_{pc} 0.85 f_{ck,pc})A_i$로 계산되며, 그림 16.4-1에서 압축력은 C, 인장력은 T로 구분하여 표시), $M_i = F_i y_i$로 계산된다. 여기서 d_i =압축측 연단으로부터 각 구성요소의 도심까지의 깊이, f_i =각 구성요소의 응력, A_i =각 구성요소의 단면적, y_i =각 구성요소의 모멘트 팔길이(또는 단면의 도심으로부터 각 구성요소의 도심까지의 거리)이다. 본 예제에서는 사용된 선형응력분포의 가정에 따라 $y_i = \dfrac{D}{2} - d_i$로 계산된다. 각 구성요소별로 d_i, f_i, A_i에 대한 계산식을 정리하면 표 16.3-2와 같다.

전체 합성단면의 공칭축강도와 공칭휨강도는 모든 구성요소의 합력과 휨모멘트를 더하여 계산한다. 공칭 축-휨강도 상관곡선을 얻기 위해서는 $\varepsilon_{sp,t}$ 변화에 따른 반복계산이 필요하므로, 본 예제에서는 스프레드시트(엑셀)를 사용하였다.

3. 합성단면의 설계강도 ($\phi P_n - \phi M_n$ 상관곡선)

기준 3.3.3(2)

합성단면의 설계강도는 공칭강도에 강도감소계수를 적용하여 계산한다. 강도감소계수 ϕ는 최인장측 강재앵글의 변형률 $\varepsilon_{sp,t}$에 따라 계산한다.

그림 16.3-3은 주어진 합성단면의 공칭강도(굵은 실선) 및 설계강도(굵은 점선)를 나타낸다.

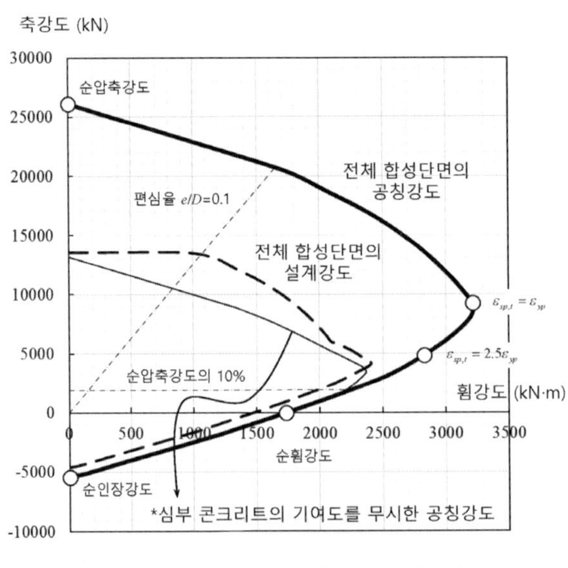

예제 그림 16.3-3 축-휨강도 상관곡선

적용기준	계산 및 해설

참고로, 해당 합성단면의 시공 중 안전성을 검토하기 위하여 심부 콘크리트가 설계강도를 발현하기 이전의 공칭강도(얇은 실선 : 심부 콘크리트 기여도 무시)도 함께 나타내었다. 일반적으로 시공 중 작용하는 축력의 크기는 순압축강도의 10~20% 정도이며, 해당 축력 수준에서의 휨강도는 심부 콘크리트의 유무에 큰 영향을 받지 않는 편이다.

4. PC부와 심부간 계면설계

본 예제에서는 모든 구성요소간 완전합성을 가정하였다. 완전합성의 가정이 유효하기 위해서는 구성요소간 충분한 부착강도가 확보되어야 하며, 이에 본 예제에서는 공장에서 제작되는 PC부와 현장에서 타설되는 심부간 계면에 대한 설계를 제시한다.

기준 7.7.3(1) 통상적으로 표면마찰을 통한 신구콘크리트간 전단력 전달을 위하여 6 mm 이상의 거친면 처리를 수행하나, 중공 PC기둥의 제작방법상 PC부 내측표면에 대한 거친면 처리는 사실상 불가능하다. 이에 길이방향 전단력을 전달하기 위해서는 PC부와 심부간 계면에 전단연결재를 배치해야 한다. 본 예제에서는 별도의 전단연결재를 배치하는 대신, 단면을 관통하는 횡철근(Cross-ties)을 활용하여 계면설계를 실시한다.

"KDS 41 31 00 : 2019(건축물 강구조 설계기준)"의 "4.6.6 하중전달"을 준용하면, 길이방향 소요전단력 V_r'은 외력이 ① PC부에만 직접 가해지는 경우, ② 심부에만 직접 가해지는 경우, 그리고 ③ PC부와 심부에 동시에 가해지는 경우로 나누어 설계할 수 있다. 본 예제에서는 인접하는 부재와 직접 연결되는 PC부에만 외력이 직접 가해지는 경우로 가정하였다. 모든 외력이 PC부에만 직접 가해지는 경우, 심부에 전달되어야 할 힘은 $V_r' = P_r(1 - P_{no,pc}/P_{no})$ 이다.

여기서, $P_{no} = \eta_{pc}0.85f_{ck,pc}A_{pc} + \eta_{ic}0.85f_{ck,ic}A_{ic} + 4F_yA_{sp} + 8f_yA_s$ =길이효과를 고려하지 않은 합성단면의 공칭압축강도, $P_{no,pc} = \eta_{pc}0.85f_{ck,pc}A_{pc} + 4F_yA_{sc} + 8f_yA_s$ = PC부 단면의 공칭압축강도, P_r =합성부재에 가해지는 소요외력, A_{pc} =PC부 콘크리트 단면적, A_{ic} =심부 콘크리트 단면적이다. $P_r = 0.3P_{no}$로 가정할 경우, V_r' =3878.5kN으로 계산된다.

보수적으로 PC부와 심부간 직접부착강도는 무시하였다. 한계상태가 콘크리트전단 파괴강도가 아닌 경우, 단면을 관통하는 횡철근 1개의 공칭전단강도는 $Q_n = f_{ut}A_{st}$이며, 인장강도 f_{ut} =560 MPa의 D16철근(공칭단면적 A_{st} = 198.6 mm^2)을 사용한다고 가정하면, Q_n =114.3 kN으로 계산된다. 1열의 횡철근은 4면에서 PC부와 심부를 서로 연결하므로, 전단에 대한 강도감소계수 ϕ_v =0.65를 적용하여 필요한 횡철근 열의 개수를 계산하면 $n_{required} = V_r'/(4\phi_vQ_n)$ =13.4가 된다. 따라서 14열의 횡철근을 하중도입부 길이 안에 배치한다.

예제 16.4

콘크리트 보-슬래브 합성부재

다음 그림과 같이 프리캐스트콘크리트 보와 현장타설 콘크리트 슬래브로 구성된 합성콘크리트 부재단면에 계수모멘트 $M_u = 400\ \mathrm{kN \cdot m}$와 계수전단력 $V_u = 200\ \mathrm{kN}$이 작용하고 있다. 계수모멘트 M_u와 계수전단력 V_u에 저항하기 위한 인장철근량과 전단철근 간격을 결정하라.

단, 보통중량콘크리트가 사용되었다고 가정하며, 프리캐스트콘크리트의 압축강도 $f_{ck,b} = 40\ \mathrm{MPa}$, 현장타설 콘크리트의 압축강도 $f_{ck,t} = 24\,\mathrm{MPa}$, 인장철근의 항복강도 $f_y = 400\,\mathrm{MPa}$, 전단철근의 항복강도 $f_{yt} = 400\,\mathrm{MPa}$ 이고, 전단철근은 직경 10 mm의 이형철근을 사용한다.

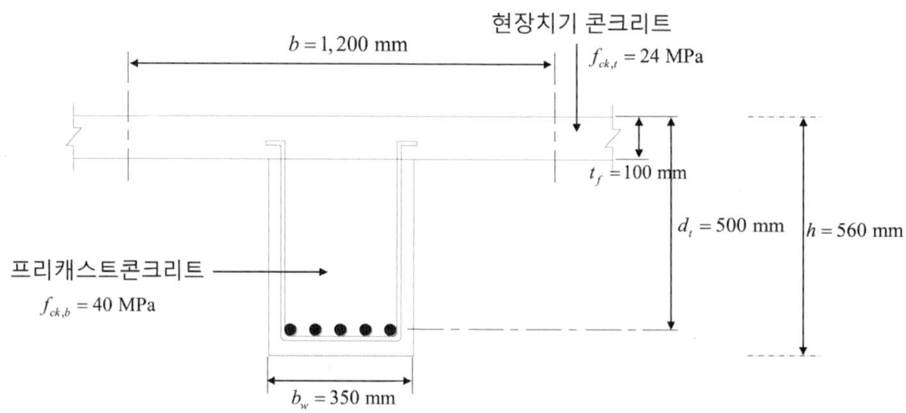

예제 그림 16.4-1 설계단면

적용기준

계산 및 해설

인장철근량 결정

1. 단면에 작용하는 계수휨모멘트

$$M_u = 400\ \mathrm{kN \cdot m}$$

2. 강도감소계수 $\phi = 0.85$로 가정하고 등가직사각형 응력블록 깊이 a 계산

$$\frac{M_u}{\phi \eta f_{ck} b d^2} = \frac{400 \times 10^6}{0.85 \times 1.0 \times 24 \times 1,200 \times 500^2} = 0.065$$

$$M_u = \phi M_n = \phi \rho f_y b d^2 \left(1 - \frac{\rho f_y}{\eta 1.7 f_{ck}} \right)$$

적용기준	계산 및 해설

$w = \dfrac{(\rho f_y)}{f_{ck}}$로 놓으면

$$\frac{M_u}{\phi \eta f_{ck} b d^2} = w(1-0.59w)$$

따라서 $0.59w^2 - w + 0.065 = 0$

$$w = \frac{1 \pm \sqrt{1-4 \times 0.59 \times 0.065}}{2 \times 0.59} = 0.068 \text{ 또는 } 1.627$$

$$a = \frac{A_s f_y}{\eta(0.85 f_{ck})b} = \frac{\rho d f_y}{0.85 f_{ck}} = 1.18wd \text{ 이므로}$$

$w = 1.627$인 경우:

$a = 1.18 \times 1.627 \times 500 = 960\,\text{mm} > 560\,\text{mm}$ (단면의 높이)

$\therefore$ $w = 1.627$은 사용할 수 없는 값이다.

$w = 0.068$인 경우:

$a = 1.18 \times 0.068 \times 500 = 40\,\text{mm} < 100\,\text{mm}$ (슬래브 두께)

$a < t_f$이므로 직사각형보로 가정하여 A_s를 결정

강도감소계수 $\phi = 0.85$의 검토

기준 해설 표 6.2.1

$$c = \frac{a}{\beta_1} = \frac{40}{0.80} = 50\,\text{mm}$$

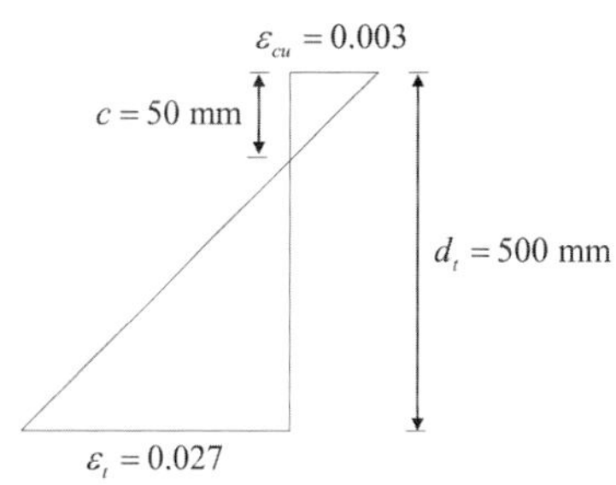

예제 그림 16.4-2 단면의 변형률 분포

인장철근 위치 $d_t = 500\,\text{mm}$에서 인장철근의 변형률

$$\varepsilon_t : (500-50) = 0.003 : 50$$

$$\varepsilon_t = \frac{(500-50) \times 0.003}{50} = 0.027 > 0.005$$

따라서 강도감소계수 $\phi = 0.85$ 〈적합〉

3. 소요철근량 A_s 계산

$$A_s f_y = \eta(0.85 f_{ck})ab$$

$$A_s = \frac{\eta(0.85 f_{ck})ab}{f_y} = \frac{1.0 \times 0.85 \times 24 \times 40 \times 1,200}{400} = 2,458\,\text{mm}^2$$

만약, $5-\text{D}29$를 선택한다면, $A_s = 2,535\,\text{mm}^2$

적용기준	계산 및 해설

기준 6.3.2

4. 최소 철근량 검토

탄성계수비 n 산정

현장타설콘크리트 : $E_{c,t} = 8,500\sqrt[3]{(f_{ck} + \triangle f)} = 8,500\sqrt[3]{(24+4)} = 25,811\,\text{MPa}$

프리캐스트콘크리트 : $E_{c,b} = 8,500\sqrt[3]{(f_{ck} + \triangle f)} = 8,500\sqrt[3]{(40+4)} = 30,007\,\text{MPa}$

$$n = \frac{E_{c,b}}{E_{c,t}} = \frac{30,007}{25,811} = 1.16$$

탄성계수비를 고려한 환산단면은 다음과 같다.

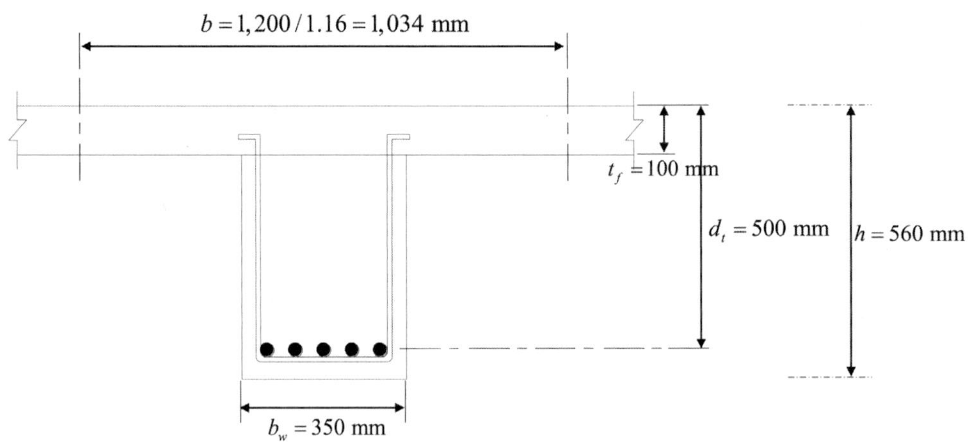

예제 그림 16.4-3 환산단면

단면계수 Z, 콘크리트 파괴계수 f_r 산정

$$y_t = \frac{(350 \times 460 \times 230) + (1,200/1.16 \times 100 \times 510)}{(350 \times 460) + (1,200/1.16 \times 100)} = 339\,\text{mm}$$

$$I_g = \frac{350 \times 460^3}{12} + 350 \times 460 \times (339 - 230)^2$$

$$+ \frac{1,200/1.16 \times 100^3}{12} + 1,200/1.16 \times 100 \times (510 - 339)^2 = 7.86 \times 10^9\,\text{mm}^4$$

$$Z = \frac{I_g}{y_t} = \frac{7.86 \times 10^9}{339} = 2.31 \times 10^7\,\text{mm}^3$$

$$f_r = 0.63\sqrt{f_{ck}} = 0.63 \times \sqrt{40} = 3.98\,\text{MPa}$$

적용기준	계산 및 해설

단면의 휨균열강도 M_{cr} 계산

$$M_{cr} = Z \times f_r = 2.31 \times 10^7 \times 3.98 \div 10^6 = 92.2\,\mathrm{kN \cdot m}$$

단면의 휨강도 M_n 계산

$$a = \frac{A_s f_y}{\eta(0.85 f_{ck}) b} = \frac{2{,}535 \times 400}{0.85 \times 1.0 \times 24 \times 1{,}200} = 40.6\,\mathrm{mm}$$

$$M_n = A_s f_y \left(d - \frac{a}{2}\right) = 2{,}535 \times 400 \times \left(500 - \frac{40.6}{2}\right) \div 10^6 = 476.7\,\mathrm{kN \cdot m}$$

기준 식 6.3.1 $M_n > 1.2 M_{cr} = 110.7\,\mathrm{kN \cdot m}$이므로 〈적합〉

기준 6.3.3(4) 5. 사용성을 고려한 철근간격 검토

D10 전단철근을 U형으로 배근한다고 가정하면,

$$c_c = 40 + 10 = 50\,\mathrm{mm},\ f_s = \frac{2}{3} f_y = 267\,\mathrm{MPa}$$

기준 식 6.3.3 $$s = 375\left(\frac{\kappa_{cr}}{f_s}\right) - 2.5 c_c = 375 \times \left(\frac{210}{267}\right) - 2.5 \times 50 = 169.9\,\mathrm{mm}$$

기준 식 6.3.4 $$s = 300\left(\frac{\kappa_{cr}}{f_s}\right) = 300 \times \left(\frac{210}{267}\right) = 236\,\mathrm{mm}$$

배근 간격 $= \frac{1}{4}(350 - 40 - 10 - 29) = 69.5\,\mathrm{mm} < 169.9\,\mathrm{mm}$ 〈적합〉

기준 5.3.2(1) 최소 순간격 검토 (골재 최대치수는 19 mm로 가정)

$s_{min} = \max$(25 mm, 철근의 공칭직경, 굵은골재 최대치수의 $\frac{4}{3}$배)이므로

$$s_{min} = \max\left(25\,\mathrm{mm}, 29\,\mathrm{mm}, \frac{4}{3} \times 19\,\mathrm{mm}\right) = 29\,\mathrm{mm}$$

배근 순간격 $= \frac{1}{4}(350 - 40 - 10 - 5 \times 29) = 40.5\,\mathrm{mm} > 29\,\mathrm{mm}$ 〈적합〉

적용기준 | ☒ 계산 및 해설

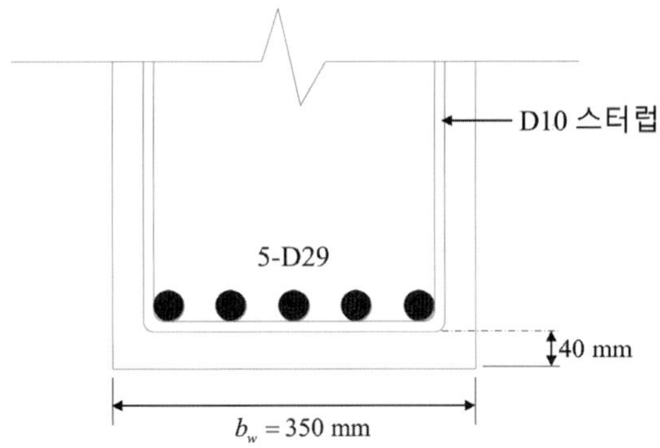

예제 그림 16.4-4 철근 배치 단면도

전단철근량 간격 결정

1. 단면에 작용하는 계수전단력

$$V_u = 200 \text{ kN}$$

2. 콘크리트에 의한 공칭전단강도 V_c 계산

기준 17.2(3)

콘크리트구조 학회기준 2017의 17.2(3)에서는 "여러 요소의 기준강도, 단위질량 또는 그 밖의 특성 등이 서로 다를 경우에는 설계할 때 각 요소의 특성을 각각 사용하거나 또는 이들 중 가장 불리한 값을 사용하여야 한다." 고 규정하고 있다. 따라서, 본 예제에서는 프리캐스트 보($f_{ck,b} = 40\,\text{MPa}$)만을 고려하여 전단강도를 산정하는 경우와 전단면을 현장타설 콘크리트($f_{ck,b} = 24\,\text{MPa}$)로 가정하여 전단강도를 산정하는 경우, 두 가지를 고려한다. 다만, 슬래브 콘크리트 단면을 프리캐스트 보와 등가의 환산단면으로 치환한 경우에 대해서도 언급한다.

프리캐스트 보만을 고려하여 전단강도를 산정할 경우:

$$\phi V_c = \phi \frac{1}{6} \sqrt{f_{ck}}\, b_w d$$

$$= 0.75 \times \frac{1}{6} \times \sqrt{40} \times 350 \times 400 \div 10^3$$

$$= 110.7 \text{ kN}$$

전단면을 현장타설 콘크리트로 가정하여 전단강도를 산정할 경우 :

$$\phi V_c = \phi \frac{1}{6}\sqrt{f_{ck}}\, b_w d$$

$$= 0.75 \times \frac{1}{6} \times \sqrt{24} \times 350 \times 500 \div 10^3$$

$$= 107.2\,\mathrm{kN}$$

프리캐스트 보만을 고려하여 전단강도를 산정하여도 안전측의 설계결과를 얻을 수 있기 때문에 $\phi V_c = 110.7\,\mathrm{kN}$ 을 사용한다.

주의(참고) 만약, 그림 xx-3에 나타낸 것과 같이 현장타설 콘크리트 슬래브 단면을 프리캐스트 보와 등가의 환산단면으로 치환하는 경우, 설계전단강도는

$$\phi V_c = \phi \frac{1}{6}\sqrt{f_{ck}}\, b_w d$$

$$= 0.75 \times \frac{1}{6} \times \sqrt{40} \times 350 \times 500 \div 10^3$$

$$= 138.3\,\mathrm{kN}$$

으로 산정된다. 다만, 이러한 접근방법은 콘크리트구조 학회기준 2017의 17.2(3)에서 제시하는 규정에서 허용하는 방법은 아니며, 슬래브 콘크리트 압축강도(24 MPa)를 프리캐스트 보의 콘크리트 압축강도(40 MPa)로 간주하여 계산하는 것이므로 비안전측의 전단강도 설계 결과를 제공할 수 있다는 점을 유의해야 한다.

3. 단면의 크기 검토

$$V_u - \phi V_c = 200.0 - 110.7 = 89.3\,\mathrm{kN}$$

기준 7.4.4(9)

$$V_{s,\max} = 0.2\left(1 - \frac{f_{ck}}{250}\right) f_{ck} b_w d$$

$$= 0.2 \times \left(1 - \frac{24}{250}\right) \times 24 \times 350 \times 500 \div 10^3 = 759.4\,\mathrm{kN}$$

$V_u - \phi V_c = 89.3\,\mathrm{kN} \le V_{s,\max} = 759.4\,\mathrm{kN}$ 이므로 〈적합〉

4. 전단철근이 간격 s 결정

D10 전단철근을 U형으로 배근한다고 가정하면, $A_v = 142\,\mathrm{mm}^2$

기준 해설 7.4.4

$$s = \frac{\phi A_v f_{yt} d}{V_u - \phi V_c} = \frac{0.75 \times 142 \times 400 \times 500}{92.8 \times 10^3} = 239.4\,\mathrm{mm}$$

따라서 $s=230\,\text{mm}$로 선택

5. 전단철근의 최대 간격 $s_{\max}$ 검토

$$\frac{1}{3}\sqrt{f_{ck}}b_w d = \frac{1}{3}\times\sqrt{24}\times 350\times 500 = 285.8\,\text{kN}$$

$$V_s = \frac{A_v f_{yt} d}{s} = \frac{142\times 400\times 500}{230}\div 10^3 = 123.5\,\text{kN}$$

기준 7.4.2(1) $V_s \le \frac{1}{3}\sqrt{f_{ck}}b_w d$ 이므로

$$s_{\max} = \min\left(\frac{d}{2},\ 300\,\text{mm}\right) = \min\left(\frac{500}{2},\ 300\,\text{mm}\right) = 250\,\text{mm}$$

$s = 230\,\text{mm} \le s_{\max} = 250\,\text{mm}$이므로 〈적합〉

6. 최소 전단철근량 $A_{v,\min}$ 검토

기준식 7.4.1

$$A_{v,\min} = 0.0625\sqrt{f_{ck}}\frac{b_w s}{f_{yt}} = 0.0625\times\sqrt{24}\times\frac{350\times 230}{400}\div 10^3 = 61.6\,\text{mm}^2$$

또는 $A_{v,\min} = 0.35\frac{b_w s}{f_{yt}} = 0.25\times\frac{350\times 230}{400}\div 10^3 = 70.4\,\text{mm}^2$ 중 큰 값이므로

$$A_{v,\min} = 70.4\,\text{mm}^2$$

$A_v = 142\,\text{mm}^2 \ge A_{v,\min}$이므로 〈적합〉

따라서, U형 D10 전단철근을 230 mm 간격으로 배근한다.

수평전단강도 검토

1. 단면에 작용하는 계수전단력

$$V_u = 200\,\text{kN}$$

2. 수평전단강도 V_{nh} 계산

접촉면이 청결하고 부유물이 없으며 표면이 거칠게 만들어진 경우

기준 17.3.2(2) $\phi V_{nh} = \phi 0.56 b_v d = 0.75\times 0.56\times 350\times 500\div 10^3 = 73.5\,\text{kN}$

적용기준	계산 및 해설

$V_u > \phi V_{nh}$이므로 〈N.G.〉

만약, 기준 17.3.3에서 규정한 최소 전단연결재가 있고, 접촉면이 청결하고 부유물이 없으며 표면이 약 6 mm 깊이로 거칠게 만들어진 경우에는 공칭수평전단강도 V_{nh}는 $(1.8+0.6\rho_v f_y)\lambda b_v d$로 산정할 수 있다.

최소전단연결재 기준 검토 (전단설계시 배근된 U형 D10 전단철근을 고려)

기준 7.4.3(3) $A_v = 142\ \text{mm}^2 \geq A_{v,\min}$이므로 〈적합〉

기준 17.3.3(1) 전단연결재의 최대 간격은 지지요소 최소 치수의 4배, 즉 슬래브 두께의 4배 또는 600 mm 이하여야 한다.

최대 간격 $s_{\max} = 4 \times 100 = 400\,\text{mm} < 600\,\text{mm}$

$s = 230\,\text{mm} \leq s_{\max} = 400\,\text{mm}$이므로 〈적합〉

최소 전단연결재를 고려한 수평전단강도 재산정

$$\rho_v = \frac{A_v}{b_v s} = \frac{142}{350 \times 230} = 0.0018$$

보통중량콘크리트를 사용하였으므로 $\lambda = 1.0$

$$\phi V_{nh} = \phi(1.8+0.6\rho_v f_y)\lambda b_v d$$

$$= 0.75 \times (1.8 + 0.6 \times 0.0018 \times 400) \div 10^3 = 389.4\,\text{kN}$$

$$\phi V_{nh,\max} = \phi(3.5 b_v d) = 0.75 \times 3.5 \times 350 \times 500 \div 10^3 = 459.4\,\text{kN}$$

$\phi V_{nh} = 389.4\,\text{kN} < \phi V_{nh,\max} = 459.4\,\text{kN}$이고,

$\phi V_{nh} = 389.4\,\text{kN} > V_u = 200.0\,\text{kN}$이므로 〈적합〉

주의(참고) 위 계산과정을 적용하기 위해서는 프리캐스트 보 상부의 접촉면이 청결하고 부유물이 없으며 표면이 약 6 mm 깊이로 거칠게 만들어져야 한다.

제 17 장

내진설계

예제 17.1

12층 골조-전단력 건물의 내진설계

이 예제와 함께 다음의 5개 예제는 12층 현장타설 콘크리트 건물의 대표적 구조부재에 대한 설계와 상세를 설명한다.

예제 그림 17.1-1(a)와 (b)는 고려되는 예제 건물의 평면과 입면을 대표적으로 보여주고 있다. 기둥과 구조벽은 건물 전체 높이에 걸쳐 일정한 단면을 가지고 있으며, 기초는 고정으로 가정되었다. 모든 층의 평면에서 보와 슬래브는 동일한 치수를 가지고 있다. 주요 설계변수는 다음과 같다.

◎ 재료 특성

- 콘크리트 : $f_{ck} = 27\,\mathrm{MPa}$
- D19 이상 주철근 : $f_y = 600\,\mathrm{MPa}$
- D16 이하 철근 : $f_y = 500\,\mathrm{MPa}$

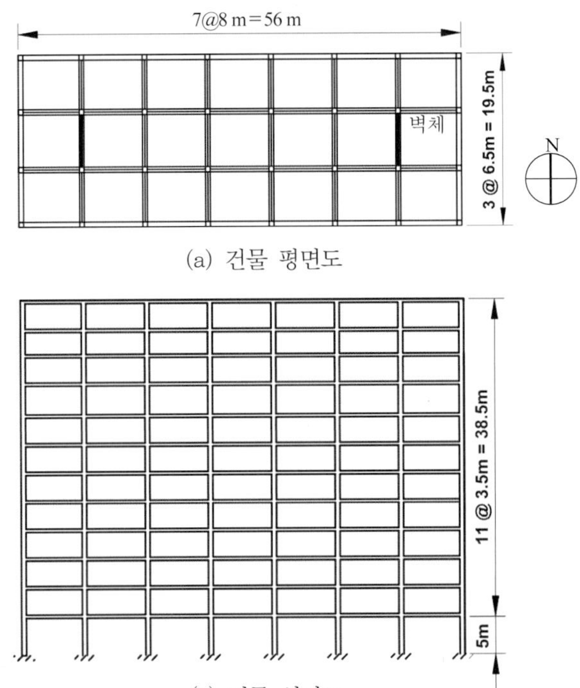

예제 그림 17.1-1 예제 건물

◎ 사용하중

- 활하중 :

  바닥하중 $= 2.4\,\mathrm{kN/m^2}$

  복도추가하중 $= 1.2\,\mathrm{kN/m^2}$

  총활하중(바닥) $= 3.6\,\mathrm{kN/m^2}$

  지붕활하중 $= 1.0\,\mathrm{kN/m^2}$

- 상재고정하중

  간벽하중 $= 1.0\,\mathrm{kN/m^2}$

  천장 및 설비 $= 0.5\,\mathrm{kN/m^2}$

  총상재고정하중 $= 1.5\,\mathrm{kN/m^2}$

  지붕상재하중 $= 0.5\,\mathrm{kN/m^2}$

- 외부기둥 : $600\,\mathrm{mm} \times 600\,\mathrm{mm}$
- 내부기둥 : $700\,\mathrm{mm} \times 700\,\mathrm{mm}$
- 보 : $500\,\mathrm{mm} \times 600\,\mathrm{mm}$
- 슬래브 : $200\,\mathrm{mm}$
- 벽체 : 두께 $450\,\mathrm{mm}$ + 경계요소 $800 \times 800\,\mathrm{mm}$

적용기준	↘ 계산 및 해설

◎ 내진설계 정보

건물은 높은 지진위험도 지역에 위치해 있으며 높은 내진설계 또는 성능범주(내진설계 범주 D)에 속하고 있다.

북 - 남 방향으로 이중골조(철근콘크리트 특수철근콘크리트 구조벽과 특수모멘트골조) 시스템이 적용되었으며 동 - 서 방향으로는 특수모멘트골조가 채택되었다.

적용기준	↘ 계산 및 해설

1. 횡하중 해석

지진하중과 풍하중의 하중조합에 대해 북 - 남과 동 - 서 방향에 대해 3차원의 건물 해석이 수행되었다. 그 결과 지진하중의 영향이 더 큰 것으로 판정되었고, 이후의 예제에서 풍하중의 영향을 포함한 하중조합은 고려되지 않는다. 여기서는 지진하중과 풍하중에 대한 구체적인 구조해석 절차는 나타내지 않으며, 설계를 위한 해석결과만을 나타낸다.

2. 중력하중 해석

중력하중에 대한 보가 있는 2방향 슬래브 구조의 해석을 위하여 기준 10.5의 등가골조법이 이용되었다. 기준에 따라 활하중 감소가 고려되어 기둥과 벽체의 누적된 사용 축하중이 계산되었다.

예제 17.2 휨부재에 대한 설계와 상세

예제 건물(예제 그림 17.1-1)의 대표적 내부 동-서 골조의 2층 보에 대해 설계한다.
보는 $b = 500$ mm와 $h = 600$ mm ($d = 540$ mm)의 크기를 가지고 있다.
슬래브는 200 mm의 두께를 가진다. 콘크리트와 철근 콘크리트의 설계기준 압축강도는 $f_{ck} = 27$ MPa, 철근의 설계기준 항복강도 $f_y = 600$ MPa 또는 500 MPa이다.

적용기준	계산 및 해설
	1. 단면치수의 제한값을 만족하는지 확인한다.
기준 21.5.1(2)①	보에 대한 계수축력은 $A_g f_{ck}/10$ 미만으로 무시할 정도이다. 〈적합〉
기준 21.5.1(2)②	$\dfrac{l_n}{d} = \dfrac{(8 \times 1,000) - 600/2 - 700/2}{540} = 13.6 > 4$ 〈적합〉
기준 21.5.1(2)③	$\dfrac{\text{너비}}{\text{깊이}} = \dfrac{500}{600} > 0.3$ 〈적합〉
기준 21.5.1(2)④	너비 = 500 mm > 250 mm 〈적합〉
기준 21.5.1(2)⑤	< 지지기둥의 너비 + (0.75 × 보의 깊이)
	$< 600 + (0.75 \times 600) = 1,050$ mm 〈적합〉

2. 필요한 휨철근을 결정한다.

예제 표 17.2-1에는 2층에 위치한 보에 대해 필요한 철근이 나타나 있다.
예를 들어, 단부 상부 철근으로 4-D22를 사용하면
단면의 평형조건에서 $0.85 f_{ck} b a = 4 A_S f_y$이며, 이로부터

$$a = \frac{4(387)(600)}{(0.85)(27)(500)} = 80.8\text{mm},$$

따라서 모멘트강도는 $M_n = A_s f_y \left(d - \frac{a}{2}\right) = 464\text{kNm}$이고,

설계모멘트강도는 $\phi M_n = (0.85)(464) = 394$ kNm이 된다.

(기준 21.5.2(2)) 철근의 필요 면적은 기준 21.5.2(1)에 명시된 제한범위 안에 속해 있다. 또한 예제 표 17.2-1에는 각 단면에 대해 설계휨강도 ϕM_n이 주어져 있다. 접합부 면에서 정휨강도는 그 접합부에서 부휨강도의 50% 이상이어야 한다. 외부 부모멘트 지점에서 205 kN·m의 정설계휨강도는 394/2=197 kN·m보다 크기 때문에 이 조항은 만족이 된다. 또한 내부 부모

멘트 지점에서 302 kN·m는 568/2 = 284 kN·m보다 크기 때문에 이 조항은 만족한다.

기준 21.5.2(2) 부재의 길이를 따라 어느 위치에서든 부 또는 정휨강도는 이떠한 집합부의 면에서 계산된 최대 휨강도의 25 % 이상이어야 한다. 이 예제에서 최대 설계휨강도의 25 %는 568/4 = 142 kN·m이다. 여기서 모든 단면에서 2-D22 철근(ϕM_n = 205 kN·m)의 배근은 이 조항을 만족한다. 또한 기준 21.5.2(1)의 최소 철근조건(최소 철근면적 $A_{s,\min}$ = 630 mm^2)

기준 21.5.2(1) 을 만족한다. 이것은 또한 모든 상부와 하부의 단면에서도 2개의 철근이 연속되어야 한다는 조항을 자동적으로 만족하게 된다.

예제 표 17.2-1 2층에서의 동-서 방향 보에 대한 철근 요구값

위 치		M_u (kN·m)	요구 A_s* (mm^2)	철근*	ϕM_n** (kN·m)
외부보 (외곽기둥에 접한 보)	외부 부모멘트	−359.8	1401.5	4−D22	394
		188.1	707.2	2−D22	205
	정모멘트	197.0	742	2−D22	205
	내부 부모멘트	−496.5	1995.6	6−D22	568
		162.8	609.1	3−D22	302
내부보	정모멘트	169.6	635.4	2−D22	205
	부모멘트	−480.4	1923.4	5−D22	483
		184.0	691.2	2−D22	205

*최대 $A_s = 0.025 \times 500 \times 540 = 6750$ mm^2 (21.5.2(1))

$$\text{최소 } A_s = \frac{1.4 \times 500 \times 540}{600} = 630 \text{ mm}^2 \ \langle\text{지배}\rangle$$

$$= \frac{0.25 \times \sqrt{27}}{600} \times 500 \times 550 = 893.1 \text{ mm}^2$$

**슬래브 철근은 포함되지 않음

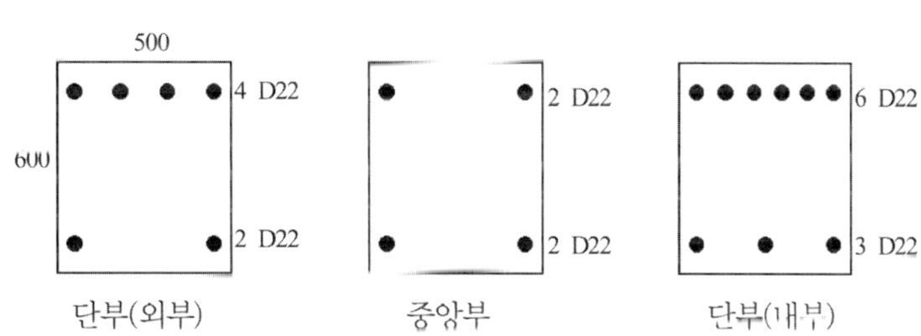

적용기준	계산 및 해설

3. 외부 기둥에서 휨철근의 정착에 대해 필요한 길이를 계산한다

기준 21.7.1(3)

외부 기둥에서 끝나는 보의 주철근은 구속된 기둥 중앙의 반대 끝까지 연장되어야 하며, 인장에 대해 기준 21.7.4에 따라 정착되어야 하며, 압축력에 대해서는 8장에 따라 정착되어야 한다.

보통중량콘크리트에서 표준 90°의 갈고리를 가지는 철근의 최소 정착길이 l_{dh}는

기준 21.7.4(1)

$$l_{dh} = \frac{f_y\, d_b}{5.4\sqrt{f_{ck}}} > 8\,d_b > 150\,\mathrm{mm}$$

기준 5.2.1(2)

여기서 표준갈고리는 90°의 구부러짐과 철근의 자유단 끝에서 $12\,d_b$ 길이만큼 연장되어야 한다.

기준21.7.4(1)

D22의 상부 철근에 대해서(구부러짐 직경 $\geq 6\,d_b$)

$$l_{dh} = \begin{cases} \dfrac{600\times 22}{5.4\times\sqrt{27}} = 470\,\mathrm{mm} & (\text{지배}) \\ 8\times 22 = 176\,\mathrm{mm} \\ 150\,\mathrm{mm} \end{cases}$$

(예제 그림 17.2-1 참조)

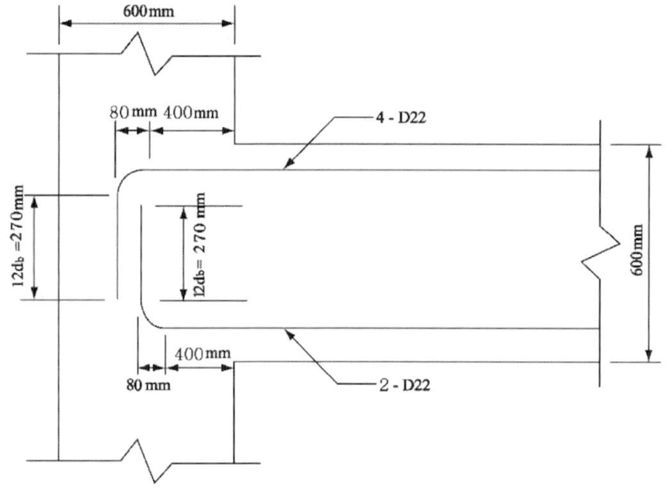

예제 그림 17.2-1 외부기둥에서 휨보강 철근 상세

적용기준	계산 및 해설

기준 21.7.1(4)

철근이 내부 접합부를 통해 연장될 때 기둥의 치수는 보통중량의 콘크리트에 대해 가장 큰 주철근 직경의 적어도 25배($f_y > 400\mathrm{MPa}$인 경우)가 되어야 한다. 이 예제에서 요구되는 최소 기둥의 치수는 $25 \times 22 = 550\ \mathrm{mm}$이며, 이는 접합되는 기둥의 폭인 600 mm 보다 작은 치수이다. 그러나 기둥의 피복과 타이철근, 기둥 주철근을 고려하면 충분하지 않은 치수이다. 안전측을 위해서 기둥폭을 다소 증가하거나 또는 사용 철근 직경을 다소 감소시키는 것이 바람직하다.

4. 전단철근의 요구조건 결정

기준 21.5.4에 따라 보의 단부에서 요구되는 설계전단력 V_e를 계산한다. 설계전단력의 계산을 위하여 지진발생시 보의 양단부에 소성힌지가 발생한다는 가정을 사용하여, 단부에서 발생 가능한 최대 전단력을 구한다. 보 단부의 소성모멘트 M_{pr} 계산을 위하여 인장철근의 응력은 $1.25f_y$이며 강도감소계수 $\phi = 1.0$(발생 가능한 휨강도)을 사용한다. 설계전단력 계산 시에 계수중력하중에 의한 영향을 추가로 고려한다.

M_{pr}[17-1]을 계산하기 위해 다음의 식을 이용한다.

$$M_{pr} = A_s(1.25f_y)(d - \frac{a}{2})$$

여기서 $a = \dfrac{A_s(1.25f_y)}{0.85f_{ck}b}$

이 예제에서 오른쪽 횡방향 움직임에 대해 내부 접합부는 다음과 같이 정해지는 부모멘트 M_{pr}에 저항할 수 있어야 한다.

6−D22 상부 철근, $A_s = 6 \times 387 = 2322\ \mathrm{mm}^2$

$$a = \frac{A_s(1.25f_y)}{0.85f_{ck}b} = \frac{2322 \times 1.25 \times 600}{0.85 \times 27 \times 500} = 151.8\ \mathrm{mm}$$

$$M_{pr} = A_s(1.25f_y)(d - \frac{a}{2}) = 2322 \times 1.25 \times 600 \times (540 - \frac{151.8}{2})$$

$$= 808\ \mathrm{kN \cdot m}$$

17-1) 3.4.8에 정의되어 있는 유효슬래브 폭 안에 위치한 슬래브 철근의 관례에 따라 M_{pr}의 계산에 포함되지 않았다. (주의할 것은 이 철근은 II.5.2절을 확인하고 보의 휨강도 계산을 수행할 때 반드시 포함되어야 한다)

적용기준	계산 및 해설

같은 방법으로 외부 접합부에 대해 2-D22 하부 철근을 기본으로 정모멘트 M_{pr} 은 299kN·m로 계산된다. 동일한 절차를 통해 왼쪽 횡방향 움직임에 대해 발생 가능한 휨강도를 결정할 수 있다.

경간 중앙부에서 계수중력하중은

$$w_D = [(200\times10^{-3})\times22.8+1.5]\times6.5+[(400\times500\times10^{-6})\times22.8]$$

$$= 43.95\ \text{kN·m}$$

$$w_L = 3.6\times6.5 = 23.4\ \text{kN/m}$$

기준 식 3.3.5

$$w_U = 1.2w_D+1.0w_L = 76.14\ \text{kN/m}$$

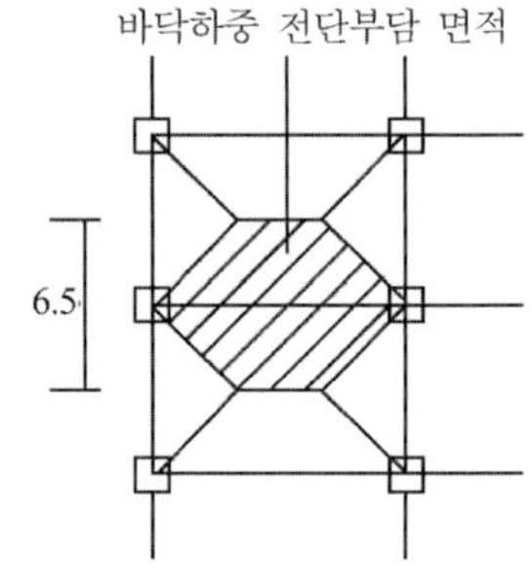

횡력저항 소성거동과 중력하중에 의해 발생된 최대 전단력은 다음과 같이 구할 수 있다.

$$V_e = \frac{M_{pr^-}+M_{pr^+}}{L}+V_{Gravity\ load}$$

예제 그림 17.2-3은 외부 보 경간에서 수직하중에 따른 전단력을 보여주고 있다. 또

기준 21.5.4.(1) 한 왼쪽과 오른쪽의 횡 움직임에 따라 접합부에서 발생 가능한 휨강도 M_{pr} 을 보여주며 이에 따라 발생하는 전단력을 보여주고 있다. 여기서 최대로 조합된 설계전단력은 구조해석으로부터 얻어진 값보다 커야 한다.

기준 21.5.4.(2) 기준 21.5.4.(1)절에 의해 계산된 지진력에 의해 발생된 전단력이 전체 전단력의 50% 이상일 때, 그리고 계수수직 압축력이 $\frac{A_g f_{ck}}{20}$ 보다 작을 때(여기서 A_g는 보의 전체 단면적임) 콘크리트 전단강도 V_c는 0으로 산정한다. 여기서 보는 무시할 수준의 축력을 받고 있고 지진력에 의한 최대 전단력은 150.6kN·m로 (예제 그림 17.2-2 참조) 이는 $0.5\times293.2 = 146.6$kN로 계산된 전체 설계전단력의 1/2보다 큰 값이다. 따라서 V_c는 0으로 산정되어야 한다. 최대 전단력 V_s는

$$\phi V_s = V_u - \phi V_c$$

$$V_s = \frac{V_u}{\phi} - V_c = \frac{293.2}{0.75} - 0 = 390.9\ \text{kN}$$

기준 3.3.3(2) 여기서 강도감소계수 ϕ는 0.75이다.

기준 7.4.4(9) 전단철근에 의해 발생되는 전단강도는 $(V_s)_{\max}$를 초과해서는 안 된다.

$$(V_s)_{\max} = 0.2(1-\frac{f_{ck}}{250})f_{ck}b_w d = 0.2\times(1-\frac{27}{250})\times27\times500\times540$$

$$= 1,300.5\ \text{kN} > 390.9\ \text{kN}$$ 〈적합〉

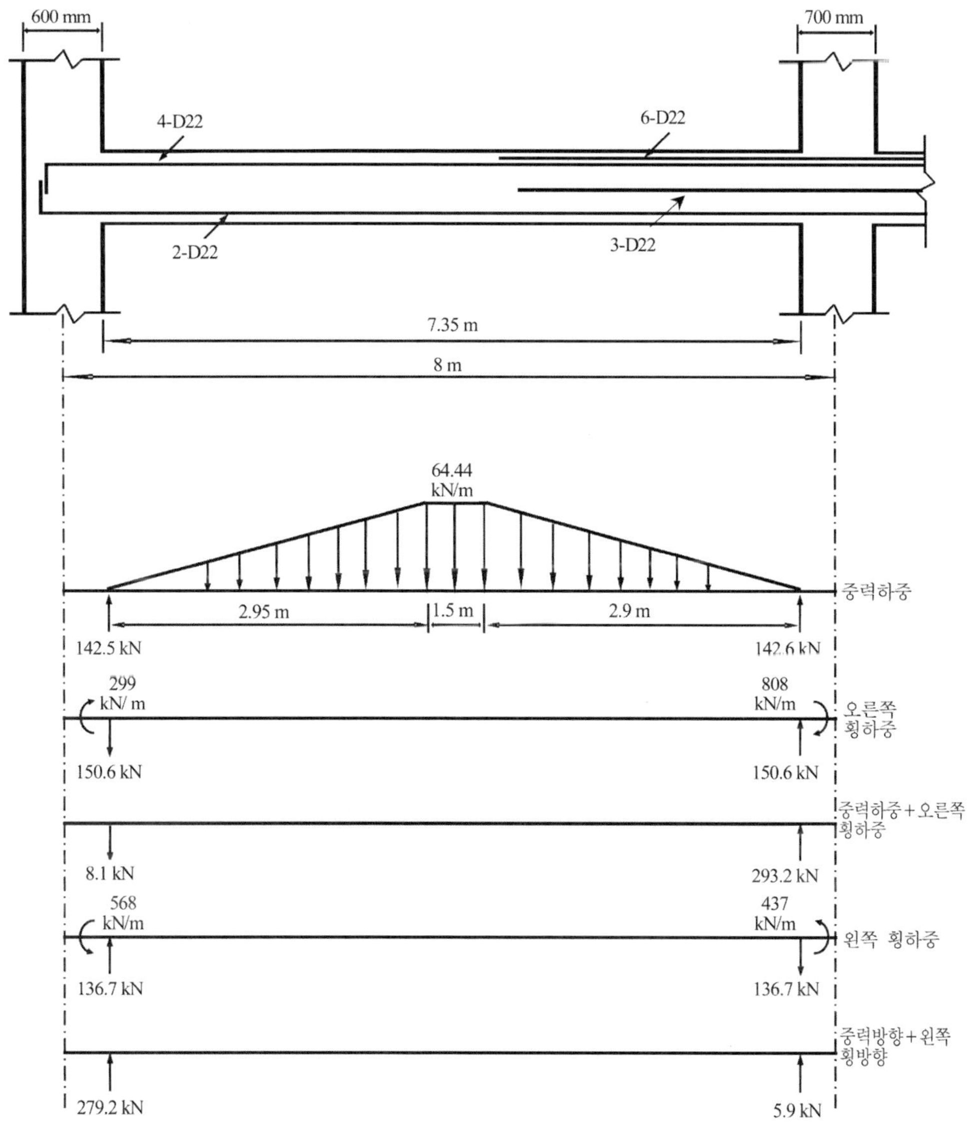

에제 그림 17.2-2 1층 동-서 방향의 외부 보에 대한 전단력 설계

기준 7.4.2(3) 또한 V_s가 $\lambda\left(\frac{\sqrt{f_{ck}}}{3}\right)b_w d = 467.6\,\mathrm{kN}$보다 큰 경우에는 규정된 횡철근 간격을 절반으로 감소시켜야 한다. 그러나 여기서는 이 조항에 해당되지 않는다.

기준 7.4.4(2) 계수전단력 $396.0\,\mathrm{kN}$에 대한 D10 폐쇄스터럽(후프)을 사용할 때 필요한 간격은

$$s = \frac{A_v f_{yt} d}{V_s} = \frac{(4 \times 71.3) \times 500 \times 540}{390.9 \times 10^3} = 197\,\mathrm{mm}$$

적용기준	↘ 계산 및 해설

기준 21.5.3(3)

기준 5.5.2(3)③에 따라서 적어도 두 개의 주철근에 하나는 횡지지되어야 한다. 따라서 여기서는 주철근의 횡적 지지를 위해 4개의 다리가 필요하다.

기준 21.5.3(2)

$2h = 2 \times 600 = 1,200\ \mathrm{mm}$의 거리 안에서 후프철근의 최대 허용간격($s_{\max}$)은 지지점의 면에서부터 다음의 가장 작은 값으로 결정된다.

$$s_{\max} = \frac{d}{4} = \frac{540}{4} = 135\ \mathrm{mm} \quad \text{〈지배〉}$$

$$= 8 \times \text{축방향 철근의 최소 지름} = 8 \times 22 = 176\ \mathrm{mm}$$

$$= 24 \times \text{후프 철근 지름} = 24 \times 10 = 240\ \mathrm{mm}$$

$$= 300\ \mathrm{mm}$$

따라서 지지점의 면에서 $50\ \mathrm{mm}$만큼 떨어진 곳에 첫 후프철근을 배근하고, 이후 $130\mathrm{mm}$ 중심간격으로 배근한다.

기준 21.5.3(4)

더 이상 후프철근이 필요하지 않은 지점에서 내진 갈고리가 양끝에 적용한 스터럽이 사용되어야 한다. 내부 접합부 면에서 $1.3\ \mathrm{m}$만큼 떨어진 곳의 전단력은

$$V_u = 150.6 + 142.6 - \frac{64.44}{2.9} \times 1.3 \times \frac{1.3}{2} = 274\mathrm{kN}$$

$V_c = \dfrac{1}{6}\sqrt{27} \times 500 \times 540 = 233.9\ \mathrm{kN}$의 값을 가지고 두 개의 다리를 가진 D10 스터럽의 필요한 간격은 $244.9\ \mathrm{mm}$로, 이는 $\dfrac{d}{2} = 270\ \mathrm{mm}$보다 작다.

$$s = \frac{(2 \times 71.3) \times 500 \times 540}{\left(\frac{274}{0.35} - 233.9\right) \times 10^3} = 293\mathrm{mm} \text{ 이며 이는 } \frac{d}{2} = 270\mathrm{mm} \text{보다 크다.}$$

지지점의 면으로부터 $1.3\ \mathrm{m}$만큼 떨어진 곳을 시작점으로 보의 남은 부분에 대해 $250\ \mathrm{mm}$ 간격을 사용한다.

5. 부모멘트 지점에서 철근의 절단점

내부 접합부에서 부모멘트 철근에 대한 절단점을 계산하기 위해서는 보 중앙 부분의 상단부에 최대 인장력이 발생하는 하중조건을 고려해야만 한다. 이를 위해 지진내력에 의해 보 양단에서 발생 가능한 휨강도와 중력하중에 의한 영향이 최소가 되는 하중조건과 경간의 사하중에 0.9를 곱한 값에 따른 모멘트도가 이용된다. 상부에서 6개의 D22 철근의 4개에 대한 절단점이 결정된다. 2-D22 상부근을 가진 단면의 설계휨강도는 $205\ \mathrm{kN \cdot m}$로($f_y = 600\mathrm{MPa}$, $\phi = 0.85$) 지지점의 면에서 하중에 의한 모멘트가 $205\mathrm{kN \cdot m}$와 같아지는 지점은 예제 그림 17.2-3의 단면 $a-a$에서 휨모멘트에 대한 평형조건을 고려하여 구할 수 있다.

기준 식 3.3.8

적용기준	계산 및 해설

$$\frac{x}{2}(\frac{39.6}{2.9})(\frac{x}{3}) - 191.2x + 735.4 = 205\ \mathrm{kN\cdot m}$$

기준 8.5.1(2)

x에 관해 풀이하면 2.9 m의 길이가 나온다. 4-D22 철근의 길이와 $d = 540$ mm 또는 $12d_b = 12 \times 22 = 264$ mm만큼 x지점으로부터 반드시 연장되어야 한다. 따라서 지지점의 면으로부터 철근의 전체 길이는 적어도 $2.9 + (\frac{540}{1{,}000}) = 3.44$ m만큼 되어야 한다. 또한 철근은 지지점의 면으로부터 완전 정착길이 l_d 만큼 연장되어야 한다.

기준 8.5.1(3)

기준 식 8.2.2

$$l_d = \frac{0.90\,d_b f_y}{\lambda\sqrt{f_{ck}}}\frac{\alpha\beta\gamma}{(\frac{c+K_{tr}}{d_b})}$$

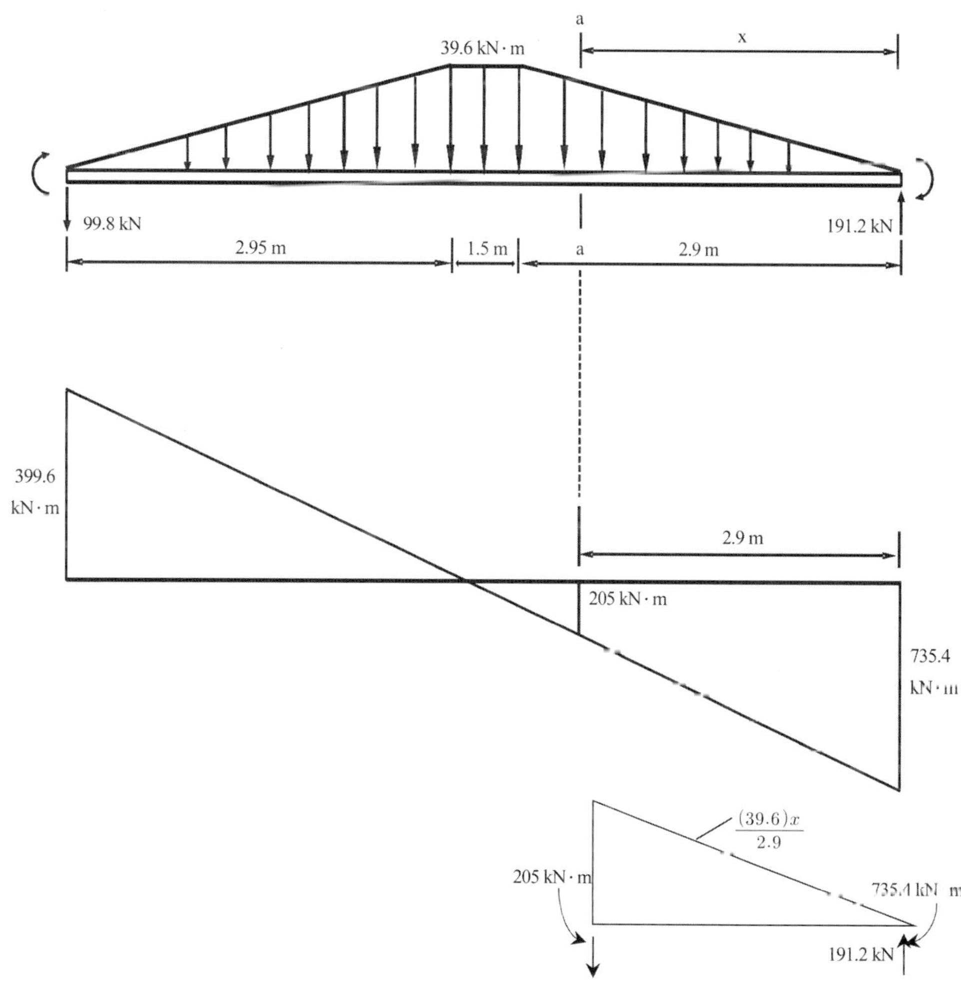

예제 그림 17.2-3 내부 접합부에서 부모멘트 철근의 절단점에 대한 모멘트 다이어그램

적용기준 | **계산 및 해설**

여기서 α : 철근배치 위치계수 = 1.3(상부 철근)

β : 에폭시 도막계수 = 1.0(도막되지 않은 철근)

γ : 철근 또는 철선의 크기 계수 = 1.0(D22 이상의 철근)

λ : 경량콘크리트 계수 = 1.0(일반콘크리트)

c : 철근간격 또는 피복두께에 관한 치수

$$= \begin{cases} 40 + 10 + \dfrac{22}{2} = 61\ \text{mm} \\ \dfrac{500 - 2(40+10) - 22}{2 \times 5} = 37.8\,\text{mm} \quad < \text{지배} > \end{cases}$$

K_{tr} : 횡방향 철근계수

부착균열이 보 주철근들을 따라 축방향으로 발생한다고 가정하면

$$K_{tr} = \frac{40A_{tr}}{sn} = \frac{40\,(71.3)(2)}{(250)(4)} = 5.7$$

$$\frac{c + K_{tr}}{d_b} = \frac{37.8 + 5.7}{22} = 2.0$$

기준 8.2.2(5) SD600 철근을 사용하는 경우, 횡방향철근을 배치할 때 $\dfrac{K_{tr}}{d_b} \geq 0.25$와 $\dfrac{(c + K_{tr})}{d_b} \geq 2.25$ 을 만족해야 한다. 여기서는 $\dfrac{(c + K_{tr})}{d_b} = 2.0 \approx 2.25$ 으로 만족한다고 가정한다.

$$l_d = \frac{0.90 \times 22 \times 600}{\sqrt{27}} \times \frac{1.3 \times 1.0 \times 1.0 \times 1.0}{2.0} = 1.49\ \text{m} < 3.44\ \text{m}$$

4-D22 철근의 전체 필요길이는 지지점의 면으로부터 적어도 3.44 m만큼 되어야 한다. 휨철근은 기준 8.5.1(6)절의 하나 또는 그 이상의 조건이 만족되지 않을 때는 인장을 받는 영역에서 끝나서는 안 된다. 본 예제에서 변곡점은 오른쪽 지지점의 면에서 약 4.76 m 떨어진 곳이며 이는 3.22 m보다 큰 값이다. 기준 8.5.1(6)절의 조합 중 하나라도 만족되지 않을 때는 4-D22 철근은 이 지점에서 끝나서는 안 된다.

기준 8.5.1(6) 절단면 지점에서 계수전단력 V_u가 ϕV_n의 2/3값을 초과하지 않는지 확인해야 한다. 이 영역에서 250 mm 중심간격으로 배치된 D10 스터럽에 대해서

$$\phi V_n = \phi(V_s + V_c) = 0.75 \times \left(\frac{2 \times 71.3 \times 500 \times 540}{250} + 233{,}900\right) \times \frac{1}{1{,}000}$$

$$= 290.9\ \text{kN}$$

$$\frac{2}{3}\phi V_n = 194\ \text{kN} > V_u = 151.5\ \text{kN}\ \ \text{(기둥으로부터 3.22 m 떨어진 지점)}$$

적용기준	계산 및 해설

여기서 $\frac{2\phi V_n}{3} > V_u$ 이므로 4-D22 철근에 대해 절단점의 위치는 내부 지지점의 면으로부터 3.44 m 떨어진 곳에 설치해도 무방하다.

외부 지지점의 5-D22 철근의 2개에 대해서 같은 방법으로 절단점이 결정될 수 있다. 이 철근들의 외부 지지점 면으로부터 2.9 m 지점에 절단될 수 있다.

6. 휨철근 이음

기준 21.5.2(3)

휨철근의 겹침이음은 접합부 내, 지지점의 면으로부터 $2h$ 내의 지점 또는 잠재적인 소성힌지 영역 내에서 설치되어서는 안 된다. 여기서 겹침이음의 길이에 대해 모든 겹침이음은 최대 간격 또는 $d/4$의 피치 또는 100 mm의 피치를 가지고 후프나 나선철근에 의해 구속되어야 한다. 겹침이음은 2-D22 하부 철근에 대해 계산한다.

기준 8.6.2(2)

여기서 모든 철근은 필요한 길이 내에서 겹침이음이 되므로 등급 B의 이음을 사용한다.

기준 8.6.2(1)

이음의 필요 길이 = $1.3 l_d \geq 300\ \text{mm}$

기준 식 8.2.2

여기서 $l_d = \dfrac{0.90\, d_b f_y}{\lambda \sqrt{f_{ck}}} \dfrac{\alpha \beta \cdot \gamma}{\left(\dfrac{c + K_{tr}}{d_b}\right)}$

기준 8.2.2

α : 철근배치 위치계수 = 1.0(기타 철근)

β : 에폭시 도막계수 = 1.0(도막되지 않은 철근)

γ : 철근 또는 철선의 크기 계수 = 1.0(D22 이상의 철근)

λ :경량콘크리트 계수 = 1.0(일반콘크리트)

c : $40 + 10 + \dfrac{22}{2} = 61\ \text{mm}$ 〈지배〉

$= \left[\dfrac{500 - 2(40+10) - 22}{2 \times 1}\right] = 189\ \text{mm}$

부착균열이 코너에서 상하, 좌우로 발생한다고 가정하면,

$$K_{tr} = \frac{40 A_{tr}}{sn} = \frac{40\,(71.3)(1)}{(100)(1)} = 28.5$$

$$\frac{c + K_{tr}}{d_b} = \frac{61 + 28.5}{22} = 4.1 > 2.5 \quad \text{(2.5를 사용)}$$

따라서

$$l_d = 0.90 \times 22 \times 600 \frac{}{\sqrt{27}} \times \frac{1.0 \times 1.0 \times 1.0 \times 1.0}{2.5} = 91.5\ \text{mm}$$

등급 B 이음의 길이 = $1.3 \times 915 = 1{,}189.5$ mm

따라서 1.2 m의 이음길이 사용

7. 보 부재에 대한 철근의 상세

설계된 보 부재에 대한 철근의 상세는 예제 그림 17.2-4에 나타나 있다.

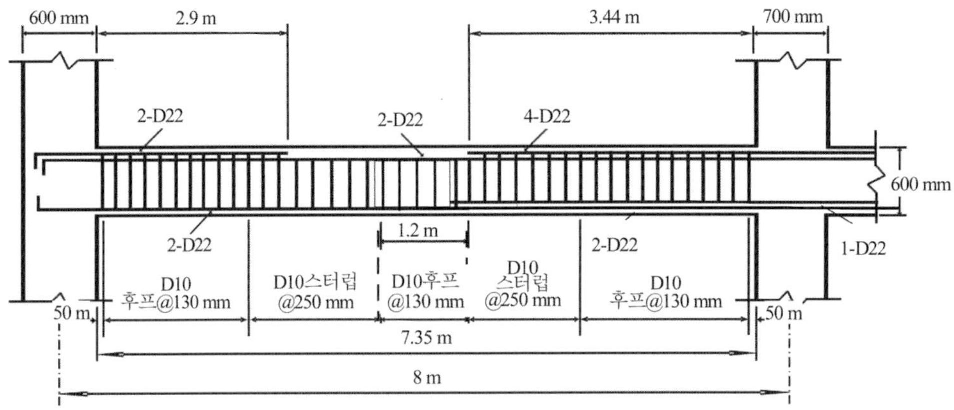

예제 그림 17.2-4 1층 외부 보에 대한 철근 상세

예제 17.3 기둥의 설계와 상세

예제 건물에서 대표적인 동-서 방향의 내부골조 1층 바닥을 지지하는 외부기둥에 대해 요구되는 철근을 결정한다. 기둥의 한 변의 치수는 600 mm로 된 사각형이다. 여기서 재료 특성은 $f_{ck}=27$ MPa이며, 철근이 D19 이상일 때 설계기준 항복강도는 600 MPa, D16 이하일 때 500 MPa이다.

적용기준

계산 및 해설

예제 표 17.3-1은 동-서 방향의 지진력에 대해 1층 바닥면의 외부기둥에 대한 계수축력과 휨모멘트의 요약을 담고 있다.

표 17.3-1에서 최대 $P_u = 4{,}503.4$ kN

기준 21.4.1

$$P_u = 4{,}503.4\ \mathrm{kN} > \frac{A_g f_{ck}}{10} = 600\times600\times\frac{27}{10{,}000} = 972\ \mathrm{kN}$$

따라서 휨과 축력을 받는 특수모멘트 골조 부재를 다루고 있는 21.4절의 조항이 적용된다.

예제 표 17.3-1 동-서 방향 지진력에 대한 1층 바닥면 외부기둥의 계수축력과 계수휨모멘트

하중조합	계수축력 P_u (kN)	계수휨모멘트 M_u (kN·m)
1.2D + 1.6L	4,503.4	−106.4
1.2D + 1.0E + 1.0L	3,216.5	226.3
1.2D − 1.0E + 1.0L	4,462.9	−106.4
0.9D + 1.0E	2,046.1	255.8
0.9D − 1.0E	3,333.1	−345.3

1. 단면 크기에 대한 제한값을 만족하는지 확인

기준 21.4.1(1)① 제일 짧은 단면의 길이 = 600mm > 300mm 〈적합〉

기준 21.4.1(1)② 최단부 단면 대 수직방향 길이의 비 = 1.0 > 0.4 〈적합〉

2. 필요한 주철근 결정

표 17.3-1의 하중조합에 의해 600 mm × 600 mm 기둥과 8-D25 철근이 ($\rho_g = 1.10\,\%$) 1층 바닥을 지지하는 기둥으로 충분한 것으로 결정됨.

기준 21.4.3(1) 여기서 $0.01 < \rho_g \le 0.06$ 〈적합〉

적용기준	계산 및 해설

3. 동-서 방향으로 기둥의 공칭휨강도와 보의 공칭휨강도

기준 21.4.2(2)

$$\Sigma(M_c)(\text{기둥}) \geq \frac{6}{5}\Sigma(M_g)(\text{보})$$

기준 21.4.2(2) 기둥에 연결되는 보의 부공칭휨강도 (M_n^-)는 반드시 유효슬래브 폭 안에 포함되는 슬래브 철근을 포함해야 하며, 이는

기준 3.4.10(1)

$$\begin{cases} 16 \times 200 + 500 = 3,700 \text{ mm} \\ 8,000 \text{ mm} \\ \dfrac{6,500}{4} = 1,625 \text{ mm} \ \langle\text{지배}\rangle \end{cases}$$

1,625 mm의 유효폭에 대한 최소 요구되는 A_s는 $0.0018 \times 1,625 \times 200 = 585 \text{ mm}^2$이며 이는 $\dfrac{1,625}{5} = 325 \text{ mm}$의 간격을 가진 5-D13 철근을 요구한다. 이 간격은 최대 철근 간격($2h$ =400 mm)보다 작은 것이다. 슬래브의 상부와 하부 양쪽에 D13@300 mm 간격으로 배근한다. 단면의 변형률 적합 해석으로 보의 M_n^-값은 $859.5 \text{ kN}\cdot\text{m}$로 계산되었다.

비슷한 방법으로 하부 기둥의 상부 끝에 대해 최소 M_n은 $709.9 \text{ kN}\cdot\text{m}$로 계산되었으며, 여기서 $P_u = 4,503.4 \text{ kN}$이다. 따라서

$$\Sigma M_c = 786.1 + 709.9 = 1,496 \text{ kN}\cdot\text{m}$$

$$\Sigma M_g = 859.5 \text{ kN}\cdot\text{m}$$

$$1,496 \text{ kN}\cdot\text{m} > \frac{6}{5} \times 859.52 = 1,031.4 \text{ kN}\cdot\text{m} \quad \langle\text{적합}\rangle$$

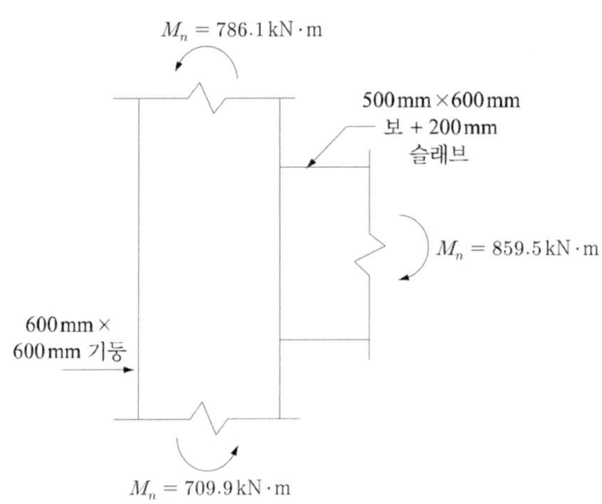

예제 그림 17.3-1 동-서 방향의 기둥의 공칭휨강도와 보의 공칭휨강도

적용기준	계산 및 해설

4. 북-남 방향으로 기둥의 공칭휨강도에 대한 보의 비율

첫 번째 층의 기둥 남-북 방향의 보는 단면의 위와 아래에 4-D13을 필요로 한다.

기둥에 연결되는 보의 공칭 부휨강도(M_n^-)는 반드시 유효슬래브 폭 안에 포함되는 슬래브 철근을 포함해야 하며, 이는

기준 3.4.10(1)

$$\begin{cases} 16 \times 200 + 500 = 3,700\ \mathrm{mm} \\ 6,500\ \mathrm{mm} \\ \dfrac{8,000}{4} = 2,000\ \mathrm{mm} \quad \langle 지배 \rangle \end{cases}$$

2,000 mm의 유효폭에 대해 최소 요구되는 A_s는 $0.0018 \times 2,000 \times 200 = 720\ \mathrm{mm}^2$이며, 이는 $2,000/6 = 333.3\ \mathrm{mm}$의 간격을 가진 6-D13 철근을 요구한다. 이 간격은 최대 철근간격($2h = 400\ \mathrm{mm}$)보다 작은 것이다. 슬래브 상부와 하부 양쪽에 D13@300 mm 간격으로 배근한다.

단면의 변형률 적합 해석은 보의 (M_n^-)값을 481.4 kN·m와 M_n^+의 값은 376.7 kN·m으로 계산되었다.

접합부에 연결되는 상부 기둥의 하부 끝에 대해서 최소 공칭휨강도는 789.3kN·m로 계산되며, 여기서 $P_u = 4,085.1\mathrm{kN}$이다. 비슷한 방법으로 하부기둥의 상부 끝에 대해서 최소 M_n은 718.9 kN·m이며, 이때 $P_u = 4,463.4\mathrm{kN}$이다.

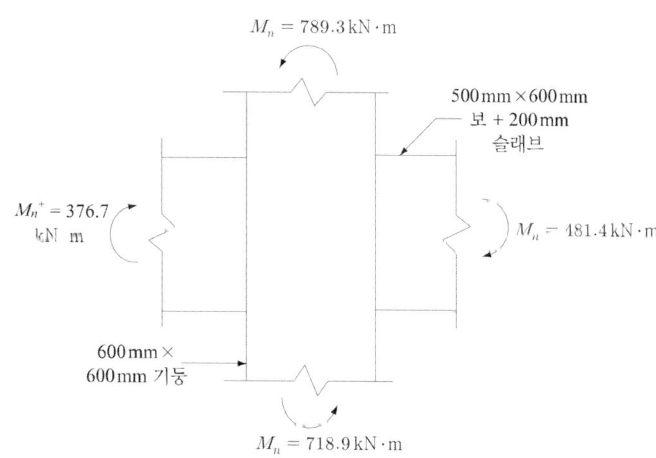

예제 그림 17.3-2 북-남 방향의 기둥의 공칭휨강도와 보의 공칭휨강도

적용기준	계산 및 해설

따라서

$$\sum M_g = 481.4 + 376.7 = 858.1 \text{ kN}\cdot\text{m}$$

$$\sum M_c = 789.3 + 718.9 = 1{,}508.2 \text{ kN}\cdot\text{m} > \frac{6}{5} \times \sum M_g = \frac{6}{5} \times 858.1$$

$$= 1{,}029.72\text{kN}\cdot\text{m} \quad \text{〈적합〉}$$

5. 횡철근에 대한 조건 결정

(1) 횡구속 철근(예제 그림 17.3-4 참조)

기둥 끝에서부터 l_0의 거리만큼 구속을 위한 횡철근 필요

기준 21.4.4(4)

$$l_0 \geq \begin{cases} (\text{단면의 길이} = 600\text{ mm}) \\ \left(\frac{1}{6}\ (\text{부재 순경간}) = \frac{(5{,}000-600)}{6} = 766.7\text{mm}\right) \text{〈지배〉} \\ (450\text{ mm}) \end{cases}$$

따라서 $l_0 = 800$ mm 사용함

기준 21.4.4(2)

각각의 방향으로 갈고리를 가진 D13의 직사각형 후프철근을 가정할 때 최대 허용간격은

$$s_{\max} = 0.25 \times 600(\text{기둥의 가장 작은 치수}) = 150\text{ mm}$$

$$= 6 \times 25.4\text{ mm}(\text{축방향 철근의 지름}) = 152.4\text{ mm}$$

$$= s_o = 100 + \left(\frac{350 - h_x}{3}\right)$$

$$= 100 + \left(\frac{350 - 272.7}{3}\right) = 125.8 < 152.4\text{ mm} \quad \text{〈적합〉}$$

$$125.8 > 100\text{ mm} \quad \text{〈적합〉}$$

따라서 $s = 120$ mm로 결정

여기서

$$h_x = \frac{\left\{600 - 2(40 + 12.7 + \frac{25.4}{2})\right\}}{2} + 2(\frac{25.4}{2} + \frac{12.7}{2}) = 272.7\text{ mm}$$

후프의 형태에서 구속철근의 필요한 단면적은

$$A_{sh} \geq \begin{cases} 0.3 \times (sh_c \times \frac{f_{ck}}{f_{yh}})\left[(\frac{A_g}{A_{ch}}) - 1\right] \\ 0.09 \times sh_c \times \frac{f_{ck}}{f_{yh}} \end{cases}$$

적용기준	계산 및 해설

여기서 s = 횡철근의 간격 = 120 mm

h_c = 기둥 중심부의 단면적 치수 = $600 - 2(40 + 6.35) = 507.3$ mm

A_{ch} = 기둥 단면의 중심부 면적 = $(600 - (2 \times 40))^2 = 270,400\ \mathrm{mm}^2$

f_{yh} = 횡철근의 항복응력(MPa), 여기서 D13은 500 MPa임

후프의 간격 120 mm와 f_{yh} = 500 MPa에서 필요한 단면적은

$$A_{sh} = (0.3 \times 120 \times 507.3) \times \left(\frac{360,000}{270,400} - 1\right)\frac{27}{500} = 326\ \mathrm{mm}^2 \ \langle \text{지배} \rangle$$

$$= (0.09 \times 120 \times 507.3)\frac{27}{500} = 295.8\ \mathrm{mm}^2$$

기준 21.4.4(1) 아래의 예제 그림처럼 하나의 갈고리를 가진 D13 후프철근은 다음의 특성을 가진다.

$$A_{sh} = 126.7 \times 3 = 380.1\ \mathrm{mm}^2 > 326\ \mathrm{mm}^2 \ \langle \text{적합} \rangle$$

따라서 기둥 상단부와 하단부에서 800 mm까지 예제 그림 17.3-3과 같이 철근을 배근한다.

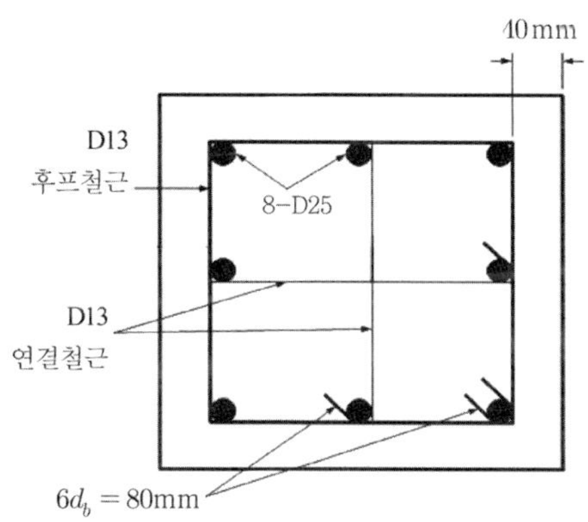

예제 그림 17.3-3 모서리 기둥의 철근상세

기준 21.4.5 (2) 전단에 대한 횡철근

보에 대한 전단철근의 설계와 마찬가지로 기둥에 대한 전단설계는 횡력에 대한 해석으로부터 얻어진 계수전단력에 근거한 것이 아니다. 이는 기둥에 부여되는 공칭휨강도에 기본을 두고 있다. 기둥설계에 대한 전단력은 접합부 면에 발생하는 최대 힘에 대한 고려에서 결정되어야 한다. 이는 접합부 면에 작용하는 가상 큰 모멘트로부터 계수축력에 대해 계산되는 발생 가능한 휨강도를 가지고 계산된다.

기둥에 나타나는 발생 가능한 가장 큰 휨강도는 보수적으로 기둥의 상관도 그림에서 평형점에 따른 값으로 계산할 수 있다.

적용기준	계산 및 해설

기준 21.4.5(1)

강도감소계수 1.0과 $f_y = 1.25 \times 600 = 750$ MPa을 이용하여 평형파괴에 관련된 휨모멘트는 1,009.1 kN·m이다. 따라서 $V_u = \frac{(2 \times 1,009.1)}{(4,400/1,000)} = 458.7$ kN이다. 여기서 전단력은 접합부에 연결되는 부재의 발생 가능한 휨강도 M_{pr}에 기본을 둔 접합부 강도로부터 계산한 값보다 클 필요는 없다. 동-서 방향의 지진력에 대해 경계부 기둥의 면에서 접합부에 연결되는 보의 최대 발생 가능한 부휨강도는 648.7 kN·m으로 계산되었다.

기둥에 대한 모멘트 분배는 모멘트 값의 접합부 상부와 하부 기둥의 $\frac{EI}{l}$에 비례한다. 여기서 접합부 상부와 하부의 기둥은 모두 같은 단면, 철근, 콘크리트강도를 가지고 있으므로 EI는 일정하고, 모멘트는 $\frac{1}{l}$에 따라 분배된다. 따라서 1층 기둥의 상부의 모멘트는

$$648.7\left(\frac{3,500}{3,500+5,000}\right) = 267.1\,\text{kN}\cdot\text{m}$$

1층 기둥의 하부에서 최대 발생 가능 휨강도는 1,009.1 kN·m로 계산되었다.

따라서 전단력은

$$V_u = \frac{267.1+1,009.1}{4.4} = 290.0\,\text{kN}$$

기준 21.5.1(1)

북-남 방향의 지진력에 대해 기둥 한쪽에 연결되는 보의 최대 발생 가능한 부휨강도는 411.5 kN·m(4-D22철근)이다.

기둥의 다른 쪽에 연결되는 보의 발생 가능한 정방향 휨강도는 411.5 kN·m(4-D22 하부 철근)이다. 그러므로 1층 기둥 상부에서 모멘트는

$$(2 \times 411.5)\left(\frac{3,500}{3,500+5,000}\right) = 338.9\,\text{kN}\cdot\text{m}$$

전단력은

기준 21.5.3(1)

$$V_u = \frac{338.9+1,009.1}{4.4} = 306.4\,\text{kN}$$

기준 3.3.3(2)

두 개의 전단력은 해석에서 계산된 값보다 크다.

기준 21.4.5(2)

여기서 계수축하중은 $\frac{A_g \cdot f_{ck}}{20} = 486\,\text{kN}$보다 크기 때문에 콘크리트 전단강도가 사용될 수 있다.

$$V_c = \frac{1}{6}\sqrt{f_{ck}}\,b_w d\left(1+\frac{N_u}{14A_g}\right)$$

예제 표 17.3-1로부터 보수적으로 최소 축력을 이용하면

적용기준	계산 및 해설

$$V_c = \frac{\sqrt{27}\,(600\times 450)}{6\times 1{,}000}\left(1+\frac{2{,}046.1}{14\times 600^2}\right) = 233.9\ \text{kN}$$

$$V_s = \frac{A_v f_{yt} d}{s} = \frac{(3\times 130)\times 500\times 450}{125.8\times 1{,}000} = 697.5\ \text{kN}$$

기준 21.4.4(6)

따라서 구속을 위해 기둥 단부에서 $l_0 = 800$ mm의 길이에 필요한 횡철근 간격은 전단에 대해서도 충분하다. 기둥 길이의 나머지 부분은 중심간격으로 기둥 주철근 직경의 6배 또는 150 mm를 초과하지 않는 후프철근을 가져야 한다.

기둥 끝으로부터 800 mm의 길이까지 D13 후프철근과 갈고리를 120 mm 간격으로 배근하고 나머지 기둥에 대해서는 D13 후프철근을 150 mm 간격으로 배근한다.

6. 기둥 수직철근의 겹침이음 최소 길이

기준 21.4.3(2)

기둥 철근의 겹침이음 위치는 부재길이의 중간 절반에 위치해야 한다. 또한 이음은 인장이음으로 설계되어야 한다. 만약 모든 철근이 같은 지점에서 이음된다면 이는 B급 겹침을 이용해야 한다. 전체 겹침이음에 대해 120 mm 간격의 횡철근이 배근되어야 한다.

기준 8.6.2(1)②

B급 겹침이음 길이 $= 1.3 l_d$

$$l_d = \left(\frac{0.9 d_b f_y}{\lambda\sqrt{f_{ck}}}\,\frac{\alpha\beta\gamma}{\left(\dfrac{c+K_{tr}}{d_b}\right)}\right)$$

기준 8.2.2

철근 배치위치 계수 : $\alpha = 1.0$ (상단 철근보다 다른 기타 철근)

에폭시 도막계수 : $\beta = 1.0$ (도막되지 않은 철근)

철근 또는 철선의 크기 계수 : $\gamma = 1.0$ (D22 혹은 그 이상)

기준 3.4.4

경량콘크리트계수 : $\lambda = 1.0$ (일반콘크리트)

$$c = 40 + 12.7 + \frac{25.4}{2} = 65.4\ \text{mm}\quad \langle\text{지배}\rangle$$

$$= \frac{1}{2}\left[\frac{600 - 2(40+10) - 20}{2}\right] = 120\ \text{mm}$$

기준 식 8.2.2(5)

$$K_{tr} = \frac{40 A_{tr}}{sn} = \frac{40\times(3\times 126.7)}{120\times 3} = 42.2$$

$$\frac{c+K_{tr}}{d_b} = \frac{65.4+42.2}{25.4} = 4.2 > 2.5,\qquad (2.5\ \text{사용})$$

본 예제에서 D25의 실세기준 항복강도가 600 MPa이므로 횡방향 철근 배치일 때 다음 규정을 만족해야 한다.

$$\frac{K_{tr}}{d_b} = \frac{42.2}{25.4} = 1.67 > 0.25 \quad \langle 적합 \rangle$$

$$\frac{c+K_{tr}}{d_b} = 2.5 > 2.25 \quad \langle 적합 \rangle$$

따라서

$$l_d = \frac{0.9\times 25.4\times 600}{\sqrt{27}}\frac{1\times 1\times 1\times 1}{2.5} = 1{,}056.1\ \mathrm{mm}$$

B급 겹침이음 $=1{,}056\times 1.3 = 1{,}372.6\ \mathrm{mm}$, 따라서 $1{,}400\ \mathrm{mm}$를 사용

7. 기둥에 대한 철근 상세는 예제 그림 17.3-4에서 보여주고 있다. 여기서 실용 목적으로 100 mm의 후프 간격이 기둥 전체에 대해 사용되었다.

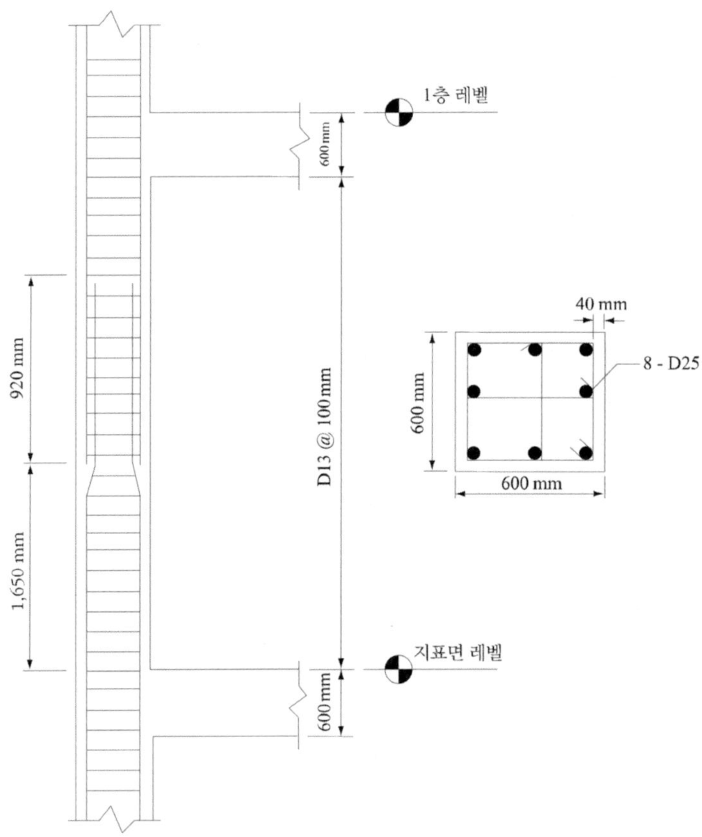

예제 그림 17.3-4 1층의 모서리 기둥에 대한 철근 상세

예제 17.4　외부 보-기둥 접합부의 설계와 상세

예제 17-2의 보와 예제 17-3의 기둥 사이에 연결된 외부 보-기둥 접합부에 대해 횡철근과 전단강도 조건에 대해 결정한다. 여기서 접합부는 1층에 위치해 있다고 가정한다.

적용기준

계산 및 해설

1. 구속을 위한 횡철근

기준 21.5.2(1)은 기둥의 수직부가 접합부에 연결되는 보에 의해 모두 구속되지 않는다면 기둥 단부에서 l_0의 길이만큼 접합부 내에서도 같은 양의 구속철근을 요구하고 있다.

여기서 접합부 면의 3/4 이상이 연결되는 부재에 의해 포함되어 있으면 그 부재는 접합부 면에 구속을 부여하는 것으로 가정한다.

본 예제에서 고려되는 보-기둥 접합부의 경우, 기둥의 세 면에 대해서만 보가 연결되고 있다. 예제 17.3에서 기둥의 구속조건은 내진 갈고리를 가진 D13 후프철근이 100 mm 간격으로 배치되어 있다.

2. 동-서 방향으로 접합부의 전단강도 확인

접합부의 $x-x$단면의 전단력(예제 그림 17.4-1 참조)은 연결되는 보($1.25f_y$로 응력을 받는)의 상부 휨철근으로부터 계산되는 인장력과 기둥의 상부에 오는 수평전단력의 차이로부터 얻어진다.

$$T = A_s(1.25f_y) = \frac{(5\times506.7)(1.25\times600)}{1,000} = 1,900.1\,\text{kN}$$

기준 21.5.1(1)

기둥으로부터 수평전단력(V_h) 산정은 층에 연결되는 보가 변형되어 기둥에 연결되는 접합부에서 소성힌지가 발생하는 것으로 계산된다.(보의 $M_{pr}=648.7\,\text{kN}\cdot\text{m}$ 사용, 예제 그림 17.4-1 참조) 더 나아가 보의 단부 모멘드는 접합부의 기둥 위와 아래에서 기둥의 길이에 반비례하여 저항한다고 가정할 때 기둥에서의 평균 수평전단력은 대략 나음과 같다.

$$V_h = \frac{2\times648.7\times1,000}{3,500+5,000} = 152.6\,\text{kN}$$

따라서 접합부의 단면 $x-x$에서 순수전단력 V_u는

$V_u = 1,900.1 - 152.6 = 1,747.5\,\text{kN}$이다.

적용기준	계산 및 해설

기준 21.5.3(1)은 접합부 단면적 A와 연결보의 구속 정도에 따라 접합부의 공칭휨강도에 대한 계산값이 산정되었다.

본 예제와 같이 세 면이 구속되어 있는 접합부에 대해

(여기서 보의 폭 = 500 mm > 0.75(기둥의 폭) = 0.75 × 600 = 450 mm)

기준 21.5.3(1)

$$\phi V_c = \phi 1.25 \sqrt{f_{ck}} A_j$$

기준 3.3.3(2)

$$= 0.75 \times 1.25 \times \sqrt{27} \times \frac{600^2}{1,000} = 1,753.7 \text{ kN} > 1,747.5 \text{ kN} \quad \langle 적합 \rangle$$

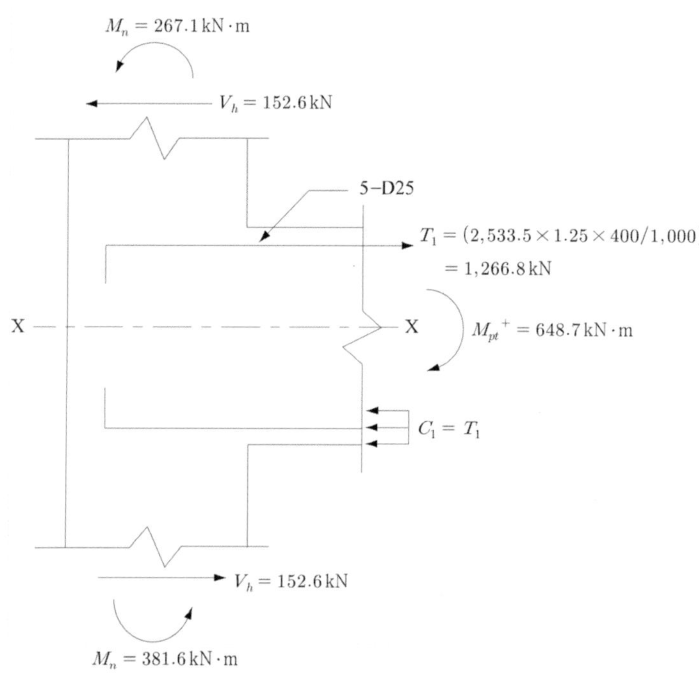

예제 그림 17.4-1 외부 접합부의 동-서 방향 전단 해석

3. 북-남 방향으로 접합부의 전단강도 확인

$x-x$ 단면에 대한 접합부의 전단력은(예제 그림 17.4-2 참조) 다음과 같이 계산된다.

$$T_1 = A_s(1.25 f_y) = \frac{(4 \times 387.1)(1.25 \times 600)}{1,000} = 1,161.3 \text{ kN}$$

접합부에서 최대 발생 가능한 정 및 부모멘트 휨강도는 411.5 kN·m이다.(상부와 하부의 4-D22 철근)

기둥에서 평균 수평전단력은 대략 다음과 같다.

$$V_h = \frac{2(411.5+411.5)}{3{,}500+5{,}000}\times 1{,}000 = 193.6\ \text{kN}$$

따라서 접합부의 단면 x-x에 대한 순수전단력은 다음과 같다.

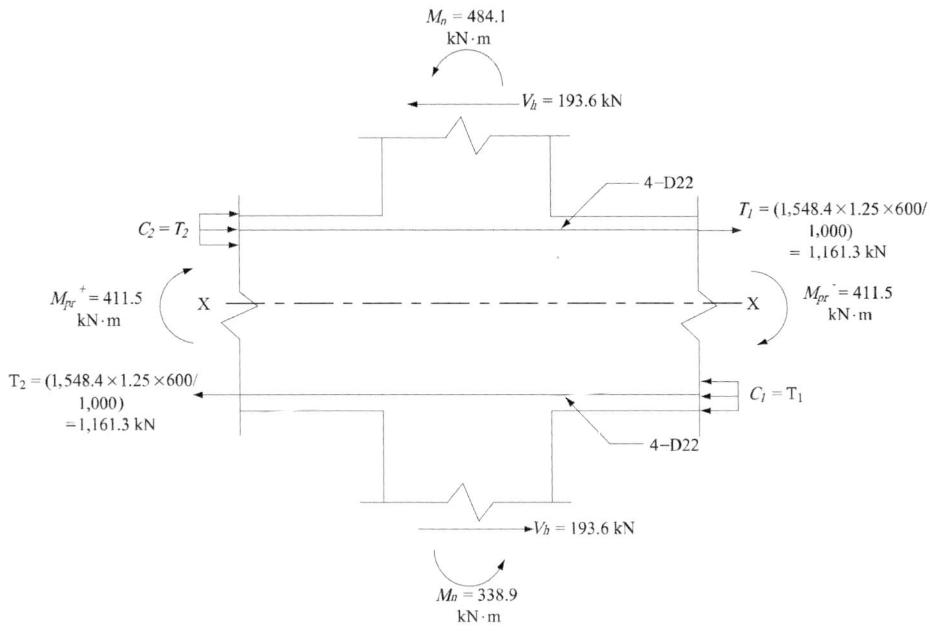

예제 그림 17.4-2 남-북 방향 외부 보 기둥 접합부의 전단해석

$$V_u = T_1 + C_2 - V_h$$
$$= 1{,}161.3 + 1{,}161.3 - 193.6 = 2{,}129.0\ \text{kN} < \phi V_c = 1{,}987.5\ \text{kN} \quad \langle 부적합\rangle$$

부적합에 따라 접합부의 콘크리트의 전단강도가 부족할 때 횡철근은 전단강도에 대해 큰 영향을 미친다고 보지 않기 때문에 기둥 단면의(여기서 A_j) 크기를 키우거나 보 춤의 깊이를 증가하도록(필요한 휨철근의 양을 줄이고 이는 인장력 T의 감소도 가져옴) 하는 방안을 취해야 한다. 본 예제에서는 기둥의 단면을 키우는 방안을 제시하도록 한다. 기둥의 단면을 700×700 mm로 증가시키면

기준 21.5.3(1) $\phi V_c = \phi 1.25\sqrt{f_{ck}}\,A_j$

기준 3.3.3(2) $= 0.85\times 1.25\times\sqrt{27}\times\frac{700^2}{1{,}000} = 2{,}705.2\,\text{kN} > 2{,}129.0\,\text{kN}$ 〈적합〉

4. 외부 접합부의 철근 상세

외부 접합부의 철근 상세는 예제 그림 17.4-3에 나타나 있다.

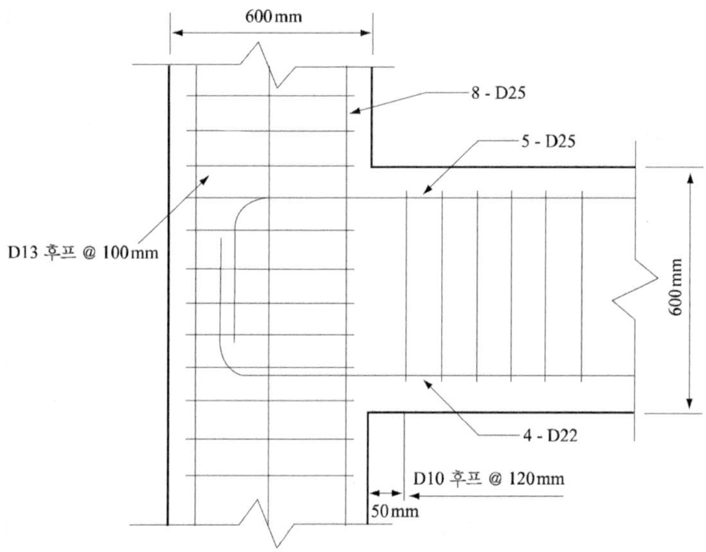

예제 그림 17.4-3 외부 접합부의 철근 상세

예제 17.5 내부 보-기둥 접합부의 설계와 상세

앞의 예제에서 내부 동-서 방향 골조의 1층에서 내부 보-기둥 접합부에 대한 횡철근과 전단강도의 요구조건에 대해 결정한다. 기둥은 700 mm 정사각형이며, 12개의 D25 철근으로 보강되어 있다. 보의 폭 500 mm와 춤 550 mm 크기를 가지며 예제 17.2와 같이 보강되어 있다. (예제 그림 17.2-5 참조)

적용기준	계산 및 해설

1. 휨철근에 대한 요구 확인

(1) 구속철근

양방향에 D13의 두 개의 연결철근이 있는 상태에서 직사각형 후프철근의 최대 허용 간격

기준 21.4.4(2)

$$s_{\max} = 0.25(\text{기둥의 최소 단면}) = 0.25 \times 700 = 175\ \text{mm}$$

$$= 6(\text{주철근의 직경}) = 6 \times 25.4 = 152.4\ \text{mm}$$

$$s_0 = 100 + (\frac{350 - h_x}{3}) = 100 + (\frac{350 - 220.17}{3})$$

$$= 143.28\ \text{mm} < 150\ \text{mm} \quad \langle\text{지배}\rangle$$

$$> 100\ \text{mm}$$

여기서

$$h_x = \frac{700 - 2(50 + 12.7 + \frac{25.4}{2})}{3} + 2(\frac{25.4}{2} + \frac{12.7}{2}) = 221.17\ \text{mm}$$

따라서 $s = 130$ mm로 결정함.

기준 식 21.4.3
기준 식 21.4.4

후프철근의 130 mm의 간격에서 후프철근에 사용되는 구속철근의 필요한 단면적은

$$A_{sh} \geq \begin{cases} 0.3(\frac{s\,h_c f_{ck}}{f_{yh}}) \leq f\left[(\frac{A_g}{A_{ch}}) - 1\right] = 0.3 \times (\frac{130 \times 587.3 \times 27}{500}) \\ \qquad \times \left[(\frac{490{,}000}{344{,}921.3}) - 1\right] = 520.2\ \text{mm}^2 \\ 0.09 s\, h_c (\frac{f_{ck}}{f_{yh}}) = (0.09 \times 130 \times 587.3)\frac{27}{500} = 371.0\ \text{mm}^2\ (\text{지배}) \end{cases}$$

적용기준	계산 및 해설

기준 21.5.2(2)

모든 네 방향에 걸쳐 접합부는 보의 폭 500 mm는 기둥의 $\frac{3}{4}$의 폭(525 mm)보다 적은 상태이므로 구속된 것으로 고려되며, 위에서 언급된 구속철근의 양에서 50 %의 감소는 허용되지 않는다.

130 mm의 중심간격을 가진 D13 후프철근의 단면적

$$A_{sh} = 126.7 \times 4 = 506.8\ \mathrm{mm}^2$$

(2) 전단에 대한 휨철근

예제 17.4의 같은 절차를 따라 동-서와 북-남 방향의 기둥의 전단력에 대한 값을 구한다. 기둥 내에서 최대 발생 가능한 휨강도는 보수적으로 가정할 때 기둥의 상관도에서 평형점에 상응하는 값에 따라 구할 수 있다.

기준 21.4.5(1)

강도감소계수 1.0의 값과 항복강도($f_y = 1.25 \times 600 = 750\ \mathrm{MPa}$)에서 평형파괴에 상응하는 모멘트 값은 1,955.7 kN·m이다. 따라서 V_u는 다음과 같다.

$$V_u = \frac{(2 \times 1{,}955.7)}{4.5} = 869.2\ \mathrm{kN}$$

기둥의 상부에서 계산된 전단력은 접합부를 구성하는 보의 M_{pr}을 바탕으로 계산된 접합부의 강도에서 결정된 값을 초과할 필요는 없다.

동-서 방향의 지진력에 대해서 접합부를 구성하는 보에서 내부기둥의 면에서의 $M_{pr}^{\ -}$의 값은 650 kN·m이다.(5-D25 상부철근) 접합부의 다른 면을 구성하는 보를 기본으로 할 때 $M_{pr}^{\ +}$의 값은 410 kN·m이다.(4-D22 하부철근)

기둥에 대한 모멘트에 대한 분배는 $1/l$에 비례하며 1층 기둥의 상부의 모멘트는

$$(650 + 410)\left(\frac{3.5}{3.5 + 5.0}\right) = 436.5\ \mathrm{kN \cdot m}$$

여기서 1층 기둥의 지면에서 기둥의 M_{pr} 을 발생시키는 것은 가능하다. 따라서 전단력은

$$V_u = \frac{1955.7 + 869.2}{3.5} = 807.1\ \mathrm{kN}$$

북-남의 방향의 지진력에 대해서 보의 $M_{pr}^{\ -}$는 410 kN·m (4-D22 상부철근)와 $M_{pr}^{\ +}$은 410 kN·m (4-D22 하부철근) 따라서 1층 기둥의 상부에서 모멘트는

$$2 \times 410 \times \left(\frac{3.5}{3.5 + 5.0}\right) = 337.7\ \mathrm{kN \cdot m}$$

전단력은

적용기준	계산 및 해설

$$V_u = \frac{1{,}955.7 + 337.65}{3.5} = 655.2\,\mathrm{kN}$$

기준 21.4.5(2) 여기서 두 개의 전단력은 해석에서 계산된 값보다 크다.

기준 식 7.3.2 계수축하중이 $\frac{A_g f_{ck}}{10} = 1{,}323\,\mathrm{kN}$ 보다 크기 때문에 콘크리트의 전단강도가 사용될 수 있다.

$$V_c = \frac{1}{6}(1 + \frac{N_u}{14A_g})\sqrt{f_{ck}}\,b_w d$$

보수적으로 기둥의 최소 축력을 고려하면

$$V_c = \frac{1}{6}(1 + \frac{5{,}307{,}500}{14 \times 490{,}000})\sqrt{27} \times 700 \times 625 = 672.0\,\mathrm{kN}$$

$$\phi V_c = 0.75 \times 672.0 = 504.0\,\mathrm{kN} > V_u = 500\,\mathrm{kN} \quad \langle 적합 \rangle$$

따라서 구속에 필요한 기둥의 끝에서 $l_0 = 700\,\mathrm{mm}$ 의 길이에 대해 횡철근의 간격은 전단에 대해 충분하다.

D13의 후프철근과 연결 갈고리를 기둥 단부에서 130 mm 간격으로 배근한다.

2. 동-서 방향으로 접합부의 전단강도 확인

예제 17.4에 사용된 같은 방법을 따라서 접합부의 중간층 근처의 단면을 통과하는 수평전단력에 영향을 미치는 힘은 예제 그림 17.5-1과 같이 계산된다.

단면 x－x를 통과하는 전체 전단력

$$= T_1 + C_2 - V_h = 1{,}900 + 1{,}161 - 250 = 2{,}811\,\mathrm{kN} = V_u$$

접합부가 모든 면에 대해 구속되어 있지 않음을 고려할 때

(예를 들면, 보의 폭은 500 mm < 0.75 (기둥의 폭) = 0.75 × 700 = 525 mm)

기준 21.4.3(1) $\phi V_c = \phi 1.25\sqrt{f_{ck}}\,A_c$

$$= 0.75 \times 1.25 \times \sqrt{27} \times \frac{700^2}{1{,}000} = 2{,}386.9\,\mathrm{kN} > 2{,}811\,\mathrm{kN} \quad \langle 부적합 \rangle$$

따라서 부적합인 경우 기둥의 단면을 크게 할 수 있다.

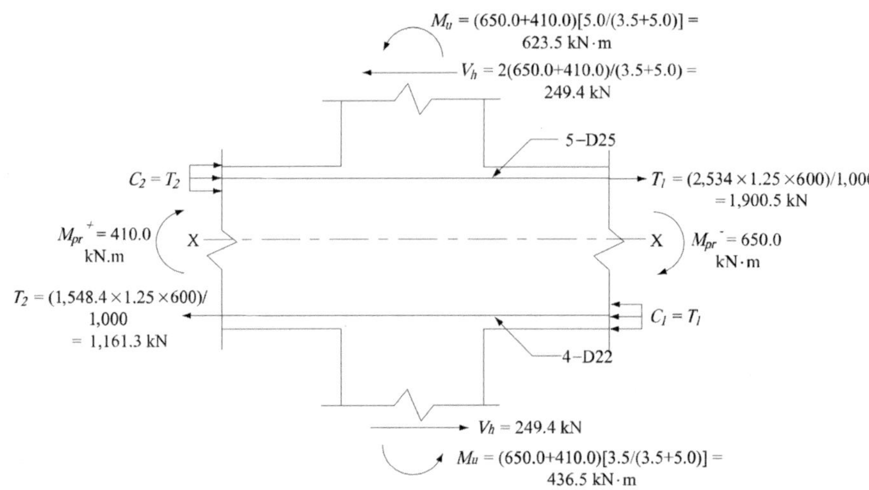

예제 그림 17.5-1 동-서 방향 내부 보 기둥의 전단 해석

3. 북-남 방향으로 접합부의 전단강도 확인

기둥 상부와 하부에서 4-D22 철근 필요($M_{pr} = 410\,\mathrm{kN \cdot m}$)

단면 x−x에 대한 전체 전단력

$= T_1 + C_2 - V_h = 774.2 + 774.2 - 190 = 1,358.4\,\mathrm{kN} = V_u$

여기서

$T_1 = C_2 = 774.2$

$V_u = 2(410 + 410)/(3.5 + 5.0) = 190\,\mathrm{kN}$

$\phi V_c = \phi 1.25\sqrt{f_{ck}}A_j = 2,644.70\,\mathrm{kN} > 1,358.4\,\mathrm{kN}$ 〈적합〉

예제 17.6 구조벽체에 대한 설계와 상세[17-2]

예제 17.1에서 건물의 첫 번째 층에서 벽체의 단면설계를 하라. 벽체의 계수하중은 $M_u = 66{,}800\,\mathrm{kN \cdot m}$와 $V_u = 3{,}600\,\mathrm{kN}$이다.

적용기준	계산 및 해설

1. 구조벽체의 수직과 수평철근의 최소 철근량

(1) 복배근의 필요성 검토

기준 21.6.2(2) 벽체의 면내 계수전단력이 $A_{cv}\dfrac{\sqrt{f_{ck}}}{6}$을 초과할 때 벽체에 철근이 복배근되어야 한다. 여기서 A_{cv}는 복부 전단력을 고려하는 방향의 단면 길이와 두께로 이루어지는 콘크리트 순 단면적이다.

$$A_{cv}\frac{\sqrt{f_{ck}}}{6} = \frac{1}{6}\times 450\times 7{,}200\times\frac{\sqrt{27}}{1{,}000} = 2{,}805.9\,\mathrm{kN} < V_u = 3{,}600\,\mathrm{kN}$$

따라서 복배근 철근이 필요하다.

기준 21.6.4(4) 여기서 $V_u = 3{,}600\,\mathrm{kN}$ < 전단강도의 상한선

$$= \phi\left(\frac{2\sqrt{f_{ck}}}{3}\right)A_{cv} = 8{,}417.8\,\mathrm{kN} \quad \langle 적합 \rangle$$

(2) 벽체의 수직과 수평철근의 필요철근량

기준 21.6.2(1) 구조벽체의 수직 및 수평 철근비 = 0.0025이고, 최대 간격 = 450 mm 이하

A_{cv}(벽체의 1m당) $= 0.45\times 1 = 0.45\,\mathrm{m^2} = 450{,}000\,\mathrm{mm^2}$

벽체 단위길이당 각 방향 철근의 최소 필요철근량

$$= 0.0025\times 450{,}000 = 1{,}125\,\mathrm{mm^2/m}$$

D16 철근을 복배근으로 가정할 때($A_s = 2\times 198.6 = 397.2\,\mathrm{mm^2}$)

필요한 간격은

$$s = \frac{397.2}{1{,}125}\times 1{,}000 = 353\,\mathrm{mm} < 450\,\mathrm{mm}$$

17-2) 본 예제에서는 경계요소의 기둥과 벽체의 복부가 같이 거동하는 것으로 간주하여 최소 부재 치수를 결정

적용기준	계산 및 해설

2. 전단에 대한 철근의 필요조건 결정

기준 21.6.4(1)

철근 중심간격 350 mm로 D16 철근이 복배근되어 있다고 가정했을 때 벽체의 전단강도는

기준 식 21.6.1

$$\phi V_n = \phi A_{cv}(\alpha_c \sqrt{f_{ck}} + \rho_n f_y)$$

여기서

$$\phi = 0.75 \text{ 그리고 } \frac{h_w}{l_w} = \frac{43.5}{7.2} = 6.04 > 2\text{이므로 } \alpha_c = \frac{1}{6}$$

$$A_{cv} = 450 \times 7.2 \times 1{,}000 = 3{,}240{,}000\ \mathrm{mm}^2$$

$$\rho_n = \frac{(\frac{1{,}000}{350}) \times 397.2}{450 \times 1{,}000} = 0.00252$$

$$\phi V_n = (0.75 \times 3{,}240{,}000)\left[\frac{1}{6}\sqrt{27} + (0.00252 \times 500)\right]/1{,}000$$

$$= 5{,}166.2\,\mathrm{kN} > 3{,}600\ \mathrm{kN} \quad \langle\text{적합}\rangle$$

따라서 수평방향으로 철근 중심간격 350mm로 복배근 D16 철근이 사용되었다.

기준 21.6.4(3)

$\frac{h_w}{l_w}$비가 2.0보다 작은 경우 ρ_v 철근비는 ρ_h의 철근비보다 작으면 안 된다.

여기서는 $\frac{h_w}{l_w} = \frac{43.5}{7.2} = 6.04 > 2$이지만 최소 철근비 규정에 대해서 수직방향으로도 철근 중심간격 350mm로 복배근 D16 철근이 사용되었다.

기준 21.6.5(1)

3. 휨모멘트와 축력의 조합하중에 대한 철근의 필요조건을 결정

휨모멘트와 축력을 함께 받는 구조벽체는 (6.2.1(2)의 비선형 변형률 요구사항과 6.2.2(7)은 적용하지 않는 것을 제외하면) 기준 6.2.1과 6.2.2에 따라 설계되어야 한다.

벽체 단부에 800 mm × 800 mm의 기둥은 24-D35 철근으로 배근되어 있다고 가정한다. 위의 검토결과에 따라 벽체 복부에 2-D16 철근 350mm 간격으로 수직철근이 필요한 것으로 결정되었다. 이러한 철근 배근을 가진 구조벽체는 3.3.2에 따른 계수 하중조합을 저항하는데 적합하다.

4. 특수경계요소 필요여부 결정

기준 21.6.6

구조벽체의 단부에 특수경계요소의 필요여부는 기준 21.6.6(2)와 21.6.6(3)에 의해 평

적용기준	◪ 계산 및 해설

가된다. 본 예제에서는 21.6.6(2)절이 이용되었다.

기준 21.6.6(2) 다음과 같은 조항을 만족할 때 압축영역은 특수경계요소로 보강되어야 한다.

기준 식 21.6.2

$$c \geq \frac{l_w}{600\left(\frac{\delta_u}{h_w}\right)}, \quad \frac{\delta_u}{h_w} \geq 0.007$$

여기서 $l_w = 7.2\,\mathrm{m}$, $h_w = 43.5\,\mathrm{m}$, $\delta_u = 0.35\,\mathrm{m}$

그리고 $\frac{\delta_u}{h_w} = 0.008 > 0.007$이다.

따라서 만약 c가 $\frac{7.2 \times 1,000}{(600 \times 0.008)} = 1,500\,\mathrm{mm}$보다 크거나 같으면 특수경계요소가 필요하다.

식 (21.6.2)에서 사용되는 길이 c는 설계변위 δ_u와 부합되는 공칭모멘트강도와 계수 축력에 따라 결정되는 최대 중립축이다.

기준 21.6.6(4) 변위기반 설계법으로부터 최대 c는 축력 $16,240\,\mathrm{kN}$와 공칭모멘트강도 $132,350\,\mathrm{kN \cdot m}$에 따라 $1,700\,\mathrm{mm}$로 계산되었다고 가정한다. 이는 $1,500\,\mathrm{mm}$보다 큰 값이다. 따라서 특수경계요소가 필요하다. 특수경계요소는 수평방향으로 최대 압축연단으로부터 다음 두 식의 값보다 더 길게 연장되어야 한다.

여기서 $c - 0.1\,l_w = 1,700 - (0.1 \times 7,200) = 980\,\mathrm{mm}$ 〈지배〉

또는 $\frac{c}{2} = \frac{1,700}{2} = 850\,\mathrm{mm}$

특수경계요소의 길이가 기둥 $800\,\mathrm{mm}$를 벗어나므로 벽체 복부의 수직철근 위치를 고려하여 벽체의 양 단부에서 $1,325\,\mathrm{mm}$ 영역을 횡구속 철근으로 배근한다.

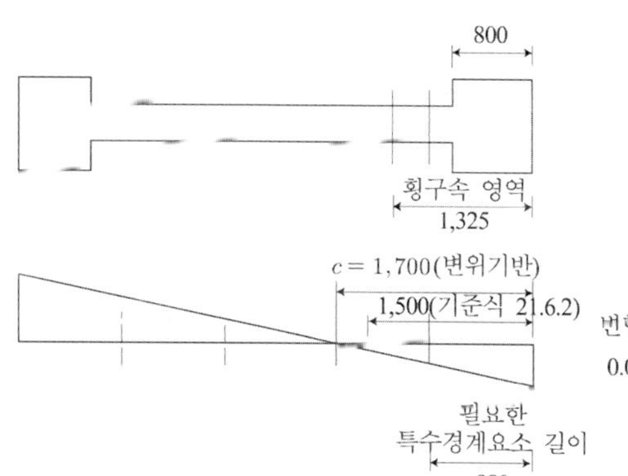

예제 그림 17.6-1 최대 중립축 길이 및 횡구속 영역

5. 특수경계요소의 횡철근 결정

횡철근에 대해 기준 21.4.4(1)부터 21.4.4(3)의 요구사항을 만족해야 하며, 여기서 식 (21.4.3)은 만족할 필요가 없다.

(1) 800 mm × 800 mm 경계요소의 구속

800 mm × 800 mm 경계요소의 양쪽 방향에서 모든 수직철근에 D13 후프철근과 연결철근을 설치하는 것으로 가정할 때 직사각형 후프철근의 최대 허용 수직간격은

기준 21.6.6(4)③

$$s_{max} = \frac{1}{3}(\text{최소 부재치수}) = \frac{1}{3} \times 800 = 264\ \text{mm}$$

$$= 6 \times (\text{축방향 철근의 직경}) = 6 \times 35 = 210\ \text{mm}$$

$$= s_0 = 100 + \left(\frac{350 - h_x}{3}\right) = 100 + \left(\frac{350 - 157.8}{3}\right)$$

$$= 164\,\text{mm} > 150\,\text{mm} \ \langle\text{지배}\rangle$$

기준 21.4.4(2)

$$h_x = \left(\frac{800 - (40 + 13) \times 2 - 35}{6}\right) + 35 + 13 = 157.8$$

여기서 h_x는 800 mm × 800 mm 경계요소의 모든 면에 대한 후프철근과 연결철근의 최대 수평간격이다.

기준 21.4.4(3)

따라서 $s_{max} = 150\,\text{mm}$을 사용한다.

$s = 150$ mm로 사용할 때, 800 mm × 800 mm 경계요소에서 횡철근의 필요한 단면적은 다음과 같이 계산된다.

소요배근량

기준 21.4.4(1)②

$$A_{sh} = \frac{0.09 s h_c f_{ck}}{f_{yh}} = \frac{0.09 \times 150 \times [800 - (40 \times 2) - 13] \times 27}{500}$$

$$= 515.4\ \text{mm}^2$$

실제 배근량

$$A_{sh} = 7 \times 126.7 = 886.9\ \text{mm}^2 > 515.4\ \text{mm}^2 \ \langle\text{적합}\rangle$$

(2) 복부의 횡구속

D16 횡철근의 최대 허용 수직간격 :

$$s_{max} = 1/3\,(\text{최소 부재치수}) = 1/3 \times (1{,}325 - 800) = 175\ \text{mm}$$

$$= 6 \times (\text{축방향 철근의 직경}) = 6 \times 16 = 96\ \text{mm} \quad \langle\text{지배}\rangle$$

$$= s_0 = 100 + \left(\frac{350 - h_x}{3}\right) = 100 + \left(\frac{350 - 350}{3}\right),\ (h_x \le 350\,\text{mm})$$

$$= 100\,\text{mm} < 150\,\text{mm}$$

벽체의 길이방향에 대한 구속길이, 수직간격 $s = 90\,\text{mm}$를 사용

$$h_c = 450 - 2 \times 20 - 16 = 394\,\text{mm}$$

$$A_{sh} = \frac{0.09 \times 90 \times 394 \times 27}{500} = 172.3\,\text{mm}^2$$

2-D16 수평철근을 사용할 때, $A_{sh} = 2 \times 198.6 = 397.2\,\text{mm}^2 > 172.3\,\text{mm}^2$

벽체의 두께 방향에 대한 구속길이 $h_c = 1,325 - 800 = 525\,\text{mm}$

$$A_{sh} = \frac{0.09 \times 90 \times 525 \times 27}{500} = 230\,\text{mm}^2$$

D16 후프철근과 연결철근을 사용한다.

$$A_{sh} = 2 \times 198.6 = 397.2\,\text{mm}^2 > 230\,\text{mm}^2$$

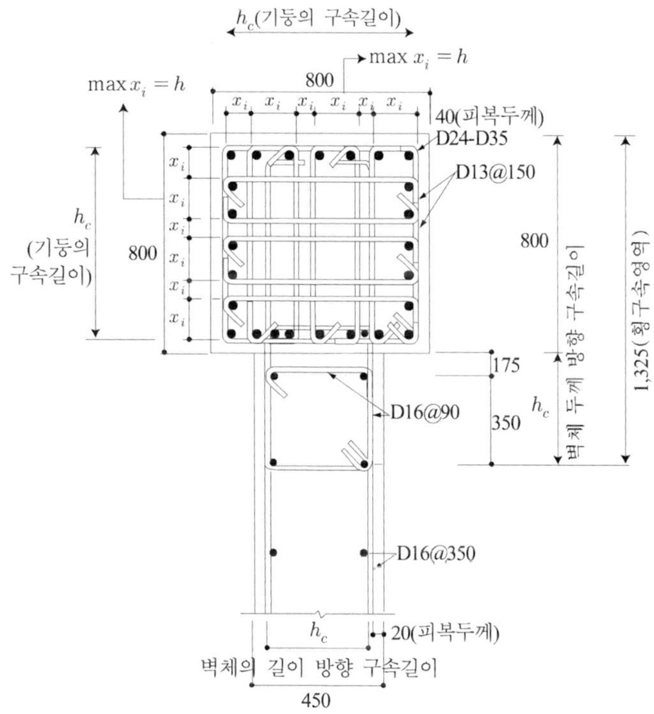

예세 그림 17.6-2 구조벽체 및 기둥의 횡구속길이

적용기준	계산 및 해설
기준 21.6.6(2)②	경계요소의 횡철근은 수직으로 다음 두 조항보다 위험단면으로부터 연직방향으로 다음 값 중 큰 것 이상까지 연장되어야 한다.
	① $l_w = 7{,}200\ \mathrm{mm}$ 〈지배〉
	② $M_u / 4V_u = 66{,}800/(4\times 3{,}600)\times 1{,}000 = 4{,}638.9\ \mathrm{mm}$

6. 필요한 정착길이와 이음길이 결정

구조벽체의 철근은 8.5.1장에 따라 인장철근으로 정착되거나 연결되어야 한다.

기준 21.6.2(3) — 수직철근의 항복이 발생하는 영역에서는 $1.25f_y$를 사용하여 정착길이를 계산한다.

(1) 경계요소에서 D35의 수직철근에 대한 겹침이음

기준 8.6.2 — D35 수직철근에 대해 B급 이음이 적용되었다.

B급 이음의 필요길이 $= 1.3\times l_d$

기준 식 8.2.2

$$l_d = \frac{0.90\times d_b\times f_y}{\lambda\sqrt{f_{ck}}}\times\frac{\alpha\beta\gamma}{\left(\dfrac{c+K_{tr}}{d_b}\right)}$$

기준 8.2.2 — 여기서 $\alpha = 1.3$ 상부 철근 ; $\alpha = 1.0$ 기타 철근

$\beta = 1.0$ 도막되지 않은 철근

$\gamma = 1.0$ D22 이상의 철근

$\lambda = 1.0$ 일반콘크리트 (경량콘크리트$=1.3$)

여기서, 어느 한 지점에서도 50% 이상이 철근이 연결되지 않는다고 가정하면

$$c = 40+13+\frac{35}{2} = 70.5 \quad \text{〈지배〉}$$

$$= \frac{1}{2}\left[\frac{800-2(40+13)-35}{3}\right] = 109.8\ \mathrm{mm}$$

$$K_{tr} = \frac{40A_{tr}}{sn} = \frac{40\times 4\times 126.7}{90\times 4} = 56.31$$

여기서, A_{tr}은 4-D13 철근으로 $s = 90\ \mathrm{mm}$이며,

n(정착이 고려되는 철근 개수)$=4$: 한 지점에서 한 열에 대한 개수

기준 8.2.2(5)

$$\frac{(c_b+K_{tr})}{d_b} = \frac{70.5+56.31}{35} = 3.62 > 2.25,\quad \frac{K_{tr}}{d_b} = \frac{56.31}{35} = 1.61 > 0.25$$

기준 8.2.2(3) — 또한 $(c+K_{tr})/d_b \le 2.5$이므로 2.5를 사용한다.

적용기준	계산 및 해설

따라서

$$l_d = \left[0.90 \times \frac{1.25 \times 600}{1.0 \times \sqrt{27}} \times \frac{1.0 \times 1.0 \times 1.0}{2.5}\right] \times 35 = 1{,}818.6\ \mathrm{mm}$$

'B'급 겹침이음길이 $= 1.3 \times 1{,}818.6 = 2{,}364.2\ \mathrm{mm}$

겹침이음길이로 2.4 m를 사용한다.

동일한 직경의 철근이 연속되는 한, 수직철근이 항복하는 지점을 벗어난 1층 이후로는 겹침이음길이를 25 % 감소시킬 수 있다.

(2) 벽체의 복부에서 D16 수직철근에 대한 겹침이음

어느 한 지점에서 50 % 이상의 철근이 연결되지 않는다고 가정하면 B급 이음길이는 다음과 같이 결정된다.

기준 식 8.2.2

$$l_d = \frac{0.90 \times d_b \times f_y}{\lambda \sqrt{f_{ck}}} \times \frac{\alpha \beta \gamma}{\left(\dfrac{c + K_{tr}}{d_b}\right)}$$

기준 8.2.2

철근배치 위치계수 $\alpha = 1.0$ 기타 철근

철근 도막계수 $\beta = 1.0$ 도막되지 않은 철근

철근 또는 철선의 크기 계수 $\gamma = 0.8$ (D19 이하의 철근과 이형철근)

경량콘크리트계수 $\lambda = 1.0$ (일반콘크리트)

$$c = 20 + 16 + \frac{16}{2} = 44\,\mathrm{mm} \quad \langle 지배 \rangle$$

$$= \frac{1}{2} \times 350 = 175\ \mathrm{mm}$$

$K_{tr} = 0$ (간편하게 계산)

$$\frac{(c_b + K_{tr})}{d_b} = \frac{44 + 0}{16} = 2.75 > 2.5,\ 2.5를\ \ 사용한다.$$

기준 21.6.2(3)③

$$l_d = \left[0.90 \times \frac{1.25 \times 500}{1.0 \times \sqrt{27}} \times \frac{1.0 \times 1.0 \times 0.8}{2.5}\right] \times 16 = 555\ \mathrm{mm}$$

항복영역에서는 $1.25 f_y$를 사용하여 정착길이를 계산한다.

따라서 B급 이음길이 $= 1.3 \times 555 = 721.5\ \mathrm{mm}$

겹침이음길이로 0.75 m를 사용한다.

적용기준	계산 및 해설

(3) 경계요소에서 표준갈고리 철근이 사용되지 않는다고 가정할 때 벽체에서의 D16 수평철근의 정착길이는

식 (8.2.2)

$$l_d = \frac{0.90 \times d_b \times 1.25 \times f_y}{\lambda \sqrt{f_{ck}}} \times \frac{\alpha\beta\gamma}{(c + K_{tr}/d_b)}$$

수평철근 하부에 한 번에 타설한 콘크리트 깊이가 300 mm보다 크다고 가정한다.

철근배치 위치계수 $\alpha = 1.3$

철근 도막계수 $\beta = 1.0$ (도막되지 않은 철근)

철근 또는 철선의 크기 계수 $\gamma = 0.8$ (D19 이하의 철근과 이형철근)

경량콘크리트계수 $\lambda = 1.0$ (일반콘크리트)

$c = 20 + \frac{16}{2} = 28\ \text{mm}$ 〈지배〉

$= \frac{1}{2} \times 350 = 175\ \text{mm}$

$K_{tr} = 0$ (간편하게 계산)

$$\frac{(c_b + K_{tr})}{d_b} = \frac{28}{16} = 1.75 < 2.5$$

따라서 $l_d = \left[0.90 \times \frac{1.25 \times 500}{1.0 \times \sqrt{27}} \times \frac{1.3 \times 1.0 \times 0.8}{1.75}\right] \times 16 = 1{,}029.3\ \text{mm}$

항복영역에서는 $1.25 f_y$를 사용하여 정착길이를 계산한다.

정착길이는 $l_d = 1{,}029.3\ \text{mm}$이므로 $1{,}050\ \text{mm}$를 사용한다.

기준 21.6.6(4)⑤

그러나 이 길이로 경계요소의 심부 내에서 정착시킬 수 없으므로 표준 90°갈고리가 필요하다. 경계요소에서는 D16 수평철근을 겹침이음 없이 수직철근에 고정하여 배근한다.

상부층 벽체와 같이 항복이 발생하지 않는 영역에서는 동일한 직경을 사용할 경우 해당 정착길이 $l_d = 823.5\ \text{mm}$도 기둥 크기 800 mm보다 크기 때문에 표준 90°갈고리가 필요하다.

7. 구조벽체에 대한 철근의 상세(예제 그림 17.6-3, 4)

복부에 평행한 방향에서 횡구속을 위해 D16 철근이 90 mm 간격으로 경계요소 내에 정착되며 횡구속의 경계요소에서는 800 mm의 기둥 경계 밖으로 복부의 525 mm까지 연장되었다.

적용기준	계산 및 해설

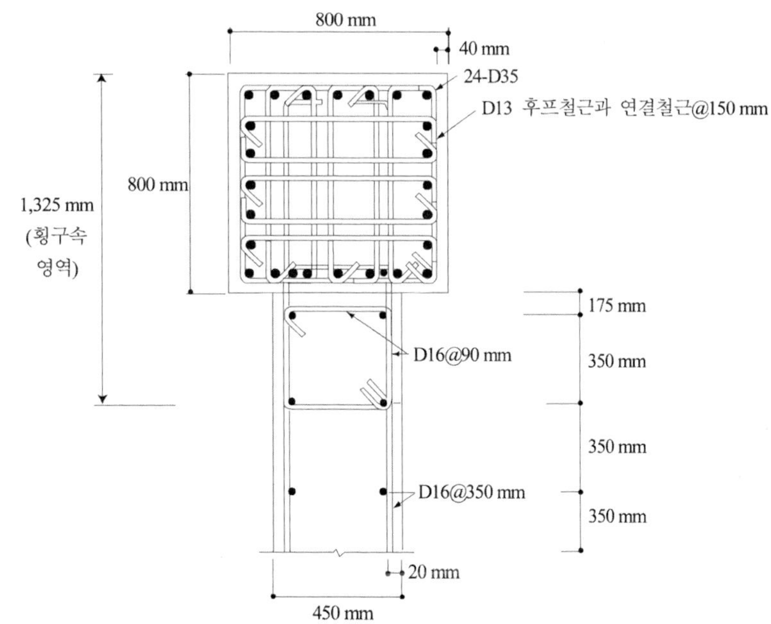

예제 그림 17.6-3 구조벽체에 대한 철근 상세-평면

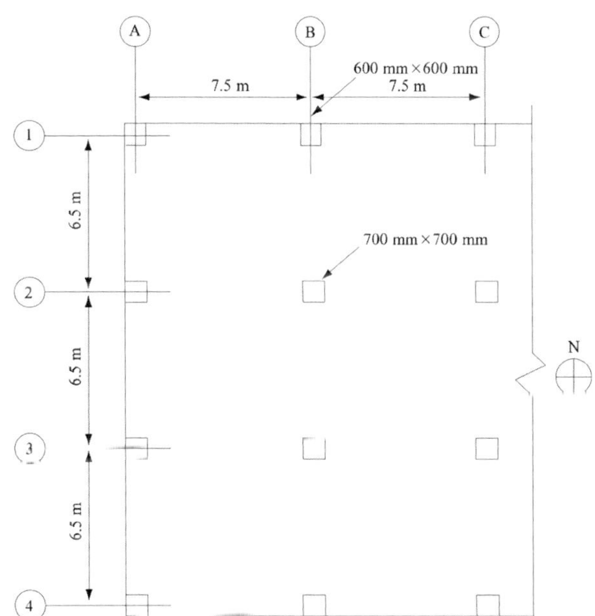

예제 그림 17.6-4 구조벽체 철근 상세-입면

예제 17.7 슬래브-기둥 접합부의 비탄성 변형 검토

예제 그림 17.7-1은 내진설계범주 D(높은 지진 위험도에 속함)를 가지는 5층 건물의 일부 평면도이다. 지진력저항시스템은 건물골조시스템(건축구조기준, KBC)으로 특수전단벽(그림에는 나타나지 않음)이 모든 지진력에 저항한다. 무량판 슬래브는 중력하중에 대해 안전한 것으로 가정하고, 기둥 B1과 B2의 슬래브-기둥 접합부가 지진발생시 비탄성변형에 대해 안전한지 검토한다.

◎ 재료특성

- 콘크리트 :

  $f_{ck} = 27\ \text{MPa}$

  $w_c = 23.5\ \text{kN/m}^3$

- 철근 : $f_y = 500\ \text{MPa}$

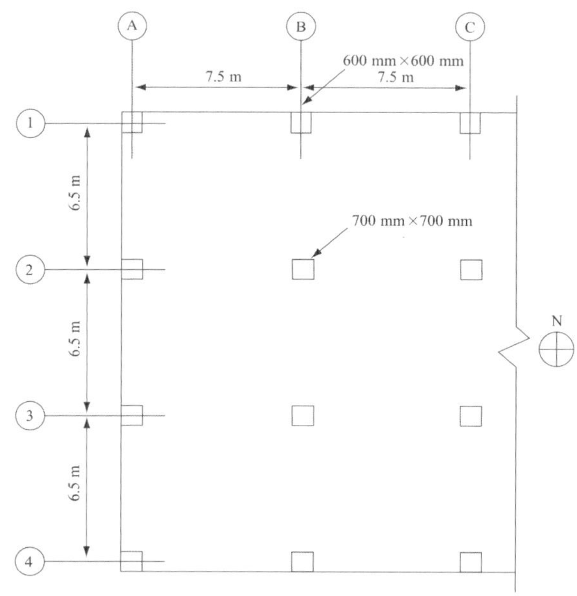

예제 그림 17.7-1 층 평면도

◎ 사용하중

기준 7.12.3(2)

- 활하중 $W_L = 2.4\ \text{kN/m}^2$
- 추가 고정하중 $= 1.5\ \text{kN/m}^2$

◎ 부재치수

- 슬래브 : 250 mm
- 외부기둥 :

  600 mm × 600 mm
- 내부기둥 : 700 mm × 700 mm

◎ 추가 정보

- 층높이 : 3.2 m

예제 표 17.7-1 남-북방향 설계변위 및 층간변위

층	설계변위 (mm)	층간변위(mm)
5	38.10	7.62
4	30.48	10.16
3	20.32	7.62
2	12.70	7.62
1	5.08	5.08

적용기준	계산 및 해설

1. 슬래브 두께 검토

기준 4.3.2(2)

보가 없는 슬래브의 단면 두께는 철근의 설계기준 항복강도 $f_y = 500\,\text{MPa}$, 지판이 없는 경우에 대해 기준에서 (표 4.3.3)에 따라 다음과 같이 결정될 수 있다.

테두리보가 없는 외부 슬래브 : $\dfrac{l_n}{28}$

$$l_n = 7.5 - (0.3 + 0.35) = 6.85\,\text{m}$$

$$\frac{l_n}{28} = \frac{6,850}{28} = 245\,\text{mm} \rightarrow 250\text{mm}$$

2. 기둥 B1 접합부

(1) 2방향 거동을 하는 슬래브의 위험단면에서의 수직하중에 의한 계수전단력 V_u를 결정

- $w_D = \dfrac{250}{1,000} \times 23.5 + 1.5 = 7.38\,\text{kN/m}^2$
- $w_L = 2.4\,\text{kN/m}^2$
- 기준 21.3.2(1) $w_u = 1.2 \times 7.38 + 0.5 \times 2.4 = 10.06\,\text{kN/m}^2$ 〈적용〉

21.3.2(1) 창고를 제외하고는 L이 $5.0\,\text{kN/m}^2$을 초과하면 활하중 L에 대한 하중계수를 0.5로 낮출 수 있다.

기준 3.3.2(2)

3.3.2(2) 차고, 공공집회 장소 및 L이 $5.0\,\text{kN/m}^2$ 이상인 모든 장소 이외에는 식 (3.3.3), (3.3.4) 및 (3.3.5)에서 활하중 L에 대한 하중계수를 0.5로 감소시킬 수 있다.

- $w_u = 0.9 \times 7.38 = 6.64\,\text{kN/m}^2$

기준 7.12.1(3)

위험단면 치수

사용 평균 $d = 250 - 20 - 16 = 214\,\text{mm}$

$$b_1 = 600 + 214/2 = 707\,\text{mm}$$

$$b_2 = 600 + 214 = 814\,\text{mm}$$

$$V_u = 10.06\{(7.5 \times 3.55) - (707 \times 814/1,000,000)\} = 262.06\,\text{kN}$$

기준 7.12.2(2)

(2) 2방향 전단설계 강도 ϕV_c 결정

정사각형 기둥에 대해 기준 식 (7.12.1)을 사용한다.

$$\phi V_c = \phi v_c b_0 d$$

여기서 $b_0 = b_2 + 2b_1 = 814 + 2 \times 707 = 2,228\,\text{mm}$

기준 7.2.1(1)

$$v_c = \lambda\, k_s\, k_{bo}\, f_{te}\, \cot\psi\, \frac{c_u}{d}$$

$$k_s = \left(\frac{300}{d}\right)^{0.25} = \left(\frac{300}{214}\right)^{0.25} = 1.09 \le 1.1 \qquad \therefore\ k_s = 1.09$$

$$k_{bo} = \frac{4}{\sqrt{\alpha_s\,(\frac{b_o}{d})}} = \frac{4}{\sqrt{1.33\left(\frac{2,228}{214}\right)}} = 1.07 \quad (\alpha_s = 1.33\ \text{: 외부기둥})$$

$$f_{te} = 0.21\,\sqrt{27} = 1.09$$

$$\cot\psi = \sqrt{f_{te}\,(f_{te} + f_{cc})}\,/\,f_{te}$$

$$f_{cc} = (\frac{2}{3})f_{ck} = \frac{2}{3} \times 27 = 18$$

$$\cot\psi = \sqrt{1.09\,(1.09 + 18\,)}\,/\,1.09 = 4.18$$

$$c_u = 214\left[25\sqrt{\frac{0.005}{27}} - 300\,(\frac{0.005}{27})\right] = 60.9$$

여기서 슬래브의 상하 휨모멘트에 대한 철근비는 $\rho = 0.005$로 가정한다.

$$v_c = 1.0 \times 1.09 \times 1.07 \times 1.09 \times 4.18 \times \frac{60.9}{214} = 1.51$$

$$\phi V_c = 0.75 \times 1.51 \times 2,228 \times \frac{214}{1,000} = 539.97\,\text{kN}$$

$$V_u = 262.06\,\text{kN} < \phi V_c = 539.97\,\text{kN} \qquad \langle\text{적합}\rangle$$

(3) 전단철근의 유무 판별

ACI 21.13.6(b)

KCI 기준에서는 횡변위에 대한 슬래브의 안전성 검토 조항이 없으나 ACI 318-08 21.13.6(6)에 따라 검토한다.

횡력저항시스템에 참여하지 않은 슬래브에 대해 설계변위에 의해 발생된 모멘트가 계산되지 않았기 때문에 ACI 318-08 21.13.6(6)절에 따라 전단철근의 필요를 검토한다.

최대 층간변위는 4층에서 $10.16\,\text{mm}$이다(표 17.7-1).

설계층간변위는 층간변위/층높이로 $\dfrac{10.16\,\text{mm}}{3,200\,\text{mm}} = 0.003$

설계층간변위비의 상한선은

$$0.035 - 0.05\,(\frac{V_{ug}}{\phi V_c}) = 0.035 - 0.05\,(\frac{262.06}{539.97}) = 0.011 > 0.005$$

설계층간변위 0.003보다 0.011가 크므로 슬래브-기둥 접합부에서는 전단보강근이 필

적용기준	계산 및 해설

요하지 않다.

3. 기둥 B2 접합부

기준 21.3.2(1)

(1) 2방향 거동에 대해 슬래브의 위험단면에 대해 수직하중에 의한 계수전단력 V_u를 결정

기준 3.3.2(2)

$$w_u = 1.2 \times 7.38 + 0.5 \times 2.4 = 10.06\,\mathrm{kN/m^2} \quad \langle 적용\rangle$$

$$w_u = 0.9 \times 7.38 = 6.64\,\mathrm{kN/m^2}$$

기준 7.12.1(3)

위험단면 치수

$$V_u = 10.06\left\{(7.5 \times 6.5) - (\frac{914^2}{1,000,000})\right\} = 482.02\,\mathrm{kN}$$

$$b_1 = b_2 = 700 + 214 = 914\,\mathrm{mm}$$

(2) 2빙향 전단 설계강도 ϕV_c 결정

기준 7.2.1(1)

정사각형 기둥에 대해 기준 식 (7.12.1)을 사용한다.

기준 7.12.2(2)

$$\phi V_c = \phi v_c b_0 d$$

여기서 $b_0 = 4 \times 914 = 3,656\,\mathrm{mm}$

기준 7.2.1(1)

$$v_c = \lambda\, k_s\, k_{bo}\, f_{te}\, \cot\psi\, \frac{c_u}{d}$$

$$k_s = \left(\frac{300}{d}\right)^{0.25} = \left(\frac{300}{214}\right)^{0.25} = 1.09 \le 1.1 \qquad \therefore\ k_s = 1.09$$

$$k_{bo} = \frac{4}{\sqrt{\alpha_s\,(\frac{b_o}{d})}} = \frac{4}{\sqrt{1.00\left(\frac{3,656}{214}\right)}} = 0.97 \quad (\alpha_s = 1.00 : 내부기둥)$$

$$f_{te} = 0.21\sqrt{27} = 1.09$$

$$\cot\psi = \frac{\sqrt{f_{te}\,(f_{te} + f_{cc})}}{f_{te}}$$

$$f_{cc} = (\frac{2}{3})f_{ck} = \frac{2}{3} \times 27 = 18$$

$$\cot\psi = \frac{\sqrt{1.09\,(1.09 + 18)}}{1.09} = 4.18$$

$$c_u = 214\left[25\sqrt{\frac{0.005}{27}} - 300\,(\frac{0.005}{27})\right] = 60.9 \quad (\rho = 0.005로\ 가정)$$

적용기준	☒ 계산 및 해설

$$v_c = 1.0 \times 1.09 \times 0.97 \times 1.09 \times 4.18 \times \frac{60.9}{214} = 1.37$$

$$\phi V_c = 0.75 \times 1.37 \times 3{,}656 \times \frac{214}{1{,}000} = 803.90\,\mathrm{kN}$$

$$V_u = 482.02\,\mathrm{kN} < \phi V_c = 803.90\,\mathrm{kN} \quad \langle 적합 \rangle$$

(3) 전단철근의 유무 판별

ACI 21.13.6(b)

횡력저항시스템에 참여하지 않은 슬래브에 대해 설계변위에 의해 발생된 모멘트가 계산되지 않았기 때문에 ACI 318-08 21.13.6(b)절에 따라 전단철근의 필요를 검토한다.

최대 층간변위는 4층에서 10.16 mm이다.

설계층간변위는 $\frac{층간변위}{층높이}$로 $\frac{10.16\,\mathrm{mm}}{3{,}200\,\mathrm{mm}} = 0.003$

설계층간변위비의 상한선은

$$0.035 - 0.05\left(\frac{V_{ug}}{\phi V_c}\right) = 0.035 - 0.05\left(\frac{482.02}{803.90}\right) = 0.00502 > 0.005$$

설계층간변위 0.003보다 0.005가 크므로 슬래브-기둥 접합부의 전단보강근이 필요하지 않다.

예제 17.8 세장비(l_n/h) 2 이하의 연결보

다음 그림과 같이 중앙부에 개구부를 갖는 특수구조 벽체에서 개구부 상부에 위치한 연결보(Coupling beam) 단면에 계수모멘트 $M_u = 171\,\mathrm{kN \cdot m}$와 계수전단력 $V_u = 331\,\mathrm{kN}$이 작용하고 있다. 계수모멘트 M_u와 계수전단력 V_u에 저항하기 위한 연결보의 배근상세를 결정하라. 단, 보통중량콘크리트가 사용되었다고 가정하며, 특수구조 벽체에 타설된 콘크리트의 압축강도 $f_{ck} = 24\,\mathrm{MPa}$, 대각선 다발철근은 SD400s, 그 외의 철근은 SD400을 사용한다.

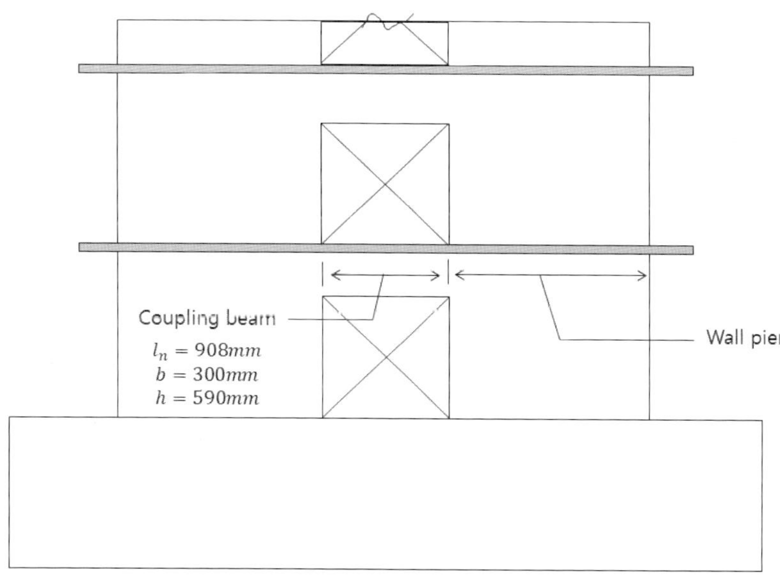

적용기준

계산 및 해설

대각선 보강 여부 결정

기준 21.8.7

1. 세장비$((l_n/h)$ 검토

$$l_n/h = 908/590 = 1.54 < 2.0$$

2. 계수전단력 검토

$$V_u = 331\,kN > \frac{\sqrt{f_{ck}}}{3} A_{cp} = \frac{\sqrt{24}}{3}(300 \times 590) \times 10^{-3} = 289\,\mathrm{kN}$$

적용기준	계산 및 해설

기준 21.8.7 (3)

따라서 연결보는 경간 중앙에 대하여 대칭인 대각선 다발철근으로 설계하여야 한다.

개별 대각선 철근의 횡구속 상세를 갖는 연결보

1. 대각선 다발철근량 A_{vd} 산정

기준 식 21.8.3

$$\phi V_n = \phi 2 A_{vd} f_y \sin\alpha \le \phi \frac{5\sqrt{f_{ck}}}{6} A_{cp}$$

$$A_{vd} = \frac{\phi V_n}{2\phi f_y \sin\alpha} = \frac{V_u}{2\phi f_y \sin\alpha}$$

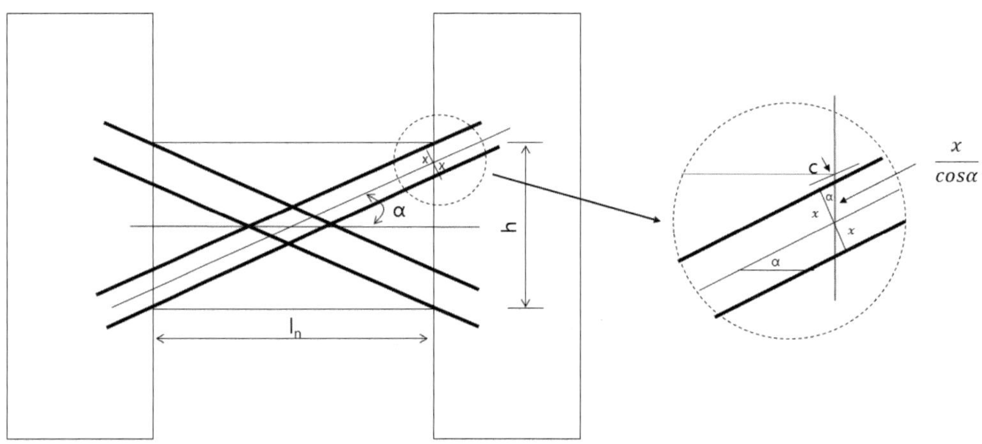

$$\tan\alpha = \frac{\frac{h}{2} - \frac{x}{\cos\alpha} - c}{\frac{l_n}{2}}$$

예제 그림 17.8-1 대각선 다발철근의 경사각

기준 21.8.7(4)①, ③

대각선 다발철근은 최소한 4개의 철근으로 이루어져야 한다. 대각선 다발철근을 감싸는 횡철근의 외단에서 외단까지의 거리는 b_w에 평행한 방향으로 $b_w/2$ 이상이어야 하고 대각선 철근에 대한 수직방향으로 $b_w/5$ 이상이어야 한다.

적용기준

계산 및 해설

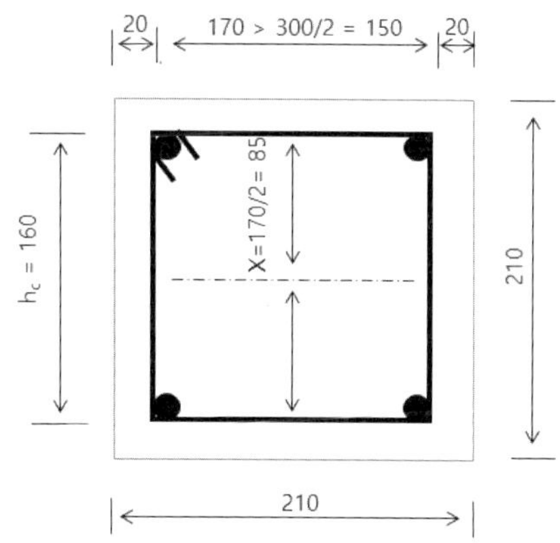

h_c(사각형 후프 철근 중심거리)$= 170 - 10 = 160$ mm

$A_g = (170 + 2 \times 20)2 = 44,100\ \text{mm}^2$

$A_{ch} = 170 \times 170 = 28,900\ \text{mm}^2$

예제 그림 17.8-2 대각선 다발철근의 상세

$$\tan\alpha = \frac{\dfrac{h}{2} - \dfrac{x}{\cos\alpha} - c}{\dfrac{l_n}{2}} = \frac{h - \dfrac{2x}{\cos\alpha} - 2c}{l_n}$$

$\alpha = 30^\circ$ 라 가정

$$\tan\alpha = \frac{h - \dfrac{2x}{\cos\alpha} - 2c}{l_n} = \frac{590 - \dfrac{2 \times 80}{\cos 30^\circ} - 2 \times 20}{908} = 0.402$$

$\alpha = \tan^{-1}(0.402) = 21.9^\circ$

$\alpha = 21.9^\circ$ 라 가정

$$\tan\alpha = \frac{590 - \dfrac{2 \times 80}{\cos 21.9^\circ} - 2 \times 20}{908} = 0.416$$

$\alpha = \tan^{-1}(0.416) = 22.5^\circ$

$\alpha - 22.5^\circ$ 라 가정

$$\tan\alpha = \frac{590 - \dfrac{2 \times 80}{\cos 22.5^\circ} - 2 \times 20}{908} = 0.415$$

$\alpha = \tan^{-1}(0.415) = 22.5^\circ$

$\alpha = 22.5^\circ$ 로 결정

$$A_{vd} = \frac{V_u}{2\phi f_y \sin\alpha} = \frac{331 \times 10^3}{2 \times 0.75 \times 400 \times \sin 22.5^\circ} = 1,442\ \text{mm}^2$$

적용기준	계산 및 해설

대각선 다발철근으로 D22 철근을 4개 보강, $A_{vd} = 4 \times 387.1 = 1{,}548.4\ \mathrm{mm}^2$

$$V_n = 2A_{vd}f_y \sin\alpha = 2 \times 1{,}548.4 \times 400 \times \sin 22.5 \times 10^{-3} = 474\,\mathrm{kN} \le \frac{5\sqrt{f_{ck}}}{6}A_{cp}$$

$$= \frac{5\sqrt{24}}{6} \times 300 \times 590 \times 10^{-3} = 612.3\,\mathrm{kN}$$

2. 대각선 다발철근의 정착길이 L_d 산정

기준 21.8.7(4)① 각 대각선 다발철근은 벽체 안에 인장에 대해 정착하여야 한다. 다만, 이 대각선 다발철근은 철근 항복강도에 대한 정착길이의 1.25배 이상이 되도록 한다.

대각선 다발철근의 정착길이 L_d

기준 8.2.2(1), (2) 인장철근의 정착길이 l_d

$$l_d = \frac{0.6 d_b f_y}{\lambda\sqrt{f_{ck}}}\alpha\beta = \frac{0.6 \times 22 \times 400}{1 \times \sqrt{24}} \times 1.3 \times 1.0 = 1{,}402\ \mathrm{mm} \ge 300\,\mathrm{mm}$$

$$L_d = 1.25 \times 1{,}402 = 1{,}752\ \mathrm{mm}$$

각 대각선 다발철근의 정착길이 1,800 mm로 설계

3. 휨내력 검토

$$\phi M_n = \phi\frac{V_n \times l_n}{2} = 0.85 \times \frac{(474 \times 0.908)}{2} = 182.9\ \mathrm{kN \cdot m} > M_u = 171\mathrm{kN \cdot m}$$

4. 대각선 다발철근의 횡철근 간격

기준 21.8.7(4)③ 대각선 다발철근은 21.6.4(1), (3)의 규정과 식 (21.6.5)를 만족하는 횡철근으로 감싸야 하고 횡철근 간격은 대각선 다발철근 지름의 6배를 초과할 수 없다. 식 (6.4.1)과 식 (21.6.3)에서 사용되는 A_g을 계산하기 위해 대각으로 배치된 각 다발철근의 4개 면은 5.4에서 요구하는 최소 콘크리트 피복으로 가정하여야 한다.

기준 21.6.4(1)② 사각형 후프철근의 전체 단면적은 식 (21.6.3)과 식 (21.6.4)로 계산된 값 이상으로 하여야 한다.

기준 식 21.6.3

$$A_{sh} = 0.3(s\,h_c f_{ck}/f_{yh})\left[(A_g/A_{ch}) - 1\right]$$

적용기준	계산 및 해설

횡철근으로 D10 철근을 사용할 경우

$$s \le \frac{A_{sh}}{0.3(h_c \times f_{ck}/f_{yh})[(A_g/A_{ch})-1]}$$

$$s \le \frac{(2 \times 71.3)}{0.3(160 \times 24/400)[210^2/170^2-1]} = 94.14\,\mathrm{mm}$$

기준 식 21.6.4

$$A_{sh} = 0.09\, s\, h_c f_{ck}/f_{yh}$$

$$s \le \frac{A_{sh}}{0.09 \times h_c \times f_{ck}/f_{yh}}$$

$$s \le \frac{(2 \times 71.3)}{0.09 \times 160 \times 24/400} = 165.04\,\mathrm{mm}$$

또한, 횡방향 철근 간격은 다음과 같이 규정하고 있다.

기준 식 21.6.5

$s_x = 100 + [(350-h_x)/3] = 100 + [(350-160)/3] = 163.33\,\mathrm{mm}$ 이고

$100\,\mathrm{mm} \le s_x \le 150\,\mathrm{mm}$, $s = 150\,\mathrm{mm}$

축방향 철근 직경의 6배 $s = 6 \times 19 = 114\,\mathrm{mm}$

부재 최소 단면치수의 $\frac{1}{4}$, $\frac{300}{4} = 75\mathrm{mm}$

$s = \min\{94.14, 165.04, 150, 114, 75\}$

∴ D10 철근을 75mm 간격으로 배근, D10@75

5\. 연결보 종방향에 대한 횡방향 및 평형철근 간격

기준 21.8.7(4)③

연결보의 종방향에 대한 횡방향 또는 평형 철근은 각 방향으로 철근의 면적이 $0.002 b_w s$ 이상이어야 하고 간격은 300mm 이하이어야 한다.

(1) 횡방향(수직) 철근 간격

보의 스터럽 최소 단면적은 $0.002 b_w \cdot s$ 이상 확보해야 되므로 D10으로 가정하면,

$A_v \ge 0.002 b_w \cdot s_1$

$0.002 \times b_w \times s_1 = 0.002 \times 300 \times s_1 \le A_v = 2 \times 71.3$

$s_1 \le 236\mathrm{mm}$

또한, 보의 스터럽 최대 간격은 300mm 이하이므로

∴ D10@200mm로 배근

(2) 길이방향 철근

보 길이방향 철근의 최소단면적은 $0.002b_w \cdot s$ 이상 확보해야 하므로 D10으로 가정하면,

$A_v \geq 0.002b_w \cdot s_2$

$0.002 \times b_w \times h = 0.002 \times 300 \times 590 = 354\,\text{mm}^2 \leq A_v = 5 \times 2 \times 71.3 = 713\,\text{mm}^2$

∴ 각 측면에 4개, 상하부에 각각 1개, 10-D10을 길이방향 철근으로 배근하고 경계벽체 내부로에 150mm까지 연장

6. 연결보 배근상세

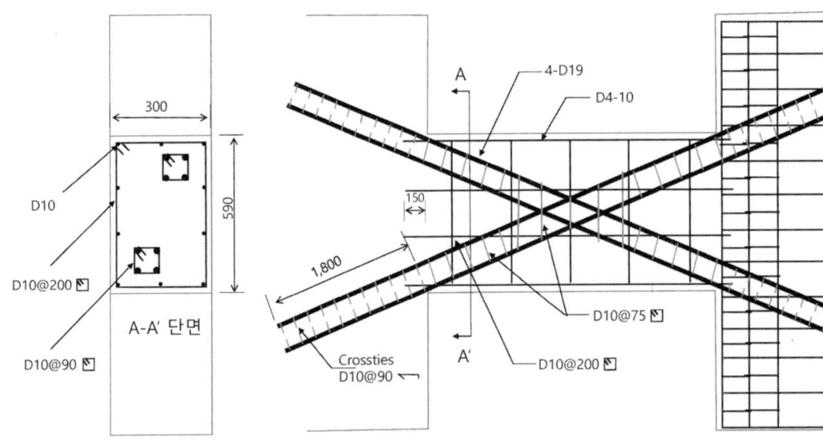

전체 단면의 횡구속 상세를 갖는 연결보

대각선 다발철근량 및 정착길이, 휨내력 검토 내용은 개별 대각선 철근의 횡구속 상세를 갖는 연결보의 설계 예와 동일하다.

1. 연결보 전체 단면의 횡구속 철근 간격

기준 21.8.7(4)④ 전체 단면의 횡구속 상세를 갖는 연결보는 21.6.4(1)과 (3)을 만족하는 횡방향 철근으로 감싸야 하고 횡철근 간격은 150mm와 대각선 다발철근 직경의 6배 중 작은 값이하이어야 한다. 연결보 단면에서 수직 및 수평방향으로 각각 200mm를 초과하지 않도록 연결철근을 배치하여야 한다. 각 연결철근은 동등 이상의 직경을 갖는 축방향 철근에 연결되어야 한다.

기준 21.6.4(1)② 사각형 후프철근의 전체 단면적은 식 (21.6.3)과 식 (21.6.4)로 계산된 값 이상으로 하여야 한다.

적용기준	계산 및 해설

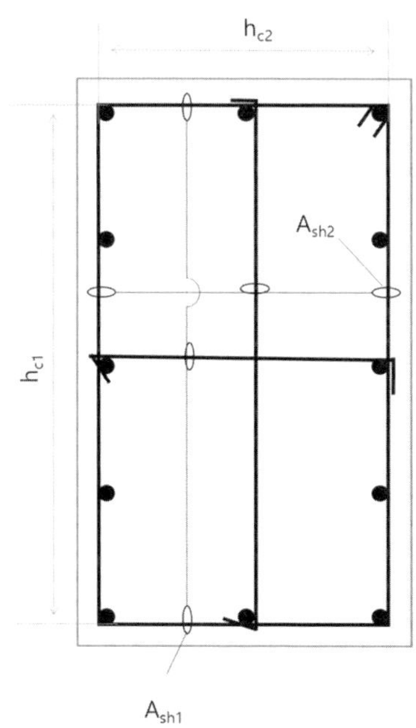

예제 그림 17.8-3 횡철근 산정식과 관련된 계수

(ACI 318-11, Fig. R21.6.4.2)

(1) 수평방향 연결철근(A_{sh1}) 간격

기준 식 21.6.3

$$A_{sh} = 0.3(s\,h_c f_{ck}/f_{yh})[(A_g/A_{ch}) - 1]$$

후프철근 D13, 연결철근 D10을 사용할 경우

$$s \le \frac{A_{sh1}}{0.3(h_{c1} \times f_{ck}/f_{yh})[(A_g/A_{ch}) - 1]}$$

$$s \le \frac{(2 \times 126.7 + 2 \times 71.3)}{0.3(497 \times 24/400)[177{,}000/132{,}600 - 1]} = 132.1\ \mathrm{mm}$$

$$h_{c1} = 590 - 2 \times 40 - 13 = 497\ \mathrm{mm}$$

$$A_g = 300 \times 590 = 177{,}000\ \mathrm{mm}^2$$

$$A_{ch} = (300 - 2 \times 20) \times (590 - 2 \times 40) = 132{,}600\ \mathrm{mm}^2$$

기준 식 21.6.4

$$A_{sh} = 0.09\,s\,h_c f_{ck}/f_{yh}$$

$$s \le \frac{A_{sh1}}{0.09 \times h_{c1} \times f_{ck}/f_{yh}}$$

$$s \le \frac{(2 \times 126.7 + 2 \times 71.3)}{0.09 \times 497 \times 24/400} = 147.5\ \mathrm{mm}$$

또한, 횡방향 철근 간격은 150 mm, $6d_b = 6 \times 19 = 114$ mm 중 작은 값 이하로 규정하고 있다.

$s = \min\{132.1, 147.5, 150, 114\}$

∴ D13(stirrup)+D10(crosstie)@110mm로 배근

(2) 수직방향 연결철근(A_{sh2}) 간격

기준 식 21.6.3

$$A_{sh} = 0.3(s\,h_c f_{ck}/f_{yh})[(A_g/A_{ch})-1]$$

후프철근 D13을 사용할 경우

$$s \le \frac{A_{sh2}}{0.3(h_{c2} \times f_{ck}/f_{yh})[(A_g/A_{ch})-1]}$$

$$s \le \frac{(2 \times 126.7)}{0.3(247 \times 24/400)[177{,}000/132{,}600-1]} = 170.2\,\text{mm}$$

$$h_{c2} = 300 - 2 \times 20 - 13 = 247\,\text{mm}$$

$$A_g = 300 \times 590 = 177{,}000\,\text{mm}^2$$

$$A_{ch} = (300 - 2 \times 20) \times (590 - 2 \times 40) = 132{,}600\,\text{mm}^2$$

기준 식 21.6.4

$$A_{sh} = 0.09\,s\,h_c f_{ck}/f_{yh}$$

$$s \le \frac{A_{sh2}}{0.09 \times h_{c2} \times f_{ck}/f_{yh}}$$

$$s \le \frac{(2 \times 126.7)}{0.09 \times 247 \times 24/400} = 189.9\,\text{mm}$$

또한, 횡방향 철근 간격은 150 mm, $6d_b = 6 \times 19 = 114$ mm 중 작은 값 이하로 규정하고 있다.

$s = \min\{170.2, 189.9, 150, 114\}$

∴ D13(stirrup)@110mm로 배근

2. 연결보의 길이방향 철근

보 길이방향 철근의 최소 단면적은 $0.002b_w \cdot s$ 이상 확보해야 되어야 하고 연결철근의 직경과 동일하거나 그 이상이므로 D13으로 가정하면,

$$A_v \ge 0.002b_w \cdot s_2$$

적용기준

계산 및 해설

$0.002 \times b_w \times h = 0.002 \times 300 \times 590 = 354\text{mm}^2 \le A_v = 5 \times 2 \times 126.7 = 1,267\ \text{mm}^2$

∴ 각 측면에 4개, 상하부에 각각 1개, 10-D13을 길이방향 철근으로 배근하고 경계벽체 내부로에 150mm까지 연장

3. 연결보 배근상세

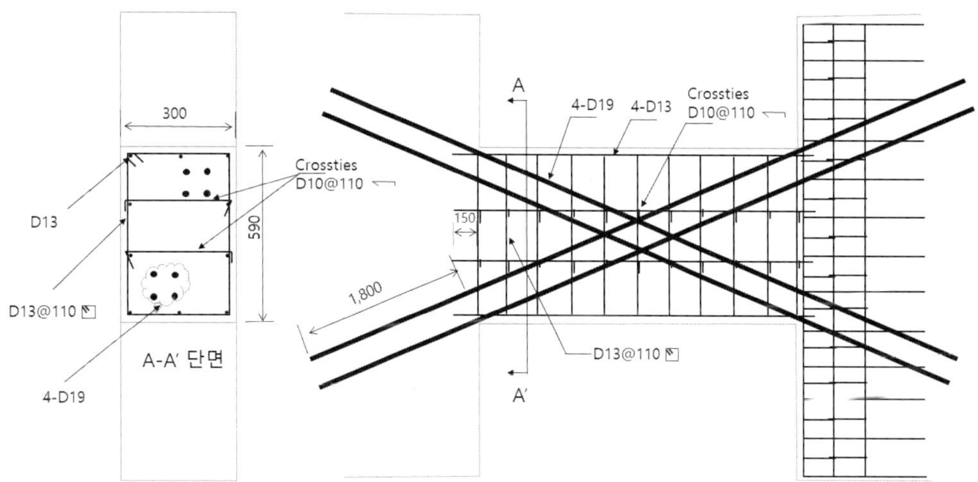

제 18 장

스트럿-타이 모델

예제 18.1

철근콘크리트 깊은 보의 설계

스트럿-타이 모델 설계를 위해 선정한 철근콘크리트구조 부재는 예제 그림 18.1-1과 같이 계수하중이 1,000 kN인 두 개의 집중하중을 받는 순경간 4.2 m인 단순지지 깊은 보이다. 보의 두께는 350 mm, 깊이는 1,400 mm, 집중하중이 작용하는 하중판의 길이는 400 mm, 그리고 하중판의 폭은 350 mm이다. 콘크리트 설계기준 압축강도 f_{ck}는 28 MPa이고, 철근의 설계기준 항복강도 f_y는 400 MPa이다. 보의 자중은 무시한다.[18-1)]

$\varepsilon_t \geq 0.005$ 인장지배 : $\phi = 0.85$ 적용

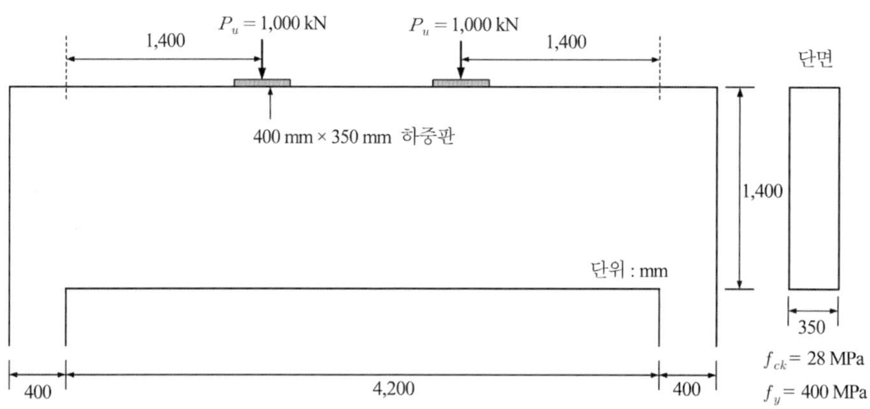

예제 그림 18.1-1 철근콘크리트 깊은 보의 기하학적 형상 및 설계하중

적용기준

계산 및 해설

1. 스트럿-타이 모델 선정

깊은 보의 설계를 위해 선정한 트러스 형상은 예제 그림 18.1-2와 같다. 수평 스트럿의 위치를 결정하기 위하여 콘크리트구조 학회기준에 의한 휨설계를 통해 콘크리트의 등가 직사각형 응력블록의 깊이를 계산한다. 이때 D25 철근을 2단으로 배치한다고 가정한다. 철근의 중심에서 압축연단까지의 유효깊이 d는 다음과 같이 구할 수 있다.

$$d = h - cover - d_{b\,D16\,stirrup} - d_{b\,D25} - 0.5 s_v$$

$$= 1{,}400 - 40 - 16 - 25 - 15 \fallingdotseq 1{,}300(\mathrm{mm})$$

여기서 s_v는 D25 철근의 수직간격을 의미한다. 유효깊이 d가 1,300 mm로 결정되므로 하단 수평 철근 타이의 중심선은 인장연단에서 100 mm 떨어진 곳에 위치한다.

18-1) 한국콘크리트학회, “콘크리트 구조부재의 스트럿-타이 모델 설계예제집”, pp.59~66

계산 및 해설

등가직사각형 응력블록의 깊이는 215 mm로 계산되며, 따라서 수평 스트럿의 깊이는 250 mm로 결정한다.

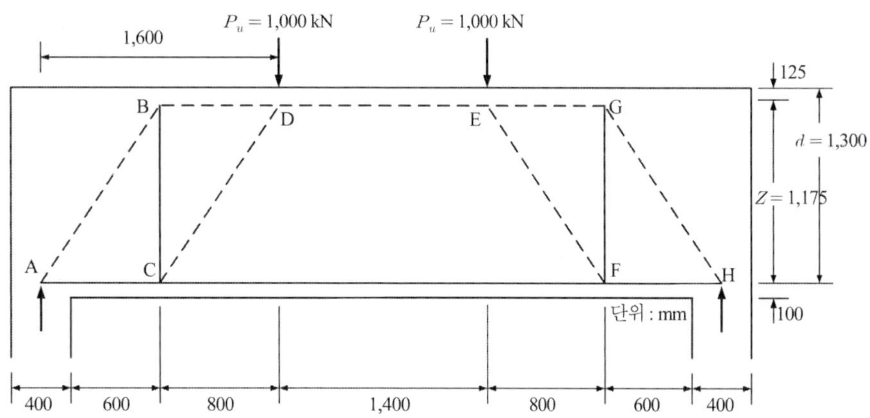

예제 그림 18.1-2 선정한 내부 트러스 형상

2. 스트럿과 타이의 단면력 산정

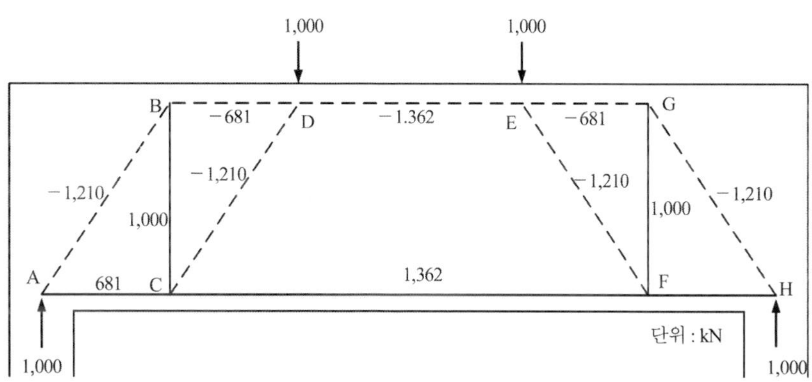

예제 그림 18.1-3 스트럿과 타이의 작용력

선정한 스트럿-타이 모델은 정정 트러스 구조이므로 절점의 평형조건을 이용하여 예제 그림 18.1-3과 같이 스트럿과 타이에 작용하는 힘을 구할 수 있다.

3. 철근 배치

(1) 휨철근량 산정

깊은 보의 하부에는 AC(FH)와 CF 타이가 위치하고 있다. 각 타이의 소요철근량을 계산하면 다음과 같다.

$$\text{AC 타이}: A_{st} = \frac{F_u}{\phi f_y} = \frac{681 \times 10^3}{0.85 \times 400} = 2,003 \text{ mm}^2$$

$$\text{CF 타이}: A_{st} = \frac{F_u}{\phi f_y} = \frac{1,362 \times 10^3}{0.85 \times 400} = 4,006 \text{ mm}^2$$

AC 타이 위치에는 필요 철근량(A_{st}= 2,003mm^2)을 만족하도록 4-D25(A_{st} = 2,027 mm^2) 철근을 배치한다. CF 타이 위치에는 AC 타이에서 연장한 4개의 D25 철근으로는 부족하며, 1,979 mm^2 (= 4,006 mm^2 − 2,027 mm^2)만큼의 철근량이 더 필요하다. 따라서 4개의 D25 철근을 추가로 배치하여 CF 타이의 필요 철근량(A_{st} = 4,006 mm^2)을 만족하도록 한다.

(2) 전단철근 결정

전단력을 전달하기 위해 BC 타이 위치에는 1,000 kN를 전달하는 데 필요한 철근을 배치해야 한다. 전단력을 전달하는 타이는 타이의 최대 유효폭 내에 넓게 분포된 스터럽의 형태를 가진다. D16의 폐쇄스터럽을 사용하여 타이에 필요한 스터럽의 수(n)를 구하면 다음과 같다.

$$\text{BC 타이}: n = \frac{F_u}{\phi A_{st} f_y} = \frac{1,000 \times 10^3}{0.85 \times 2 \times 198.7 \times 400} \fallingdotseq 8$$

결정한 스터럽의 수를 이용하여 타이의 최대 유효폭 1,600 mm 내에서의 필요 배치간격 s를 구하면 다음과 같다.

$$\text{BC 타이}: \frac{1,600}{8} = 200 \text{ mm}$$

따라서 BC 타이 위치에는 D16의 폐쇄스터럽을 200 mm 간격으로 배치한다.

4. 스트럿과 절점영역의 강도 검증

스트럿과 절점영역의 강도 검토는 1) 스트럿의 유효강도와 스트럿이 만나는 절점영역의 유효강도를 비교하여 그중 작은 유효강도값을 스트럿의 유효강도로 결정하고, 2) 이를 이용하여 결정한 스트럿의 필요 유효폭과 타이의 유효폭을 이용하여 스트럿-타이의 치수를 결정한 후, 3)이 모델이 설계대상 구조물의 외부 기하학적 형상을 벗어나는지 또는 스트럿 단면적의 중첩 발생 여부의 검토를 통해 수행한다. 스트럿의 필요 유효폭(w_{req})은 단

적용기준	◘ 계산 및 해설

면력(F_u)을 유효강도값($0.85\beta_{s,\mathrm{mod}} f_{ck}$)과 두께($b$)로 나누어 계산한다.

기준 I.3.1~I..3.2

$$w_{req} = \frac{F_u}{\phi(0.85)\beta_{s,\mathrm{mod}} f_{ck} b}$$

위 식을 이용하여 AB 스트럿의 필요 유효폭을 계산하면 다음과 같다.

$$w_{req} = \frac{F_u}{\phi(0.85)\beta_{s,\mathrm{mod}} f_{ck} b} = \frac{1,210 \times 10^3}{0.75 \times 0.85 \times 0.75 \times 28 \times 350} = 258\ \mathrm{mm}$$

여기서 AB 스트럿의 유효압축강도계수 β_s는 기준 부록 I.3.3(2)의 최소 철근량 규정을 만족하는 것으로 가정하여 0.75로 결정하였다. 예제 표 18.1-1은 스트럿의 유효강도계수와 필요 유효폭을 보여주고 있다.

예제 표 18.1-1 스트럿의 유효강도 및 필요 유효폭

요소	요소종류	β_s 또는 β_n	$\beta_{s,\mathrm{mod}}$	$0.85\beta_{s,\mathrm{mod}} f_{ck}$	F_u(kN)	w_{req}(mm)
	스트럿 AB	0.75				
AB	절점 A-CCT	0.80	0.75	17.85	1210	258
	절점 B-CCT	0.80				
	스트럿 BD	1.00				
BD	절점 B-CCT	0.80	0.80	19.04	681	136
	절점 D-CCC	1.00				
	스트럿 CD	0.75				
CD	절점 C-CTT	0.60	0.60	10.08	1210	323
	절점 D-CCC	1.00				
	스트럿 DE	1.00				
DE	절점 D-CCC	1.00	1.00	23.80	1362	218
	절점 E-CCC	1.00				

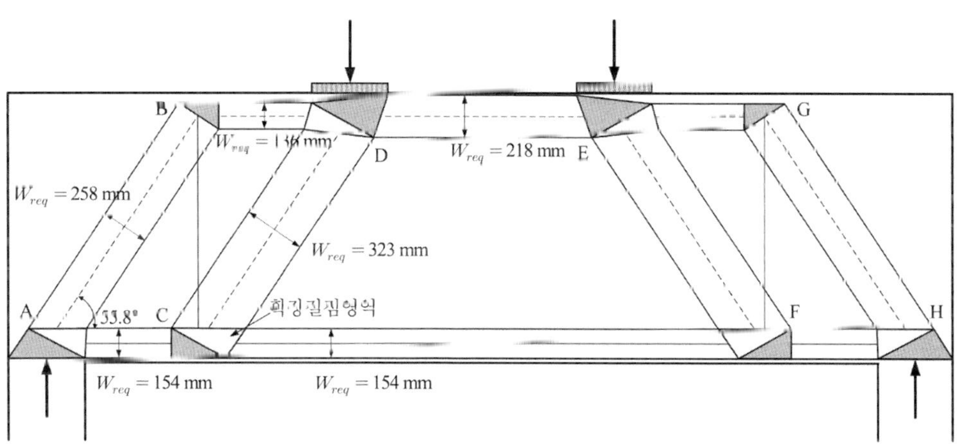

예제 그림 18.1-4 치수화한 스트럿-타이 모델

예제 그림 18.1-4는 예제 표 18.1-1의 스트럿의 소요 유효폭을 이용하여 치수화시킨 스트럿-타이 모델을 보여주고 있다. 그림에서 재하판 및 지압판의 폭은 스트럿과 달리 실제 판의 크기를 사용하였다. BC 타이와 같이 넓게 분포되어 배치되는 전단철근의 경우에는 절점영역 형상을 결정하는 요소에서 제외하였다.

예제 그림 18.1-4에서 AC 타이의 소요폭은 타이의 작용력을 타이를 구성하는 A와 C 절점영역의 유효강도 중 작은 값을 이용하여 결정한다. CF 타이의 단면력 중 일부는 AC 타이에서 연장한 철근에 의해 전달되므로 CF 타이의 필요 유효폭은 CF 타이의 단면력에서 AC 타이의 단면력을 제외한 단면력에 대해서 AC 타이의 소요폭 계산방법과 동일하게 적용하여 결정한다.

5. 균열제어를 위한 최소 철근량 배치 및 철근 정착

(1) 최소 철근량

기준 부록 I.3.3(2)의 식 (3.3)을 만족하도록 최소 철근량을 배치해야 한다.

기준 I.3.3

$$\Sigma \frac{A_{si}}{bs_i}(\sin\gamma_i)^2 \ge 0.003$$

여기서 A_{si}는 콘크리트 스트럿 중심선과 이루는 각 γ_i로 배치된 철근의 전체 면적이다. AB와 CD 스트럿을 가로지르는 철근량은 수직방향으로 D16의 폐쇄스터럽이 BC 타이의 배치영역에 200 mm 간격으로 배치되어 있다. 따라서 수평방향으로 2D10 철근이 전 영역에 걸쳐 200 mm 간격으로 배치하는 것으로 가정하여 각 스트럿에 대해 최소 철근량 요구조건의 만족 여부를 검토한다.

$$\text{AB, CD 스트럿}: \Sigma \frac{A_{si}}{bs_i}(\sin\gamma_i)^2 = \frac{198.7\times 2}{350\times 200}(\sin 34.2)^2 + \frac{71.3\times 2}{350\times 200}(\sin 55.8)^2$$

$$= 0.0032 \ge 0.003$$

또한 배치간격은 구조기준 7.7.3절의 깊은 보 최소 철근량 배치규정($s = d/5 = 1{,}300/5 = 260\,\text{mm}$ 또는 $400\,\text{mm}$ 이하)을 만족해야 한다. 모든 스트럿이 최소 철근량 규정을 만족하므로 수직방향은 D16의 폐쇄스터럽을 $200\,\text{mm}$ 간격으로, 수평방향은 2D10 철근을 $250\,\text{mm}$ 간격으로 배치한다.

(2) 철근의 정착

AC 타이의 정착을 위해 $90°$ 표준갈고리를 사용하면 정착길이 d_{dh}는 콘크리트구조 학회기준 8.2.5절에 따라 다음과 같이 구할 수 있다.

적용기준	계산 및 해설

기준 8.2.5

$$l_{dh} = \frac{100\,d_b}{\sqrt{f_{ck}}} \times \text{보정계수} = \frac{100 \times 25.4}{\sqrt{28}} \times 0.7 \times \frac{2{,}003}{2{,}027} = 332\,\text{mm}$$

AC 타이를 실세영역의 단부까지 연장하여 표준갈고리를 이용하여 정착시키면 유효한 정착길이는 예제 그림 18.1-5와 같이 407.9[=400+100/tan55.8°−50(피복두께)−10(수평전단 철근직경)] mm이다. 따라서 필요한 정착길이보다 배치된 정착길이가 크므로 AC 타이는 정착조건을 만족한다.

CF 타이의 4-D25 철근은 AC 다이로 연상되므로 정착이 필요 없으나 추가로 배치되는 4-D25 철근은 정착이 이루어져야 한다. CF 타이 4-D25 철근을 철근의 연장에 의해 정착시키면 타이의 정착길이는 다음과 같이 계산할 수 있다.

$$l_{dh} = \frac{0.6\,d_b f_y}{\sqrt{f_{ck}}} \times \text{보정계수} = \frac{0.6 \times 25.4 \times 400}{\sqrt{28}} \times 1.0 \times 1.0 \times 1.0 = 1{,}152\,\text{mm}$$

CF 타이를 보의 단부까지 연장하여 정착시키면 유효한 정착길이는

$$1{,}207.9 = \frac{1{,}200 + 100}{\tan 55.8°} - 50(\text{피복두께}) -$$

10(수평전단 철근직경) mm이다. 따라서 필요한 정착길이보다 배치된 정착길이가 크므로 CF 타이는 정착 조건을 만족한다.

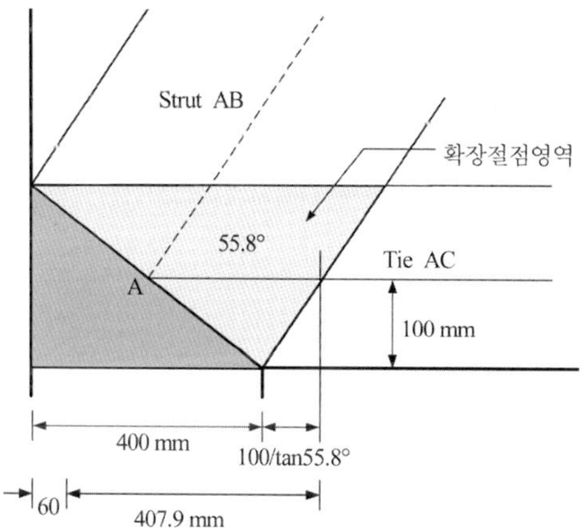

예제 그림 18.1-5 AC 타이의 정착길이

6. 철근 상세

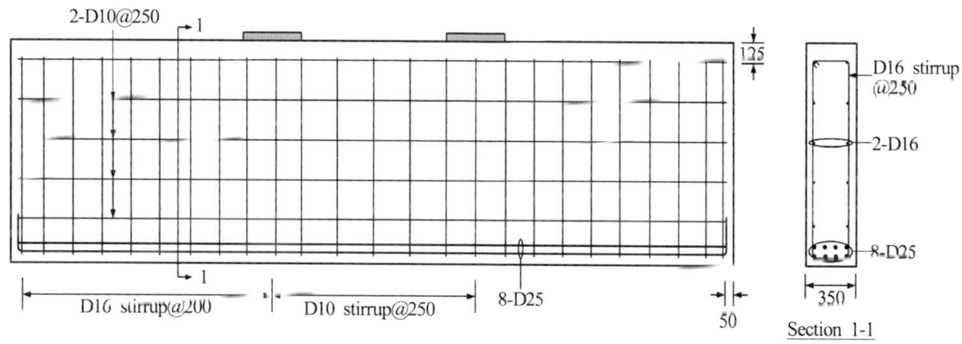

예제 그림 18.1-6 깊은 보의 철근배치 상세

예제 18.2 브래킷 설계

설계대상 구조물은 $350\,\mathrm{mm} \times 350\,\mathrm{mm}$ 크기의 직사각형 기둥에서 돌출된 단일 브래킷이다. 이 브래킷은 프리캐스트 보의 반력을 지지하고 있고 기둥면으로부터 $125\,\mathrm{mm}$ 떨어진 위치에 $V_u = 250\,\mathrm{kN}$의 계수전단력이 작용하고 있으며 크리프와 수축변형에 의하여 계수전단력의 20%인 수평방향 인장력 $N_u = 50\,\mathrm{kN}$이 작용하는 것으로 가정한다. 예제 그림 18.2-1은 설계대상 구조물의 기하학적 형상과 하중조건을 보여주고 있다.

콘크리트 설계기준 압축강도 f_{ck}는 $28\,\mathrm{MPa}$이고 철근의 설계기준 항복강도 f_y는 $400\,\mathrm{MPa}$이다. 코벨은 그림 18.2-2에 나타나 있는 바와 같은 지압판을 포함하고 있으며 전단경간비(a/d)는 0.24이다

$\varepsilon_t \geq 0.005$ 인장지배 : $\phi = 0.85$ 적용

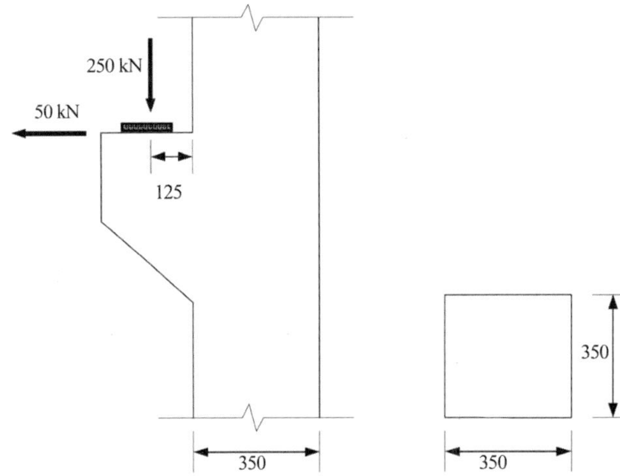

예제 그림 18.2-1 브래킷의 기하학적 형상 및 설계하중

적용기준

계산 및 해설

1. 지압판 치수 결정

지압판 하부의 절점영역은 CCT절점이며 유효압축강도는 다음과 같다.

$$f_{ce} = 0.85\beta_n f_{ck} = 0.85 \times 0.80 \times 28\,\mathrm{MPa} = 19.04\,\mathrm{MPa}$$

지압판의 치수를 $300\mathrm{mm} \times 150\mathrm{mm}$로 선택하면 지압판의 면적은 $45{,}000\mathrm{mm}^2$이므로 지압응력은 $\dfrac{250\,\mathrm{kN}}{45{,}000\,\mathrm{mm}^2} = 5.56\,\mathrm{MPa}$이고, 이것은 최대 지압응력 $\phi f_{ce} = 0.75(19.04) = 14.28\,\mathrm{MPa}$ 보다 작으므로 선택한 지압판의 치수는 적절하다.

2. 브래킷의 치수 결정

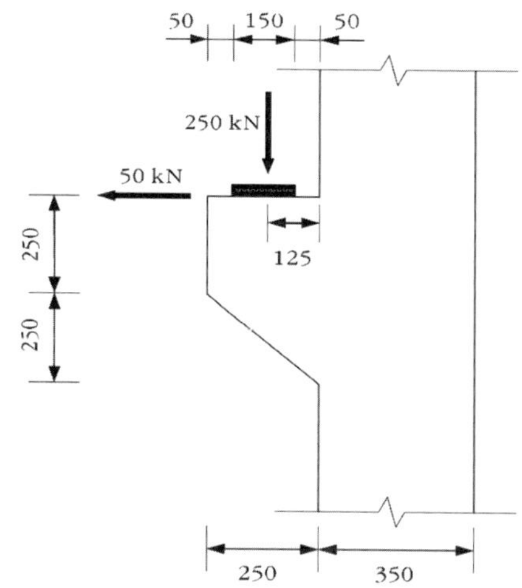

예제 그림 18.2-2 브래킷의 치수

기준은 전단경간에 대한 깊이의 비 a/d가 1.0 이하이며 지압면의 외측단의 깊이는 적어도 $0.5d$ 이상으로 할 것을 요구하고 있다. 기준을 만족시키기 위하여 예제 그림 18.2-2와 같이 브래킷의 치수를 선택하였다.

구조기준에 의하면 $V_n(=V_u/\phi)$는 $0.2f_{ck}\,bd$와 $5.6bd$(N) 이하로 취해야 한다.

3. 트러스 형상 선정

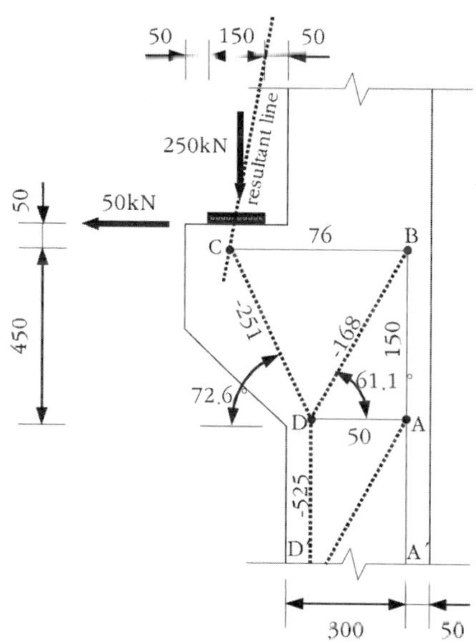

예제 그림 18.2-3 선정한 트러스 형상

예제 그림 18.2-3과 같은 간단한 스트럿-타이 모델을 선택하였다. 인장타이 CB의 중심선은 브래킷 상부면에서 50 mm 떨어진 위치로 가정하면 $d=500-50=450\,\mathrm{mm}$이다.

수평 타이 DA는 브래킷의 경사면과 기둥이 만나는 점과 수평을 이루는 것으로 가정한다.

스트럿 DD′의 중심선은 스트럿의 유효폭 w_s를 계산하여 결정하며 절점 A에 대한 휨모멘트를 절단법에 의해 계산하면 다음과 같다.

$$\Sigma_{at\,A}=250(300+125)+50(500)$$

$$=F_{u,DD}\left(300-\frac{w_s}{2}\right)$$

여기서 $F_{u,DD}=\phi f_{ce}\,b\,w_s$이고 지압판 하부의 절점 C와 절점 D 역시 CCT절점이므로 응력은 $\phi f_{cerm}=14.28\,\mathrm{MPa}$로 제한된다.

따라서 $F_{u,DD}=\phi f_{ce}\,b\,w_s=\dfrac{14.28(350)w_s}{1,000}=5\,w_s$가 된다. 위의 식에 대입하여 정리하면 $F_{u,DD}=525\,\mathrm{kN}$, $w_s=106\,\mathrm{mm}$이다.

4. 스트럿과 타이의 작용 산정

선정한 내부 트러스는 정정구조이므로 절점 평형조건을 이용하여 예제 그림 18.2-3과 같이 스트럿과 타이의 계수작용력을 구할 수 있다.

예제 표 18.2-1 스트럿과 타이의 작용력

요소	CD	CB	BD	BA	DA	DD′
작용력(kN)	−251	+76	−168	+150	+50	−525

5. 철근 배치

타이 CB에 필요한 철근량은 다음과 같다.

$$A_s = \frac{F_{u,CB}}{\phi f_y} = \frac{7,600}{0.85(400)} = 223.5\,\text{mm}^2$$

4-D10을 선택하면 $A_s = 4(71.3) = 285.2\,\text{mm}^2$

타이 DA에 필요한 철근량은 다음과 같다.

$$A_s = \frac{f_{u,DA}}{\phi f_y} = \frac{500}{0.85(400)} = 147\,\text{mm}^2$$

2-D13을 선택하면 $A_s = 2(126.7) = 253.4\,\text{mm}^2$이며 상하에서 $50\,\text{mm}$의 간격의 후프로 배치한다.

6. 절점영역 설계

절점영역 D의 유효폭 w_s는 절점영역에서의 응력제한을 만족하므로 절점영역 C에 대한 검토가 필요하다. 절점영역 C의 응력제한을 만족시키기 위한 유효폭 w_t는 다음과 같다.

기준 I.3.1~I.3.2

$$w_t = F_{u,CB}/\phi f_{ce} b = 76,000/14.28(350) = 15.21\text{mm}$$

단계 3에서 타이 CB의 중심선을 브래킷 상단으로부터 $50\,\text{mm}$로 가정하였으므로 타이의 폭은 $2(50) = 100\,\text{mm}$이다. 따라서 유효폭 w_t는 타이 CB의 절점영역 C의 응력제한을 만족한다. 인장타이 CB에 사용된 4-D10 철근은 정착을 위하여 L−형강(L−100×100×10)에 용접하며 그 설계 상세는 예제 그림 18.2-4와 같다.

적용기준

계산 및 해설

7. 스트럿의 강도 검토

브래킷의 외면에 면한 스트럿 CD는 절점영역 C와 D에 의해 결정되는 치수에 근거하여 강도를 검토한다. 나머지 스트럿의 유효폭을 계산하여 사용 가능한 공간에 배치될 수 있는지 여부를 검토한다.

스트럿 CD의 공칭강도는 다음과 같다.

$$F_{ns} = f_{ce} A_c$$

여기서 $f_{ce} = 0.85\beta_s f_{ck} = 0.85(0.75)(28) = 17.85\,\mathrm{MPa}$

A_c는 스트럿 양단의 면적 중 작은 값이며, 예제 그림 18.2-4에서 보이는 바와 같이 $A_c = 350(94) = 32{,}900\,\mathrm{mm}^2$이다. 따라서 $F_{ns} = 17.85 \times \dfrac{32{,}900}{1{,}000} = 587\,\mathrm{kN}$이다. 예제 표 18.2-1에서 나타난 바와 같이 스트럿 CD의 단면력은 $-251\,\mathrm{kN}$이며, 이 값은 $\phi F_{ns} = 0.75(587) = 440\,\mathrm{kN}$보다 작으므로 스트럿 CD는 적절하다.

스트럿 BD의 유효압축강도는 $f_{ce} = 17.85\,\mathrm{MPa}$로 제한되기 때문에 스트럿 BD에 요구되는 폭은 $\dfrac{F_{u,BD}}{\phi f_{ce} b} = \dfrac{168(1{,}000)}{0.75(17.85)(350)} = 36\,\mathrm{mm}$이다. 스트럿 DD1에 요구되는 폭은 단계 3에서 결정된 $106\,\mathrm{mm}$로 한다. 예제 그림 18.2-4에 나타난 바와 같이 모든 스트럿의 폭이 브래킷의 외곽선 내에 위치하므로 적절한 설계이다.

8. 균열제어를 위한 최소 철근량

기준에 따르면 단면적 A_s의 주인장철근인 인장타이 CB에 평행한 폐쇄스터럽이나 띠철근은 전체 단면적 A_h가 $0.5(A_s - A_n)$ 이상이어야 하고, A_s에 인접한 유효깊이의 2/3 내에 균등하게 배치되어야 한다.

$$A_h = 0.5(A_s - A_n) = 0.5\left(\frac{A_s - N_u}{\phi_y}\right) = 0.5\left(\frac{211 - 50(1{,}000)}{0.9(400)}\right)$$

$$= 36\,\mathrm{mm}^2$$

유효깊이는 $450\,\mathrm{mm}$이므로 $300\,\mathrm{mm}$ 내에 세 개의 폐쇄스터럽(D10)을 배치하면 $A_h = 3(2)(71.3) = 427.8\,\mathrm{mm}^2$로서 요구철근량 $36\,\mathrm{mm}^2$를 만족한다.

스트럿의 유효압축강도계수 β_s는 기준 3.3(2)를 만족하는 것으로 가정하여 0.75로 결정하여 강도검토를 수행하였으므로 기준 3.3(2)의 식 (3.3)을 만족하도록 최소 철근량을 배치해야 한다.

적용기준	⊠ 계산 및 해설

기준 I.3.3

$$\sum \frac{A_{si}}{bs_i} \sin^2 \gamma_i \geq 0.003$$

여기서 A_{si}는 콘크리트 스트럿 중심선과 이루는 각 γ_i로 배치된 철근의 전체 면적이다. 각 스트럿에 대해 최소 철근량 설계규정 만족 여부를 검토하면 다음과 같다.

스트럿 BD : $\sum \frac{A_{si}}{bs_i} \sin^2 \gamma_i$

$= \frac{2 \times 71.3}{350 \times 100} \sin^2 61.1$

$= 0.00312 \geq 0.003$

스트럿 CD : $\sum \frac{A_{si}}{bs_i} \sin^2 \gamma_i$

$= \frac{2 \times 71.3}{350 \times 100} \sin^2 72.6$

$= 0.0037 \geq 0.003$

모든 스트럿에 대해 최소 철근량 규정을 만족하므로 D10의 폐쇄스터럽을 100 mm 간격으로 배치한다.

9. 철근 상세

주상단 철근 4-D10의 갈고리 정착길이가 검토되어야 한다.

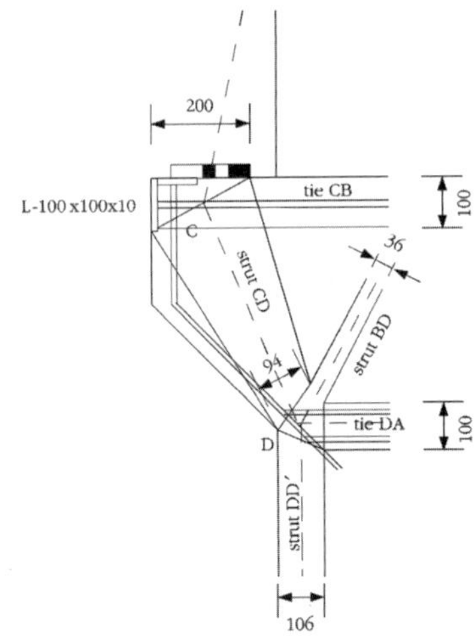

예제 그림 18.2-4 스트럿-타이 모델 구성요소의 치수

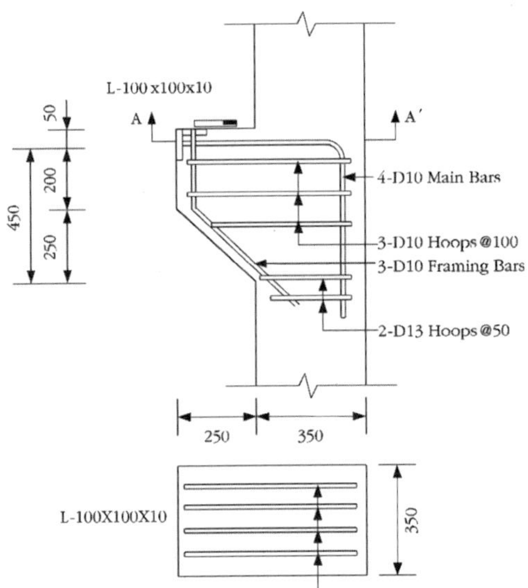

예제 그림 18.2-5 설계대상 구조물의 철근 배치 상세

예제 18.3 교대기초의 설계

교대는 교량의 시종점부에 설치되는 구조물로서 상부에 작용하는 수직하중(상부 고정하중, 활하중 등)과 벽체에 작용하는 수평토압을 주하중으로 한다. 일반적으로 교대 기초는 직접기초 또는 말뚝기초로 설계한다. 스트럿-타이 모델 설계를 위해 선정한 교대기초는 그림 18.3-1과 같은 말뚝기초이다. 이 기초의 단위폭 1m에 대하여 상부구조에 의한 수직하중 $1248.7\,\mathrm{kN}$과 벽체 배면의 토압에 의한 휨모멘트 $1139.8\,\mathrm{kN \cdot m}$가 벽체-기둥 연결부에 작용하며, 상재토사에 의한 등분포 수직하중 $w_s = 191.9\,\mathrm{kN/m}$이 기초의 뒷굽에 작용한다. 말뚝의 직경은 508mm, 두께는 12mm이다. 말뚝 하나의 수직강성은 $55{,}926\,\mathrm{kN/m}$이며 1.3m당 3개의 말뚝이 지지되어 있다. 콘크리트의 압축강도 f_{ck}는 $24\,\mathrm{MPa}$이며, 철근의 항복강도 f_y는 $300\,\mathrm{MPa}$이다. 설계 시 교대기초의 자중은 무시하였다.

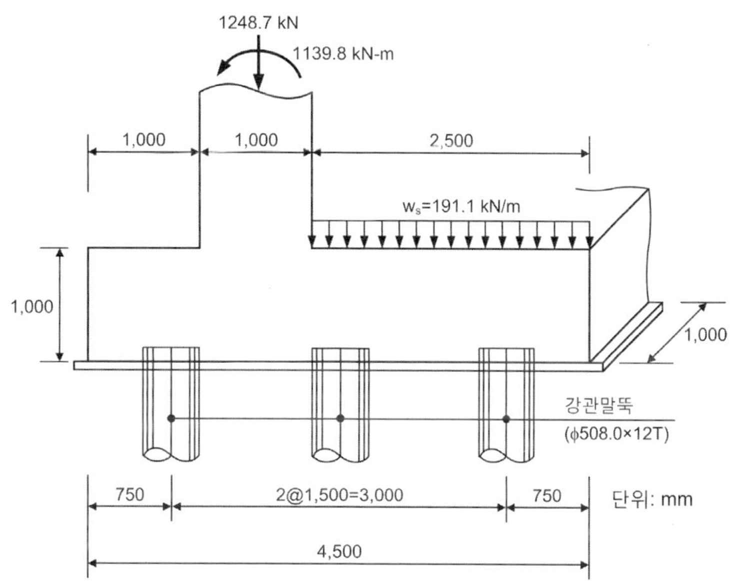

예제 그림 18.3-1 교대기초의 기하학적 형상 및 설계하중

적용기준

계산 및 해설

1. 스트럿-타이 모델 선정

교대기초의 설계를 위하여 그림 18.3-2(a)의 압축주응력 흐름, 피복두께, 철근의 배치 형태 등을 고려하여 그림 18.3-2(b)와 같은 스트럿-타이 모델을 선정하였다. 절점 K와 L을 연결하는 요소를 배치할 경우 요소 HI 및 JK가 인장으로 되어 압축주응력 흐름에 반하는 모델이 된다. 따라서 트러스의 안정을 위하여 요소 KL을 배치하였으나, 이 요소의 영향을 최소화하기 위해 이 요소의 강성을 매우 작은 값으로 취하였다.

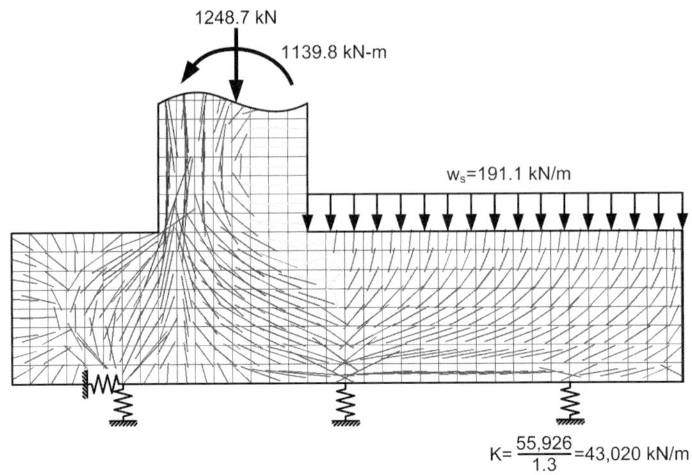

(a) 압축주응력 흐름

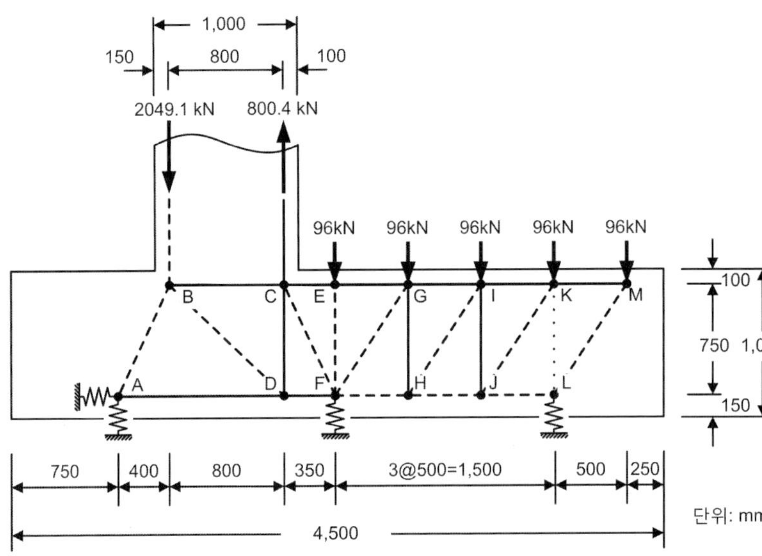

(b) 스트럿-타이 모델

예제 그림 18.3-2 교대기초의 스트럿-타이 모델

2. 스트럿과 타이의 단면력 산정

선정한 스트럿-타이 모델은 부정정 트러스 구조이다. 따라서 스트럿-타이 모델의 스트럿과 타이의 설계단면력은 각 스트럿 및 타이의 축강성 값을 가정한 후 가정한 축강성 값에 근접한 값이 얻어질 때까지 반복적인 수치해석을 수행하는 방법을 이용하여 구하였다. 스트럿과 타이의 설계단면력은 그림 18.3-3에 도시한 것과 같다.

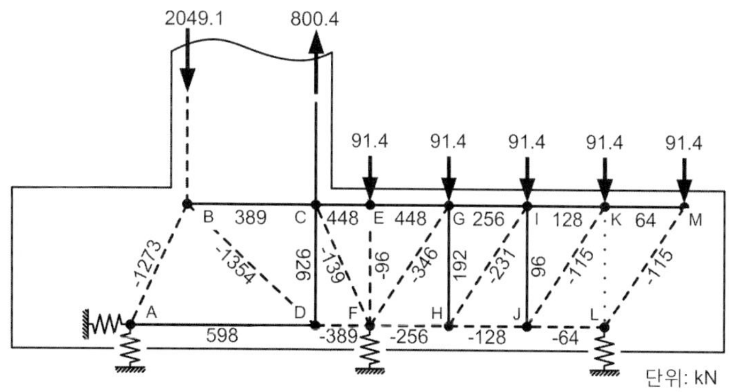

예제 그림 18.3-3 스트럿과 타이의 설계단면력

3. 스트럿과 절점영역의 강도 검토

스트럿-타이 모델 설계 시 스트럿-타이 모델의 구성요소(스트럿, 타이, 절점영역)가 설계단면력을 전달하는데 필요한 충분한 강도를 보유하고 있는지 확인해야 한다. 일반적으로 스트럿 강도는 스트럿 최대단면적과 필요단면적을, 절점영역의 강도는 절점영역 수직 경계면의 최대단면적과 필요단면적을 비교하여 검토한다. 그러나 이 예제에서는 1) 스트럿의 유효강도와 스트럿이 만나는 절점영역의 유효강도를 비교하여 그중 작은 값을 스트럿의 유효강도로 취하고, 2) 이를 이용하여 결정한 스트럿의 필요단면폭, 하중판 및 지지판의 크기, 그리고 철근배근 형태 및 피복두께를 고려하여 결정한 타이의 유효폭 등을 이용하여 스트럿-타이 모델을 차원화시킨 후, 3) 스트럿-타이 모델의 기하학적 적합조건의 만족 여부를 검토하는 방법으로 스트럿과 절점영역의 강도를 검토하였다.

스트럿의 필요 단면폭 w_{req}은 스트럿의 단면력 F_u를 스트럿의 강도감소계수 ϕ, 스트럿의 유효강도 $0.85\beta_{s,\mathrm{mod}} f_{ck}$, 그리고 스트럿의 두께 b로 나누어 계산하였다. 여기서 $\beta_{s,\mathrm{mod}}$는 스트럿의 유효강도계수 β_s와 절점의 유효강도계수 β_n 중 작은 값이다.

기준 I.3.1~I.3.2

$$w_{req} = \frac{F_u}{\phi(0.85)\beta_{s,\mathrm{mod}} f_{ck} b}$$

한 예로, 위 식을 이용하여 스트럿 AB의 필요단면폭을 계산하면 다음과 같다

$$w_{req} = \frac{F_u}{\phi(0.85)\beta_{s,\mathrm{mod}} f_{ck} b} = \frac{1,273 \times 10^3}{0.75 \times 0.85 \times 0.60 \times 24 \times 1,000} = 139\ \mathrm{mm}$$

계산 및 해설

여기서, $\beta_{s,\mathrm{mod}}$로는 스트럿 AB의 유효압축강도계수 0.60(설계기준의 최소철근량 규정을 만족하지 않는 것으로 가정함), CCT 절점영역 A의 유효압축강도계수 0.80, 그리고 CCT 절점영역 B의 유효압축강도계수 0.80 중에서 제일 작은 값인 0.60으로 취하였다. 표 18.3-1은 스트럿의 필요단면폭을 보여주고 있다. 그림 18.3-4는 표 18.3-1의 필요단면폭을 이용하여 차원화시킨 스트럿-타이 모델을 보인 것으로, 선정한 스트럿-타이 모델은 스트럿-타이 모델의 기하학적 적합조건을 만족시킴을 알 수 있다.

표 18.3-1 스트럿의 필요 단면폭

스트럿	요소 종류	β_s or β_n	$\beta_{s,\mathrm{mod}}$	$\phi 0.85\beta_{s,\mathrm{mod}}f_{ck}$	F_u(kN)	w_{req}(mm)
AB	스트럿 NZ A-CCT NZ B-CCT	0.60 0.80 0.80	0.60	9.18	1,273	139
BD	스트럿 NZ B-CCT NZ D-CTT	0.60 0.80 0.60	0.60	9.18	1,354	147
CF	스트럿 NZ C-CTT NZ F-CCC	0.60 0.60 1.00	0.60	9.18	139	15
DF	스트럿 NZ D-CTT NZ F-CCC	1.00 0.60 1.00	0.60	9.18	389	42
EF	스트럿 NZ E-CTT NZ F-CCC	1.00 0.60 1.00	0.60	9.18	96	10
FG	스트럿 NZ F-CCC NZ G-CTT	0.60 1.00 0.60	0.60	9.18	346	38
FH	스트럿 NZ F-CCC NZ H-CCT	1.00 1.00 0.80	0.80	12.24	256	21
HI	스트럿 NZ H-CCT NZ I-CTT	0.60 0.80 0.60	0.60	9.18	231	24
HJ	스트럿 NZ H-CCT NZ J-CCT	1.00 0.80 0.80	0.80	12.24	128	10
JK	스트럿 NZ J-CCT NZ K-CTT	0.60 0.80 0.60	0.60	9.18	115	13
JL	스트럿 NZ J-CCT NZ L-CCC	1.00 0.80 1.00	0.80	12.24	64	5
LM	스트럿 NZ L-CCC NZ M-CCT	0.60 1.00 0.80	0.60	9.18	115	13

* : NZ=절점영역

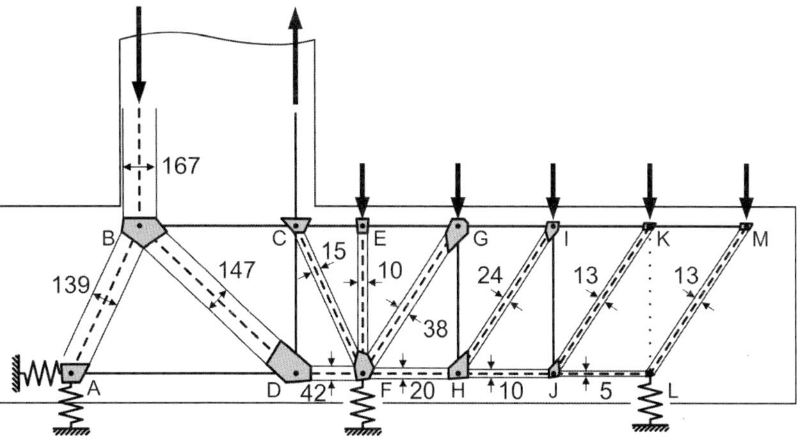

단위: mm

예제 그림 18.3-4 스트럿의 필요 단면폭

4. 철근의 배치

4.1 휨철근 결정

기초의 앞굽 하면에는 타이 AD가, 상면에는 타이 BC, CE가 위치하고 있다. 이들 타이의 필요철근량을 계산하면 다음과 같다.

기준 I.4.1

$$\text{타이 AD}: A_{st}=\frac{F_u}{\phi f_y}=\frac{598\times10^3}{0.85\times300}=2{,}345\ \mathrm{mm^2/m}$$

$$\text{타이 BC}: A_{st}=\frac{F_u}{\phi f_y}=\frac{389\times10^3}{0.85\times300}=1{,}525\ \mathrm{mm^2/m}$$

$$\text{타이 CE}: A_{st}=\frac{F_u}{\phi f_y}=\frac{448\times10^3}{0.85\times300}=1{,}757\ \mathrm{mm^2/m}$$

타이 AD의 위치에는 필요 철근량을 만족하도록 5-D25($A_{st}=2{,}534\mathrm{mm^2/m}$) 철근을 배치하였다. 또한 타이 BC, CE의 위치에는 5-D22($A_{st}=1{,}935\mathrm{mm^2/m}$) 철근을 배치하였다. 기초의 뒷굽 상면에는 타이 EG, GI, IK, KM가 위치하고 있다. 각 타이의 필요 철근량을 계산하면 다음과 같다.

$$\text{타이 EG}: A_{st}=\frac{F_u}{\phi f_y}=\frac{448\times10^3}{0.85\times300}=1{,}757\ \mathrm{mm^2/m}$$

$$\text{타이 GI}: A_{st}=\frac{F_u}{\phi f_y}=\frac{256\times10^3}{0.85\times300}=1{,}004\ \mathrm{mm^2/m}$$

$$\text{타이 IK}: A_{st} = \frac{F_u}{\phi f_y} = \frac{128 \times 10^3}{0.85 \times 300} = 502\ \mathrm{mm^2/m}$$

$$\text{타이 KM}: A_{st} = \frac{F_u}{\phi f_y} = \frac{64 \times 10^3}{0.85 \times 300} = 251\ \mathrm{mm^2/m}$$

타이 EG, GI의 위치에는 5-D22(A_{st} =1,935mm²/m) 철근을 배치하였고 타이 IK, KM의 위치에는 2-D22(A_{st} =774mm²/m) 철근을 배치하였다.

4.2 전단철근 결정

교대기초 단면의 복부에 타이 CD, GH, IJ가 위치하고 있다. 이 타이의 유효폭에 필요한 철근량을 D19의 폐쇄스터럽을 사용한다면 이 타이의 유효폭 내에 필요한 스터럽의 수(n)는 다음과 같다.

$$\text{타이 CD}: n = \frac{F_u}{\phi A_{st} f_y} = \frac{(926 - 800.4) \times 10^3}{0.85 \times 573.0 \times 300} = 0.86\ \text{(기둥부 인장력 제외)}$$

$$\text{타이 GH}: n = \frac{F_u}{\phi A_{st} f_y} = \frac{192 \times 10^3}{0.85 \times 573.0 \times 300} = 1.31$$

$$\text{타이 IJ}: n = \frac{F_u}{\phi A_{st} f_y} = \frac{96 \times 10^3}{0.85 \times 573.0 \times 300} = 0.66$$

필요 전단철근량은 매우 적으나 시공성과 상부 휨철근의 배치를 위해 전 구간에 500mm 간격으로 폐쇄스터럽을 배근하였다.

5. 균열제어를 위한 최소 철근량 배치 및 철근정착

5.1 최소 철근량 배치

이 예제에서는 스트럿 강도 검토 시 스트럿의 유효강도계수 l_{dh}를 0.6λ로 취하였으므로 콘크리트구조 학회기준의 최소 철근량 기준은 적용되지 않는다.

5.2 철근의 정착

콘크리트구조 학회기준에서는 철근 타이가 기계적 장치, 포스트텐션 정착장치, 표준갈고리 또는 철근의 연장에 의해 정착되어야 한다고 규정하고 있다. 콘크리트 구조설계기준에 따라 타이 AD, BC, KM의 정착길이 l_{dh}는 다음과 같이 구할 수 있다.

$$\text{타이 BC}: l_{dh} = \frac{0.6\, d_b f_y}{\lambda \sqrt{f_{ck}}} \times \text{보정계수} = \frac{0.6 \times 22.2 \times 300}{1.0 \times \sqrt{24}} \times \frac{1,525}{1,935} = 643\ \text{mm}$$

따라서 타이 BC는 앞굽에서 단부까지 1,150mm로 충분한 길이를 확보하고 있어 배치된 철근을 단부까지 연장하여 필요한 정착길이를 확보할 수 있도록 하였다. 타이 AD, KM은 충분한 정착길이를 확보하지 못하므로 콘크리트구조 학회기준에 따라 90° 표준 갈고리를 사용하여 정착길이 l_{dh}를 다음과 같이 구할 수 있다.

$$\text{타이 AD}: l_{dh} = \frac{0.24 \beta d_b f_y}{\lambda \sqrt{f_{ck}}} \times \text{보정계수}$$

$$= \frac{0.24 \times 1.0 \times 25.4 \times 300}{1.0 \times \sqrt{24}} \times 0.7 \times \frac{2,345}{2,534} = 242\ \text{mm}$$

$$\text{타이 KM}: l_{dh} = \frac{0.24 \beta d_b f_y}{\lambda \sqrt{f_{ck}}} \times \text{보정계수}$$

$$= \frac{0.24 \times 1.0 \times 25.4 \times 300}{1.0 \times \sqrt{24}} \times 0.7 \times \frac{251}{774} = 74\ \text{mm}$$

타이 AD는 절점 A를 지나 앞굽까지 750mm의 정착길이를 확보하고 있으므로 필요한 정착길이 242mm를 만족한다. 타이 KM 또한 절점 M을 지나 250mm의 정착길이를 확보하고 있으므로 정착길이 74mm를 수용할 수 있다.

6. 배근상세

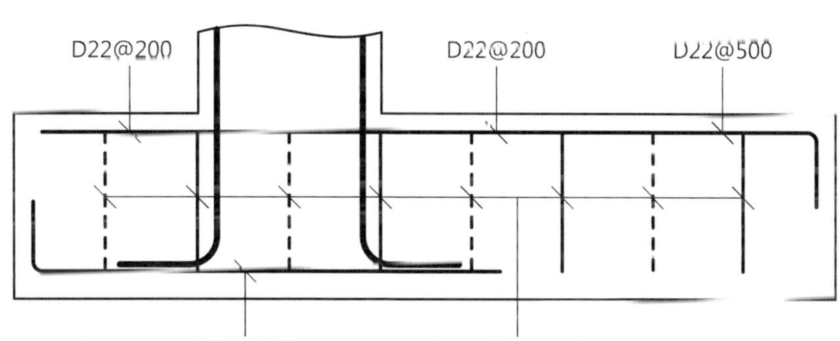

예제 그림 18.3-5 교대기초의 배근상세

제 19 장

콘크리트용 앵커

예제 19.1 가장자리의 영향을 받지 않는 단일 갈고리볼트의 인장강도

직경 20 mm(M20×P2.5)인 단일 갈고리볼트가 그림과 같이 기초판 상부에 설치되어 있다. 볼트 재료의 기계적 성질은 KS B 1016의 4.6등급이고 (인장강도 $f_{uta}=400\ \mathrm{MPa}$), 콘크리트의 설계기준 압축강도는 $40\ \mathrm{MPa}$이다. 갈고리볼트는 기초판 가장자리로부터 멀리 떨어져 있고, 콘크리트구조 학회기준(2017) 3.3.2절에 따른 하중계수가 고려된 30 kN의 계수인장하중이 작용하고 있다. 사용 시 앵커가 설치된 기초판에 균열이 발생하고, 콘크리트 파괴를 구속하기 위한 별도의 보조철근은 배근하지 않는다고 가정할 때 갈고리볼트의 안전성을 검토하라.

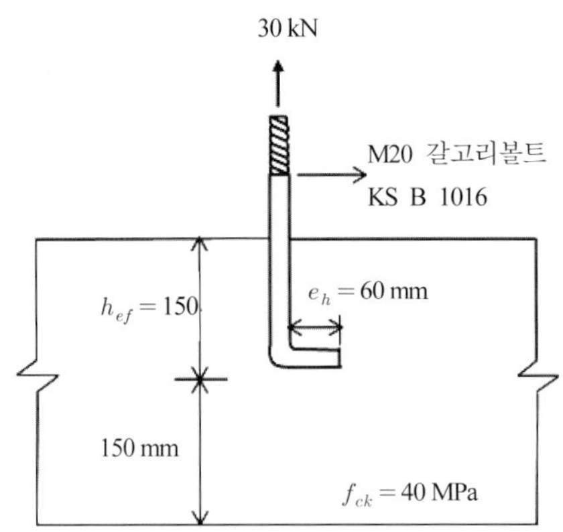

적용기준	계산 및 해설

1. 소요강도

$$N_{ua}=30\ \mathrm{kN}$$

2. 설계강도 ≥ 소요강도

기준 22.3(2)

$$\phi N_n \geq N_{ua}$$

여기서 ϕN_n은 인장을 받는 앵커의 파괴모드에서 산정된 가장 작은 설계강도이다.

3. 앵커의 강재강도

$$\phi N_{sa} \geq N_{ua}$$

앵커가 KS B 1016의 기계적 성질을 따르는 경우, 연신율이 22 % 이상이므로 연성강재 요소이다.

적용기준	◘ 계산 및 해설

콘크리트구조 학회기준(2017) 3.3.2에 따른 하중계수를 사용할 경우, 연성강재 요소의 인장에 대한 강도감소계수는 다음과 같다.

기준 22.3.7

$$\phi = 0.75$$

앵커의 강재강도는 다음 식에 의한 값을 초과할 수 없다.

기준 식 22.4.1

$$N_{sa} = nA_{se}\,f_{uta}$$

여기서 단일앵커이므로 $n=1$, 앵커의 유효단면적 A_{se}은 M20×P2.5볼트는 245 mm^2 (예제 표 19.3-1 참조)이며, 인장강도 f_{uta}는 400 MPa(예제 표 19.1-1 참고)이다.

$$\phi N_{sa} = 0.75 \times 245 \times 400 \div 1{,}000 = 73.5\ \mathrm{kN} > N_{ua} \quad \langle 적합 \rangle$$

4. 콘크리트 파괴강도

$$\phi N_{cb} \geq N_{ua}$$

기준 22.3(7) ③(나)조건B

여기서 콘크리트 파괴를 구속하기 위한 별도의 보조철근을 배근하지 않는 경우 강도감소계수는 다음과 같다.

$$\phi = 0.70$$

인장을 받는 단일앵커의 콘크리트 파괴강도는 다음 값을 초과할 수 없다.

기준 식 22.4.2

$$N_{cb} = \frac{A_{Nc}}{A_{Nco}} \cdot \psi_{ed,N} \cdot \psi_{c,N} \cdot \psi_{cp,N} \cdot N_b$$

여기서 $\dfrac{A_{Nc}}{A_{Nco}} = 1.0$ 가장자리의 영향을 받지 않음

기준 22.4.2(5) $\psi_{ed,N} = 1.0$ 가장자리의 영향을 받지 않음

기준 22.4.2(6) $\psi_{c,N} = 1.0$ 사용하중 상태에서 콘크리트에 균열 발생

기준 22.4.2(7) $\psi_{cp,N} = 1.0$ 선설치 앵커

기준 식 22.4.5

$$N_b = k_c \lambda_a \sqrt{f_{ck}}\, h_{ef}^{1.5} = 10(1.0)\sqrt{40} \times 150^{1.5} \div 1{,}000 = 116.2\ \mathrm{kN}$$

여기서 $k_c = 10$ 선설치 앵커, $\lambda_a = 1.0$

그러므로 콘크리트 파괴에 대한 설계강도는 다음과 같다.

$$\phi N_{cb} = 0.70 \times 1.0 \times 1.0 \times 1.0 \times 1.0 \times 116.2 = 81.3\ \mathrm{kN}$$

적용기준	↘ 계산 및 해설

5. 앵커의 뽑힘강도

$\phi N_{pn} \geq N_{ua}$

기준 22.3(7) ③(나)조건B — 여기서 강도감소계수는 다음과 같다.

$\phi = 0.70$

앵커의 뽑힘강도는 다음 식에 의한 값을 초과할 수 없다.

기준 식 22.4.12 — $N_{pn} = \psi_{c,P}\ N_p$

기준 22.4.3(6) — 여기서 $\psi_{c,P} = 1.0$ 사용하중상태에서 콘크리트에 균열 발생

기준 식 22.4.14 — $N_p = 0.9 f_{ck} e_h d_a = 0.9 \times 40 \times 60 \times 20 \div 1{,}000 = 43.2\ \mathrm{kN}$

기준 22.4.3(5) — $e_h = 60\,\mathrm{mm}$이므로 $3d_a \leq e_h \leq 4.5d_a$ 조건을 만족한다.

따라서 앵커의 뽑힘강도는 다음과 같다.

$\phi N_{pn} = 0.70 \times 1.0 \times 43.2 = 30.24\ \mathrm{kN} > N_{ua}$ 〈적합〉

6. 콘크리트 측면 파열강도

갈고리볼트는 콘크리트 측면 파열 파괴에 대해 고려할 필요가 없다. 만일 헤드볼트가 사용되었더라도 가장자리에서 충분히 멀기($c_{a1} > 0.4h_{ef}$) 때문에 콘크리트 측면 파열강도는 검토할 필요가 없다. 여기서 c_{a1}은 앵커 샤프트 중심에서 콘크리트 단부까지의 거리이다.

7. 콘크리트 쪼갬파괴

선설치 갈고리볼트에 대해서는 검토할 필요가 없다.

8. 요약

M20×P2.5, 묻힘깊이 150 mm, 40 MPa 콘크리트에 설치된 갈고리볼트는 30 kN 계수 인장하중 저항에 적합하다.

예제 표 19.1-1 기초볼트의 기계적 성질 (KS B 1016 : 2015)

강도 구분			4.6	6.8	8.8	
					ø≤16	ø>16
인장강도, F^u		최소값(N/m²)	400	600	800	830
항복강도, F_y[a]		최소값(N/m²)	240	480	640	660
파단 후 연신율		최소값(%)	22	-	12	12
보증 하중 응력		(N/mm²)	225	440	580	600
경도	브리넬 경도	최소값(HB)	114	181	238	242
		최대값(HB)	238	238	304	318
	로크웰 경도[b]	최소값	67(HRB)	89(HRB)	22(HRC)	23(HRC)
		최대값	99.5(HRB)	99.5(HRB)	32(HRC)	34(HRC)

a. 항복점이 명확한 것은 그것에 따른다. 명확하지 않은 것은 영구 연신율 0.2%의 내력에 따른다.

b. 4.6(등)급 및 6.8(등)급의 경우 HRB, 8.8급의 경우 HRC 적용

예제 19.2 인장과 전단을 받는 단일 후설치앵커

다음 그림과 같이 콘크리트 기초의 가장자리로부터 75 mm 거리에 위치하고, 묻힘깊이는 140 mm인 직경 12 mm 비틀림 제어 확장앵커가 풍하중 1.6 kN의 양방향 사용전단하중과 풍하중 5.0 kN의 사용인장하중에 적합한지 여부를 판단하라.

콘크리트 설계기준 압축강도는 21 MPa이고, 굵은골재 공칭치수는 20 mm, 앵커 재질은 KS B 1016 4.6등급이다. 단, 앵커는 인장영역에 설치되고, 사용하중 하에서 콘크리트 균열이 발생하는 것으로 가정한다.

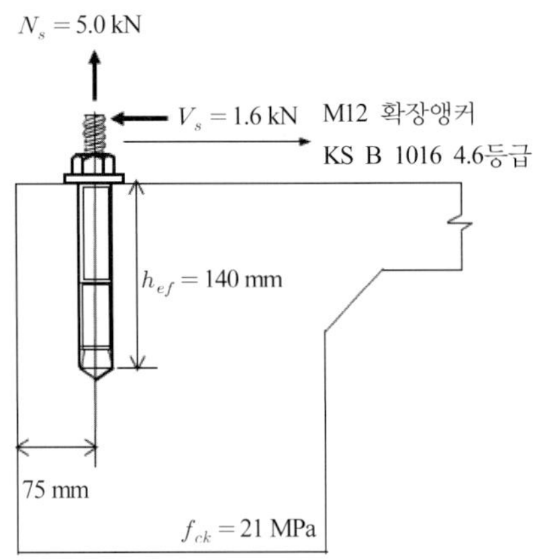

적용기준

계산 및 해설

1. 작용된 인장하중과 전단설계하중을 결정

$$N_{ua} = 1.3W = 1.3 \times 5.0 = 6.5\,\text{kN}$$

$$V_{ua} = 1.3W = 1.3 \times 1.6 = 2.08\,\text{kN}$$

2. 설계 고려사항

예제에 주어진 상황에서는 인장과 전단이 동시에 작용하므로 인장 및 전단에 대한 개별 검토에 더하여 인장-전단 상관작용도 고려되어야 한다. 설계인장강도 ϕN_n은 강재 파괴 ϕN_{sa}, 콘크리트 파괴 ϕN_{cb}, 콘크리트측면 파열 ϕN_{sb}, 앵커뽑힘 ϕN_{pn} 중에서 최소값이 되어야 하고 설계전단강도 ϕV_n는 강재 파괴 ϕV_{sa}, 콘크리트 파괴 ϕV_{cb}, 콘크리트 프라이아웃 ϕV_{cp} 중에서 최소값이 되어야 한다. 단, 콘크리트 측면 파열은 일반적으로 선설치앵커에서 적용되므로 이번 예제에서는 고려하지 않는다.

적용기준	계산 및 해설

3. 앵커의 재료평가

예제의 비틀림 제어 후설치 확장앵커는 KS B 1016 4.6등급에 일치하는 탄소강으로 제작된 것이다.

KS B 1016 4.6등급 재료

$f_{uta} = 400\,\text{MPa}$

$f_{ya} = 240\,\text{MPa}$

최소 신장량 22 %

콘크리트용 앵커 설계기준은 단면적 감소 30 % 이상, 연신율 14 % 이상을 연성강재 요소의 요건으로 정의하고, 이 요건을 만족하므로 주어진 앵커재료는 연성강재이다.

4. 인장하중에서 강재강도

기준 식 22.4.1

$$\phi N_{sa} \geq N_{ua}$$

$$N_{sa} = nA_{se,N} f_{uta}$$

$$\phi n A_{se,N} f_{uta} \geq N_{ua} = 6.5\,\text{kN}$$

기준 22.3(7) ①(가)

여기서 연성강재 요소의 인장 파괴에 지배되는 경우, 강도감소계수 $\phi = 0.75$이고 단일 앵커이므로 $n = 1$이다. 유효단면적은 예제 표 19.3-1의 84.3mm^2를 사용한다.

$$\phi N_{sa} = 0.75 \times 1 \times 84.3 \times 400 \div 1{,}000 = 25.3\,\text{kN} > 6.5\,\text{kN}$$

따라서 KS B 1016 4.6등급 재질이고, 직경 12 mm인 앵커의 강재강도는 작용 인장하중에 적합하다.

기준 22.7(4)

5. 최소 연단거리

후설치 앵커에 대한 최소 연단거리는 "콘크리트구조 학회기준(2017)" 5.4절 철근의 최소 피복두께 또는 "콘크리트용 앵커설계법 및 예제집" 제3편 평가시험에 따라 시험된 제품의 최소 연단거리 이상을 근거로 사용해야 하고(예제 표 19.3-2 참고), 또한 최대 골재 크기의 2배 이상이어야 한다.

$c_{a,\min}$ = "콘크리트구조 학회기준(2017)" 5.4절 영구히 흙에 묻혀 있는 콘크리트의 경우 철근의 최소 피복두께는 75 mm, 예제 표 19.3-2의 제품시험에서 최소 모서리 거리는 65 mm 또는 2×20

$= 75\,\text{mm}$

6. 인장하중에서 콘크리트 파괴강도

기준 식 22.3.1

$$\phi N_{cb} \geq N_{ua}$$

예제의 후설치 확장앵커가 범주 2에 속하고(즉, 중간 설치 민감도와 중간 신뢰도), 콘크리트 쪼개짐을 제어하기 위한 별도의 보조철근이 없는 것으로 가정할 때, 강도감소계수 $\phi = 0.55$이다.

기준 식 22.4.2

$$N_{cb} = \frac{A_{Nc}}{A_{Nco}} \psi_{ed,N} \psi_{c,N} \psi_{cp,N} N_b$$

기준 식 22.4.5

$$N_b = k_c \lambda_a \sqrt{f_{ck}} h_{ef}^{1.5}$$

식 (22.3.1), (22.4.2) 및 (22.4.5)로부터

$$N_{cb} = \frac{A_{Nc}}{A_{Nco}} \psi_{ed,N} \psi_{c,N} \psi_{cp,N} \left[k_c \lambda_a \sqrt{f_{ck}} h_{ef}^{1.5}\right] \geq N_{ua} = 6.5\,\mathrm{kN}$$

$k_c = k_{cr} = 7$(예제 표 19.3-2 참고)

기준 22.2(6)

일반중량콘크리트이므로 $\lambda_a = 1$

기준 식 22.4.9

$$\psi_{ed,N} = 0.7 + 0.3\frac{c_{a,\min}}{1.5h_{ef}}, \quad c_{a,\min} < 1.5h_{ef}\text{ 이므로}$$

$$\psi_{ed,N} = 0.7 + 0.3\frac{75}{1.5(140)} = 0.807$$

기준 22.4.2(6)

$\psi_{c,N} = 1.0$, 사용하중 하에서 콘크리트 균열이 발생하는 경우($f_t > f_r$)

기준 22.4.2(7)

$\psi_{cp,N} = 1.0$, 사용하중 하에서 콘크리트 균열이 발생하는 경우($f_t > f_r$)

또한

기준 식 22.4.4

$$A_{Nco} = 9h_{ef}^2 = 9(140)^2 = 176,400\,\mathrm{mm}^2$$

기준 22.4.2(1)

$$A_{Nc} = (c_{a1} + 1.5h_{ef})(2 \times 1.5h_{ef}) = (75 + 1.5(140)) \times 2 \times 1.5 \times 140$$

$$\therefore\ A_{Nc} = 119,700\,\mathrm{mm}^2$$

$$\frac{A_{Nc}}{A_{Nco}} = \frac{119,700}{176,400} = 0.679$$

그러므로 식 (22.4.2)에서

$$N_{cb} = 0.679 \times 0.807 \times 1.0 \times 1.0 \times 7 \times (1.0) \times \sqrt{21} \times (140)^{1.5} \div 1,000 = 29.1\,\mathrm{kN}$$

$$\phi N_{cb} = 0.55(29.1) = 16.0\,\mathrm{kN} > 6.5\,\mathrm{kN} \quad \langle\text{적합}\rangle$$

적용기준	계산 및 해설

7. 앵커뽑힘강도

기준 22.4.3(2) 후설치 앵커의 뽑힘강도 N_p는 계산값이 허용되지 않고, "콘크리트용 앵커설계법 및 예제집" 제3편 평가지침에 따라 균열 콘크리트 및 비균열 콘크리트에서 앵커시험을 통해 결정할 수 있다.

이 예제에서는 이 같은 과정을 통해 결정된 $N_p = N_{p,cr} = 34.22\,\text{kN}$을 사용해야 한다 (예제 표 19.3-2 참고).

기준 22.3(1) $\phi N_{pn} > N_{ua}$

기준 식 22.4.12 $N_{pn} = \psi_{c,P} N_p$

기준 22.3(7) 예제의 후설치 확장앵커가 범주 2에 속하고(즉, 중간 설치 민감도와 중간 신뢰도), 콘크리트 쪼개짐을 제어하기 위한 별도의 보조철근이 없는 것으로 가정할 때, 강도감소계수 $\phi = 0.55$이다.

기준 22.4.3(6) $\psi_{c,p} = 1$ 사용하중 하에서 콘크리트 균열이 발생하는 경우($f_t > f_r$)

$\phi N_{pn} = 0.55 \times 34.22 = 18.8\,\text{kN} > 6.5\,\text{kN}$ 〈적합〉

8. 인장하중에서 모든 파괴형태 확인

인장에 대한 파괴형태별 설계강도 요약

앵커강재 파괴	25.3 kN	
콘크리트 파괴	16.0 kN	지배강도
앵커뽑힘	18.8 kN	

따라서 $\phi N_n = 16.0\,\text{kN}$의 콘크리트 파괴강도를 인장에 대한 설계기준값으로 선택.

9. 전단하중에서 강재강도

$\phi V_{sa} \geq V_{ua}$

기준 22.3(7) 여기서 강도감소계수 $\phi = 0.65$(연성강재 요소의 강도에 지배되는 앵커, 전단하중)

기준 식 22.5.2 $V_{sa} = n0.6A_{se,V} f_{uta}$

(슬래브가 전단 파괴면까지 연장되어 있지 않은 후설치 앵커)

식 (22.5.2)로부터,

$\phi n 0.6 A_{se,V} f_{uta} \geq V_{ua} = 2.08\,\text{kN}$

단일앵커이므로 $n = 1$이고,

적용기준	계산 및 해설
	$\phi V_{sa} = 0.65 \times 0.6 \times 84.4 \times 400 \div 1000 = 13.2\ \mathrm{kN} \geq 2.08\ \mathrm{kN}$ 〈적합〉
	따라서 KS B 1016 4.6등급이고 직경 12 mm인 앵커의 강재강도는 작용 전단하중에 대하여 적합하다.
	10. 전단하중에서 콘크리트 파괴강도
	$\phi V_{cb} \geq V_{ua}$
기준 22.3.(7)	전단하중에 대하여 콘크리트 파괴가 지배적인 경우 강도감소계수 $\phi = 0.7$ (조건 B, 보조철근이 없는 것으로 가정)
기준 식 22.5.3	$V_{cb} = \dfrac{A_{Vc}}{A_{Vco}} \psi_{ed,V} \psi_{c,V} \psi_{h,V} V_b$
기준 식 22.5.6	$V_b = 0.6 \left(\dfrac{l_e}{d_a} \right)^{0.2} \sqrt{d_a}\ \lambda_a \sqrt{f_{ck}} (c_{a1})^{1.5}$
	식 (22.5.3) 및 식 (22.5.6)으로부터
	$\phi V_{cb} = \phi \dfrac{A_{Vc}}{A_{Vco}} \psi_{ed,V} \psi_{c,V} \psi_{h,V} \left[0.6 \left(\dfrac{l_e}{d_a} \right)^{0.2} \sqrt{d_a}\ \lambda_a \sqrt{f_{ck}} (c_{a1})^{1.5} \right] \geq V_{ua} = 2.08\ \mathrm{kN}$
	$\dfrac{A_{Vc}}{A_{Vco}} = 1$, 그리고 $c_{a1} = 75\ \mathrm{mm}$(연단거리)
기준 22.5.2(1)	c_{a2}는 c_{a1}에 수직인 방향으로 앵커 중심부터 콘크리트 가장자리까지 거리이다(이 예제에서는 거리가 $1.5h_{ef}$ 이상이다).
기준 식 22.5.10	$\psi_{ed,V} = 1.0$, $c_{a2} \geq 1.5c_{a1}$ 인 경우
기준 22.5.2(7)	$\psi_{c,V} = 1.0$, 사용하중 하에서 콘크리트 균열이 발생하는 경우($f_t > f_r$)
	$d_a = 12\ \mathrm{mm}$
기준 22.5.2(8)	$\psi_{h,V} = 1.0$
기준 22.5.2(2)	$l_e = h_{ef} = 140\ \mathrm{mm}$, 그러나 $l_e \leq 8d_a$; $8d_a = 8 \times 12 = 96\ \mathrm{mm}$
	$\therefore\ l_e = 96\ \mathrm{mm}$
	그러므로
	$\phi V_{cb} = 0.7 \times 1.0 \times 1.0 \times 1.0 \times \left\{ 0.6 \times \left(\dfrac{96}{12} \right)^{0.2} \times \sqrt{12} \times 1.0 \sqrt{21} \times (75)^{1.5} \right\} \div 1{,}000$
	$= 6.56\ \mathrm{kN} > 2.08\ \mathrm{kN}$ 〈적합〉

적용기준	계산 및 해설

11. 콘크리트 프라이아웃강도

$$\phi V_{cp} \geq V_{ua}$$

기준 식 22.5.13 $V_{cp} = k_{cp} N_{cb}$

여기서

$k_{cp} = 2.0$, $h_{ef} = 140\,\mathrm{mm} \geq 65\,\mathrm{mm}$인 경우

기준 22.5.3(1) $N_{cb} = 29.1\,\mathrm{kN}$(인장에 대한 위 6항 참고)

기준 22.3(7) 전단하중에 대하여 콘크리트 파괴가 지배적인 경우 강도감소계수 $\phi = 0.7$

(조건 B, 보조철근이 없는 것으로 가정)

$\phi V_{cp} = 0.7 \times 2.0 \times 29.1 = 40.7\,\mathrm{kN} \geq 2.08\,\mathrm{kN}$ 〈적합〉

12. 전단하중 하에서 모든 파괴형태 확인

전단에 대한 파괴형태별 설계강도 요약

앵커강재 파괴	13.2 kN	
콘크리트 파괴	6.56 kN	지배강도
콘크리트 프라이아웃	40.7 kN	

따라서 $\phi V_n = 6.56\,\mathrm{kN}$의 콘크리트 파괴강도를 전단에 대한 설계기준값으로 선택.

13. 인장-전단 상관작용 검토

$V_{ua} \leq 0.2\phi V_n$인 경우, 전체 인장강도를 사용할 수 있음 : $\phi N_n \geq N_{ua}$

기준 22.6(2) $0.2\phi V_n = 0.2 \times 6.56 = 1.31\,\mathrm{kN} < 2.08\,\mathrm{kN}$

$N_{ua} \leq 0.2\phi N_n$인 경우, 전체 전단강도를 사용할 수 있음 : $\phi V_n \geq V_{ua}$

기준 22.6(3) $0.2\phi N_n = 0.2 \times 16.0 = 3.2\,\mathrm{kN} < 6.5\,\mathrm{kN}$

$V_{ua} > 0.2\phi V_n$, 그리고 $N_{ua} > 0.2\phi N_n$인 경우,

기준 22.6(4) $$\frac{N_{ua}}{\phi N_n} + \frac{V_{ua}}{\phi V_n} \leq 1.2$$

기준 식 22.6.1 $$\frac{6.5}{16.0} + \frac{2.08}{6.56} = 0.406 + 0.317 = 0.723 \leq 1.2$$ 〈적합〉

적용기준

계산 및 해설

14. 요약

직경 12 mm, 묻힘깊이 140 mm, 연단거리 75 mm인 비틀림 제어 후설치 확장앵커(KS B 1016 4.6 등급)는 인장 5.0 kN, 전단 1.6 kN의 풍하중에 의한 사용하중을 저항하는 목적에 적합하다.

예제 19.3 가장자리에 가까이 설치된 고강도 단일 헤드볼트의 전단강도

콘크리트 기초 가장자리에서 헤드볼트 중심까지 거리가 150 mm, 묻힘깊이 200 mm, 지름 20 mm인 단일 헤드볼트에 대한 최대 계수전단하중을 결정하라. 콘크리트 설계기준 압축강도는 30 MPa이고, 헤드볼트의 재질은 KS B 1016 8.8등급(항복강도 $f_{ya} = 660\ \mathrm{MPa}$, 인장강도 $f_{uta} = 830\ \mathrm{MPa}$)이다. 단, 보조철근은 없고 사용하중 하에서 콘크리트에 균열이 발생한다고 가정한다.

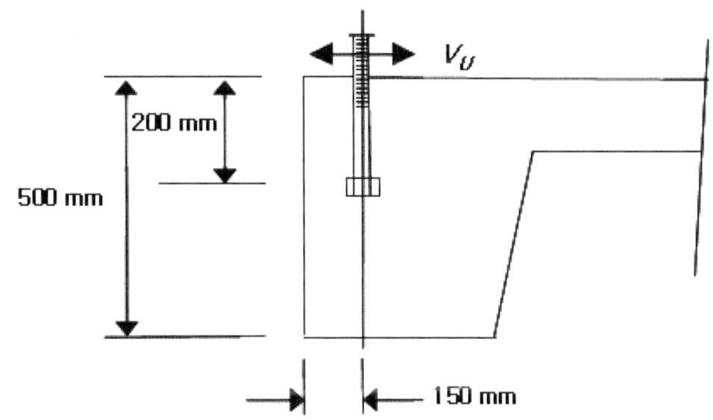

적용기준	계산 및 해설

기준 2.2.2 — **1. 기본 가정**

이 예제는 헤드볼트의 지름, 묻힘깊이 및 재료 물성에 대하여 최대 계수전단하중을 계산하는 것이다. 이 경우, 앵커의 전단강도, 전단에 대한 콘크리트 파괴강도, 프라이아웃강도 중 작은 값을 기준으로 하여 소요강도 V_{ua}를 먼저 계산하여 최대 전단하중을 결정한다.

기준 22.5.1 — **2. 앵커의 전단강도에 의해 지배되는 경우**

기준 표 22.3.1

$$\phi V_{sa} \geq V_{ua}$$

KS B 1016 8.8등급 강재는 취성강재요소이다.

기준 식 22.5.2

$$V_{sa} = 0.6 A_{se,V} f_{uta}$$

V_{ua}를 결정하기 위하여 식 (표 22.3.1)와 식 (22.5.2)를 조합하면 다음과 같다.

$$V_{ua} = \phi V_{sa} = \phi 0.6 A_{se,V} f_{uta}$$

기준 II.3(4) ②(나)

여기서 $\phi = 0.6$

$A_{se,V} = 245\ \mathrm{mm}^2$ (예제 표 19.3-1 참조)

$f_{uta} = 830\ \mathrm{MPa}$

적용기준	계산 및 해설

(KS B 1016 8.8등급 강재의 항복강도는 660 MPa이고 인장강도는 830 MPa이다. 콘크리트구조 학회기준(2017) 22.4.1(2)절에 의하여, 앵커 강재의 설계기준인장강도 f_{uta}는 $1.9f_{ya}$와 860 MPa 중 작은 값 이하이어야 한다).

따라서 앵커의 전단강도에 의해 지배되는 소요강도 V_{ua}는 다음과 같다.

$$V_{ua} = \phi V_{sa} = (0.6)(0.6)(245)(830) \div 1{,}000 = 73.2\ \text{kN}$$

기준 22.5.2 — 3. 콘크리트 파괴강도에 의해 지배되는 경우(전단력은 가장자리 방향으로 작용하는 것으로 가정)

기준 표 22.3.1

$$\phi V_{cb} \geq V_{ua}$$

기준 22.3(7) ③(가)조건B — 여기서 $\phi = 0.70$, 보조철근이 없는 경우

기준 식 22.5.3

$$V_{cb} = \frac{A_{Vc}}{A_{Vco}} \psi_{ed,V} \psi_{c,V} V_b$$

여기서 $\dfrac{A_{Vc}}{A_{Vco}} = 1.0$, $\psi_{ed,V} = 1.0$ (부재두께가 $1.5c_{a1}$ 이상이고, 전단력과 직교방향의 거리 c_{a2}가 $1.5c_{a1}$ 이상. 단, c_{a1}은 전단력 방향 연단거리 150 mm)

기준 22.5.2(7) — $\psi_{c,V} = 1.0$, 사용하중 하에서 콘크리트 균열발생

균열 콘크리트에 있는 단일 앵커가 전단력을 받을 때의 기본 콘크리트 파괴강도 V_b는 기준 식 22.5.6과 22.5.7 중 작은 값 이하이어야 한다.

기준 식 22.5. 6

$$V_b = 0.6\left(\frac{l_e}{d_a}\right)^{0.2} \sqrt{d_a}\ \lambda_a \sqrt{f_{ck}}(c_{a1})^{1.5}$$

$$= 0.6\left(\frac{160}{20}\right)^{0.2} \sqrt{20}\ (1.0)\sqrt{30}(150)^{1.5} \times 10^{-3}$$

$$= 40.9\ \text{kN}$$

기준 22.5.2(2) — 여기서 l_e = 전단력에 대해 앵커가 지압을 받는 길이로서 볼트 직경의 최대 $8d_a$(이 예제에서는 묻힘깊이 200>(8×20=160 mm)이므로 $8d_a$로 결정

기준 식 22.5. 7

$$V_b = 3.7\lambda_a \sqrt{f_{ck}}(c_{a1})^{1.5}$$

$$= 3.7(1.0)(\sqrt{30})(150)^{1.5} \times 10^{-3}$$

$$= 37.2\ \text{kN}$$

따라서 V_b는 식 22.5.7에 의해 결정됨

$$\phi V_{cb} = \phi \frac{A_{Vc}}{A_{Vco}} \psi_{ed,V} \psi_{c,V} \left[3.7\lambda_a \sqrt{f_{ck}}(c_{a1})^{1.5}\right]$$

따라서 콘크리트 파괴강도에 의해 지배되는 소요강도 V_{ua}는 다음과 같다.

적용기준	◪ 계산 및 해설

$$V_{ua} = \phi V_{cb}$$
$$= (0.70)(1.0)(1.0)(1.0)\left[(3.7)(1.0)(\sqrt{30})(150)^{1.5}\right] \div 1{,}000$$
$$= 26.1\,\mathrm{kN}$$

기준 22.5.3

4. 콘크리트 프라이아웃강도에 의해 지배되는 경우

콘크리트 프라이아웃 파괴는 강성이 큰 앵커가 작은 묻힘깊이로 설치되었을 경우에 주로 발생한다. 이 예제에서는 가장자리로 향하는 전단력 방향과 가장자리 반대방향으로 향하는 전단력 방향 모두 가정할 수 있고, 작은 연단거리를 갖는 쪽으로 파괴를 가정하는 것이 일반적으로 보수적인 결과를 준다.

기준 표 22.3.1

$$\phi V_{cp} \geq V_{ua}$$

기준 22.3(7) ③(가)

여기서 $\phi = 0.7$, 프라이아웃강도가 앵커 시스템의 강도를 지배하는 경우 항상 조건 B를 적용한다.

기준 식 22.5.13

$$V_{cp} = k_{cp} N_{cb}$$

여기서

기준 22.5.3(1)②

$$k_{cp} = 2.0,\ h_{ef} \geq 65\,\mathrm{mm}$$

기준 식 22.4.2

$$N_{cb} = \frac{A_{Nc}}{A_{Nco}} \psi_{ed,N} \psi_{c,N} \psi_{cp,N} N_b$$

기준 22.4.2(1)

A_{Nc}는 앵커 중심부터 $1.5h_{ef}$에 해당되는 거리와 연단거리에 의해 형성된 직사각형 형태로서 인장 파괴면의 투영면적이고, A_{Nco}는 연단거리가 $1.5h_{ef}$ 이상인 단일 앵커에 대한 콘크리트 파괴면의 투영면적을 의미함

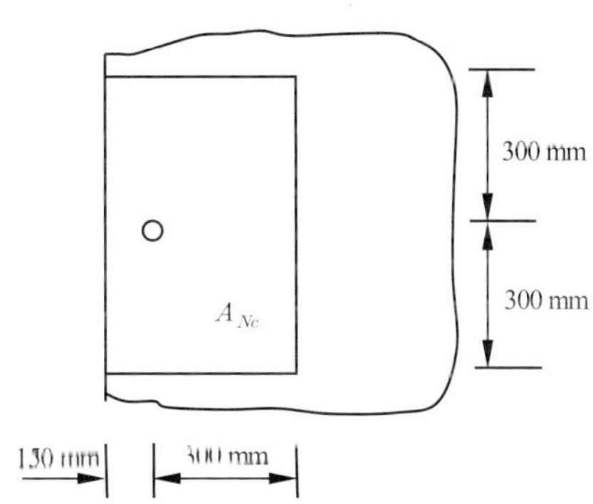

적용기준	◩ 계산 및 해설

$$A_{Nc} = (150+300)(300+300) = 270{,}000\ \mathrm{mm}^2$$

$$A_{Nco} = 9(h_{ef})^2 = 9(200)^2 = 360{,}000\ \mathrm{mm}^2$$

기준 식 22.4.9

$$\psi_{ed,N} = 0.7 + 0.3\frac{c_{a,\min}}{1.5h_{ef}} = 0.7+0.3\frac{150}{1.5(200)} = 0.85$$

기준 22.4.2(6) $\psi_{c,N} = 1.0$, 사용하중 하에서 콘크리트 균열 발생 예상

기준 22.4.2(7) $\psi_{cp,N} = 1.0$, 보조철근 없음

기준 식 22.4.5

$$N_b = k_c(\lambda_a)\sqrt{f_{ck}}(h_{ef})^{1.5} = (10)(1.0)\sqrt{30}(200)^{1.5}\times 10^{-3} = 154.9\ \mathrm{kN}$$

기준 22.4.2(2) 여기서 $k_c = 10$(선설치 앵커)

식 (22.4.2)에 대입하면,

$$N_{cb} = \frac{270{,}000}{360{,}000}(0.85)(1.0)(1.0)(154.9) = 98.7\ \mathrm{kN}$$

프라이아웃강도에 지배되는 V_{ua}를 계산하기 위하여 식 (기준 표 22.3.1)와 식 (22.5.13)을 조합하면:

$$V_{ua} = \phi V_{cp} = \phi k_{cp} N_{cb}$$

$$V_{ua} = (0.70)(2.0)(98.7) = 138.2\ \mathrm{kN}$$

기준 22.7

5. 콘크리트 쪼갬파괴를 방지하기 위한 연단거리, 볼트간격 및 두께

피복두께는 콘크리트구조 학회기준(2017) 5.4.1절의 최소 피복두께를 적용하면 지름 20 mm인 앵커의 최소 피복두께는 흙 또는 대기에 노출된 조건에서 40 mm이다. 이 앵커볼트에 제공된 피복두께는 140 mm이다(150-볼트지름의 $\frac{1}{2}$). 또한 헤드볼트의 머리부도 피복두께를 만족해야 한다.

6. 요약

앵커강재강도, 콘크리트 파괴강도 및 프라이아웃강도를 근거로 구한 소요강도($V_{ua} = \phi V_n$)는 다음과 같이 정리할 수 있다.

앵커의 전단강도, ϕV_{sa} : 73.2 kN

콘크리트 전단파괴강도; 지배강도 ϕV_{cb} : 26.1 kN

콘크리트 프라이아웃강도, ϕV_{cp} : 138.2 kN

적용기준

계산 및 해설

그러므로 이 예제에서 최대 계수전단하중은 26.1kN이다.

이 예제에서는 콘크리트전단 파괴강도가 부족하여 구조물 전체의 수요전단강도가 작게 되므로 콘크리트 전단파괴를 방지하기 위한 U자형의 앵커철근(이 경우 헤어핀)을 사용하면 연성을 확보하고 또한 전단강도를 증가시킬 수 있다. 이 예제의 계산 및 해설 3에서, 강도저감계수 ϕ는 조건 B(보조철근이 없는 경우)에 대해 0.7이고, U자형 앵커철근을 사용하면 ϕ는 0.75(조건 A)로 증가시킬 수 있다. 따라서 콘크리트 전단파괴강도가 $\frac{26.1 \times 0.75}{0.70} = 28.0\ \mathrm{kN}$ 으로 증가한다. 만일 전단강도가 부족하다면 앵커철근을 이용하여 전단강도를 더욱 향상시킬 수 있다. 앵커철근을 적용한 설계에서 강도감소계수는 0.75이다.

SD400 등급의 이형철근(D13)을 사용하면 단면적은 $2 \times 126.7 = 253\ \mathrm{mm}^2$이다. D13 이형철근의 상부근 효과를 포함한 인장에 대한 직선 정착길이는 $27.3d_b$이다. 따라서 필요한 정착길이는 355 mm이므로 앵커철근은 355 mm까지 연장하여 설치한다. 이는 앵커철근을 사용하여 콘크리트전단 파괴강도를 증가시킨 예이다.

$0.75 \times A_{s(hairpin)} \times 400 = 0.75 \times 253 \times 400 = 75.9\ \mathrm{kN}$

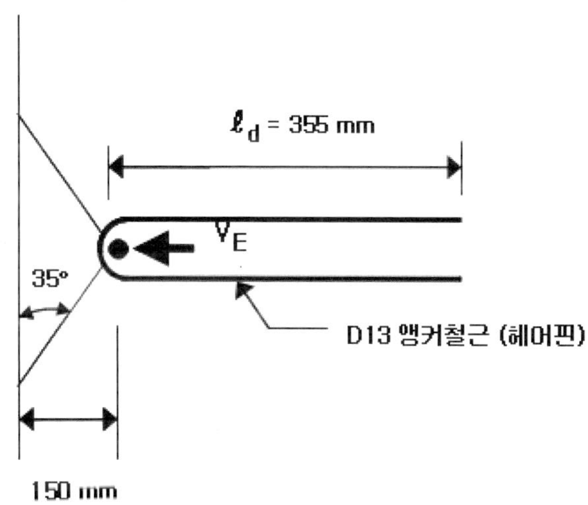

계산 및 해설

예제 표 19.3-1 앵커볼트 및 너트를 체결한 나사산 강봉의 총단면적(A_D), 유효단면적(A_{se}) 및 지압면적(A_{brg})

직 경	총 단면적	유효 단면적	볼트머리 및 너트의 지압면적(A_{brg})						
			사각머리	육각머리	굵은 육각머리	사각	굵은 사각	육각	굵은 육각
(d_o)	(A_D)	(A_{se})	볼트	볼트	볼트	너트	너트	너트	너트
(mm)	(mm^2)	(mm^2)	(mm^2)	(mm^2)	(mm^2)	(mm^2)	(mm^2)	(mm^2)	(mm^2)
M6	28.3	20	71.7	58.3	N.A.	71.7	N.A.	58.3	N.A.
M10	78.5	58	210	172	N.A.	210	N.A.	172	N.A.
M12	113.1	84.3	248	199	269	248	N.A.	200	269
M16	201	157	375	298	430	375	N.A.	298	430
M20	314	245	586	465	687	586	N.A.	465	687
M22	380	303	644	507	N.A.	644	N.A.	507	742
M24	452	353	844	667	1003	844	N.A.	670	1,003
M27	572	459	N.A.	883	N.A.	N.A.	N.A.	883	1,260
M30	707	561	N.A.	1,126	1,458	N.A.	N.A.	1126	1,458
M36	1,018	817	N.A.	1,602	2,100	N.A.	N.A.	1602	2,100
M42	1,385	1120	N.A.	2,274	N.A.	N.A.	N.A.	2274	2,858
M48	1,810	1470	N.A.	N.A.	N.A.	N.A.	N.A.	N.A.	3,733
M56	2,463	2030	N.A.	N.A.	N.A.	N.A.	N.A.	N.A.	4,552

계산 및 해설

예제 표 19.3-2 후설치 앵커 예

특 성	기호	단위	공칭 앵커 직경			
			설치정보			
외경	d_o	mm	10	12	16	20
유효묻힘깊이	h_{ef}	mm	45	65	75	90
			70	90	115	125
			115	140	165	200
설치 토크	$T_{\in st}$	N-m	30	50	100	200
최소 모서리 거리	c_{min}	mm	45	65	75	90
최소 간격	s_{min}	mm	45	65	75	90
최소 콘크리트 두께	s_{min}	mm	$1.5h_{ef}$	$1.5h_{ef}$	$1.5h_{ef}$	$1.5h_{ef}$
위험연단거리	c_{ac}	mm	53	76	91	102
			앵커 자료			
앵커 자료	KS B ISO 898-1 5.8등급(연성 재료 요건에 일치됨)					
범주	1, 2 or 3	-	2	2	1	1
앵커강재의 항복강도	f_{ya}	MPa	400	400	400	400
앵커강재의 인장강도	f_{uta}	MPa	500	500	500	500
유효 인장 단면적	A_{se}	mm^2	58.0	84.4	157.0	245.0
유효 전단 단면적	A_{se}	mm^2	58.0	84.4	157.0	245.0
비균열 콘크리트에 대한 유효계수	k_{unr}	-	24	24	24	24
콘크리트구조기준에서 균열 콘크리트에 대한 유효계수	k_{cr}*	-	7	7	7	7
콘크리트구조기준에서 균열 콘크리트에 대한 Ψc, N	$\psi_{c,N}$*	-	10	10	10	10
콘크리트구조기준에서 균열 콘크리트에 대한 $\psi_{c,N}=k_{uncr}/k_{cr}$	$\psi_{c,N}$*	-	1.4	1.4	1.4	1.4
시험에서 뽑힘과 빠짐에서의 저항값	N_p	kN	h_{ef} / N_p	h_{ef} / N_p	h_{ef} / N_p	h_{ef} / N_p
			45 / 6.14	65 / 10.49	75 / 20.27	90 / 25.55
			70 / 12.10	90 / 17.37	115 / 37.24	125 / 43.62
			115 / 25.32	140 / 34.22	165 / 64.65	200 / 88.28
지진하중에 대한 단일앵커의 인장저항	N_{eq}	kN	45 / 4.10	65 / 6.99	75 / 13.51	90 / 17.03
			115 / 17.11	140 / 23.10	165 / 43.10	200 / 58.85
지진하중에 대한 단일앵커의 전단저항	V_{eq}	kN	13.18	24.14	38.44	56.89
사용하중 범주에서 축의 강성	β	kN/mm	9.82	10.29	10.57	11.07
사용하중 범주에서 축 강성에 대한 변동률	ν	%	12	11	10	9

* k_c와 $\psi_{c,N}$ 값은 콘크리트구조기준에서 균열과 비균열 콘크리트에 적용하기 위해 인증된 앵커제품에 한함.

예제 19.4 인장과 전단에 저항하는 RC 페데스탈의 선설치 앵커

RC 페데스탈(콘크리트 설계기준강도 $f_{ck}=30\text{MPa}$) 상부에 H형강(360mm×360mm)이 설치되어 있다. H형강 하부에는 535mm×535mm 강판(두께=40mm)이 용접되어 있고, 강판과 RC 페데스탈은 450mm 묻힘깊이를 갖는 4개의 지름 36mm 선설치 앵커그룹(KS B ISO 898-1, 강도등급 5.8)이 연결하고 있다. 앵커그룹의 설계가 적절한지 여부를 판명하라.

RC 페데스탈 주근은 8개의 D25 이형철근($f_y=400\text{MPa}$)이며, D13 횡보강근(타이)의 중심 간격은 300mm 기둥에 작용하는 연직방향 하중 : 사용고정하중=265kN, 사용활하중=335kN, 풍하중에 의한 업리프트(uplift)=580kN 기둥에 작용하는 수평방향 하중 : 사용고정하중=36kN, 사용활하중=40kN, 풍하중=40kN 앵커 데이터 : 앵커 지름 $d_a=36\text{mm}$, $f_{ya}=400\text{MPa}$, $f_{uta}=500\text{MPa}$, 연단거리 $c_{a1}=150\text{mm}$, 앵커 중심 간격 $s=400\text{mm}$, 앵커 묻힘깊이 $h_{ef}=450\text{mm}$, 앵커 유효단면적 $A_{se}=817\text{mm}^2$, 앵커 너트의 지압면적 $A_{brg}=1{,}602\text{mm}^2$

페데스탈 데이터 : $f_{ck}=30\text{MPa}$, 페데스탈 크기=700mm×700mm×1,100mm, 주근 8D25 (SD400 등급, $f_y=400\text{MPa}$), 횡보강근 D13, 횡보강근 중심간격=300mm, 피복두께=50mm $\lambda_a=1.0$(보통중량 콘크리트)

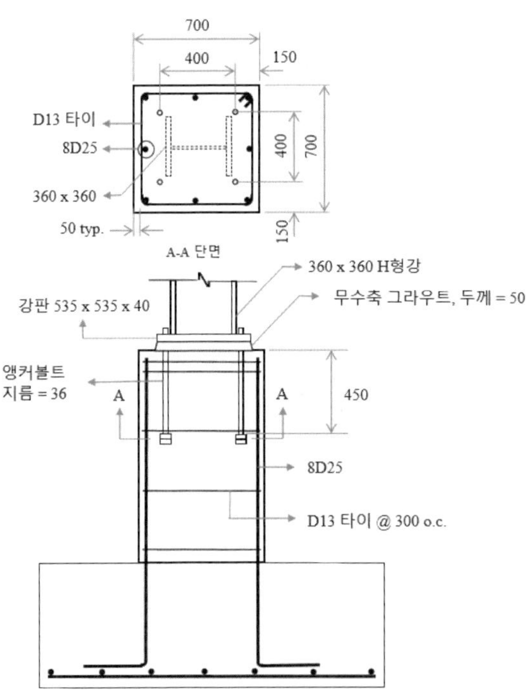

예제 그림 19.4-1 인장 및 전단을 받는 헤드볼트(단위 : mm)

적용기준	⊠ 계산 및 해설
	1. 하중 및 하중조합
	연직방향
기준 식 3.3.1	$U = 1.4D$
기준 식 3.3.2	$U = 1.2D + 1.6L + 0.5L_r$
기준 식 3.3.3	$U = 1.2D + 1.6L_r + 0.65W$
기준 식 3.3.4	$U = 1.2D + 1.3W + 0.5L_r$
기준 식 3.3.5	$U = 1.2D + 1.0E + 1.0L$
기준 식 3.3.7	$U = 0.9D + 1.3W$
기준 식 3.3.8	$U = 0.9D + 1.0E$
	횡방향
기준 식 3.3.3	$U = 1.2D + 1.6L_r + 0.65W$
기준 식 3.3.4	$U = 1.2D + 1.3W + 0.5L_r$
기준 식 3.3.7	$U = 0.9D + 1.3W$
	해당 구조물은 내진설계범수 (SDC) A에 해당하므로 지진하중을 포함한 하중조합은 고려하지 않음.
	연직방향 하중은 식(3.3.7)이 지배함 :
	$U = (0.9)(265)\,\mathrm{kN} - (1.3)(580\,\mathrm{kN}) = -515.5\,\mathrm{kN}\,(N_{ua} = 515.5\,\mathrm{kN})$
	횡방향 하중은 식(3.3.3)이 지배함 :
	$U = (1.2)(36)\,\mathrm{kN} + (1.6)(40)\,\mathrm{kN} + (0.65)(40)\,\mathrm{kN} = 133.2\,\mathrm{kN}\,(V_{ua} = 133.2\,\mathrm{kN})$
	2. 앵커그룹
기준 22.2(1)①	앵커 간격이 앵커그룹에 해당하는지 여부 판명
	(간격 $s < 3h_{ef}$) : 400 mm < (3)(450) = 1,350 mm이므로 앵커그룹에 해당함.
기준 22.7(2)	앵커 간격이 최소 앵커 간격 (간격 $s \geq 6d_a$)을 만족하는지 여부 판명 :
	400mm > (6)(36) = 216 mm이므로 만족.
기준 22.7	2017 콘크리트구조 학회기준(이하 "기준")에 의해 : 앵커 최소 간격과 연단거리 및 부재 최소 두께는 22.7을 만족해야 함. 단, 불반속하는 경우 쪼갬을 제어하기 위해 보조철근(supplementary reinforcement)을 사용해야 함.

적용기준	계산 및 해설

3. 강도설계법

인장 및 전단에 대해 각각 다음 식을 만족해야 함.

인장

기준 표 22.3.1 $N_{ua} \le \phi N_{sa}$ 인장을 받는 앵커의 강재강도

$N_{ua} \le \phi N_{cbg}$ 인장을 받는 앵커의 콘크리트 파괴강도

$N_{ua} \le \phi N_{pn}$ 인장을 받는 앵커의 뽑힘강도

$N_{ua} \le \phi N_{sb}$ 인장을 받는 앵커의 콘크리트 측면파열강도

$N_{ua} = 515.5\text{kN}$

전단

기준 표 22.3.1 $V_{ua} \le \phi V_{sa}$ 전단을 받는 앵커의 강재강도

$V_{ua} \le \phi V_{cbg}$ 전단을 받는 앵커의 콘크리트 파괴강도

$V_{ua} \le \phi V_{cpg}$ 전단을 받는 앵커의 콘크리트 프라이아웃강도

$V_{ua} = 133.2\ \text{kN}$

인장과 전단의 상관식을 만족해야 함.

기준 식 22.6.1 $(N_{ua}/\phi N_n) + (V_{ua}/\phi V_n) \le 1.2$

4. 연성강재요소 여부

강도감소계수를 결정하기 위해 앵커 강재가 연성강재요소 조건을 만족하는지 여부를 확인해야 함.

기준 22.1.3 연성강재요소는 다음 두 가지 조건을 만족해야 함.

(1) 연신율 14% 이상

(2) 단면적 감소 30% 이상

KS B ISO 898-1의 요구사항을 만족하는 강재는 연성강재요소임.

5. 인장을 받는 앵커의 강재강도

강재의 공칭강도 N_{sa}는 강재 인장강도 곱하기 앵커의 유효단면적임.

기준 식 22.4.1 $N_{sa} = A_{se,N} f_{uta}$

지름 36 mm 앵커의 유효단면적 $A_{se,N} = 817\,\text{mm}^2$

기준 22.4.1(2) 강재인장강도(f_{uta})가 항복강도의 1.9배 이하이며 또한 860 MPa 이하인지 확인 : 500

적용기준	계산 및 해설

MPa ≤ (1.9)(400) = 760 MPa 또한 500 MPa < 860 MPa

$N_{sa} = (817)(500) = 408.5\text{kN}$

기준 22.3(7)① (가)

강도감소계수 $\phi = 0.75$(연성강재요소, 인장)

$\phi N_{sa} = (0.75)(408.5) = 306.4$ kN/앵커

앵커의 강재 인장파괴강도가 소요강도 이상인지 확인 :

306.4 kN/앵커 > 515.5/4 = 128.9 kN 만족

기준 22.4.2

6. 인장을 받는 앵커의 콘크리트 파괴강도

기준 식 22.4.3

$$N_{cbg} = \frac{A_{Nc}}{A_{Nco}} \psi_{ec,N} \psi_{ed,N} \psi_{c,N} \psi_{cp,N} N_b$$

앵커 중심간격은 양방향 모두 400 mm임.

콘크리트 파괴면은 RC 페데스탈 상부면 아래에 있고, 페데스탈의 단면적과 같음 (예제 그림 19.4-2 참고).

기준 22.4.2(3)

유효매립깊이 h_{ef}'는 다음 두 식 중 큰 값임.

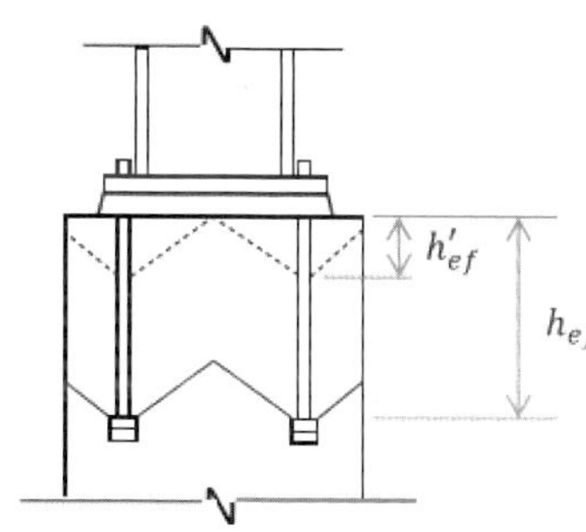

예제 그림 9.4-2 앵커그룹의 인장 파괴면

$$h_{ef}' = \frac{c_{a,\max}}{1.5} = \frac{150}{1.5} = 100\text{ mm}$$

$$\frac{s_{\max}}{3} = \frac{400}{3} = 133\text{ mm}$$

그러므로 $h_{ef}' = 133$ mm

A_{Nc}는 콘크리트 파괴면의 수평투영면적이고, 예제 그림 9.4-2에서 페데스탈의 단면적 : $A_{Nc} = (700)(700) = 490{,}000\text{ mm}^2$

적용기준	계산 및 해설
기준 식 22.4.4	A_{Nco}는 단부거리가 $1.5h_{ef}'$ 이상인 단일 앵커의 콘크리트 파괴면 수평투영면적 : $A_{Nco} = (9)(133)^2 = 159{,}200\ \mathrm{mm}^2$
	$nA_{Nco} \geq A_{Nc}$ 확인(단, n은 앵커그룹에서 앵커의 수) : (4)(159,200)=636,800mm² > 490,000mm² 〈만족〉
기준 식 22.4.7	$\psi_{ec,N}$은 앵커그룹이 편심하중을 받는 경우, 인장강도 수정계수: 이 예제에서는 편심이 없으므로 $\psi_{ec,N}=1.0$
기준 식 22.4.9	$\psi_{ed,N}$은 연단거리 영향에 대한 인장강도 수정계수 : $\psi_{ed,N} = 0.7 + 0.3\left(\dfrac{c_{a,\min}}{1.5h_{ef}}\right) = 0.7 + 0.3\left(\dfrac{150}{1.5 \times 133}\right) = 0.926$
기준 22.4.2(6)①	$\psi_{c,N}$은 콘크리트의 균열 유무에 따른 인장강도 수정계수 : $\psi_{c,N} = 1.0$(균열콘크리트)
기준 22.4.2(7)	$\psi_{cp,N}$은 후설치앵커에 적용되는 균열 유무에 따른 수정계수 : $\psi_{cp,N} = 1.0$
기준 22.4.2(2)	균열콘크리트에서 단일 앵커의 콘크리트 파괴시 기본인장강도 : $N_b = k_c \lambda_a \sqrt{f_{ck}}\, h_{ef}^{1.5} = 10 \times 1.0 \times \sqrt{30} \times 133^{1.5} = 84.0\ \mathrm{kN}$
기준 식 22.4.5	$N_{cbg} = \left(\dfrac{490{,}000}{159{,}200}\right) \times 1.0 \times 0.926 \times 1.0 \times 1.0 \times 84.0 = 239.4\ \mathrm{kN}$
기준 22.3(7)③ (나)	콘크리트 파괴를 구속하기 위한 보조철근이 있는 경우, 강도감소계수는 조건 A에 해당함 : $\phi=0.75$
	$\phi N_{cbg} = 0.75 \times 239.4 = 179.6\ \mathrm{kN}$
	$N_{ua} \leq \phi N_{cbg}$ 확인 : 515.5 kN > 179.6 kN 불만족 → 앵커철근이 필요함.
	7. 앵커철근 설계
기준 22.4.2(9)	콘크리트 파괴강도 ϕN_{cbg} 산정에 앵커철근을 사용할 수 있다. 앵커철근 사용 시 강도감소계수는 0.75임 : $\phi=0.75$
	RC 페데스탈 주근을 앵커철근으로 사용할 수 있는지 여부 확인 :
	$A_{s,prov}(8D25) = 8 \times 507 = 4{,}056\ \mathrm{mm}^2$
	$A_{s,req} = \dfrac{N_{ua}}{\phi f_y} = \dfrac{515{,}500}{0.75 \times 400} = 1{,}718\ \mathrm{mm}^2$
	그러므로 8D25는 앵커철근으로 충분하고, 앵커철근은 파괴면의 양측으로 정착되어야 함.

적용기준	계산 및 해설

8. 앵커철근의 정착설계

앵커철근(RC 페데스탈의 주근)이 파괴면 양측으로 정착이 가능한지 확인

기준 식 8.2.4 갈고리 정착의 경우 $l_{dh} = \dfrac{0.24\beta f_y}{\lambda\sqrt{f_{ck}}\,d_b} = \dfrac{0.24\times1.0\times400}{1.0\times\sqrt{30}\times25} = 438\ \mathrm{mm}$

주근은 코팅이 되지 않은 보통 이형철근이므로 $\beta = 1.0$

기준 8.2.5(3)① 피복두께에 의한 보정계수 : 보정계수 0.7을 적용하기 위하여 갈고리 평면과 수직방향

피복 두께 ≥ 70 mm, 갈고리를 넘어선 부분의 철근 피복두께 ≥ 50 mm

기준 8.2.5(3)④ 또한 정착길이는 $\dfrac{A_{s,req}}{A_{s,prov}}$에 비례하여 보정할 수 있음 : $\dfrac{A_{s,req}}{A_{s,prov}} = \dfrac{1{,}718}{4\times507} = 0.847$

$l_{dh} = 438\times0.7\times0.847 = 260\,\mathrm{mm}$

기준 8.2.5(1) 최소 갈고리 정착길이 확인 : $l_{dh,\min} \geq 8d_b$ 및 150 mm 중 큰 값이므로 260 mm > $8d_b$(= 200 mm) 만족

앵커철근은 앵커로부터 $\dfrac{h_{ef}}{2}$ 이내에 위치해야 함 : 예제 그림 19.4-3에서

거리 = 70 mm, $\dfrac{h_{ef}}{2} = \dfrac{450}{2} = 225$ mm > 70 mm 〈만족〉

예제 그림 19.4-3(b)에서 정착 가능 길이 = 350mm > 260mm 〈만족〉

그러므로 예제 그림 19.4-3(c)와 같이 앵커철근의 표준갈고리 정착이 가능함.

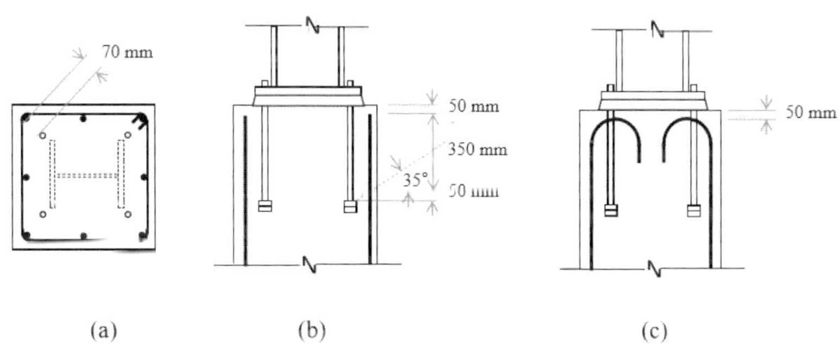

예제 그림 19.4-3 앵커, 모서리 철근 및 모서리 철근의 표준갈고리

적용기준	계산 및 해설
	9. 인장을 받는 앵커의 뽑힘강도
기준 식 22.4.12	$N_{pn} = \psi_{c,P} N_p$
기준 22.4.3(6)	$\psi_{c,P}$는 콘크리트의 균열 유무에 따른 앵커뽑힘강도의 수정계수 : $\psi_{c,P} = 1.0$(균열 콘크리트)
기준 식 22.4.13	$N_p = 8A_{brg}f_{ck} = 8 \times 1,602 \times 30 = 3,845$ kN/앵커
기준 22.3(7)③ (나)	보조철근이 있는 선설치 헤드볼트의 경우, 조건 A에 의해 강도감소계수 $\phi = 0.75$임. $\phi N_{pn} = 0.75 \times 1.0 \times 384.5 = 288.4$ kN/앵커 $N_u = \dfrac{515.5}{4} = 128.9\text{ kN} < 288.4\text{ kN}$ 〈만족〉
	10. 인장을 받는 앵커의 측면파열강도
	앵커그룹에서 다음에 해당하는 경우에는 측면파열파괴를 고려해야 함.
기준 22.4.4(1)	$h_{ef} \geq 2.5c_{a1}$: 450 mm > 2.5×150 =375mm이므로 (1)에 해당. $N_{sbg} = \left(1 + \dfrac{s}{6c_{a1}}\right) N_{sb}$ $N_{sb} = 13C_{a1}A_{brg}\lambda_a\sqrt{f_{ck}} = 13 \times 150 \times 1,602 \times 1.0 \times \sqrt{30} = 427.5$ kN 모서리의 영향 : $\dfrac{1 + (c_{a2}/c_{a1})}{4} = 0.5$
기준 식 22.4.17	모서리 영향을 고려하여 N_{sb} 수정 :
기준 식 22.4.16	$N_{sb} = 0.5 \times 427.5 = 213.7$ kN 보조철근이 있는 선설치앵커의 경우, 강도감소계수는 조건 A에 해당 : $\phi = 0.75$ $\phi N_{sbg} = \phi\left(1 + \dfrac{s}{6c_{a1}}\right) N_{sb} = 0.75\left(\dfrac{1+400}{6 \times 150}\right) \times 213.7 = 231.5$ kN
기준 22.3(7)③ (나)	4개의 모서리에 설치된 앵커그룹에 대해서 설계강도가 소요강도를 만족하는지 확인 : $2\phi N_{sbg} = 2 \times 231.5 = 463\text{ kN} < 515.5\text{ kN}$ 불만족 요구강도를 만족시키기 위해 두 가지 선택이 가능함 : (1) 페데스탈 단면적 확대 (2) 앵커철근 추가 이 예제에서는 페데스탈의 단면적을 확대함 : $c_{a1} = 200$ mm로 하면 $h_{ef} > 2.5c_{a1}$에 해당하지 않으므로 측면파열파괴를 고려하지 않아도 됨. 따라서 페데스탈 단면을 800 mm ×800mm로 변경함.

적용기준	계산 및 해설

11. 확대단면에 대한 콘크리트 파괴강도 재산정

기준 식 22.4.3

$$N_{cbg}=\left(\frac{A_{Nc}}{A_{Nco}}\right)\psi_{ec,\ N}\psi_{ed,\ N}\psi_{c,\ N}\psi_{cp,\ N}N_p$$

기준 22.4.2(3)

유효매립깊이 $h_{ef}{}'$는 다음 두 식 중 큰 값임.

$$h_{ef}{}'=\frac{c_{a,\max}}{1.5}=\frac{200}{1.5}=133\text{mm},\quad \frac{s_{\max}}{3}=\frac{400}{3}=133\text{mm}$$

그러므로 $h_{ef}{}'=133\text{ mm}$

$$A_{Nc}=800\times800=640{,}000\text{ mm}^2$$

$$A_{Nco}=9\times133^2=159{,}200\text{ mm}^2$$

$$\psi_{ec,N}=1.0$$

$$\psi_{ed,N}=0.7+0.3\left(\frac{c_{a,\min}}{1.5h_{ef}}\right)=0.7+0.3\left(\frac{200}{1.5\times133}\right)=1.0$$

$$\psi_{c,N}=1.0$$

$$\psi_{cp,N}=1.0$$

$$N_b=10\times1.0\times\sqrt{30}\times133^{1.5}=84.0\text{ kN}$$

$$N_{cbg}=\left(\frac{640{,}000}{159{,}200}\right)\times1.0\times1.0\times1.0\times1.0\times84.0=337.7\text{ kN}$$

$$\phi N_{cbg}=0.75\times337.7=253.3\text{ kN}$$

인장설계 요약

파괴모드	설계강도 ϕN_n		비고
강재인장파괴	ϕN_{sa}/앵커	306.4 kN/앵커	--
콘크리트파괴	ϕN_{cbg}/그룹	--	앵커철근
측면파열	ϕN_{sbg}/그룹	--	미적용
뽑힘파괴	ϕN_{pn}/앵커	288.4 kN/앵커	지배강도

12. 전단하중에 대한 설계

확대된 페데스탈 단면에서 앵커 간격은 400 mm이고, 연단거리는 200 mm임.

기준 22.5.2(해설)

전단에 대한 앵커설계는 다음 두 가지를 고려해야 함 :

(경우 1) 4개의 앵커가 균등하게 전단(소요전단강도 V_{ua})에 저항함.

적용기준	계산 및 해설

(경우 2) 후면의 2개 앵커만이 전단(V_{ua})에 저항함.

13. 전단을 받는 앵커의 강재강도

헤드앵커의 전단강도는 다음과 같이 취할 수 있음.

기준 식 22.5.2 $V_{sa} = 0.6A_{se}f_{uta} = 0.6 \times 817 \times 500 = 245.1\ \text{kN}$

기준 22.5.1(3) 강판과 페데스탈 상부 사이에 그라우트가 있는 경우, 수정계수 0.8을 적용하여야 함 : $V_{sa} = 0.8 \times 245.1 = 196.1\ \text{kN}$

기준 22.3(7)① (나) 연성강재요소의 강도가 지배하는 앵커의 전단에 대한 강도감소계수 : $\phi = 0.65$

$\phi V_{sa} = 0.65 \times 196.1 = 127.5$ kN/앵커

설계강도가 소요강도를 만족하는지 여부 확인 :

$V_{ua} \leq \phi V_{sa}$

후면에 위치한 2개 앵커만이 전단에 저항하는 경우 : $V_{ua} = \dfrac{133.2}{2} = 66.6$ kN/앵커

$V_{ua} = 66.6$ kN/앵커 $\leq$ 127.5 kN/앵커 〈만족〉

14. 전단을 받는 앵커의 콘크리트 파괴강도

콘크리트 파괴면은 페데스탈 상부면 앵커의 중심으로부터 시작하여 수평 및 연직방향으로 각각 35° 각도로 진행하는 것으로 가정함(예제 그림 19.4-4 참고).

(경우 1) 4개 앵커가 균등하게 전단에 저항하는 경우

콘크리트 파괴면은 가장자리에 가까운 2개 앵커로부터 시작하고, 공칭콘크리트 파괴강도는 다음과 같음.

기준 식 22.5.4 $V_{cbg} = \dfrac{A_{Vc}}{A_{Vco}}\psi_{ec,V}\psi_{ed,V}\psi_{c,V}\psi_{h,V}V_b$

기준 22.5.2(1) A_{Vc}는 앵커그룹의 투영전단파괴면임.

$A_{Vc} = (c_{a2} + s + c_{a2})(1.5c_{a1}) = (200 + 400 + 200)(1.5 \times 200) = 240{,}000\ \text{mm}^2$

A_{Vco}는 단일 앵커의 투영전단파괴면임.

기준 식 22.5.5 $A_{Vco} = 4.5(c_{a1})^2 = 4.5 \times 200^2 = 180{,}000\ \text{mm}^2$

기준 식 22.5.9 $\psi_{ec,V}$는 앵커그룹에 작용하는 전단하중의 편심에 대한 수정계수 :

$\psi_{ec,V} = 1.0$

기준 식 22.5.11 $\psi_{ed,V}$는 앵커가 측면과 가까이 위치한 경우(즉 $c_{a2} < 1.5c_{a1}$인 경우) 콘크리트 파괴면

적용기준	계산 및 해설

에 대한 수정계수임.

$$\psi_{ed,V} = 0.7 + 0.3\left(\frac{c_{a2}}{1.5c_{a1}}\right) = 0.7 + 0.3\left(\frac{200}{1.5 \times 200}\right) = 0.9$$

기준 22.5.2(7)② — $\psi_{c,V}$는 사용하중 하에서 콘크리트 상태에 대한 수정계수이고, RC 페데스탈의 띠철근이 보조철근으로 작용함 : $\psi_{c,V} = 1.2$

기준 22.5.2(8) — $\psi_{h,V}$는 앵커 매립깊이에 대한 부재 두께에 관련한 수정계수임 : $\psi_{h,V} = 1.0$

기준 22.5.2(2) — 전단에 대한 콘크리트 기본파괴강도 V_b는 다음 두 식 중 작은 값을 취함.

기준 식 22.5.6

$$V_b = \left(0.6\left(\frac{l_e}{d_a}\right)^{0.2}\sqrt{d_a}\right)\lambda_a\sqrt{f_{ck}}(c_{a1})^{1.5} = 0.6 \times \left(\frac{288}{36}\right)^{0.2} \times \sqrt{36} \times 1.0 \times \sqrt{30} \times 200^{1.5}$$

$$= 84.5\ \text{kN}$$

기준 식 22.5.7

$$V_b = 3.7\lambda_a\sqrt{f_{ck}}(c_{a1})^{1.5} = 3.7 \times 1.0 \times \sqrt{30} \times 200^{1.5} = 57.3\ \text{kN}$$

그러므로 $V_b = 57.3\ \text{kN}$

기준 22.5.2(2) — 위에서 $l_e - 8d_a (l_e = h_{ef} = 450\ \text{mm} \le 8d_a)$

기준 식 22.5.4

$$V_{cbg} = \frac{240{,}000}{180{,}000} \times 1.0 \times 0.9 \times 1.2 \times 1.0 \times 57.3 = 82.5\ \text{kN}$$

기준 22.3(7)③ (가) — 보조철근이 있는 선설치 헤드앵커에 대해 조건 A를 적용하므로 강도감소계수는 0.75임 : $\phi = 0.75$

$\phi V_{cbg} = 0.75 \times 82.5 = 61.9\ \text{kN}$

설계강도가 소요강도 이상인지 여부 확인 : $V_{ua} \le \phi V_{cbg}$

$V_{ua} = 133.2\ \text{kN} > 61.9\ \text{kN}$ 불만족 → 앵커철근이 필요함.

예제 그림 19.4-5에 설계가 가능한 두 가지 형태의 앵커철근을 나타냈음.

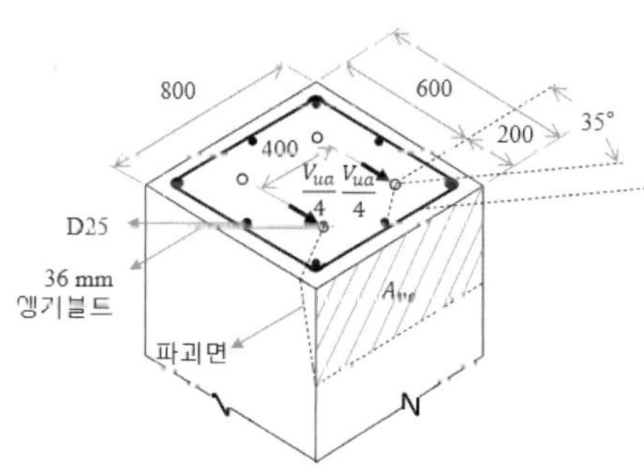

예제 그림 19.4-4 전단파괴면 (경우 1)

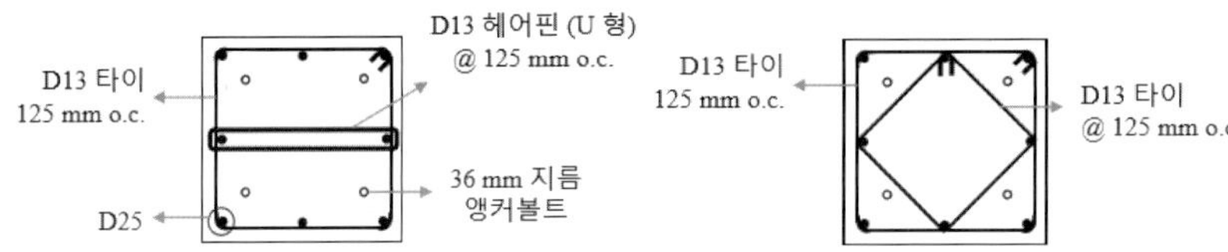

(a) 대안 1 : D13 헤어핀 (U형) 설치 (b) 대안 2 : D13 다이아몬드형 타이 설치

예제 그림 19.4-5 앵커철근

(경우 2) 단면에서 떨어진 2개 앵커가 전단에 저항하는 경우

2개 앵커의 공칭전단강도는 다음과 같음.

$$V_{cbg} = \frac{A_{Vc}}{A_{Vco}} \psi_{ec,\,V} \psi_{ed,\,V} \psi_{c,\,V} \psi_{h,\,V} V_b$$

$A_{Vc} = (c_{a2} + s + c_{a2})(1.5c_{a1}) = (200 + 400 + 200)(1.5 \times 600) = 720{,}000\ \text{mm}^2$

$A_{Vco} = 4.5(c_{a1})^2 = 4.5 \times 600^2 = 1{,}620{,}000\ \text{mm}^2$

$\psi_{ec,V} = 1.0$(경우 1)과 동일

$$\psi_{ed,\,V} = 0.7 + 0.3\left(\frac{c_{a2}}{1.5c_{a1}}\right) = 0.7 + 0.3\left(\frac{200}{1.5 \times 600}\right) = 0.767$$

$\psi_{c,\,V} = 1.2$(경우 1)과 동일

$\psi_{h,\,V} = 1.0$(경우 1)과 동일

콘크리트 기본파괴강도 V_b는 다음 두 식 중 작은 값을 취함.

$$V_b = \left(0.6\left(\frac{l_e}{d_a}\right)^{0.2}\sqrt{d_a}\right)\lambda_a\sqrt{f_{ck}}(c_{a1})^{1.5} = 0.6 \times \left(\frac{288}{36}\right)^{0.2} \times \sqrt{36} \times 1.0 \times \sqrt{30} \times 600^{1.5}$$

$= 439.2\ \text{kN}$

위에서 $l_e = 8d_a$

$V_b = 3.7\lambda_a\sqrt{f_{ck}}c_{a1}^{1.5} = 3.7 \times 1.0 \times \sqrt{30} \times 600^{1.5} = 297.8\ \text{kN}$

그러므로 $V_b = 297.8\ \text{kN}$

$$V_{cbg} = \frac{720{,}000}{1{,}620{,}000} \times 1.0 \times 0.767 \times 1.2 \times 1.0 \times 297.8 = 121.8\ \text{kN}$$

보조철근이 있는 선설치 헤드앵커에 대해 조건 A를 적용하므로 강도감소계수는 0.75임 : $\phi = 0.75$

$\phi V_{cbg} = 0.75 \times 121.8 = 91.4\ \text{kN}$

설계강도가 소요강도 이상인지 여부 확인 : $V_{ua} \le \phi V_{cbg}$

적용기준	계산 및 해설

$V_{ua} = 133.2\,\text{kN} > 91.4\,\text{kN}$ 불만족 → 앵커철근이 필요함 (경우 1 참고)

15. 콘크리트 프라이아웃강도

전단에 대한 앵커의 콘크리트 프라이아웃강도는 다음과 같음.

기준 식 22.5.14 $\phi V_{cpg} = \phi k_{cp} N_{cpg}$

기준 22.5.3(1)② $N_{cpg} = N_{cbg}$

유효매립깊이 $h_{ef}' = 133\,\text{mm} \geq 65\,\text{mm}$인 경우 $k_{cp} = 2.0$

$A_{Nc} = (c_{a1} + 1.5h_{ef}')(b) = (200 + 1.5 \times 133)(800) = 319{,}600\,\text{mm}^2$

$A_{Nco} = 9(h_{ef}')^2 = 9 \times 133^2 = 159{,}200\,\text{mm}^2$

$\psi_{ec,N} = 1.0$

$\psi_{ed,N} = 0.7 + 0.3\left(\dfrac{200}{1.5 \times 133}\right) = 1.0$

$\psi_{c,N} = 1.0$

$\psi_{cp,N} = 1.0$

$N_b = k_c \lambda_a \sqrt{f_{ck}}\, h_{ef}^{1.5} = 10 \times 1.0 \times \sqrt{30} \times 133^{1.5} = 84.0\,\text{kN}$

$N_{cbg} = \dfrac{319{,}600}{159{,}200} \times 1.0 \times 1.0 \times 1.0 \times 1.0 \times 84.0 = 168.6\,\text{kN}$

$\phi V_{cpg} = 0.75 \times 2.0 \times 168.6 = 252.9\,\text{kN}$

설계강도가 소요강도 이상인지 여부 확인 : $V_{ua} \leq \phi V_{cpg}$

$V_{ua} = 133.2\,\text{kN} < 252.9\,\text{kN}$ 만족

전단설계 요약

파괴모드	설계강도 ϕV_n		비고
강재진단파괴	ϕV_{sa}	127.5 kN/앵커	지배강도
콘크리트파괴	ϕV_{cbg}	(경우 1) 61.9 kN/그룹	앵커철근
		(경우 2) 91.4 kN/그룹	
프라이아웃파괴	ϕV_{cpg}	252.9 kN/그룹	--

적용기준	계산 및 해설

16. 인장-전단 상관식

기준 22.6(2)

$$\frac{N_{ua}}{\phi N_n} \le 0.2 : \frac{128.9}{288.4} = 0.45 > 0.2$$

기준 22.6(3)

$$\frac{V_{ua}}{\phi V_n} \le 0.2 : \frac{33.3}{127.5} = 0.26 > 0.2$$

그러므로 인장-전단 상관식을 확인해야 함.

기준 식 22.6.1

$$\frac{N_{ua}}{\phi N_n} + \frac{V_{ua}}{\phi V_n} = 0.45 + 0.26 = 0.71 < 1.2 \quad \text{만족}$$

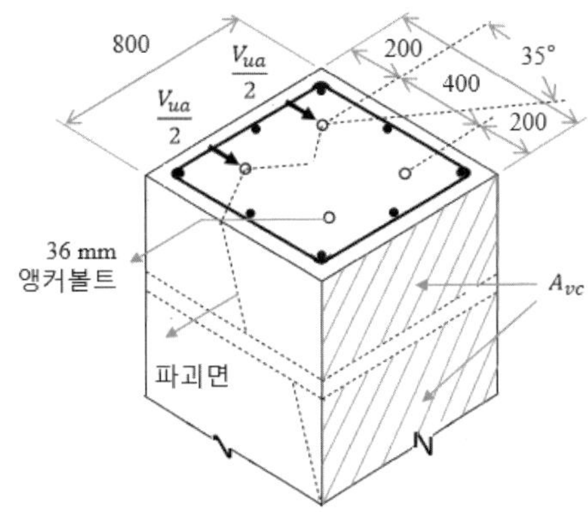

예제 그림 19.4-6 전단파괴면 (경우 2)

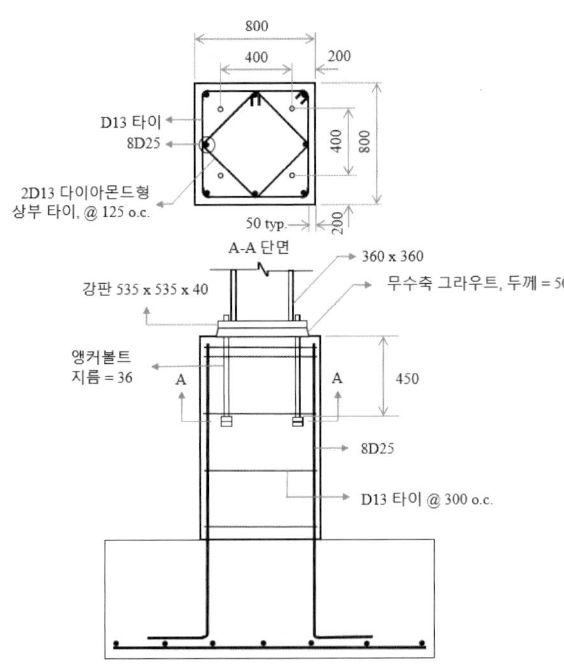

예제 그림 19.4-7 페데스탈 철근(단위 : mm)

예제 19.5 인장을 받는 부착식 앵커 그룹

아래 그림과 같이 콘크리트에 강재 플레이트를 고정하기 위해 슬래브 가장자리로부터 100 mm 거리에 위치하고 앵커 간 중심간격이 150 mm이며 직경이 16 mm인 2개의 부착식 앵커가 유효묻힘깊이 125 mm로 설치되어 있다. 플레이트의 중심에 25.0 kN의 계수 인장하중이 작용할 때 이 앵커 그룹의 적정성을 검토하라.
KS B 0233 8.8등급의 취성강재요소가 사용되고 콘크리트 파괴를 구속하기 위한 별도의 보조철근은 설치되어있지 않다. 설계기준 압축강도가 24 MPa인 보통중량콘크리트이며 사용하중 하에서 콘크리트 균열이 발생하는 것으로 가정한다. 해당 시험방법에 따른 시험과 평가를 통한 제품의 특성값들은 예제 표 19.5-1에 따른다. 예제 표 19.5-1은 가상의 자료로 실제 설계에서는 제조사에서 제공한 자료를 사용하여야 한다.

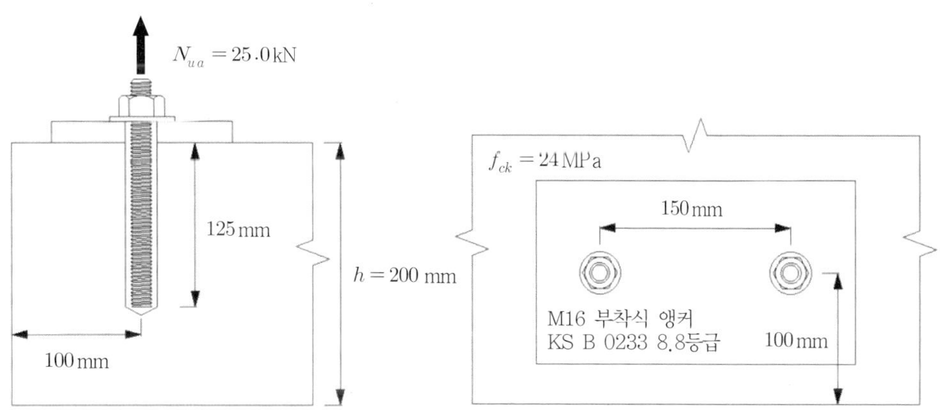

적용기준

계산 및 해설

1. 설계인장하중(계수 인장하중)

$$N_{ua} = 25.0\,\text{kN}$$

2. 설계 고려사항

기준 표 22.3.1

인장을 받는 부착식 앵커 그룹은 개별 앵커의 설계강재강도 ϕN_{sa}가 앵커 그룹에서 가장 큰 응력이 작용되는 앵커의 계수 인장하중 $N_{ua,i}$ 이상이어야 하며, 앵커 그룹의 설계 콘크리트파괴강도 ϕN_{cbg} 및 설계부착강도 ϕN_{ag}가 각각 앵커 그룹의 계수 인장하중 $N_{ua,g}$ 이상이어야 한다.

적용기준	계산 및 해설

3. 인장을 받는 앵커의 강재강도

기준 표 22.3.1 $\phi N_{sa} \geq N_{ua,i}$

기준 식 22.4.1 $N_{sa} = A_{se,N} f_{uta}$

$\phi A_{se,N} f_{uta} \geq N_{ua,i}$

기준 22.3(7) 여기서 취성강재요소의 강도에 의해 지배되는 앵커가 인장을 받을 때의 강도감소계수 $\phi = 0.65$이고, 유효단면적은 예제 표 19.5-1의 $157\,\mathrm{mm}^2$를 사용하며, KS B 0233 8.8 등급의 f_{uta}는 $800\,\mathrm{MPa}$이다. 단, f_{uta}는 $1.9 f_{ya}$ 또는 $860\,\mathrm{MPa}$ 중 작은 값이어야 한다.

편심 없이 플레이트의 중심에 계수 인장하중 N_{ua}가 작용할 때 앵커 그룹의 각 앵커에 균등하게 하중이 분배되므로 $N_{ua,i}$는 N_{ua}를 앵커의 수 2로 나누어 계산한다.

$\phi N_{sa} = 0.65 \times 157 \times 800 \div 1{,}000 = 81.6\,\mathrm{kN}$

$N_{ua,i} = 25.0 \div 2 = 12.5\,\mathrm{kN}$

$\phi N_{sa} = 81.6\,\mathrm{kN} \geq N_{ua,i} = 12.5\,\mathrm{kN}$ 〈적합〉

4. 인장력을 받는 앵커의 콘크리트 파괴강도

기준 표 22.3.1 $\phi N_{cbg} \geq N_{ua,g}$

기준 22.3(7) 예제의 부착식 앵커가 범주 1에 속하고(예제 표 19.5-1 참고), 콘크리트 파괴를 구속하기 위한 별도의 보조철근은 설치되어 있지 않아 조건 B에 해당하므로 강도감소계수 $\phi = 0.65$이다.

기준 식 22.4.3 $N_{cbg} = \dfrac{A_{Nc}}{A_{Nco}} \psi_{ec,N} \psi_{ed,N} \psi_{c,N} \psi_{cp,N} N_b$

기준 식 22.4.4 $A_{Nco} = 9 h_{ef}^2 = 9 \times 125^2 = 140{,}625\,\mathrm{mm}^2$

예제의 경우 A_{Nc}는 다음 그림과 같이 앵커의 중심으로부터 $1.5 h_{ef}$ 떨어진 세 개의 외곽선과 콘크리트 가장자리로 구성된 사각형 파괴면의 투영면적이며 nA_{Nco} 이하이어야 한다.

적용기준	계산 및 해설

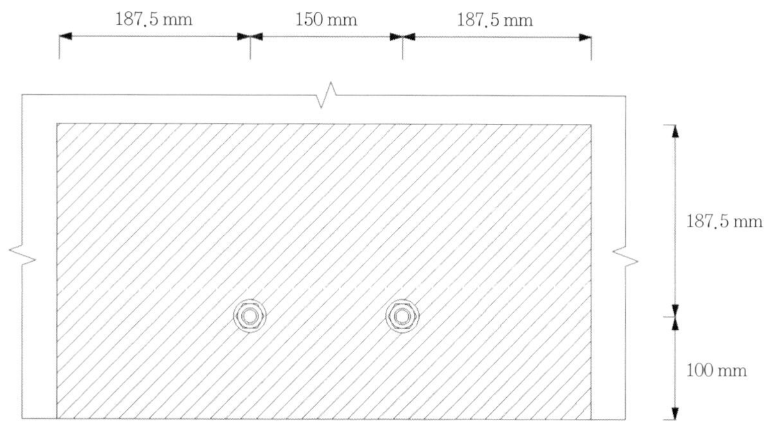

기준 22.4.2(1)

$$A_{Nc} = (c_{a1} + 1.5h_{ef})(2 \times 1.5h_{ef} + s_1)$$

$$= (100 + 1.5 \times 125) \times (2 \times 1.5 \times 125 + 150) = 150{,}938\,\text{mm}^2$$

$$nA_{Nco} = 2 \times 140{,}625 = 281{,}250\,\text{mm}^2$$

$A_{Nc} \le nA_{Nco}$ 〈만족〉

기준 식 22.4.7

$$\psi_{ec,N} = \frac{1}{\left(1 + \frac{2e'_N}{3h_{ef}}\right)} \le 1$$

플레이트의 중심에 인장하중이 작용하여 편심거리 $e'_N = 0$이므로

$$\psi_{ec,N} = \frac{1}{\left(1 + \frac{2 \times 0}{3 \times 125}\right)} = 1.0$$

기준 22.4.2(5)

$c_{a,\min}$은 100 mm이고, $c_{a,\min} < 1.5h_{ef}$이므로

기준 식 22.4.9

$$\psi_{ed,N} = 0.7 + 0.3\frac{c_{a,\min}}{1.5h_{ef}}$$

$$\psi_{ed,N} = 0.7 + 0.3 \times \frac{100}{1.5 \times 125} = 0.86$$

기준 22.4.2(6)

사용하중 하에서 콘크리트 균열이 발생하는 경우,

$$\psi_{c,N} = 1.0$$

기준 22.4.2(7)

사용하중 하에서 콘크리트 균열이 발생하는 경우,

$$\psi_{cp,N} = 1.0$$

적용기준	계산 및 해설

기준 식 22.4.5

$$N_b = k_c \lambda_a \sqrt{f_{ck}} h_{ef}^{1.5} \qquad k_c = 7.1 \quad \text{(예제 표 19.5-1 참고)}$$

보통 중량 콘크리트이므로 $\lambda_a = 1.0$이다.

$$N_b = 7.1 \times 1.0 \times \sqrt{24} \times 125^{1.5} \div 1,000 = 48.61\,\text{kN}$$

그러므로

$$N_{cbg} = \frac{150,938}{140,625} \times 0.86 \times 1.0 \times 1.0 \times 1.0 \times 48.61 = 44.87\,\text{kN}$$

$$\phi N_{cbg} = 0.65 \times 44.87 = 29.2\,\text{kN} \geq N_{ua,g} = 25.0\,\text{kN} \quad \text{〈적합〉}$$

6. 인장력을 받는 부착식 앵커의 부착강도

기준 표 22.3.1

$$\phi N_{ag} \geq N_{ua,g}$$

기준 22.3(7)

예제의 부착식 앵커가 범주 1에 속하고(예제 표 19.5-1 참고), 콘크리트 파괴를 구속하기 위한 별도의 보조철근은 설치되어 있지 않아 조건 B에 해당하므로, 강도감소계수 $\phi = 0.65$이다.

기준 식 22.4.19

$$N_{ag} = (\frac{A_{Na}}{A_{Nao}}) \psi_{ec,Na} \psi_{ed,Na} \psi_{cp,Na} N_{ba}$$

기준 식 22.4.21

$$c_{Na} = 10 d_a \sqrt{\frac{\tau_{uncr}}{7.6}} = 10 \times 16 \times \sqrt{\frac{16.52}{7.6}} = 235.9\,\text{mm}$$ 이므로

기준 식 22.4.20

$$A_{Nao} = (2c_{Na})^2 = 222,585\,\text{mm}^2$$

예제의 경우 A_{Na}는 아래 그림과 같이 앵커의 중심으로부터 c_{Na} 떨어진 세 개의 외곽선과 콘크리트 가장자리로 구성된 사각형 파괴면의 투영면적이며 nA_{Nao} 이하이어야 한다.

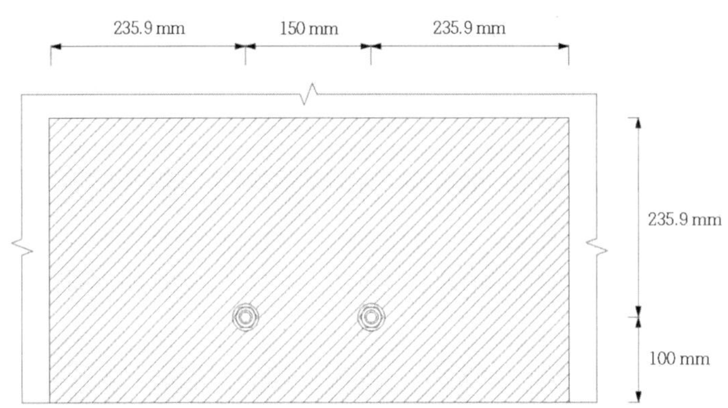

적용기준	계산 및 해설

기준 22.4.5(1)

$$A_{Na} = (c_{a1} + c_{Na}) \times (2c_{Na} + s_1)$$
$$= (100 + 235.9) \times (2 \times 235.9 + 150) = 208{,}862\,\mathrm{mm}^2$$
$$nA_{Nao} = 2 \times 222{,}585 = 445{,}170\,\mathrm{mm}^2$$
$$A_{Na} \le nA_{Nao} \quad \langle 만족 \rangle$$

기준 식 22.4.23

$$\psi_{ec,Na} = \frac{1}{\left(1 + \frac{e'_N}{c_{Na}}\right)} \le 1$$

플레이트의 중심에 인장하중이 작용하여 편심거리 $e'_N = 0$이므로

$$\psi_{ec,Na} = \frac{1}{\left(1 + \frac{0}{235.9}\right)} = 1.0$$

기준 22.4.5(4)

$c_{a,\min} = 100\,\mathrm{mm}$, $c_{Na} = 235.9\,\mathrm{mm}$이고

$c_{a,\min} \le c_{Na}$이므로

기준 식 22.4.25

$$\psi_{ed,Na} = 0.7 + 0.3\left(\frac{c_{a,\min}}{c_{Na}}\right) \le 1.0$$
$$\psi_{ed,Na} = 0.7 + 0.3 \times \frac{100}{235.9} = 0.827$$

기준 22.4.5(5)

사용하중 하에서 콘크리트 균열이 발생하는 경우,

$$\psi_{cp,Na} = 1.0$$

기준 식 22.4.22

$$N_{ba} = \lambda_a \tau_{cr} \pi d_a h_{ef}$$

특성부착강도 τ_{cr}은 예제 표 19.5-1에 따라 9.15를 사용한다.

$$N_{ba} = 1.0 \times 9.15 \times 3.14 \times 16 \times 125 \div 1{,}000 = 57.462\,\mathrm{kN}$$

그러므로

$$N_{ag} = \left(\frac{208{,}862}{222{,}585}\right) \times 1.0 \times 0.827 \times 1.0 \times 57.462 = 44.59\,\mathrm{kN}$$
$$\phi N_{ag} = 0.65 \times 44.59 = 29.0\,\mathrm{kN} \ge 25.0\,\mathrm{kN} \quad \langle 적합 \rangle$$

적용기준	계산 및 해설

기준 표 22.3.1

7. 인장하중에 대한 파괴유형별 적정성 확인

앵커 그룹		상태
개별 앵커		
강재강도	$\phi N_{sa} = 81.6\,\text{kN} \geq N_{ua,i} = 12.5\,\text{kN}$	적합
그룹 앵커		
콘크리트 파괴강도	$\phi N_{cbg} = 29.2\,\text{kN} \geq N_{ua,g} = 25.0\,\text{kN}$	적합
부착강도	$\phi N_{ag} = 29.0\,\text{kN} \geq N_{ua,g} = 25.0\,\text{kN}$	적합

8. 요약

예제의 부착식 앵커 그룹은 25.0kN의 계수 인장하중을 저항하는 목적에 적합하다.

예제 표 19.5-1 부착식 앵커 예

특성		기호	단위	공칭 앵커 직경							
				8	10	12	16	20	24	27	30
앵커 외경		d_a	mm	8	10	12	16	20	24	27	30
유효 단면적		A_{se}	mm^2	36.6	58.0	84.3	157	245	353	459	561
설계기준 인장강도		f_{uta}	MPa	800							
설계기준 항복강도		f_{ya}	MPa	640							
연신율		A	%	12							
단면적 감소율		Z	%	52							
최소 묻힘깊이		$h_{ef,min}$	mm	60	60	70	80	90	100	110	120
최대 묻힘깊이		$h_{ef,max}$	mm	160	200	240	320	400	480	540	600
최소 앵커간격		s_{min}	mm	40	50	60	80	100	120	135	150
최소 연단거리		$c_{a,min}$	mm	40	50	60	80	100	120	135	150
기본 콘크리트 파괴강도계수 (균열콘크리트)		k_c	-	7.1							
건조/습윤 콘크리트	특성부착강도 (균열콘크리트)	τ_{cr}	MPa	9.25	9.25	9.25	9.15	9.04	8.94	8.94	8.83
	특성부착강도 (비균열콘크리트)	τ_{uncr}	MPa	18.15	17.72	17.39	16.52	15.76	15.00	14.35	13.80
	앵커범주	-	-	1							

제 20 장

기존 구조물의 안전성 평가

예제 20.1

해석에 의한 내하력 평가

교량 상부구조 부재의 휨과 전단에 대한 내하율 F을 산정하는 예를 정리하였다.

적용기준

계산 및 해설

기준 20.4

○○교에 대한 조사를 통해 상태평가등급이 설정되고 고정하중과 활하중에 대한 단면력들이 결정되었을 경우, 기준과 부록에 있는 공식들을 적용하여 휨과 전단에 대한 공용 내하력을 계산할 수 있다. 단, 도로교설계기준이 개정에 따라 평가활하중이 다르게 적용될 수 있으므로, 본 예제에서는 내하율 F만 계산하였다.

부록 식 V.4.4

$$\text{공용 내하력} = \text{내하율 } F \times \text{평가활하중} \tag{1}$$

(1) 휨 내하력 평가

부록 식 V.4.5

$$\text{내하율 } F = \frac{\phi_A(\phi M_n) - \gamma_{A,d}(\gamma_d M_d)}{\gamma_{A,l}(\gamma_l M_l)(1+I)} \tag{2}$$

예제 표 20.1-1 ○○교 내측 및 외측주형에서 평가된 휨 내하력

구분	내측 주형	외측 주형
M_n (kN·m)	2,076	2,081
M_d (kN·m)	651.7	658.8
$M_{l,(DB-24)}$ (kN·m)	578.2	599.3
ϕ	0.85	0.85
ϕ_A	0.85	0.85
γ_d	1.3	1.3
$\gamma_{A,d}$	0.9	0.9
γ_l	2.15	2.15
$\gamma_{A,l}$	0.9	0.9
I	0.273	0.273
F	0.518	0.496

적용기준

계산 및 해설

(2) 전단 내하력 평가

부록 식 V.4.5

$$\text{내하율 } F=\frac{\phi_A(\phi V_n)-\gamma_{A,d}(\gamma_d V_d)}{\gamma_{A,l}(\gamma_l V_l)(1+I)} \quad (3)$$

예제 표 20.1-2 ○○교 내측 및 외형주형에서 평가된 전단 내하력

구분	내측 주형	외측 주형
V_n (kN)	588	588
V_d (kN)	172.8	180.1
$V_{l,(DB-24)}$ (kN)	187.8	178.3
ϕ	0.80	0.80
ϕ_A	0.85	0.85
γ_d	1.3	1.3
$\gamma_{A,d}$	0.9	0.9
γ_l	2.15	2.15
$\gamma_{A,l}$	0.9	0.9
I	0.273	0.273
F	0.427	0.431

휨과 전단 내하력 평가에서 적용한 ϕ_A는 기준 부록「해설 표 V.4.2」에 따라 정한 구조상태계수 $\gamma_{A,d}$와 $\gamma_{A,l}$는 기준 부록「해설 표 V.4.1」에 따라 정한 하중평가계수 I는 구조해석에 적용하는 충격계수이다.

부 록

부록 A 설계도표

표 A.1 철근의 공칭지름, 공칭단면적, 공칭둘레, 단위무게

호칭명	공칭지름(mm)	공칭단면적(mm^2)	공칭둘레(mm)	단위무게(㎏/m)
D 6	6.35	31.67	20	0.249
D10	9.53	71.33	30	0.560
D13	12.7	126.7	40	0.995
D16	15.9	198.6	50	1.56
D19	19.1	286.5	60	2.25
D22	22.2	387.1	70	3.04
D25	25.4	506.7	80	3.98
D29	28.6	642.4	90	5.04
D32	31.8	794.2	100	6.23
D35	34.9	956.6	110	7.51
D38	38.1	1,140	120	8.95
D41	41.3	1,340	130	10.5
D51	50.8	2,027	160	15.9

표 A.2 여러 개 철근의 단면적(mm^2)

호칭명	철근 개수											
	1	2	3	4	5	6	7	8	9	10	11	12
D 6	31.67	63.34	95.01	126.7	158.4	190.0	221.7	253.4	285.0	316.7	348.4	380.0
D10	71.33	142.7	214.0	285.3	356.7	428.0	499.3	580.6	641.8	313.3	784.6	856.0
D13	126.7	253.4	380.1	506.8	633.5	760.2	886.9	1,014	1,140	1,267	1,394	1,520
D16	198.6	397.2	596.0	794.0	993.0	1,192	1,390	1,589	1,787	1,986	2,185	2,383
D19	286.5	573.0	860.0	1,146	1,433	1,719	2,006	2,292	2,579	2,865	3,156	3,438
D22	387.1	774.2	1.161	1,548	1,936	2,323	2,710	3,097	3,484	3,871	4,258	4,645
D25	506.7	1,013	1,520	2,027	2,534	3,040	3,547	4,054	4,560	5,067	5,574	6,080
D29	642.4	1,285	1,927	2,570	3,212	3,854	4,497	5,140	5,782	6,424	7,066	7,709
D32	794.2	1,522	2,383	3,177	3,971	4,765	5,559	6,354	7,148	7,942	8,736	9,530
D35	956.6	1,913	2,870	3,826	4,783	5,740	6,696	7,653	8,609	9,566	10,520	11,480
D38	1,140	2,280	3,420	4,560	5,700	6,840	7,980	9,120	10,260	11,400	12,540	13,680
D41	1,340	2,680	4,020	5,360	6,700	8,040	9,380	10.720	12,060	13,400	14,740	16,080
D51	2,027	4,054	6,081	8,108	10,140	12,160	14,190	16,220	18,240	20,270	22,200	24,320

표 A.3 여러 개 철근의 둘레(mm)

호칭명	철근 개수											
	1	2	3	4	5	6	7	8	9	10	11	12
D 6	20	40	60	80	100	120	140	160	180	200	220	240
D10	30	60	90	120	150	180	210	240	270	300	330	360
D13	40	80	120	160	200	240	280	320	360	400	440	480
D16	50	100	150	200	250	300	350	400	450	500	550	600
D19	60	120	180	240	300	360	420	480	540	600	660	720
D22	70	140	210	280	350	420	490	560	630	700	770	840
D25	80	160	240	320	400	480	560	640	720	800	880	960
D29	90	180	270	360	450	540	630	720	810	900	990	1,080
D32	100	200	300	400	500	600	700	800	900	1,000	1,100	1,200
D35	110	220	330	440	550	660	770	880	990	1,100	1,210	1,320
D38	120	240	360	480	600	720	840	960	1,080	1,200	1,320	1,440
D41	130	260	390	520	650	780	910	1,040	1,170	1,300	1,430	1,560
D51	160	320	480	640	800	960	1,120	1,280	1,440	1,600	1,760	1,920

표 A.4 슬래브 단위폭당 철근의 단면적(mm^2/m)

철근간격 (mm)	철근 호칭명						
	D10	D13	D16	D19	D22	D25	D29
100	713.3	1,267	1,986	2,865	3,871	5,067	6,424
125	570.6	1,014	1,589	2,292	3,097	4,054	5,139
150	475.5	844.7	1,324	1,910	2,581	3,378	4,283
175	407.6	724.0	1,350	1,637	2,212	2,895	3,671
200	356.7	633.5	993.0	1,436	1,936	2,534	3,212
225	310.7	563.1	882.7	1,273	1,720	2,252	2,855
250	285.3	506.8	794.4	1,146	1,548	2,027	2,579
275	259.4	460.7	722.2	1,042	1,408	1,843	2,336
300	237.8	422.3	662.0	955.0	1,290	1,689	2,141

표 A.5 단철근 직사각형 보의 철근비의 제한 값

f_y (MPa)	f_{ck} (MPa)	β_1	ρ^a $\epsilon_t = 0.005$	ρ^a_{max} $\epsilon_t = 0.004$	$\rho_{min} = \frac{0.25\sqrt{f_{ck}}}{f_y}$	$\rho_{min} = \frac{1.4}{f_y}$
300	21	0.85	0.0190	0.0217	0.0038	0.0047
	24	0.85	0.0217	0.0248	0.0041	0.0047
	27	0.85	0.0244	0.0279	0.0043	0.0047
	30	0.84	0.0266	0.0305	0.0046	0.0047
	35	0.80	0.0298	0.0340	0.0049	0.0047
	40	0.77	0.0326	0.0372	0.0053	0.0047
400	21	0.85	0.0142	0.0163	0.0029	0.0035
	24	0.85	0.0163	0.0186	0.0031	0.0035
	27	0.85	0.0183	0.0209	0.0032	0.0035
	30	0.84	0.0200	0.0228	0.0034	0.0035
	35	0.80	0.0223	0.0255	0.0037	0.0035
	40	0.77	0.0244	0.0279	0.0040	0.0035

주) $\rho^a = 0.85\beta_1 \frac{f_{ck}}{f_y} \times \frac{0.003}{0.003 + \epsilon_1}$

표 A.6 휨저항계수 R의 값 $\left[R = \rho f_y\left(1 - 0.59 \times \frac{\rho f_y}{f_{ck}}\right)\right]$ (MPa)

ρ	$f_y = 300$				$f_y = 400$			
	f_{ck}				f_{ck}			
	21	24	27	30	21	24	27	30
0.0005	0.15	0.15	0.15	0.15	0.20	0.20	0.20	0.20
0.0010	0.30	0.30	0.30	0.30	0.40	0.40	0.40	0.40
0.0015	0.44	0.45	0.45	0.45	0.59	0.59	0.59	0.59
0.0020	0.59	0.59	0.59	0.59	0.79	0.78	0.79	0.79
0.0025	0.73	0.74	0.74	0.74	0.97	0.98	0.98	0.98
0.0030	0.88	0.88	0.88	0.88	1.16	1.16	1.17	1.17
0.0035	1.02	1.02	1.02	1.02	1.34	1.35	1.36	1.36
0.0040	1.16	1.16	1.16	1.16	1.53	1.54	1.54	1.55
0.0045	1.30	1.31	1.31	1.31	1.71	1.72	1.73	1.74
0.0050	1.44	1.44	1.45	1.46	1.89	1.90	1.91	1.92
0.0055	1.57	1.58	1.59	1.60	2.06	2.08	2.09	2.10
0.0060	1.71	1.72	1.73	1.74	2.24	2.26	2.27	2.29
0.0065	1.84	1.86	1.87	1.88	2.41	2.43	2.45	2.47
0.0070	1.98	1.99	2.00	2.01	2.58	2.61	2.63	2.65
0.0075	2.11	2.13	2.14	2.15	2.75	2.78	2.80	2.82
0.0080	2.24	2.26	2.27	2.29	2.91	2.95	2.98	3.00
0.0085	2.37	2.39	2.41	2.42	3.08	3.12	3.15	3.17
0.0090	2.50	2.52	2.54	2.56	3.24	3.28	3.32	3.35

ρ	$f_y=300$				$f_y=400$			
	f_{ck}				f_{ck}			
	21	24	27	30	21	24	27	30
0.0095	2.62	2.65	2.67	2.69	3.39	3.45	3.48	3.52
0.0100	2.75	2.78	2.80	2.82	3.55	3.61	3.65	3.69
0.0105	2.87	2.91	2.93	2.95	3.70	3.77	3.81	3.85
0.0110	2.99	3.03	3.06	3.09	3.86	3.92	3.98	4.02
0.0115	3.12	3.16	3.19	3.22	4.01	4.08	4.14	4.18
0.0120	3.24	3.28	3.32	3.35	4.15	4.23	4.30	4.35
0.0125	3.35	3.40	3.44	3.47	4.30	4.39	4.45	4.51
0.0130	3.47	3.53	3.57	3.60	4.44	4.54	4.61	4.67
0.0135	3.59	3.65	3.69	3.73	4.58	4.68	4.76	4.83
0.0140	3.70	3.77	3.81	3.85	4.72	4.83	4.91	4.98
0.0145	3.82	3.88	3.94	3.98	4.85	4.97	5.06	5.14
0.0150	3.93	4.00	4.06	4.10	4.99	5.12	5.21	5.29
0.0155	4.04	4.12	4.18	4.22	5.12	5.26	5.36	5.44
0.0160	4.15	4.23	4.30	4.35	5.25	5.39	5.50	5.59
0.0165	4.26	4.35	4.41	4.47	5.38	5.53	5.65	5.74
0.0170	4.37	4.46	4.53	4.59	5.50	5.66	5.79	5.89
0.0175	4.48	4.57	4.65	4.71		5.80	5.93	6.04
0.0180	4.58	4.68	4.76	4.83		5.93	6.07	6.18
0.0190	4.79	4.90	4.99	5.06		6.18	6.34	6.46
0.0200	4.99	5.12	5.21	5.29			6.60	6.74
0.0210	5.18	5.32	5.43	5.52			6.86	7.01
0.0220	5.38	5.53	5.65	5.74				7.28
0.0230	5.56	5.73	5.86	5.96				7.54
0.0240	5.74	5.93	6.07	6.18				7.79
0.0250	5.92	6.12	6.27	6.39				
0.0260		6.30	6.47	6.60				
0.0270		6.49	6.67	6.81				
0.0280		6.67	6.86	7.01				
0.0290			7.05	7.21				
0.0300			7.23	7.41				
0.0310			7.41	7.60				
0.0320			7.59	7.79				
0.0330				7.97				
0.0340				8.15				
0.0350				8.33				
0.0360								

표 A.7 탄성응력 상태에서 균열이 발생한 단면해석을 위한 k와 j값 $k=\sqrt{2\rho n+(\rho n)^2}-\rho n$; $j=1-(1/3)\times k$

ρ	$n=7$		$n=8$		$n=9$		$n=10$	
	k	j	k	j	k	j	k	j
0.0010	0.112	0.963	0.119	0.960	0.125	0.958	0.132	0.956
0.0020	0.154	0.949	0.164	0.945	0.173	0.942	0.180	0.940
0.0030	0.185	0.938	0.196	0.935	0.207	0.931	0.217	0.928
0.0040	0.210	0.930	0.223	0.926	0.235	0.922	0.246	0.918
0.0050	0.232	0.923	0.246	0.918	0.258	0.914	0.270	0.910
0.0054	0.240	0.920	0.254	0.915	0.267	0.911	0.279	0.907
0.0058	0.247	0.918	0.262	0.913	0.275	0.908	0.287	0.904
0.0062	0.254	0.915	0.269	0.910	0.283	0.906	0.296	0.901
0.0066	0.261	0.913	0.276	0.908	0.290	0.903	0.303	0.899
0.0070	0.268	0.911	0.283	0.906	0.298	0.901	0.311	0.896
0.0072	0.271	0.910	0.287	0.904	0.301	0.900	0.314	0.895
0.0074	0.274	0.909	0.290	0.903	0.304	0.899	0.318	0.894
0.0076	0.277	0.908	0.293	0.902	0.308	0.897	0.321	0.893
0.0078	0.280	0.907	0.296	0.901	0.311	0.896	0.325	0.892
0.0080	0.283	0.906	0.299	0.900	0.314	0.895	0.328	0.891
0.0082	0.286	0.905	0.303	0.899	0.317	0.894	0.331	0.890
0.0084	0.289	0.904	0.306	0.898	0.321	0.893	0.334	0.889
0.0086	0.292	0.903	0.308	0.897	0.324	0.892	0.338	0.887
0.0088	0.295	0.902	0.033	0.896	0.327	0.891	0.341	0.886
0.0090	0.298	0.901	0.314	0.895	0.330	0.890	0.344	0.885
0.0092	0.300	0.900	0.317	0.894	0.332	0.889	0.347	0.884
0.0094	0.303	0.899	0.320	0.893	0.335	0.888	0.350	0.883
0.0096	0.306	0.898	0.323	0.892	0.338	0.887	0.353	0.882
0.0098	0.308	0.897	0.325	0.892	0.341	0.886	0.355	0.882
0.0100	0.311	0.896	0.328	0.891	0.344	0.885	0.358	0.881
0.0104	0.316	0.895	0.333	0.889	0.349	0.884	0.364	0.879
0.0108	0.321	0.893	0.338	0.887	0.354	0.882	0.369	0.877
0.0112	0.325	0.892	0.343	0.886	0.359	0.880	0.374	0.875
0.0116	0.330	0.890	0.348	0.884	0.364	0.879	0.379	0.874
0.0120	0.334	0.889	0.353	0.882	0.369	0.877	0.384	0.872
0.0124	0.339	0.887	0.357	0.881	0.374	0.875	0.389	0.870
0.0128	0.343	0.886	0.362	0.879	0.378	0.874	0.394	0.867
0.0132	0.347	0.884	0.366	0.878	0.383	0.872	0.398	0.867
0.0136	0.351	0.883	0.370	0.877	0.387	0.871	0.403	0.866
0.0140	0.355	0.882	0.374	0.875	0.392	0.869	0.407	0.864
0.0144	0.359	0.880	0.378	0.874	0.396	0.868	0.412	0.863
0.0148	0.363	0.879	0.382	0.873	0.400	0.867	0.416	0.861
0.0152	0.367	0.878	0.386	0.871	0.404	0.865	0.420	0.860
0.0156	0.371	0.876	0.390	0.870	0.408	0.864	0.424	0.859
0.0160	0.374	0.875	0.394	0.869	0.412	0.863	0.428	0.857
0.0170	0.383	0.872	0.403	0.867	0.421	0.860	0.437	0.854
0.0180	0.392	0.869	0.412	0.863	0.430	0.857	0.446	0.851
0.0190	0.400	0.867	0.420	0.860	0.438	0.854	0.455	0.848
0.0200	0.407	0.864	0.428	0.857	0.446	0.851	0.463	0.846

표 A.8 인장철근을 1열로 배치할 수 있는 복부의 최소폭(mm) 철근의 간격 : 25mm 이상 철근의 피복두께 : 40mm 이상

(1) D13을 스터럽으로 사용할 경우

주철근 지름 \ 주철근 수	5	6	7	8	9	10	11	12	13
D13	290	330	370	410	450	500	530	580	620
D19	300	350	390	440	480	530	570	610	650
D22	320	370	410	460	510	560	600	650	700
D25	340	390	440	490	540	600	640	690	740
D29	370	420	480	540	600	650	710	770	820
D32	400	460	520	580	650	710	780	840	
D35	420	490	560	630	700	770	870		
D38	450	520	600	680	760	840			

(2) D16을 스터럽으로 사용할 경우

주철근 지름 \ 주철근 수	5	6	7	8	9	10	11	12	13
D19	310	360	400	440	490	530	580	620	660
D22	330	370	420	470	520	560	610	660	700
D25	340	400	450	500	550	600	650	700	750
D29	370	430	490	540	600	660	720	770	830
D32	400	470	530	590	660	720	780	850	
D35	430	500	570	640	710	780	850		
D38	460	530	610	690	760	840			
D41	490	570	650	740	820				

표 A.9 콘크리트 구조설계기준이 정한 균열제어 요건을 만족시키는데 필요한 최소 철근 개수

(1열 배치된 인장철근인 경우)

(1) 순피복두께 50mm(측면 피복두께 및 하면 피복두께)

철근	보의 폭 b_w, mm														
	200	250	300	350	400	450	500	550	600	650	700	750	800	850	900
D10~D41	1	1	2	2	3	3	3	3	3	4	4	4	4	4	5
D57	1	1	2	2	2	3	3	3	3	3	4	4	4	4	4

(2) 순피복두께 38mm(측면 피복두께 및 하면 피복두께)

철근	보의 폭 b_w, mm														
	200	250	300	350	400	450	500	550	600	650	700	750	800	850	900
D10~D13	1	1	2	2	3	3	3	3	3	4	4	4	4	4	4
D16~D41	1	1	2	2	3	3	3	3	3	3	4	4	4	4	4
D57	1	1	2	2	2	3	3	3	3	3	4	4	4	4	4

표 A.10 단위 폭(1m) 슬래브의 설계휨강도 ϕM_n(kN·m) f_y=400 MPa $\phi M_n = \phi \rho f_y b d^2(1-0.59\rho f_y/f_{ck})$

f_{ck} (MPa)	ρ	유효깊이(mm)									
		75	100	125	150	175	200	225	250	275	300
21	0.002	3.74	6.65	10.39	14.96	20.36	26.59	33.65	41.54	50.27	59.82
21	0.003	5.54	9.86	15.40	22.18	30.18	39.42	49.90	61.60	74.54	88.71
21	0.004	7.31	12.99	20.29	29.22	39.78	51.95	65.76	81.18	98.23	116.90
21	0.005	9.03	16.04	25.07	36.10	49.14	64.18	81.23	100.28	121.34	144.40
21	0.006	10.70	19.02	29.73	42.81	58.26	76.10	96.31	118.90	143.87	171.22
21	0.007	12.33	21.93	34.26	49.34	67.15	87.71	111.01	137.05	165.83	197.35
21	0.008	13.92	24.75	38.68	55.70	75.81	99.02	125.32	154.72	187.21	222.79
21	0.009	15.47	27.51	42.98	61.89	84.23	110.02	139.24	171.91	208.01	247.55
21	0.010	16.98	30.18	47.15	67.90	92.42	120.72	152.78	188.62	228.23	271.61
21	0.011	18.44	32.78	51.21	73.75	100.38	131.11	165.93	204.85	247.87	294.99
27	0.002	3.76	6.68	10.44	15.03	20.46	26.72	33.82	41.76	50.53	60.13
27	0.003	5.59	9.93	15.52	22.35	30.42	39.73	50.28	62.08	75.11	89.39
27	0.004	7.38	13.12	20.51	29.53	40.19	52.50	66.44	82.03	90.25	118.12
27	0.005	9.14	16.26	25.40	36.58	49.79	65.03	82.30	101.61	122.94	146.31
27	0.006	10.87	19.33	30.20	43.49	59.20	77.32	97.86	120.81	146.18	173.97
27	0.007	12.57	22.34	34.91	50.27	68.43	89.38	113.12	139.65	168.97	201.09
27	0.008	14.23	25.30	39.53	56.92	77.48	101.19	128.07	158.11	191.32	227.68
27	0.009	15.86	28.19	44.05	63.43	86.34	112.77	142.73	176.21	213.21	253.74
27	0.010	17.45	31.03	48.48	69.81	95.02	124.11	157.08	193.93	234.65	279.25
27	0.011	19.01	33.80	52.82	76.06	103.52	135.22	171.13	211.28	255.64	304.24
27	0.012	20.54	36.52	57.06	82.17	111.84	146.08	184.89	228.25	276.19	328.68
27	0.013	22.04	39.18	61.21	88.15	119.98	156.71	198.34	244.86	296.28	352.60
27	0.014	23.50	41.78	65.27	93.99	127.94	167.10	211.49	261.09	315.92	375.98
27	0.015	24.93	44.31	69.24	99.71	135.71	177.25	224.34	276.96	335.12	398.82
35	0.002	3.77	6.71	10.48	15.09	20.54	26.83	33.96	41.93	50.73	60.37
35	0.003	5.62	9.99	15.62	22.49	30.61	39.97	50.59	62.46	75.58	89.94
35	0.004	7.44	13.23	20.68	29.77	40.53	52.93	66.99	82.71	100.08	119.10
35	0.005	9.24	16.43	25.67	36.96	50.31	65.71	83.16	102.67	124.23	147.84
35	0.006	11.01	19.57	30.59	44.04	59.95	78.30	99.10	122.34	148.03	176.17
35	0.007	12.76	22.68	35.43	51.02	69.45	90.71	114.80	141.73	171.49	204.09
35	0.008	14.47	25.73	40.21	57.90	78.81	102.93	130.27	160.83	194.60	231.59
35	0.009	16.17	28.74	44.91	64.67	88.03	114.97	145.51	179.64	217.37	258.69
35	0.010	17.84	31.71	49.54	71.34	97.10	126.83	160.52	197.17	239.79	285.37
35	0.011	19.48	34.63	54.10	77.91	106.04	138.50	175.29	216.41	261.86	311.63
35	0.012	21.09	37.50	58.59	84.37	114.84	149.99	189.84	234.37	283.58	337.49
35	0.013	22.68	40.33	63.01	90.73	123.50	161.30	204.15	252.03	304.96	362.93
35	0.014	24.25	43.11	67.35	96.99	132.01	172.43	218.23	269.42	325.99	387.96
35	0.015	25.79	45.84	71.63	103.14	140.39	183.37	232.07	286.51	346.68	412.58
35	0.016	27.30	48.53	75.83	109.19	148.63	194.12	245.69	303.32	367.02	436.78
35	0.017	28.79	51.17	79.96	115.14	156.72	204.70	259.07	319.84	387.01	460.57

표 A.11 간편식에 의한 인장 철근의 정착 길이(l_d/d_b)

f_y (MPa)		D19 이하의 철근 f_{ck} 21	D19 이하의 철근 f_{ck} 27	D19 이하의 철근 f_{ck} 35	D22 이상의 철근 f_{ck} 21	D22 이상의 철근 f_{ck} 27	D22 이상의 철근 f_{ck} 35
(1) 하부철근							
순간격과 피복두께가 case a, b인 경우	300	31	28	24	39	35	30
	400	42	37	32	52	46	41
기타	300	47	42	37	59	52	46
	400	63	56	49	79	69	61
(2) 상부철근							
순간격과 피복두께가 case a, b인 경우	300	41	36	32	51	45	40
	400	55	48	42	68	60	61
기타	300	61	54	48	77	68	59
	400	82	72	63	102	90	79

Case a : 이음 또는 정착철근의 순 간격이 d_b 이상이고 피복두께가 d_b 이상이면서 l_d 전체를 통하여 스터럽과 띠철근이 기준의 최소치 이상인 경우.

Case b : 이음 또는 정착철근의 순 간격이 $2d_b$ 이상이고 피복두께가 d_b 이상인 경우.

표 A.12 압축철근의 기본 정착길이(mm) $\dfrac{0.25 d_b f_y}{\sqrt{f_{ck}}} \geq 0.04 d_b f_y$ (모든 경우 최소 길이는 200mm)

철근	f_y (MPa)	f_{ck} (MPa)		
		21	27	35
D10	300	200	200	200
	400	210	200	200
D13	300	210	200	200
	400	280	250	220
D16	300	260	230	200
	400	350	310	270
D19	300	320	280	240
	400	420	370	330
D22	300	370	320	280
	400	490	430	380
D25	300	420	370	330
	400	560	500	430
D29	300	470	420	370
	400	630	560	490
D32	300	530	460	410
	400	700	620	540
D35	300	580	510	450
	400	770	680	600
D38	300	630	560	490
	400	840	740	650
D41	300	680	600	530
	400	910	810	710
D51	300	840	760	650
	400	1,120	990	870

표 A.13 상용 용접철망 제품

호칭지름 (mm)	단면적 (mm^2)	단위길이중량 (㎏/m)	1방향 1m당 단면적(mm^2/m)				
			철선간격(mm)				
			100	150	200	300	400
W 6 D 6	28.3	0.222	283.0	188.7	141.5	94.3	70.8
W 7 D 7	38.5	0.302	385.0	256.7	192.5	128.3	96.3
W 8 D 8	50.3	0.395	503.0	335.3	251.5	167.7	125.8
W 9 D 9	63.6	0.499	636.0	424.0	318.0	212.0	159.0
W10 D10	78.5	0.617	785.0	523.3	392.5	261.7	196.3
W11 D11	95.0	0.746	950.0	633.3	475.0	316.7	237.5
W12 D12	113.1	0.888	1,131.0	754.0	565.5	377.0	282.8
W16 D16	201.1	1.580	2,011.0	1,340.7	1,005.6	670.3	502.8

표 A.14a 변단면 슬래브에 대한 계수 a

기둥 크기		등분포 하중 Fem = 계수 $\times wl_2l_1^2$		강성계수[b]		전달계수	
c_{1A}/l_1	c_{1B}/l_1	M_{AB}	M_{BA}	k_{AB}	k_{BA}	COF_{AB}	COF_{BA}
0.00	0.00	0.083	0.083	4.00	4.00	0.500	0.500
	0.05	0.083	0.084	4.01	4.04	0.504	0.500
	0.10	0.082	0.086	4.03	4.15	0.513	0.499
	0.15	0.081	0.089	4.07	4.32	0.528	0.498
	0.20	0.079	0.093	4.12	4.56	0.548	0.495
	0.25	0.077	0.097	4.18	4.88	0.573	0.491
0.05	0.05	0.084	0.084	4.05	4.05	0.503	0.503
	0.10	0.083	0.086	4.07	4.15	0.513	0.503
	0.15	0.081	0.089	4.11	4.33	0.528	0.501
	0.20	0.080	0.092	4.16	4.58	0.548	0.499
	0.25	0.078	0.096	4.22	4.89	0.573	0.494
0.10	0.10	0.085	0.058	4.18	4.18	0.513	0.513
	0.15	0.083	0.088	4.22	4.36	0.528	0.511
	0.20	0.082	0.091	4.27	4.61	0.548	0.508
	0.25	0.080	0.095	4.34	4.93	0.573	0.504
0.15	0.15	0.086	0.086	4.40	4.40	0.526	0.526
	0.20	0.084	0.090	4.46	4.65	0.546	0.523
	0.25	0.083	0.094	4.53	4.98	0.571	0.519
0.20	0.20	0.088	0.088	4.72	4.72	0.543	0.543
	0.25	0.086	0.092	4.79	5.05	0.568	0.539
0.25	0.25	0.090	0.090	5.14	5.14	0.563	0.563

a : $c_1/l_1 = c_2/l_2$ 일 때의 값이므로 다른 경우에는 약간의 오차가 있을 수 있음.

b : 강성 $K_{AB} = k_{AB}E(l_2h_1^3/12l_1)$, $K_{BA} = k_{BA}E(l_2h_1^3/12l_1)$ 임.

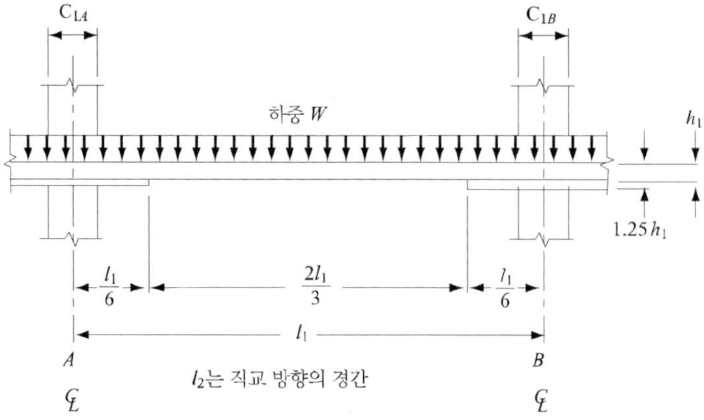

표 A.14b 변단면 슬래브에 대한 계수 a

기둥 크기		등분포 하중 Fem = 계수 $\times wl_2l_1^2$		강성계수[b]		전달계수	
c_{1A}/l_1	c_{1B}/l_1	M_{AB}	M_{BA}	k_{AB}	k_{BA}	COF_{AB}	COF_{BA}
0.00	0.00	0.088	0.088	4.78	4.79	0.541	0.541
	0.05	0.087	0.089	4.80	4.82	0.545	0.541
	0.10	0.087	0.090	4.83	4.94	0.553	0.541
	0.15	0.085	0.093	4.87	5.12	0.567	0.540
	0.20	0.084	0.096	4.93	5.36	0.585	0.537
	0.25	0.082	0.100	5.00	5.68	0.606	0.534
0.05	0.05	0.088	0.088	4.84	4.84	0.545	0.545
	0.10	0.087	0.090	4.87	4.95	0.553	0.544
	0.15	0.085	0.093	4.91	5.13	0.567	0.543
	0.20	0.084	0.096	4.97	5.38	0.584	0.541
	0.25	0.082	0.100	5.05	5.70	0.606	0.537
0.10	0.10	0.089	0.089	4.98	4.98	0.553	0.553
	0.15	0.088	0.092	5.03	5.16	0.566	0.551
	0.20	0.086	0.094	5.09	5.42	0.584	0.549
	0.25	0.084	0.099	5.17	5.74	0.606	0.546
0.15	0.15	0.090	0.090	5.22	5.22	0.565	0.565
	0.20	0.089	0.094	5.28	5.47	0.583	0.563
	0.25	0.087	0.097	5.37	5.80	0.604	0.559
0.20	0.20	0.092	0.092	5.55	5.55	0.580	0.580
	0.25	0.090	0.096	5.64	5.88	0.602	0.577
0.25	0.25	0.094	0.094	5.98	5.98	0.598	0.598

a : $c_1/l_1 = c_2/l_2$일 때의 값이므로 다른 경우에는 약간의 오차가 있을 수 있음.

b : 강성 $K_{AB} = k_{AB}E(l_2h_1^3/12l_1)$, $K_{BA} = k_{BA}E(l_2h_1^3/12l_1)$임.

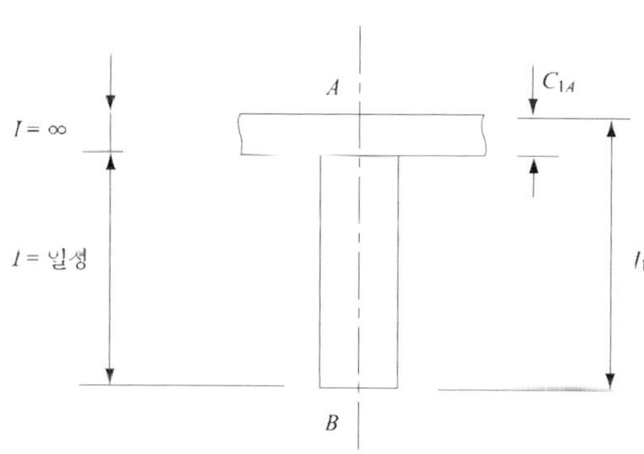

표 A.14C 변단면 슬래브에 대한 계수

슬래브 두께	등분포 하중 Fem = 계수 $\times wl_2 l_1^2$		강성계수		전달계수	
c_{1A}/l_1	c_{1B}/l_1	M_{AB}	M_{BA}	k_{AB}	k_{BA}	COF_{AB}
0.00	0.083	0.083	4.00	4.00	0.500	0.500
0.05	0.100	0.075	4.91	4.21	0.496	0.579
0.10	0.118	0.068	6.09	4.44	0.486	0.667
0.15	0.135	0.060	7.64	4.71	0.471	0.765
0.20	0.153	0.053	9.69	5.00	0.452	0.875
0.25	0.172	0.047	12.44	5.33	0.429	1.000

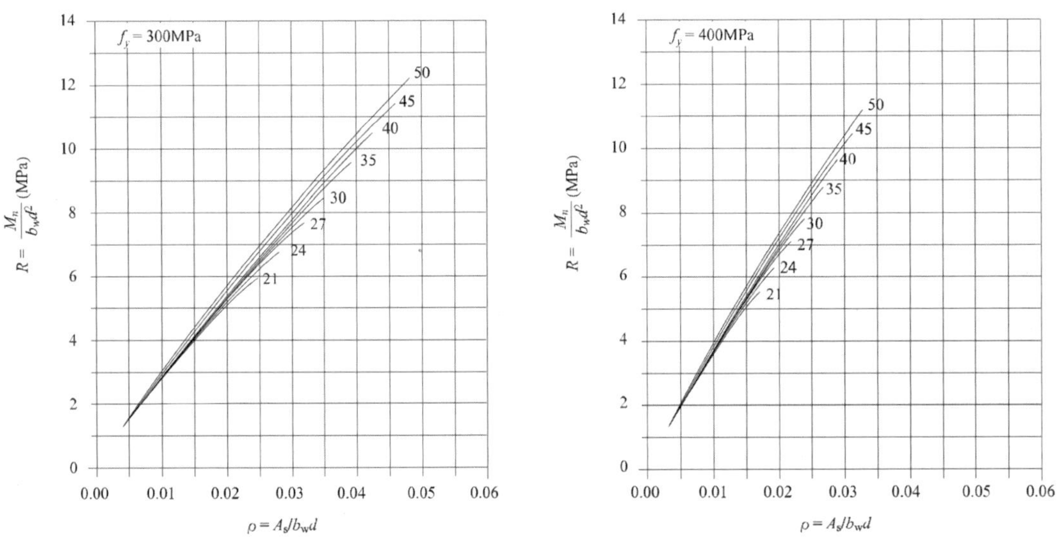

그래프 A.1(a), (b) 직사각형 단면의 휨강도 계수

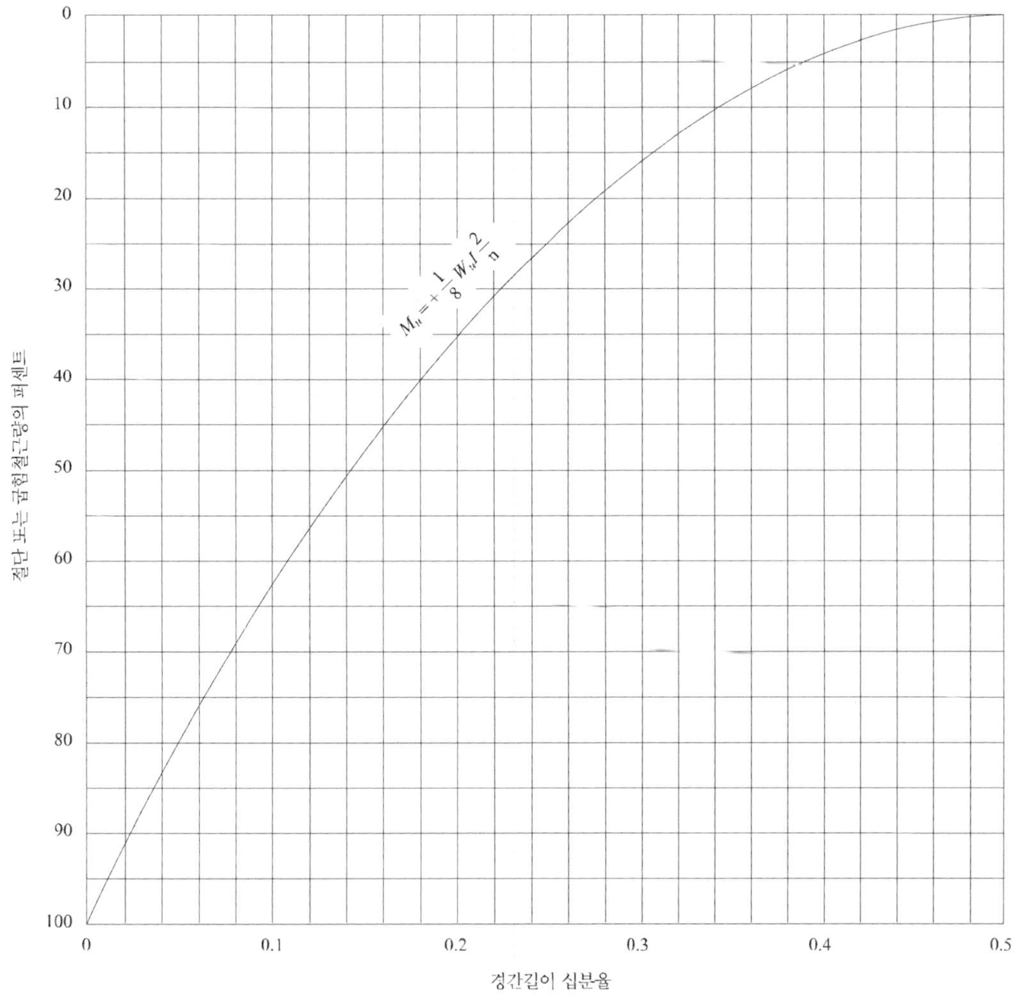

그래프 A.2 등분포하중을 받는 단순보의 철근 절단점 및 굽힘점 위치

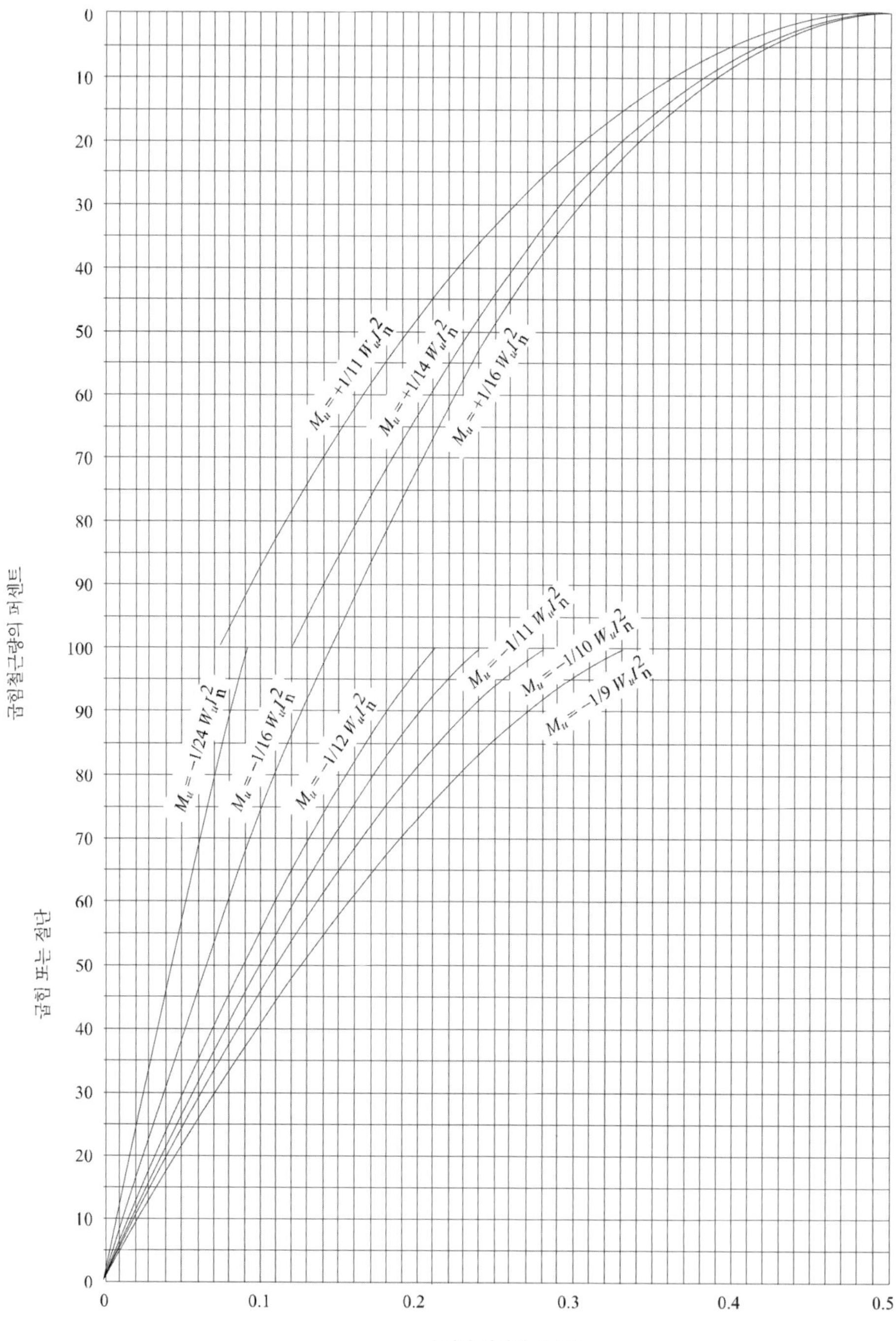

그래프 A.3 콘크리트구조설계기준의 모멘트계수법에 따르는 연속보의 철근 절단점과 굽힘점 위치

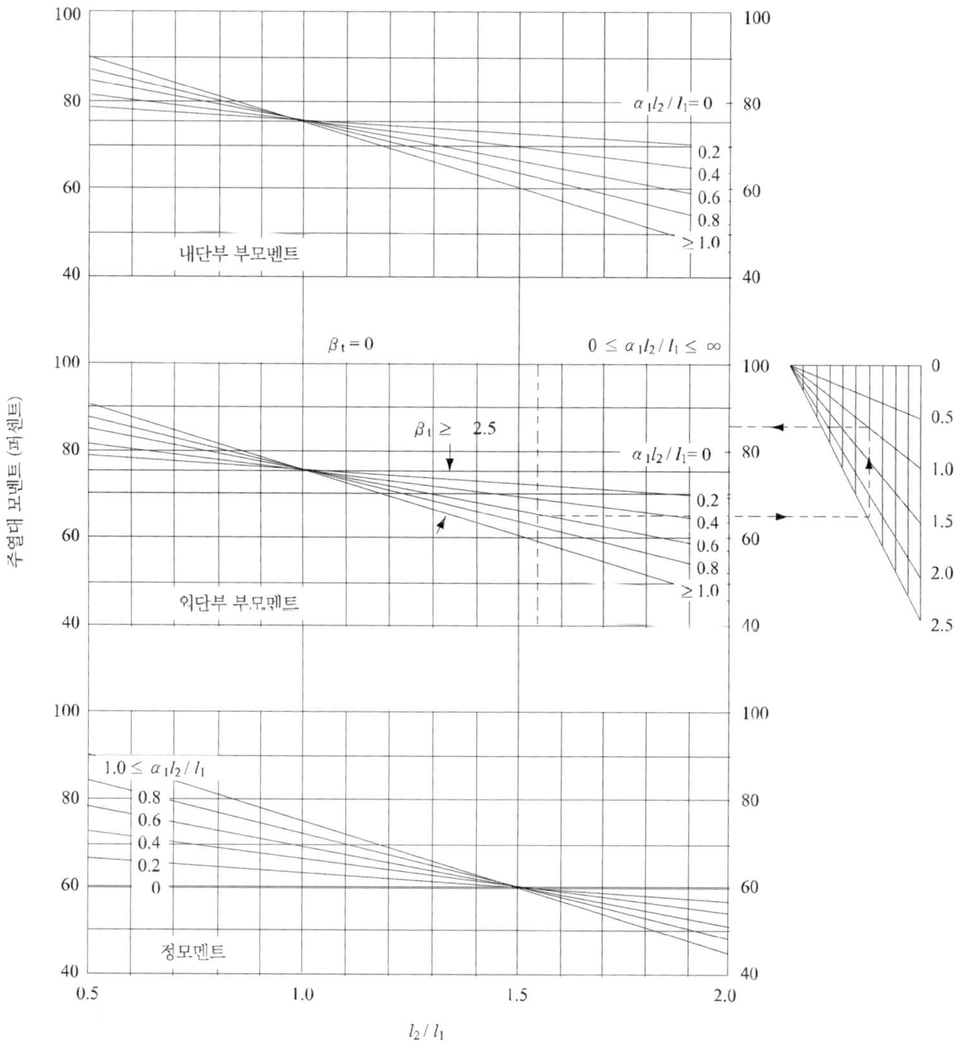

그래프 A.4 슬래브의 휨모멘트의 분배율

부록 B 철근콘크리트 기둥 축력-휨모멘트 설계강도 Chart

적용 설계기준 : 콘크리트구조설계기준 (2007)

기호 및 단위 : $\gamma = (d - d')/h$

n = 축방향 철근의 수

일러두기 : 축방향 철근이 4면에 균등배근된 사각형 단면과 원형단면에서 축방향 철근의 수(n)가 24개 이상이면 철근 수와 철근의 배치에 무관하게 동일한 차트를 사용할 수 있다. 하지만, 철근의 수(n)가 24개 미만이면 철근의 배치에 따라 이 파일에 수록된 차트와는 오차가 있을 수 있다.

Chart No	f_{ck} (MPa)	f_y (MPa)	γ	종방향 철근 배치형태	n	횡방향 철근 종류
No. 1	24	300	0.7	양단배근	-	사각형 띠철근
No. 2	24	300	0.8	양단배근	-	사각형 띠철근
No. 3	24	400	0.7	양단배근	-	사각형 띠철근
No. 4	24	400	0.8	양단배근	-	사각형 띠철근
No. 5	27	300	0.7	양단배근	-	사각형 띠철근
No. 6	27	300	0.8	양단배근	-	사각형 띠철근
No. 7	27	400	0.7	양단배근	-	사각형 띠철근
No. 8	27	400	0.8	양단배근	-	사각형 띠철근
No. 9	24	300	0.8	4면 균등배근	24개	사각형 띠철근
No. 10	24	300	0.9	4면 균등배근	24개	사각형 띠철근
No. 11	24	400	0.8	4면 균등배근	24개	사각형 띠철근
No. 12	24	400	0.9	4면 균등배근	24개	사각형 띠철근
No. 13	27	300	0.8	4면 균등배근	24개	사각형 띠철근
No. 14	27	300	0.9	4면 균등배근	24개	사각형 띠철근
No. 15	27	400	0.8	4면 균등배근	24개	사각형 띠철근
No. 16	27	400	0.9	4면 균등배근	24개	사각형 띠철근
No. 17	24	300	0.8	원형배근	24개	원형 띠철근
No. 18	24	300	0.9	원형배근	24개	원형 띠철근
No. 19	24	400	0.8	원형배근	24개	원형 띠철근
No. 20	24	400	0.9	원형배근	24개	원형 띠철근
No. 21	27	300	0.8	원형배근	24개	원형 띠철근
No. 22	27	300	0.9	원형배근	24개	원형 띠철근
No. 23	27	400	0.8	원형배근	24개	원형 띠철근
No. 24	27	400	0.9	원형배근	24개	원형 띠철근

No. 01

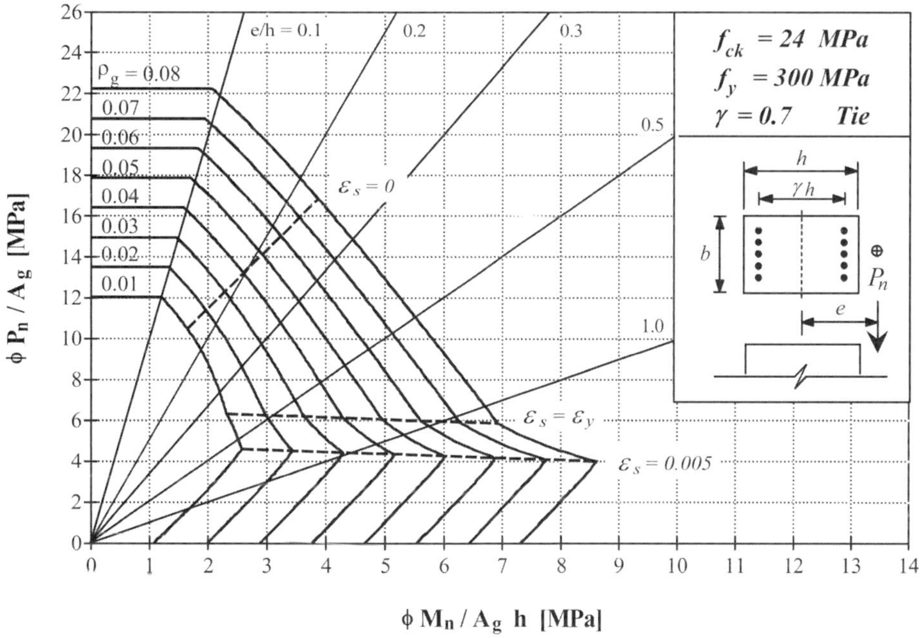

f_{ck} = 24 MPa
f_y = 300 MPa
γ = 0.7 Tie
e/h = 0.1
0.2
0.3
0.5
1.0
ρ_g = 0.08
0.07
0.06
0.05
0.04
0.03
0.02
0.01
$\varepsilon_s = 0$
$\varepsilon_s = \varepsilon_y$
$\varepsilon_s = 0.005$
h
γh
b
P_n
e
φ P_n / A_g [MPa]
φ M_n / A_g h [MPa]

No. 02

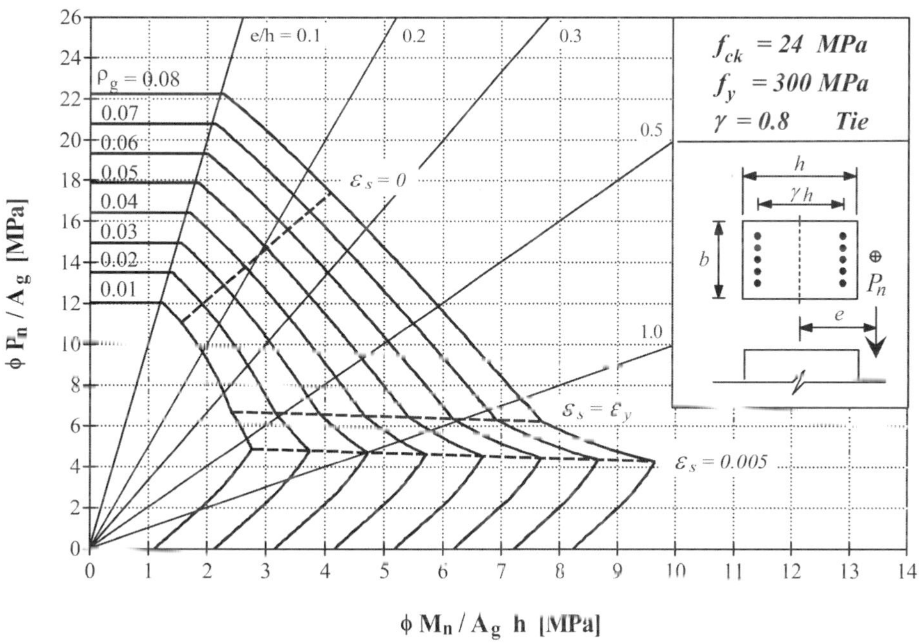

f_{ck} = 24 MPa
f_y = 300 MPa
γ = 0.8 Tie
e/h = 0.1
0.2
0.3
0.5
1.0
ρ_g = 0.08
0.07
0.06
0.05
0.04
0.03
0.02
0.01
$\varepsilon_s = 0$
$\varepsilon_s = \varepsilon_y$
$\varepsilon_s = 0.005$
h
γh
b
P_n
e
φ P_n / A_g [MPa]
φ M_n / A_g h [MPa]

No. 03

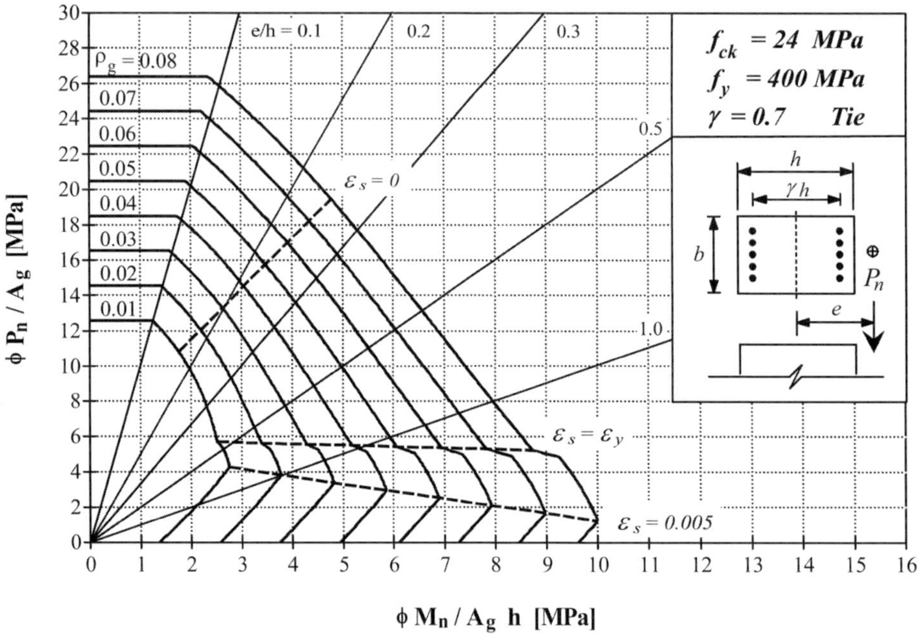

f_{ck} = 24 MPa
f_y = 400 MPa
γ = 0.7 Tie
e/h = 0.1
0.2
0.3
0.5
1.0
ρg = 0.08
0.07
0.06
0.05
0.04
0.03
0.02
0.01
εs = 0
εs = εy
εs = 0.005
φ Pn / Ag [MPa]
φ Mn / Ag h [MPa]

No. 04

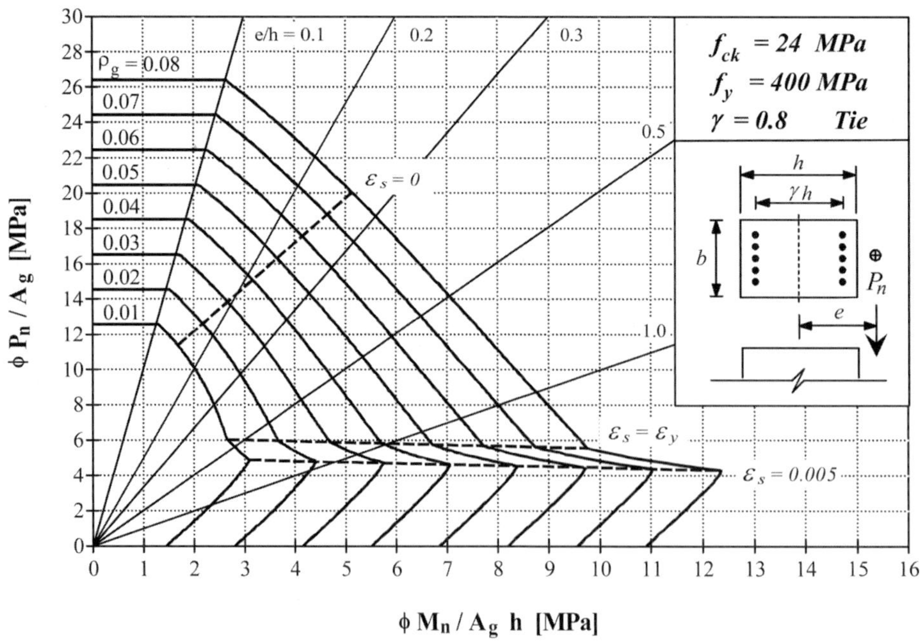

f_{ck} = 24 MPa
f_y = 400 MPa
γ = 0.8 Tie
e/h = 0.1
0.2
0.3
0.5
1.0
ρg = 0.08
0.07
0.06
0.05
0.04
0.03
0.02
0.01
εs = 0
εs = εy
εs = 0.005
φ Pn / Ag [MPa]
φ Mn / Ag h [MPa]

No. 05

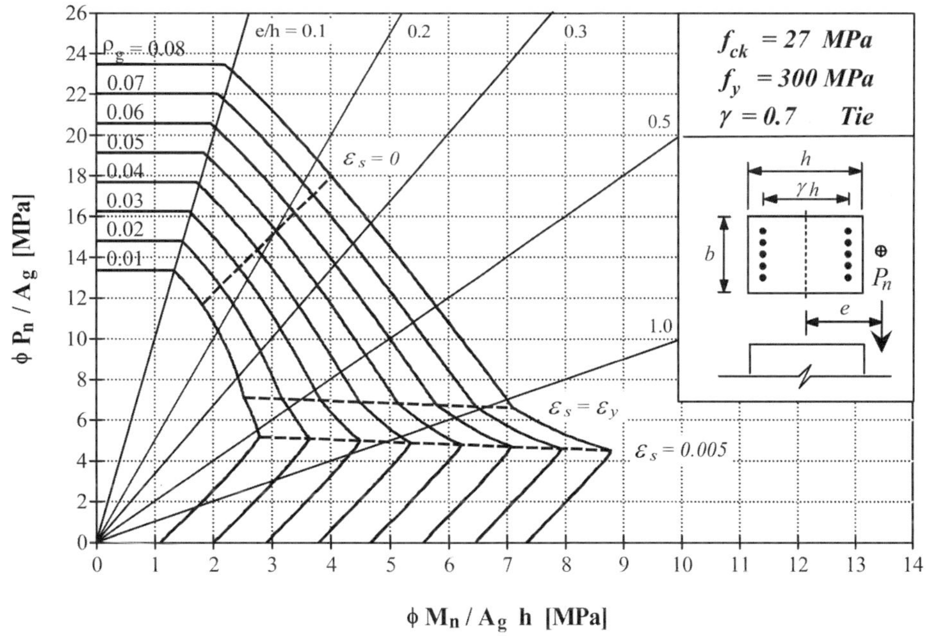
f_{ck} = 27 MPa
f_y = 300 MPa
γ = 0.7 Tie
e/h = 0.1
0.2
0.3
0.5
1.0
ρg = 0.08
0.07
0.06
0.05
0.04
0.03
0.02
0.01
εs = 0
εs = εy
εs = 0.005
φ Pn / Ag [MPa]
φ Mn / Ag h [MPa]

No. 06

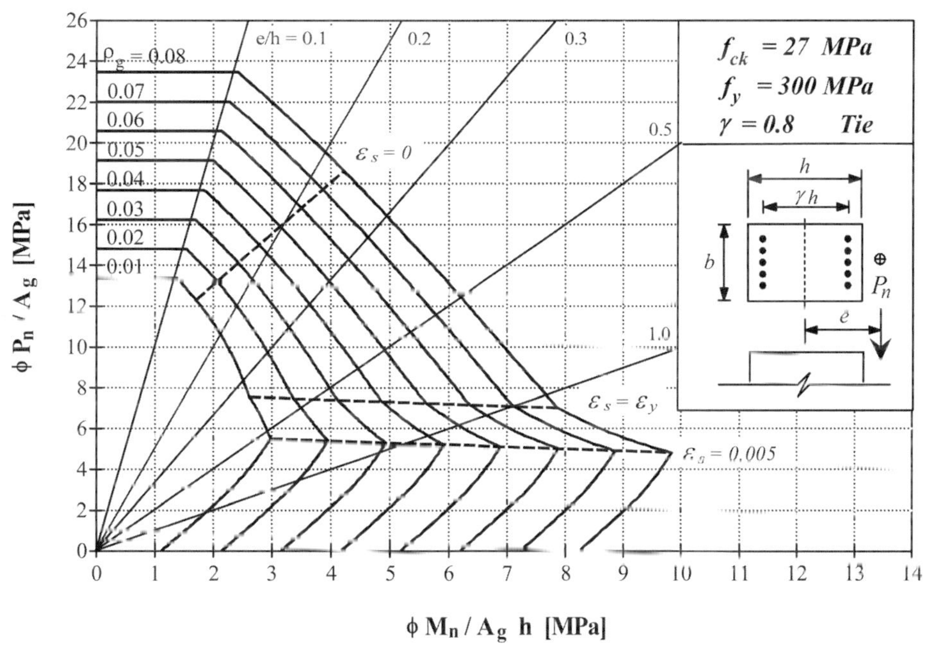
f_{ck} = 27 MPa
f_y = 300 MPa
γ = 0.8 Tie
e/h = 0.1
0.2
0.3
0.5
1.0
ρg = 0.08
0.07
0.06
0.05
0.04
0.03
0.02
0.01
εs = 0
εs = εy
εs = 0.005
φ Pn / Ag [MPa]
φ Mn / Ag h [MPa]

No. 07

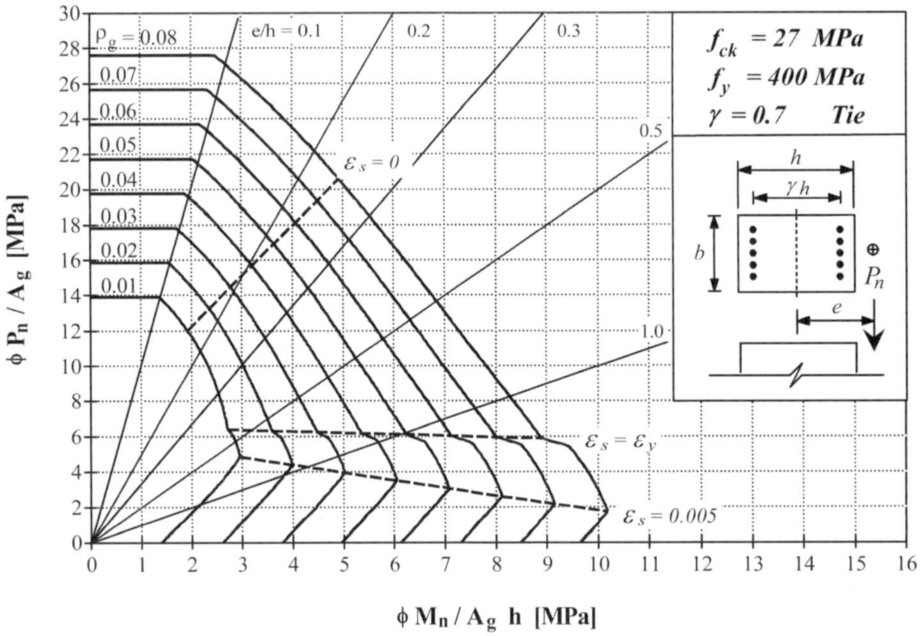

f_{ck} = 27 MPa
f_y = 400 MPa
γ = 0.7 Tie
ρg = 0.08
e/h = 0.1
0.2
0.3
0.5
1.0
εs = 0
εs = εy
εs = 0.005
φ Pn / Ag [MPa]
φ Mn / Ag h [MPa]

No. 08

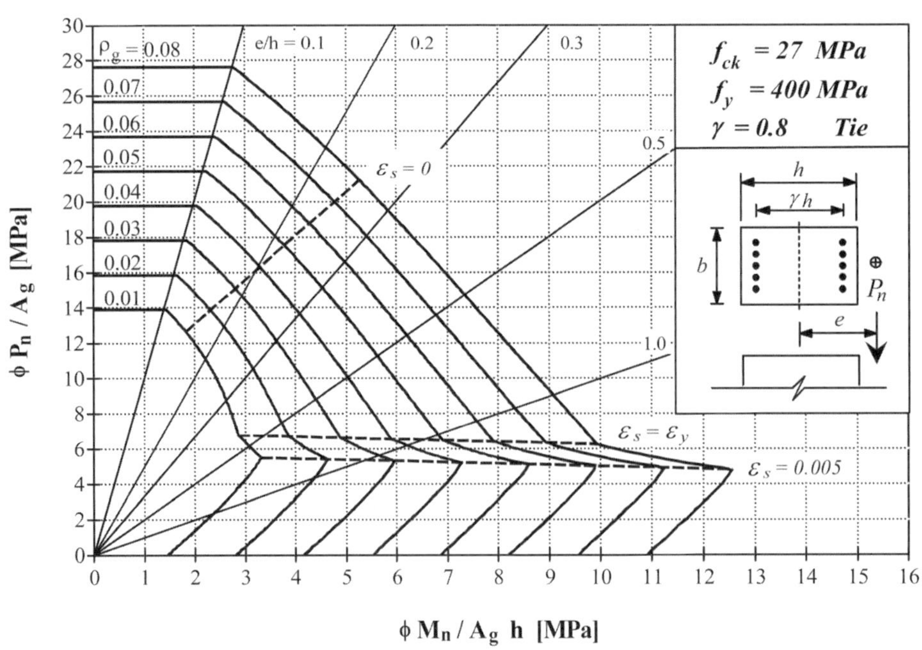

f_{ck} = 27 MPa
f_y = 400 MPa
γ = 0.8 Tie
ρg = 0.08
e/h = 0.1
0.2
0.3
0.5
1.0
εs = 0
εs = εy
εs = 0.005
φ Pn / Ag [MPa]
φ Mn / Ag h [MPa]

No. 09

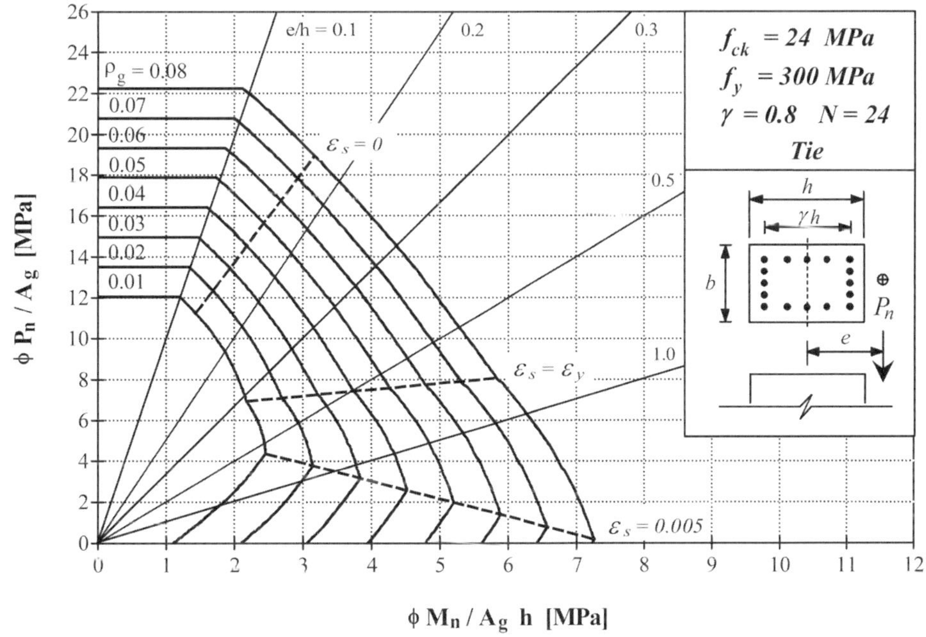

f_{ck} = 24 MPa
f_y = 300 MPa
γ = 0.8 N = 24
Tie
e/h = 0.1
0.2
0.3
0.5
1.0
ρ_g = 0.08
0.07
0.06
0.05
0.04
0.03
0.02
0.01
$\varepsilon_s = 0$
$\varepsilon_s = \varepsilon_y$
$\varepsilon_s = 0.005$
h
γh
b
P_n
e
φ P_n / A_g [MPa]
φ M_n / A_g h [MPa]

No. 10

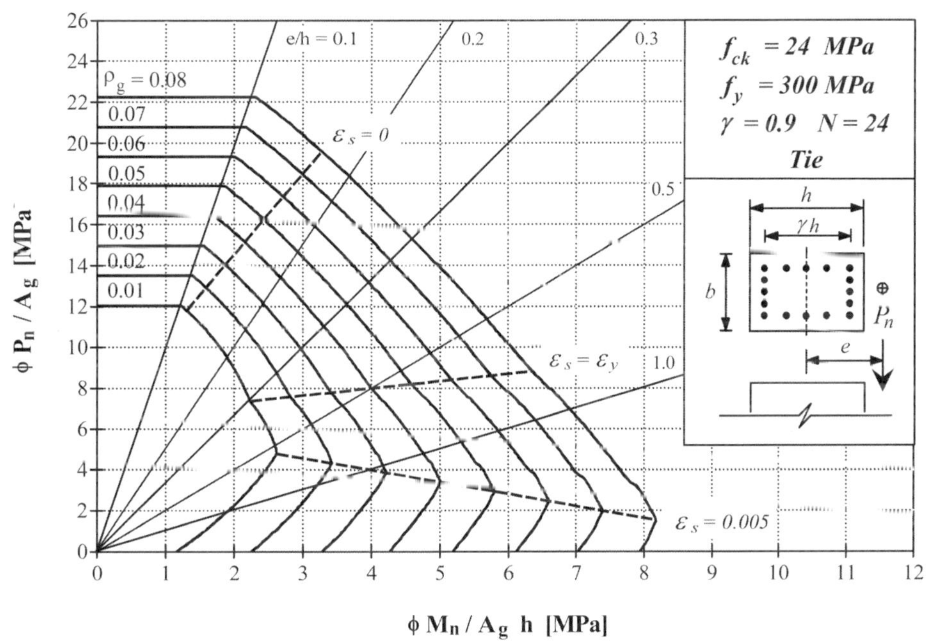

f_{ck} = 24 MPa
f_y = 300 MPa
γ = 0.9 N = 24
Tie
e/h = 0.1
0.2
0.3
0.5
1.0
ρ_g = 0.08
0.07
0.06
0.05
0.04
0.03
0.02
0.01
$\varepsilon_s = 0$
$\varepsilon_s = \varepsilon_y$
$\varepsilon_s = 0.005$
h
γh
b
P_n
e
φ P_n / A_g [MPa]
φ M_n / A_g h [MPa]

No. 11

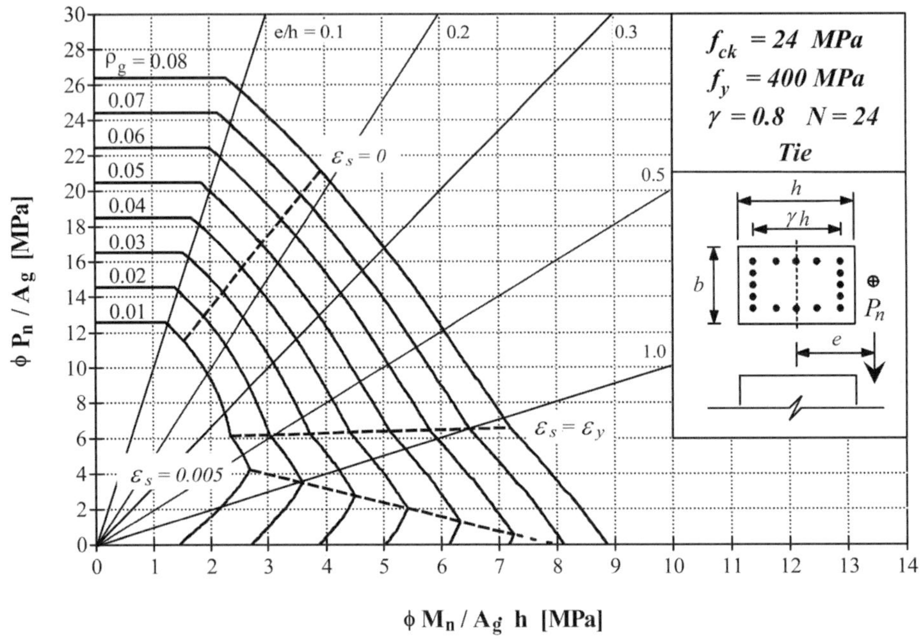

f_{ck} = 24 MPa
f_y = 400 MPa
γ = 0.8 N = 24
Tie
e/h = 0.1
0.2
0.3
0.5
1.0
ρg = 0.08
0.07
0.06
0.05
0.04
0.03
0.02
0.01
εs = 0
εs = εy
εs = 0.005
φ Pn / Ag [MPa]
φ Mn / Ag h [MPa]

No. 12

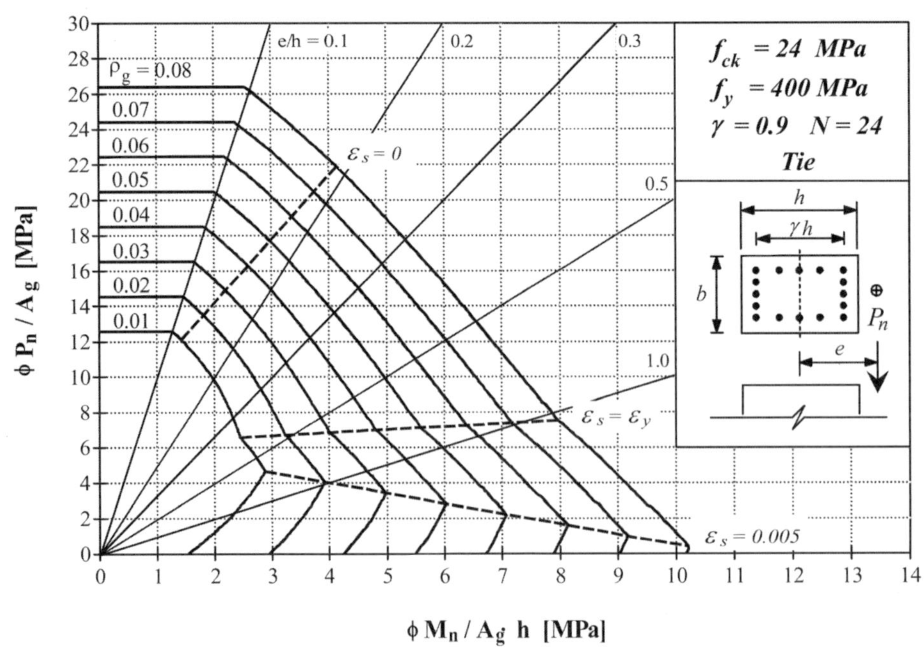

f_{ck} = 24 MPa
f_y = 400 MPa
γ = 0.9 N = 24
Tie
e/h = 0.1
0.2
0.3
0.5
1.0
ρg = 0.08
0.07
0.06
0.05
0.04
0.03
0.02
0.01
εs = 0
εs = εy
εs = 0.005
φ Pn / Ag [MPa]
φ Mn / Ag h [MPa]

No. 13

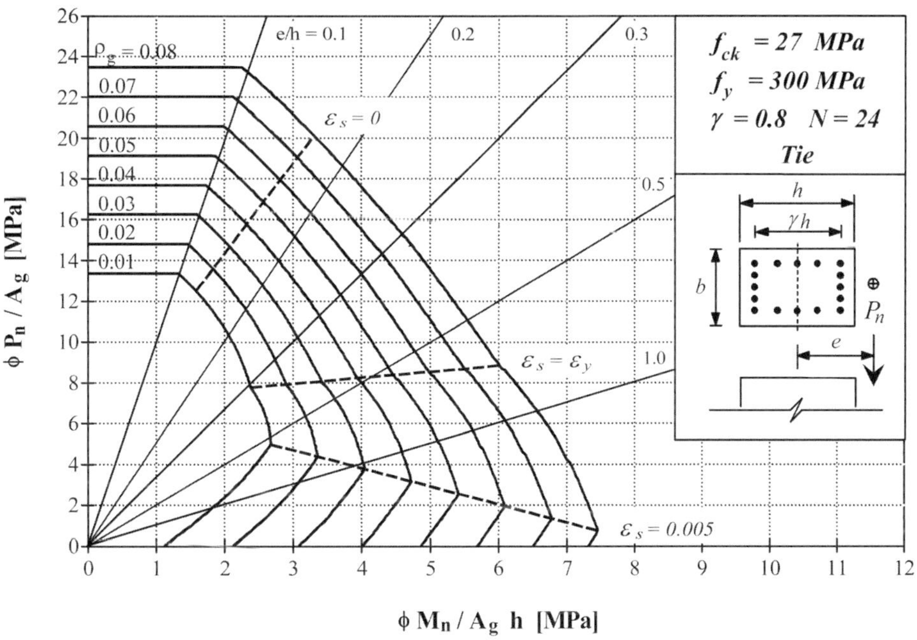
f_{ck} = 27 MPa
f_y = 300 MPa
γ = 0.8 N = 24
Tie
e/h = 0.1
0.2
0.3
0.5
1.0
ρ_g = 0.08
0.07
0.06
0.05
0.04
0.03
0.02
0.01
ε_s = 0
$\varepsilon_s = \varepsilon_y$
ε_s = 0.005
h
γh
b
P_n
e
ϕ P_n / A_g [MPa]
ϕ M_n / A_g h [MPa]

No. 14

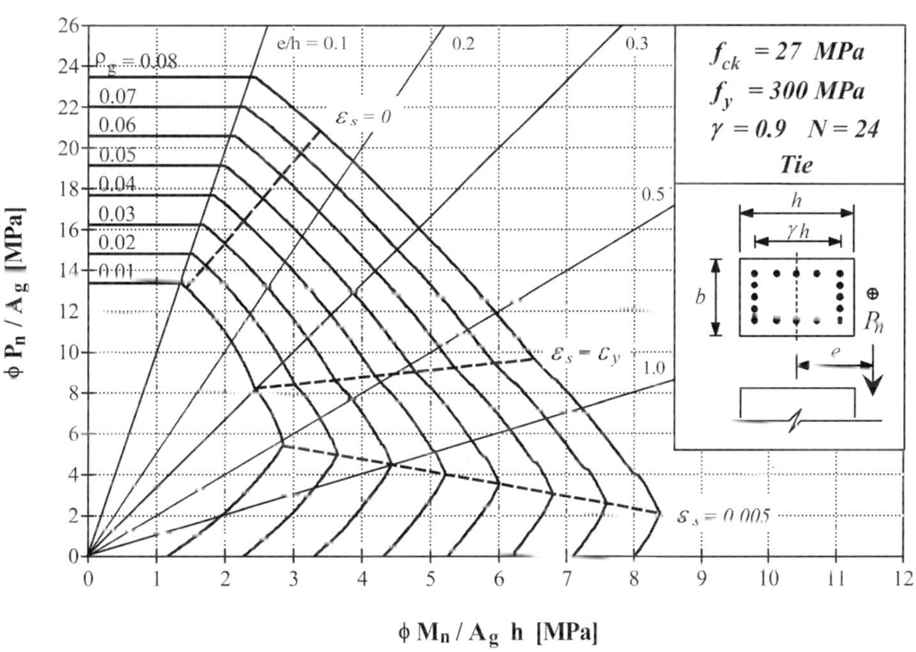
f_{ck} = 27 MPa
f_y = 300 MPa
γ = 0.9 N = 24
Tie
e/h = 0.1
0.2
0.3
0.5
1.0
ρ_g = 0.08
0.07
0.06
0.05
0.04
0.03
0.02
0.01
ε_s = 0
$\varepsilon_s = \varepsilon_y$
ε_s = 0.005
h
γh
b
P_n
e
ϕ P_n / A_g [MPa]
ϕ M_n / A_g h [MPa]

No. 15

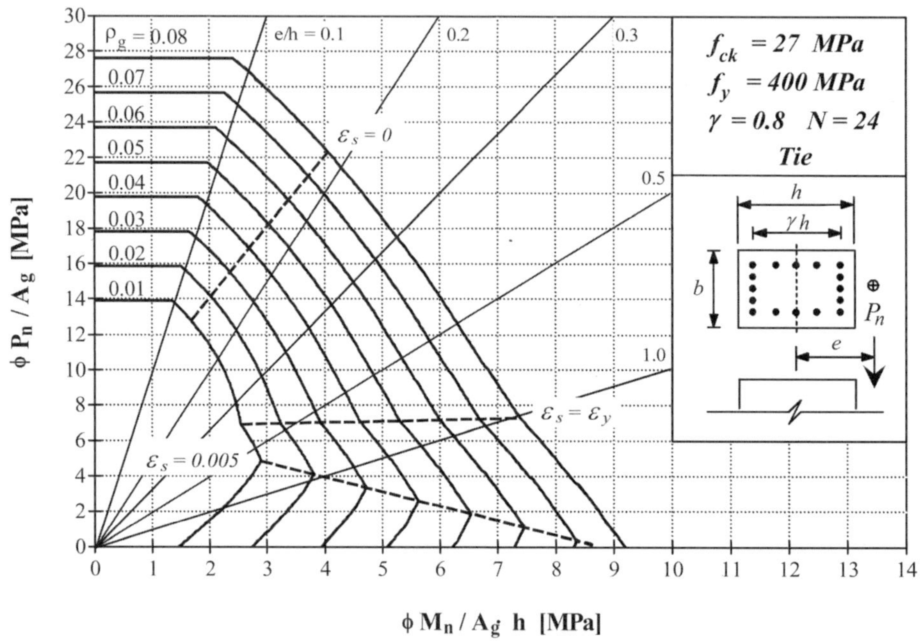
f_{ck} = 27 MPa
f_y = 400 MPa
γ = 0.8 N = 24
Tie
ρg = 0.08
0.07
0.06
0.05
0.04
0.03
0.02
0.01
e/h = 0.1
0.2
0.3
0.5
1.0
$\varepsilon_s = 0$
$\varepsilon_s = \varepsilon_y$
$\varepsilon_s = 0.005$
h
γh
b
P_n
e
ϕ Pn / Ag [MPa]
ϕ Mn / Ag h [MPa]

No. 16

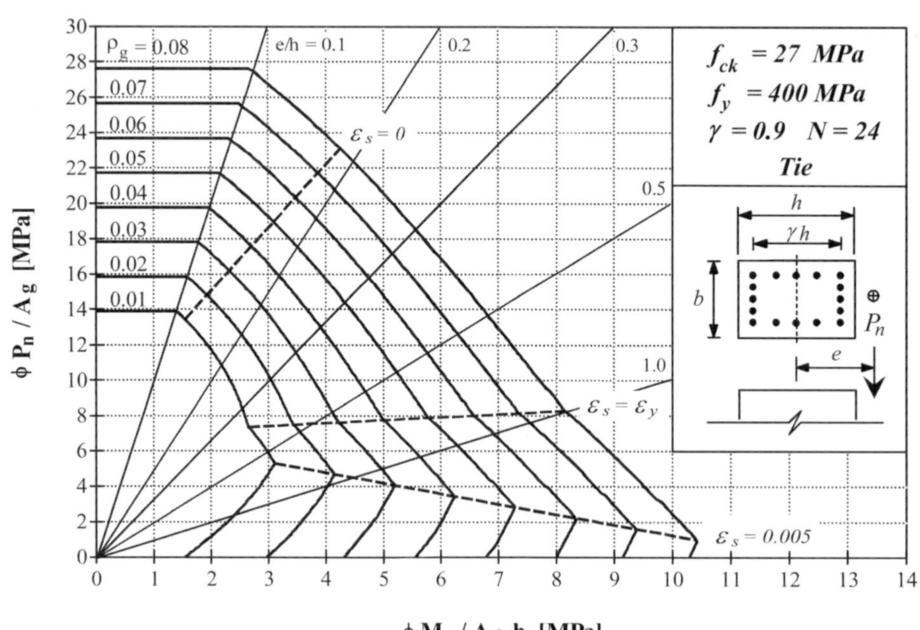
f_{ck} = 27 MPa
f_y = 400 MPa
γ = 0.9 N = 24
Tie
ρg = 0.08
0.07
0.06
0.05
0.04
0.03
0.02
0.01
e/h = 0.1
0.2
0.3
0.5
1.0
$\varepsilon_s = 0$
$\varepsilon_s = \varepsilon_y$
$\varepsilon_s = 0.005$
h
γh
b
P_n
e
ϕ Pn / Ag [MPa]
ϕ Mn / Ag h [MPa]

No. 17

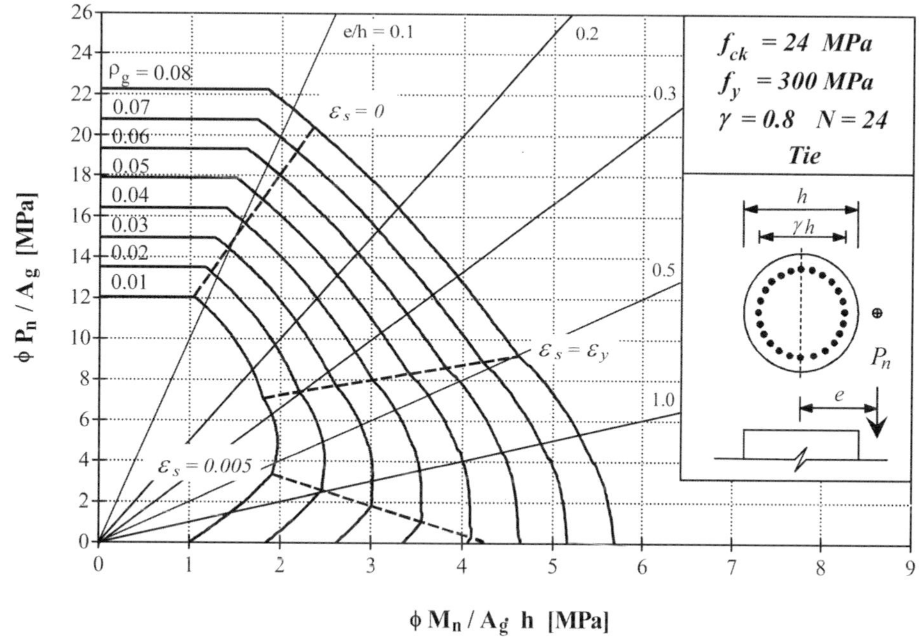
e/h = 0.1
0.2
0.3
0.5
1.0
ρ_g = 0.08
0.07
0.06
0.05
0.04
0.03
0.02
0.01
$\varepsilon_s = 0$
$\varepsilon_s = \varepsilon_y$
$\varepsilon_s = 0.005$
f_{ck} = 24 MPa
f_y = 300 MPa
γ = 0.8 N = 24
Tie
h
γh
P_n
e
$\phi P_n / A_g$ [MPa]
$\phi M_n / A_g h$ [MPa]

No. 18

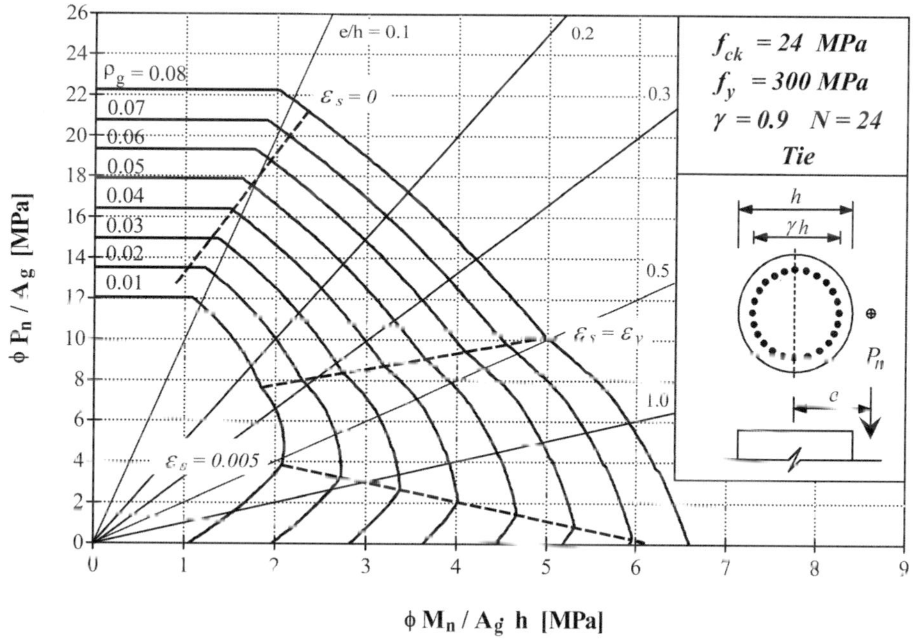
e/h = 0.1
0.2
0.3
0.5
1.0
ρ_g = 0.08
0.07
0.06
0.05
0.04
0.03
0.02
0.01
$\varepsilon_s = 0$
$\varepsilon_s = \varepsilon_y$
$\varepsilon_s = 0.005$
f_{ck} = 24 MPa
f_y = 300 MPa
γ = 0.9 N = 24
Tie
h
γh
P_n
e
$\phi P_n / A_g$ [MPa]
$\phi M_n / A_g h$ [MPa]

No. 19

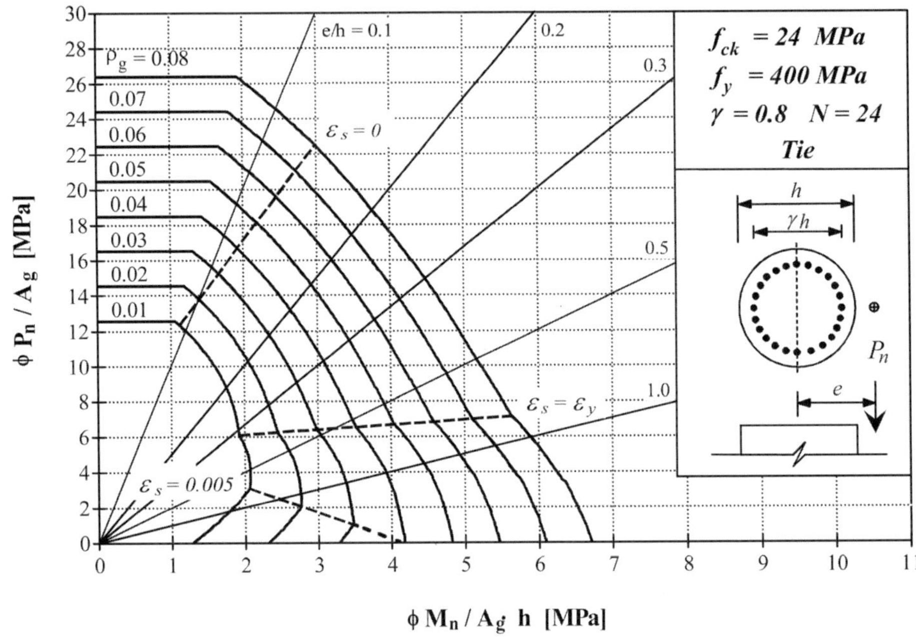

f_{ck} = 24 MPa
f_y = 400 MPa
γ = 0.8 N = 24
Tie
ρg = 0.08
0.07
0.06
0.05
0.04
0.03
0.02
0.01
e/h = 0.1
0.2
0.3
0.5
1.0
εs = 0
εs = εy
εs = 0.005
h
γh
Pn
e
φ Pn / Ag [MPa]
φ Mn / Ag h [MPa]

No. 20

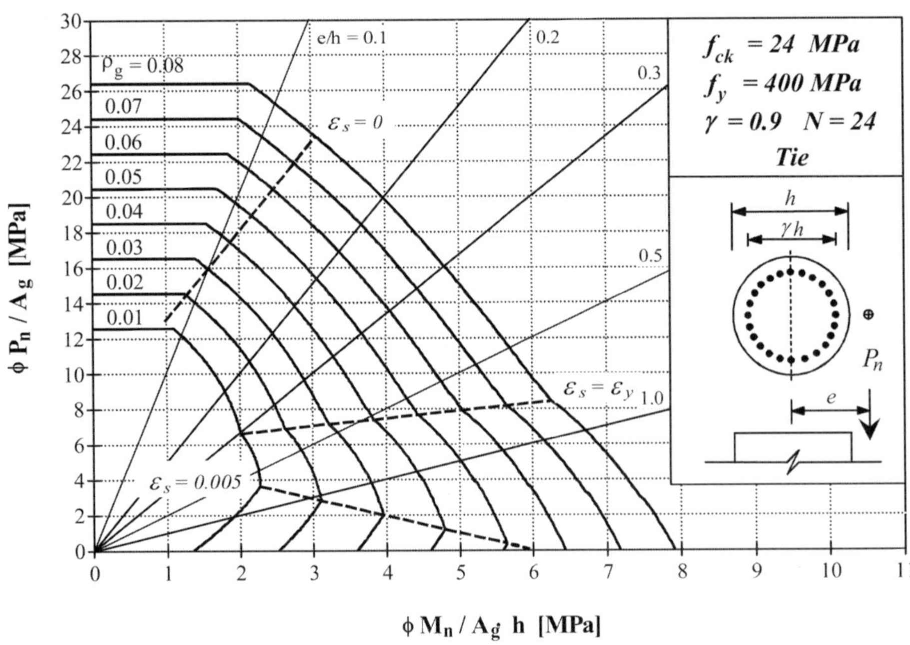

f_{ck} = 24 MPa
f_y = 400 MPa
γ = 0.9 N = 24
Tie
ρg = 0.08
0.07
0.06
0.05
0.04
0.03
0.02
0.01
e/h = 0.1
0.2
0.3
0.5
1.0
εs = 0
εs = εy
εs = 0.005
h
γh
Pn
e
φ Pn / Ag [MPa]
φ Mn / Ag h [MPa]

No. 21

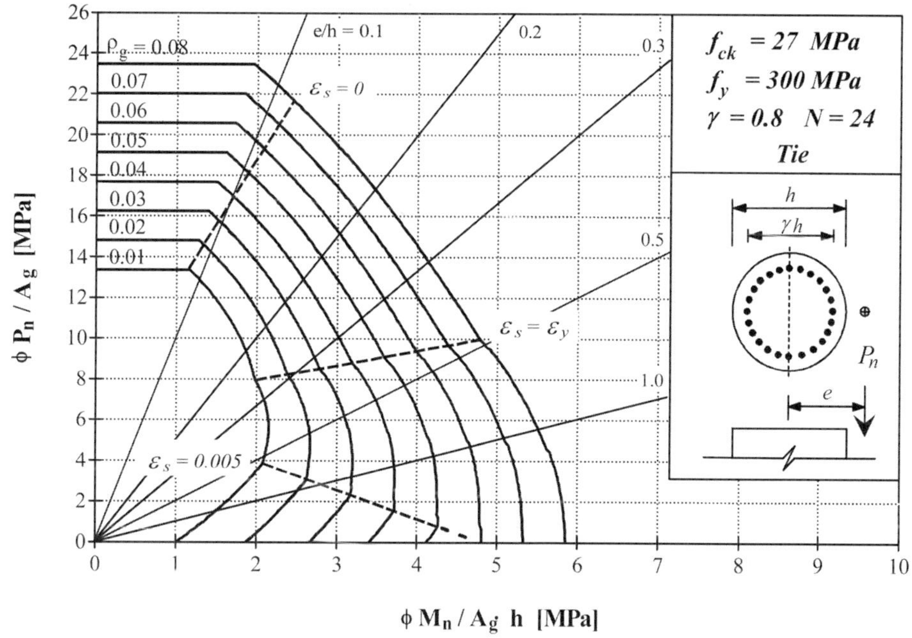

f_{ck} = 27 MPa
f_y = 300 MPa
γ = 0.8 N = 24
Tie
e/h = 0.1
0.2
0.3
0.5
1.0
ρg = 0.08
0.07
0.06
0.05
0.04
0.03
0.02
0.01
εs = 0
εs = εy
εs = 0.005
h
γh
Pn
e
φ Pn / Ag [MPa]
φ Mn / Ag h [MPa]

No. 22

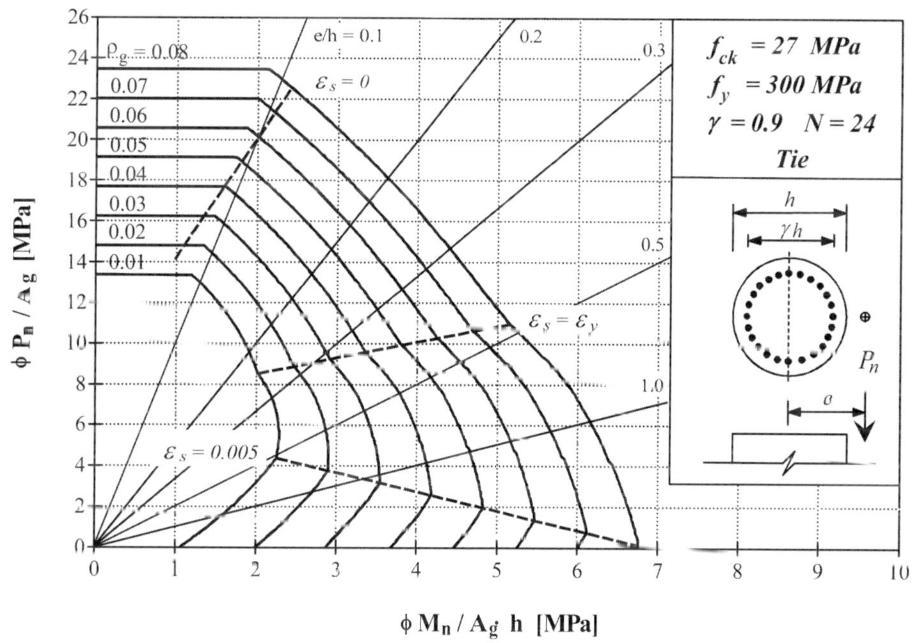

f_{ck} = 27 MPa
f_y = 300 MPa
γ = 0.9 N = 24
Tie
e/h = 0.1
0.2
0.3
0.5
1.0
ρg = 0.08
0.07
0.06
0.05
0.04
0.03
0.02
0.01
εs = 0
εs = εy
εs = 0.005
h
γh
Pn
e
φ Pn / Ag [MPa]
φ Mn / Ag h [MPa]

No. 23

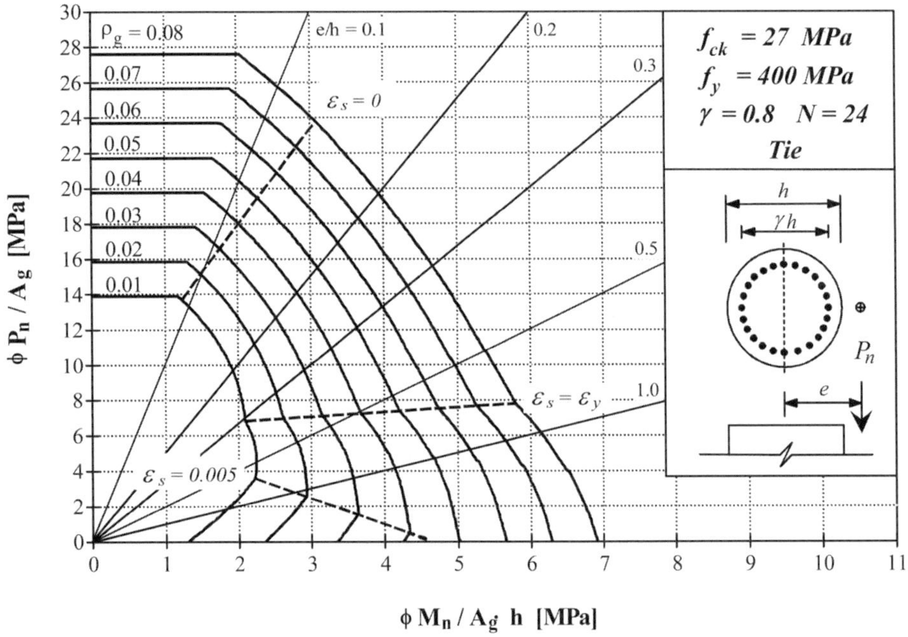

f_{ck} = 27 MPa
f_y = 400 MPa
γ = 0.8 N = 24
Tie
ρg = 0.08
0.07
0.06
0.05
0.04
0.03
0.02
0.01
e/h = 0.1
0.2
0.3
0.5
1.0
εs = 0
εs = εy
εs = 0.005
h
γh
Pn
e
ϕ Pn / Ag [MPa]
ϕ Mn / Ag h [MPa]

No. 24

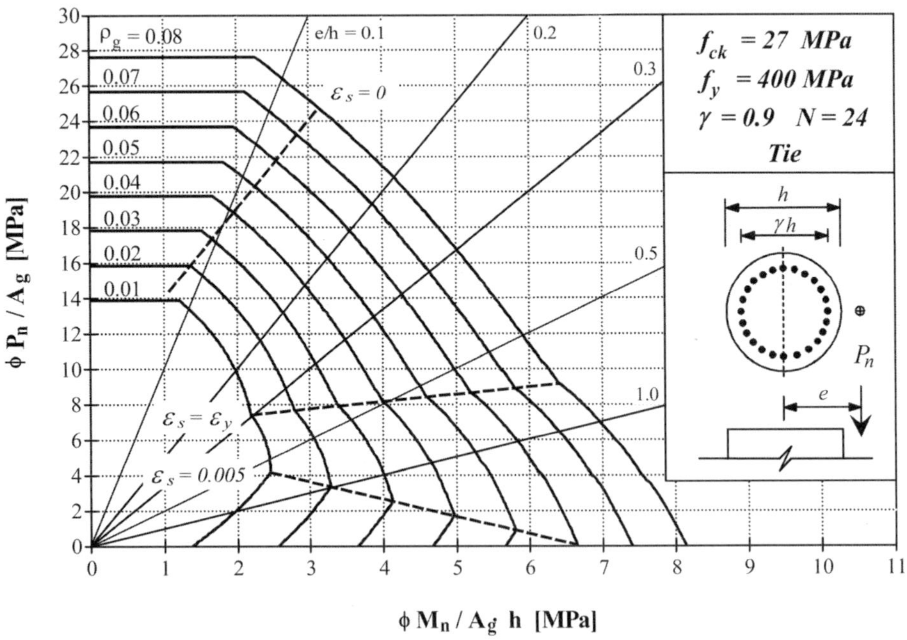

f_{ck} = 27 MPa
f_y = 400 MPa
γ = 0.9 N = 24
Tie
ρg = 0.08
0.07
0.06
0.05
0.04
0.03
0.02
0.01
e/h = 0.1
0.2
0.3
0.5
1.0
εs = 0
εs = εy
εs = 0.005
h
γh
Pn
e
ϕ Pn / Ag [MPa]
ϕ Mn / Ag h [MPa]

부록 C SI단위 및 환산표

표 C.1 단위 대조표

단위계 \ 양	길이	질량	시간	힘	응력	압력	에너지 (일)
SI계	m	kg	s	N	N/m^2 또는 Pa	Pa (Pascal)	J (Joule)
CGS계	cm	g	s	dyn	dyn/cm^2	dyn/cm^2	erg
MKS계	m	kg	s	kgf	kgf/m^2	kgf/m^2	kgf·m
U.S.Customary Umits	ft	lb	s	lb	lb/in^2	lb/in^2	ft·lb

표 C.2 SI접두어

단위에 곱하는 배수	접두어의 명칭	기호	단위에 곱하는 배수	접두어의 명칭	기호
10^{12}	테라(tera)	T	10^{-1}	데시(deci)	d
10^{9}	기가(giga)	G	10^{-2}	센티(centi)	c
10^{6}	메가(mega)	M	10^{-3}	밀리(milli)	m
10^{3}	킬로(kilo)	k	10^{-6}	마이크로(micro)	μ
10^{2}	헥토(hecto)	h	10^{-9}	나노(nano)	η
10	데카(deca)	da	10^{-12}	피코(pico)	ρ

표 C.3 힘

N	dyn	kgf	lb
1	1×10^{5}	1.01972×10^{-5}	2.2481×10^{-1}
1×10^{-5}	1	1.01972×10^{-6}	2.2481×10^{-6}
9.80665	9.80665×10^{5}	1	2.20462
4.44822	4.44822×10^{5}	4.5359×10^{-1}	1

표 C.4 모멘트

N · m	kgf · m	ft · lb
1	0.10197	0.73756
9.80665	1	7.23305
1.35581	0.13825	1

표 C.5 응력

kPa	MPa(N/mm²)	kgf/mm²	kgf/cm²	psi(lb/in²)
1	1×10^{-3}	1.01972×10^{-4}	1.01972×10^{-2}	1.4504×10^{-1}
1×10^{3}	1	1.01972×10^{-1}	1.01972×10	1.4504×10^{2}
9.80665×10^{3}	9.80665	1	1×10^{-2}	1.4504×10^{3}
9.80665×10	9.80665×10^{-2}	1×10^{-2}	1	1.4504×10
6.89476	9.80665×10^{-3}	7.031×10^{-2}	7.031×10^{-2}	1

표 C.6 압력

Pa	bar	kgf/cm²	atm	psi(lb/in²)
1	1×10^{-5}	1.01972×10^{-5}	9.86923×10^{-6}	1.4504×10^{-4}
1×10^{5}	1	1.01972	9.86923×10^{-1}	1.4504×10
9.80665×10^{4}	9.80665×10^{-1}	1	9.67841×10^{-1}	1.4223×10
1.01325×10^{5}	1.01325	1.03323	1	1.470×10
6.89476×10^{3}	6.89476×10^{-2}	7.031×10^{-2}	6.804×10^{-2}	1

표 C.7 응력 환산표(1)

kgf/cm²	psi	MPa	kgf/cm²	psi	MPa
1	14.2	0.098	210	2.987	20.6
4	56.9	0.39	240	3.414	23.5
12	170.7	1.18	280	3.982	27.5
16	227.6	1.57	350	4.978	34.3
60	853.4	5.88	500	7.112	49.0
70	995.6	6.86	1,400	19.912	137.3
80	1,138	7.85	2,400	34.135	235.4
90	1,280	8.83	4,200	59.737	411.9
100	2,560	9.80			

표 C.8 응력 환산표(2)

psi	MPa	kgf/cm^2	psi	MPa	kgf/cm^2
1	0.007	0.07	4,000	27.6	281
60	0.41	4.22	5,000	34.5	352
150	1.03	10.5	20,000	137.9	1,406
200	1.38	14.1	30,000	206.8	2,109
500	3.45	35.2	33,000	227.5	2,320
2,500	17.2	176	40,000	275.8	2,812
3,000	20.7	211	60,000	413.7	4,219
3,500	24.1	246			

표 C.9 응력 환산표(3)

MPa	kgf/cm^2	psi	MPa	kgf/cm^2	psi
1	10.2	145	23	234.5	3,336
3	30.6	435	28	285.5	4,061
7	71.4	1,015	35	357	5,076
9	91.8	1,305	137	1,397	19,870
18	183.5	2,611	235	2,396	34,084
21	214.1	3,046	412	4,201	59,756

표 C.10 응력의 제곱근의 환산표

psi	kgf/cm^2	MPa	psi	kgf/cm^2	MPa
$\sqrt{f_{ck}}$	$0.265\sqrt{f_{ck}}$	$0.083\sqrt{f_{ck}}$	$3.0\sqrt{f_{ck}}$	$0.795\sqrt{f_{ck}}$	$0.249\sqrt{f_{ck}}$
$1.5\sqrt{f_{ck}}$	$0.395\sqrt{f_{ck}}$	$0.125\sqrt{f_{ck}}$	$4.0\sqrt{f_{ck}}$	$1.06\sqrt{f_{ck}}$	$0.332\sqrt{f_{ck}}$
$1.6\sqrt{f_{ck}}$	$0.422\sqrt{f_{ck}}$	$0.133\sqrt{f_{ck}}$	$5.0\sqrt{f_{ck}}$	$1.33\sqrt{f_{ck}}$	$0.415\sqrt{f_{ck}}$
$1.7\sqrt{f_{ck}}$	$0.451\sqrt{f_{ck}}$	$0.141\sqrt{f_{ck}}$	$6.3\sqrt{f_{ck}}$	$1.67\sqrt{f_{ck}}$	$0.523\sqrt{f_{ck}}$
$2.0\sqrt{f_{ck}}$	$0.530\sqrt{f_{ck}}$	$0.166\sqrt{f_{ck}}$	$8.0\sqrt{f_{ck}}$	$2.12\sqrt{f_{ck}}$	$0.664\sqrt{f_{ck}}$

2020년 개정

콘크리트구조 학회기준 예제집

2010년 2월 25일 1판 1쇄 발행
2012년 12월 20일 2판 1쇄 발행
2021년 2월 28일 3판 1쇄 발행
2022년 3월 30일 3판 3쇄 발행

管理主體 사단법인 한국콘크리트학회
서울특별시 강남구 테헤란로7길 22
한국과학기술회관 신관 1009호
TEL. (02)568-5985~7
FAX. (02)568-1918

出版普及處 기 문 당
서울시 성동구 무학봉 28길 4-1
TEL. (02)2295-6171(代)~5
FAX. (02)2296-8188

출판등록 1976. 10. 7 (1-44)
홈페이지 http : // www.kimoondang.com
I S B N 978-89-6225-884-4 93540

이 책의 무단 복제를 절대 금합니다.
파본은 구입처에서 교환해드립니다.